普通高等教育“十二五”规划教材

能源与环境概论

主编　卢平

中国水利水电出版社
www.waterpub.com.cn

内 容 提 要

本书主要内容包括：能源的概念与分类，能源与社会发展、能源问题、环境与环境问题、能源转换与利用技术、化石燃料能源、可再生能源、氢能、核能、节能技术、能源环境效应以及能源环境可持续发展等。在编写过程中注重资料的新颖和学科交叉，深入浅出，叙述简洁，力图以有限的篇幅为读者提供更多的能源与环境领域的知识和信息，充分反映了国内外能源与环境的技术现状与发展趋势。

本书适合用作高等学校热能与动力工程、环境工程及相关专业的教材，也可供从事能源环境领域的工程技术人员、研究人员和管理人员参考与使用。

图书在版编目（CIP）数据

能源与环境概论 / 卢平主编. -- 北京 : 中国水利水电出版社, 2011.1(2024.7重印).
普通高等教育“十二五”规划教材
ISBN 978-7-5084-8355-9

Ⅰ. ①能… Ⅱ. ①卢… Ⅲ. ①能源－高等学校－教材②环境科学－高等学校－教材 Ⅳ. ①TK01②X

中国版本图书馆CIP数据核字(2011)第012794号

书　　名	普通高等教育“十二五”规划教材 **能源与环境概论**
作　　者	主编　卢　平
出版发行	中国水利水电出版社 （北京市海淀区玉渊潭南路1号D座　100038） 网址：www.waterpub.com.cn E-mail：sales@mwr.gov.cn 电话：（010）68545888（营销中心）
经　　售	北京科水图书销售有限公司 电话：（010）68545874、63202643 全国各地新华书店和相关出版物销售网点
排　　版	北京时代澄宇科技有限公司
印　　刷	清淞永业（天津）印刷有限公司
规　　格	184mm×260mm　16开本　27印张　640千字
版　　次	2011年1月第1版　2024年7月第4次印刷
印　　数	6001—8000册
定　　价	**69.00**元

前言

能源、环境与经济发展是当今全球共同关注的重大问题，能源与环境的问题是技术性、社会性要素错综交织的问题，全球升温与臭氧层保护已成为国际首脑的重要话题。人类在20世纪中叶开始了一场新的觉醒，那就是对能源（Energy）、环境（Environment）和经济（Economy）发展问题的重新认识。

本书是对能源与环境问题的最一般、最根本的思考与研究，系统地介绍了能源与环境领域的基本知识和技术。其内容包括：能源的概念与分类，能源与社会发展，能源问题，环境与环境问题，能源转换与利用技术，化石燃料能源，可再生能源、氢能、核能，节能技术，能源环境效应以及能源环境可持续发展等。在本书的编写过程中，注重资料的新颖和学科交叉，深入浅出，叙述简洁，力图以有限的篇幅为读者提供更多的能源与环境领域的知识和信息，充分反映了国内外能源与环境的技术现状与发展趋势，适合用作高等学校热能与动力工程、环境工程及相关专业的教材，也可供从事能源环境领域的工程技术人员、研究人员和管理人员参考与使用。

全书共分九章。由卢平教授任主编，并负责第一章、第五章、第六章、第九章的编写；樊保国副教授任副主编，并负责第二章、第三章、第七章的编写；徐生荣副教授任副主编，并负责第八章的编写；李传统教授任副主编，并负责第四章的编写。全书由东南大学章名耀教授担任主审工作。在编写过程中得到了南京师范大学、太原理工大学、东南大学等的大力协助，在此表示衷心的感谢。

编者在编写过程中参考了大量的教材、技术资料、标准和规范，并选用了部分图表，在此向原作者表示衷心的感谢。

本书知识覆盖面较广，由于编者水平所限，书中难免存在不足和漏误之处，恳请广大读者批评指正。

编　者

2010年8月

目录

第一章　绪　　论

第一节　能 量 与 能 源

一、能量及其形式

宇宙间一切运动着的物体都有能量的存在和转化。无论是物理变化还是化学变化，以及形态、位置等等的任何一个微小改变，都伴随着能量的变化过程。人类一切活动也都与能量及其使用紧密相关。人类从原始社会发展到今天文明发达、五彩缤纷的世界，是在消耗了大量能量的条件下取得的变化。

科学史观认为，物质是某种既定的东西，既不能被创造也不能被消灭，因此作为物质属性的能量也一样不能创造和消灭。爱因斯坦于1922年揭示了能量和物质质量之间的关系，即

$$E=mc^2\quad \text{J} \tag{1-1}$$

式中：E 表示物质释放的能量，J；m 为转变为能量的物质的质量，kg；c 为光速，3×10^8 m/s。

式（1-1）表示的是一个可逆过程，其前提是质量和能量的总和在任何能量的转换过程中都必须保持不变。

所谓能量，广义地说，就是“产生某种效果（变化）的能力”。反过来说，产生某种效果（变化）的过程必然伴随着能量的消耗或转化。对能量的分类方法没有统一的标准，到目前为止，人类认识的能量有如下六种形式。

1. 机械能

机械能是与物体宏观机械运动或空间状态相关的能量，前者称之为动能，后者称之为势能。它们都是人类最早认识的能量形式。动能是指系统（或物体）由于作机械运动而具有的做功能力。如果质量为 m（kg）的物体的运动速度为 v（m/s），则该物体的动能 E_k 可以用式（1-2）计算。

$$E_k=\frac{1}{2}mv^2\quad \text{J} \tag{1-2}$$

势能与物体的状态有关，包括重力势能 E_p、弹性势能 E_τ 和表面能 E_s。重力势能是指受重力作用的物体因其位置高度不同而具有的做功能力，可以用式（1-3）计算，即

$$E_p=mgH\quad \text{J} \tag{1-3}$$

式中：g 为重力加速度，m/s^2；H 为相对高度差，m。

弹性势能是指物体由于弹性变形而具有的做功本领，用式（1-4）计算，即

$$E_\tau=\frac{1}{2}kx^2\quad \text{J} \tag{1-4}$$

式中：k 为物体的弹性系数，N/m；x 为物体的变形量，m。

表面能是指不同类物质或同类物质不同相的分界面上，由于表面张力的存在而具有的做功能力，可按式（1-5）计算，即

$$E_s=\sigma S \quad \text{J} \tag{1-5}$$

式中：σ 为表面张力系数，N/m；S 为相界面的面积，m^2。

2. 热能

热能是能量的一种基本形式，所有其他形式的能量都可以完全转换为热能，而且绝大多数的一次能源都是首先经过热能形式而被利用的，因此热能在能量利用中有重要意义。构成物质的微观分子运动的动能和势能总和称为热能。这种能量的宏观表现是温度的高低，它反映了分子运动的激烈程度。热能 E_q 通常可用式（1-6）来表述，即

$$E_q=\int T\mathrm{d}s \quad \text{J} \tag{1-6}$$

式中：T 为温度；$\mathrm{d}s$ 为熵增。

3. 电能

电能是和电子流动与积累有关的一种能量，通常是由电池中的化学能转换而来，或是通过发电机由机械能转换得到；反之电能也可以通过电动机转换为机械能，从而显示出电做功的本领。如果驱动电子流动的电动势为 U（V），电流强度为 I（A），则其电能 E_e 可用式（1-7）计算，即

$$E_e=IU \quad \text{J} \tag{1-7}$$

4. 辐射能

辐射能是物体以电磁波形式发射的能量。物体会因各种原因发出辐射能，其中从能量利用的角度而言，因热的原因而发出的辐射能（又称热辐射能）是最有意义的，如地球表面所接受的太阳能就是最重要的热辐射能。物体的辐射能 E_r 可用式（1-8）计算，即

$$E_r=\varepsilon c_0\left(\frac{T}{100}\right)^4 \quad \text{J} \tag{1-8}$$

式中：ε 为物体的发射率；c_0 为黑体辐射系数，为 5.67W/（$m^2 \cdot K^4$）；T 为物体的绝对温度，K。

5. 化学能

化学能是物质结构能的一种，即原子核外进行化学变化时放出的能量。按化学热力学定义，物质或物系在化学反应过程中以热能形式释放的内能称为化学能。目前人类所利用的化学能有电池起电或具有正反应热的过程，其中最主要的发热反应是碳和氢的燃烧，即

$$C+O_2=\!=\!=CO_2+32780\ \text{kJ/kg} \tag{1-9}$$

$$H_2+\frac{1}{2}O_2=\!=\!=H_2O+120370\ \text{kJ/kg} \tag{1-10}$$

而C、H两种元素是煤、石油、天然气、薪柴等燃料中最主要的可燃元素。从式(1-9)和式（1-10）可以看出，同样质量的氢燃烧所释放的能量为碳燃烧的3.66倍。因此，一种燃料的热值高低可以从其碳氢比 K_{CH} 看出，K_{CH} 越高，其热值越低。例如，燃油的 $K_{CH}=6\sim9$，烟煤的 $K_{CH}=12\sim14$，无烟煤的 $K_{CH}>20$，因此燃油的热值要比无烟煤高得多。表1-1所示为各种不同燃料低位发热量的概略值。

表 1-1　　各种不同燃料低位发热量

燃料种类		燃料	热值
固体燃料（MJ/kg）	天然燃料	木材	13.80
		泥煤	15.89
		褐煤	18.82
		烟煤	27.18
	加工的固体燃料	木炭	29.27
		焦炭	28.43
		焦块	26.34
液体燃料（MJ/kg）	天然的液体燃料	石油（原油）	41.82
	加工的液体燃料	汽油	45.99
		液化石油气	50.18
		煤油	45.15
		重油	43.91
		焦油	37.22
		甲苯	40.56
		苯	40.14
		酒精	26.76
气体燃料（MJ/m^3）	天然的气体燃料	天然气	37.63
	加工的气体燃料	焦炉煤气	18.82
		高炉煤气	3.76
		发生炉煤气	5.85
		水煤气	10.45
		油气	37.65
		丁烷气	125.45

燃料的发热量（热值）是指单位重量的固体、液体燃料或单位体积的气体燃料完全燃烧，且燃烧产物冷却到燃烧前的温度时所放出的热量，单位为 kJ/kg 或 kJ/m^3。燃料的发热量又可分为高位发热量（HHV）和低位发热量（LHV）。高位发热量是指燃料完全燃烧，且燃烧产物中的水蒸气全部凝结成水时所放出的热量；低位发热量是燃料完全燃烧，而燃烧产物中的水蒸气仍以气态存在时所放出的热量。对于燃烧设备而言，燃料燃烧时燃料中原始水分及氢燃烧后生成的水均以蒸汽状态随烟气排出，因此低位发热量接近实际可利用的燃料发热量，所以在热力计算中均以低位发热量作为计算依据。

6. 核能

核能是蕴藏在原子核内部的物质结构能。轻质量的原子核（氘、氚等）和重质量的原子核（铀等）其核子之间的结合力比中等质量原子核的结合力小，这两类原子核在一定的条件下可以通过核聚变和核裂变转变为在自然界更稳定的中等质量原子核，同时释放出巨大的结合能。这种结合能就是核能。由于原子核内部的运动非常复杂，目前还不能给出核力的完全描述。但在核裂变和核聚变反应中都有所谓的“质量亏损”，这种质量和能量之间的转换完全可以用式（1-1）来描述。

在国际单位制中，能量的单位、功及热量的单位通常都用焦（J）表示，而单位时间内所做的功或吸收（释放）的热量则称之为功率，单位为瓦（W）。因为在能量的转换和使用中焦和瓦的单位都太小，因此更多的是用千焦（kJ）和千瓦（kW），或兆焦（MJ）和兆瓦（MW）。在能源研究中还会用到更大的单位，如GW、TW等。在工程应用和一些有关能源的文献中，还会见到卡（cal）、大卡（kcal）、标准煤当量（coal equivalent，1kg-ce= 7000 kcal/kg）、标准油当量（oil equivalent，1kg-oe = 10000 kcal/kg）、百万吨煤当量（million tons of coal equivalent，Mtce）、百万吨油当量（million tons of oil equivalent，Mtoe）、度（kW·h，即千瓦时）等。

二、能源及其分类

关于能源的定义，目前约有20种。《科学技术百科全书》中说：“能源是可从其获得热、光和动力之类能量的资源”；《大英百科全书》中说：“能源是一个包括着所有燃料、流水、阳光和风的术语，人类用适当的转换手段便可让它为自己提供所需的能量”；《日本大百科全书》中说：“在各种生产活动中，我们利用热能、机械能、光能、电能等来做功，可作为这些能量源泉的自然界中的各种载体，称为能源”；我国的《能源百科全书》中说：“能源是可以直接或经转换提供人类所需的光、热、动力等任一形式能量的载能体资源”。可见，能源是一种呈多种形式的，且可以相互转换的能量的源泉。

所谓能源，就是指能够直接或经过转换而提供能量的资源。从广义上讲，在自然界里有一些自然资源本身就拥有某种形式的能量，它们在一定条件下能够转换成人们所需要的能量形式，这种自然资源显然就是能源。如薪柴、煤、石油、天然气、水能、太阳能、风能、地热能、波浪能、潮汐能、海流能和核能等。但在生产和生活过程中，由于需要或为便于运输和使用，常将上述能源经过一定的加工、转换，使之成为更符合使用要求的能量来源，如煤气、电力、焦炭、蒸汽、沼气和氢能等，它们也称为能源，因为它们同样能为人们提供所需的能量。

由于能源形式多样，因此通常有多种不同的分类方法。它们或按能源的来源、形成、使用分类，或从技术、环保角度进行分类。不同的分类方法，都是从不同的侧重面来反映各种能源的特征。

1. 按地球上能源的来源分类

（1）第一类能源是来自地球外天体的能源。人们现在使用的能源主要来自太阳能，故太阳有“能源之母”的说法。现在，除了直接利用太阳的辐射能（宇宙射线及太阳能）之外，还大量间接地使用太阳能源，如化石燃料（煤、石油、天然气等），它们就是千百万年前绿色植物在阳光照射下经光合作用形成有机质而长成的根茎及食用它们的动物遗骸，在漫长的地质变迁中所形成的，此外如生物质能、流水能、风能、海洋能和雷电等，也都是由太阳能经过某些方式转换而形成的。

（2）第二类能源是地球自身蕴藏的能量。这里主要指地热能资源及原子能燃料，还包括地震、火山喷发和温泉等自然呈现出的能量。

（3）第三类能源是地球和其他天体引力相互作用而形成的。这主要指地球和太阳、月球等天体间有规律运动而形成的潮汐能。

2. 按获得的方法分类

（1）一次能源。即在自然界中天然存在的，可供直接利用的能源，如煤、石油、天然气、风能、水能和地热能等。

（2）二次能源，即由一次能源直接或间接加工、转换而来的能源，如电力、蒸汽、焦炭、煤气、氢气以及各种石油制品等。大部分一次能源都转换成容易输送、分配和使用的二次能源，以适应消费者的需要。二次能源经过输送和分配，在各种设备中使用，即终端能源。

3. 按被利用的程度、生产技术水平和经济效果等分类

（1）常规能源。在相当长的历史时期和一定的科学技术水平下，已经被人类长期广泛利用的能源，不但为人们所熟悉，而且也是当前主要能源和应用范围很广的能源，如煤炭、石油、天然气、水力和电力等。其开发利用时间长、技术成熟、能大量生产并广泛使用，如煤炭、石油、天然气、薪柴燃料和水能等，常规能源有时又称之为传统能源。

（2）新能源。一些虽属古老的能源，但只有采用先进方法才能加以利用，或采用新近开发的科学技术才能开发利用的能源；有些能源近一二十年来才被人们所重视，新近才开发利用，而且在目前使用的能源中所占的比例很小，但很有发展前途的能源，如太阳能、地热能、潮汐能和生物质能等，核能通常也被看作新能源，尽管核燃料提供的核能在世界一次能源的消费中已占15%，但从被利用的程度看还远不能和已有的常规能源相比；另外，核能利用的技术非常复杂，可控核聚变反应至今未能实现，这也是将核能仍视为新能源的主要原因之一。不过也有不少学者认为，应将核裂变作为常规能源，核聚变作为新能源。新能源有时又称为非常规能源或替代能源。常规能源与新能源是相对而言的，现在的常规能源过去也曾是新能源，今天的新能源将来又成为常规能源。

4. 按是否可以再生分类

（1）可再生能源。在自然界中可以不断再生并有规律地得到补充的能源，如太阳能和由太阳能转换而成的水能、风能、生物质能等。它们可以循环再生，不会随其本身的转化或人类的利用而日益减少。

（2）不可再生能源，经过亿万年形成的、短期内无法恢复的能源，如煤、石油、天然气、核燃料等。它们随着大规模地开采利用，其储量越来越少，总有枯竭之时。

5. 按能源本身的性质分类

（1）含能体能源，其本身就是可提供能量的物质，如石油、煤、天然气、氢等，它们可以直接储存，因此便于运输和传输。含能体能源又称之为载体能源。

（2）过程性能源，它们是指由可提供能量的物质的运动所产生的能源，如水能、风能、潮汐能和电力等，其特点是无法直接储存。

6. 按是否能作为燃料分类

（1）燃料能源。可作为燃料使用，包括矿物燃料（煤炭、石油、天然气），生物质燃料（薪柴、沼气、有机废物等），化工燃料（甲醇、酒精、丙烷以及可燃原料铝、镁等），和核燃料（铀、钍、氘等）四大类。

（2）非燃料能源。不可作为燃料使用的能源，多数具有机械能，如水能、风能等；有的含有热能，如地热能、海洋热能等；有的含有光能，如太阳能、激光等。

7. 按对环境的污染情况分类

（1）清洁能源，即对环境无污染或污染很小的能源，如太阳能、水能、海洋能等。

（2）非清洁能源，即对环境污染较大的能源，如煤、石油等。

另外还有一些有关能源的术语或名词，如商品能源、非商品能源、农村能源、绿色能源和终端能源等。它们也都是从某一方面来反映能源的特征。例如，商品能源是指流通环节大量消费的能源，如煤炭、石油、天然气和电力等，而非商品能源则指不经流通环节而自产自用的能源，如农户自产自用的薪柴、秸秆，牧民自用的牲畜粪便等。

第二节 能源与社会发展

一、能源利用与人类文明

人类进化发展的程序是一部不断向自然界索取能源的历史，人类文明的每一步都和能源的使用息息相关。回顾人类的历史，可以明显地看出能源和人类文明进步间的密切关系。人类文明经历了三个能源时期，即薪柴时代、煤炭时代和石油时代。

1. 薪柴时代

薪柴是人类第一代主体能源。自从人类利用“火”开始，就以薪柴、秸秆和动物的排泄物等生物质燃料来烧饭和取暖，用草饲养牲畜，同时靠人力、畜力、简单的风力和水力机械作动力，从事生产活动和交通运输。这个以薪柴等生物质燃料为主要能源的时代，延续了很长时间，生产和生活水平都极低，社会发展迟缓。从远古时代直至中世纪，在马车的低吟声中，人类渡过了悠长的农业文明时代。

2. 煤炭时代

人类认识和利用煤炭的历史非常悠久，中国是世界上最早发现并使用煤炭、石油和天然气的国家之一。有文字记载的开采和利用煤炭的历史，可以追溯到2000多年前的战国时代。人类真正进入煤炭时代则是在18世纪欧洲兴起的产业革命，以煤炭取代薪柴作为主要能源，蒸汽机成为生产的主要动力，工业得到迅速发展，劳动生产力有了很大的增长。煤炭时代的到来是人类对能源这种资源旺盛需求的结果，煤炭推动了工业革命的进程。特别是19世纪末，电磁感应现象的发现，使得由蒸汽机作动力的发电机开始出现，电力开始进入社会的各个领域，电动机代替了蒸汽机，电灯代替了油灯和蜡烛，电力成为工矿企业的主要动力，成为生产和生活照明的主要来源，出现了电话、电影。在此过程中，不但社会生产力有了大幅度的增长，而且人类的生活水平和文化水平也有极大的提高，从根本上改变了人类社会的面貌。工业文明逐步扩大煤炭的利用，大量的煤炭转换成更加便于输送和利用的电力，煤炭也成为人类文明的第二代主体能源。

3. 石油时代

和煤炭一样，人类对石油的认识并不是在现代才有的。2000多年前，我国西北地区人民用石油点灯；北魏时期用石油润滑车轴；唐宋以来用石油制作蜡烛及油墨；北宋时，开封出现了炼油作坊。我国古代的石油钻井工艺也不断改进。北宋中期开始以简单的机械冲击钻井（即顿钻）代替手工掘井，宋末元初，开始了以畜力绞车的钻井工艺。13世纪，在我国陕北的延长开凿出世界第一口石油井。美国人于1859年在宾夕法尼亚州打出了西方第一口石油井。后者被作为现代石油业的起点载入了史册。随后，俄国也开始开采石油，并在1897～1906年铺设了第一条输油管道。1886年德国的戴姆勒（Gottlieb Wilhelm Daimler，1834～1900）制成了第一台使用液体石油内燃机；19世纪末，发明以汽油和柴油为燃料的奥托内燃机和狄塞尔内燃机；20世纪初，美国福特公司成功研制了第一辆汽车。特别是20世纪50年代，美国、中东、北非相继发现了巨大的油田和气田，从此石油开采和内燃机互为需求，形成了世界能源革命的新时期，将人类飞速推进到现代文明时代。在此过程中，西方发达国家很快地从以煤为主要能源结构转为以石油和天然气为主要能源结构。到1960年，全球石油的消费量超过煤炭，成为第三代主体能源。汽车、飞机、内燃机车和远洋客货轮的迅猛发展，不但极大地缩短了地区和国家之间的距离，也大大促进了世界经济的繁荣。近30多年来，世界上许多国家依靠石油和天然气，创造了人类历史上空前的物质文明。

4. 新能源与可再生能源时代

值得注意的是，传统工业文明比农耕文明的发展速度快，但持续性差。随着世界人口的增加，经济的飞速发展，能源消费量持续增长，能源给环境带来的污染也日益严重。与此同时，由于人类的活动，地球生态系统也受到破坏，森林锐减、物种毁灭、气候变暖、沙漠扩大、灾害频发。此外，1974年及1980年发生两次能源危机，也使欧美等发达国家认识到过度依靠石油并非长远之计，因此在提高能源利用效率的同时，如何充分开发与利用新能源与可再生能源，保持能源与环境协调，促进社会可持续发展是摆在全人类面前的共同任务。

二、能源与经济发展

能源是国民经济的重要基础和命脉，是现代化生产的主要动力来源。现代工业和现代农业都离不开能源动力。人类社会对能源的需求首先表现为经济发展的需求，反过来，能源促进人类社会进步首先表现为促进经济的发展，而经济增长是经济发展的首要物质基础和中心内容。

1. 能源在经济增长中的作用

能源是经济增长的推动力量，并限制经济增长的规模和速度。

（1）能源推动生产的发展和经济规模的扩大。投入是经济增长的前提条件，在投入的其他要素具备时，必须有能源为其提供动力才能运转，而且运转的规模和程度也受能源供应的制约。物质资料的生产必须要依赖能源为其提供动力，只是能源的存在形式发生了改变。从历史上看，煤炭取代木材，石油取代煤炭以及电力的利用，都促进生产发展走入一个更高的阶段，并使经济规模急剧扩大。

（2）能源推动技术进步。迄今为止，特别是在工业交通领域，几乎每一次的重大技术进步都是在“能源革命”的推动下实现的。蒸汽机的普遍利用是在煤炭大量供给的条件下实现的；电动机更是直接依赖电力的利用；交通运输的进步与煤炭、石油、电力的利用直接相关。农业现代化或现代农业的进步，包括机械化、水利化、化学化、电气化等同样依赖于能源利用的推动。此外，能源的开发和利用所产生的技术进步需求，也对整个社会技术进步起着促进作用。

（3）能源是提高人民生活水平的主要物质基础之一。生产离不开能源，生活同样离不开能源，而且生活水平越高，对能源的依赖性就越大。火的利用首先也是从生活利用开始的，从此，生活水平的提高就与能源联系在一起了。这不仅在于能源促进生产发展，为生活的提高创造了日益增多的物质产品，而且依赖于民用能源的数量增加和质量提高。民用能源既包括炊事、取暖、卫生等家庭用能，也包括交通、商业、饮食服务业等公共事业用能。所以，民用能源的数量和质量是制约生活水平的主要基础之一。

2. 经济增长对能源的需求

经济增长对能源的需求首先或最终体现为对能源总需求的增长，主要有以下三种情况。

(1) 经济增长的速度低于其对能源总量需求的增长，即每增长单位国内生产总值(GDP) 所增加的能源需求大于原来单位 GDP 的平均能耗量。

(2) 经济增长与其对能源总量需求同步增长，即每增加单位的 GDP 所增加的能源需求等于原来单位 GDP 的平均能耗量。

(3) 经济增长的速度高于其对能源总量需求的增长，即每增长单位的 GDP 所增加的能源需求小于原来单位 GDP 的平均能耗量。

这三种情况在人类社会发展的历史上都曾出现过，而且在当今世界的不同国家也同时并存。在一般情况下，能源消耗总是随着经济增长而增长，并且在大多数时存在一定的比例关系。到目前为止，经济增长的同时保证能源总量需求下降仅属个别的特殊情况。

经济增长在对能源总量需求增长的同时，也日益扩展其对能源产品品种或结构的需求。首先，从一次能源中占主体地位的品种来划分，经济增长对一次能源的需求，经历了从薪柴到煤炭，又从煤炭到石油的发展，而且品种数量日益扩大。目前，各国政府不约而同地寻找替代石油的能源，也反映了经济增长对能源品种的需求。其次，即使对同一能源产品，也有不同的品种需求。品种需求在某些方面也包含着质量需求。特别是在发达国家，能源产品质量是否符合环境保护要求已经成为其能源战略的重要内容之一。从历史发展及其趋势看，经济增长与其对能源产品质量的需求也是按相同方向变化的。世界各国经济发展的实践证明，在经济正常发展的情况下，能源消耗总量和能源消耗增长速度与国民经济生产总值和国民经济生产总值增长率成正比例关系。这个比例关系通常用能源消费弹性系数 e 来表示，其值可用式 (1-11) 计算，即

$$e=\frac{\text{能源消费年增长率}}{\text{经济年增长率}}=\frac{\Delta E/E}{\Delta M/M} \tag{1-11}$$

式中：E 为前期能源消费量，亿吨标准煤；ΔE 为本期能源消费增量，亿吨标准煤；M 为前期经济产量，亿美元；ΔM 为本期经济产量增量，美元。

根据式 (1-11) 分子选择的不同又可分为一次能源消费弹性系数和电力消费弹性系数，不特别说明一般是指一次能源消费弹性系数。e 值越大，说明国民经济产值每增加1%，能源消费的增长率越高；这个数值越小，则能源消费增长率越低。能源弹性系数的大小与国民经济结构、能源利用效率、生产产品的质量、原材料消耗、运输及人民生活需要等有关。

世界经济和能源发展的历史显示，处于工业化初期的国家，经济的增长主要依靠能源密集工业的发展，能源效率也较低，因此能源弹性系数通常多大于 1。例如，发达国家工业化初期，能源增长率比工业产值增长率高一倍以上（见表 1-2)。到工业化后期，一方

面经济结构转向服务业，另一方面技术进步促使能源效率提高，能源消费结构日益合理，因此能源弹性系数通常小于1。尽管各国的实际条件不同，但只要处于类似的经济发展阶段，它们就具有大致相近的能源弹性系数。发展中国家的能源弹性系数一般大于1，工业化国家能源弹性系数大多小于1；人均收入越高，弹性系数越低。表1-3所示为国民生产总值在2000亿美元以上的18个主要国家的能源和经济发展情况。

表1-2　几个发达国家工业化初期的能源弹性系数

国家	产业革命开始年份	初步实现工业化年份	工业化初期能源弹性系数	初步实现工业化时人均能耗（以标准煤计，t）	能源效率（%）	
					1860年	1950年
英国	1760	1860	1.96（1810～1860年）	2.93	8	24
美国	1810	1900	2.76（1850～1900年）	4.85	8	30
法国	1825	1900	—	1.37	12	20
德国	1840	1900	2.87（1860～1900年）	2.65	10	20

表1-3　世界主要国家能源和经济发展概况

序号	国家	1993年GDP（亿美元）	1980～1993年GDP增长率（%）	1980～1993年能源消耗年增长率（%）	1980～1993年能源消耗弹性系数	1993年能源进口占商品进口（%）	1993年人口（万人）	1993年人均能源消费（kg）	1993年GDP（美元/kg）
1	美国	62599	2.7	1.4	0.52	13	25780	7918	3.1
2	日本	42142	4.0	2.7	0.68	14	12450	3642	9.3
3	德国	19108	2.6	0.0	—	7	8070	4170	5.7
4	法国	12517	2.1	2.0	0.95	9	5750	4031	5.4
5	意大利	9914	2.2	1.5	0.68	9	5710	2697	6.4
6	英国	8190	2.5	1.0	0.40	6	5790	3718	4.4
7	西班牙	4786	3.1	2.9	0.94	13	3950	2373	5.1
8	加拿大	4775	2.6	1.5	0.58	4	2880	7821	2.4
9	巴西	4442	2.1	3.7	1.76	11	15650	666	4.9
10	中国	4256	9.6	5.1	0.53	6	117840	623	0.6
11	墨西哥	3435	1.6	3.1	1.94	4	9000	1439	2.7
12	韩国	3308	9.1	9.5	1.04	18	4410	2863	2.6
13	俄罗斯	3294	−0.5	—	—	—	14870	4438	0.5
14	荷兰	3092	2.3	1.3	0.57	8	1530	4533	4.5
15	澳大利亚	2894	3.1	2.3	0.74	6	1760	5316	3.1
16	阿根廷	2556	0.8	1.1	1.38	3	3380	1351	5.6
17	瑞士	2322	1.9	1.8	0.95	4	710	3491	9.4
18	印度	2254	5.2	6.7	1.29	36	89820	242	1.2
19	全世界	231126	2.9	—	—	—	550150	1421	3.1

我国的能源消费和电力消费弹性系数见表1-4。从表可以看出，我国能源和电力消费弹性系数波动较大。自20世纪80年代到2002年，我国能源消费弹性系数是低于1的，大多在0.5左右，1999年甚至低至0.16。自2003年开始能源消费弹性系数超过1，2003年、2004年两项系数均大于1.5，此时能源消费增长的速度明显超过经济增长速度，从2006年开始有所回落。

表1-4　我国能源消费和电力消费弹性系数

年份	GDP（亿美元）	能源消费比上年增长（%）	电力消费比上年增长（%）	国内生产总值比上年增长（%）	能源消费弹性系数	电力消费弹性系数
1985	9016.0	8.1	9	13.5	0.6	0.67
1990	18667.8	1.8	6.2	3.8	0.47	1.63
1991	21781.5	5.1	9.2	9.2	0.55	1.00
1992	26923.5	5.2	11.5	14.2	0.37	0.81
1993	35333.9	6.3	11	14	0.45	0.79
1994	48197.9	5.8	9.9	13.1	0.44	0.76
1995	60793.7	6.9	8.2	10.9	0.63	0.75
1996	71176.6	5.9	7.4	10	0.59	0.74
1997	78973.0	−0.8	4.8	9.3	—	0.52
1998	84402.3	−4.1	2.8	7.8	—	0.36
1999	89677.1	1.2	6.1	7.6	0.16	0.80
2000	99214.6	3.5	9.5	8.4	0.42	1.13
2001	109655.2	3.4	9.3	8.3	0.41	1.12
2002	120332.7	6	11.8	9.1	0.66	1.30
2003	135822.8	15.3	15.6	10	1.53	1.56
2004	159878.3	16.1	15.4	10.1	1.59	1.52
2005	183084.8	10.6	13.51	10.4	1.02	1.30
2006	209407.0	9.61	14.63	11.6	0.83	1.26
2007	246619.0	7.84	14.43	11.9	0.66	1.21

注　国内生产总值增长速度按不变价格计算。

三、能源增长与人民生活

人们的日常生活处处离不开能源，不仅是衣、食、住、行，而且文化娱乐、医疗卫生都与能源密切相关。随着生活水平的提高，所需的能源也越多。因此从一个国家人民的能耗量就可以看出一个国家人民的生活水平，如生活最富裕的北美地区比贫穷的南亚地区每年每人的平均能耗要高出55倍。表1-5所示为美国家庭每户每年的能源消费概况，从表中可以看出能源与人民生活的关系是多么密切。

表 1－5　美国家庭每户每年的能源消费概况

能源项目	南方			北方		
	年消费量	折标准煤（t）	费用（美元）	年消费量	折标准煤（t）	费用（美元）
电（kW・h）	10000	4.0	700	3000	1.2	200
天然气（m^3）	1000	1.3	300	3000	3.8	500
汽油（L）	2000	2.4	600	2000	2.4	600
上下水（m^3）	250	—	250	200	—	200
合计	—	7.7	1850	—	7.4	1500

根据世界银行 1997 年出版的世界发展报告统计，1994 年高收入国家人均能耗 5.006 t 标准油，中等收入国家为 1.475 t 标准油，低收入国家为 0.369 t 标准油，世界平均数量为 1.433 t 标准油；而我国为 0.664 t 标准油，为高收入国家的 13.3%，中等收入国家的 46%，不足世界平均数的一半。据 1998 年的统计数据，世界人均能源消费量为 1.47 t 标准油，其中美国人均消费 8.07 t 标准油，英国人均消费 3.94 t 标准油；在亚洲，新加坡的人均消费水平最高，为 7.68 t 标准油，日本为 4.04 t 标准油。

现代社会生产和生活，究竟需要多少能源？按目前世界情况大致有以下三种水平：

（1）维持生存所必需的能源消费量（以人体需要和生存可能性为依据），每人每年约 400kg 标准煤。

（2）现代化生产和生活的能源消费量，即为保证人们能丰衣足食、满足起码的现代化生活所需的能源消费量，为每人每年 1200～1600 kg 标准煤（见表 1－6）。

表 1－6　现代化生产和生活的能源消耗量

项 目	国外提出的现代化最低标准［kg－ce/（年・人）］	中国式现代化最低标准［kg－ce/（年・人）］
衣	108	70～80
食	323	300～320
住	323	320～340
行	216	100～120
其他	646	400～460
合计	1616	1190～1320

（3）更高级的现代化生活所需的能源消费量，以发达国家的已有水平作参考，使人们能够享受更高的物质文明与精神文明，每人每年至少需要 2000～3000 kg 标准煤。

目前，我国一次能源消耗量增长速度居世界之首。1973～2005 年的 32 年间，全世界增长了 86%，而我国增长了 300%。我国已成为仅次于美国的第二大能源消费国（2005 年能源消费量为美国的 74%）。如果维持此增长势头，则 10 年内，我国一次能源消费量将超过美国。根据国际能源总署预测，2030 年我国一次能源需求量将达到全球发达国家需求量总和的 50%。

第三节 能源资源现状与能源问题

能源是人类文明的基础，又与各国经济发展及人们的日常生活密切相关。自18世纪中叶以来，世界能源结构发生了两次重要的转变，经历了从薪柴到煤炭再到石油的转变过程。目前世界经济现代化的发展，在很大程度上是建立在煤炭、石油和天然气等化石燃料能源基础之上。在能源利用总量不断增长的同时，能源结构也在不断变化。图1-1和图1-2分别给出了过去100多年世界能源结构和消费的变化。

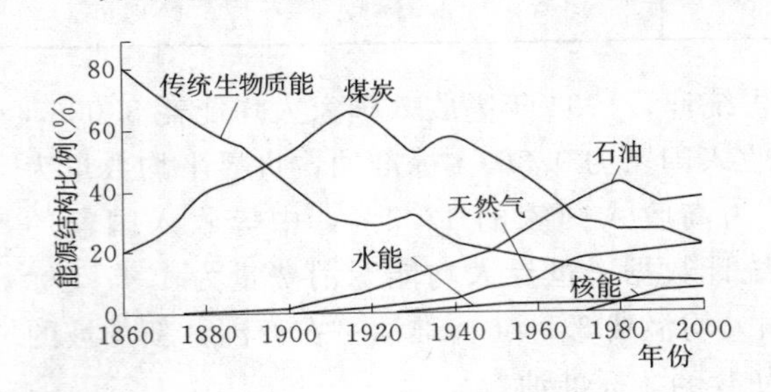

图1-1 过去100多年世界能源结构变化

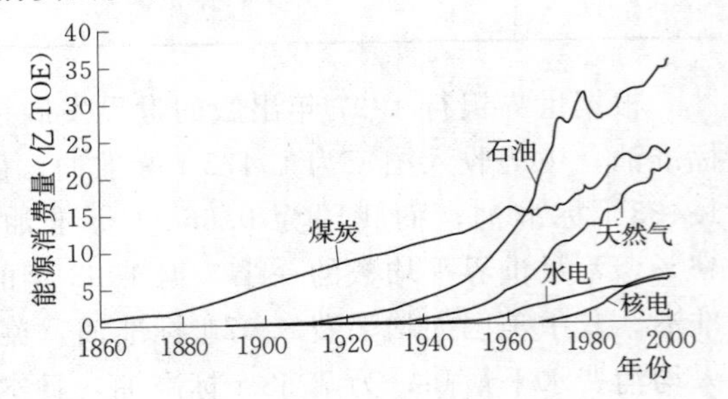

图1-2 过去100多年世界能源消费变化

一、全球能源资源的现状与发展趋势

1. 世界化石能源分布

截至2006年年底，世界煤炭探明剩余可采储量9.091×10^{11} t，按目前生产水平，可供开采147年。与煤炭相比，世界常规石油和天然气资源相对较少，但每年新增探明储量仍在持续增长。20年来世界石油和天然气的储采比（剩余可采储量与年采出量之比，R/P）并没有发生大的变化，始终保持在40和60左右的水平（见图1-3）。此外，世界非常规油气资源，即受开采技术和成本限制目前还不能大规模开发利用的油气资源，如重质油（指密度为0.920～1.000 g/cm³的原油）、油砂油、页岩油和天然气水合物等十分丰富，开发利用的潜力很大。但是，世界上已经发现的能源资源分布极不平衡。煤炭资源主要分布在美国、俄罗斯、中国、印度、澳大利亚等国家。石油资源各大洲都有分布，但主要集中在中东地区及其他少数国家。石油输出国组织（OPEC）国家石油探明剩余可采储量占世界总量的75.7%，其中中东地区国家占60%以上。按国别看，可采储量前10位的国家占世界总量的82.6%。天然气资源主要集中在中东、俄罗斯和中亚地区，其中俄罗斯、伊朗、卡塔尔国天然气储量占世界总量的55.7%。

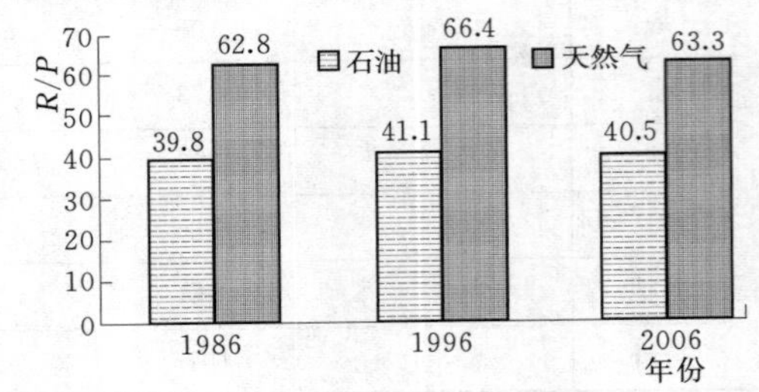

图1-3 世界石油、天然气资源储采比变化情况

2. 多元化能源结构

2006年世界一次商品能源消费总量为108.8亿toe（1 toe＝1.4286 tce），其中石油占35.8%，居第一位；煤炭占28.4%，居第二位；天然气占23.7%，居第三位，其次为水

能和核能，分别占6.3%和5.8%。在经济合作与发展组织（OECD）国家中，煤炭消费的比例不断下降，天然气消费的比例已经超过煤炭而居第二位。随着国际社会越来越关注环境问题以及能源技术不断进步，替代煤炭和石油的清洁能源增长迅速，煤炭和石油在一次能源总需求中的份额将进一步下降，天然气、核能和可再生能源的份额将不断提高。但是，核能、风能、太阳能和生物质能的发展，除受技术因素影响外，其经济性也是一个制约因素，非化石能源大规模替代化石能源的路还很长。预计在2030年前，石油、天然气和煤炭等化石能源仍将是世界的主流能源。

3. 能源消费与需求快速增长

发达国家在工业化和后工业化过程中，形成了高消耗的产业用能、交通用能和建筑物用能体系。2006年，OECD国家能源消费占世界消费总量的51%，人均能源消费量为4.74 toe。人均能源消费量最高的国家是美国，达7.84 toe。中国人均能源消费量为1.31 toe，非洲国家人均能源消费量仅为0.36 toe（见图1-4）。从能源消费的增长情况看，发达国家已经处于能源消费的缓慢增长期；发展中国家为摆脱贫穷和落后，正致力于加快发展，其能源消费的增长也在加快。据统计，1996～2006年，欧美26国能源消费年均增长率为0.62%；同期发展中国家能源消费年均增长率为4.36%。据国际能源署（IEA）预测，从2006～2030年，全球能源需求总量将以年均1.2%～1.6%的速度增长，其中70%的需求增长来自发展中国家，如图1-5所示。

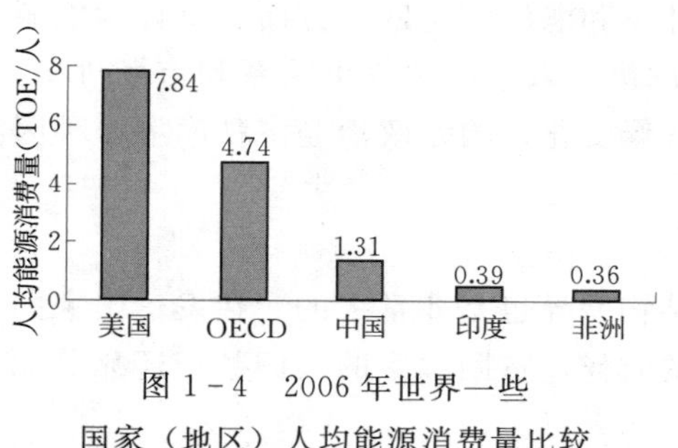

图1-4　2006年世界一些国家（地区）人均能源消费量比较

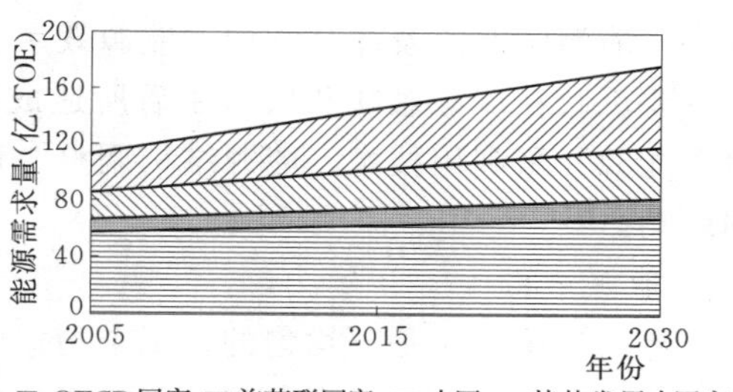

图1-5　世界分地区能源需求展望

4. 气候变化对能源发展的影响

随着人们对CO_2、CH_4、N_2O等温室气体排放与地球气候变化相互关系认识的不断加深，要求国际社会采取对策努力限制或减少温室气体排放的呼声越来越高。从1979年第一次世界气候大会呼吁保护气候系统开始，到1992年联合国环境与发展大会通过《联合国气候变化框架公约》，再到1997年《京都议定书》的出台，国际社会为应对全球气候变化做了不懈努力。许多国家在调整能源战略和制定能源政策时，增加了应对气候变化的内容，重点是限制化石能源消费，鼓励能源节约和清洁能源使用。气候变化问题已成为世界能源发展新的制约因素，也是世界石油危机后推动节能和替代能源发展的主要驱动因素。各国把核能、水能、风能、太阳能、生物质能等低碳和无碳能源作为今后发展的重点。2006年，用于发电的核能在世界一次能源消费中占5.8%，核电在世界电力消费中占14.8%。进入新世纪，一些国家又开始重视核电发展，提高核能在电力和一次能源中的比例。世界上有50多个国家制定了法律、法规或行动计划，提出了推动可再生能源发展的明确目标和发展途径。可以相信，随着国际社会对温室气体减排重要性认识的不断深化，能源技术向低碳、无碳化方向发展的趋势将日益增强。

5. 国际能源问题的政治化

目前，全球石油贸易量占能源贸易量的70%以上。20世纪70年代以来，世界石油市场经历了几次大的波动，一些石油输出国与消费国以及多种国际势力相互博弈，非供求因素对国际油价波动的影响越来越明显。中东等油气资源富集的地区受一些重大国际政治、军事、经济事件的影响，导致正常的油气贸易和投资活动受到较大限制和干扰。全球资本市场和虚拟经济迅速发展，金融衍生产品大量增加，各种投机资金逐利流动，也作用于石油市场。这些非供求因素的影响，给一些发展中国家维护本国利益设置了障碍，同时给国际油气资源开发、管网修建和市场供应以及正常的企业并购增加了变数。近年来，国际石油价格持续震荡上行，既受到市场供求关系变化以及石油交易金融化、汇率变化等因素的影响，也受到地缘政治、大国政策、公众预期、社会舆论和各种突发事件等因素的影响。

二、能源利用的现状及面临的问题

自20世纪70年代以来，全世界面临着人口爆炸、资源短缺、能源危机、粮食不足、环境污染、气候变化等全球重大问题的挑战。近年来，全球能源消费不断增长，石油价格持续攀升，人们越来越担心世界能源供应的可持续性。当前的地区冲突与矛盾往往也与能源有关，能源问题涉及能源结构、能源效率、能源环境和能源安全四个方面。世界性能源问题主要反映在能源短缺及供需矛盾所造成的能源危机。未来能源供求关系和市场价格，主要受能源开采利用技术、能源结构调整、环境与气候变化、国际政治经济秩序等多种因素的影响。

1. 能源结构

世界的资源分布是不均匀的，每个国家的能源结构差异也是非常大的。在发达国家的人们充分享受着汽车、飞机、暖气、热水这些便利的时候，贫困国家的人们甚至还靠着原始的打猎、伐木来做饭生活。

据国际能源署的能源统计资料，非经济合作发展组织的地区，如亚洲、拉丁美洲和非洲，是可燃性可再生能源的主要使用地区。这三个地区使用的总和达到了总数的62.4%，其中很大一部分用于居民区的炊事和供暖。目前世界各国能源结构的特点，一般取决于该国资源、经济和科技发展等因素。从全球来看，呈现以下特点：

(1) 煤炭资源丰富的发展中国家，在能源消费中往往以煤为主，煤炭消费比例较大，其中2002年，中国占66.5%，印度占55.6%。

(2) 发达国家石油在消费结构中所占比例均在35%以上，其中2002年美国39.0%，日本47.6%，德国38.6%，法国35.9%，英国35.0%，韩国51.0%。

(3) 天然气资源丰富的国家，天然气在消费结构中所占比例均在35%以上，其中，2002年俄罗斯54.6%，英国38.6%。

(4) 化石能源缺乏的国家根据自身特点发展核电及水电，其中2002年日本核能在能源消费结构中所占比例为14.0%，法国核能占38.3%，韩国核能占13.1%，加拿大水力占27.2%。

（5）世界前20个能源消费大国中，煤炭占第一位的有5个，占第二位的有6个，占第三位的有9个。

总之，就全世界而言，石油在能源消费结构中占第一位，所占比例正在缓慢下降；煤炭占第二位，其所占比例也在下降；目前天然气占第三位，所占比例持续上升，前景良好。

我国是世界上以煤炭为主的少数国家之一，远远偏离当前世界能源消费以油气燃料为主的基本趋势和特征。2002年我国一次能源的消费总量为1425.4Mt标准煤，构成为：煤炭占66.5%，石油占24.6%，天然气占2.7%，水电占5.6%，核电占0.6%。煤炭高效、洁净利用的难度远比油、气燃料大得多。而且我国大量的煤炭是直接燃烧使用，用于发电或热电联产的煤炭只有47.9%，而美国为91.5%。

我国终端能源消费结构也不合理，电力占终端能源的比例明显偏低，国家电气化程度不高。2000年一次能源转换成电能的比例只有22.1%，世界发达国家平均均超过了40%，有的达到45%。

2. 能源效率

能源效率是指从能源开采、加工与转换、储运和终端利用的能源系统的总效率。

矿物燃料是工业、运输和民用系统的主要能源。发电主要是靠矿物燃料燃烧后所放出的化学热来实现的。世界上公认的燃料供应上的有限性以及社会对能源的高度依赖性，促使人们以极大的努力来研究各种代用能源。核动力已经在电力生产中起着重要作用，太阳能已用于家庭供暖，一个以太阳能、地热、风能和潮汐能的利用为目标的大规模研究开发计划正在付诸实施。与此同时，矿物燃料则开始变得越来越宝贵，而且从长远观点来看，工业界将不得不以节能作为一种自我保护措施。在这种情况下，浪费燃料必须受到制止，能源利用的综合效率应当成为工程设计中的一个重要评价标准。

对很多人来说，特别是发达国家，“能源效率”意味着受苦和牺牲。很多人对20世纪70年代“石油危机”还记忆犹新。当时要求关闭家中的取暖器、将灯调暗、尽量不开车等，这种节能的现象是不正确的。“能源效率”和“节能”虽然相关，但不一样。能源效率是指终端用户使用能源得到的有效能源量与消耗的能源量之比。

提高能源效率是缓解能源危机的一条途径，由于欠发达国家在技术和资金方面的关系，能源效率十分低下，与发达国家的差距非常巨大，当然就算发达国家自己也同样需要继续开发新的技术来实现更高的能源效率。因此，许多发达国家开始帮助一些不发达的国家和地区来改善能源使用情况，实现一种互利的合作关系。

我国能源从开采、加工与转换、储运以及终端利用的能源系统总效率很低，不到10%，只有欧洲地区的一半。通常能源效率是指后三个环节的效率，约为30%，比世界先进水平低约10%。我国能源强度远高于世界平均水平，2000年我国单位产值能耗（吨标准煤/百万美元）按汇率计算为1274，美国为364，欧盟为214，日本为131。2000年，我国火电供电煤耗（gce/kW·h）平均为392，日本为316；钢可比能耗（kgce/t），中国平均为784，日本为646；水泥综合能耗（kgce/t），中国平均为181，日本为125.7。

我国能源利用率低的主要原因除了产业结构方面的问题以外，是由于能源科技和管理水平落后，还因终端能源以煤为主，油、气与电的比例较小的不合理消费结构所致，节能旨在减少能源的损失和浪费，以使能源资源得到更有效的利用，与能源效率问题紧密相关。我国能源效率很低，故能源系统的各个环节都有很大的节约能源的潜力。

3. 能源环境

能源的开采和利用直接影响环境，涉及全球气候变暖、空气污染、酸雨、水污染和生态恶化等一系列世界性的环境问题，是破坏环境的首要原因。世界著名的八大公害事件（比利时马斯河谷烟雾事件、美国多诺拉烟雾事件、伦敦烟雾事件、美国洛杉矶光化学烟雾事件、日本水俣病事件、日本富山骨痛病事件、日本四日市哮喘病事件、日本米糠油事件）中前四位都是由于人类在工业发展和生活中能源利用管理不当而造成的环境污染。伦敦烟雾事件是20世纪世界上最大的由燃煤引发的城市污染事件，仅5天时间内就死亡了4000多人，之后在2个月内，又有8000人陆续死亡；美国洛杉矶光化学烟雾事件最早出现的由汽车尾气造成的大气污染事件，引起的死亡人数达400多人。由此可见，能源利用和环境保护之间有非常密切的关系。

目前温室效应和地球变暖等全球性气候变化问题已经给人类带来了巨大的威胁，成为各国首脑首先考虑的问题之一。尽管科学家在寻找各种解释地球变暖的原因，但20世纪以来工业化是造成温室效应不可推卸的罪魁祸首。过度燃烧、森林树木过度砍伐、草原过度放牧、植被破坏等，都减少了地球自身调解二氧化碳的功能。科学观测表明：地球大气中CO_2的浓度已从工业革命前的280ppmv上升到了目前的379 ppmv；全球平均气温也在近百年内升高了0.74℃，特别是近30年来升温明显。而酸雨、臭氧层的空洞等又进一步导致了生态的严重破坏。人类在不断扩大自己的生存空间的同时，也在慢慢地把自己围困在更小的范围里面挣扎。如果上述情况持续恶化，人类会发现自己再也没有适合居住的场所了。

为了阻止气候的进一步恶化，很多国家已经联合起来，互相合作制约。1997年12月，160个国家在日本京都召开了联合国气候变化框架公约（UNFCCC）第三次缔约方大会，会议通过了《京都议定书》。该议定书规定，在2008～2012年期间，发达国家的温室气体排放量要在1990年的基础上平均削减5.2%，其中美国削减7%，欧盟削减8%，日本削减6%。

我国能源环境问题的核心是大量直接燃煤造成的城市大气污染和农村过度消耗生物质能引起的生态破坏（我国农村消耗的生物质能，其数量是全国其他商品能源的22%），还有日益严重的车辆尾气的污染（大城市大气污染类型已向汽车尾气型转变）。

我国是世界上最大的煤炭生产国和消费国。燃煤释放的SO_2，占全国排放总量的35%，CO_2占35%，NO_2占60%，烟尘占75%。我国酸雨区由南向北迅速扩大，已超过国土面积约40%。1998年酸雨沉降造成的经济损失约占GDP（国民生产总值）的2%。温室气体CO_2排放的潜在影响是21世纪能源领域面临挑战的关键因素，我国1995年CO_2的排放量约为821Mt碳，占世界总量的13.2%。

我国农村人口多、能源短缺，且沿用传统落后的用能方式，带来了一系列生态环境问题：生物质能过度消耗，森林植被不断减少，水土流失和沙漠化严重，耕地有机质含量下降等。

我们的政府也已经开始重视能源环境问题，正在努力改善和挽救日益恶化的生态环境。1989年12月26日第七届全国人民代表大会常务委员会第十一次会议通过《中华人民共和国环境保护法》。之后又陆续地颁布了《中华人民共和国大气污染防治法》、《中华人民共和国水污染防治法》、《中华人民共和国环境噪声防治法》、《中华人民共和国能源法》、《中华人民共和国可再生能源法》等相关的能源与环境保护法律法规。中国还努力参加国际合作，引进先进技术来改变以前落后的能源利用形势。

4. 能源安全

能源安全是国家经济安全的重要方面，它直接影响到国家安全、可持续发展及社会稳定。能源安全不仅包括能源供应的安全（如石油、天然气和电力），还包括对由于能源生产与使用所造成的环境污染的治理。

能源安全的概念直到20世纪50年代后才提出，因为当时的世界能源的消费与生产供应发生了巨大的变化。在50年代之前，工业化进程中主要的一次能源供应是煤炭，作为传统的能源矿种，煤炭的数量巨大，而且资源分布广泛，基本各个主要的工业国家，都可以自己满足生产需要，所以人们并没有感受到能源短缺给生产带来的影响。进入50年代之后，工业化和城市化的发展越来越快，能源消费的总体水平有了迅速的增长，煤炭在一次能源消费中所占的比例明显下降，取而代之的是石油和天然气这些优质、高效的清洁能源。同时，石油又可以提供各种工业生产的基本原材料，因此引发了能源安全概念的产生和发展。因为石油这种资源在全球范围的分布严重不均匀，导致了世界各个国家对石油资源的争夺。为了保证既得利益，世界主要发达国家于1974年成立了国际能源组织(IEA)，从此以稳定原油供应价格为中心的国家能源安全概念被正式提出。

能源安全是指能源可靠供应的保障。首先是石油天然气供应问题，油、气是当今世界主要的一次能源，也是涉及国家安全的重要战略物质。1973年石油危机的冲击，造成那些主要靠中东进口石油的国家经济混乱和社会动荡的局面，给人们留下深刻的印象。现在许多国家都十分重视建立能源（石油）保障体系，重点是战略石油储备。预计2010～2020年后世界石油产量将逐步下降，而消费仍将不断增加，可能开始出现供不应求的局面，世界油气资源的争夺将加剧。

我国石油、天然气资源相对较少，人均石油探明剩余可采储量仅为世界平均值的1/10。从1993年起，我国已成为石油净进口国，2008年石油净进口1.999×10^8t，同比增长12.5%，石油对外依存度升至51.3%。由于国内资源制约等因素，中国保障能源供应特别是油气资源供应需要利用国际、国内两个市场、两种资源。因此，国际石油市场的稳定，对中国的能源安全、经济安全乃至国家安全的影响会越来越大。

三、中国能源资源发展现状及问题

1. 能源资源品种丰富，人均占有量较少

中国有多种能源资源，其中水能和煤炭较为丰富，蕴藏量分别居世界第一和第三位；而优质化石能源相对不足，石油和天然气资源的探明剩余可采储量目前仅列世界第13和第17位。由于人口众多，各种能源资源的人均占有量都低于世界平均水平，如图1-6所示。从品种看，水能资源经济可开发总量为4.02×10^8kW，年发电量为1.75×10^{12}kW·h，主要分布在西南地区，开发程度还比较低，但开发难度加

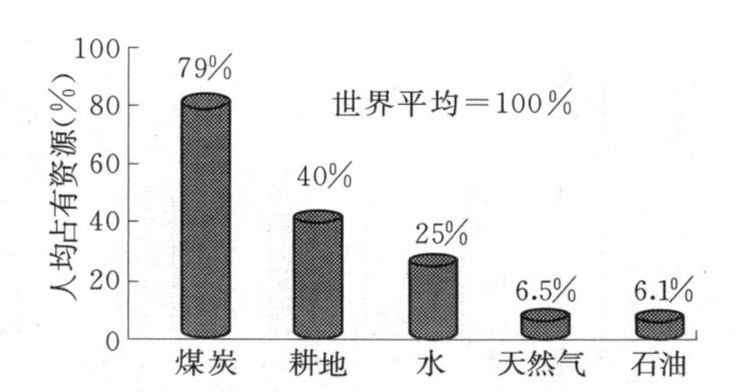

图1-6 我国主要资源人均占有水平与世界平均水平的比较

大、成本升高。煤炭资源探明剩余可采储量为 1.842×10^{11} t，大多分布在干旱缺水、远离消费中心的中西部地区，总体开采条件不好。石油资源探明剩余经济可采储量仅为 2.04×10^{9} t，储采比低，还有增加探明储量的潜力，但产能增幅有限。天然气资源探明剩余经济可采储量为 2.39×10^{12} m^3，进一步提高探明程度的潜力很大，具备大幅增产的可能，但资源总量和开采条件难以同俄罗斯、伊朗等资源大国相比。风能、太阳能等可再生能源资源量巨大，其开发利用程度主要取决于技术和经济因素。人均能源资源少，供需差距大。中国能源消费总量已经位居世界第二，约占世界能源消费总量的 11%。

2. 能源建设不断加强，能源效率仍然较低

20 世纪 90 年代以来，中国一次能源生产总量翻了一番多，2007 年达到 2.37×10^{9} tce，已成为世界第二大能源生产国。电力工业实现了跨越式发展，2007 年年底发电装机容量超过 7×10^{8} kW，1 GW 超超临界火电机组、700 MW 水轮发电机组等先进装备实现了国产化，一批大型现代化煤矿建成投产，石油和天然气勘探开采有了新突破。节能降耗取得积极进展，20 世纪最后 20 年，中国以能源消费翻一番，支撑了经济总量翻两番，能源消费弹性系数为 0.43。但也要看到，中国能源利用效率相对较低，能源生产和使用仍然粗放。2003～2005 年，单位 GDP 能耗上升；2006 年以来加强了节能减排，单位 GDP 能耗有所下降，但要实现持续下降，还需要加大工作力度。目前，我国能源利用率比发达国家低 10%，工业产品单耗比工业发达国家高 30%～90%。

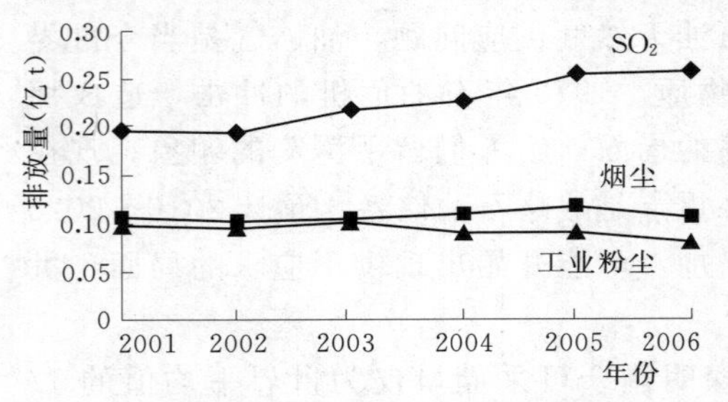

图 1-7　中国主要污染物排放情况

3. 能源生产迅速增长，生态环境压力明显

在需求快速增长的驱动下，中国能源生产增长很快，煤炭增长尤为迅速。过去 6 年，中国原煤年产量增加了近 1.2×10^{9} t，2007 年产量达到 25.4×10^{8} t，约占全球产量的 40%。与此同时，煤炭大量生产和使用中存在一系列问题，如资源回采率低、浪费严重，安全事故多发、死亡率高，对地表生态和地下水系破坏大。此外，SO_2、烟尘、粉尘（见图 1-7）NO_x 以及 CO_2 排放量也有所攀升，给生态环境治理带来了难度。中国作为一个发展中国家，尽管人均 CO_2 排放量低于世界平均水平（见图 1-8），但其排放总量却居于世界第二位（见图 1-9），同样面临着温室气体减排的压力。

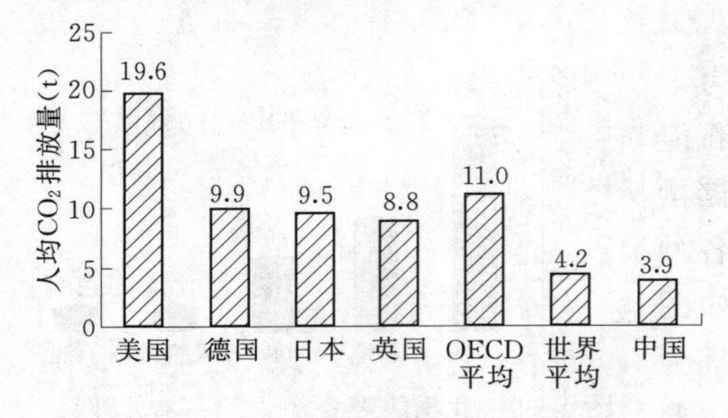

图 1-8　人均 CO_2 排放量国际比较

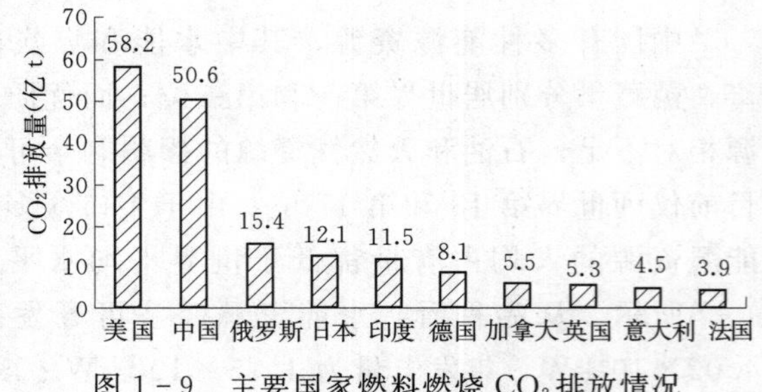

图 1-9　主要国家燃料燃烧 CO_2 排放情况

4. 能源消费以煤为主，能源结构需要优化

改革开放特别是20世纪90年代以来，中国能源结构总体上朝着优质化方向发展（见表1-7）。煤炭消费占能源消费总量的比例由1990年的76.2%，下降到2002年的66.3%。但近年来，煤炭占能源消费的比例有所上升，2006年达到69.4%，而发达国家这一比例平均只有21%左右。中国是世界上最大的煤炭生产国和消费国，在一次能源消费构成中，煤炭的份额比世界平均值高41个百分点，油气的比例低36个百分点，水电、核电的比例低5个百分点。目前，清洁能源、可再生能源开发利用还不充分，风能、太阳能、生物质能发展尚处于起步阶段，调整和改善能源结构的任务十分艰巨。农村能源问题日益突出，农村生活用能的2/3依靠薪柴和秸秆。

表1-7　　中国一次能源消费结构

年　份	占能源消费总量的比例（%）			
	煤炭	石油	天然气	水电、核电、风电
1980	72.2	20.7	3.1	4.0
1985	75.8	17.1	2.2	4.9
1990	76.2	16.6	2.1	5.1
1995	74.6	17.5	1.8	6.1
2000	67.8	23.2	2.4	6.7
2001	66.7	22.9	2.6	7.9
2002	66.3	23.4	2.6	7.7
2003	68.4	22.2	2.6	6.8
2004	68.0	22.3	2.6	7.1
2005	69.1	21.0	2.8	7.1
2006	69.4	20.4	3.0	7.2

5. 能源需求继续增加，可持续发展面临挑战

随着中国经济持续快速发展，工业化、城镇化进程加快，居民消费结构升级换代，能源需求不断增长，今后一段时期，能源消费弹性系数难以大幅降低。同时，油气需求的增长将快于煤炭需求的增长，而国内资源受到自然条件限制难以较快增加，2006年，我国石油储采比仅为11.1，远低于世界40.5的平均水平（见图1-10），能源尤其是油气供求矛盾将进一步显现。因此，只有从现在起就加大节能力度，加快产业结构调整步伐，合理引导消费行为，才有可能在未来逐步实现能源需求增长率的降低，实现化石能源需求的低增长直至零增长。

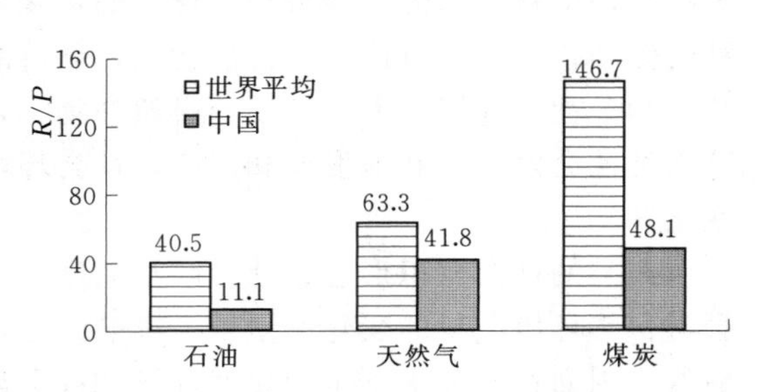

图1-10　2006年中外化石能源储采比比较

第四节 环境与环境问题

一、环境及其组成

（一）环境的含义

所谓环境是指与体系有关的周围客观事物的总和。体系是指被研究的对象，即中心事物。简单地说，环境就是人类进行生产和生活活动的场所，是人类生存和发展的物质基础。环境总是相对于某项中心事物而言的，它因中心事物的不同而不同，随中心事物的变化而变化。中心事物与环境是既相互对立，又相互依存、相互制约、相互转化和相互作用的，在它们之间存在着对立统一的相互关系。这是一种辩证的观点。

《中华人民共和国环境保护法》把环境定义为：影响人类生存和发展的各种天然或经过人工改造的自然因素的总体，包括大气、水、海洋、土地、矿藏、森林、草原、野生动物、自然保护区、风景名胜、城市和乡村等。

（二）环境的组成

对于环境科学来说，中心事物是人，环境主要是指人类的生存环境。人类的生存环境是庞大而复杂的多级系统，它包括自然环境和社会环境两大部分。

1. 自然环境

自然环境是指人类目前赖以生存、生活和生产所必需的自然条件和自然资源的总称，即阳光、温度、气候、地磁、空气、水、岩石、土壤、动植物、微生物，以及地壳的稳定性等自然因素的总和。用一句话概括，就是直接或间接影响到人类的一切自然形成的物质、能量和自然现象的总体。

自然环境亦可以看作由地球环境和外围空间环境两部分组成。地球环境对于人类具有特殊的意义，它是人类赖以生存的物质基础，是人类活动的主要场所。外围空间环境是指地球以外的宇宙空间，理论上它的范围是无穷大的，不过在现阶段，人类活动的范围主要限制于地球，但是随着宇宙航行和空间科学的发展，总有一天人类会开发并利用其他的天体，从而使其成为人类的生存环境之一。

2. 社会环境

社会环境是指人类的社会制度等上层建筑条件，包括社会的经济基础、城乡结构以及与各种社会制度相适应的政治、经济、法律、宗教、艺术、哲学的观念与机构等。它是人类在长期生存发展的社会劳动中形成的，是在自然环境的基础上，人类通过长期有意识的社会劳动，加工和改造了的自然物质，创造的物质生产体系，以及积累的物质文化等构成的总和。社会环境是人类活动的必然产物，是人类精神文明和物质文明的一种标志，并随着人类社会发展不断地发展和演变，社会环境的发展与变化直接影响到自然环境的发展和变化。

人类的社会意识形态、社会政治制度，以及对环境的认识程度，保护环境的措施，都会对自然环境质量的变化产生重大影响。近代环境污染的加剧正是由于工业迅猛发展所造成的。因而在研究中不可把自然环境和社会环境截然分开。

（三）环境要素

环境要素，又称环境基质，是指构成人类环境整体的各个独立的、性质不同的而又服从整体演化规律的基本物质组分。它包括自然环境要素和人工环境要素。自然环境要素通常指水、大气、生物、阳光、岩石、土壤等。人工环境要素包括综合生产力、技术进步、人工产品和能量、政治体制、社会行为和宗教信仰等。

环境要素组成环境结构单元，环境结构单元又组成环境整体或环境系统。例如，由水组成水体，全部水体总称为水圈；由大气组成大气层，整个大气层总称为大气圈；由生物体组成生物群落，全部生物群落构成生物圈。

（四）环境质量

环境质量一般是指在一个具体的环境内，环境的总体或环境的某些要素，对人群的生存和繁衍以及经济发展的适宜程度，是反映人群的具体要求而形成的对环境评定的一个概念。显然，环境质量是对环境状况的一种描述，这种状况的形成，有来自自然的原因，也有来自人为的原因，而且从某种意义上说，后者更为重要。

人为原因是指污染可以改变环境质量，而资源利用的合理与否同样可以改变环境质量。此外，人群的文化状态也影响着环境质量。因此，环境质量除了所谓的大气环境质量、水环境质量、土壤环境质量、城市环境质量外，还有生产环境质量和文化环境质量等。

二、环境的形成和发展

1. 环境的形成

人类的生存环境不是从来就有的，它的形成经历了一个漫长的发展过程。在地球的原始地理环境刚刚形成的时候，地球上没有生物，当然更没有人类，只有原子、分子的化学及物理运动。在大约35亿年前，由于太阳紫外线的辐射以及在地球内部的内能和来自太阳的外能共同作用下，地球水域中溶解的无机物转变为有机物，进而形成有机大分子，出现了生命现象。大约在30多亿年以前出现了原核生物，经过漫长的无生物的化学进化阶段，它开始进入生物进化阶段，逐渐形成了生物与其生存环境的对立统一的辩证关系。最初生物是在水里生存，直到绿色植物的出现。绿色植物通过叶绿体利用太阳能对水进行光解释放出氧气。在4亿～2亿年前大气中氧的浓度趋近于现代的浓度水平，并在平流层形成了臭氧层。绿色植物（自养型生物）的出现和发展繁茂，以及臭氧层的形成对地球的生物进化具有重要意义。臭氧层吸收太阳的紫外辐射，成为地球上生物的保护层。在距今2亿多年前出现了爬行动物，随后又经历了相当长的时间，哺乳动物的出现及森林、草原的繁茂为古人类的诞生创造了条件。

2. 环境的发展

在距今300万～200万年前出现了古人类。人类的诞生使地表环境的发展进入了一个高级的，在人类的参与和干预下发展的新阶段——人类与其生存环境辩证发展的新阶段。人类是物质运动的产物，是地球的地表环境发展到一定阶段的产物，环境是人类生存与发展的物质基础，人类与其生存环境是统一的。人与动物有本质的不同，人通过自身的行为来使自然界为自己的目的服务，来支配自然界。但是正如恩格斯在《自然辩证法》中所说的："我们不要过分陶醉于我们对自然界的胜利。对于每一次这样的胜利、自然界都报复了我们。每一次胜利，在第一步确实都取得了我们预期的结果，但是在第二步和第三步却有了完全不同的、出乎意料的影响，常常把第一个结果又取消了。"因而人类与其生存环境又有对立的一面。人类与环境这种既对立又统一的关系。表现在整个"人类环境"系统的发展过程中。人类用自己的劳动来利用和改造环境，把自然环境转变为新的生存环境，而新的生存环境又反作用于人类。在这一反复曲折的过程中，人类在改造客观世界的同时，也改造着人类自己。这不仅表现在生理方面，而且也表现在智力方面。这充分说明，人类由于伟大的劳动，摆脱了生物规律的一般制约，进入了社会发展阶段，从而给自然界打上了人类活动的烙印，并相应地在地表环境又形成了一个新的智能圈或技术圈。人们今天赖以生存的环境，就是这样由简单到复杂，由低级到高级发展而来的。它既不是单纯由自然因素构成，也不是单纯由社会因素构成。而是在自然背景的基础上，经过人工加工形成的。它凝聚着自然因素和社会因素的交互作用，体现着人类利用和改造自然的性质和水平，影响着人类的生产和生活，关系着人类的生存和发展。

三、环境问题的由来与发展

人类生活环境，其生产和生活不可避免地对环境产生影响。这些影响有些是积极的，对环境起着美化和改善的作用，有些是消极的，对环境起着退化和破坏的作用。另外，自然环境也从某些方面（如严酷的自然灾害）限制和破坏人类的生产和生活。上述人类与环境之间相互的消极影响就构成环境问题。环境问题是指人类为其自身生存和发展，在利用和改造自然界的过程中，对自然环境造成的破坏和污染，以及由此产生的危害人类生存和社会发展的各种不利效应。

（一）环境问题的分类

按照形成的原因，环境问题可以分为以下两类。

(1) 原生环境问题。又称为第一环境问题，是指由自然因素自身的失衡和污染引起的环境问题，如火山爆发、洪涝、干旱、地震和台风等自然界的异常变化，因环境中元素自然分布不均引起的地方病以及自然界中放射性物质产生的放射病等。

(2) 次生环境问题。又称为第二环境问题，是指由人为因素造成的环境污染和自然资源与生态环境的破坏。人类企图开发利用自然资源时，超越了环境自身的承载能力，使生态环境质量恶化或自然资源枯竭的现象，这些都属于人为造成的环境问题，而通常所说的环境问题主要是指次生环境问题。

次生环境问题又可分为环境污染和生态环境破坏两大类。由于人为的因素，使环境的化学组分或物理状态发生变化，与原来的情况相比，环境质量发生恶化，扰乱或破坏了原有的生态系统或人们正常的生产和生活条件，这种现象称为“环境污染”，又称为“公害”，如工业生产排放的废水、废气、废渣对水体、大气、土壤和生物的污染。“生态环境破坏”主要指人类盲目地开发自然资源引起的生态退化及由此而衍生的环境效应，是人类活动直接作用于自然界引起的，如过度放牧引起的草原退化、因毁林开荒造成的水土流失和沙漠化等。

按照发生的机制进行分类，环境问题又可以分为以下几个方面。

(1) 环境破坏。环境破坏又称为生态破坏。主要是指人类的社会活动产生的有关环境效应，它们导致了环境结构与功能的变化，对人类的生存与发展产生了不利影响。环境破坏主要是由于人类活动违背了自然规律，急功近利，盲目开发自然资源引起的。其表现形式多种多样，按对象性质可分为两类：一类是生物环境的破坏，如过度砍伐引起的森林覆盖率锐减，因过度放牧引起的草原退化，因滥肆捕杀引起许多动物濒临灭绝等；另一类是非生物环境的破坏，如盲目占地造成的耕地面积减少，因毁林开荒造成水土流失和沙漠化，因地下水过度开采造成地下水漏斗、地面下沉，因其他不合理开发利用造成地质结构破坏、地貌景观破坏等。

(2) 环境污染和环境干扰。由于人类的活动，特别是由于工业的发展，工业生产排除的废物和余能进入环境，便带来了环境的污染和干扰。

环境污染是指有害物质或因子进入环境，并在环境中扩散、迁移、转化，使环境系统的结构和功能发生变化，对人类或其他生物的正常生存和发展产生不利影响的现象，即是环境污染，常简称污染。其中，引起环境污染的物质或因子称环境污染物，简称污染物。它们可以是人类活动的结果，也可以是自然活动的结果，或是这两类活动共同作用的结果。在通常情况下，环境污染主要是指人类活动导致环境质量下降。环境污染作为人类面临的环境问题的一个重要方面，总与人类的生产及生活密切相关。在相当长的时间内，因其范围小、程度轻、危害不明显，未能引起人们足够的重视。在20世纪50年代后，由于工业的迅猛发展，重大污染事件不断出现，环境污染逐渐引起人们的普遍关注。

环境干扰则是由于人类活动排出的能量进入环境，达到一定的程度，对人类产生不良影响的现象，就是环境干扰。环境干扰包括噪声、振动、电磁波干扰和热干扰等。常见的有电视塔和其他电磁波通信设备所产生的微波和其他电磁辐射，汽车、火车、飞机等各种交通工具以及各种施工场所产生的噪声。环境干扰是由能量产生的，是物理问题。环境干扰一般是局部性的、区域性的，在环境中不会有残余物质存在，当污染源停止作用后，污染也就立即消失。

（二）环境问题的发展

随着人类的出现、生产力的发展和人类文明的提高，环境问题也随之产生。人类通过自己的生产与消费作用于环境，从中获取生存和发展所需的物质和能量，同时又将“三废”排放到环境中。环境对人类活动的影响（特别是环境污染和生态破坏）又以某种形式反作用于人类，人类与环境之间以物质、能量和信息连接起来，形成复杂的人类环境关系。随着人类社会的发展，环境问题也在发展变化。世界上工业发达国家环境问题的发展大体上经历了四个阶段。

1. 环境问题萌芽阶段（工业革命以前）

人类在诞生以后很长的岁月里，只是天然食物的采集者和捕食者，人类对环境的影响不大。随着农业和畜牧业的发展，人类改造环境的作用越来越明显地显示出来，与此同时发生了相应的环境问题，如大量砍伐森林、破坏草原、刀耕火种、盲目开采，往往引起严重的水土流失、水旱灾害频繁和沙漠化；又如兴修水利，不合理灌溉，往往引起土壤的盐碱化、沼泽化，以及引起某些传染病的流行。在工业革命以前虽然已出现了城市化和手工业作坊（或工场），但工业生产并不发达，由此引起的环境污染问题并不突出。

2. 环境问题的发展恶化阶段（工业革命至20世纪50年代前）

随着生产力的发展，在18世纪60年代至19世纪中叶，生产发展史上又出现了一次伟大的革命——工业革命。它使建立在个人才能、技术和经验之上的小生产被建立在科学技术成果之上的大生产所代替，大幅度地提高了劳动生产率，增强了人类利用和改造环境的能力，大规模地改变了环境的组成和结构，从而也改变了环境中的物质循环系统，扩大了人类的活动领域，但与此同时也带来了新的环境问题。一些工业发达的城市和工矿区的工业企业，排出大量废弃物污染环境，使污染事件不断发生。这一阶段的初期，能源主要是煤炭，由于重工业的出现，大气中的主要污染物是粉尘和SO_2；水体污染则主要是由矿山冶炼、制碱工业引起的。到了后期，能源除煤炭外又增加了石油，且石油所占的比例逐渐增加。因此，一方面，煤炭污染有所增加，另一方面，又出现了石油及石油产品引起的污染，大气中氮氧化合物含量增加，出现了光化学烟雾现象。同时，有机化学工业和汽车工业的发展，使环境问题更具有社会普遍性。例如，1873年12月、1880年1月、1882年2月、1891年12月、1892年2月，英国伦敦多次发生可怕的有毒烟雾事件；19世纪后期，日本足尾铜矿区排出的废水污染了大片农田；1930年12月，比利时马斯河谷工业区由于工厂排出的有害气体，在逆温条件下造成了严重的大气污染事件。总之，伴随着蒸汽机的发明和广泛使用，工业得到了快速的发展，生产力有了很大的提高，环境问题也随之发展且逐步恶化。但此时的环境污染尚属局部、暂时的，其造成的危害也有限。因此，环境问题未能引起人们的足够重视。

3. 环境问题的第一次高潮

环境问题的第一次高潮出现在20世纪五六十年代。20世纪50年代以后，环境问题更加突出，震惊世界的公害事件接连不断，形成了第一次环境问题的高潮，著名的“八大公害事件”大多发生在这一时期（见表1-8）。形成环境问题高潮主要由于下列因素造成的。

表1-8　20世纪八大公害事件

公害事件名称	富山事件（骨痛病）	米糠事件	四日事件（哮喘病）	水俣事件	伦敦烟雾事件	多诺拉烟雾事件	洛杉矶光化学烟雾事件	马斯河谷烟雾事件
主要污染物	镉	多氯联苯	SO_2、煤尘、重金属、粉尘	甲基汞	烟尘及SO_2	烟尘及SO_2	光化学烟雾	烟尘及SO_2
发生时间	1931～1975年（集中在五六十年代）	1968年	1955年以来	1953～1961年	1952年12月	1948年10月	1943年5～10月	1930年12月（1911年发生过，但无死亡）
发生地点	日本富山县神通川流域，蔓延至群马县等地七条河的流域	日本九州爱知县等23各府县	日本四日市，并蔓延至几十个城市	日本九州南部熊本县水俣镇	英国伦敦市	美国多诺拉镇（马蹄形洞湾，两岸山高120m）	美国洛杉矶市（三面环山）	比利时马斯河谷（长24km，两岸山高为90m）
中毒情况	至1968年5月确诊患者258例，其中死亡128例，1977年12月又死亡79例	患病者5000多人，死亡16人，实际受害者超过1万人	患者500多人，其中36人因哮喘病死亡	截止1972年有180多人患病，50多人死亡，22个婴儿生来神经受损	5天内死亡4000多人，历年共发生12起，死亡近万人	4天内43%的居民（6000人）患病，20人死亡	大多数居民患病，65岁以上老人死亡400人	几千人中毒，60人死亡

续表

公害事件名称	富山事件（骨痛病）	米糠事件	四日事件（哮喘病）	水俣事件	伦敦烟雾事件	多诺拉烟雾事件	洛杉矶光化学烟雾事件	马斯河谷烟雾事件
中毒症状	开始关节痛，继而神经痛和全身骨痛、最后骨骼软化萎缩、自然骨折、饮食不进、衰弱疼痛至死	眼皮浮肿、多汗、全身有红丘疹、重症者恶心呕吐、肝功能下降、肌肉疼痛、咳嗽不止，甚至死亡	支气管炎、支气管哮喘、肺气肿	口齿不清、步态不稳、面部痴呆、耳聋眼瞎，全身麻木，最后精神失常	胸闷、咳嗽、喉痛、呕吐	咳嗽、喉痛、胸闷、呕吐、腹泻	刺激眼、喉、鼻，引起眼病和咽喉炎	咳嗽、呼吸短促、流泪、喉痛、恶心、呕吐、胸闷窒息
致害原因	食用含镉的米和水	食用含有多氯联苯的米糠油	重金属粉尘和 SO_2 随煤尘进入肺部	海鱼中富含甲基汞，当地居民食用含毒的鱼而中毒	SO_2 在金属颗粒物催化下生成 SO_3、硫酸和硫酸盐，附在烟尘上吸入肺部	SO_2、SO_3 和粉尘生成硫酸盐气溶胶，吸入肺部	石油工业和汽车工业废气在紫外线作用下生成光化学烟雾	SO_2、SO_3 和重金属氧化物颗粒进入肺部深处
公害成因	炼锌厂未经处理的含镉废水排入河中	米糠油生产过程中用多氯联苯作载热体，因管理不善，多氯联苯进入米糠油中	工厂排出大量 SO_2 和煤粉，并含有钴、锰、钛等重金属微粒	氮肥厂含汞催化剂随废水排入海湾，转化成甲基汞被鱼和贝类摄入	居民取暖燃煤中含硫量高，排出大量 SO_2 和烟尘，又遇逆温天气	工厂密集于河谷形盆地中，又遇逆温和多雾天气	该城200万辆汽车每天耗油 2.4×10^7 L，排放烃类1000多t，盆地地形不利于空气流通	谷地中工厂集中，烟尘量大，逆温天气且有雾

（1）人口迅猛增加，城市化的速度加快。刚进入20世纪时世界人口为16亿，至1950年增至25亿（经过50年人口约增加了9亿）；20世纪50年代之后，1950～1968年仅18年间就由25亿增加到35亿（增加了10亿人）；而后，人口由35亿增至45亿只用了12年（1968～1980年）。1900年拥有70万以上人口的城市，全世界有299座，到1951年迅速增加到879座，其中百万人口以上的大城市约有69座。在许多发达国家中，有半数人口住在城市。

（2）工业化规模不断集中和扩大，能源的消耗激增。1900年世界能源消费量还不到 1.0×10^9 tce，1950年增至 2.5×10^9 tce，50年增加了 1.5×10^9 tce；而到1980年猛增至接近 1×10^{10} tce，30年间能源的消费增加了近 7.5×10^9 tce，是20世纪前50年的5倍。这些数据表明，工业的迅速发展逐渐形成的大工业区域排放的污染物不仅集中，而且数量非常多，在一定条件下，极易形成突发性的环境污染事件。

（3）人们的环境意识薄弱。由于“二战”结束后，各工业国家急于恢复建设和发展经济，根本没有意识到高速的经济发展可能会引发的环境问题。

当时，在工业发达国家因环境污染已达到严重程度，直接威胁到人们的生命和安全。成为重大的社会问题，激起广大人民的不满，并且也影响了经济的顺利发展。1972 年的斯德哥尔摩人类环境会议就是在这种历史背景下召开的。这次会议对人类认识环境问题来说是一个里程碑。工业发达国家把环境问题摆上了国家议事日程，包括制定法律、建立机构、加强管理、采用新技术，至 20 世纪 70 年代中期环境污染得到了有效控制，城市和工业区的环境质量明显改善。

4. 环境问题的第二次高潮（20 世纪 80 年代以后）

第二次高潮是伴随环境污染和大范围生态破坏，在 20 世纪 80 年代初开始出现。这一时期，人类经济与社会发展是以扩大开采自然资源和无偿利用环境为代价的，一方面创造了空前巨大的物质财富和前所未有的社会文明，另一方面也造成全球性的生态破坏、资源短缺、环境污染加剧等重大问题。总体而言，全球环境仍在进一步恶化，这就从根本上削弱和动摇了现代经济社会赖以存在和持续发展的基础。

人们共同关心的影响范围大、危害严重的环境问题有三类：

（1）全球性的大气污染，如"温室效应"、臭氧层破坏和酸雨。

（2）大面积生态破坏，如森林和植被减少、草场退化、水土流失、沙尘暴、荒漠化和生物多样性锐减等。

（3）突发性的严重污染事件叠起，如 1984 年 12 月印度博帕尔毒气泄漏事件，美国联合碳化公司所属农药厂 45t 异氰酸甲酯泄漏，造成 6400 人死亡，13.5 万人受到伤害，2 万多人被迫转移；1986 年 4 月前苏联切尔诺贝利核污染事故，第四号反应堆爆炸，放射性物质沉降到前苏联西部广大地区和欧洲国家，并有全球性沉降，死亡 31 人，13.5 万人被迫迁移；以及 1989 年 3 月在美国阿拉斯加海湾由于油船搁浅造成大量原油外溢和 1991 年 6 月海湾战争油燃烧污染，导致上千公里海面和大面积植被及土壤遭受严重污染。

表 1－9 列出了近 20 年发生的公害事件及其危害。

表 1－9　近 20 年发生的公害事件

事　件	发生时间（年．月）	发生地点	产生危害	产生原因
阿摩柯卡的斯油轮泄油事件	1978.3	法国西北部布列塔尼半岛	藻类、湖间带动物、海鸟灭绝	海轮触礁，2.2×10^5t 原油入海
三哩岛核电站泄漏事件	1979.3	美国宾夕法尼亚州	直接损失超过 10 亿美元	核电站反应堆严重失水
威尔士饮用水污染事件	1985.1	英国威尔士	200 万居民饮用水污染，44%人中毒	化工公司将酚排入迪河
墨西哥油库爆炸事件	1984.11	墨西哥	4200 人受伤，400 人死亡，10 万人被疏散	石油公司油库爆炸
博帕尔毒气泄漏事件	1984.12	印度中央邦博帕尔市	2 万人严重中毒，1408 人死亡	45t 异氰酸甲酯泄漏

续表

事　　件	发生时间（年．月）	发生地点	产生危害	产生原因
切尔诺贝利核电站泄漏事件	1986.4	前苏联、乌克兰	203 人受伤，31 人死亡，直接经济损失 30 亿美元	4 号反应堆机房爆炸
莱茵河污染事件	1986.11	瑞士巴塞尔市	事故段生物绝迹，160km 内鱼类死亡，480km 内的水不能饮用	化学公司仓库起火，30t 硫、磷、汞等剧毒物进入河流
莫农格希拉河污染事件	1988.11	美国	沿海 100 万居民生活受到严重影响	石油公司油库爆炸，$1.3\times10^4m^3$ 原油进入河流
埃克森瓦尔迪兹油轮漏油事件	1989.3	美国阿拉斯加州	海域严重污染	漏油 $4.2\times10^4m^3$

这些全球性大范围的环境问题严重威胁着人类的生存和发展，不论是广大公众还是政府官员，也不论是发达国家还是发展中国家，都普遍对此表示不安。1992 年里约热内卢环境与发展大会正是在这种社会背景下召开的，这次会议是人类认识环境问题的又一里程碑。环境问题的第二次高潮的出现实质上是由于环境问题的第一次高潮的长期累积，并继续加速经济发展引起的。但是这两次环境问题的高潮具有明显的阶段性，有以下主要特点：

（1）影响范围不同。从区域性环境问题转化为全球性环境问题，从发达国家的环境问题扩展到发展中国家的环境问题。第一次高潮主要出现在工业发达国家，重点是局部性、小范围的环境污染问题，如城市、河流、农田等；第二次高潮则是大范围，乃至全球性的环境污染和大面积生态破坏。如一个国家和一个地区燃烧化石燃料排放的 CO_2 能够改变另一个国家的气候或使全球海平面上升；一个国家生产和排放的危险物品能够威胁到全人类的生存；一个地区砍伐森林会导致全球 CO_2 的增加。

（2）环境污染的后果不同。环境问题危害范围扩大、程度严重。前次高潮人们关心的是环境污染对人体健康的影响、环境污染虽也对经济造成损害，但问题还不突出；第二次高潮不但明显损害人类健康（每分钟因水污染和环境污染而死亡的人数全世界平均达到 28 人），而且全球性的环境污染和生态破坏已威胁到全人类的生存与发展，阻碍经济的持续发展。

（3）污染源不同。污染源种类多样化和复杂化。第一次高潮的污染来源集中在传统的“三废”，即废气、废水、废渣土，主要是化石燃料燃烧引起的大气污染，重工业废水、有机物废水及生活废水等引起的水体污染，以及工业固体废物和城市垃圾所造成的污染。只要一个城市、一个工矿区或一个国家下决心，采取措施，污染就可以得到有效控制。第二次高潮出现的环境问题，污染源和破坏源众多，不但分布广，而且来源杂，既有来自人类的经济再生产活动，也有来自人类的日常生活活动；既来自发达国家，也来自发展中国家。解决这些环境问题只靠一个国家的努力很难奏效，要靠众多国家，甚至全球人类的共同努力才行，这就极大地增加了解决问题的难度。

(4) 危害程度和范围不同。环境问题危害范围扩大、程度严重。第一次高潮的“公害事件”与第二次高潮的突发性严重污染事件也不相同。一是带有突发性，二是事故污染范围大、危害严重、经济损失巨大。例如，印度博帕尔农药泄漏事件，受害面积达 $40km^2$，据美国一些科学家估计，死亡人数在0.6万～1万人，受害人数为10万～20万人，其中有许多人双目失明或终生残废。

从环境问题的发展历程可以看出，人为的环境问题是随人类的诞生而产生，并随着人类活动的加剧和社会的发展而发展。因此，必须分别对待不同国家出现的环境问题，处理好人类社会发展与环境的关系，才能从根本上解决环境问题。

四、全球性环境问题

目前国际社会最关心的全球性环境问题主要包括全球性气候变暖、臭氧层破坏、酸雨、有毒有害废弃物的越境转移和扩散、生物多样性锐减、热带雨林减少、沙漠化、发展中国家人口及贫困等问题，以及由上述问题带来的能源、资源、饮水、住房、灾害等一系列问题。由于这些问题的全球性特点，需要全球众多国家加强合作共同努力。

1. 全球气候变暖

全球气候变暖一般包括气温升高、海平面上升和降水增加三个方面的内容。对过去100多年中全球气温的研究表明，全球平均地面温度上升了0.3～0.6℃，1981～1990年全球平均气温比1861～1880年上升了0.48℃，20世纪50年代以后全球平均气温约比19世纪下半叶升高了0.612℃。100年来，地球上两极冰川融化后退，海平面上升了14～25cm。全球陆地降雨量增加了1%。有专家预测，考虑到海水热膨胀、冰雪融化、降水增加等综合因素，全球气温在21世纪可能升高1.5～4℃，海平面可能上升20～165cm。从近6亿年全球周期性气候冷暖变化的地质发展规律来看，目前地球正处于冰期向间冰期的过渡时期，全球性气候变暖是必然的，人类活动所造成的“温室效应”加快了全球变暖的趋势。

所谓“温室效应”是地球上早已存在的自然现象，由瑞典诺贝尔化学奖获得者S.A.阿伦纽斯（Svante August Arrhenius）在1896年提出的概念。自然界的任何物体都有热辐射，温度越高，辐射能量越大，辐射波长就越短。太阳表面平均温度约为6000K，以300～800nm的紫外光、可见光等短波辐射透过大气被地球表面吸收；而地球表面平均温度约为288K，以16000nm的红外长波辐射形式将到达地表的太阳能向外空间反射，从而维持地球的热平衡。由气体分子结构和分子光谱的原理可知，大气中的 CO_2 和其他微量气体如 CH_4、CFCs（氯氟烃）、H_2O、N_2O、O_3 等可以使太阳的短波辐射几乎无衰减地通过，但却可以吸收地面反射的长波辐射，阻止地面向外空间散失能量，使大气温度升高。因此，这些气体有类似温室的作用，故称上述气体为“温室气体”，由此产生的效应称为温室效应。据科学家估算，如果不存在温室效应，地球表面的温度将不是现在的15℃，而是－18℃。

大气中能产生温室效应的气体已经发现近30种。从对增加温室效应的贡献来看，最重要的气体是 CO_2，大约起66%的作用，其次是 CH_4 和氯氟烃（CFCs），分别起到16%和12%的作用。CO_2 是一种比较稳定的化学物质，它在大气中的保留时间可达10年以上，而且较少参与大气中的各种化学反应；大气中CO_2浓度增加的人为原因主要是化石燃料的燃烧和森林植被的毁坏两个原因。CH_4温室效应的贡献是同样数量CO_2的21倍。CFCs的商业名称为氟利昂，它的温室效应作用不仅是同样数量CO_2的数千倍，危害极大，而且破坏臭氧层的作用更加令人关注。

全球变暖可能造成的影响有：①人类的传染病、心血管和呼吸道疾病发病率增高，危害增大；②生物物种的迁徙可能跟不上气候变化的速率，影响动、植物的分布；③加剧全球干旱、洪涝等气象灾难事件的频率和程度；④海平面上升会对经济相对发达的沿海地区产生重大影响；⑤全球范围农作物的产量和品种的地理分布将发生变化。

2. 臭氧层损耗

臭氧（O_3）在大气中的含量非常微少，仅占一亿分之一。臭氧层存在于距地面高度20～30km范围平流层中，其中臭氧的含量占这一高度上的空气总量的十万分之一。臭氧含量虽然极微，却具有非常强烈的吸收紫外线的功能，它能吸收波长为200～300nm的紫外线。正由于臭氧层能够吸收99%以上来自太阳的、对生物具有极强的杀伤力的紫外线辐射，从而保护了地球上各种生命的存在、繁衍和发展，维持着地球上的生态平衡。

科学家观察证实，近40年来，大气中臭氧层的破坏和损耗越来越严重。自1975年以来，南极上空每年早春（南极10月份）总臭氧浓度的减少超过30%。1985年，南极上空臭氧层中心地带的臭氧浓度极为稀薄，近95%被破坏，出现所谓的臭氧层“空洞”。到1994年，南极上空的臭氧层破坏面积已经达$2.4\times10^7km^2$。臭氧空洞发生的持续期间和面积不断延长和扩大，1998年的持续期间为100天，比1995年增加23天，而且臭氧洞的面积比1997年增大约15%，几乎可以相当于3个澳大利亚。南极上空的臭氧层是在20亿年里形成的，可是在一个世纪里就被破坏了60%。北半球上空的臭氧层比以往任何时候都薄。欧洲和北美上空的臭氧层平均减少了10%～15%，西伯利亚上空甚至减少了35%。20世纪80年代，中国昆明上空臭氧平均含量减少1.5%，北京减少5%。

臭氧层损耗原因目前还在探索之中，仍然存在着不同的认识，但人类排放的许多物质能引起臭氧层破坏已成了不争的事实。这些物质主要有氟氯烃（CFCs）、哈龙、氮氧化物、四氯化碳及甲烷等，其中破坏作用最大的为哈龙与氟氯烃类物质。

由于臭氧层损耗导致紫外线照射增加可能造成的危害有：①损害人的免疫系统、眼角膜及人体皮肤，尤其使皮肤癌患者增加，据估计，平流层臭氧若损耗1%，皮肤癌的发病率将增加2%；②破坏地球上的生态系统；抑制植物的光合作用，损害植物叶片，使农作物减产；水生生态系统中的微生物、小型鱼虾和单细胞藻类减少、死亡，食物链被破坏，还可能导致某些生物物种的突变；③引起新的环境问题，如加剧光化学烟雾的形成；增强大气温室效应，加速材料的老化、分解、破坏，如塑料老化、涂料变色、钢铁材料加速腐蚀等。

3. 酸性降水

酸性降水是指$pH<5.6$的大气降水，包括雨、雪、霜、雹、雾和露等各种降水形式，其中最多的酸性降水是酸雨（Acid rain）。一般雨水的$pH=6$左右，呈现弱酸性，主要是天然降水中溶解了CO_2所致。国际上多年来将$pH=5.6$作为判断是否是酸雨的界限，当降水酸度$pH<4.9$时称为重酸雨。

有关酸雨的研究已有100多年历史。1852年，英国杂志上首次发表了曼彻斯特附近地区降雨中有硫酸的报导，而酸雨的概念则是1872年R·史密斯在《大气与降水——化学气候学的开端》一书中首次提出的。当前的酸雨主要是人类活动向大气排放的各类酸性物质所造成。

20世纪五六十年代以前，酸雨只在局部地区出现。之后，欧美等工业发达国家陆续发现酸雨增多、范围扩大的现象。20世纪70年代初，调查发现北欧斯堪的纳维亚的许多湖泊被酸化，瑞典就有15000个。北欧、英国和联邦德国，酸雨造成的环境酸化程度超过正常值的10倍以上，而且发现北欧酸雨是英国和西欧排放的SO_2“输出”造成的，酸雨成为跨越国界的环境问题。在1974年欧洲科西嘉岛测得过一次pH=2.4的酸雨，这已经与食醋的pH值一样。1982年美国有15个州的降水pH值在4.8以下，酸雨已经从美国东北部地区蔓延到西部人口稠密区和重要的自然保护区。此后，酸雨在世界各地相继出现。

我国20世纪70年代末也发现酸雨。30多年来，酸雨受害面积已扩大到国土面积的30%以上。我国的酸雨主要分布于长江以南、青藏高原以东地区及四川盆地。其中以长沙为代表的华中酸雨区，降水酸度值最低，酸雨出现频率最高，长沙降水平均pH值曾经低至3.54。酸雨的范围也在扩大，北方地区也有一些城市，如青岛、图们、太原等出现酸雨。目前，我国与日本已成为步北欧、北美后的世界第三大酸雨区。

通常，在酸雨形成过程中，硫酸占60%～70%，硝酸占30%，盐酸占5%，有机酸占2%。NO_x和SO_2是形成酸雨的大气污染物的主要成分，主要来自燃烧化石燃料的各种设备和汽车尾气等人为的排放。

气态的NO_x和SO_2在大气中可以氧化成不易挥发的硝酸和硫酸，溶于云雾或雨滴中而形成酸雨。SO_2氧化为SO_3的速度在清洁干燥的大气中非常慢，但在潮湿、有多种微粒和光的作用下，反应速度会大大加快。SO_2的化学氧化机理有液相催化反应和光氧化反应。当大气湿度较高时，游离在大气中颗粒状的金属盐（锰铁、铜等的硫酸盐或氯化物）作为凝结核可使水分子聚集成小水滴，水滴吸收SO_2和O_2后，在这些金属盐的催化作用下，液相中的SO_2将迅速氧化为H_2SO_4。直接光氧化反应是在光的作用下处于基态的SO_2，与O_2碰撞发生形成SO_3；间接光氧化反应是处于基态的SO_2，与由其他分子光解产生的自由基，如HO、HO_2等碰撞而发生热化学反应形成SO_3，SO_3再与H_2O化合成H_2SO_4。NO的氧化途径有两种：NO与O_3反应氧化成NO_2，或与自由基OH、HO_2等反应形成HNO_2、HNO_3。NO_2的氧化途径也有两种：NO_2与O_3和NO_3反应形成N_2O_5，再与HO_2反应转化成HNO_3，或与过HO_2反应转化为HO_2NO_2（过氧硝酸）。

酸雨的危害极大，主要表现在：①酸雨使水生生态系统酸化，浮游植物和动物减少，影响鱼类繁殖、生存。当pH<5.5时，大部分鱼类难以生存；当pH<4.5时，水生生物大部分死亡。②酸雨使陆生生态系统酸化，土壤中的营养元素钾、镁、钙、硅等不断流失和有毒元素溶出，抑制了微生物固氮和分解有机质的活动，加速了土壤贫瘠化过程，影响各种绿色植物的生存及产量。③酸雨腐蚀建筑材料和金属制品等各种材料，尤其对主要化学成分为$CaCO_3$的大理石所构建的文物古迹，如古代建筑、雕刻、绘画等，由酸雨溶解下来的$CaSO_4$部分侵入颗粒间缝隙，大部分被雨水冲走或以易于脱落的结壳形式沉积于大理

石表面，造成无法挽回的损失。④酸雨间接影响和危害人体健康，如食用酸性水体中被食物链的富集作用污染的鱼类等，必然对人体健康造成伤害。

4. 生物多样性锐减

生物多样性是指一定空间范围所有生物有规律地结合在一起的总称。一般从物种多样性、遗传多样性和生态系统多样性三个方面来研究和分析生物多样性的基本特点。生物多样性以及由此而形成的生物资源构成了人类赖以生存的生命保护系统，具有维持生态平衡的功能，是一种不可缺少的自然遗产和重要资源。

在地球上1000万～3000万的物种中，已辨明、分类的植物、动物、微生物品种共有170万种，其中覆盖地球陆地面积的7%的热带森林几乎包含了世界物种的一半以上。物种丰富的生物资源提供了地球生命的基础，植物中不到20种提供了世界绝大部分的粮食。植物和动物是主要的工业原料。同时，生物资源起到维护自然界的氧一碳平衡、净化环境、涵养水源、降解有毒有害污染物等作用。

物种多样性锐减表现为物种灭绝和消失，前者是指一个物种在整个地球上不可逆转的消失；后者则是指一个物种仅在某些地域存活，而在大部分分布区消失，但在一定条件下可以恢复。物种灭绝是一个自然进化的过程。在2.2亿年前的晚三叠纪和6500万年前的晚白垩纪，地球均有过大规模的物种灭绝。近百年来，由于人口的急剧增加和人类对资源的不合理开发，加之环境污染等原因，地球上的各种生物及其生态系统受到了极大的冲击，生物多样性也受到了很大的损害。有关学者估计，世界上每年至少有5万种生物物种灭绝，平均每天灭绝的物种达140个，估计到21世纪初，全世界野生生物的损失可达其总数的15%～30%。在中国，由于人口增长和经济发展的压力，对生物资源的不合理利用和破坏，生物多样性所遭受的损失也非常严重，大约有200个物种已经灭绝；估计约有5000种植物在近年内已处于濒危状态，这些约占中国高等植物总数的20%；大约还有398种脊椎动物也处在濒危状态，约占中国脊椎动物总数的7.7%左右。科学家预测，物种灭绝的速度是形成速度的100万倍，如不采取保护措施，地球上全部生物多样性的1/4在未来20～30年里有被消灭的严重危险。由于食物链的作用，地球上每消失一种植物，往往有10～30种依附于这种植物的动物和微生物也随之消失。

生物多样性锐减，将导致生物圈内食物链的破碎，引起人类生存基础的坍塌，威胁人类生存与发展机会的选择，其后果是灾难性的。人类活动造成生物多样性锐减主要原因有：①大面积森林采伐，过度放牧引起草场退化；②工业、旅游、城市的无控制发展，生物资源的过分利用；③大气、水体、土壤等环境污染；④各种干扰的累加效应。

5. 森林和草原植被减少

森林和草原植被是一种可再生的自然资源，是整个陆地生态系统的重要组成部分，它们的减少与破坏是生态环境破坏的最典型特征之一。历史上，地球森林广阔，但到1985年，全世界森林面积仅为$4.147 \times 10^9 hm^2$。目前，地球森林面积的覆盖率约为27%。

我国占世界森林面积的3%～4%。中国森林减少与破坏的现象曾经比较严重，森林覆盖率从1949年的13%曾一度下降到11.5%。20世纪的最后十几年，我国采取了天然林资源保护工程、防护林体系建设工程、退耕还林工程等措施，取得了成效。到2001年底，我国森林面积15900万hm^2，森林覆盖率为16.55%，仍比世界平均水平低10.45%；人均占有森林面积为0.128hm²，相当于世界人均森林面积的1/5。森林的重要作用体现在以下几个方面：

(1) 森林是陆地上最丰富的物种基因库和生产地。森林繁育着多种多样的生物物种，保存着世界上濒危、珍稀、特有的野生动、植物，生物生产量占植物生产总量的90%；它又是巨大的基因库，物种的遗传变异和种质对农业、医药和工业每年能提供数十亿美元的贡献。

(2) 维护和调节地球的生态平衡。森林在生态系统的碳循环中起着重要的调节作用，每年大约可固定3.6×10^{10} t C，使全球550亿t的CO_2转化，维持大气中CO_2和O_2的良性循环。据测定，1 hm²阔叶林每天可吸收1000kg的CO_2，放出730kg的O_2，可供1000人正常呼吸之用。森林具有水源涵养、固沙防风、调节气候、减少水土流失的功能。

(3) 净化环境的污染。森林可以净化环境，能阻滞酸雨和吸收大气中的污染物，每公顷云杉林可吸滞粉尘10.5t；森林还可降低噪声，30m宽的林带可衰减噪声10～15dB；森林还分泌杀菌素，有的树木能促使臭氧产生，杀死空气中的细菌，有益人体健康。

(4) 森林是生物资源的生产基地。森林提供建筑、造纸等原料，还是林业副产品和森林化工原材料的生产基地。

到2001年年底，全国各类天然草原39283万hm²，约占国土面积的41.7%，居世界第二位。但人均占有草地仅0.33 hm²，为世界人均面积的一半。我国天然草原的面积每年减少约0.17%，90%存在不同程度的退化。其中"三化"（退化、沙化、碱化）草原面积已达34.4%，并且每年还以200万hm²的速度增加。

草原把太阳能转化为化学能及生物能，是一个巨大的绿色能源库和宝贵的生物基因库，为人类活动提供丰富的生产和消费资源，具有重要的经济价值。它覆盖面积大、适应性强，更新速度快，具有调节气候、保持水土、防风固沙、净化大气环境等重要的生态功能。

6. 土地退化

土地退化主要有水土流失和荒漠化两种现象。水土流失是土地资源的不合理利用，特别是毁林造田、过度放牧所带来的不良后果。据统计，全世界水土流失面积达25亿hm²，占全球陆地面积的16.8%，以及占全球耕地和林草地总面积的29%。如果以土壤层平均厚lm计算，经过809年全球耕地土壤将被侵蚀殆尽。

中国是世界上水土流失最严重的国家之一。目前全国水土流失总面积3.56亿hm²，约占我国领土面积的37%。黄土高原地区的水土流失现象最为严重，流失面积占该区总面积的83%。水土流失的直接后果是导致土地退化、地力衰退，严重破坏了土地资源和农业生产，削弱人类赖以生存和发展的基础。我国每年损失表土约50亿t，相当于全国耕地每年剥去1cm的肥土层，流失的氮、磷、钾估计为4000万t左右，与一年化肥用量相当，折合经济损失达24亿元。此外，流失土壤还会造成水库、湖泊和河道淤积。例如，由于黄河上游水土流失严重，下游河床平均每年抬高达10cm。

荒漠化是指在干旱、半干旱和某些半湿润、湿润地区，由于气候变化和人类活动等各种因素所造成的土地退化，它使土地生物和经济生产潜力减少，甚至基本丧失。荒漠化是当今世界最严重的环境与社会经济问题。目前世界上受荒漠化威胁的面积已达45亿hm²，其中有21亿hm^2完全丧失生产能力。每年有500万～700万hm^2的耕地被沙漠化，损失达100亿美元。荒漠化受害面涉及全世界，全球陆地面积的1/3、超过60%的国家和地区，世界约20%的人口受到荒漠化的危害和直接影响。最为严重的是非洲大陆，其次是亚洲。从1980年和1990年所作估算的比较来看，由于世界各国防治土地荒漠化的进展甚微，在1978～1991年间，全世界的直接经济损失为3000亿～6000亿美元。这尚不包括荒漠化地区以外的损失和间接经济损失。

我国的沙漠化现象也比较严重。我国有1.68亿hm^2土地为荒漠地貌，约占国土面积的17.5%，比10个山东省的面积还要大。其中1.1亿hm^2目前尚无可以治理的有效方法，并且荒漠化的扩张速度达到每年24万hm^2。若考虑潜在的荒漠化面积，受荒漠化影响的土地面积约占国土总面积的1/3，近4亿人口受到荒漠化的威胁。

荒漠化扩大主要是由于森林面积减少、过度耕作和放牧、天然草场退化、水土流失、水体和土壤污染等人为过度的经济活动，破坏生态平衡所引起的一种土地退化过程。联合国对荒漠化地区的调查结果发现：由于自然变化引起的荒漠化占13%，其余87%均为人为因素所致；中国科学院的调查也表明，我国北方地区现代荒漠化土地中的94.5%为人为因素所致。

7. 水污染

由于人口增长和经济发展所导致的人均用水量的增加，在过去的三个世纪里，人类提取的淡水资源量增加了35倍，1970年达到了$3500km^2$。20世纪的后半叶，淡水提取量每年增加4%～8%，其中农业灌溉和工业用水占了增长的主要部分，特别是20世纪70年代“绿色革命”期间，灌溉用水翻了一番。与淡水资源短缺相对应的是水资源的大量浪费。农业消耗了全球用水量的70%左右，但农业灌溉用水效率普遍比较低，许多灌溉系统60%以上的水在浇灌庄稼前就渗漏和蒸发掉了，并带来土壤盐渍化。水污染有三个主要来源：生活废水、工业废水和含有农业污染物的地面径流。另外，固体废物渗漏和大气污染物沉降也造成对水体的交叉污染。化肥和农药需求的日益增长和不合理使用，使农业的地表径流污染也发展成为一个比较严重的问题，成为湖泊等地表水体富营养化的一个重要来源。

8. 大气污染

大气污染通常是指由于人类活动或自然过程引起某些物质进入大气中，呈现出足够的浓度，达到足够的时间，并因此危害了人体的舒适、健康和福利或环境的现象。

凡是能使空气质量变坏的物质都是大气污染物。目前已知的大气污染物约有100多种，造成大气污染的原因有自然因素（如森林火灾、火山爆发等）和人为因素（如工业废气、生活燃煤、汽车尾气、核爆炸等）两种，且以后者为主，尤其是工业生产和交通运输所造成的。大气污染的主要过程由污染源排放、大气传播、人与物受害这三个环节所构成。影响大气污染范围和强度的因素有污染物的性质（物理的和化学的）、污染源的性质（源强、源高、源内温度、排气速率等）、气象条件（风向、风速、温度层结等）和地表性质（地形起伏、粗糙度、地面覆盖物等）。按其存在状态可分为两大类：一种是气溶胶状态污染物；另一种是气体状态污染物。气溶胶状态污染物主要有粉尘、烟液滴、雾、降尘、飘尘、悬浮物等；气体状态污染物主要有SO_x、NO_x、CO_2、碳氢化合物、光化学烟雾和卤族元素等。大气中不仅含无机污染物，而且含有机污染物。随着人类不断开发新的物质，大气污染物的种类和数量也在不断变化着，而且南极和北极的动物也受到了大气污染的影响。

大气污染对人体的危害主要表现为呼吸道疾病；对植物可使其生理机制受压抑，成长不良，抗病虫能力减弱，甚至死亡；大气污染还能对气候产生不良影响，如降低能见度，减少太阳辐射（据资料表明，城市太阳辐射强度和紫外线强度要分别比农村减少10%～30%和10%～25%）而导致城市佝偻发病率增加；大气污染物能腐蚀物品，影响产品质量；形成酸雨，导致河湖、土壤酸化、鱼类减少甚至灭绝，森林发育受影响。

9. 海洋生态问题

海洋总面积$3.6\times10^8km^2$，覆盖71%的地球表面，占地球总水量的97%。海洋具有深的浩瀚水域、独自的潮汐和洋流系统、比较稳定和较高的盐度（3.5%左右）。海洋以其巨大的容量消纳着一切来自自然源和人为源的污染物，是大部分污染物的最终归宿地。随着人为活动的加剧，海洋已经遭受日益严重的人为污染，其中主要的是海洋石油污染。

造成海洋石油污染的主要原因是石油的海上运输事故，油轮将大量原油泄入海洋，以及其他正常输油船只的冲洗、排放和近海采油平台及输油管的泄漏；其次是排入江河的来自陆地油田、机动车辆、船只或其他机器的散溢的石油和润滑油，这些废油最终进入近海。据估计，每年在海运过程中流失的原油估计达150万t，其他途径进入海洋的原油及石油产品的总量达200万～2000万t。

海洋石油污染给海洋生态带来一系列有害影响：首先，海面被油膜覆盖后降低海洋植物光合作用的效率，阻止大气中氧气向海水中的扩散，而使海水中的溶解氧下降，导致海洋水生动物难以生存；其次，原油在海水中扩散、乳化、溶解产生剧毒，进入并破坏鱼类的循环系统，轻则使鱼类富集有毒物质失去食用价值，重则大批鱼类死亡；还有，油污阻止海洋浮游植物的细胞分裂而致其大量死亡，石油污染海兽和海鸟皮毛而破坏其隔热保护作用，石油通过鸟类用嘴整理羽毛时进入肠胃导致病亡等。高浓度石油对近海水域生态系统的破坏是局部的，但低浓度、长时间对整个海洋的危害也已日渐显露。

近海赤潮是另一种常见的海洋污染现象，它主要是由氮和磷引起的污染，农田退水和洗涤废水中富含这两种元素。当海水中无机氮浓度超过$0.3\mu g/g$、无机磷浓度超过$0.01\mu g/g$时，藻类群落就会因环境的富营养化而“爆发”地增长，形成“藻花”，并因不同藻类的不同颜色而被称为“赤潮”、“褐潮”或“绿潮”。茂密的藻花遮蔽了阳光，使下层水生植物不能生长；大量藻类死亡腐化消耗水中氧气，造成局部海域的厌氧环境，产生H_2S等还原性有毒气体，给海洋渔业、水产业和旅游业带来巨大损失。

2001年，中国大部分海域环境质量基本保持良好状态，但近岸海域局部污染仍然较重。近岸海域水质主要受到活性磷酸盐和无机氮的影响，部分海域主要污染物是化学需氧量、石油类和铅，近岸海水以二类和劣四类为主。中国海域赤潮发生次数增多，发生时间提前，主要赤潮生物种类增多，总次数和累计影响面积均比往年有大幅度增加。

海洋污染的特点是：①污染源广，人类活动产生的废物在各种因素的影响下，最后都进入海洋；②持续性强，未溶解的和不易分解的污染物质长期在海洋中蓄积着，并且随着时间的推移，越积越多；③扩散范围大，污染物质排入海洋后，通过海流把混入海水中的污染物质带到很远的海域去；④控制复杂，由于污染源和海洋系统的复杂多变性决定了海洋污染控制的复杂性。

10. 危险性废物越境转移

危险性废物是指除放射性废物以外，具有化学活性或毒性、爆炸性、腐蚀性和其他对人类生存环境存在有害特性的废物。美国在《资源保护与回收法》中规定，所谓危险废物是指一种固体废物和几种固体的混合物，因其数量和浓度较高，可能造成或导致人类死亡率上升，或引起严重的难以治愈疾病或致残的废物。

美国每年可产生5000万～6000万t的危险废物，通过越境向外转移的有几百万吨之多，如费城有1.5×10^4t工业焚烧废灰被倾倒在几内亚的卡萨岛上；西欧各国每年产生大量危险废物，有2.5×10^5t通过越境转移。从近年来的发展趋势看，突出的问题是，某些发达国家向发展中国家输出危险废物，造成危害，如1987～1988年意大利某公司曾租用了尼日利亚柯柯港的私人住宅堆放8000桶有渗漏的危险废物；1988年挪威的一家运输公司曾将1.5×10^4t危险废弃物倾倒到几内亚，这方面的事例屡屡发生。

第五节　能源利用与环境效应

能源的利用过程可分为开采开发和消费利用两大过程。煤、石油、天然气、水能、风能、地热能及核裂变燃料等首先经过开采开发，再以电能、热能形式进行消费利用。而从能源的开发到最终的消费使用各环节均会对环境造成不同程度的危害。

一、能源开发与环境问题

1. 煤炭开发的环境问题

采煤是一种危险而有损健康的职业，煤炭的地下和露天开采都会严重破坏生态环境。

（1）岩层地表塌陷。岩层深处的煤采用地下开采方法。当煤层被开采挖空后，上覆岩层的应力平衡被破坏，导致上岩层的断裂塌陷，甚至地表整体下沉。塌陷下落的体积可达开采煤炭的60%～70%，如开滦矿区地面沉陷平均为6m。地表沉陷后，较浅处雨季积水、旱季泛碱，较深处则长期积水会形成湖泊；塌陷裂缝使地表和地下水流紊乱，地表水漏入矿井，还使城镇的街道、建筑物遭到破坏。治理塌陷的方法有：对于较浅的煤层，可在采煤时留下部分煤柱支撑煤层，但采煤效率很低；最有效的方法是将采空部分用碎石、砂、矸石、废油页岩等材料全部回填，但填充矿井需要付出昂贵的代价。

（2）地层表面破坏。接近地表的煤层采用露天开采方法。露天采煤时，先挖去某一狭长地段的覆盖土层，采出剥露的煤炭，形成一道地沟。然后将紧邻狭长地段的覆盖土翻入这道地沟，开采出下一地段的煤炭，以次类推。其结果，平原采煤后矿区地表形成一道道交错起伏的脊梁和洼地，形如“搓板”；丘陵采煤后出现层层“梯田”。露天煤矿开采后使植被遭到破坏，地表丧失地力，地面被污染，水土流失严重，整个生态平衡被打破。治理露天采煤造成破坏的方法有：开挖时尽量保持地表土仍覆盖在上层地面；用城市污泥或熟土回填矿区，进行复垦和再种植等。复垦的土地需要养护若干年，才能逐渐改善土壤条件，种植植物，因而代价也很昂贵。

（3）矿井酸性排水。煤炭中通常含有黄铁矿（FeS_2），与进入矿井内的地下水、地表水和生产用水等生成稀酸，使矿井的排水呈酸性。此外，矿区洗煤过程中也排出含硫、酚等有害污染物的酸性水。大量的酸性废水排入河流，致使河水污染。治理酸性排水的方法有：防止大量的水进入矿井；封闭废弃矿井入口；把废水排入不会自流排放的废井等，但同样存在经济问题。

(4) 废弃物堆积。煤炭的开采和选洗过程中产生大量的煤矸石和废石，矿区固体废物堆积数量巨大，全世界排矸量 $10\sim12\times10^8$ t/a。中国目前排矸量超过 1×10^8 t/a，且综合利用量不到 0.2×10^8 t/a，现已堆积煤矸石 $16\sim20\times10^8$ t，占地面积约 1×10^4 hm^2。矸石堆积除了占用土地，还不断自燃，排放有害气体和灰尘，污染大气和水体。矸石可作为供热或发电用的劣质燃料，或作为工业原料用于建筑、修路以及化肥生产等，也可用于矿井回填。

(5) 粉尘飞扬。煤的开采、装卸、运输过程中，难免有大量细小的煤灰、粉尘飞扬，使矿区空气中的固体颗粒悬浮浓度增大，严重危害人体健康及矿区生态环境。

(6) 自燃。开采出来的煤堆或地壳煤层经常会自动地缓慢燃烧。煤的自燃不仅浪费有价值的资源，而且释放一氧化碳、硫化物等有害气体，严重污染空气。

煤炭是中国的第一能源，煤炭开采的环境保护与综合利用尤为重要。

2. 铀生产的环境污染

核工业对环境的放射性污染主要来自核燃料生产和使用后燃料的处理。一般核燃料生产过程的放射性污染较轻，不构成严重危害。但它终究对人体有害，仍须予以充分注意。

核裂变燃料的基本原料是铀。铀的生产过程包括勘探、开采、选矿、水冶加工，最后精制得到的浓缩铀。在核燃料生产中，主要污染源是铀矿山和铀水冶厂，污染物均为放射性物质，随生产过程中的废气、废水和固体废物排向环境。虽然排出的废物放射性水平低，但排放量大，分布广。

铀矿区空气污染物有放射性气体氡、衰变子体和放射性粉尘，主要来自掘进、破碎、装运等过程中产生的氡和粉尘，随矿井通风系统进入大气。此外，矿岩石、矿石堆、废石堆、尾矿堆、矿坑水等都不断地析出氡气。铀矿山废水中的污染物不仅包含氡、铀及其衰变子体，而且有其他共生的有害化学物质。废水来自地下水渗入矿井后形成的矿坑水，湿法开采作业产生的废水，流经各种矿石堆的雨水等。铀矿山的固体废物主要是开采挖掘出来的废石，以及预选淘汰矿石，还有预处理产生的矿渣或尾矿。这些固体废物具有低水平的放射性，数量非常大。

水冶过程是铀生产的重要环节，其排出的废气放射性水平很低，一般不致引起环境放射性污染。水冶厂废水中的污染物有镭-226、硫酸根、硝酸根、有机溶剂等。其中镭-226是最危险的放射性物质，而酸性废水排入河流造成的危害往往比放射性物质更严重。水冶厂的固体废物主要是提取铀后的尾矿，还有受到污染的设备、物品等。尾矿数量大致与原矿石相等。虽然其中残留铀不及原矿石含量的10%，但原矿石总放射性的70%～80%仍然保留在尾矿中，如镭放射性仍残留95%以上。

核燃料生产中对环境的污染，最主要是含有放射性污染物的废水排入河流造成水体污染，在排放口下游附近，镭含量往往超标，使鱼类和其他水生生物难以生存。固体废物污染附近土地，或由于受到雨水冲淋，污染物随径流流入河流，往往造成一定程度的土壤污染和水体污染。铀矿山和水冶厂排出的废气，在大气自净能力的作用下，一般不会引起严重污染。

通常，铀矿山的废水用钡盐除镭或用其他方法净化后排放；矿渣采取堆放弃置或回填矿井的方法处置。水冶厂废水储存于尾矿坑中，澄清后一部分重复使用，大部分自然蒸发、渗入地下或排入河川；尾矿砂可以回填矿井，也可以采用在尾矿砂堆表面喷涂化学药剂，或用混凝土覆盖等各种稳定方法使污染减少扩散。如果采取各种合理的预防措施，核燃料生产过程中的污染排放不会造成太大危害。

3. 水能开发对环境的影响

水能的最主要利用是水力发电。由于水力发电本身具有无环境污染的危害，以及水力是可连续再生的自然资源等一系列优点，水电总是以清洁能源有些列入能源的开发战略。但是，水力发电也存在对生态环境的影响，它在给人类带来巨大利益的同时，也会带来一定的危害。水电工程无论是建设初期还是建成后使用，对环境的影响都是巨大的，尤其是建立拦河蓄水的大坝，破坏了原有河流流域的生态平衡。因此，必须对水电工程引发的环境问题作出全面的、充分的评估，从而采取有效的对策和措施，把危害降到最低程度。水能开发对环境的影响如下。

（1）对生态环境的影响。现代水电工程区域很大，库区大片植被遭到破坏，使该区内的野生动物丧失了栖息地和食物来源而被迫迁徙，原来的动物群落解体、消失或灭绝。水库改变了河流环境状况，直接或间接影响鱼类与其他水生生物的生存。水库淹没了一些鱼类的产卵和栖息地，阻挡某些鱼类的回游路径。如美国的哥伦比亚河修建的大古力水坝，使大鳞大马哈鱼的回游栖息和产卵地减少了70%。水库内可能出现氮、磷及有机物含量过高，使鱼类患弯体病死亡，也会造成库水富营养化而影响鱼类生存。水库会改变该区域的气候。由于水的热容量大，使得水库和陆地上空的大气压力发生改变而形成风。在水库影响区域内，有风天数明显增加。此外，水库附近上空的湿度增加，由于水库和陆地的温度存在差异，冬季可能使降水有所增加，而夏季可能会使降水减少。还有，水库对当地气温起着明显的调节作用，能缩小最高气温和最低气温的温差。例如，新安江水库建库前最高气温为45℃，最低气温为－12℃，建库后则分别为41.8℃与－7.9℃。

（2）对自然环境的影响。水利发电利用水流的机械能，需要尽可能高的落差，必须建筑大坝拦河蓄水。筑坝时需要进行修建交通道路、建设房屋及劈山采石等工作，水库蓄水将水位大幅度提高，将大量的土地、森林、村庄城镇、或名胜古迹永久淹没。这可能使自然景观永远消失，风光绮丽的崇山峻岭受到破坏。如修建黄河三门峡水电站淹没了660km^{2}良田，包括元代修建的道教圣地永乐宫。

（3）对社会环境的影响。除了自然生态环境问题，移民是水电建设的社会环境问题，也就是需要建立一个新的社会生态平衡系统。人口迁移问题远比其他生物经受的变化复杂，这对库区居民的生产和生活有着明显的影响。新建的居住区必须重视移民的风俗习惯和对当地居民的影响，避免造成和激化社会矛盾。此外，还应避免移民区的地方病和流行病异地传播。

（4）泥沙沉积。含有泥沙的河水进入库区后，流速减小，泥沙逐渐沉积下来，降低了水库容水量。泥沙沉积严重影响水库的功能，甚至会使整个水电站报废。黄河三门峡水电站因泥沙沉积被迫改建四次，而发电量也只有原设计能力的10%。美国、印度、塞浦路斯等国的130座水库调查表明，每年淤积的库容量为2%～14.3%。水库内沉沙淤泥还会加剧水坝下游河流对河岸的侵蚀，使之与淤泥沿岸沉积的平衡被破坏，威胁沿岸城市和桥梁地基；淤泥减少会使下游低级微生物得不到营养大量死亡，从而导致鱼类急剧减少，引起该区域水生生态的变化。

我国江河泥沙流失严重，据不完全统计，每年流失近50×10^8t，尤以黄河、长江为最。对于水库泥沙淤积，首先要在流域范围内植树造林，防止水土流失；此外，筑坝建库之前需考虑泥沙沉积的影响，水库设计要完善滞洪排沙的功能

(5) 诱发地震。水库蓄水改变和破坏了库区岩体的应力平衡与稳定，可能诱发地震。由于引起水库地震的相关因素很多，目前人们对它的成因认识尚不够统一。水库地震与库坝区岩石特性、地质结构和应力场、水文地质条件及水库要素（坝高、库容、库水深度、水库面积及蓄水速度）等因素有关。各类岩石中，诱震水库位于碳酸盐岩地区的比较多，我国约占72%，岩浆岩区震级较高。有洞穴、漏斗和较宽断裂的岩溶透水地区，诱发地震的概率较高，但震级较小。高坝水库（高于100m，库容大于10^8 m^3）发震可能性较高。20世纪60年代，印度的柯伊纳、希腊的克里马斯塔、赞比亚的卡里巴，水库相继发生了六级以上强震。

(6) 对水库滑坡的影响。水库岸边岩体中的松软夹层，是制约岸坡稳定，导致滑坡的主要因素。由于水库水位提高，长期浸泡使松软夹层软化，河岸岩体强度降低，容易发生滑坡或崩岩。其结果会导致库容减小，威胁过往航运船只，激起涌浪危及大坝的安全。

二、能源消费与环境污染

在人类的生产和生活中，需要将能源从初级形式转换为可以消费应用的高级形式。这种转换过程对环境产生了各方面的负面影响。

各种能量中，热能、机械能和电能消费最多，它们在不同的工业装置中完成各种转换过程。如锅炉把燃料化学能→热能，汽轮机把热能→机械能，发电机把机械能→电能，三者组成火力发电厂；汽车的内燃机将燃料化学能→热能→机械能；水电站将水的位能→动能→电能；太阳能集热器或电池分别将光能转换为热能或电能等。高品质的电能也可以转换为光、热或机械能，用于照明、取暖或做功。这些在人为干预下的能量转换过程，不仅得到了造福于人类的结果，而且产生了有害于环境的某些不良效应，即环境污染。

根据热力学定律，任何能量转换装置的效率都不能达到100%。例如，使用非再生性常规能源，火力发电厂将煤的化学能转化为电能的效率约为40%；汽车发动机将石油化学能转化为机械能的效率约为25%；核电站的效率约为33%。可见，大部分能源在消费过程中以热能的形式散失于环境，造成热污染，同时还向环境排放有害污染物，产生不良的环境效应。因此，提高能量资源利用效率，不仅可以减少能耗，节约能源，提高产品的经济性；而且减少环境污染，有利于环境保护。

多数环境污染问题与能源应用直接有关，如空气污染、水体和土壤污染、热污染、放射性污染、固体废物和噪声等。化石燃料的燃烧，排放的SO_2、NO_x、CO、碳氢化合物和烟尘等直接污染大气，污染物在大气中经过物理过程和光化学反应形成酸雨和光化学烟雾影响涉及更广的范围，除大气之外，还包括水体和土壤。排放的大量CO_2和废热引起温

室效应，造成区域性和全球性的危害。能源工业产生的大量固体废物也污染大气、水和土壤。放射性污染主要来自核电站，核武器试验也是污染源。近年来，三哩岛、切尔诺贝利等几次核电站重大事故说明，无论怎样小心防护，核电站终归是一个危险装置，其事故的发生往往是灾难性的。此外，与火力发电相比，核电站排放废热更严重，它将全部热能的2/3 排向环境。

三、环境污染对生物的影响

生物的生存环境被污染后，生物体内的毒物含量会逐渐积累。当富集到一定数量后，生物就开始出现受害症状，生理、生化过程受阻，生长发育停滞，最后导致死亡。

（一）环境污染对植物的影响

污染物影响植物的生理、生化作用。污染物对光合作用的影响是植物受害的主要原因。例如，SO_2抑制二磷酸核酮糖羧化酶的活性；重金属 Pb^{2+} 能抑制菠菜叶绿素中光合电子传递，这都阻止光合作用中对 CO_2的固定，使光合作用下降。SO_2还能使植物的总含氮量与蛋白质含氮量均下降；重金属镉能明显影响种子中氨基酸含量，从而影响植物的营养成分。污染物能破坏植物细胞膜的透性，并使植物的呼吸作用下降。污染物能改变并降低土壤微生物和酶的活性，影响植物根系对土壤中营养元素的吸收。

（二）环境污染对动物的影响

环境污染影响动物正常的生理功能，威胁动物的生存。污染物明显破坏动物的内脏。有些污染物，如 Pb、Cd 还能使鱼脊椎弯曲。有机氯农药严重影响鱼类、水鸟、哺乳动物的繁殖机能，使许多鸟类蛋壳变薄。重金属元素对鱼类的呼吸系统有严重的影响和破坏作用。这些重金属元素能粘附和积累在鱼鳃的表面，导致鳃的上皮和黏液细胞产生贫血和营养失调，而且还能降低血液中呼吸色素的浓度，使红血球减少。其结果影响了鱼类对氧的呼吸作用和降低血液输送氧气的能力，使得鱼类呼吸器官机能衰退。对一些污染物的研究结果表明，甲基汞能使血红蛋白、血浆中的 Na^+ 和 Cl^- 增加；Cd^+ 能干扰肝脏对维生素 B_{12}的正常储存；用亚致死剂量镉处理鲽鱼有明显的贫血反应。

（三）环境污染对人体的影响

人体具有自身的生理调节功能以适应不断变化环境的能力。但是，如果环境污染物导致环境的异常变化，超出人体正常的生理调节限度，则可能引起人体功能、代谢和结构发生异常的病理性变化，即环境致病。人类的环境致病有物理性因素（如噪声、放射性物质、热污染等）、化学性因素（如重金属、有害气体、化肥、农药、各种有机及无机化合物,）和生物性因素（如细菌、病菌等）。环境污染物能否对人体产生危害及其危害的程度，主要取决于污染物进入人体的“剂量”。当剂量达到一定程度，即可引起异常反应或致病。其次，随着污染物作用时间的延长，毒物在体内蓄积量达到中毒阈值时，就会产生危害。另外，多种污染物在体内同时作用于人体，存在综合影响。例如，锌能阻抗镉对肾小管的损害，而 CO 与 H_2S 则可相互促进中毒的发展。此外，不同人的健康和生理状况、遗传因素等，均可影响人体对环境异常变化的反应强度和性质。例如，1952 年伦敦烟雾事件死亡的 4000 人中，患有心肺疾患的人占到 80%。

疾病的发展阶段有潜伏期、前驱期、临床症状期、转归期（恢复健康或恶化死亡）。对于微量慢性致病因素长期作用下的中毒，疾病的前两期可能相当长，但并不表明病人

"健康"，而急性中毒的疾病会很快出现明显的临床症状和体征。因此，不能以人体是否出现疾病的临床症状和体征来评价有无环境污染及其严重程度。因此，环境污染对人体健康的危害，大体上可分为急性危害、慢性危害和远期危害。

1. 急性危害

环境污染造成急性危害的突出事件有烟雾、有毒化学品及核反应堆泄漏等事故。煤烟型烟雾使人从感到胸闷、咳嗽、呼吸困难，进而发烧直至死亡。死亡率最高的是支气管炎、肺炎、肺结核、心脏病等呼吸和循环系统疾病的患者。研究表明，大气污染物中粉尘浓度的危害比 SO_2 更大。光化学烟雾主要是刺激呼吸道黏膜和眼结膜，而引起眼结膜炎、流泪、嗓子疼、胸疼，严重时会造成运动着的人突然晕倒，出现意识障碍。有机污染物中的有机磷农药，能在体内产生抑制酶的代谢产物。这种代谢产物常可引起急性神经障碍症状。

2. 慢性危害

慢性危害主要有大气污染物及重金属，如氟、镉、铬、铅、汞、砷等中毒引起的疾病。大气污染引发的上呼吸道慢性炎症有慢性鼻炎、慢性咽炎。同时，由于呼吸系统持续不断地受到大气污染物的刺激腐蚀，使呼吸系统的各种防御功能相继遭到破坏，抵抗力逐渐下降而诱发慢性支气管炎、肺气肿等肺部疾病。随着心肺的负担不断增加，使肺泡换气功能下降，肺动脉压力上升，最终因右心功能不全而导致肺心病。

氟是环境中主要污染物之一，在氟污染地区常引起氟中毒。氟引起的疾病有斑釉齿、骨质硬化症、甲状腺肿瘤等。人体每天摄取 8～10mg 以上氟就会出现骨硬化、不规则骨膜骨、骨密质增厚、密度增大等氟骨症。

铅中毒引起贫血是因为铅污染物经呼吸道或消化道侵入体内，再由血液输送到脑、骨骼及骨髓等各个器官，损害了骨髓造血系统。轻度铅中毒造成胃肠功能紊乱。铅对神经系统也将造成损害，能引起末梢神经炎，出现伸肌麻痹、触觉减弱、运动异常。铅中毒还会伤害大脑系统，尤其对未成年人的影响特别敏感。低浓度的铅能影响儿童智力发育，出现学习低能、注意力涣散等智力障碍，产生古怪异常行为。铅还具有母婴遗传特征，危害后代。

镉中毒能引起骨痛。骨痛病者大多身材矮小，伴随脊椎与胸腔变形。大多会出现末梢神经障碍、红色素性贫血、低血压及一些肾功能方面的障碍。大气中镉浓度在 $50\mu g/m^3$ 以上时，对健康会产生不利影响，食物中含镉 0.3mg/kg 以上的大米就不能食用。长期饮用超标 400 倍的被铬污染的井水，发生口角糜烂、腹泻、腹痛和消化道机能紊乱等病症。

汞中毒是中枢神经系统受损害的中毒病症。重症临床表现为口唇周围和肢端呈现出神经麻木（感觉消失）、中心性视野狭窄、听觉和语言受障碍及运动失调。典型事件如发生在 1956 年日本熊本县水俣湾地区的水俣病。它是由于在硫酸汞催化乙炔的反应过程中产生的副产品甲基汞随废水排入水俣湾海域，造成水中鱼体汞含量达到 $20\sim30\mu g/g$ 以上，居民大量食用含有甲基汞的鱼而患此病。

3. 远期危害

环境污染的影响在短期不能表现出来，有些甚至不是在当代表现出来的危害为远期危害。通常所指的是致癌、致突变、致畸问题。

（1）致癌。据一些研究资料分析，人类癌症患者中约90%由化学物质的作用所引起。国际癌症研究中心（IARC）研究证明，由流行病学调查确定对人致癌的化学物质有26种，其中有8种是药物。有些是由于经常的职业接触致癌的，如联苯胺、苯、双氯甲醚、异丙油、芥子气、镍、氯乙烯、铬和氧化镉等。

砷化物随废气、废水、废渣排入环境。砷由呼吸道进入人体会致肺癌，SO_2有促癌作用；通过饮食或皮肤侵入体内，可使皮肤发黑，皮肤癌、肝癌等发病率升高。石棉纤有锐利的尖刺，进入人体内能刺入肺泡或胸、腹膜，使膜纤维化，并逐渐变厚形成间皮瘤或癌。在接触石棉与吸烟两种因素共同作用下，其致癌性更强。苯并［a］芘是一种强烈的致癌物质。早在1775年英国就发现清扫烟囱的工人多患阴囊癌，后来从煤焦油和煤烟中分离出苯并［a］芘和20多种多环芳烃。许多学者用苯并［a］芘进行实验，均收到致癌阳性结果。美国Carnow等认为大气中苯并［a］芘浓度每增加0.1$\mu g/100\ m^3$，肺癌死亡率就相应升高5%。

（2）致突变。致突变是指生物体细胞的遗传信息和遗传物质发生突然的改变，使其产生新的遗传特征。环境污染物中的致突变物能使哺乳动物的生殖细胞发生突变，可能导致不孕或胚胎早死等；也能使体细胞发生突变，则可能形成癌肿；还能使染色体畸变，可能导致人类社会“基因库”的不良变化，造成人类社会整体素质的下降。如铬及其化合物能引起染色体畸变，其中六价铬的诱变率大于三价铬。

（3）致畸作用。物理、化学和生物学的各种不良因素可能会起到致畸作用。化学因素致畸的典型事例是20世纪60年代初孕妇服用前西德生产的一种俗称“反应停”的药物，这是一种非苯巴比妥安眠药，孕妇在妊娠反应时服用后，能引起胎儿“海豹症”畸形。研究表明，农药存在对环境的污染作用和残留在食物上的问题，且多具有胚胎毒性。具有致畸作用的农药有敌枯双、螟蛉畏、有机磷杀菌丹、灭菌丹、敌菌丹和五氯酚钠等；对人有致畸作用的污染物有能引起皮肤色素沉着的多氯联苯（PCB）、引起胎儿性水俣病的甲基汞等。物理因素如放射性物质，可引起眼白内障、小头症等畸形。生物学因素如风疹等病毒，在怀孕母体早期感染后可能引起胎儿畸形等。

思考题

1. 什么是能量？简述能量存在的形式。
2. 什么是能源？可供人类利用的能源有哪些？如何进行分类？
3. 简述能源更迭与人类文明进步的关系。
4. 简述能源与经济增长的相互关系。
5. 什么是消费弹性系数？有何实际作用？
6. 简述全球能源资源的现状和发展趋势。
7. 什么是能源问题？主要涉及哪些方面？如何正确面对和处理能源问题？
8. 简述环境的含义、组成、要素以及环境的形成和发展。
9. 什么是环境问题？简述其分类和发展过程。
10. 当前人类面临的十大全球性环境问题是什么？谈谈你对我国环境现状的认识。

11. 试述温室效应、臭氧层空洞、酸性降水基本概念、形成原因、危害及防治措施。

12. 试述我国能源资源及其开发利用的现状和特点，结合实际谈谈你对我国能源发展战略的理解。

13. 能源的开发和消费对环境有何影响？并简述减少环境效应的措施。

14. 环境污染对生物有何影响？

参　考　文　献

[1] 黄素逸，高伟．能源概论．北京：高等教育出版社，2004.

[2] 滨川圭弘，郭成言．能源环境学．北京：科学出版社，2003.

[3] 王金南，曹东，杨金田，等．能源与环境（中国 2020）．北京：中国环境科学出版社，2004.

[4] 周乃君．能源与环境．长沙：中南大学出版社，2008.

[5] 曲格平．能源环境可持续发展研究．北京：中国环境科学出版社，2003.

[6] 崔民选．2007 中国能源发展报告．北京：社会科学文献出版社，2007.

[7] 于立宏．能源资源替代战略研究．北京：中国时代经济出版社，2008.

[8] 王革华，等．能源与可持续发展．北京：化学工业出版社，2005.

[9] 倪健民．国家能源安全报告．北京：人民出版社，2005.

[10] 贾文瑞，徐青，王文燕，等．21 世纪中国能源、环境与石油工业发展．北京：石油工业出版社，2002.

[11] 陈志夏．从开放到循环：能源、材料与人文．合肥：安徽教育出版社，2002.

[12] 李业发，杨廷柱．能源工程导论．合肥：中国科学技术大学出版社，1999.

[13] 钱易，唐孝炎．环境保护与可持续发展．北京：高等教育出版社，2000.

[14] 何强，井文涌，王翊亭．环境学导论．北京：清华大学出版社，2004.

[15] 戴维斯（Davis. M. L），马斯坦（Masten. S. J）．环境科学与工程原理（第 2 版）．北京：清华大学出版社，2008.

[16] 朱蓓丽．环境工程概论．北京：科学出版社，2006.

[17] 王淑莹，高春娣．环境导论．北京：中国建筑工业出版社，2004.

[18] 苏琴，吴连成．环境工程概论．北京：国防工业出版社，2004.

[19] 王敬国．资源与环境概论．北京：中国农业大学出版社，2000.

[20] 石宝珩，叶敦河，赵凤民．能源资源与可持续发展．北京：中国科学技术出版社，1999.

第二章 能源转换与利用技术

第一节 能量的基本性质

能量的性质主要有状态性、可加性、传递性、转换性、做功性和贬值性。

1. 状态性

状态是指物质在某一瞬间所处的宏观物理状况，对应的宏观物理状况用宏观的物理量（状态参数）来描述。物质所处的状态不同，能量的数量和质量也不同，而能量的质量一般指其具有的做功能力。

2. 可加性

物质的数量不同，所具有的能量也不同，即可相加；不同物质所具有的能量亦可相加，即一个体系所获得的总能量为输入该体系多种能量之和。能量的可加性可用式（2-1）表示，即

$$E=E_1+E_2+E_3+\cdots+E_n=\sum E_i \quad \mathrm{J} \tag{2-1}$$

式中：E_i为各种能量，J。

3. 传递性

能量可以从一个地方传递到另一个地方，也可以从一种物质传递到另一种物质。例如，电能可以远距离传输，太阳辐射可以到达地球，热流体的能量通过换热器可以传递给冷流体等。一般来说，能量经过传递，对应的状态要发生变化。对于传热过程，热能的传递性可用式（2-2）表示，即

$$Q=kA\Delta t \quad \mathrm{W} \tag{2-2}$$

式中：Q表示在传递过程中的热能（热量），W；k表示热导率，$\mathrm{W/m^2 \cdot ℃}$；A表示传热面积，$\mathrm{m^2}$；Δt表示传热平均温差，℃。

4. 转换性

各种形式的能量可以互相转换，其转换方式、转换数量、难易程度均不尽相同，同时不同能量转换时，转换效率是不一样的。工程热力学就是研究能量转换方式和规律的科学，其核心的任务就是研究如何提高能量转换的效率。

5. 做功性

做功性与转换性有关。有些能量可以直接利用，有些能量需要进行形式的转换。能量的做功性就是能量利用能量转换为机械功的能力，做功性既与能量的形式有关，也与能量的状态有关。因此，能量可分为可无限转换的能量，如机械能、电能、水能和风能等，理论上可以完全转化为机械功；有限转换的能量，比如热能、化学能等仅有一部分可以转化为机械功；不可转换的能量，如环境系统的内能，根据热力学第二定律，尽管数量巨大，却无法转化为机械功。在工程热力学中，热能的做功性用（㶲）来表示，即当系统由任意

状态可逆的变化到环境相平衡的状态时，理论上的做功量称为对应状态的（㶲）E_x，如式（2-3），即

$$E_x = Q - T_0\int dS \quad \text{J} \tag{2-3}$$

式中：Q 为从高温热源获得的热能，J；T_0 为环境温度，K；S 为物体的熵，J/K。

6. 贬值性

根据热力学第二定律，能量不仅有“量的多少”，还有“质的高低”之分。在能量的传递与转换等过程中，由于多种不可逆因素的存在，比如摩擦、温差传热、自由膨胀、混合及燃烧等过程，即使经过某一过程，能量的数量没有变化，但是能量的做功能力却是降低的，此即能量的贬值性。例如，常见的热力过程中，1400℃的高温烟气将能量传递给550℃的蒸汽，即使能量传递过程中没有数量的损失，蒸汽对应的做功能力却大大降低了，传递过程中的能量贬值了。在工程热力学中，热能的贬值的数量用（炁）来表示，即当系统经历一个过程时，参与能量交换的所有物体熵的变化与环境温度（绝对温度）乘积的总和，如式（2-4），即

$$A_n = T_0\int dS \quad \text{J} \tag{2-4}$$

式中：A_n 为热量（炁），J，即热能贬值的数量；T_0 为环境温度，K；S 为物体的熵，J/K。

自然界的能量形式很多，人类利用能量的方式也很多，有时需要进行能量形式的转换，而转换过程应当根据能量的性质，遵循能量转换的规律。

第二节　能量转换的基本原理

前文已经提及，能量具有可转换的性质，不同形式的能量可以互相转换，同时，不同形式的能量、不同状态的能量转换时对应的数量是不同的。经过长期生产实践的探索，人们发现了能量转换时所遵循的规律，即能量转换的原理。

一、能量形式的转换

人类的活动所依赖的能量形式主要是热能、机械能和电能，它们都可以由其他形态的能量转换而来，它们之间也可以互相转换，常见能量形式的转换包括以下几类：

（1）机械能可以转换为热能、电能。

（2）热能可以转换为机械能、电能、辐射能。

（3）电能可以转换为机械能、热能、辐射能、化学能。

（4）辐射能可以转换为热能、机械能、电能。

（5）化学能可以转换为热能、机械能、电能。

（6）核能可以转换为热能、机械能、电能。

显然，并不是所有的能量形式均可以互相转化，同时转换时的限度也要受一定规律的约束，即要遵守能量转换的原理。

二、能量的转换原理

研究能量属性及其转换规律的科学是热力学。热力学的三大定律是能量转换的基本原理。

（一）能量守恒与转换定律

能量守恒与转换定律是自然界的一个基本规律，这一定律和细胞学说及进化论，被称为19世纪自然科学的三大发现。它指出：自然界的一切物质都具有能量；能量既不能创造，也不能消灭，而只能从一种形式转换成另一种形式；在能量转换与传递过程中，能量的总量保持不变。

热能是自然界广泛存在的一种能量，其他形式的能量（机械能、电能、化学能）都很容易转换成热能。热能与其他形式的能量之间的转换也必然遵循能量守恒和转换定律——热力学第一定律。热力学第一定律可以表述为：热能在与其他形式的能量相互转换时，能量总量保持不变。

在热力学第一定律提出前，许多人曾幻想制造一种不消耗任何能量却能连续获得机械能的永动机（第一类永动机）。热力学第一定律发现后，制造这种违背热力学第一定律的永动机的企图最终被否定。因此，热力学第一定律也常表述为“第一类永动机是不可能制成的”。

尽管能量守恒与转换定律至今无法进行严格的理论证明，但它的确是现今人类对自然认识水平下的自然界普遍遵循的规律。

（二）能量转换的方向、条件和限度

1. 能量转换的方向

尽管能量的形式多种多样，但就其本质而论，只有有序运动和无序运动两类。常将量度有序运动的能量称为有序能，量度无序运动的能量称为无序能。显然，一切宏观整体运动的能量和大量电子定向运动的电能都是有序能；而物质内部分子杂乱无章的热运动则是无序能。事实证明，有序能可以完全、无条件地转换为无序能；而无序能转换为有序能却是有条件的、不完全的。

自然界进行的能量转换过程是有方向性的。不需要外界帮助就能自动进行的过程称为自发过程，反之为非自发过程。自发过程都有一定的方向。比如，在密闭的、绝热的刚性容器中，盛有定量的流体，并安置一重物升降装置带动的搅拌装置。重物在下降过程中，势能减小，而搅拌装置使容器内的流体温度升高。这种过程可以自发进行，并且消耗的重物势能可以全部转化为热能。但是，让系统自动降温，使搅拌装置反转带动重物上升，却是不可能的。这说明机械能可以自发地转化为热能，而反向过程不能自发进行。

对于有温差的传热过程，高温物体具有的热能可以自发地、不付任何代价地传给低温物体；反之，低温物体向高温物体传递热能也不能自发进行，需要消耗外部的能量。

燃烧过程中燃料只要达到燃烧条件就可以自发进行，化学能转化为燃烧产物的热能；燃烧产物不花任何代价无法使其还原成燃料。

另外还有自由膨胀、混合等过程都可以自发进行，但是反向过程都需要消耗外部的能量。

于是，与热力学第一定律相同，在无数经验总结的基础上，人们又总结出了热力学第二定律。针对热力过程，明确指出热力过程的方向。1850年，克劳修斯从热能传递的方向角度，将热力学第二定律描述为：不可能将热从低温物体传至高温物体而不引起其他变化。

2. 能量转换的条件

有序能可以完全、无条件地转化为无序能；而无序能转换为有序能却是有条件的。目前的热能转化为机械能的方式需要从高温热源吸热，向低温热源放出一部分热，输出一部分机械能，这就是热能转化为机械能的条件。人们常把能够从单一热源取热，使之完全变为功而不引起其他变化的机器叫做第二类永动机。1851年，开尔文从热功转换的角度将热力学第二定律描述为：不可能从单一热源取热，并使之完全变为有用功而不引起其他变化。

曾经也有人试图发明一种热机，将大气、海洋作为单一热源，使其中的热能转化为机械能。这种机器并不违反热力学第一定律，它在工作过程中能量是守恒的，只是这种机器的热效率是100%，而且可以利用大气、海洋和地壳作热源，把其中无穷无尽的热能完全转换为机械能，机械能又可变为热，循环使用，取之不尽，用之不竭。这种机器被称为另一类永动机，即第二类永动机。因此，热力学第二定律又可表述为：第二类永动机是不可能制成的。

3. 能量转换的限度

各种不同形式的能量，按其转换能力可分为三大类：

(1) 无限转换能，称为"高质能"，是有序运动所具有的能量，各种高质能理论上可以无限地相互转换。因此，它的数量和质量是统一的，如电能、机械能、水能、风能、燃料储存的化学能等。

(2) 有限转换能，称为"低质能"，它的数量和质量是不统一的，如热能、流动体系的总能等。

(3) 非转换能，它受环境限制不能转换为机械能，称为"废能"，如处于环境条件下的介质的内能等。尽管废能有相当大的数量，但从技术上讲无法使之转换为功。

无序能转换为有序能是有条件、不完全的。热能是一种无序能，热能转化为机械能就是有限度的。关于热能转化为机械能的限度，1824年卡诺构建了一个理想的热力循环（可逆循环）——卡诺循环，卡诺定理指出：在两个不同温度的恒温热源之间工作的所有热机，可逆热机的效率最高。卡诺循环的热效率如式（2-5），即

$$\eta_c=\left(1-\frac{T_2}{T_1}\right)\times 100\% \tag{2-5}$$

式中：T_1为高温热源温度，K；T_2为低温热源温度，K。

所以，对于热机而言，必须存在两个温度不同的热源。当热源的温度确定后，在此热源间工作的一切热机的最高效率就是确定的。低温热源的温度不能低于环境温度T_0，如果$T_2<T_0$，势必需要从低温热源T_2向高温热源T_0传递热能，而这种非自发的反向过程都必须消耗额外的能量，并且所消耗的这部分能量的数量大于反向传递的热能，反而会使热机的效率降低。

所以，就热能而言，确定了状态，热能转化为机械能的限度就已经确定，即热（㶲），如式（2-5）。

4. 能量的贬值原理

自发过程都是不可逆过程，不可逆的原因有很多，如有序的机械能通过摩擦转换为无序的热能，有序的电能通过电阻转换为无序的热能。这种将有序能不可逆转换为无序能的现象称为耗散效应。而温差传热、扩散混合等过程是在温度差、浓度差的推动下进行的过程，它们虽然没有耗散效应，但也是不可逆过程。事实上，能量转换的方向性就是能量有

品质的高低的表现。由于能量可以区分为有序能和无序能，有序能之间可以无条件地转换；但当能量转换或传递过程有无序能参与时，就会产生转换的方向性和不可逆问题。由此可以看出，有序能比无序能更宝贵或更有价值。同样，不同温度条件下的相同数量的热能，品质是不同的，因为温度不同，所具有的转化为机械能的本领不同，即对应（㶲）不同。这可以理解为经过一个不可逆的温差传热，导致能量的贬值。因此，耗散或其他的不可逆因素都会使能量的品质降低。

能量贬值是自然界的普遍现象。尽管热力学第二定律有许多不同的表达方式，但其实质就是能量贬值原理。它指出，能量转换过程总是朝着能量贬值的方向进行，即一切实际过程均朝着总（㶲）减少的方向进行，由（㶲）转换为（㶲）是不可能的。高品质的能量可以全部转换成低品质的能量。能量传递过程也总是自发地朝着能量品质下降的方向进行。能量品质提高的过程不可能自发地单独进行。一个能量品质提高的过程必定伴随另一个能量品质下降的过程，并且这两个过程是同时进行的，即这个能量品质下降的过程就是实现能量品质提高过程的必要的补偿条件。在实际过程中，作为代价的能量品质下降过程必须足以补偿能量品质提高过程，因为某一系统中实际过程之所以能进行，都是以该系统中总的能量品质下降为代价，即任何实际过程的进行都会产生能量贬值。因此在以一定的能量品质下降作为补偿的条件下，能量品质的提高也必定有一个最高的理论限度。显然这个最高的理论限度是：能量品质的提高值正好等于能量品质的下降值。此时系统总的能量品质不变。

能量转换的基本原理指出，节约能源需要考虑能量的数量和质量两方面因素。

实际过程中，总是存在能量数量的损失，一些过程即使能量数量没有减少，但能量的质量降低了。以下几种情况都会使能量贬值：

（1）热能从高温传向低温，直至接近环境温度。

（2）流体从压力高处流向压力低处，直至接近与环境相平衡的压力。

（3）物质从浓度高处扩散转移到浓度低处，直至接近与环境相平衡的浓度。

（4）物体从高的位置降落到稳定的位置。

（5）电荷从高电位迁移到接近于环境的电位。

第三节 化学能转换为热能的技术

任何能量转换过程都需要一定的转换条件，并在一定的设备或系统中实现。能量转换的终端形式往往根据终端用户的需求，将初级的能量转化为不同形式的能量。化学能转换为热能是人类利用能量最古老的方式，也是迄今为止主要用能方式之一。化学能通常储存于燃料中，化学能转换为热能的方式大都是通过燃料的燃烧实现的。

一、燃烧的基本原理

（一）燃料的分类

燃料就是能在空气（氧气）中燃烧并释放出大量热能的物质。燃料通常按形态分为固体燃料、液体燃料和气体燃料。

天然的固体燃料有煤炭和生物质等，煤炭是世界上储量最多的天然燃料，尤其在我国，煤炭在一次能源的构成中占70%。生物质燃料即薪柴等，在农村缺煤地区仍作为生活用燃料。天然的固体燃料可以通过加工变为人工的固体燃料，如焦炭、型煤和木炭等。一般燃料煤根据着火的难易程度，可以分为无烟煤、贫煤、烟煤和褐煤等。

天然的液体燃料即石油（原油），通常原油不直接使用，而是通过进一步加工变为人工液体燃料，如汽油、煤油、柴油和重油等。

天然的气体燃料有天然气，人工的气体燃料则有焦炉煤气、高炉煤气、水煤气和液化石油气等。

（二）燃料的性质

燃料之所以可以燃烧，是因为燃料中包含可燃的物质。这些可燃的物质种类繁多，因此对于固体、液体和气体燃料分别用元素分析（C、H、O、N、S、A、M）、工业分析（挥发分、固定碳、灰分、水分）和成分分析（CH_4、C_mH_n、CO、CO_2、N_2）表明其成分，进而表明燃料的其他性质。

1. 发热量

单位重量（对固体、液体燃料）或体积（对气体燃料）在完全燃烧、且燃烧产物冷却到燃烧前的温度时所放出的热量（kJ/kg 或 kJ/m³）。根据燃烧后烟气中的水分是否凝结，发热量还可以区分为高位发热量（水蒸气凝结释放出潜热计入发热量）和低位发热量（水蒸气不凝结潜热不计入发热量）。固体燃料和液体燃料的发热量可以通过量热仪来测量，也可以根据元素分析的成分计算，见式（2-6），即

$$Q_{net,ar}=339C_{ar}+1105.1H_{ar}-108.8\,(O_{ar}-S_{ar})-25.1M_{ar}\quad \text{kJ/kg} \tag{2-6}$$

式中：C_{ar}为燃料中碳元素含量，%；H_{ar}为燃料中氢元素含量，%；O_{ar}为燃料中氧元素含量，%；S_{ar}为燃料中硫元素含量，%；W_{ar}为燃料中水分的含量，%。气体燃料的发热量主要根据物质成分的分析结果计算，见式（2-7），即

$$Q_{net,ar}=\sum\frac{K}{100}Q_{net,ar}-20.18H_2O\quad \text{kJ/m}^3 \tag{2-7}$$

式中：K 为燃气中可燃物质的体积份额，%；$Q_{net,ar}$ 为可燃物质的低位发热量，kJ/m³；H_2O为燃气中的水蒸气份额，%。通常把低位发热量为 29310kJ/kg 的煤规定为标准煤。

2. 着火温度

任何燃料的燃烧过程都有“着火”和“燃烧”两个阶段。由缓慢的氧化反应转变为剧烈的氧化反应（燃烧）的瞬间叫做着火，转变时的最低温度叫着火温度。燃料的着火温度主要取决于燃料的组成，此外还与周围介质的压力、温度有关。各种燃料的着火温度见表2-1。

表2-1　各种燃料的着火温度

燃料	着火温度（℃）	燃料	着火温度（℃）	燃料	着火温度（℃）
烟煤	400～500	汽油	300～320	天然气	530
无烟煤	700～800	煤油	240～290	焦炉煤气	300～500
褐煤	250～450	重油	530～580	发生炉煤气	530

3. 闪点

对于液体燃料，液面上挥发的燃油气-空气混合物与明火接触而发生短暂闪光时的液

体燃料温度称为闪点。液体燃料沸点低，闪点也低；压力升高，闪点升高。闪点是防止液体燃料发生火灾的一项重要指标。各种液体燃料的闪点见表2-2。

表2-2　　几种燃料油的闪点

燃料	汽油	煤油	重油
闪点（℃）	−50～0	30～70	60～120

（三）燃料的燃烧

燃烧是一种能发光发热的高速化学反应。按照参加燃烧的物质形态，燃烧分为两种类型，一种是均相燃烧，即燃料和氧化剂是同一相态；另一种是多相（异相）燃烧，即燃烧发生在不同相态的两种物质的交界面上。燃烧作为特殊的化学反应，同样遵守质量作用定律、阿累尼乌斯定律。

通常燃烧过程所需的氧气通常来自空气，空气可以看作主要是由氧和氮所组成的混合气体，两种气体的体积比为21：79，提供充足的空气是燃料完全燃烧的必备条件。

根据燃烧的化学反应式，单位燃料完全燃烧时理论上所需的干空气量就称为理论空气量V^0（m^3/kg燃料或m^3/m^3燃料气）。对于各种不同的燃料，由于燃料中所含碳、硫、氢的比例不同，因而其燃烧时的理论空气量也不相同。实际燃烧时，燃料中的可燃元素与空气中的氧不可能有理想的混合、接触和化合，因此对于任何燃料，都要根据其特性和燃烧方式供应比理论空气量更多的空气，使燃料完全燃烧。为了使燃料完全燃烧而实际供应的空气量就称为实际空气量V（m^3/kg燃料或m^3/m^3燃料气），实际空气量与理论空气量的比值称为过量空气系数α，如式（2-8），即

$$\alpha=\frac{V}{V^0} \tag{2-8}$$

过量空气系数的大小与燃料的种类及燃烧方式有关。

燃烧过程产生的热能都包含在烟气中，因此燃烧所产生的烟气是热能的携带者，烟气量则是热力计算中的基础数据。如供给燃料以理论空气量，燃料又达到完全燃烧，烟气中只含有CO_2、SO_2、H_2O及N_2等气体，这时烟气所具有的容积就称之为理论烟气量V_y^0（Nm^3/kg或Nm^3/Nm^3）。实际燃烧过程是在不同的过量空气系数下进行的。当完全燃烧时，实际烟气量可按式（2-9）计算，即

$$V_y=V_y^0+(\alpha-1)V^0 \quad Nm^3/kg\text{或}Nm^3/Nm^3 \tag{2-9}$$

燃料燃烧必须具备的条件包括燃料、有使燃料着火的能量（热源或点火源）、充足的氧气并与燃料良好接触、维持燃烧的保温条件。

燃烧过程一般要在燃烧设备实现，燃烧设备的功能就是创造合理的燃烧条件，保证燃料连续、稳定、高效地燃烧。因此，燃烧设备须有连续的燃料供应装置，提供燃烧所必需的足够空间和时间，尽可能抑制污染物的生成，及时地排走燃烧产物。同时，燃烧产生的高温烟气的热能往往需要传递给另外的工作介质（水、水蒸气），因此，燃烧设备同时应具有换热器的功能。锅炉设备就是最常见的集燃烧设备和换热设备于一体的装置。

燃烧效率η_c（%）是衡量燃烧技术（设备）的重要指标，它是指实际燃烧所释放出的化学能占燃料具有化学能的比例。而对于锅炉设备而言，衡量燃烧与换热的综合指标则是

锅炉效率 η_{gl}（%）。锅炉效率定义为锅炉的有效利用热占输入锅炉的热能的百分比，采用锅炉的各项损失表达，可见式（2-10），即

$$\eta_{gl}=100-(q_2+q_3+q_4+q_5+q_6)\quad \% \tag{2-10}$$

式中：q_2为排烟热损失，它是指烟气离开锅炉时，损失掉的烟气显热；q_3为化学未完全燃烧热损失，它是指烟气中未完全燃烧的可燃气体未释放出化学能造成的损失；q_4为机械未完全燃烧热损失，它是指固体燃料的飞灰和灰渣中未燃尽的可燃物中未释放出化学能造成的损失；q_5为散热损失，它是指锅炉表面由于温度高于环境向外界散热造成的损失；q_6为灰渣物理热损失，它是指固体燃料的灰渣离开锅炉时带走的物理显热。于是，燃烧效率 η_c 可以表示为式（2-11），即

$$\eta_c=100-(q_3+q_4)\quad \% \tag{2-11}$$

1. 煤的燃烧

煤从进入锅炉的炉膛（燃烧室）到燃尽，一般要经过三个阶段，即着火前的热力准备阶段（加热干燥、挥发分逸出着火）、挥发分和焦炭的燃烧阶段、残碳燃尽形成灰渣阶段。煤在挥发分逸出后形成焦炭，因焦炭与氧（空气）的相态不同，所以焦炭表面发生的反应由下列连续过程组成：

（1）参与燃烧的气体 O_2 向炭粒表面的转移与扩散。

（2）气体 O_2 分子被吸附在炭粒表面。

（3）被吸附 O_2 的分子在炭粒表面发生化学反应，生成燃烧产物。

（4）燃烧产物从炭粒表面解吸附。

（5）燃烧产物离开炭粒表面，扩散到周围环境。

在炭粒表面发生的反应见式（2-12）和式（2-13），称为一次反应，式（2-14）和式（2-15）称为二次反应，式（2-16）～（2-18）称为附从反应，由此可见，炭燃烧的反应十分复杂。

$$C+O_2\longrightarrow CO_2 \tag{2-12}$$

$$C+\frac{1}{2}O_2\longrightarrow CO \tag{2-13}$$

$$C+CO_2\longrightarrow 2CO \tag{2-14}$$

$$CO+\frac{1}{2}O_2\longrightarrow CO_2 \tag{2-15}$$

$$C+H_2O\longrightarrow CO+H_2 \tag{2-16}$$

$$C+2H_2O\longrightarrow CO_2+2H_2 \tag{2-17}$$

$$CO+H_2O\longrightarrow CO_2+H_2 \tag{2-18}$$

2. 液体燃料的燃烧

液体燃料通常都需要经过雾化形成燃料滴，由于燃料的沸点总是低于其着火温度，因此燃料总是先蒸发成蒸汽，再在蒸汽状态下燃烧。液体燃料的燃烧实际上包含了加热蒸发、蒸汽和助燃空气的混合及着火燃烧三个过程，其中包含着传热过程、物质扩散过程和化学反应过程。

3. 气体燃料的燃烧

气体燃料在空气中燃烧时，属于均相燃烧，所以燃烧过程主要取决于燃料气与空气

（氧）的混合。

二、燃烧技术

燃料的燃烧需要满足一定的条件，要实现这一特定的条件必须借助一定的技术措施。

（一）煤燃烧技术

较大规模的煤的燃烧过程都是在锅炉的炉膛（燃烧室）中完成的，煤的燃烧方式有三种：层燃、室燃和流态化燃烧（流化床）等。图 2-1 所示为三种煤燃烧方式的示意图，即层燃、室燃、流态化燃烧。

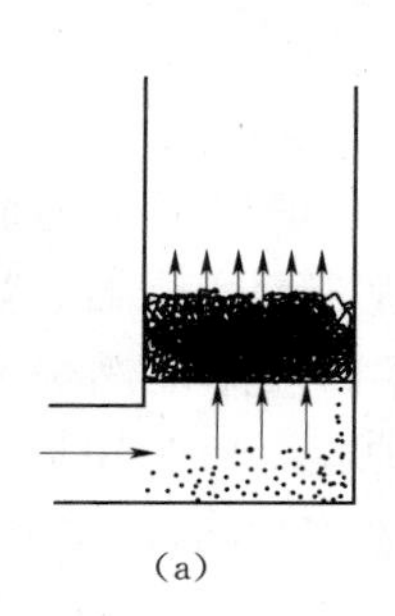
（a）

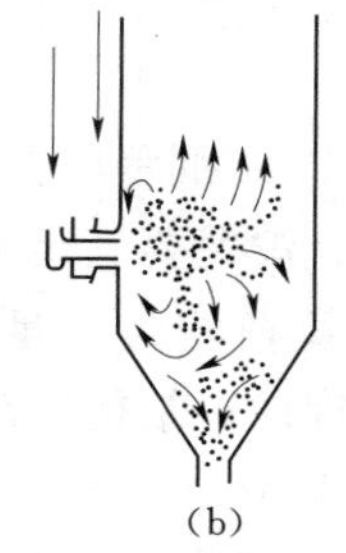
（b）

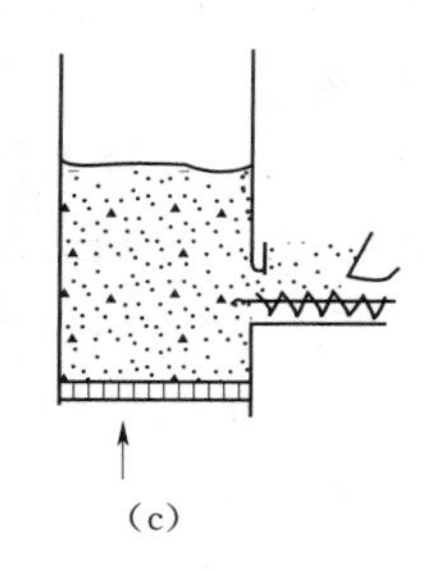
（c）

图 2-1　煤的燃烧方式

（a）层燃；（b）室燃；（c）流态化燃烧

1. 层燃

层燃方式是将煤块（原煤或初步打碎）加入到锅炉的炉排上形成燃烧的煤层，新加入的燃煤通过相邻已燃烧的煤层加热以及炉膛高温环境的作用，燃煤被加热点燃；燃烧所需的空气大部分从炉排下部通过煤层时，给煤燃烧提供氧气，少部分从煤层上部进入，为煤层逸出的可燃气体提供氧气，大部分燃烧发生在炉排上的煤层中。形成炉排的机构为有驱动装置的链条，以一定的速度移动，在加煤口的另一侧燃煤形成的炉渣排出炉外。

层燃的燃烧特点是煤的着火性能较差，燃料的燃烧过程沿链条长度分布，燃烧过程中燃料没有扰动，炉排片的间隙在提供通风的同时，也会造成一定的燃煤细粒漏下，造成浪费。同时对煤种也有一定要求，适于燃用 $V_{daf}>15\%$，$W_{ar}<10\%$，$10\%<A_{ar}<30\%$，发热量 $Q_{net,ar}>18840\text{kJ/kg}$，灰熔点高于 1250℃，弱黏结、中等粒度的贫煤和烟煤。相比较而言，层燃方式燃煤的燃烧效率比较低（<90%），因此导致锅炉的效率较低（<80%）。

采用层燃方式的锅炉通常容量比较小，大多用于工业或日常生活。

2. 室燃

对于室燃方式，首先燃煤需要在制粉系统中磨制成煤粉，然后将煤粉送入煤粉燃烧器，燃烧器与炉膛相配合，在炉膛内形成高温燃烧区域，至炉膛出口，燃烧结束。因此，室燃方式由制粉系统和燃烧系统组成。

（1）制粉系统。

制粉系统由原煤仓、给煤机、磨煤机、粗粉分离器、排粉机和煤粉仓等设备组成，制粉系统又分为直吹式与中间储仓式。

原煤仓中的原煤经过给煤机的控制进入磨煤机，同时送入磨煤通风。原煤经过磨煤机的撞击、切割、挤压、研磨等作用形成一定粒度的煤粉，在磨煤通风的作用下，煤粉被带离磨煤机，经过粗粉分离器，不合格的煤粉重新进入磨煤机，合格的煤粉或者经由排粉机直接进入燃烧器（直吹系统），或者进入细粉分离器，实现风、粉分离，煤粉进入煤粉仓，然后再通过给粉机进入燃烧器（中间储仓式）。

磨煤机按工作转速分为低速磨、中速磨和高速磨。低速磨主要是指滚筒钢球磨，它对煤种适应性好，工作可靠，但电耗高。中速磨虽然煤种适应性比钢球磨差，但是重量轻、投资省、电耗低。高速磨主要是指风扇磨，由于煤粉的粒度较粗，仅适于磨制高挥发分烟煤和褐煤。

煤种不同，煤粉的细度要求也不同。难燃的煤，粒径要细。褐煤最大煤粉粒径＜1500μm，无烟煤＜300μm，大部分煤粉粒径为20～60μm。

（2）燃烧系统。

室燃方式的燃烧系统由燃烧室（炉膛）和燃烧器组成。炉膛即由炉墙形成的燃烧空间，同时炉墙的全部或部分也是受热面。炉膛要满足下列要求：合理布置燃烧器、燃料着火迅速、炉内空气动力场良好、壁面热负荷均匀；足够的高度和容积（保证燃烧完全）；能够布置合适的受热面；可靠的水动力特性；结构紧凑、材料省。炉膛一般为矩形，由燃烧器送入的煤粉着火燃烧后大约90%的灰分与烟气一同离开炉膛流经锅炉的后续受热面，约10%的灰分形成炉渣，落入炉膛下部的灰斗，排出炉膛。

对于室燃方式，将携带煤粉的气流称为一次风，纯粹的空气称为二次风，中间储仓式制粉系统风粉分离后的空气（含很少的细粉）称为三次风。煤粉燃烧器的基本要求是：使煤粉稳定着火；一、二次风适时混合；火焰炉内充满度好，不结渣；较好的燃料适应性和一定的负荷调节范围；阻力小；减少NO_x的生成。燃烧器按出口气流特性分为旋流燃烧器（出口气流为旋流射流）和直流燃烧器（出口气流为直流射流）。旋流燃烧器的基本结构有两个同心圆管，中心圆管为一次风，圆环形通道为二次风。根据一、二次风的进风方式，旋流燃烧器又可分为单蜗壳旋流燃烧器（一次风不旋转、二次风由蜗壳旋流器产生）、双蜗壳旋流燃烧器（一、二次风都经过各自的蜗壳形成旋流）、轴向叶片旋流燃烧器（二次风经过轴向叶片的导向，形成旋转气流进入炉膛，一次风可旋转也可不旋转）以及切向叶片式旋流燃烧器（二次风经过可动的切向叶片的导向，形成旋转气流进入炉膛，一次风可旋转也可不旋转）。单蜗壳旋流燃烧器对煤种的适应性较好，其余三种仅适用烟煤。四种旋流装置示意图如图2-2所示。

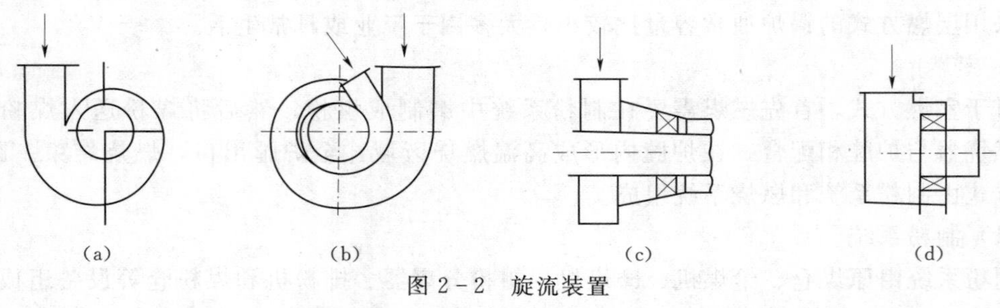

图2-2　旋流装置

(a) 单蜗壳；(b) 双蜗壳；(c) 轴向叶片；(d) 切向叶片

旋流燃烧器在炉膛的布置方式主要有前墙布置、两面墙布置和炉顶布置几种，如图2-3所示。前墙布置方式用于容量较小的锅炉；两面墙布置方式的特点是炉内火焰充满度好，扰动性较强；炉顶布置火焰充满度较好，主要用于 W 形火焰燃烧技术中的下炉膛。

与旋流燃烧器相对应，直流燃烧器的一、二次风均不旋转，分别经过各自的矩形通道，以直流射流的方式进入炉膛。一、二次风相间布置的方式称为均等配风，适用于烟煤；一、二次风上下分级的布置方式称为分级配风，适用于无烟煤、贫煤，如图 2-4 所示。

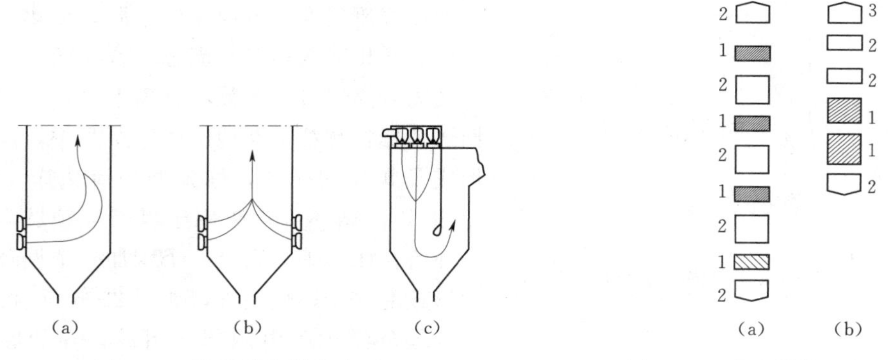

图 2-3　旋流燃烧器的布置

(a) 前墙布置；(b) 两面墙布置；(c) 炉顶布置

图 2-4　直流燃烧器的配风方式

(a) 均等配风；(b) 分级配风

直流燃烧器的布置多采用四角切圆方式，这种布置方式由于射流的作用，高温烟气被引向相邻的一次风，因此煤粉着火及时、稳定。需要防止的问题是射流偏斜，造成炉墙热负荷不均匀。四角切圆方式可分为正四角、双切圆、两角对冲两角相切等方式。

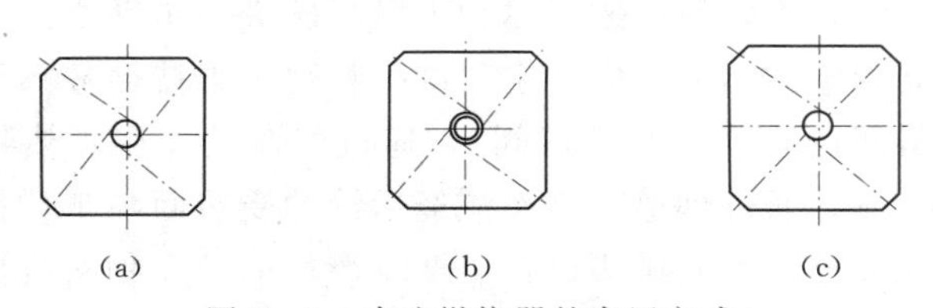

图 2-5　直流燃烧器的布置方式

(a) 正四角；(b) 双切圆；(c) 两角对冲两角相切

我国大型锅炉大多采用煤粉室燃方式。为了提高煤炭燃烧的效率和减少污染，发展了许多先进的燃烧技术，如煤粉燃烧稳定技术，包括各种新型的燃烧器（钝体燃烧器、稳燃腔燃烧器、夹心风燃烧器、开缝钝体燃烧器、火焰稳定船式燃烧器和双通道自稳燃式燃烧器等），煤粉低氮氧化物燃烧技术（低过量空气燃烧、空气分级燃烧、燃料分级燃烧和烟气再循环等）、高浓度煤粉燃烧技术（高浓度给粉、采用燃烧器浓缩技术和采用浓缩器浓缩技术等）。

目前我国大型锅炉已广泛采用煤粉燃烧稳定技术，它是通过各种新型燃烧器来实现煤粉的稳定着火和燃烧强化。采用新型燃烧器不但能使锅炉适应不同的煤种，特别是燃用劣质煤和低挥发分煤，而且能提高燃烧效率，实现低负荷稳燃，防止结渣，并节约点火用油。

3. 流态化燃烧

固体颗粒本身是没有流动性的，当流体以一定速度向上流过固体颗粒堆积的床层时，固体颗粒具有了一般流体的性质，这种现象称为流态化。对于气固流态化系统，根据颗粒物性（粒径、密度、形状、黏附性）和气流速度的不同，颗粒流体系统呈现不同的流动状态。随着气流速度的逐渐增加，床层就会出现不稳定，气体大多以气泡的形式通过床层，整个床从表面上看极像处于沸腾状态的液体，因此工业上也将之形象地称为沸腾床。进一步增加气流速度，节涌流化、湍动流化、快速流化和稀相输送等多种流态。若在床出口处用一气固分离器将固体颗粒分离下来，再用颗粒回送装置将颗粒不断地送回床层之中，这样就形成了颗粒的循环，称为循环流化床。20 世纪 80 年代循环流化床用于煤燃烧领域，出现循环流化床锅炉，它是一个床加一个循环闭路而形成的一个燃烧装置，如图 2－6 所示。

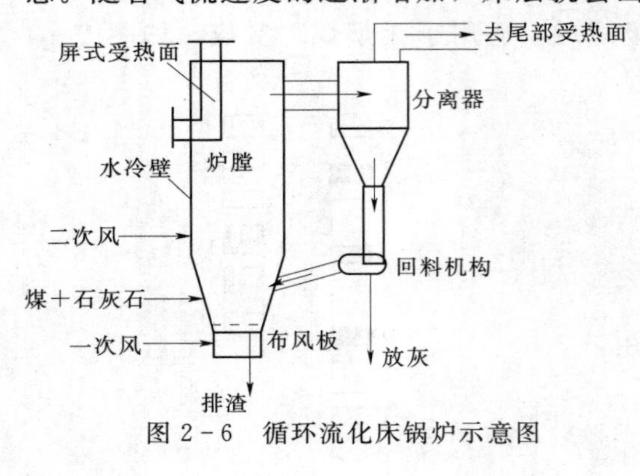

图 2－6　循环流化床锅炉示意图

循环流化床由四部分组成，在炉膛的下部布置一个称为布风板的装置，布风板上分布的风帽为煤的燃烧提供空气。布风板上颗粒密集区形成床层，它起稳定燃烧和组织床料循环的作用。初步破碎的原煤加入到床层上被加热，释放出挥发分，床层是主要的燃烧区域。床层以上的炉膛区域为提升段，具有组织燃烧、传热和输送循环物料的功能，较小粒径的颗粒在随同气流上升的过程中，不断团聚、破碎形成强烈返混。在炉膛的上部出口布置高温气固分离装置，它将烟气和热循环物料分离，分离器内部的强烈旋转使可燃气体和未燃尽碳进一步燃烧。被分离的固体进入物料回送部分的立管，立管中的物料形成一定高度的料腿，维持循环系统的正常运行，立管中的物料下移进入物料回送装置（非机械阀），通过气流的作用，热物料再次回到炉膛中继续燃烧。被分离的气体，通过烟道，逐次流经后续的受热面与工质换热，最后降温后的烟气离开锅炉。在布风板上，设置排渣口，定期将燃尽的固体物料排出炉外，维持循环床的物料平衡。

流态化燃烧技术燃料适应性广，可以燃烧一切燃料（包括高灰、高水、低热值的劣质煤），且燃烧效率高；由于燃烧温度为 800～950℃，比层燃和室燃方式均低，可以在燃烧过程中控制污染物 NO_x 和脱除 SO_2，所以流态化燃烧被称为清洁燃烧技术；燃烧强度大，可以减小炉膛体积；床内传热能力强，可以节省受热面技术消耗；负荷调节性能好、调节幅度大，从 100％至 40％；由于低温燃烧，灰渣可以综合利用。

流化床锅炉已从 20 世纪 60 年代的第一代鼓泡流化床锅炉发展到 80 年代的第二代循环流化床锅炉，锅炉的容量也从以 75 t/h 逐步发展到 220 t/h、410 t/h、800 t/h 并朝着更大容量发展。目前以流化床燃烧技术已成为全世界洁净煤技术的重要发展方向之一，预计到 21 世纪初与 600 MW 机组配套的循环流化床锅炉将投入运行。

（二）液体燃料燃烧技术

油是最常用的液体燃料，油的燃烧方法有内燃和外燃两种方式。所谓内燃，是在发动机气缸内部极为有限的空间进行高压燃烧，是一种瞬间的燃烧过程。所谓外燃，是指燃油在燃烧室内燃烧，如涡轮发动机的燃烧室和锅炉、窑炉的炉膛。汽油和柴油通常用于发动机，重油用于燃油锅炉或燃煤锅炉点火或低负荷时稳燃。事实上，中国由于石油储量的限制，采用燃油作为大型锅炉燃料的锅炉数量极少。

由于油的沸点总是低于其着火温度，因此油总是先蒸发成油蒸气，再在蒸气状态下燃烧。油的燃烧实际上包含了油加热蒸发、油蒸气和助燃空气的混合及着火燃烧三个过程。油滴在炉膛中受到加热以后，首先是表面开始蒸发，接着是油蒸气和空气进行互相扩散和混合，当油蒸气和空气的混合物达到着火温度后，燃烧迅即开始。在燃烧中，油滴的内部继续被加热蒸发，同时进行着油蒸气和空气的扩散和混合，新的油蒸气和空气的混合物取代了原有的燃烧产物，从而使燃烧得以继续。油滴的燃烧过程中，先蒸发燃烧的部分为其他部分的蒸发燃烧创造了条件，所以着火不是问题，因为油中无灰分，所以燃尽条件也优越。因此，油燃烧的化学反应极为迅速，其中油加热蒸发是制约燃烧速率的关键。为了加速油的蒸发，油总是被雾化成细小油滴来燃烧。

1. 雾化器

油雾化器由头部的喷嘴和连接管组成，常用的雾化方式包括机械雾化（离心式、转杯式）、介质雾化（蒸汽、空气）及超声波雾化等。从雾化的角度来说，不仅雾化油滴的平均直径要小，而且要求油滴的大小尽量均匀；雾化角（雾化锥边界上两根对应切线的夹角）保证油雾容易穿进风层；流量密度（单位时间穿过油雾速度方向单位面积上的燃油体积）沿圆周方向分布均匀。

（1）机械雾化器。

离心式机械雾化器是应用最多的一种雾化器，分为压力简单式和回油式两种形式。简单式雾化喷油嘴由雾化片、旋流片和分流片构成，如图 2-7 所示。油管来的具有一定压力的燃油，首先经过分流片上的进油孔汇合到环形均油槽中，由此进入旋流片的切向槽获得很高的速度，然后以切线方向流入旋流片中心的旋流室。油在旋流室产生强烈的旋转，最后从雾化片上的喷口喷出，在离心力的作用下迅速被粉碎成许多细小的油滴。回油式与简单式原理基本相同，不同点是回油式旋流室前后各有一个通道，一个通向喷孔，将油喷入炉膛，另一个通向回油管，将油流回储油罐，因此回油式有两根油管。

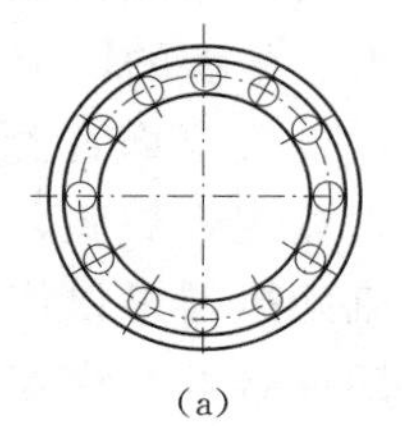

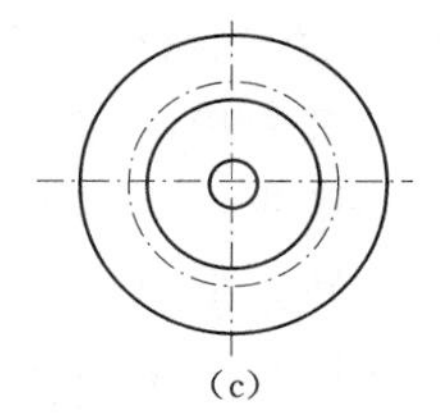

(a)　　(b)　　(c)

图 2-7　简单雾化喷油嘴

(a) 分流片；(b) 旋流片；(c) 雾化片

简单式雾化喷油器通过调节压力调节油量，但是，压力降低，雾化质量变差，所以简单式的调节范围有限。回油式借助回油量的改变调节喷油量，由于压力不变时进油量不变，旋流室中的旋转强度可以保持，雾化质量始终能保证，所以回油式的调节范围比较大（1∶4）。

转杯式雾化喷油嘴则利用高速旋转（3000～6000r/min）的金属杯，油通过中心轴内的油管注入转杯内壁，在内壁形成的油膜被高速从杯口甩出，并与送入的高速一次风相遇而雾化。转杯式雾化喷油器不存在喷孔的堵塞和磨损问题；低负荷时不降低雾化质量，调节比最高；缺点是结构复杂。

（2）介质雾化器。

介质雾化器是利用高速喷射的介质（蒸汽或空气）冲击油流，并将其吹散，而实现雾化。在蒸汽雾化喷油嘴中，油雾化的能量不是来自油压，而是来自雾化介质蒸汽。即一定压力的蒸汽以很高的速度冲击油流，并把油流撕裂成很细的雾滴。介质雾化喷油嘴通常又有两种形式，即外混式和内混式。外混式结构简单，运行可靠；雾化质量好、稳定；调节比很大（1∶5）。缺点是汽耗量大，工作时有噪声。内混式（如Y形喷嘴）的优点是：雾化质量很好；调节比可达1∶6～1∶10；汽耗量小。缺点是喷孔容易堵塞，工作时有噪声。新发展的所谓超声波喷油嘴，也属蒸汽雾化喷油嘴的一种。进入汽室的蒸汽从环形间隙中喷出，激发谐振器产生超声波。油从喷油孔中喷出后，在超声波作用下因振动而进一步破碎。另一种低压空气雾化喷油嘴是利用空气作雾化介质，油以较低的压力从喷嘴中心喷出，而高速的空气（约80m/s）从油四周喷入，使油雾化。当有蒸汽源时，可以考虑优先选用蒸汽雾化喷油嘴。

2. 配风器

油燃烧器是由喷油嘴和配风器两部分组成。配风器的任务是供给适量的空气，以形成有利于空气和油雾混合的空气动力场。好的配风器应满足以下的要求：

（1）将空气分为一次风和二次风，一次风量约占总风量的15%～30%，一次风在点火前就已和油雾混合，其作用是避免油雾着火时，由于缺氧严重而热解，产生大量炭黑。

（2）在燃烧器出口产生一个适当的回流区，以保持火焰的稳定。

（3）后期油气的扩散混合扰动要强烈，保证燃尽。

配风器通常分为旋流式和直流式两大类。旋流式配风器的结构与旋流式煤粉燃烧器相似，一般采用旋流叶片作为二次风旋流器；一次风叶轮安装在配风器的出口，使旋转的一次风造成稳定的中心回流区，在火焰根部产生早期混合和扰动。旋转气流从旋转式配风器喷出后，由于强烈的湍流运动，能使油雾和空气很好地混合。当二次风的旋流强度和负荷变化时，仍能使配风器出口火焰有良好的稳定性。旋流式配风器因为湍流强烈，喷进炉膛后可以形成强烈的油气混合气流，十分有利于燃烧，适合于大、中型的锅炉和窑炉。

直流式是一种最简单的配风器，一、二次风不预先分开，空气全部直流进入，依靠配风器出口的稳焰器产生分流。大部分空气平行于配风器轴线直流进入炉膛，流经稳焰器的小部分空气产生旋转，形成一个回流区，保证稳定着火。直流配风器可以产生尺寸、位置均比较适宜的回流区；二次风的穿透深度大，扰动强烈，后期混合好，火焰呈瘦长型，可以降低最高热负荷；流动阻力小，结构简单。

3. 燃烧室

对于发动机来说，燃烧是在汽缸内完成的。对于燃油锅炉，燃烧则是在炉膛内进行的。燃油锅炉的炉膛与煤粉炉基本相同，只是燃油无灰，不需要出渣，所以燃油炉膛均采用水平或微倾斜的封闭炉底。燃烧器的布置也与煤粉一样，有前墙、两面墙和四角等布置方式。另外，炉底布置方式比较适合Π形或塔形燃油锅炉。

（三）气体燃烧技术

气体燃料主要用于民用、燃气锅炉、窑炉、燃气轮机及燃煤锅炉的再燃燃料。气体燃料的燃烧过程包括三个阶段，即混合、着火和正常燃烧。

由于气体燃料在空气中燃烧时，属于均相燃烧，着火和燃烧比固体燃料容易得多，燃烧速度和燃烧的完全程度完全取决于气体燃料与空气的混合，而混合过程则在燃烧器和燃烧室内完成。

1. 气体燃烧器的基本要求

气体燃料燃烧的效率主要取决于气体燃料燃烧器。对气体燃烧器的基本要求如下：

（1）不完全燃烧损失小，燃烧效率高。

（2）燃烧速率高，燃烧强烈，燃烧热负荷高。

（3）着火容易，火焰稳定性好，既不回火，又不脱火。

（4）燃烧产物有害物质少，对大气污染小。

（5）操作方便，调节灵活，寿命长，能充分利用炉膛空间。

2. 扩散燃烧器

扩散燃烧器是指可燃气体与助燃空气不预先混合，燃气离开燃烧器后，燃烧所需空气由周围环境扩散而来。纯扩散燃烧器结构十分简单，实际上就是向燃烧室喷射燃料气的喷口，或者开有小喷孔的管排。由于燃烧所需空气均需在燃料气喷出后才互相扩散混合，所以火焰长度较长。扩散式燃烧器不会回火，火焰稳定性也比较好，较为安全可靠；对于碳氢燃料气，会由于混合扩散不及时生成难以燃尽的炭黑，造成黑烟排放，并释放有害气体。扩散燃烧器仅适合于高热值燃气的燃烧。

3. 全预混燃烧器

全预混燃烧器是指燃料气在进入燃烧室（炉膛）前已经与全部助燃空气混合，离开燃烧器后被点燃燃烧。由于喷出后不需要再进行混合扩散，这种全预混燃烧器的火焰长度比扩散式要短得多。燃烧全预混燃烧器通常无焰，故也称无焰燃烧器。全预混燃烧器强度高，而且不会产生炭黑；其缺点是燃烧不稳定，可能出现回火和脱火。它主要适用于火焰传播速度不很高的低热值燃气的燃烧。

4. 部分预混燃烧器

最常用的燃烧器既不是燃料气与空气全部预混，也不是完全不预混，而是在燃烧器头部设预混段，可燃气体与空气进行部分预混，过量空气系数为0.2～0.8，其余空气靠扩散供应。部分预混式燃烧器在回火和脱火方面的可靠性虽不及扩散式燃烧器，但比全预混燃烧器安全可靠。火焰长度适中，火力猛而温度高。目前家庭用的煤气灶大多属此类。对某些供热量很大的工业炉，以天然气作燃料时所需流量很大，此时采用部分预混式燃烧器不但可以提高燃烧热负荷，而且还能控制火焰的发光程度，有利于改善炉内辐射传热。

另外，加热炉还有特殊结构的部分预混燃烧器，如平焰式燃烧器、高速煤气燃烧器等。

在工程应用中，通常喷口气流速度都较高，为湍流状态，如不采取措施，火焰很难稳定，甚至会被吹熄。为避免这一问题，工程上常利用回流的高温烟气或用小火焰不断地向可燃气体提供足够的热量，以保证火焰连续稳定地燃烧。产生高温烟气回流有很多方法，其中最简单的是在湍流火焰后放置一钝体，在钝体后将形成高温烟气的回流区，以持续地向可燃气体提供热量，维持火焰稳燃，因此钝体又称之为稳焰器。除了钝体稳焰器外，还有其他形式的稳焰器，如船形稳焰器、多孔板稳焰器（相当于多个小钝体）等。此外旋转射流、复杂射流（如射流突然扩张、突然转弯等），也都能产生高温烟气回流区。小股高速射流和主流气体之间形成的大速差，也会造成高温烟气回流。另一种维持火焰稳定的简捷方法是采用点火火焰，通常也将此火焰称为值班火焰。

根据不同燃料燃烧的特点，采用各种措施提高燃料的燃烧效率是节能的重要途径。此外燃料燃烧时会产生严重的环境污染问题，因此发展和推广高效低污染的燃烧技术既是节能的需要，也是保护环境实现可持续发展的重要措施。

第四节　热能转换为机械能或电能

燃料的化学能转化为热能以后，一部分作为终端能源直接利用，如民用采暖、工业的工艺用热（包括纺织、印染、化工等过程）；还有相当一部分需要转化为机械能，作为直接利用的动力，如发动机；另外一部分机械能则需要转化为电能，以便远距离传输，然后大部分电能仍要转化为机械能来应用。将热能转换为机械能的装置称为热机，热机工作时有其自身的规律，需要两个不同温度的热源（冷），在两个热源间工作的热机卡诺循环（可逆）的效率最高。热源的温度越高，冷源的温度越低，热机的效率越高。可逆循环的热效率大于不可逆循环的热效率，实际循环都是不可逆的，因此实际循环的热效率低于可逆循环。应用最广泛的热机有内燃机、蒸汽轮机和燃气轮机等。内燃机主要用于各种车辆，也可用于可移动的发电机组。蒸汽轮机主要用于发电厂，带动发电机，也用于大型船舶、风机、水泵等。燃气轮机可用于发电，也用于飞机、船舶。以下介绍常用热机的工作原理。

一、蒸汽轮机

蒸汽轮机，简称汽轮机，是将蒸汽的热能转换为机械能的热机。所以在火力发电厂和核电站中都由蒸汽轮机实现蒸汽的热能转换为汽轮机的机械能，然后带动发电机发电。目前我国通过蒸汽轮机发电机组占总发电量的80%。

1. 汽轮机的基本结构

汽轮机由汽缸、隔板、喷嘴叶栅（静叶栅）、动叶栅、叶轮、主轴、调速系统和凝器系统等部件和系统组成。

汽缸即汽轮机的外壳，它是将进行能量转换的蒸汽与大气隔开，并在内部支撑、固定隔板进而固定喷嘴叶栅。汽缸一般沿水平中分面上分为上汽缸（缸盖）和下汽缸两部分。由于采用再热等原因，现代大型汽轮机都采用高压、中压和低压缸布置等多缸布置形式。汽轮机平衡隔板即固定于汽缸上，用来固定喷嘴叶栅的部件。喷嘴叶栅即沿着隔板周向布置的一组具有特殊结构的蒸汽通道，根据蒸汽参数的不同，喷嘴叶栅可以是渐缩或缩放结构。动叶栅即固定于叶轮周向的一组可进行圆周运动的蒸汽通道，动叶栅可以与主轴一起进行圆周运动。一组静叶栅和动叶栅称为汽轮机的一级，现代汽轮机都是有许多级。动、静叶栅的断面示意图如图2-8所示，叶轮即固定于主轴的用来固定动叶栅的部件，传递动叶栅获得的扭矩，带动主轴转动。主轴即汽轮机大轴，其上固定叶轮，一端连接调速系统，另一端连接发电机轴。汽轮机的调速系统根据汽轮机负荷（发电机）调节汽轮机的进汽量，维持转速恒定。汽轮机的凝汽器（冷凝器）在汽轮机排气口下方，实际为一管壳式换热器，管程为循环水，壳程为蒸汽（凝结水）。

2. 汽轮机的工作原理

从锅炉来的高温、高压的过热蒸汽，经过汽轮机的调节汽门进入汽轮机，由于凝汽器的压力非常低（低于大气压），所以汽轮机的第一级至汽轮机的末级排汽有很大的压差和很大的温降，则每级对应有一定的压降和温降。蒸汽进入静叶栅时，由于存在压差和特殊的流道作用，蒸汽在静叶栅通道内膨胀，蒸汽的流速增加，压力和温度降低，热能转换为机械能（动能）。具有一定速度的蒸汽进入汽轮机的动叶栅，由于动叶栅的特殊结构，高速蒸汽流经动叶栅时蒸汽由于流向改变或既改变方向又膨胀加速，推动叶栅沿圆周切向运动，从而由叶轮带动汽轮机主轴旋转，将蒸汽的热能转换为汽轮机的旋转机械能。然后蒸汽进入下一级，继续膨胀做功。在汽轮机的末级，膨胀结束的蒸汽进入凝汽器，蒸汽在冷却水的作用下，凝结为饱和水，从蒸汽变为水使容积大大减少，所以汽轮机末级的压力非常低，凝汽器即热力循环的冷源。

汽轮机根据排汽是否进入凝汽器，可分为凝汽式和背压式（排汽压力不小于大气压）；又可根据是否有中间抽汽，分为抽汽式和非抽汽式汽轮机。

二、燃气轮机

燃气轮机是以高温、高压的燃气作为工作介质，将燃气的热能转换为机械能的热机。燃气轮机通常由压气机、燃烧室和动力涡轮（燃气动、静叶栅）组成。显然，由于燃气轮机的特殊结构，燃气轮机的燃料只能是液体或气体燃料。燃气轮机吸入空气，经过进气道，在压气机中经过多级离心式压缩机的压缩，压力提高，然后高压空气进入燃烧室，在燃烧室喷入燃料，燃料与空气混合燃烧，产生高温、高压燃气，然后进入动力涡轮膨胀、做功。涡轮中的燃气膨胀功的一部分（约 2/3）用于驱动与涡轮同轴的压气机，另一部分（约 1/3）以动力形式对外输出。燃气轮机系统示意图如图 2-9 所示。

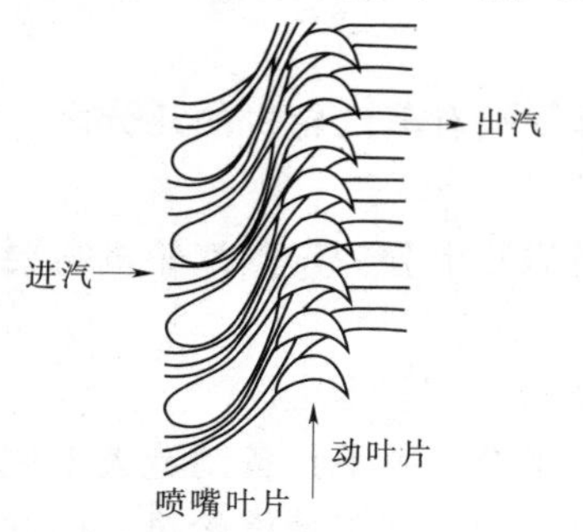

图 2-8　汽轮机动、静叶栅断面示意图

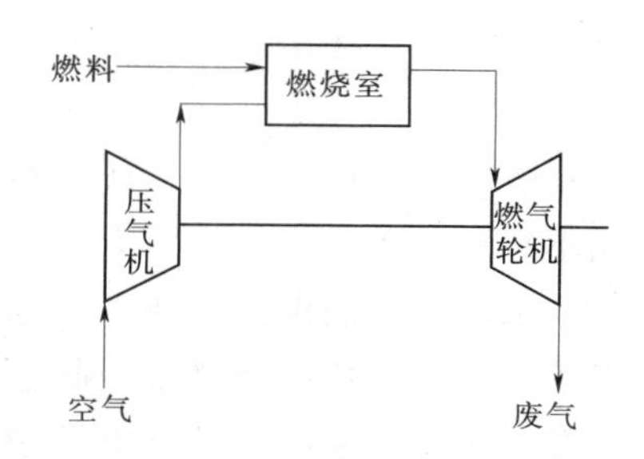

图 2-9　燃气轮机系统示意图

（一）燃气轮机的分类

燃气轮机根据其工作的特点，可分为航空燃气轮机和地面燃气轮机两大类。

1. 航空燃气轮机

航空发动机主要是指用于航空飞行器的，相对于地面发动机，结构上要求更为紧凑，重量能更小。

（1）涡轮喷气发动机。采用尾喷管输出方式，即燃气在尾喷管中膨胀加速，以高速动能喷射产生推力的燃气轮机称为涡轮喷气发动机，主要用于近音速和超音速飞机和巡航导弹的动力。其结构相对简单，推重比高；但是低速性能不好，亚音速时效率急剧下降。

（2）涡轮风扇发动机。涡轮风扇发动机是针对涡轮喷气发动机低速性能差的问题而出现的，该发动机有内、外两个涵道，内涵道中是喷气发动机，但是涡轮的功率增加，以便为外涵道的风扇提供动力，这样内涵道的燃气和外涵道的空气都以一定的速度喷出产生反作用推力，推动飞机前进。涡轮风扇发动机推力大，动能损失小，油耗低，一般用于高亚音速大型客机和运输机。

（3）涡轮螺旋桨发动机。当飞行速度更低时，如500km/h，涡轮风扇发动机涵道比就要50以上，这无法实现。因此就出现了无外涵道壳的涵道，将涡轮风扇发动机的风扇用外置的螺旋桨代替。此时，燃气的很少一部分能量从尾喷管喷射产生反作用推力，大部分能量由涡轮提供给压气机和螺旋桨。螺旋桨的作用使得周围空气获得能量，产生反推力，驱使飞机前进。与前两种发动机比较，涡轮螺旋桨发动机推力最大，经济性最好。当然，该发动机只能适用于500km/h速度的飞行。

2. 地面燃气轮机

与航空燃气轮机相比，地面燃气轮机的尺寸限制小，推重比也可以稍小，内部部件的布置相对容易；航空燃气轮机输出功的形式主要是推力（直升机用发动机除外），而地面燃气轮机输出功主要是转轴的旋转机械能，从而带动发电机、船舶、机车等设备。地面燃气轮机可以有单轴式结构和分轴式结构，单轴式结构即压气机动力涡轮在同一根轴上；分轴式结构则动力涡轮与燃气轮机的压气机分别装在各自的轴上。与单轴式相比，分轴式可以在非设计工况下，动力涡轮与压气机涡轮可以以不同的转速旋转，使得各部件具有较高的工作效率和较宽广的运行范围。

（二）燃气轮机的特点

与蒸汽轮机比较，燃气轮机具有以下优点：

（1）质量轻、体积小、投资省；相同容量所占体积只有蒸汽轮机的几分之一或十几分之一。

（2）启动快、操作方便；从冷态启动到满负荷只需几十分钟，蒸汽轮机需要几小时甚至十几小时。

（3）水、电、润滑油消耗少，可以在缺水地区使用。

当然，燃气轮机结构复杂，制造技术要求高，我国至今尚不具备制造大型燃气轮机的能力。按照能量转换的原理，由于燃气轮机平均吸热温度远高于蒸汽轮机，因此热效率应比蒸汽轮机高。但是，由于燃气轮机膨胀结束后（压力降至大气压）的排气温度仍有400～500℃，若将此部分能量加以利用，整体的热效率即可得到提供，这是以后谈及的联合循环技术。

三、内燃机

内燃机是广泛应用于车辆的热机，大都为往复式的结构。基本组成有汽缸、活塞、连杆、曲轴和飞轮及辅助系统。根据燃用的燃料可分为汽油机、柴油机、煤气机和天然气机；根据工作循环冲程（汽缸中活塞上、下止点运动过程）数分为四冲程和二冲程；根据汽缸的数量分为单缸和多缸；根据汽缸的排列方式分为直列、V形和对置；根据曲轴转数分为高速（>1000r/min）、中速（300～1000r/min）和低速（<300r/min）；根据着火方式分为压燃式和点燃式。柴油机是压燃式，汽油机、煤气机是点燃式。

以下分别介绍四冲程和二冲程内燃机的工作过程。

1. 四冲程内燃机的工作过程

四冲程内燃机完成一个循环要求有四个完全的活塞冲程，如图2-10所示。

（1）进气冲程——活塞下行，进气门打开，空气被吸入汽缸。

（2）压缩冲程——气门关闭，柴油机活塞上行压缩空气；气门关闭，汽油机喷入汽油，活塞上行压缩混合气。

（3）膨胀冲程——柴油机柴油喷入汽缸，与高温、高压的空气混合，并自行着火燃烧；汽油机采用电火花点燃混合气燃烧；汽缸内的压力和温度急剧升高，活塞被推动下移，通过连杆带动曲轴旋转，使燃气的热能转换为机械能，随着活塞下移，汽缸内燃气的温度和压力降低，至下止点，柴油机的燃气温度降至1000～1200K，压力降至3～4MPa，汽油机的温度为1200～1500K，压力0.3～0.6MPa。

（4）排气冲程——膨胀冲程结束后，活塞达到下止点时，排气门打开，曲轴靠惯性继续旋转而带动活塞从下止点向上止点运动，将膨胀后的废气从排气门排出。

活塞上下运动四个冲程，曲轴旋转两转，完成一个工作循环。每个循环中，只有第三个冲程对外输出机械能，实现燃料的化学能转换为燃气的热能和转化为机械能的两个转变。

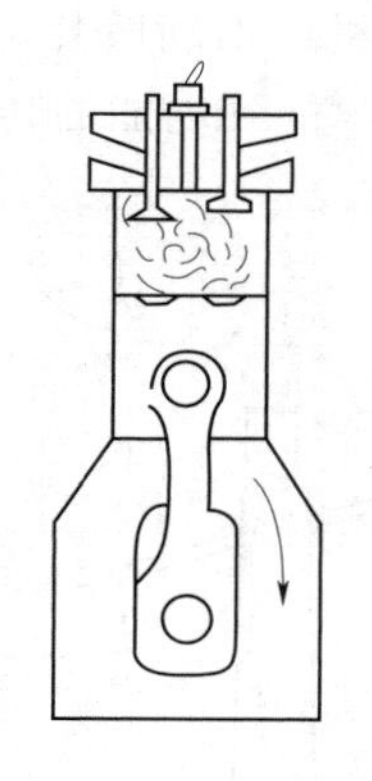
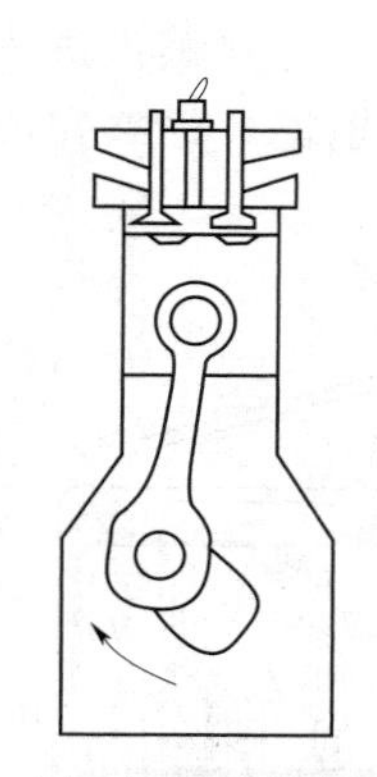
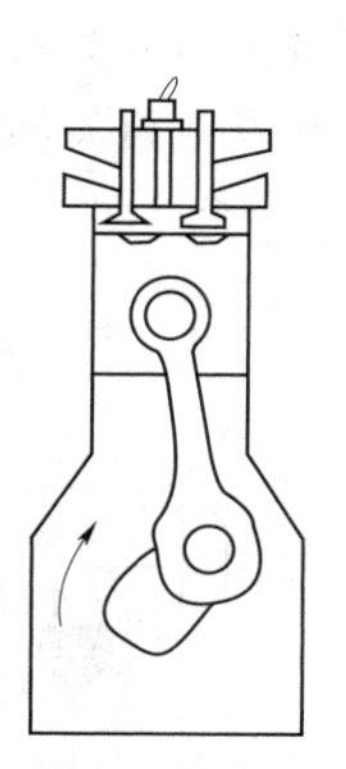
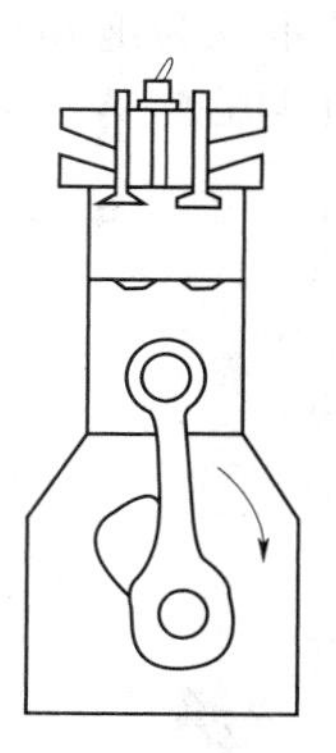

图2-10　四冲程发动机工作过程示意图

2. 二冲程内燃机的工作过程

二冲程发动机是将四冲程发动机的四个冲程纳入两个冲程完成，曲轴旋转一转，完成一个工作循环。二冲程发动机的新鲜空气由一专门的扫气泵压入汽缸，燃烧膨胀后的废气一部分自由排出，其余由新鲜空气挤出，工作过程如图2-11所示。

（1）第一冲程（扫气、压缩）——活塞由下止点向上止点运动，在遮盖扫气孔之前，由扫气泵压入的空气进入扫气箱，然后由扫气孔进入汽缸，将汽缸残存的气体从排气阀挤出；活塞继续上行，遮盖扫气孔时，排气孔关闭，活塞运动到上止点，完成压缩过程；汽油机的扫气是可燃混合气，柴油机的扫气是空气。

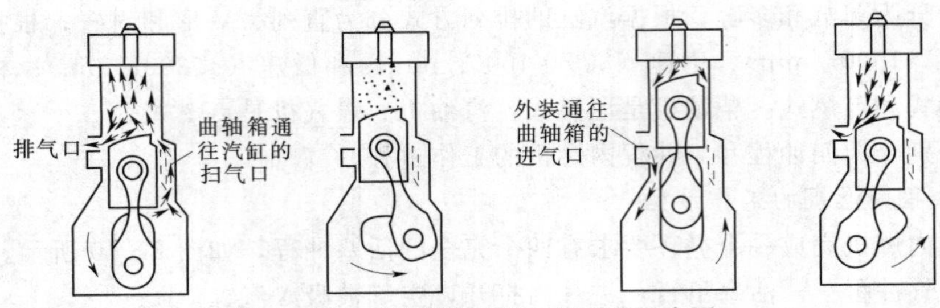

图 2-11 二冲程发动机工作过程示意图

(2) 第二冲程（膨胀、排气）——活塞到达上止点前，柴油机喷入柴油自行着火燃烧，汽油机中混合气被点燃燃烧；形成的高温、高压气体推动活塞向下止点运动，直到排气孔打开，膨胀结束；排气口打开后，废气利用自身的压力自行排出；活塞继续下移，扫气孔被打开，扫气泵将新鲜的空气压入汽缸，废气被挤出，活塞下行至下止点，第二冲程结束。

四冲程发动机与二冲程发动机比较，经济性好，润滑条件好，易于冷却；二冲程发动机运动部件少，质量小，发动机运动平稳。

四、火力发电厂

火力发电厂是将燃料的化学能最终转化为电能工厂，目前，大规模的燃料的化学能转化为电能需要一系列的中间环节或中间过程才能实现。燃煤电厂占火力发电厂的绝大多数，图 2-12 所示为常规燃煤电厂的生产过程示意图。首先燃料要经过燃料制备变为煤粉，然后进入锅炉燃烧释放出能量，所释放的能量被锅炉受热面内部的工质吸收，工质的状态从水变为饱和蒸汽，再进一步变为过热蒸汽，过热蒸汽进入汽轮机，推动叶片，带动汽轮机主轴旋转，进一步带动发电机旋转，产生电能，最终完成了化学能到电能的转化。

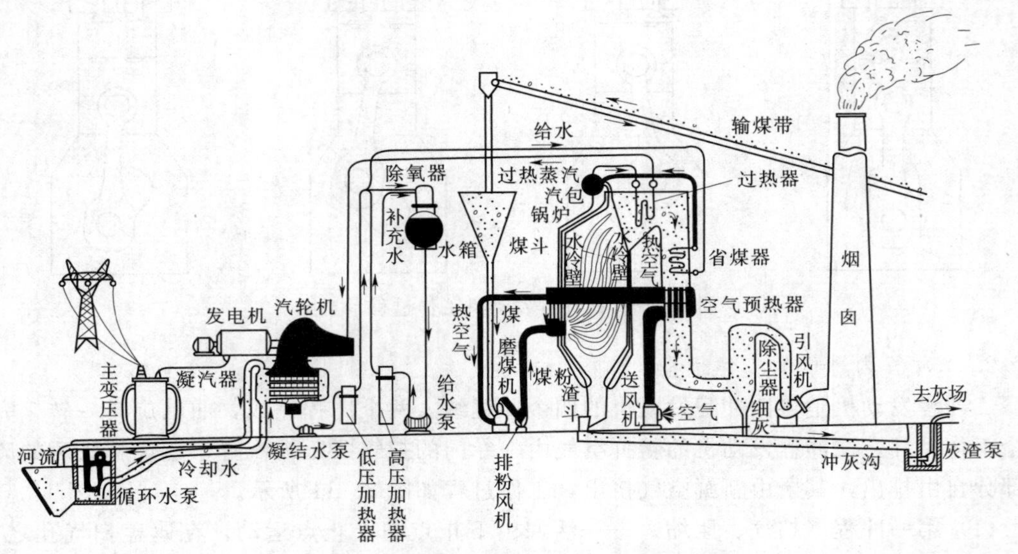

图 2-12 常规燃煤电厂的生产过程示意图

(一) 火力发电厂的热力系统

根据发电厂热力循环的特征，将热力部分的主、辅设备及其管道附件按功能有序连成一个整体的线路图，称为发电厂热力系统图。发电厂热力系统常分为原则性热力系统和全面性热力系统两种。以规定的符号表明工质在完成某种热力循环时所必须流经的各种热力设备之间的联系线路图，称为原则性热力系统图，它表明了工质的能量转换和热量利用过程，也反映了发电厂能量转换过程的技术完善程度和热经济性。全面性热力系统图则是指规定的符号表明全厂性的所有热力设备及其汽水管道连接的总系统图，与原则性系统图相比，它增加了备用设备和备用管路，这些管路和设备主要满足整个系统的启动、正常工况、变工况及停止运行的需要。

图 2-13 所示为某 300MW 汽轮机原则性热力系统。

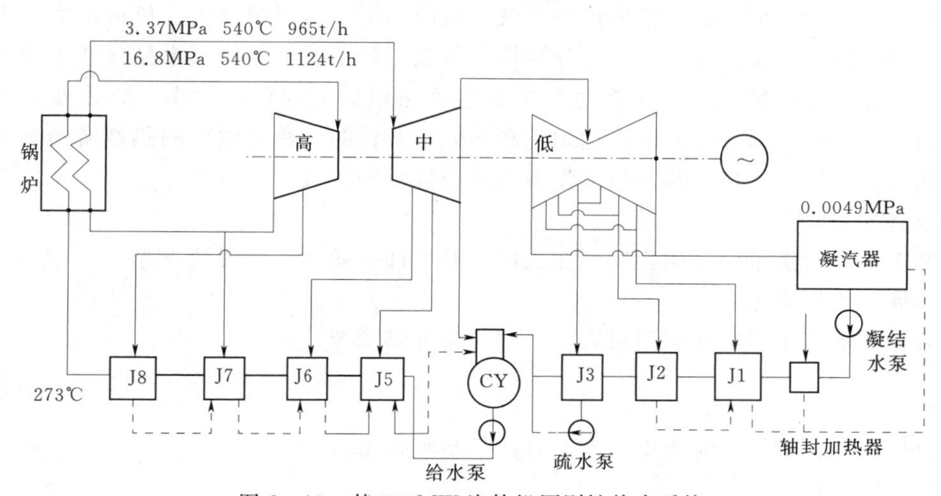

图 2-13　某 300MW 汽轮机原则性热力系统

发电厂热力系统主要由以下各局部热力系统组成：主蒸汽、再热蒸汽系统、回热系统、除氧系统和旁路系统等。

1. 主蒸汽、再热蒸汽系统

锅炉和汽轮机之间的蒸汽管道称为发电厂的主蒸汽管道。对于中间再热机组，还有再热蒸汽管道。

发电厂的主蒸汽、再热蒸汽管道中蒸汽参数高，流量大，金属材料要求高，需用优质钢材，对发电厂运行的安全可靠性和经济性影响很大。

现代大型火力发电厂的主蒸汽管道系统都是单元制，系统简单，阀门少，管道短，阻力小，有利于自动化集中控制。

2. 回热系统

给水回热加热器以及相应的汽水管路、阀门等形成火电厂的回热系统。回热加热器按其水侧承受的压力不同，又分为低压加热器和高压加热器。位于凝结水泵和给水泵之间的加热器为低压加热器，位于给水泵和锅炉之间的加热器为高压加热器。

3. 旁路系统

旁路系统是热力系统中与主设备平行的管路、减温减压器和相关阀门的总称，现代大型火电机组都装有旁路系统，如图 2-14 所示。常见的旁路系统如下：

(1) 汽轮机Ⅰ级旁路，也称高压旁路，即新蒸汽绕过汽轮机高压缸，经减温、减压后直接进入再热器。

（2）汽轮机Ⅱ级旁路，也称低压旁路，即再热器出来的蒸汽绕过汽轮机中低压缸，经减温、减压后直接进入凝汽器。

（3）汽轮机Ⅲ级旁路，也称大旁路，Ⅲ级旁路是将蒸汽绕过整个汽轮机经减温、减压后直接进入凝汽器。

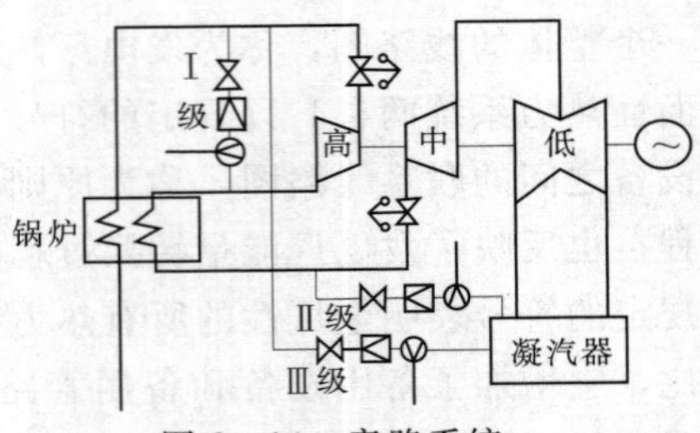

图 2-14　旁路系统

（二）燃煤电厂的效率和热经济指标

火电厂的作用是将化石燃料的化学能转换为电能和热能。在能量转换各个环节，总要有一定的损失，如锅炉损失、管道损失、汽轮机内部损失、冷源损失、机械损失和发电机损失等，使燃料化学能最终只有一部分转换为电能。效率就是衡量一个循环或者设备的输入和产出的比，通过研究电力生产过程中的各项热损失的部位、大小、原因及其相互关系，提出减小这些热损失的方法，达到提高热效率的目的。燃煤电厂的热经济指标则是用来评价热力发电厂生产过程及其热力设备的热经济性的参数。

1. 效率

效率表示供给能量的利用程度，在火电厂有循环热效率、装置效率等。

（1）循环热效率 η_t 。

动力循环的理想焓降与吸热量之比，称为循环热效率，即

$$\eta_t = \frac{\Delta H_t}{Q_o} \times 100\% \tag{2-19}$$

式中：ΔH_t 是汽轮机装置的理想焓降，kJ；Q_o 是吸热量，kJ。

（2）实际循环效率 η_i 。

实际循环效率就是动力循环中有效焓降与吸热量之比，即

$$\eta_i = \frac{\Delta H_i}{Q_o} \times 100\% = \left(\frac{\Delta H_t}{Q_o}\right)\left(\frac{\Delta H_i}{\Delta H_t}\right) \times 100\% = \frac{\eta_t \eta_{ri}}{100}\ \% \tag{2-20}$$

式中：ΔH_i 是动力循环中有效焓降，kJ；η_{ri} 是汽轮机装置的相对内效率，%，一般大型汽轮机组的内效率为86%～88%。

（3）凝汽式发电厂总效率 η_{cn}。

凝汽式发电厂的全厂总效率为发电机输出电功率与燃料输入热量之比，即

$$\eta_{cn} = \frac{3600 P_e}{B Q_{net,\ ar}} \times 100\% = \frac{\eta_{gl}\eta_{gd}\eta_t\eta_{ri}\eta_m\eta_g}{10^{10}}\ \% \tag{2-21}$$

式中：P_e为发电量，MW；B 为燃料消耗量，t/h；$Q_{net,ar}$为燃料的低位发热量，kJ/kg；η_{gl}为锅炉的热效率，%；η_{gd} 为管道效率，%；η_m 为机械效率，%；η_g 为发电机效率，%。现代凝汽式发电厂的热效率一般在26%～43%，这与其蒸汽参数有关。为了进一步提高能源的利用效率，还有采用热电循环的发电厂，相关效率不再赘述。

2. 热经济指标

对于凝汽式燃煤电厂，主要的热经济指标包括全厂热耗量、全厂供电效率和煤耗率等。

（1）全厂热耗量 Q_{ndc}

$$Q_{ndc} = B Q_{net,\ ar} \quad \text{kJ/h} \tag{2-22}$$

（2）全厂热耗率 q_{ndc}

$$q_{ndc}=\frac{Q_{ndc}}{P_e} \quad kJ/(kW\cdot h) \tag{2-23}$$

（3）全厂供电效率 η'_{ndc}

全厂供电效率为扣除厂用电的电厂效率，即

$$\eta'_{ndc}=\frac{3600(P_e-P_{cy})}{BQ_{net,ar}} \quad \% \tag{2-24}$$

式中：P_{cy} 是厂用电功率，kW。

（4）煤耗率 b、标准煤耗率 b_b 和供电煤耗率 b_{gd}

煤耗率 b

$$b=1000\frac{B}{P_e} \quad g/(kW\cdot h) \tag{2-25}$$

标准煤耗率 b_b 是将实际燃料消耗量折算到标准煤当量，即

$$b_b=\frac{bQ_{net,ar}}{29310} \quad g/(kW\cdot h) \tag{2-26}$$

供电煤耗率 b_{gd}

$$b_{gd}=\frac{1000B}{P_e-P_{cy}} \quad g/(kW\cdot h) \tag{2-27}$$

煤耗率是火电厂电力生产过程的完善和经济效果最重要的一项经济指标。

第五节 能量的储存

当能量的生产量大于需求时，总希望多余的能量能够储存下来，满足能量需求与生产时间和空间上的差异。能量的形式多种多样，能量的储存方式也是多种多样。比如，化学能储存于燃料当中，飞轮可以储存动能，被压缩的弹簧可以储存弹性势能等，即使是建筑物的墙壁、地板和其他围护结构，也都具有蓄热的功能，它们白天吸收太阳能，晚上又将所吸收的太阳能释放出来。

对电力工业而言，电力需求的最大特点是昼夜负荷变化很大，巨大的用电峰谷差使峰期电力紧张，谷期电力过剩。因为电力生产的特殊性能，如果发电厂的设备不在额定工况下工作，效率则降低较多，经济性变差。例如，我国东北电网最大峰谷差已达最大负荷的37%，华北电网峰谷差达40%。如果能将谷期（深夜和周末）的电能储存起来供峰期使用，将大大改善电力供需矛盾，提高发电设备的利用率，节约投资。另外在太阳能利用中，由于太阳昼夜的变化和受天气和季节的影响，也需要有一个储能系统来保证太阳能利用装置的连续工作。

目前，对电能、太阳能、热能等能量形式的储存就比较困难，常常需要某些所谓的储能材料和储能装置来实现，但是储存的能量非常有限。

衡量储能材料及储能装置性能优劣的主要指标有储能密度、储存过程的能量损耗、储能和取能的速率、储存装置的经济性、寿命（重复使用的次数）及对环境的影响。

一、机械能的储存

机械能包括动能和势能两种形式。动能通常可以储存于旋转的飞轮中。一个旋转飞轮

的动能可以用式（2－28）计算，即

$$E_k = 2\pi^2 n^2 I \quad \text{J} \tag{2-28}$$

式中：n 为飞轮的转速，r/s；I 为飞轮的惯性矩，kg·m²

在许多机械和动力装置中，常采用旋转飞轮来储存机械能。例如，在带连杆曲轴的内燃机、空气压缩机及其他工程机械中都利用旋转飞轮储存的机械能使汽缸中的活塞顺利通过上死点，并使机器运转更加平稳；曲柄式压力机更是依靠飞轮储存的动能工作。

机械能以势能方式储存则是最古老的能量储存形式之一，包括弹簧、扭力杆和重力装置等。这类储存装置大多数储存的能量都较小，常被用来驱动钟表、玩具等。需要更大的势能储存时，则只有采用压缩空气储能和抽水储能。压缩空气是工业中常用的气源，除了吹灰、清沙外，还是风动工具和气动控制系统的动力源。现在大规模利用压缩空气储存机械能的研究已呈现诱人的前景。它是利用地下洞穴（如废弃的矿坑、废弃的油田或气田、封闭的含水层、天然洞穴等）来容纳压缩空气。供电需要量少时，利用多余的电能将压缩空气压入洞穴，当需要时，再将压缩空气取出，混入燃料并进行燃烧，然后利用高温烟气推动燃气轮机做功，所发的电能供高峰时使用。与常规的燃气轮机相比，因为省去了压缩机的耗功，故可使燃气轮机的功率提高50%。

利用谷期多余的电能，通过抽水蓄能机组（同一机组兼有抽水和发电的功能）将低处的水抽到高处的水池中，这样电能就以势能形式储存，待电力系统的用电负荷转为高峰时，再将这部分势能通过水轮机组发电。这种大规模的机械能的储存方式已成为世界各国解决用电峰谷差的主要手段。

二、电能的储存

电能最常见的储存形式是蓄电池。它先将电能转换成化学能，在使用时再将化学能转换成电能。此外，电能还可储存于静电场和感应电场中。

1. 蓄电池

电池一般分为原电池和蓄电池。原电池只能使用一次，不能再充电，故又称一次电池；蓄电池则能多次充电循环使用，所以又称二次电池。只有蓄电池能通过化学能的形式储存电能。蓄电池利用化学原理，充电储存电能时，在其内部发生一个可逆吸热反应，将电能转换为化学能；放电时，在蓄电池中的反应物在一个放热的化学反应中化合并直接产生电能。

蓄电池由正极、负极、电解液、隔膜和容器等五个部分组成。通常将蓄电池分为铅酸蓄电池和碱性蓄电池两大类。铅酸蓄电池历史久，产量大，价格便宜，用途广。按用途又可将铅酸蓄电池分为启动用、牵引车辆用、固定型及其他用四种系列。碱性蓄电池包括镉－镍、铁－镍、锌－银、镉－银等品种。表2－3给出了常用蓄电池的使用特点和用途。

表2－3　常用蓄电池的使用特点和用途

类型	使用特点	用　途
铅－酸蓄电池	价格便宜，可大电流工作，使用寿命1～2年	车辆启动、照明，搬运车、叉车等动力电源
镍－铬蓄电池	价格稍贵，中等电流工作，使用寿命2～5年	矿用电机车，飞机直流部分及仪表、仪器、通信卫星电源

续表

类型	使用特点	用　　途
镍一铁蓄电池	价格便宜，中等电流工作，使用寿命1～2年	矿用电机车、矿灯电源
锌一银蓄电池	价格昂贵，可大电流工作，使用寿命短	导弹、飞机、鱼雷启动等动力电源

当前广泛应用于移动电话、笔记本电脑等设备的电池是镍氢和锂离子电池，由于没有充电的记忆效应，使用寿命大大延长。处在研究的新蓄电池有：有机电解液蓄电池，如钠一溴蓄电池、锂一二氧化硫和锂一溴蓄电池，它们的特点是成本低；锌一空气蓄电池，它是以锌作负极，空气制成的气体电极为正极，其特点是比能量大；使用熔盐或固体电解液的高温蓄电池，如钠一硫蓄电池，可以在300～350℃的温度下运行。

发展清洁环保的电动汽车日益受到重视，而廉价、高效，能大规模储存电能的蓄电池正是电动汽车的核心。因此，蓄电池一定会有新的突破。

2. 静电场和感应电场

电能可用静电场的形式储存在电容器中。电容器在直流电路中广泛用作储能装置；在交流电路中则用于提高电力系统或负荷的功率因数，调整电压。储存在直流电容器中的电能按式（2-29）计算，即

$$E=\frac{1}{2}CU^2 \quad \mathrm{J} \tag{2-29}$$

式中：C为电容器的额定电容，F；U为电容器的额定电压，V。

储能电容器是一种直流高压电容器，主要用以生产瞬间大功率脉冲或高电压脉冲波。在高电压技术、高能核物理、激光技术、地震勘探等方面都有广泛的应用。电容器介质材料多为电容器纸、聚酯薄膜、矿物油和蓖麻油。电容器的使用寿命与其储能密度、工作状态（振荡放电、非振荡放电、反向率、重复频度）及电感的大小有关。储能密度越高，反向率、重复频度越高，电感越小，其寿命就越短。储能电容器用途广泛、规格品种多，最高工作电压超过500 kV，最大电容量超过1000μF，充、放电次数超过10000次。

电能还可以储存在由电流通过如电磁铁这类大型感应器而建立的磁场中。储存在磁场中的能量可用式（2-30）计算，即

$$E=\frac{1}{2}LI^2 \quad \mathrm{J} \tag{2-30}$$

式中：L为绕组的电感，H；I为绕组的电流，A。

利用感应电场储存电能并不常用，因为它需要一个电流流经绕组去保持感应磁场。然而随着高温超导技术的进步，超导磁铁为这种储能方式带来新的活力。

三、热能的储存

热能是最普遍的能量形式，热能的利用量在直接使用的能量中占有很高的比例。与电能类似，当热能的供给量大于使用量就希望将其储存，等到需要时再提取使用。从储存的

时间来看，随时存储可以利用物质的相变吸热或放热；短期储存，以天或周为储热的周期，比如对太阳能采暖，太阳能集热器只能在白天吸收太阳的辐射热，因此集热器在白天收集到的热量除了满足白天采暖的需要外，还应将部分热能储存起来，供夜间或阴雨天采暖使用；长期储存是以季节或年为储存周期。例如，把夏季的太阳能或工业余热长期储存下来，供冬季使用；或者冬季将天然冰储存起来，供来年夏季使用。

（一）热能储存的方法

热能储存的方法一般可以分为显热储存、潜热储存和化学储存三大类。

1. 显热储存

显热储存是通过蓄热材料温度升高来达到蓄热的目的。蓄热材料的比热容越大，密度越大，所蓄的热量也越多。水的比热容很大，单位体积的热容也大，因此水是一种比较理想的蓄热材料。在以水为工作介质的太阳能采暖系统中，都配有大水箱蓄热。而对于采用空气为工作介质的太阳能采暖系统和装置，通常选用岩石床作为热储存装置中的蓄热材料。

2. 潜热储存

物质的相态发生变化时就会吸热或放热，这个热值称为物质的潜热。潜热储存是利用蓄热材料发生相变而储热。由于相变的潜热比显热大得多，因此潜热储存有更高的储能密度。通常潜热储存都是利用固体－液体相变蓄热；因此，熔化潜热大、熔点在适应范围内、冷却时结晶率大、化学稳定性好、热导率大、对容器的腐蚀性小、不易燃、无毒以及价格低廉是衡量蓄热材料性能的主要指标。液体－气体相变蓄热也是广泛应用的一种储热方式，应用最广泛的蓄热材料是水，不过水在汽化时有很大的体积变化，所以需要较大的蓄热容器，只适用于随时储存或短期储存。

（二）储热的具体应用

1. 地下含水层储热（冷）

采暖和空调是典型的季节性负荷，地下含水层储热就是解决这一问题的途径之一。

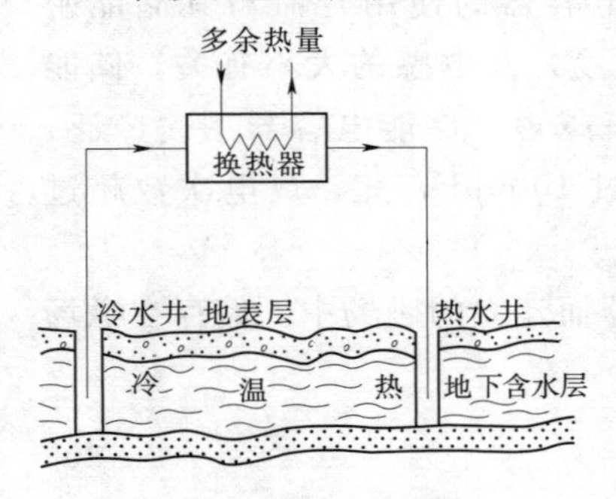

图 2－15　含水层储热示意图

含水层储热是利用地下岩层的孔隙、裂隙、溶洞等储水构造以及地下水在含水层中流速慢和水温变化小的特点，用管井回灌的方法，冬季将冷水或夏季将热水灌入含水层储存起来。由于灌入含水层的冷水或热水有压力，它们推挤原来的地下水而储存在井周围的含水层里。随着灌入水量的增加，灌入的冷水或热水不断向四周迁移，从而形成“地下冷水库”或“地下热水库”。当需要提取冷水或热水时，再通过管井抽取。图 2－15 所示为含水层储热示意图。

储热含水层必须具备灌得进、存得住、保温好、抽得出等条件，才能达到储能的目的。因此适合储热的含水层必须符合一定的水文地质条件：

（1）含水层要具备一定的渗透性，含水的厚度要大，储水的容量要多。

（2）含水层中地下水热交换速度慢，无异常的地温梯度现象。

（3）含水层的上下隔水层有良好的隔水性，能形成良好的保温层。

（4）含水层储热后，不会引起其他不良的水文地质和工程地质现象，如地面沉降、土壤盐碱化等。

用作含水层储能的回灌水源主要有地表水、地下水和工业废水。地表水是指江河、湖泊、水库或池塘等水体。工业排放水则可分为工业回水和工业废水两大类；前者如空调降温使用过的地下水，它一般不含杂质，是含水层回灌的理想水源。工业废水含有多种盐类和有害物质，不能作为回灌水源。回灌水源的水质必须符合一定要求，否则会使地下水遭受污染。

除了地下水含水层储热外，大规模的土壤库储热、岩石库储热等地下储能方法也有较大的发展。在工业生产和日产生活中有许多储热应用的例子。例如，地下水含水层储热技术已广泛地用于纺织、化工、制药、食品等工业部门，也用于影院和宾馆等建筑物的夏季降温空调、冷却和洗涤用水，冬季采暖及锅炉房供水等。

2. 蒸汽蓄热器

蒸汽蓄热器是最典型的利用液体一气体相变吸收潜热的蓄热器。这种蓄热器是一个巨大的压力罐体，有立式和卧式两种结构。上部为汽空间，下部为水空间，通常连接于蒸汽锅炉和需要蒸汽的热用户之间。当热用户对蒸汽的需求减小时，多余的蒸汽通过控制阀进入蓄热器的水空间。由于汽温高于水温，蒸汽会迅速凝结并放出热量，使水空间的水温升高，水位也因蒸汽的凝结而升高。于是上部的汽空间也随之减小，蒸汽压力也随之增高，多余蒸汽的热能就储存在蒸汽蓄热器中。反之，当热用户对蒸汽的需求增加时，锅炉的供汽不足，这时蓄热器上部汽空间的蒸汽会通过控制阀向热用户提供蒸汽。由于蒸汽从汽空间排出，蓄热器内的压力下降；当压力低于高温水的饱和温度所对应的压力时，水空间中的饱和水就会迅速汽化成蒸汽来补充汽空间的蒸汽，以维持对热用户的稳定供汽。由于设置了蒸汽蓄热器，消除了热用户负荷变动对锅炉运行产生的不良影响，使锅炉的燃烧稳定、效率高。运行实践证明，一台 10 t/h 的锅炉，配备蒸汽蓄热器后，可供最大负荷为 15～20t/h 的不均衡负荷使用，经济效益显著。

3. 蓄冷空调

空调用电负荷是典型的与电网峰谷同步的负荷，其年峰谷负荷差达 80%～90%，日峰谷差可达 100%。大、中城市空调负荷已达电网总负荷的 25%以上，并以每年 20%的速度递增，远远超过发电量的增长速度。因此，如何平衡空调用电的峰谷负荷变得十分重要。

采用“蓄冷空调”是平衡空调用电峰谷最好的办法，所谓“蓄冷空调”，就是利用深夜至凌晨用电低谷时的电能，采用电动压缩制冷机制冷的方式，将制取的冷量储存在冷水（温度通常为 4～7℃）、冰或共晶盐中，到白天用电高峰时则停开制冷机，将储存的冷量供给建筑物空调或用于需要冷量的生产过程。

蓄冷空调系统有很多划分方式，若按蓄冷材料分，有水蓄冷、冰蓄冷、共晶盐蓄冷三大类。水蓄冷是利用冷水的显热来储存冷量；冰蓄冷则是利用水相变的潜热来储存冷量；所谓共晶盐蓄冷，又称为“高温”相变蓄冷，它是利用相变温度为 6～10℃的相变材料来蓄冷，这类相变材料通常是一种复合盐类，称为共晶盐。

水蓄冷的冷水温度为4～7℃，而空调用水的实际使用温度为5～11℃，因此这种蓄冷方式系统简单，可以直接使用现有的冷水机组，操作方便，制冷与储冷之间无传热温差损失，节能效果显著；其缺点是蓄冷能力小，蓄冷装置体积大，占地多。

因为水在结冰和融化时吸收和放出的潜热通常要比水的显热大80倍左右，因此冰蓄冷系统蓄冷量大，且由于其装置体积小，是目前蓄冷中应用最广泛的一种方式。冰蓄冷的缺点是，在制冷与储冷、储冷和取冷之间存在传热温差损失，特别是储冷和取冷之间存在更大的温差，传热温差损失更大。因此冰蓄冷的制冷性能系数较水蓄冷低。

共晶盐的蓄冷系统正是为了克服水蓄冷和冰蓄冷的缺点而研发的。其特点是既利用相变潜热大的优点，又减少了传热温差。日本九州电力公司开发的共晶盐蓄冷材料，其长期使用后熔解热仍有122 kJ/kg，熔点9.5～10℃，凝固点8℃，密度1470 kg/m^3，热导率0.93 W/（m·K）。采用共晶盐蓄冷系统，其充冷水温度为3～4℃，当蓄冷槽放水的上限温度为12℃时，蓄冷槽的蓄冷密度是水蓄冷槽的3～4倍。

4. 建筑物蓄热供暖

建筑物蓄热通常有两个含义：一个是指建筑物的围护结构（墙体、屋顶、地板等）本身的蓄热作用；另一个含义是指为了减少城市用电的峰谷差，充分利用夜间廉价的电能加热相变材料，使其产生相变，以潜热的形式储存热能，白天这些相变材料再将储存的热能释放出来，供房间采暖。

在利用相变蓄热的采暖方式中应用最广泛的是电加热蓄热式地板采暖，与传统的散热器采暖相比，其优点如下：

（1）地板采暖使人可同时感受到辐射和对流加热的双重效应，更加舒适。

（2）解决了大跨度空间散热器难以合理布置的问题。

（3）无需设置供暖锅炉房，减轻了锅炉对城市环境的污染。

（4）没有噪声。

（5）费用仅为无蓄热的电热供暖方式的50%，远低于无蓄热的电热供暖方式。

随着峰谷电价分计政策的实施，这种建筑物蓄热供暖方式将会有很大的发展。此外，吸收太阳能辐射热的相变蓄热地板、利用楼板蓄热的吊顶空调系统以及相变蓄能墙等建筑物蓄能的新方法也正在开发研究之中，有的已获得了初步应用。

第六节 能源利用的评价

通常能源利用的评价包括以下几项。

1. 储量

储量是能源评价中的一个重要指标，主要针对不可再生能源而言，可以作为能源应用的前提是储量足够丰富。对于储量，还存在探明储量与可开采储量的差异，有些储量或许目前尚不能作为有价值的能源。

2. 能量密度

能量密度是指在单位质量或单位空间或单位面积内可获得某种能量的数量。能量密度偏小，获得足够能量的成本可能会偏大。表2-4所示为几种能源的能量密度。

表 2-4　几种能源的能量密度

能源	能量密度	能源	能量密度
风能（3m/s）	0.02 kW/m^2	氘	3.5×10^{11} kJ/kg
水能（3m/s）	20 kW/m^2	氢	1.2×10^5 kJ/kg
潮汐能（潮差 10m）	100 kW/m^2	甲烷	5.0×10^4 kJ/kg
太阳能（晴天）	1 kW/m^2	汽油	4.4×10^4 kJ/kg
天然铀	5.0×10^8 kJ/kg	标准煤	2.9×10^4 kJ/kg

3. 储能的可能性

储能的可能性是指能源在不用时是否可以储存，需要时是否又能立即供应。对于载能体能源可以方便实现储能，其他能源大量储存仍有困难。

4. 供能的连续性

供能的连续性是指能否按需求连续不断地供给能量。对于太阳能由于有昼夜的交替，无法连续供给，风能由于风力不可能持续稳定，也不能保证供能的连续性，这需要将能量转换为可储存的形式储存。

5. 能源的地理分布

能源的地理分布一是纯粹的地理条件会影响能源的开发和利用，二是能源的分布与用户的空间关系将会影响最终能源利用的成本。我国煤炭、天然气资源大多分布在西北，水能多在西南，而经济发达、用电量大的地区却在东部沿海，无论是北煤南运还是西电东送，都会使能源的终端利用成本增加。

6. 能源的利用成本

各种能源的利用成本包括前期的开发费用、设备费用及运行费用等。各种能源的利用成本相差很大，化石能源的勘探、开采、加工需要很大的费用；水能的前期费用很高（修坝），但水能本身成本很少，所以运行费用相对较低；太阳能、风能、海洋能的利用，运行费用很低，但设备费远高于化石能源利用的设备费；同样核电站的燃料费远低于化石燃料，可是设备费却高出很多。能源利用的综合成本是能源利用的重要评价指标。

7. 能源的运输费和损耗

能源的运费除了与能源的地理分布有关，还与能源的形式有关。太阳能、风能本身无法运输，地热能的运输距离也比较有限；化石燃料的化学能可以通过车辆或管道输送；电能可以通过高电压远距离输送，相对而言是最方便的输送形式，当然要有线路损耗。变输煤为输电是能源运输的另一种形式。

8. 能源的可再生性

当前利用的主要能源形式是不可再生的能源，比如化石能源，不可再生能源总要面临储量日益减少的问题。因此，今后能源的利用，应该积极采用可再生的能源，并通过先进的技术降低其利用成本。

9. 能源的品位

能源品位的高低是按其可转化为机械能和电能的程度来划分的。风能、水能可以直接转化为电能，因此品位较高，而化石能需要先转化为热能再转化为机械能、电能，并且效率比较低，因此化石能源的品位较低。对于热能而言，高温热能比低温热能品位高。所以，能源的利用应按照用户所需的品位供给，比如热电联产，就是将高品位的热能先发电，低品位的热能再供热。

10. 对环境的影响

目前使用的大部分能源属于非清洁能源，清洁能源所占比例还比较小。非清洁能源的使用对环境已经造成的严重污染尤其是大气污染和温室气体的排放；清洁能源的利用对环境基本没有影响。能源的利用应该依靠技术的进步，增加清洁能源的使用比例，对于非清洁能源则应该采取相应的治理措施，将污染降低到最小。

思考题

1. 能量有几种基本形式？
2. 燃料的高位发热量相同，水分相同，低位发热量是否一定相同？
3. 能量贬值的本质是什么？
4. 第一、二类永动机分别违反什么基本原理？
5. 理论空气量的意义是什么？
6. 燃烧效率是什么？
7. 煤粉炉四角燃烧的特点是什么？
8. 流态化燃烧的特点是什么？
9. 扩散燃烧与预混燃烧的主要区别是什么？
10. 热能转换为机械能的条件是什么？
11. 热力发电厂热力系统的作用是什么？
12. 储热的基本原理是什么？

参考文献

[1]　黄素逸，高伟．能源概论．北京：高等教育出版社，2004.
[2]　朱明善，林兆庄，刘颖，等．工程热力学．北京：清华大学出版社，1995.
[3]　林宗虎，张永照．锅炉手册．北京：机械工业出版社，1989.
[4]　容銮恩，袁镇福，刘志敏，等．电站锅炉原理．北京：中国电力出版社，1997.
[5]　张国顺．燃烧爆炸危险与安全技术．北京：中国电力出版社，2003.
[6]　吕俊复，张建胜，岳光溪．循环流化床锅炉运行与检修．北京：中国水利水电出版社，2003.
[7]　陈学俊，陈听宽．锅炉原理．北京：机械工业出版社，1981.
[8]　徐旭常，毛健雄，曾瑞良，等．燃烧理论与燃烧设备．北京：机械工业出版社，1990.
[9]　蔡兆麟，刘华堂，何国庚．能源与动力装置基础．北京：中国电力出版社，2004.

第三章 化石燃料能源

第一节 煤 炭

化石燃料主要是指煤炭、石油和天然气。煤炭是地球上迄今探明的最丰富的化石能源，长期以来是人类生产、生活所依赖的主要能源。

一、煤炭的形成与分类

煤是由泥炭或腐泥转变而来。泥炭主要是高等植物遗体在沼泽中经过生物化学作用而形成的。通常在低洼的沼泽，植物经历了繁殖、死亡期后，堆积于沼泽的底部，在厌氧菌的作用下，形成了各种较简单的有机化合物及其残余物，这一氧化分解作用称为腐植化作用。此后，被分解的植物遗体被上部新的植物不断覆盖，转到沼泽较深部位，从氧化环境转入弱氧化甚至还原环境中。在缺氧条件下，原先形成的有机化合物发生复杂的化学合成作用，转变为腐植酸及其他合成物，从而使植物遗体形成一种松软有机质的堆积物，积聚成泥炭层。

腐泥的形成过程与泥炭不同。低等植物和浮游生物在繁殖、死亡后，遗体堆积在缺氧的水盆地的底部，主要是厌氧细菌参与下进行分解，再经过聚合和缩合作用形成暗褐色和黑灰色的有机软泥，即腐泥层。

泥炭或腐泥不断被上层沉积物覆盖，埋藏到一定深度，经受压力、温度等作用，发生了新的一系列物理和化学变化。在这个过程的早期阶段，进行的是成岩作用，泥炭在沉积物的压力作用下，发生了压紧、失水、胶体老化、固结等一系列变化，生化作用逐渐消失，化学组成也发生缓慢的变化，最后变成密度较大、较为致密的褐煤。这是一个从无定形胶态物质逐渐转变成岩石状物质的过程，故称为成岩阶段。在这一过程中发生在地下200～400m的深度，此时泥炭中的植物残留成分逐渐消失，腐殖酸的含量先增加后减少，从元素组成上看，碳含量增加，氧和氢的含量逐渐降低。压力和时间是这个阶段起主导作用的因素，它使泥炭变成褐煤，腐泥转变成腐泥褐煤。后期则受变质作用的影响，使褐煤向烟煤、无烟煤演化。当褐煤继续沉降到较深处时，受到不断增高的温度和压力的影响，煤的内部分子结构、物理性质和化学性质方面发生重大变化。影响变质作用的重要因素是温度（有人把变质过程称为天然的干馏过程），其次是时间和压力。从褐煤转变成烟煤和无烟煤，随着煤化程度的增高，煤中含碳量增加，氢含量、氧含量和挥发分含量减少，煤的反射率增高，密度增大。

根据成煤物质及成煤条件，可以把煤分成腐植煤、腐泥煤和残植煤三大类。腐植煤是高等植物残体经过成煤作用形成的；腐泥煤是死亡的低等植物和浮游生物经过成煤作用形成的；残植煤是由高等植物残体中最稳定的部分（如孢子、角质层、树脂、树皮等）所形成。腐植煤是自然界分布最广、蕴藏量最大、用途最多的煤，因此它是人们研究的主要对象。根据煤化程度不同，腐植煤可分为泥煤、褐煤、烟煤和无烟煤四大类，泥煤煤化程度最低，无烟煤煤化程度最高。

二、煤的工业分析和元素组成

（一）煤的工业分析

煤的工业分析是在一定条件下，测定煤中的水分、灰分、挥发分和固定碳四种成分。从广义上说，煤的工业分析还包括全硫和发热量。事实上，煤的工业分析并不是测定煤中物质的存在形态，而是在规定条件下，将煤中的物质粗略分为四部分，分析结果可初步判断煤的性质，作为合理利用的依据。

1. 水分

煤中水分包括外在水分和内在水分，合称为全水分。外在水分又称表面水分，是指在开采、运输、洗选和储存期间，附着于颗粒表面或存在于直径大于5～10μm的毛细孔中的外来水分。这部分水分变化很大，而且易于蒸发，可以通过自然干燥方法去除。一般规定：原煤试样在温度为（20±1)℃、相对湿度为（65±1)%的空气中自然风干后失去的水分即为外在水分。

内在水分又称固有水分，是指吸附或凝聚在煤粒内部直径小于5～10μm毛细孔中的水分，也就是原煤试样失去了外在水分后所剩余的水分。内在水分需要在较高温度下才能从煤样中除掉。一般可以通过分别测定外在水分和全水分，并由全水分减去外在水分求出。全水分的测定方法是将原煤试样置于102～105℃的烘箱内约2h，使之干燥至恒重，其所失去的水分即为全水分。

另外，煤中还会含有结晶水，它是指以化学方式与煤中矿物质结合的水，如存在于高岭土（$Al_2O_3 2SiO_2 \cdot 2H_2O$）和石膏（$CaSO_4 \cdot 2H_2O$）中的水，结晶水需要在200℃以上才能从煤中分解析出。

2. 挥发分

失去水分的干燥煤样，在隔绝空气的条件下，加热到一定温度时，析出的气态物质占煤样质量的百分数称为挥发分。挥发分主要有碳氢化合物、H_2、CO、H_2S等可燃气体和少量O_2、CO_2和N_2组成；煤中挥发分逸出后，如与空气混合不良，在高温缺氧条件下易化合成难以燃烧的高分子复合烃，产生炭黑，形成大量黑烟。

挥发分并不是以固有的形态存在于煤中，而是煤被加热分解后析出的产物。不同煤化程度的煤，挥发分析出的温度和数量不同。煤化程度浅的煤，挥发分开始析出的温度就低。在相同的加热时间内，挥发分析出的数量随煤的煤化程度的提高而减少。挥发分析出的数量除决定于煤的性质外，还受加热条件的影响，加热温度越高、时间越长，则析出的挥发分越多。因此，挥发分的测定必须按统一规定进行，即将失去水分的煤样，在(900±10)℃的温度下，隔绝空气加热7min，试样所失去的质量占原煤试样质量的百分数，即为原煤试样的挥发分含量。

3. 固定碳和灰分

原煤试样去除水分、挥发分之后剩余的部分称为焦炭，它由固定碳和灰分组成。把焦炭放在箱形电炉内，在（815±10)℃的温度下灼烧2h，固定碳基本烧尽，剩余的部分就是灰分，其所占原煤试样的质量分数，即为该煤的灰分含量；此过程失去的质量占原煤试样的质量分数，即固定碳的含量。

灰分是煤中以氧化物形态存在的矿物质，包括原生矿物质、次生矿物质和外来矿物质。原生矿物质是原始成煤植物含有的矿物质，它参与成煤，很难除去，一般不超过1%～2%;次生矿物质为成煤过程中由外界混入到煤层中的矿物质，通常这类矿物质在煤中的含量在10%以下，可用机械法部分脱除。外来矿物质为采煤过程中由外界掉入煤中的物质，它随煤层结构的复杂程度和采煤方法而异，一般为5%～10%，最高可达20%以上，可以用重力洗选法除去。除去全部水分和灰分的煤被称为干燥无灰基煤。

（二）煤的元素分析成分及其特性

煤是由有机物质和无机物质混合组成的，以有机质为主。煤中有机物质主要由碳(C)、氢（H)、氧（O）及少量的氮（N)、硫（S）等元素构成。通常所说的元素分析是指测定煤中碳、氢、氧、氮、硫、灰分（A）和水分（M）的测定。煤中碳、氢、氮和硫的含量是用直接法测出的，氧含量一般用差减法获得。

1. 煤的元素分析成分

(1) 碳（C)，煤中主要可燃成分，燃料中的碳多以化合物形式存在，在煤中占50%～95%。碳完全燃烧时，生成CO_2，纯碳可释放出32866 kJ/kg的热量，不完全燃烧时生成CO，此时的发热量仅为9270 kJ/kg。碳的着火与燃烧都比较困难，因此含碳量高的煤难以着火和燃尽。

(2) 氢（H)，煤中重要的可燃成分，完全燃烧时，氢可释放出120370kJ/kg的热量，是纯碳发热量的4倍。煤中氢含量一般是随煤的变质程度加深而减少。因此变质程度最深的无烟煤，其发热量还不如某些优质的烟煤。此外，煤中氢含量多少还与原始成煤植物有很大的关系，一般由低等植物（如藻类等）形成的煤，其氢含量较高，有时可以超过10%；而由高等植物形成的煤，其氢含量较低，一般小于6%。氢十分容易着火，燃烧迅速。

(3) 硫（S)，煤中的有害成分，硫完全燃烧时，可释放出9040kJ/kg的热量。煤中硫通常以无机硫和有机硫的状态存在。无机硫多以矿物杂质的形式存在于煤中，按所属的化合物类型分为硫化物硫和硫酸盐硫；有机硫则是直接结合于有机母体中的硫，煤中有机硫主要由硫醇、硫化物及二硫化物三部分组成；煤中偶尔还有单质硫的存在。煤中硫的含量与成煤时沉积环境有关，在各种煤中硫的含量一般不超过1%～2%，少数煤的硫含量可达3%～10%或更高。

据统计，我国煤中有60%～70%的硫为无机硫，30%～40%为有机硫，单质硫的比例一般很低，无机硫绝大部分是以黄铁矿（FeS_2）的形式存在。硫燃烧后的产物是SO_2和SO_3，在与水蒸气相遇后会生成亚硫酸和硫酸，引起大气污染以及锅炉尾部受热面的低温腐蚀。此外，煤中的黄铁矿质地坚硬，在煤粉磨制过程中将加速磨煤部件的磨损，在炉膛高温下又容易造成炉内结渣。

(4) 氮（N)，煤中氮含量较少，仅为0.5%～2%。煤中氮主要来自成煤植物。在燃料高温燃烧过程中会生成NO_x，引起大气污染。在炼焦过程中，氮能转化成氨及其他含氮化合物。

(5) 氧（O)，氧是煤中不可燃成分，燃烧中由于赋存状态的变化，起助燃作用。煤中氧主要以羧基、羟基、甲氧基、羰基和醚基存在，其含氧量随煤化程度增高而明显减少。

2. 煤的元素分析成分的基准

为了应用的方便，煤的元素分析成分分为多种基准表示，即元素成分的不同内容。

(1) 收到基。

以收到状态的煤为基准，计算煤中全部成分的组合称为收到基，见式(3-1)，即

$$C_{ar}+H_{ar}+O_{ar}+N_{ar}+S_{ar}+A_{ar}+M_{ar}=100\% \quad (3-1)$$

式中各项为元素分析成分。

(2) 空气干燥基。

自然干燥失去外在水分的成分组合称为空气干燥基，见式(3-2)，即

$$C_{ad}+H_{ad}+O_{ad}+N_{ad}+S_{ad}+A_{ad}+M_{ad}=100\% \quad (3-2)$$

(3) 干燥基。

以无水状态的煤为基准的成分组合称为无水基，见式(3-3)，即

$$C_{d}+H_{d}+O_{d}+N_{d}+S_{d}+A_{d}=100\% \quad (3-3)$$

(4) 干燥无灰基。

以无水无灰状态的煤为基准的成分组合称为干燥无灰基，见式(3-4)，即

$$C_{daf}+H_{daf}+O_{daf}+N_{daf}+S_{daf}=100\% \quad (3-4)$$

(三) 煤的发热量

煤的发热量是指单位质量的煤完全燃烧时所放出的全部热量，以kJ/kg或MJ/kg表示。根据燃烧产物中水的状态不同，煤的发热量可分为高位发热量Q_{gr}和低位发热量Q_{net}（第二章曾提及）。煤的高位发热量是指1kg煤完全燃烧时所产生的热量，其中包含煤燃烧时所生成水蒸气的汽化潜热；在高位发热量中扣除全部水蒸气汽化潜热后的发热量，称为低位发热量。在实际利用中，为避免燃烧热备尾部受热面的低温腐蚀，燃烧生成烟气的排烟温度一般高于110～160℃，此时烟气中的水蒸气仍然以蒸汽状态存在，不可能凝结而放出汽化潜热，因此在燃烧热备的热工计算时都采用燃料的低位发热量。煤的发热量的大小因煤种不同而不同，取决于煤中可燃成分和数量，含水分、灰分高的煤发热量较低。煤的发热量通常采用实验测定，测定装置被称为氧弹热量计，也可以通过元素分析或工业分析的结果估算。

煤的发热量与煤种有关，为了工业应用的方便，将低位发热量为29310kJ/kg的煤称为标准煤。

(四) 煤的分类

由于研究内容和使用的不同，煤的分类有多种方法。依据煤的工业用途、工艺性质和质量要求进行的分类，称工业分类法，工业分类是为了合理地使用煤炭资源及统一使用规格。根据煤的元素组成进行的分类，则称科学分类法。最有实用意义的是将煤的成因与工业利用结合起来，以煤的变质程度和工艺性质为依据的技术分类法。

各种以煤为燃料或原料的工业对煤都有其特定的技术要求，只有恰当地使用煤种才能保证产品质量，合理地利用煤炭资源。近代以煤的变质程度和工艺性质为参数的分类法发展较快，使煤分类具有更严格的科学性和广泛的实用性。但由于各国煤炭资源特点不同，

以及工业技术发展水平的差异，各主要产煤国或以煤为主要能源的国家都根据本国情况，采用不同的分类方法。1956年，联合国欧洲经济委员会（ECE）煤炭委员会在国际煤分类会议上提出了国际硬煤分类表，其分类方法是以挥发分为划分类别的指标，将硬煤（烟煤和无烟煤）分成十个级别；以黏结性指标（自由膨胀序数或罗加指数）将硬煤分成四个类别；又以结焦性指标（奥亚膨胀度或葛金焦型）将硬煤分成六个亚类型，每个煤种均以三位阿拉伯数字表示，将硬煤分为62个煤类。

1989年10月国家标准局发布了中国煤炭分类（GB 5751—86），将中国煤分为14类，如表3-1所示。焦炭的黏结性与强度称为煤的焦结性，也是煤的重要特性指标之一。根据煤的焦结性可以把煤分为粉状、黏结、弱黏结、不熔融黏结、不膨胀熔融黏结、微膨胀熔融黏结、膨胀熔融黏结、强膨胀熔融黏结等八大类。

表3-1 我国煤的分类

煤 种	符号	V_{daf}（%）	G	$Q_{net,ar}$（MJ/kg）	着火温度（℃）
无烟煤	WY	≤10.0		>20.9	>700
贫煤	PM	>10.0～20.0	≤5	>18.4	600～700
贫瘦煤	PS	>10.0～20.0	>5～20		
瘦煤	SM	>10.0～20.0	>20～65		
焦煤	JM	>20.0～28.0	>50～65		
肥煤	FM	≥10.0～37.0	>85		
1/3焦煤	1/3JM	>28.0～37.0	>65		
气肥煤	QF	>37	>85	>15.5	400～500
气煤	QM	>28.0～37.0	>50～60		
1/2中黏煤	1/2ZN	>20.0～37	>30～50		
弱黏煤	RN	>20.0～37.0	>5～30		
不黏煤	BN	>20.0～37.0	≤5		
长焰煤	CY	>37.0	≤35		
褐煤	HM	>37.0	≤30	>11.7	250～450

表3-1中，干燥无灰基挥发分V_{daf}和黏结性指标G为分类指标。事实上，对于$G>85$的煤，还需要其他的辅助指标进行分类，对长焰煤与褐煤的划分也需要借助辅助指标。

化工领域，气煤、肥煤、焦煤、瘦煤主要用于炼焦，无烟煤也用于化工。对于动力用煤，一般根据V_{daf}的大小简单划分为无烟煤、贫煤、烟煤和褐煤。

将煤中的收到基水分、硫分、灰分折算到其发热量，称为相应的折算成分，见式(3-5)～(3-7)，即

$$W_{zs}=4190\frac{W_{ar}}{Q_{net,ar}}\% \tag{3-5}$$

$$S_{zs}=4190\frac{S_{ar}}{Q_{net,ar}}\% \tag{3-6}$$

$$A_{zs}=4190\frac{A_{ar}}{Q_{net,ar}}\% \tag{3-7}$$

对于 $W_{zs}>8\%$、$S_{zs}>0.2\%$及 $A_{zs}>4\%$的煤分别称为高水分、高硫分及高灰分煤。

三、煤炭资源

2004 年我国《矿产资源/储量分类》规定储量分为四类：储量、基础储量、资源量、查明资源储量。其中储量是基础储量中经济可开采部分，即可采储量；资源量是查明了矿产资源的一部分，是指仅经过概略研究推断的矿产资源，大致相当于探明储量；基础储量也是查明矿产资源的一部分，是指经过详查或勘探，且经过可行性研究的那部分矿产资源。

1. 世界煤炭资源

根据 2007 年英国石油公司（BP）对世界能源的统计报告资料，目前世界煤炭的探明可采储量为 8.475×10^{11} t。其中，美国为 2.427×10^{11} t，俄罗斯为 1.57×10^{11} t，中国为 1.145×10^{11} t。表 3-2 所示为世界煤炭储量前十位国家的煤炭储量、所占比例和储采比，其中储采比为当前可采储量除以当前的年采煤量。因此，美国、俄罗斯、中国煤炭可采储量分别占世界总量的 28.6%、18.5%和 13.5%，我国的煤炭可采储量位居第三。显然，以当前中国煤炭的储量和年产量，储采比是非常低的，尤其对我国这样一个以煤为主的能源结构，因此能源形势十分严峻。当然，随着技术的进步，可采储量会发生变化；能源构成变化，储采比也会发生变化。

表 3-2　世界煤炭可采储量

国家	煤炭储量（$\times10^8$ t）	比例（%）	储采比（年）
美国	2427	28.6	234
俄罗斯	1570	18.5	500
中国	1145	13.5	45
澳大利亚	766	9.0	194
印度	565	6.7	118
南非	480	5.7	178
乌克兰	339	4.0	444
哈萨克斯坦	313	3.7	332
波兰	75	0.9	51
巴西	71	0.8	>500
总计	7751	91.5	
总计	8475	100	133

2. 中国煤炭资源

我国煤炭资源绝对值数量十分可观。据 1997 年完成的全国第三次煤炭资源预测与评估，中国埋深小于 2000 m 的煤炭资源总量为 5.5663×10^{12} t。其中，预测资源量为 4.5521×10^{12} t，发现煤炭储量为 1.0142×10^{12} t。在已发现煤炭储量中，已查证的煤炭储量为 7.241×10^{11} t，煤资源量为 2.901×10^{11} t。在已查证的煤炭储量中，生产和在建煤矿已利用的储量为1.868×10^{11}t，尚未利用的精查储量为8.41×10^{10}t，详查储量为1.829×10^{11}t，普查储量为2.702×10^{11}t。

中国煤炭资源分布相对集中，北方地区已发现资源占全国的90.29%，形成山西、陕西、宁夏、河南、内蒙古中南部和新疆的富煤地区；南方地区发现资源的90%集中在四川、贵州和云南三省。表3-3所示为中国煤炭资源总量（2000m以浅）的分区统计结果。

表3-3　中国煤炭资源总量（2000m以浅）的分区统计结果

区　域	东北	华北	西北	华南	滇藏	合计
资源总量（$\times10^{8}$t）	3933	28118	19786	3783	76	55697
比例（%）	7.06	50.49	35.52	6.79	0.14	100

其中，不同煤种的储量比例见表3-4。

表3-4　中国不同煤种的储量比例（%）

炼焦用煤					非炼焦用煤							合计
气煤	肥煤	焦煤	瘦煤	其他	贫煤	无烟煤	弱黏煤	不黏煤	长焰煤	褐煤	其他	
16.7	3.68	4.99	4.21	0.39	5.37	13.05	2.48	15.23	5.91	14.6	13.35	100

中国煤炭储量的平均硫分为1.1%，硫分小于1%的低硫、特低硫煤占63.5%，主要在华北、东北、西北和华东的部分区域；含硫量大于2%的占16.4%，主要在南方、山东、山西、陕西和内蒙古西部的部分区域。

中国煤炭的灰分普遍偏高，一般在15%～25%，灰分低于10%的特低灰煤占全国储量的15%～20%，主要在大同、鄂尔多斯等区域。

四、煤炭的生产

（一）世界煤炭生产

20世纪的后50年，世界煤炭生产的发展呈大幅度波动状况。20世纪50年代是煤炭生产的黄金时代，1960年煤炭产量比1950年增长41.4%，在一次能源的生产结构中占49%。20世纪60年代，在中东廉价石油的竞争下，煤炭生产速度下降，1970年煤炭产量仅比1960年增长13.9%，石油于1966年首次超过煤炭成为世界第一能源。到70年代，由于石油危机使煤炭工业重现生机，产量加速增长，1980年煤炭产量比1970年增长29.3%。80年代煤炭工业继续发展，1990年煤炭产量比1980年增长24.5%。90年代煤炭工业面临世界能源市场的激烈竞争和环境要求的双重压力，再加上俄罗斯经济的严重滑坡，煤炭生产发展停滞不前，前四年出现负增长，1995年、1996年后开始有所回升。

到21世纪，世界煤炭产量总体持续增加。2007年，世界煤炭产量达6.4×10^{9}t。表3-5所示为2001～2007年主要产煤国的煤炭产量。目前，全世界共有60多个产煤国家，从1990年以后，我国已成为世界上产煤最多的国家。

（二）中国煤炭生产与消费

我国煤炭产量自20世纪90年代，一直位居世界首位。表3-5所示的数据表明，2007年我国的煤炭产量已占世界产量的40%。

表 3-5　　2001～2007 年世界主要产煤国的煤炭产量（$\times 10^8$ t）

国家	2001 年	2002 年	2003 年	2004 年	2005 年	2006 年	2007 年
中国	13.8	14.5	17.2	19.9	22.0	23.8	25.4
美国	10.2	9.9	9.7	10.1	10.3	10.5	10.4
印度	3.4	3.6	3.8	4.1	4.3	4.5	4.8
澳大利亚	3.3	3.4	3.5	3.7	3.8	3.7	3.9
俄罗斯	2.7	2.6	2.8	2.8	3.0	3.1	3.1
南非	2.2	2.2	2.4	2.4	2.4	2.6	2.7
德国	2.0	2.1	2.0	2.1	2.0	1.9	2.0
波兰	1.6	1.6	1.6	1.6	1.6	1.6	1.5
印尼	0.9	1.0	1.1	1.3	1.4	2.0	1.7
乌克兰	0.8	0.8	0.8	0.8	0.8	0.8	0.8
哈萨克斯坦	0.8	0.7	0.8	0.9	0.9	1.0	0.9
希腊	0.7	0.7	0.7	0.7	0.7	0.7	0.6
加拿大	0.8	0.7	0.6	0.7	0.7	0.6	0.7
世界总计	48.2	48.5	51.9	55.9	58.9	62.0	64.0

1. 中国煤炭生产概况

目前，我国已开工建设 13 个大型煤炭基地，形成 5～7 个亿 t 级的特大型企业，5～6 个 5000 万 t 级的大型企业。基地建设将按照发展循环经济的要求，建成煤炭调出、电力供应、煤化工及资源综合利用等基地。13 个大型煤炭基地如下。

（1）神东基地。

神府东胜矿区是我国已探明储量最大的煤田，已探明储量 2.236×10^{11} t，位列世界八大煤田之一。矿区位于陕西省神木县北部、府谷县西部和内蒙古自治区伊克昭盟的南部，地处乌兰木伦河和窟野河的两侧，面积为 3481km^2。煤种以不黏结煤为主，属于特低一低硫、特低一低灰、特低磷、中高发热量、高挥发分煤，是世界上少有的优质动力用煤和化工用煤。

（2）晋北基地。

晋北基地是以大同矿区为主的动力煤基地。大同矿区位于山西省北部，包括大同市、朔州市的左云、右玉、山阴和怀仁县。煤炭大致为一长方形，面积为 2550 km^2。煤种主要是弱黏煤、气煤、不黏煤、1/3 焦煤和长焰煤等，保有储量为 1.5×10^{10} t。

（3）晋东基地。

其主要涵盖山西省阳泉、潞安、翼城、阳城、盂县和晋城等高煤阶矿区，是山西省著名的无烟煤矿区。其中的沁水煤田保有储量为 8.4×10^{10} t，煤质优良，具有低灰、低硫、低磷、高发热量和硬度大等特点，构造简单，煤层稳定，易于开采。

（4）蒙东基地。

其主要有蒙东霍林河、东北的铁法、沈阳、抚顺及黑龙江四大矿区。其中霍林河矿区位于内蒙古哲里木盟霍林郭勒市境内，保有储量为1.3×10^{10}t，面积为540 km^2。煤种属于高煤阶褐煤，水分含量高、发热量低、可磨性较差、中等灰分、低硫煤。

（5）云贵基地。

其主要指贵州西部与云南连接的六枝、盘县、水城和老厂矿区。其中云南的小龙潭矿区位于云南省南部的开原县境内，保有储量为1.0×10^{9}t。煤种为褐煤，灰分在15%～25%，挥发分大于50%，硫分大于2.5%。

（6）河南基地。

它包括平顶山、义马、郑州、鹤壁、焦作、登封等矿区，探明储量为2×10^{10}t。其中郑州矿区面积为1000km^2，煤种主要为低灰的无烟煤、贫煤、贫瘦煤。

（7）鲁西基地。

它包括兖州、枣滕、新汶、龙口、淄博、肥城、黄河北、济宁和巨野九个矿区，矿区探明煤炭储量为1.6×10^{10}t，煤种绝大部分为气煤，少部分为气肥煤。

（8）晋中基地。

它包括太原西山、古交煤、乡宁、汾西矿区、霍县矿区、万安勘探区和克城煤矿，保有储量为3.58×10^{10}t，煤种以焦煤为主。

（9）两淮基地。

它包括淮南矿区、淮北矿区、徐州矿区，探明煤炭储量为3×10^{10}t。淮南矿区地跨定远、怀远、长丰、凤台、颍上、利辛、阜阳、阜南、林泉、淮南等县市，含煤面积为3200km^2，煤种以气煤、肥煤、焦煤为主。淮北矿区地跨淮北、濉溪、砀山、萧县、宿县、固镇、蒙城和涡阳等市县，含煤面积约6912km^2，煤种有气煤、肥煤、焦煤、瘦煤、贫瘦煤、贫煤、无烟煤和天然焦。徐州矿区位于徐州市的铜山、沛县，包括贾汪、九里山、闸河、市沛四个煤田，含煤面积为866km^2，保有储量为1.4×10^{9}t，煤种以气煤、焦煤、肥煤为主。

（10）黄陇基地。

它包括陕西黄陵、甘肃华亭、庆阳等相近矿区，探明储量为2×10^{10}t，煤种以弱黏结煤为主，发热量高，低灰、低硫、低磷，是优质的民用、动力、化工和气化用煤。

（11）冀中基地。

它包括开滦、峰峰和蔚县矿区，探明煤炭储量为1.5×10^{10}t。开滦矿区位于河北省唐山市，地跨丰润、丰南、滦县、滦南、玉田和唐山六个县市，总面积为760km^2，煤种主要为焦煤，其次是气煤。峰矿区位于太行山东麓，邯郸市西南，面积为1260km^2，煤种为肥煤和焦煤。

（12）宁东基地。

它主要包括鸳鸯湖、灵武、横城三个矿区以及马家滩、积家井、萌城、韦州和石沟驿八个探矿区，远景规划面积为2855km^2，探明储量为3.1×10^{10}t，煤种以不黏煤和长烟煤为主，是优质的化工、动力用煤。

（13）陕北基地。

位于陕西榆神地区，包括锦界、大保当、曹家滩、金鸡滩、杭来湾、榆树湾及西湾等景田，面积为5500km^2，探明储量为3.01×10^{10}t，是国内外罕见的可建设特大型现代化矿区的条件优越地区之一，煤种以不黏煤和长焰煤为主，具有低灰、低硫、低水、高挥发分、高发热量等特性。

进入21世纪，中国的煤炭产量持续增加。2007年，中国的煤炭产量为2.54×10^{10} t，占世界煤炭生产的40%，远高于煤炭产量第二的美国（1.04×10^{9} t）。

我国采煤方式以地下采煤为主，适合于露天开采的煤炭资源不多，仅有露天煤矿66处。

中国煤炭资源总量虽然较多，但探明程度低，人均占有储量较少，约为世界人均可采储量的55%。此外，中国煤炭资源和现有生产力呈逆向分布，造成了"北煤南运"和"西煤东调"的被动局面。大量煤炭自北向南、由西到东长距离运输，给煤炭生产和运输造成了极大的压力。

2. 中国煤炭消费

众所周知，中国一次能源构成中，煤炭约占70.4%。因此，煤炭的消费在能源消费中占有很高的比例。2006年，我国煤炭消费主要用于工业和生活消费，分别占煤炭总消费的94.3%和3.5%。工业消费中，电力、建材、冶金和化工行业是主要的用煤大户，2008年共消费煤炭1.9×10^{9} t，占当年煤炭消费总量的87.9%，其中电力行业消费1.09×10^{9} t，占四大行业消费量的52.6%。从2000～2005年，四大行业煤炭消费见表3-6。

显然，四大行业的煤炭消费量逐年增加。

从煤炭消费的区域来看，2005年，华东地区占28.2%，华北地区占25.4%，华中地区占13.6%，东北地区占10.8%，西南地区占10.0%，西北地区占6.7%，华南地区占5.3%。

表3-6　2000～2005年四大行业煤炭消费

年份	电力行业（$\times10^{8}$ t）/比例（%）	钢铁行业（$\times10^{8}$ t）/比例（%）	建材行业（$\times10^{8}$ t）/比例（%）	化工行业（$\times10^{8}$ t）/比例（%）
2000	5.9/44.8	1.6/12.2	1.6/12.1	0.8/5.8
2001	6.5/47.8	1.8/13.3	2.6/19.1	0.9/6.7
2002	7.3/51.8	2.0/14.3	2.7/19.1	1.0/6.9
2003	8.5/50.3	2.3/13.7	2.9/17.16	1.0/6.2
2004	9.9/51.3	2.8/14.6	3.2/16.6	1.1/5.8
2005	10.9/50.4	3.6/16.6	3.3/15.3	1.2/5.6

第二节　石　　油

一、石油的形成与分类

石油又称"原油"，在化石能源中含量仅次于煤。它是一种黄色、褐色或黑色的、流动或半流动的、黏稠的可燃性液体。古代大量的生物死亡后，沉积于水底，与其他淤积物一道，随着地壳的变迁，埋藏的深度不断增加，先是被好氧细菌，然后是厌氧细菌彻底改造，细菌活动停止后，有机物便开始了以地温为主导的地球化学转化阶段，并经历生物和化学转化过程。一般认为，有效的生油阶段从50～60℃开始，到150～160℃时结束。

石油的主要组成成分是碳、氢组成的烃类，如烷烃、环烷烃、芳香烃等，占95%～98%。此外，还有微量钠（Na）、铅（Pb）、铁（Fe）、镍（Ni）、钒（V）等金属元素，以及少量的氧（O）、氮（N）、硫（S）以化合物、胶质、沥青质等非烃类物质形态存在，其元素组成见表3-7，其成分随产地的不同而变化很大。

表3-7　石油中的元素组成（%）

C	H	O	N	S	微量金属（mg/L）
85～90	10～14	0～1.5	0.1～2	0.2～0.7	100

通常可用许多物性指标来说明石油的特性，如黏度、凝点、盐含量、硫含量、蜡含量、胶质、沥青质、残炭、沸点和馏程等。其中凝点是在测定条件下能观察到的油品流动的最低温度值，它的测定对于柴油和润滑油在寒冷地区的使用非常重要，按规定，用于寒冷地区的油品的凝点应低于这些地区所能达到的最低气温。原油的硫含量十分重要，这是决定原油是否需作进一步处理的依据。残炭是表示原油倾向于生成炭质和金属残渣的指标，在测定条件下这些炭质和金属残渣不易燃烧和蒸发。原油中的蜡与油的流动点有密切关系。在原油运输和装卸过程中，油的流动点必须低于原油在油轮、输油管道和储油罐中所能遇到的最低温度。含蜡较多的原油需要用特殊的加热设备，或者用含蜡少的油将它冲淡，以保证冬季管路正常运行。

由于石油的组成极其复杂，确切的分类相当困难，通常在市场上有以下三种分类方法：

（1）按石油的密度分类，将石油分为轻质石油、中质石油、重质石油和特重质石油。

（2）按石油中的硫含量分类，硫含量小于0.5%为低硫石油，硫含量为0.5%～2.0%为含硫石油，硫含量大于2.0%者称高硫石油；世界石油总产量中，含硫石油和高硫石油约占75%；石油中的硫化物对石油产品的性质影响较大，加工含硫石油时应对设备采取防腐蚀措施。

（3）按石油中的蜡含量分类，蜡含量为0.5%～2.5%者称低蜡石油，蜡含量在2.5%～10%的为含蜡石油，含量大于10%者为高蜡石油。

二、石油的加工

（一）石油的加工工艺

开采出来的石油（原油）虽然可以直接作燃料用，而且价格便宜。但是，在对于车辆、飞机的发动来讲，必须把原油炼制成燃料油才能使用。根据最终产品的不同，炼油厂的加工流程大致分为三种类型：

（1）燃料型：以汽油、煤油、柴油等燃料油为主要产品。

（2）燃料—润滑油型：燃料油、各种润滑油为主要产品。

（3）石油化工类：石脑油、轻油、渣油为主要产品，作为生产石油化工产品的原料。

石油炼制的方法可以归结为两大类。

一类是分离法，如溶剂法、固体吸附法、结晶法和分馏法等，其中最常用的是分馏法。分馏法的工艺是先将原油脱盐，以避免分馏设备腐蚀。然后把原油加热到385℃左右，送至高逾30m的常压分馏塔底。塔内设有许多层油盘，石油蒸气上升时，逐层通过这些油盘，并逐步冷却。不同沸点的成分便冷凝在不同高度的油盘上，并可按所需的成分用管子引出。于是，塔底是不能蒸发的油渣、重油，中层为柴油等馏分，上层为汽油、石脑油等。常压分馏塔底的常压重油通常再送到减压塔，利用蒸汽喷射泵降低油汽分压，使重油快速蒸发，与沥青分离。

石油炼制的另一类方法是转化法。转化法是利用化学的方法对分馏的油品进行深加工。例如，可以把重油、沥青等分解成轻油，也可以把轻馏分气聚合成油类。常用的转化法有热裂化、催化裂化、加氢裂化和焦化等。图3-1是燃料型炼油厂的流程，它包括常压蒸馏、减压蒸馏、催化裂化、加氢裂化、焦化等多道炼油工序。

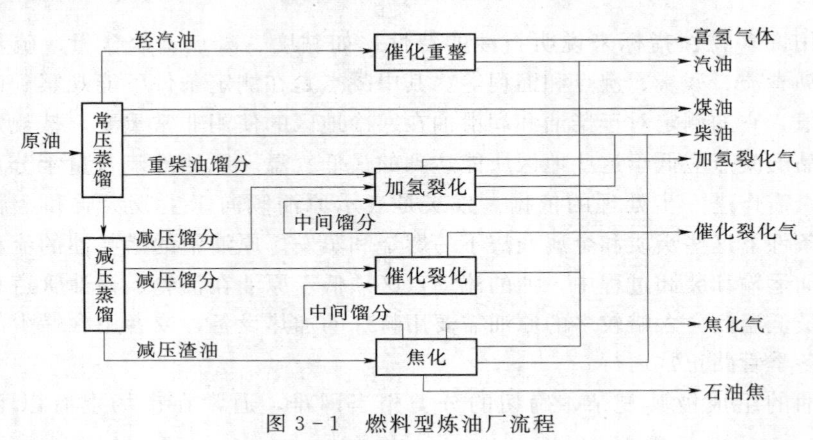

图3-1　燃料型炼油厂流程

（二）石油的产品

根据应用的目的不同，石油可以加工成的产品种类可分为14大类。

1. 溶剂油

它包括石油醚、橡胶溶剂油、香花溶剂油等，主要用于橡胶、油漆、油脂、香料、药物等领域作溶剂、稀释剂、提取剂和洗涤剂。

2. 燃料油

它包括石油气、汽油、煤油、柴油、重质燃料油。石油气用于制造合成氨、甲醇、乙烯和丙烯等，汽油用于汽车和螺旋桨式飞机，煤油用于点灯、喷气式发动机和农药制造，柴油用于柴油发动机；汽油专用指标（抗爆性）是辛烷值，柴油的专用指标（着火性能）是十六烷值。

3. 润滑油

润滑油可作以下用途：

（1）汽、柴油机油，分别用于汽油发动机和柴油发动机的润滑和冷却。

（2）机械油，用于纺织机、机床等。

（3）压缩机油，用于汽轮机、冷冻机和汽缸。

（4）齿轮油，用于齿轮传动机，汽车、拖拉机变速箱。

(5) 液压油，用于液压机械的传动装置。

(6) 电器用油，用于变压器、电缆绝缘。

4. 润滑脂

它用于低速、重负荷或高温下工作的机械。

5. 石蜡和地蜡

它用于火柴、蜡烛、蜡纸、电绝缘材料、橡胶。

6. 沥青

它用于建筑工程防水、铺路、涂料、塑料、橡胶等工业。

7. 石油焦

它用于制造电极、冶金过程的还原剂和燃料。

三、石油资源

(一) 世界石油资源

目前世界上已找到近30000个油田，这些油田分布于地壳上六大稳定板块及其周围的大陆架地区。在156个较大的盆地内，几乎均有油田发现，但分布极不平衡。根据《世界石油工业》报道，2002年，世界石油探明可采储量约为 1.4131×10^{11} t，其中，66.5%集中在中东产油国，沙特阿拉伯储量为 3.551×10^{10} t，科威特为 1.288×10^{10} t，阿布扎比为 1.263×10^{10} t，伊朗为 1.229×10^{10} t。表3-8所示为世界各地区原油储量及其所占比例。

表3-8 世界石油储量分布

地区	储量（$\times10^8$t）	所占比例（%）
中东	939.2	66.5
西半球	205.2	14.5
非洲	105.0	7.4
东欧中亚俄罗斯	80.2	5.7
亚太地区	60.0	4.2
西欧	23.5	1.7
世界合计	1413.1	100.0

(二) 中国石油资源

1. 中国石油储量

我国目前石油资源探明储量为 2.057×10^{10} t，可采储量为 1.275×10^{10} t。其中77.1%分布在陆上，22.9%分布在海洋。截至2006年，我国石油剩余和新探明经济可采储量为 2.22×10^9 t，有六大盆地的石油新增探明经济可采储量大于 1×10^7 t。石油基础储量为 2.76×10^9 t，占世界总储量的1.0%，位居世界第12位。

表3-9所示为我国产油省份基础储量数据。可以看出，我国的石油储量分布也极不平衡，其中东三省（黑龙江、吉林、辽宁）占全部储量的34.7%，西部（陕西、甘肃、青海、宁夏和新疆）的储量占总储量的27.2%。

表 3-9　　我国产油省份基础储量数据（$\times 10^4$t）

黑龙江	吉林	辽宁	陕西	甘肃	青海	宁夏	新疆
62197	16530	17010	19885	8727	4377	140	41883
天津	河北	内蒙古	四川	云南	广西	广东	海南
3075	16339	5526	345	12	175	140	41

图 3-2 所示为我国主要油田分布。

图 3-2　我国主要油田分布

审图号：GS（2011）425 号

2. 中国石油资源的特点

我国石油资源总量算丰富，但是人均资源量为世界平均水平的 18.3%，属于名副其实的贫油大国。资源品质相对较差，油田的规模比较小，没有世界级的大油田。在我国已发现的 500 多个油田中，除大庆、胜利等主要油田外，其他油田普遍存在原油品位低、埋藏深、类型复杂、工艺要求高等问题。剩余的可采储量中，低渗或特低渗油、稠油和埋藏深度大于 3500m 的超过 50%，所以资源的开采难度加大。尽管我国石油资源总量比较丰富，由于我国仍处于发展中国家，而且人口基数大。同时石油的勘探风险投入不足，使得我国后备可采储量相对不足。1990 年我国的石油储采比为 14～15，到 2006 年下降为 11。我国海洋石油资源丰富，占全国总量的 22.9%，但是探明量非常低，不仅远低于国际平均的探明水平，而且远低于国内的平均探明率，同时勘探开发局限于近海水域。

四、石油消费

今天，石油已经像血液一样维系着日常经济生活的正常运转，直接影响着一个国家的经济发展甚至政治稳定和国家安全。石油已成为现代工业社会最有战略意义的能源与基础原料，不但交通高度依赖石油，石油消费更是衡量一个国家经济发达程度的标尺。

1. 世界石油消费

20 世纪 70 年代后，世界石油产量上升缓慢，近 30 年来，石油年产量一直在 3×10^9t

左右徘徊。2002 年世界石油产量为 3.548×10^9 吨标准油，其中石油输出国组织（OPEC，即欧佩克）的石油产量约占世界总产量的 45%。

目前在世界一次能源的消费中，石油仍处在第一位。根据 2001 年的统计资料，世界一次性能源消费约为 6.995×10^9 t 标准油，其中石油消费量占 43.0%。

表 3-10 所示为 2002 年世界十大产油国石油产量。表 3-11 所示为 2002 年世界十大石油消费国石油消费量。

表 3-10　　2002 年世界十大产油国石油产量（$\times 10^8$ t）

国家	沙特阿拉伯	俄罗斯	美国	墨西哥	中国	伊朗	挪威	委内瑞拉	加拿大	英国
产量	4.2	3.8	3.5	1.8	1.7	1.7	1.6	1.5	1.4	1.2

表 3-11　　2002 年世界十大石油消费国石油消费量（$\times 10^8$ t）

国家	美国	中国	日本	德国	俄罗斯	韩国	印度	意大利	法国	加拿大
消费量	8.9	2.5	2.4	1.3	1.2	1.1	0.98	0.93	0.93	0.90

十大石油消费国中，美国无疑是世界第一大石油消费国，中、日、韩、印度的石油消费总量已超过欧洲的德国、俄罗斯、意大利和法国的总和。今后随着发展中国家的发展，人口的增加，石油消费量必将持续增加。石油作为化石能源的一种，是不可再生的，未来石油的枯竭是必然的趋势。根据目前的生产和消费，世界剩余石油可采年限大约仅为 48 年。

2. 中国石油消费

表 3-10 和表 3-11 所示的数据表明，我国目前已是石油净进口国。1993 年以前，我国石油工业不仅能满足国内需求，而且是石油净出口国，这一格局维持了 20 多年。随着国民经济的迅速发展，石油的需求也不断增加，1993 年，我国的石油进口量大于出口量。从 1996 年至今，我国的石油进口量均大于出口量，成为石油净进口国。表 3-12 所示为我国近年原油生产量、消费量和缺口，到 2006 年，我国原油产量为 1.8 亿 t，原油进口量为 1.5 亿 t，出口量为 0.06 亿 t。同时，油品进口量为 0.36 亿 t，出口量为 0.12 亿 t。尽管国内原油产量逐年略有增加，但是增加的幅度无疑大大小于需求的增加幅度。

表 3-12　　我国近年原油生产量和消费量（$\times 10^8$ t）

年份	生产量	消费量	缺口
2000	1.6	2.2	0.60
2001	1.6	2.2	0.53
2002	1.7	2.3	0.62
2003	1.7	2.5	0.83
2004	1.7	2.9	1.2
2005	1.8	3.0	1.2
2006	1.8	3.2	1.4

在石油生产中，国内十大油田的贡献大约在85%，这十大油田是大庆、胜利、中国海洋石油、辽河、新疆、长庆、延长、塔里木、吉林和大港油田。十大油田的近年产量以及占全国产量的比例见表3-13。

表3-13　　我国十大油田产量（$\times 10^6$t）

油田＼年份	2000	2001	2002	2003	2004	2006
大庆	53.0	51.5	50.1	48.4	46.4	43.4
胜利	26.8	26.7	26.7	26.7	26.7	30.0
中国海洋石油	17.6	18.2	21.0	21.9	24.4	31.5
辽河	14.0	13.9	13.5	13.5	12.8	12.0
新疆	9.2	9.7	10.1	10.6	11.1	12.2
长庆	4.6	5.2	6.1	7.0	8.1	17.0
延长	2.5	3.2	3.8	5.5	7.2	—
塔里木	4.4	4.7	5.0	5.3	5.4	15.3
吉林	3.8	4.0	4.4	4.8	5.1	6.2
大港	4.0	4.0	3.9	4.2	4.9	5.0
总计	139.9	141.1	141.1	147.9	152.1	—
占全国产量比例（%）	87.4	88.2	83.0	87.0	84.5	—

表3-13中的数据表明，我国第一大油田——大庆油田在进入21世纪后，原油产量逐年减少，而中国海洋石油、长庆油田及塔里木油田增产明显。

在石油产品的消费中，汽油、柴油的增加幅度大于其他油品，表3-14所示为我国近年油品消费量。

表3-14　　我国近年油品消费量（$\times 10^6$t）

年份	汽油	柴油	燃料油	煤油	液化石油气
2000	35.1	67.7	38.7	8.7	13.7
2001	36.0	71.1	38.5	8.9	14.1
2002	37.5	76.7	38.7	9.2	16.3
2003	40.7	84.1	42.2	9.2	18.0
2004	47.0	99.0	47.8	10.6	20.2
2005	48.5	109.7	42.4	10.8	20.2
2006	52.4	118.4	43.7	11.3	22.1

2006年，我国原油消费行业分布情况如图3-3所示。其中，工业占主要份额（约42.9%），交通运输、仓储和邮政其次（约31.5%）。

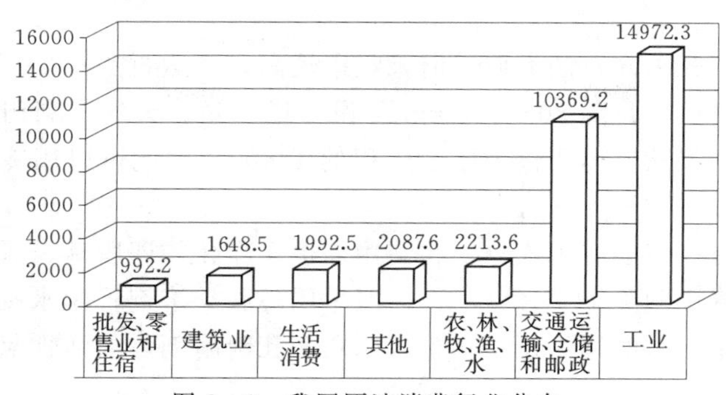

图 3-3　我国原油消费行业分布

近年我国原油及成品油消费量增长的原因主要是宏观经济和投资的高增长、汽车销量增加、农机总动力上升及航空运输持续快速增长。

中国作为一个发展中的人口大国，随着经济的发展，石油的消费必将持续增加。而从我国的资源条件看，东部油田减产，西部油田发展比预期慢，海洋油田产量还比较低。所以，原油产量大幅度提高的可能性比较小。据国际能源机构分析，2020 年，我国石油的进口依存度将达到 80%。因此，我国石油供需矛盾已经非常尖锐。

第三节　天　然　气

一、天然气的分类与特性

天然气是除煤和石油之外的另一种重要的一次能源，天然气的生成过程同石油类似，但它比石油更容易生成。天然气可以分为纯天然气、石油伴生气、凝析气、煤层气和可燃冰（天然气水合物）。纯天然气即所谓气田气，为独立成藏的气层气；石油伴生气是开采石油时的副产品，即与石油一起开采到地面的溶解气；凝析气是指在地下成气态，到地表呈液态的低分子烃类；煤层气是伴随煤矿开采而产生的，它以吸附状态存储于煤层内，在 7～17MPa 和 40～70℃时 1t 煤可吸附 13～30 m^3的甲烷；可燃冰是一种新发现的能源，为白色固体结晶物质，海洋大陆架下 500～1000m 和寒冷永久冻土中是可燃冰形成的理想场所。按开采方法，将气田气和油田气称为常规天然气，而将开采困难的致密储层气（低渗透率、低孔隙率、低产）、超深层气以及储层特殊的煤层气、页岩气、水溶气、深盆气和可燃冰称为非常规气。

天然气主要由甲烷、乙烷、丙烷和丁烷等烃类组成，其中甲烷占 80%～90%，其他主要的有害杂质是 CO_2、H_2O、H_2S 和其他含硫化合物。气体种类不同，成分略有差别。对于气田气，以甲烷为主，相对分子量为 16.65，低位发热量为36.4 MJ/Nm^3。对于油田气，含有一定比例的乙烷、丙烷等，相对分子量为 23.33，低位发热量为 48.38 MJ/Nm^3。煤层气与油田气性质相当，相对分子量为 22.76，低位发热量为 33.44 MJ/Nm^3。可燃冰比较特殊，由水分子和燃气分子构成，外层是水分子构架，核心是燃气分子。燃气分子绝大多数是甲烷，所以天然气水合物也称为甲烷水合物。$1m^3$可燃冰（固体）可释放出 $168m^3$的甲烷和 $0.8m^3$的水蒸气。因此，可燃冰是一种高能量密度的能源。

天然气的勘探、开采同石油类似，但采收率较高，可达60%～95%。大型稳定的气源常用管道输送至消费区，每隔80～160 km需设一增压站。天然气利用的另一种方式是液化天然气，液化后的天然气体积仅为原来体积的1/600，因此可以用冷藏运输，运到使用地后再气化。

因为天然气含有一定的有害成分，在使用前也需净化，即脱硫、脱水、脱二氧化碳和脱杂质等。从天然气中脱除 H_2S 和CO，一般采用醇胺类溶剂；脱水则采用二甘醇、三甘醇、四甘醇等，其中三甘醇用得最多；也可采用多孔吸附剂，如活性氧化铝、硅胶和分子筛等。

二、天然气的用途

天然气可以直接作为燃料，燃烧时有很高的发热值，对环境的污染也较小，同时还是重要的化工原料。天然气市场非常广阔，它主要用于以下几个方面。

1. 发电燃料

天然气作燃料，采用燃气轮机的联合循环发电具有造价低、建设周期短、启停迅速、热效率高、利于环保等特点。因此，天然气发电的成本低于燃煤发电和核电站，特别是在利用小时数较低的情况下，天然气发电具有电网调峰的特殊优势。天然气发电在国外已大量采用，我国天然气发电也将加快发展，预计到2020年将占到总发电量的5.6%～7.1%。

2. 民用燃料

天然气是优质的民用及商业燃料，据预测，中国城镇人口到2020年将达7.3亿。其中大、中型城市人口3.5亿，气化率将为85%～95%，其他城镇人口3.8亿，气化率将达45%。

3. 化肥及化工原料

氮肥的主要原料包括合成气和天然气，其中天然气作为氮肥原料的比例约为50%。同时天然气还可作为生产甲醇、炼油厂的制氢以及其他化工用气。

4. 工业燃料

天然气用作工业燃料主要用于石油天然气的开采、非金属矿物制品、石油加工、黑色金属冶炼和压延加工以及燃气生产和供应等方面。

5. 交通运输

经过液化的天然气，可用于车辆，作为传统燃料油的替代品或混合燃料，从一定程度上可减轻对石油的依赖。

三、天然气资源

1. 世界天然气资源

对于常规天然气资源，世界总资源量为 $4\sim6\times10^{14}\ m^3$。2007年全世界天然气的探明储量为 $1.774\times10^{14}\ m^3$，储采比为60年，主要分布在俄罗斯联邦、西亚、中东和美国。中国常规天然气探明储量为 $1.9\times10^{12}\ m^3$，储采比仅为27年，世界排名第17位。表3-15所示为2007年世界主要国家以及中国的天然气储量、占世界比例、人均探明储量和储采比。

表 3-15 **2007年世界部分国家天然气探明储量**

排名	国 家	探明储量（$\times 10^{12} m^3$）	占世界比例（%）	人均探明储量（$\times 10^4 m^3$）	储采比
1	俄罗斯	44.7	25.2	31.4	73.5
2	伊朗	27.8	15.7	40.9	—
3	卡塔尔	25.6	14.4	2966.2	—
4	沙特阿拉伯	7.2	4.0	27.1	96.0
5	阿拉伯联合酋长国	6.1	3.4	237.6	—
6	美国	6.0	3.4	2.00	10.9
17	中国	1.9	1.1	0.1	27.2
总计		177.4	100	3.3	22.1

数据表明，卡塔尔天然气的人均储量最高，中国人均储量仅为世界人均储量的1/30，为美国的1/14、俄罗斯的1/217。

对于煤层气而言，当前，全球埋深浅于2000m的煤层气资源量约为$2.4\times10^{14}m^3$，与常规天然气资源量相当。世界上有74个国家蕴藏煤层气资源，中国煤层气资源量为$3.68\times10^{13}m^3$，据世界第三位。

据估计全球可燃冰中甲烷的总量约为$1.8\times10^{16}m^3$，其含碳量约为石油、常规天然气和煤含碳量总量的两倍，乐观的估计，当全球化石能源枯竭殆尽，天然气水合物将成为新的替代能源。到目前为止，世界上已发现的海底天然气水合物主要分布区有大西洋海域的墨西哥湾、加勒比海、南美东部陆缘、非洲西部陆缘和美国东岸外的布莱克海台等，西太平洋海域的白令海、鄂霍茨克海、日本海、苏拉威西海和新西兰北部海域等。陆上寒冷永冻土中的可燃冰主要分布在西伯利亚、阿拉斯加和加拿大的北极圈内。

可燃冰虽然给人类带来了新的能源希望，但它也可对全球气候和生态环境甚至人类的生存环境造成严重的威胁。当前大气中的二氧化碳以每年0.3%的速率增加，而大气中的甲烷却以每年0.9%的速率在更为迅速地增加着。全球海底可燃冰中的甲烷总量约为地球大气中甲烷量的3000倍，如此大量的甲烷气如果释放，将对全球环境产生巨大影响，严重地影响全球气候。因此，对于可燃冰的开发，需要进行大量的基础研究工作。美国1994年制订了《甲烷水合物研究计划》，称天然气水合物是未来世纪的新型能源，1999年又制订了《国家甲烷水合物多年研究和开发项目计划》。日本于1994年制订了庞大的海底天然气水合物研究计划，1995年又专门成立天然气水合物开发促进委员会。前苏联自20世纪70年代末以来，先后在黑海、里海、白令海、鄂霍茨克海、千岛海沟和太平洋西南部等海域进行海底天然气水合物研究。印度科学与工业委员会设有重大项目“国家海底天然气水合物研究计划”，于1995年开始对印度近海进行海底天然气水合物研究，现已取得初步的良好结果。

2. 中国天然气资源

与石油相同，对于常规天然气，与产油大国相比，我国也缺少世界级的大气田。按照国际通用的大型气田标准（可采储量 $1\times10^{10}m^3$），我国可称为大型气田的只有长庆（靖边）、苏里格和克拉2号，绝大部分气田规模偏小。同时，大部分储量分布在地理环境恶劣的沙漠、黄土塬、山地等地表条件。多数勘探对象低孔、低渗、埋藏深、储层复杂、高温高压、且远离消费市场。根据2000年资料，全国天然气地质资源量为 $4.72\times10^{13}m^3$，其中可采资源量为 $9.3\times10^{12}m^3$。我国天然气地质资源量和可采资源量的分布如表3-16所示，中部、新疆和海洋大陆架是我国天然气的主要分布区域。

表3-16　　我国天然气资源量和可采资源量的分布

地区	资源量（$\times10^{12}m^3$）	比例（%）	可采资源量（$\times10^{12}m^3$）	比例（%）
东北	1.3	2.8	0.2	2.6
华北	2.7	5.7	0.5	5.2
江淮	0.4	0.8	0.05	0.5
中部	11.5	24.4	2.7	28.8
新疆	11.9	25.3	2.6	28.4
甘青	2.3	4.9	0.3	3.6
南方	3.3	6.9	0.3	3.3
大陆架	13.8	29.2	2.6	27.6
合计	47.2	100	9.3	100

在这些区域中，气田气剩余可采储量四川占全国24.5%，鄂尔多斯占17.8%，塔里木占15.7%，莺琼海域占18.0；油田气剩余可采储量松辽占全国21.8%，渤海湾占40.3%，准格尔占14.0%，吐哈占9.6%。

我国95%的煤层气资源分布在晋陕、内蒙古、新疆、冀豫皖和云贵川渝四个含气区，晋陕蒙含气区的资源量最大，为 $1.73\times10^{13}m^3$，占全国煤层气资源量的54.8%。山西是煤层气资源大省，煤层气资源量约为 $1.0\times10^{13}m^3$，占全国总量的1/3，主要分布在河东、沁水、霍西、宁武和西山五大煤田。据国土资源部数据，山西省煤层气探明储量达 $4.022\times10^{10}m^3$，可采储量为 $2.184\times10^{10}m^3$。其中，以沁水和河东煤田最为富集，占全省煤层气总量的80%。沁水盆地煤层气资源量约为 $5.4\times10^{12}m^3$，该气田资源分布集中、埋深浅、可采性好，甲烷含量大于95%，是全国第一个勘探程度高、煤层气储量稳定、开发潜力最好的煤层气气田。大力发展煤层气工业可以减轻我国石油和天然气的供应压力；同时能有效地改善煤矿安全生产条件。据统计，在我国煤矿事故中，瓦斯事故最多，煤层气的开采将从根本上解除矿井瓦斯灾害的隐患；从环境保护的角度，甲烷是一种温室气体，温室效应为 CO_2 的20倍，因此，开发煤层气能有效地保护大气环境。

据初步研究，我国的可燃冰资源量巨大，主要分布于我国南海和东海的深水海底。20世纪90年代以来，国家海洋局、原地质矿产部、中国科学院、石油部门以及有关高校对天然气水合物进行了初步的研究。到目前，与世界各国一样，仍在进行勘探、资源评价、开发利用和环保技术的研究，为今后的大规模利用进行技术储备。

四、天然气消费

（一）世界天然气消费

天然气是一种热值高、洁净环保的优质能源。2007 年，全世界天然气消费量已高达 $2.9\times10^{12}m^3$，相当于 3768.2Mtce（煤当量），占世界一次能源消费总量的 23.8%。其中，俄罗斯天然气消费占国内一次能源的 57.1%，美国占 25.2%，日本占 15.7%，印度占 8.9%，中国仅占 3.3%。据预测，到 2030 年，世界天然气消费所占比例将占首位，“天然气时代”即将到来。

（二）中国天然气消费

1. 中国的天然气产量

2007 年，我国天然气消费总量为 $6.73\times10^{10}m^3$，仅占当年国内一次能源消费的 3.3%，远低于世界平均水平（23.8%）。多年来由于受“重油轻气”观念的影响，我国的天然气产量一直比较低。进入 21 世纪，我国气田气的储量增长很快，但天然气产量增加却明显滞后，最主要的原因是天然气管线严重不足，难以把中、西部气田的气送到东部经济发达的用气区，因而气田不能进行产能建设。

2. 中国天然气管线建设

从 20 世纪末到 21 世纪初，我国陆续开工建设了数条国内长距离天然气管道，包括陕京一线、二线、忠武线、西气东输线、淮武联络线、济青线、崖港线、兰银线和大哈线等，覆盖全国的天然气网正在逐步形成。表 3－17 所示为我国主要天然气输送管线。

表 3－17　　我国主要天然气输送管线

管　线	起　点	终　点	距离（km）	输气能力（$\times10^8m^3$/年）	现　状
陕京一线	陕西榆林	北京	910	36	1997 年投运
忠武线	重庆忠县	湖北武汉	1375	30	2004 年投运
西气东输线	新疆塔里木	上海	4200	170	2005 年投运
陕京二线	陕西榆林	北京	935	170	2005 年投运
淮武联络线	河南淮阳	湖北武汉	450	—	新投运
济青线	山东济南	山东青岛	415	—	新投运
崖港线	海南三亚	香港	778	—	新投运
兰银线	甘肃兰州	宁夏银川	402	35	在建
大哈线	黑龙江大庆	黑龙江哈尔滨	78	50	在建

在这几大管线中，西气东输线和陕京线规模最大。西气东输线分别向华中、华东、长江三角洲地区的 12 个省区、80 多个大中型城市供气。陕京线通过与西气东输冀宁联络线的连接，形成了长庆油田、塔里木油田和华北油田三大气源保障的北京天然气供应格局，也是促进环渤海湾经济发展的重点工程。

根据预测，到 2020 年，我国天然气的产量仅可满足全国需求量的 55%～67%，不足的部分需要从丰富的国际天然气资源中获得。因此，除了国内天然气管线的建设，我国政府分别与俄罗斯和土库曼斯坦、乌兹别克斯坦和哈萨克斯坦达成了建设国际天然气管道的协议。包括：中俄东西两线，从俄西西伯利亚经阿尔泰进入中国新疆，最终与“西气东输”管道连接，向中国沿海地区供气；东线管道可能运输科维克塔或萨哈林的天然气。首先建设全长约3000km的西线，年输气量可达$3\sim4\times10^{10}m^3$/年。中土天然气管线，从土库曼斯坦的阿姆河穿过乌兹别克斯坦和哈萨克斯坦向我国的华中、华东和华南地区供气，2007年该项目已在土库曼斯坦开工。由于土库曼斯坦与中国不接壤，需要分别穿越乌兹别克斯坦与哈萨克斯坦再进入中国境内与西气东输线连接。而乌、哈两国都有意向中国输送天然气，这意味着中土天然气管线建成后，中亚三国可以源源不断地向我国提供天然气。

在发展陆路天然气管线的同时，中国政府和企业也将在11个沿海省、市、自治区建设大型液化天然气（LNG）进口项目，气源来自澳大利亚等国家。表3-18所示为我国主要液化天然气项目。

表3-18　我国主要液化天然气项目

项目	主导公司	一期总规模（$\times10^6$t）	二期总规模（$\times10^6$t）	现状
广东	中海油	3.7	12	一期2006年投运
福建	中海油	2.6	5	二期2007年投运
上海	中海油	3.0	6	在建
海南	中海油	2.0	3	在建
浙江	中海油	3.0	6	在建
秦皇岛	中海油	2.0	3	可研
珠海	中海油	3.0	3	计划
山东	中石化	3.0	5	可研
澳门	中石化	2.0	5	计划
江苏	中石化	3.5	3.5	在建
辽宁	中石化	3.0	6	在建

其中广东项目规模最大，于2003年开工建设，建成后将有效缓解我国最发达的珠江三角洲地区的能源紧张局面，对调整能源结构、改善生态环境等产生深远影响。

2006年，中国已将煤层气开发列入“十一五”能源发展规划，2010年的煤层气开发目标是：开采保护层比例达90%以上；煤矿瓦斯抽采率达50%以上，煤层气抽采量达到$1\times10^{10}m^3$；建设5～8个煤层气生产基地，其中工业和民用利用量为$2\times10^9m^3$，发电装机容量为1500MW；建设1400km的输气管道，总输气能力达$6.5\times10^9m^3$。

3. 中国天然气消费构成

进入21世纪，我国天然气的消费量逐年增长，但在一次能源构成中所占比例一直比较小。天然气主要用于化学原料及化学制品制造业、石油和天然气开采业、非金属矿物制品业等方面。2006年，用于化学原料及化学制品制造业的天然气约占34.5%，而电力、热力的生产和供应业使用的天然气仅占5.3%。工业消费占天然气消费的73.7%，民用占18.3%。表3-19所示为2006年我国天然气消费行业构成。

表3-19　　2006年我国天然气消费行业

序号	行　业	消费量（$\times10^8m^3$）	比例（%）
1	化学原料及化学制品制造业	154	34.5
2	石油和天然气开采业	83	14.7
3	非金属矿物制品业	26	4.6
4	石油加工、炼焦及核燃料加工业	20	4.0
5	电力、热力生产和供应业	19	5.3
6	黑色金属冶炼及压延加工业	11	2.2
7	燃气生成和供应业	8	1.8
合计		321	67.1

在公众对于环境、气候日益关注的今天，天然气作为优质的一次能源，其使用比例必将大幅度增加。尤其对于我国，长期以来以煤为主的能源结构对环境造成严重的影响。21世纪，能源的结构、利用方式将发生较大的变化。

第四节　21世纪的化石燃料

一、化石能源使用带来的问题

（一）化石能源的使用比例

当前，化石能源是人们主要依赖的能源形式。表3-20所示为2007年部分国家一次能源消费结构。表中数据指出，世界一次能源消耗中，化石能源所占比例接近90%，而中国煤炭的比例最高，达70.4%，远高于28.6%的世界平均水平。

表3-20　　2007年部分国家一次能源消费结构

国家	能源消费总量（Mtce）	石油比例（%）	天然气比例（%）	煤炭比例（%）	核能比例（%）	水能比例（%）
美国	3373.4	39.9	25.2	24.3	8.1	2.4
中国	2662.1	19.7	3.3	70.4	0.8	5.9
俄罗斯	988.5	18.2	57.1	13.7	5.2	5.9
日本	739.2	44.2	15.7	24.2	12.2	3.7
印度	577.7	31.8	8.9	51.4	1.0	6.8
世界	15856.2	35.6	23.8	28.6	5.6	6.4

当前，世界范围内，化石能源中煤炭的可采储量为8.475×10^{11}t，采储比为133年；石油为1.413×10^{11}t，储采比为40年；天然气为$1.77\times10^{14}m^3$，储采比为22年。以上数

据表明，当不得不依赖化石能源时，煤炭将是最后枯竭的化石能源。由于煤炭的利用存在种种问题，因此21世纪的化石能源将主要解决煤炭利用中高效率、低污染等问题。

（二）化石能源使用带来的问题

世界范围内，化石能源的使用在一次能源中占有很高的比例。其中石油的比例最高，其次是煤炭，最后是天然气。大规模的使用化石能源，尤其是煤炭，已经持续了近百年的时间，由此引发了一系列的环境问题。

1. 环境污染

煤炭无论是作为能源直接利用或进行加工，都会有污染物产生，这些污染物的形式通常包括SO_2污染、NO_x污染、燃烧颗粒物污染和废水污染等。

目前，燃煤锅炉都需要配备除尘装置、烟气脱硫装置，使得排向大气的粉尘、SO_2的数量大大降低，但复杂的系统和设备无疑增加了能源利用的成本。

2. 全球气候变化

目前，对于全球气候的变化已经基本达成共识，就是全球气温在逐渐升高，而引起气候变化的主要原因是被称为温室气体的CO_2在大气中的浓度在逐年增加。

3. 化石燃料的污染排放对比

能源的分类中，对生态环境尽可能低污染或无污染的能源称为清洁能源，而对环境有明显影响的能源称为非清洁能源。化石燃料中，天然气，石油产品是相对清洁的燃料，而煤炭则是非清洁燃料。表3-21所示为1000MW不同燃料的火力发电厂污染物排放对比。显然，气体燃料燃烧后，污染物的排放要比燃油和煤炭少得多，同时相同的发热量生成的温室气体也要少。

表3-21　不同燃料的火力发电厂污染物排放对比（$\times 10^6$kg/年）

污染物	燃料		
	燃气	油	煤炭
颗粒物	0.46	0.73	4.49
SO_2	0.012	52.66	39.00
NO_x	12.08	21.7	20.88
CO	忽略不计	0.008	0.21
C_mH_n	忽略不计	0.67	0.52

气体燃料相对清洁，但是并不能用气体燃料全部替代燃油和煤炭。因为气体燃料也是不可再生燃料，也会面临枯竭。而煤炭在化石能源中是储量最丰富的，所以，在今后相当长的一段时间内，在大力发展可再生的其他清洁能源的同时，化石能源煤炭仍会占有较大的比例。当然，煤炭的利用方式需要进行变革。

二、洁净煤技术

洁净煤技术是指煤炭从开采到利用的全过程中，在减少污染物排放和提高利用效率的加工、转化、燃烧及污染控制等方面的新技术，主要包括洁净生产、加工技术，例如煤炭的洗选，型煤、水煤浆的生产；高效洁净转化技术，如煤炭气化技术和煤炭液化；高效洁净燃煤发电技术，如高效超临界发电、常压循环流化床、增压流化床联合循环、整体煤气化联合循环；烟气污染排放治理技术，如烟气除尘、烟气脱硫、脱硝和其他污染控制新技术。

（一）煤的清洁燃料生产

1. 煤炭洗选与加工

煤炭洗选是利用煤炭与其他矿物质物理、化学特性不同，采用机械方法对除去原煤中杂质，把煤分成不同质量、规格产品的工艺。经过洗选的煤更能适应不同用户的要求，使煤炭利用更合理。煤炭经过洗选后可显著降低灰分和硫分的含量，减少烟尘、SO_2等污染物的排放。美国东部50%的电站锅炉用煤都经过洗选。

除了洗选，煤炭还可以加工为型煤和水煤浆。

型煤是用一定比例的黏结剂、固硫剂等添加剂，采用特定的机械加工工艺，将煤制成具有一定强度和形状的煤制品。型煤可用于民用和工业，工业应用主要包括工业锅炉、煤气发生炉和工业窑炉等。型煤与烧散煤相比，燃烧效率大大提高，可节煤20%～30%，烟尘和SO_2排放可减少30%～60%。

水煤浆是一种理想的代油洁净煤基两相流体燃料，由35%左右的水、65%左右的煤粉及小于1%的添加剂等经强力搅拌混合而成。水煤浆可以像油一样管道输送、储存、泵送、雾化和稳定着火燃烧，其热值相当于燃料油的一半，因而可直接替代燃煤、燃油作为工业锅炉或电站锅炉的直接燃料，也可以作为气化原料。水煤浆具有燃烧时火焰中心温度较低、燃烧效率高、SO_2及NO_x排放量低的特点。

2. 煤炭转化

煤炭转化主要包括煤炭气化和煤炭液化技术。

(1) 煤炭气化。

煤炭气化是以煤或煤焦为原料，以纯氧气（或空气、富氧）、蒸汽或氢气为气化剂，在高温条件下，通过部分氧化反应将原料转化为气体燃料的过程。产生煤气后，对煤气进行除尘、脱硫，使煤气得到净化。由于煤气体积比烟气要小，污染物的浓度高，因此煤气净化比烟气净化成本低。经过气化生成的煤气，变为清洁燃料。

在煤气化过程中，发生以下反应：

$$C + O_2 \longrightarrow CO_2 + 393.8\ \mathrm{MJ/kmol} \tag{3-8}$$

$$C + \frac{1}{2}O_2 \longrightarrow CO + 115.7\ \mathrm{MJ/kmol} \tag{3-9}$$

$$C + CO_2 \longrightarrow 2CO - 162.4\ \mathrm{MJ/kmol} \tag{3-10}$$

$$CO + \frac{1}{2}O_2 \longrightarrow CO_2 + 283.1\ \mathrm{MJ/kmol} \tag{3-11}$$

$$C + H_2O \longrightarrow CO + H_2 - 131.5\ \mathrm{MJ/kmol} \tag{3-12}$$

$$CO + H_2O \longrightarrow CO_2 + H_2 + 41.0\ \mathrm{MJ/kmol} \tag{3-13}$$

$$C + 2H_2 \longrightarrow CH_4 + 74.9\ \mathrm{MJ/kmol} \tag{3-14}$$

$$CO + H_2 \longrightarrow CH_4 + H_2O + 250.3\ \mathrm{MJ/kmol} \tag{3-15}$$

式（3-8）～式（3-11）称为碳-氧间的反应，式(3-12)称为水煤气反应，式(3-13)为变换反应，式（3-14）和式（3-15）称为甲烷生成反应。

除以上反应外，煤中存在的其他元素，如硫和氮等，也会与气化剂反应，还原性气氛

下生成 H_2S、COS、N_2、NH_3 及 HCN 等物质。在一定温度下，煤气化中还会存在一定量的未分解焦油和酚类物质等。虽然这些物质含量较少，但将直接影响后续的煤气净化和提质加工过程。

煤气化发展已有 100 多年的历史，一般有以下几种分类方法。按供热方式分为自供热气化（反应热由气化煤氧化提供）、间接供热气化（气化热量通过气化炉壁提供）、加氢气化和热载体供热等形式；按气化炉内原料煤和气化剂的混合方式和运动状态分为固定床(移动床)、流化床和气流床等形式。

（2）煤炭液化。

煤炭液化是在特定的条件下，利用不同的工艺路线，将固体原料煤转化为与原油性质类似的液体，并利用与原油精炼相近的工艺对煤液化油进行深加工以获得动力燃料、化学原料和化工产品的技术系统。煤炭液化分为直接液化和间接液化。

煤直接液化工艺首先是德国人提出的，并在第二次世界大战期间建立了 12 个煤液化厂。尽管煤直接液化的工艺很多，但是其基本原理和过程是类似的，就是在一定的温度和压力下，煤的大分子裂解成小分子液体产物的反应过程。实际的工艺过程是将预处理的煤粉、溶剂和催化剂按一定比例配成煤浆，经过高压泵升压与升温升压的氢气混合，再经过加热设备升温至 400℃，进入具有一定压力的液化反应器。首先在相对温和的条件下进行液化，获得较高产率的重质油馏分；然后采用高活性的催化剂，将第一段生成的重质产物进一步液化。液化后的产物经过一系列的分离器、冷凝器和蒸馏装置进一步得到气体、液体和固体产物。气体产物经过再次分离，一部分经过加压与原料氢混合循环使用，其余酸性气体经处理后排出。液体油中的重质油作为循环溶剂配煤浆，中质油或轻质油经过体质加工，获得不同级别的成品油。固体残渣进入气化装置制氢。

典型的直接液化工艺有德国的 IGOR 工艺、美国的供氢溶剂（EDS）、氢煤、催化两段和煤油共炼工艺等。我国的神华集团也已建成一套煤液化制油的装置。

图 3-4 所示为 IGOR 直接液化工艺流程。

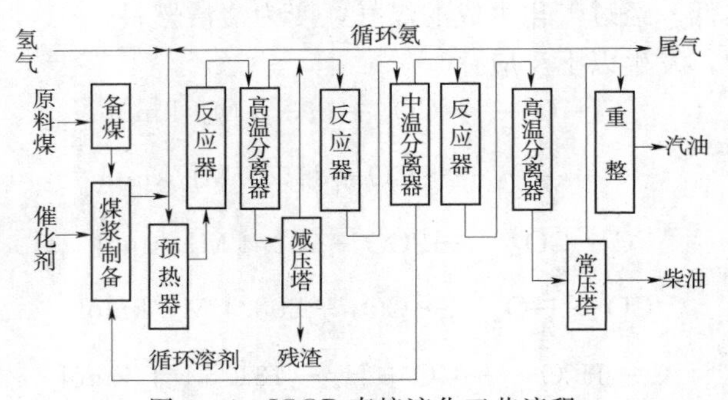

图 3-4　IGOR 直接液化工艺流程

煤间接液化是以煤气化生成的合成气（$CO+H_2$）为原料，在一定的工作条件下(250℃、15～40MPa)，利用催化剂的作用，将合成气合成为液体油，核心技术也称为费托合成。费托合成也是由德国人提出的，第二次世界大战期间曾建有九个合成油厂。费托合成就是 CO 和 H_2，在催化剂的作用下，生成一系列脂肪烃。煤间接液化的工艺过程主要包括以下步骤：采用氧气和蒸汽作气化剂，将煤或焦炭或重油等进行气化，得到合成气

($CO+H_2$)，同时还有焦油、酚和氨等副产物；然后将合成气净化，取出硫等物质；净化后的合成气进入合成反应器，生成合成产品；通过产物分离和产品精制，形成燃料气、基本化学原料、汽油、柴油和石蜡等产品。

典型的间接液化工艺有南非的Sasol工艺，是目前唯一投入商业运行的费托合成工艺，其他工艺还有荷兰Shell的SMDS、中国科学院山西煤炭化学研究所的SMFT工艺。图3-5所示为Sasol间接液化工艺流程。

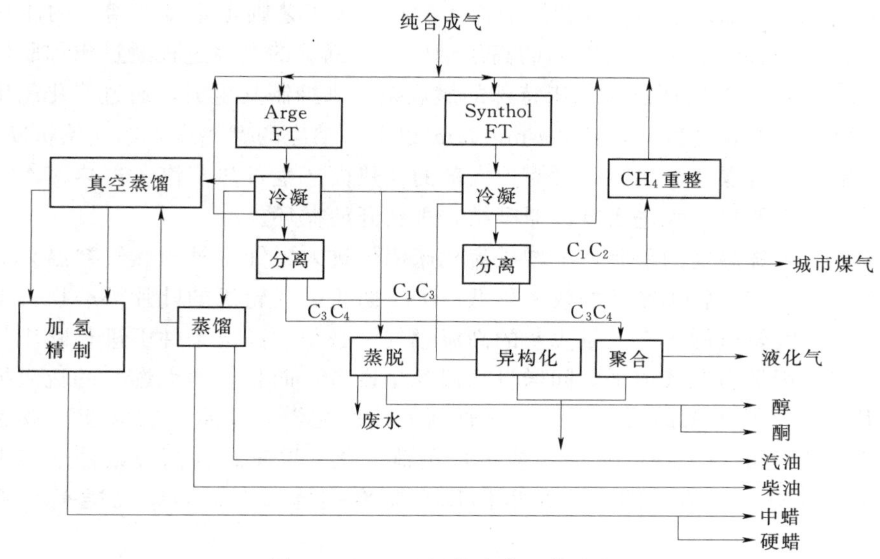

图3-5　Sasol间接液化工艺流程

另外，美国Mobil开发的MTG是将合成气合成甲醇，甲醇可以直接作为燃料，也可以在催化剂的作用下生成二甲醚，二甲醚无色无毒，既可以直接作燃料，又可以进一步转化为高辛烷值汽油。

3. 高效洁净燃煤发电技术

洁净煤发电技术主要有高效超临界发电、常压循环流化床、增压流化床联合循环和整体煤气化联合循环（IGCC）。

(1) 超临界发电。

工程热力学原理指出，常规的蒸汽动力循环，随着蒸汽参数的提高，热效率增加。效率增加，获得相同电量所需的一次能源量降低，同时排放的污染物的数量相对降低。水蒸气存在一个临界点，当压力大于临界压力时，水与蒸汽的密度相同。近几年，随着高温条件下耐压材料的改进，大型燃煤电站的蒸汽参数普遍采用超临界（25.0MPa，540℃）和超超临界（27.0MPa，600℃），热效率分别增加至42%和45%。当参数增加至35.0MPa、700℃时，热效率将增加至55%。

(2) 常压循环流化床（CFBC）。

循环流化床燃烧技术与传统的煤粉锅炉的燃烧方式有很大的不同，它基本上燃用的是粒径为10mm以下的原煤，炉膛内的颗粒随气流上升，在炉膛出口安置旋风分离器，未燃尽的炭粒被分离器捕获，送回炉膛继续燃烧，因此，称为循环流化床锅炉。由于特殊的气固流动方式，炉膛的温度在850～950℃，即使劣质煤仍可以稳定地着火燃烧。由于特殊的燃烧温度，可以直接向燃烧室加入脱硫剂控制燃烧过程中SO_2的排放，在其低温燃烧条件下也控制了NO_x的生成，氮氧化物排放远低于煤粉炉，可以满足环保法规要求。另外，排出的灰渣活性好，易于实现综合利用，无二次灰渣污染，负荷调节范围大，低负荷可降到满负荷的30%左右。

(3) 燃煤的增压流化床燃气—蒸汽联合循环方案（PFBC－CC)。

最初的联合循环都是采用燃气和燃油作为燃料。该工艺则是直接在增压的流化床锅炉燃用原煤，煤燃烧后产生870～880℃的高压烟气，在锅炉的燃烧过程通过添加脱硫剂脱除烟气中的SO_2，而NO_x则通过流化床特殊的燃烧条件来抑制其生成，通过流化床出口的除尘装置，使燃气中的含尘量减少到200mg/Nm^3以下，洁净的燃气进入燃气轮机膨胀做功，膨胀乏气在锅炉的省煤器放热。同时锅炉内部的受热面产生过热蒸汽、再热蒸汽，进入蒸汽轮机做功，在汽轮机末级进入凝汽器凝结，重新开始循环。

由于流化床燃烧温度的限制，由增压流化床锅炉进入燃气轮机的燃气初温只能限定为830～850℃，所以燃气轮机循环的效率稍低；为了防止燃气轮机的叶片被磨损，由增压流化床锅炉排向燃气轮机的含有大量飞灰的高温燃气，必须在高温条件下进行除尘处理，这不仅需要在增压锅炉与燃气透平之间增设高温除尘设备，而且会增大燃气的流阻损失。显然，发展PFBC－CC方案的关键是研制一种新的流态化燃烧技术，它既能高效燃烧，又能除硫和降低NO_x的排放量，还能适应电厂负荷变化的要求；在高温条件下实现高质量除灰的要求，并对燃气透平的叶片采取防腐和防磨措施，以提高燃气透平的实际使用寿命。

(4) 燃煤的常压流化床燃气—蒸汽联合循环方案（AFBC－CC)。

由于增压流化床技术在加煤、除灰、高温除尘以及燃气轮机的抗腐蚀和抗磨蚀等方面都有一系列尚需进一步解决的问题，人们就想利用比较成熟的常压流化床技术来绕过这一点，由此发展出了常压流化床燃气—蒸汽联合循环方案。压气机输出的压缩空气主要是在燃煤的常压流化床燃烧室的空气管簇内加热的，它不与煤接触，因而是洁净的，有利于解决燃气轮机叶片的磨蚀和腐蚀问题。热空气可以直接送到燃气轮机中去做功，也可以在燃用油或天然气的补燃室内进行适当补燃升温后，再送到燃气轮机中去做功。这将有利于提高整个联合循环的热效率。燃气轮机的高温排气，一部分经鼓风机的增压，被送到常压流化床燃烧室中去参与煤的燃烧过程，另一部分则被送到给水加热器中去加热给水。由常压流化床燃烧室出来的温度高达850℃左右的含尘烟气，则被送到蒸汽发生器中去产生蒸汽，最后被送到一般常规电厂使用的除尘装置中去除尘后排入烟囱。

(5) 整体煤气化燃气—蒸汽联合循环（IGCC)。

工程热力学中卡诺定理表明，提高工质吸热的温度，可以提高循环的热效率。单一蒸汽循环就目前技术水平，蒸汽温度最高也仅为600℃，远低于燃料燃烧的温度1600℃。再直接提高蒸汽的温度，难以实现。于是人们构想出联合循环，在高温区采用被称为燃气轮机的装置，用燃烧后的高温工质直接做功，燃气轮机的排气则作为蒸汽动力循环的热源，通过余热锅炉，水从该热源吸热，产生蒸汽在蒸汽轮机做功，于是形成了燃气蒸汽联合循环。这样，整个装置的热效率得到提高。随着人们对气体动力学等基础科学认识的深化，冶金水平、冷却技术、结构设计和制造工艺水平的不断提高和完善，使得燃气轮机的性能在最近 20 年中取得了巨大的技术进步，燃气一蒸汽联合循环发电量在世界电力结构中的比例不断增加。

联合循环的余热锅炉有不补燃、补燃、增压锅炉等几种方案。

燃气轮机只能采用油、气为燃料，固体燃料无法直接使用。然而，煤在一定条件下可以气化，生成 CO、H_2等燃料气体（合成气）。人们就构想把煤气化成为中热值煤气或低热值煤气，通过净化设备，将其中的固体灰粒和含硫物质（H_2S+COS）脱除，使洁净煤气在燃气轮机燃烧室中去燃烧，这样就间接地将燃煤应用于燃气—蒸汽联合循环。这种烧煤的燃气—蒸汽联合循环统称为整体煤气化燃气—蒸汽联合循环（IGCC）。

在 IGCC 方案中如何经济、有效地把煤气化成为煤气，并从中除去飞灰和 H_2S+COS 等污染物，是整个技术的关键。基于 IGCC 的气化技术与常规合成气的气化技术有很大的差异，要求煤种适应性好，负荷调节性好等，同时由于煤气燃烧后要进入燃气轮机，飞灰含量要很低，否则影响叶片的寿命和燃气轮机的安全运行。因为在余热锅炉中希望燃气的温度尽可能降低，所以硫污染物也需要进行深度脱除。对于 IGCC 系统，当前需要解决的是开发大型化、煤种适应广、低污染和易净化的气化技术，研究低热值煤气在燃气轮机中的燃烧以及流动匹配的问题。

世界上真正试运成功的 IGCC 是 1984 年建于美国加州的“冷水”（Cool Water）电厂，采用了两台以水煤浆为燃料的喷流床式的德士古气化炉，气化剂纯度为 99.5%的氧气，煤气为低位发热量为 9.8725　MJ/m^3的中热值煤气，经过洗涤除尘、脱硫进入燃气轮机系统。该 IGCC 系统的供电效率为 43%。

为了进一步减小厂用电耗率以提高 IGCC 方案的供电效率，人们还正在研究不用纯氧或富氧，而直接采用压缩空气作为煤的气化剂的气化技术，这样就有可能把厂用电耗率由目前的 9%～12%降低到 5%的水平，IGCC 真正走向商业化还需要经过艰苦的探索。后来英国、日本、荷兰、德国、印度等国纷纷建起了 IGCC 示范电站，我国在“十一五”期间也在积极支持 IGCC 的示范工作。图 3-6 所示为 IGCC 基本形式。

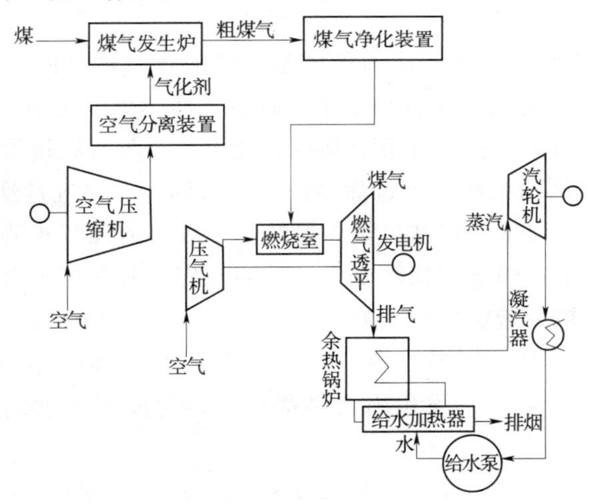

图 3-6　IGCC 基本形式

4. 烟气污染排放治理技术

目前，绝大部分燃煤锅炉，尤其是大型的电站锅炉是化石能源转换的主要方式。所以，常规煤粉炉加烟气净化是当前最可行的洁净煤发电技术。通常煤燃烧后会造成粉尘、SO_2及NO_x等形式的污染。

(1) 除尘技术。

大型锅炉采用最多的除尘装置是电除尘器，电除尘器安置高电压的电极一放电极（电晕极）和收尘极（集尘极），当含尘气体通过两极间非均匀电场时，在放电极周围强电场作用下，气体首先被电离，然后使粉尘粒子荷电，荷电后的粉尘粒子在电场力的作用下被推向收尘极，气体被清洁并从出口排出。收尘极表面粉尘沉积到一定厚度时，用机械振打等方法使其脱落，进入下部灰斗，定期排出。

电除尘效率高，除尘效率可达到99%以上；处理气体量大，为10^5～10^6 m^3/h；可除去粒子粒径范围较宽，对于0.1μm的粉尘粒子仍有较高的除尘效率；可净化温度较高的含尘烟气，对于350℃以下的气体，可长期连续运行；结构简单，气流速度低，压力损失小，为100～200Pa；能量消耗比其他类型除尘器低。电除尘器的缺点表现为一次性投资费用高，钢材消耗量较大。据估算，平均每平方米收尘面积所需钢材为3.5～4t；除尘效率受粉尘物理性质影响很大，特别是粉尘的比电阻的影响更为突出，最适宜捕集比电阻为10^4～$5\times10^{11}\Omega\cdot$cm的粉尘粒子；不适宜直接净化高浓度含尘气体；对制造和安装质量要求较高；需要高压变电及整流控制设备；占地面积较大。

现在，人们更关注所谓可吸入颗粒物的脱除。所以，过滤方式的袋式除尘器也开始逐渐广泛采用。

(2) 烟气脱硫。

燃煤中都含有一定量的硫分（0.5%～3.0%），主要以无机硫一黄铁矿（FeS_2）和有机硫等形式赋存于燃煤中。对于大型锅炉，煤在燃烧前，其中一部分黄铁矿可被分拣出。煤燃烧时，由于氧的存在、高温等条件，煤中的硫绝大部分转化为SO_2气体，一般烟气中SO_2的浓度都小于1.0%。针对烟气中SO_2的处理，目前发展了许多相关技术，其中石灰/石灰石湿法应用最广泛。

石灰/石灰石湿法技术是目前公认的最成熟、脱硫效率最高的技术之一，占总安装容量的70%。系统由五个组成部分：石灰石浆液制备、净化烟气再热、吸收和氧化、石膏回收和储备部分及污水处理。在石灰石浆液制备装置中，石灰石经过磨制后与水混合得到固体质量分数在10%～15%的浆液。经过除尘设备后的烟气，先进行烟气换热，将已脱硫的净化烟气温度升高到露点以上，以减少设备腐蚀。未处理的烟气被降温后，从吸收塔下部进入，其中SO_2与自塔上部喷淋的浆液发生一系列反应。首先在浆料中发生$CaCO_3$离解反应，然后烟气中的SO_2被溶液吸收发生离解反应，由于$CaCO_3$离解生成的OH^-与H^+反应中和生成H_2O，平衡右移，更多的SO_2溶解在浆液中，同时与鼓入的O_2发生强制氧化反应，最后Ca^{2+}和$SO_4{}^{2-}$在水中发生石膏结晶反应，生成可回收的石膏，其工作温度在常温范围（湿球温度为50℃）。

石灰石湿法技术成熟，已商业化；脱硫效率高达90%～95%，是目前实用技术中效率最高的工艺；脱硫产物为石膏（$CaSO_4$），可作为建材；但是设备初投资大，运行费和耗水量都较高。

另外还有其他的一些脱硫技术，如氨法、双碱法、亚钠循环法（韦尔曼—洛德法）、氧化镁法、磷氨肥法、海水脱硫、吸附和催化转化等。

（3）烟气脱硝（脱氮）。

燃煤形成 NO_x是指 NO 和 NO_2，主要是 NO，约占 NO_x的 90%。形成 NO_x的氮一是来自燃料，二是来自空气。

由于 NO_x的形成与燃烧过程关系密切，所以，NO_x通常从燃烧调整和烟气处理两个方面控制。

在保证燃烧过程稳定和高效的前提下，通过对燃烧过程的组织，可以在一定程度上降低 NO_x的生成或部分还原已经生成的 NO_x，最终减少燃烧产物中 NO_x的生成总量。通常采用的是低过量空气系数、空气分级燃烧、燃料分级燃烧、烟气再循环和低 NO_x燃烧器等技术。对烟气的处理最常用的是被称为选择性催化技术（SCR），该技术是目前应用最广泛的技术，一般用 NH_3作还原剂，硫化氢（H_2S）、氯一氨（NH_4Cl）及一氧化碳（CO）也可以作为还原剂。以铂（Pt）、钯（Pd）或铜（Cu）、铬（Cr）、铁（Fe）、钒（V）、钼（Mo）、钴（Co）和镍（Ni）等元素或氧化物作为催化剂，以铝钒土（$Al_2O_3+Fe_2O_3+CaO$）为载体。该方法有选择性地只与 NO_x反应，而不与 O_2反应。工作温度与催化剂、还原剂等因素有关，一般为 150～450℃。

SCR 的优点是脱除效率高达 80%～90%，应用广泛，技术成熟，还可以与 SNCR 技术联合，通过降低进口 NO_x浓度从而减小催化剂体积，整体上减少脱硝的费用。SCR 的缺点是初投资和运行费用都较大，运行中存在 NH_3的逸出和氧化，导致 NH_3的消耗增加；烟气中的飞灰和某些气相成分影响催化剂的寿命。

三、21 世纪煤炭能源系统

洁净煤技术的采用，使得能源的转换效率得到提高，污染物排放得到一定控制。但是，现有的洁净煤技术对于温室气体 CO_2的排放又显得无能为力，而煤炭又是含碳量最高的化石能源。仅仅依靠效率的提高、CO_2排放的降低效果极其有限。所以，控制和减少煤在转化及燃烧过程中的 CO_2排放，将是洁净煤技术在未来发展中所面临的首要问题。对于储量相对较低的油气资源，随着逐渐开采，必然先面临资源枯竭的问题，所以，煤将在今后满足人类对于燃料、化学制品及化工制品的需求中扮演主要角色。如何跨越行业界限，从整体优化角度解决煤在转化和燃烧时所面临的效率和环境问题，将影响未来煤资源的使用价值。于是，人们构想出了煤基近零排放多联产系统。

常规燃煤烟气中 CO_2的浓度较低，约为 15%，分离困难较大。而 IGCC 系统为 CO_2的分离构建了基本框架。煤气化合成气（H_2和 CO）可以通过燃烧前合成气转换，将炭能转换为氢能，CO 的转化率可达 95%。转化后气体中 CO_2的浓度大大提高，可以经济地分离、回收。经过分离后，气体富含 H_2，可以直接进入联合循环发电。合成气还可以直接合成甲醇，并与燃气发电耦合，同时还可以供热，可形成热、电、甲醇、合成气四联产系统，同时减少 CO_2的排放。与四种产品分别生产比较，基本投资下降 38%，单位能量价格下降 31%，煤耗量下降 22.6%，CO_2排放减少 22.6%。

图 3－7 所示为煤基多联产系统概念。

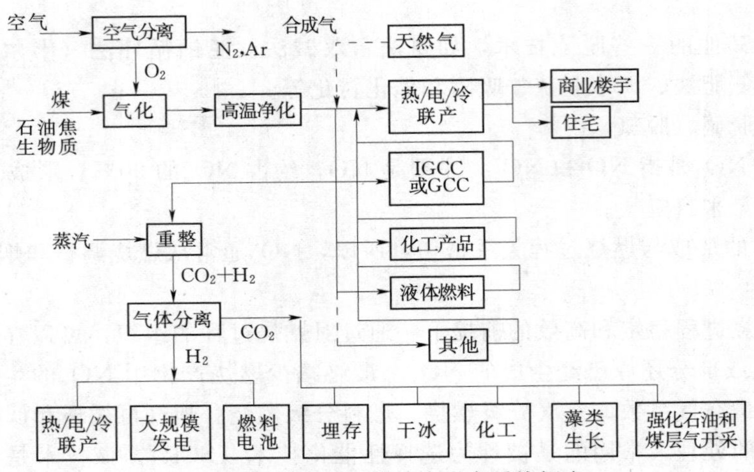

图 3-7　煤基近零排放多联产系统概念

煤基近零排放多联系统的概念已在世界范围内得到认可，日本新能源开发机构于1998年提出以煤气净化、燃气轮机发电和燃料电池发电液体燃料合成为主要内容的多联产计划；Shell公司提出的合成气园的概念，以煤、石油和渣油气化为核心，将生成的合成气的一部分作城市煤气，一部分进行甲醇联产电力，一部分进行合成氨的生产同时联产热和气；我国也在积极开展相关的研究，兖州矿务局的概念设计包括燃料油、甲醇、醋酸、燃料气、硫磺等多种化工产品的生产，同时联产发电。

煤基近零排放多联产系统是由多项技术集成建立，同时为满足系统新的功能，需要研究一些新的主导技术，其中包括氧气膜分离技术、氢气膜分离技术、高温热交换器、燃料适应性强的气化技术、高温气体净化技术、先进燃烧系统、燃料适应性强的燃气轮机、燃料电池、先进的燃料和化学品生产工艺及CO_2填埋技术。

煤基近零排放多联产系统是人类在对煤炭资源百余年的开发和利用过程中所找到的适合资源、能源、环境整体化可持续发展的努力方向。它的发展和最终实现将会彻底改变人们对于煤炭资源的认识，改变人类对于化石能源的利用方式，煤炭将称为清洁的、可以满足人们多种需求的巨大资源。

思　考　题

1. 煤的种类有哪些？简述煤的元素分析成分和工业分析。
2. 中国有几大煤炭基地？简述其生产情况。
3. 石油的特性指标有哪些？
4. 简述石油的加工方法。
5. 列出中国的十大油田，并简述其生产情况。
6. 天然气的用途有哪些？
7. 我国石油、天然气储量在世界排名位置是多少？
8. 简述中国一次能源构成的特点。

9. 主要的洁净煤技术有哪些？谈谈你对洁净煤技术的认识。

10. 近零排放的煤基多联产系统内容是什么？

11. 近零排放的煤基多联产系统需要研究开发的主导技术有哪些？

12. 浅谈煤炭洁净利用的前景。

参 考 文 献

[1] 陈鹏．中国煤炭性质、分类和利用．北京：化学工业出版社，2007.

[2] 中国科学院能源战略研究组．中国可持续发展战略专题研究．北京：科学出版社，2006.

[3] 容銮恩，袁镇福，刘志敏，等．电站锅炉原理．北京：中国电力出版社，1997.

[4] 林伯强．中国能源发展报告．北京：中国财政经济出版社，2008.

[5] 黄素逸，高伟．能源概论．北京：高等教育出版社，2004.

[6] 刘柏谦，洪慧，王立刚．能源工程概论．北京：化学工业出版社，2009.

[7] 郑明东，水恒福，翠平．炼焦新工艺与技术．北京：化学工业出版社，2006.

[8] 魏一鸣，刘兰翠，范英，等．中国能源报告（2008）．北京：科学出版社，2008.

第四章　可再生能源

第一节　概　　述

可再生能源是指那些随着人类的大规模开发和长期利用，能在自然界中不断再生、永续利用的资源。国际能源署（International Energy Agency，IEA）认为，可再生能源主要包括可燃可再生能源与废弃物（Combustible Renewable and Waste，CRW）、太阳能、水能、风能、生物质能、地热能和海洋能等非化石能源。在各种可再生能源中，大多数可再生能源都源于太阳辐射，而太阳能不仅取之不尽、用之不竭，而且不产生温室气体、无污染，是环境友好的清洁能源。

20世纪70年代以来，可持续发展思想逐步成为国际社会共识，环境保护和全球气候变化问题得到普遍关注。近20多年来，大多数可再生能源技术，产业规模、经济性和市场化程度逐年提高，已具有市场竞争力。2007年，欧盟提出了新的发展目标，要求到2020年，可再生能源消费占到欧盟全部能源消费的20%，可再生能源发电量占到全部发电量的30%。

我国具有丰富的可再生能源资源。我国《国民经济和社会发展第十一个五年规划纲要》明确提出："实行优惠的财税、投资政策和强制性市场份额政策，鼓励生产与消费可再生能源，提高在一次能源消费中的比重"。2006年1月1日我国正式实施了《中华人民共和国可再生能源法》，进一步确立了可再生能源在我国能源中的作用和地位，2007年颁布了《可再生能源中长期发展规划》，提出了到2020年我国可再生能源发展的指导思想、主要任务、发展目标、重点领域和保障措施。

可再生能源是可以永续利用的绿色能源，在当今能源需求不断增长、生态环境不断恶化的情况下，随着可再生能源利用技术的进步、生产规模的扩大和政策机制的不断完善，可再生能源必将成为未来能源供应的主体。

第二节　太　阳　能

一、概述

（一）太阳热辐射

太阳是一个表面辐射温度约为5760K的巨大炽热球体，其中心的温度高达2×10^7K。在太阳内部进行着激烈的热核反应，使4个氢原子聚变为一个氦原子，并释放出大量的能量（每1g氢原子聚变为氦放出6.5×10^8kJ），它以电磁波的形式不断地向宇宙空间辐射能量。

地球大气层上界接收到的太阳辐射功率约为1.73×10^{17}W，此能量的30%左右以短波辐射反射回去，约有47%的太阳辐射能被大气层和地表面所吸收，使其温度升高，然后以长波辐射的形式重新辐射回宇宙空间。剩下的23%的太阳辐射能达到地球表面后成为气流和水波的原动力。上述的总能量中只有0.02%（4.0×10^{11}kW）的能量通过植物和其他的“生产者”机体中的光合作用进入生物系统。另外还有一部分作为化学能储存在植物和动物的机体内，在合适的地理条件下经过数百万年转变成煤、矿物油、天然气等化石能源。图4-1所示为地球上的能流。

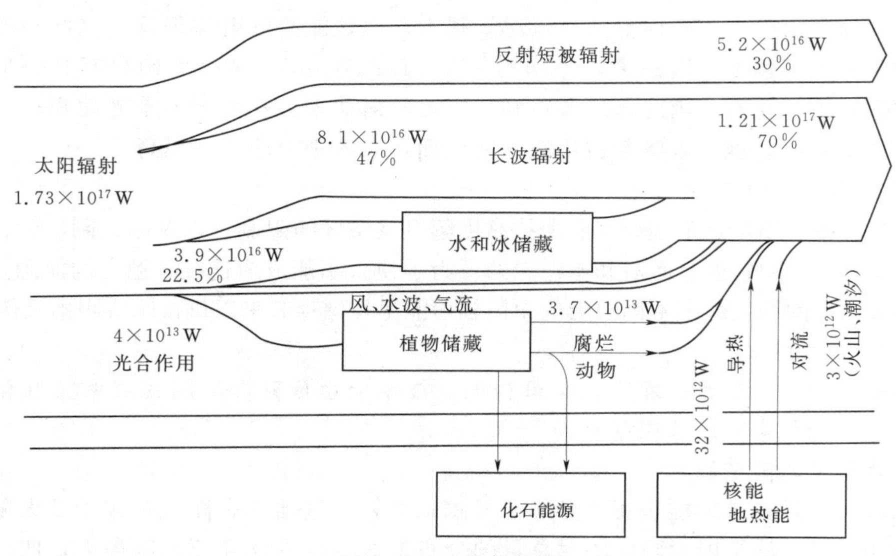

图4-1　地球的能流

（二）太阳能资源

通常所说的太阳能资源，不仅包括直接投射到地球表面上的太阳辐射能，而且包括像水能、风能、海洋能和潮汐能等间接的太阳能资源，还应包括绿色植物光合作用所固定下来的能量，即生物质能。现在广泛开采并使用的煤炭、石油、天然气等也都是古老的太阳能的产物，即由千百万年前动、植物本体所吸收的太阳辐射能转换而成的。水能是由水位的高差所产生的，由于受到太阳辐射的结果，地球表面上（包括海洋）的水分蒸发，形成雨云在高山地区降水后，即形成水能的主要来源。风能是由于受到太阳辐射，在大气中形成温差和压差，从而造成空气的流动而产生的。潮汐能则是由于太阳和月亮对地球上海水的万有引力作用的结果。总之，严格说来，除了地热能和原子核能以外，地球上的所有其他能源全部都源自太阳能。

（三）太阳能资源的特点

与常规能源相比较，太阳能资源具有的优点，包括以下四个方面。

1. 数量巨大

每年到达地球表面的太阳辐射能约为1.8×10^{14} t标准煤，即约为目前全世界所消费的各种能量总和的1万倍。

2. 时间长久

根据天文学研究的结果表明，太阳系已存在大约有130亿年。根据目前太阳辐射的总功率以及太阳上氢的总含量进行估算，太阳尚可存续约1000亿年。

3. 获取方便

太阳分布广泛，无论大陆、海洋、高山或岛屿，都有太阳能，其开发和利用都很方便。

4. 洁净安全

太阳能安全卫生，对环境无污染，不损害生态环境。

太阳能资源虽有上述几方面常规能源无法比拟的优点，但也存在以下三个方面的缺点。

1. 分散性

到达地球表面的太阳辐射能的总量尽管很大，但是能源密度却很低，北回归线附近夏季晴天中午的太阳辐射强度最大，平均为 1.1～1.2kW/m^2，冬季大约只有其一半，而阴天则往往只有 1/5 左右。因此，想要得到一定的辐射功率，一是增大采光面积；二是提高采光面积的集光比。但前者将需占用较大的地面，后者则会使成本提高。

2. 间断性和不稳定性

由于受昼夜、季节、地理纬度和海拔高度等自然条件的限制，以及晴、阴、云、雨等随机因素的影响，太阳辐射是间断和不稳定的。为了使太阳能成为连续、稳定的能源，就必须很好地解决蓄能问题，即把晴朗白天的太阳辐射能尽量储存起来以供夜间或阴雨天使用。

3. 效率低和成本高

太阳能利用有些虽然在理论上是可行的，技术上也成熟，但因其效率较低和成本较高，目前还不能与常规能源相竞争。

二、我国太阳能资源

我国幅员辽阔，太阳能资源十分丰富。据估算，我国陆地表面每年接受的太阳辐射能约为 50×10^{18}kJ。从全国太阳年辐射总量的分布来看，以青藏高原地区最大，四川和贵州两省的太阳年辐射总量最小。根据我国气象部门测量太阳能年辐射总量的大小，将我国大陆划分为五类地区，如表 4－1 所示。

表 4－1　　中国太阳能资源分布

地区分类	级别	全年日照小时数(h)	太阳辐射年总量[MJ/(m^2·a)]	相当于燃烧标煤kg/(m^2·a)	包括的地区
Ⅰ	丰富区	3200～3300	≥6700	≥228	青藏高原、甘肃北部、宁夏北部和新疆南部
Ⅱ	较丰富区	3000～3200	5860～6700	200～228	河北西北部、山西北部、内蒙古南部、宁夏南部、甘肃中部、青海东部、西藏东南部和新疆南部等地
Ⅲ		2200～3000	5020～5860	171～200	山东、河南、河北东南部、山西南部、新疆北部、吉林、辽宁、云南、陕西北部、甘肃东南部、广东南部、福建南部、江苏北部和安徽北部等地
Ⅳ	可利用区	1400～2200	4190～5020	142～171	长江中下游、福建、浙江和广东的一部分地区、东北、内蒙古呼盟等地
Ⅴ	贫乏区	<1400	<4190	<142	四川、贵州两省

注　Ⅰ、Ⅱ、Ⅲ类地区，年日照时数大于 2000h，辐射总量高于 5860MJ/(m^2·a)，是我国太阳能资源丰富或较丰富的地区，面积较大，约占全国总面积的 2/3 以上，具有利用太阳能的良好条件；Ⅳ、Ⅴ类地区虽然太阳能资源条件较差，但仍有一定的利用价值。

三、太阳能的热利用

太阳能的热利用是基于传热学的理论与技术。太阳能热利用形式主要有太阳能集热器、太阳能热水器、太阳灶、太阳房、太阳能温室、太阳能干燥和太阳能制冷、太阳池、太阳能热力发电、太阳炉、太阳能海水淡化、太阳能热力机等。

(一) 太阳能集热器

在利用太阳能时，为了获得足够的能量，或者为了提高温度，就必须采用相应的集热器对太阳能进行采集。太阳能集热器是采集、吸收太阳热辐射，并将其传递到传热工质的装置，它是太阳能热利用的基础和关键装置。按集热器的传热工质分类，可分为液体集热器和空气集热器；按采光口太阳光线是否改变，可分为聚光型集热器和非聚光型集热器；按是否跟踪太阳，又可分为跟踪集热器和非跟踪集热器。

目前采用比较广泛的太阳能集热器有：平板集热器和真空管集热器，属于非聚光型集热器，是利用太阳辐射中的直射辐射和散射辐射，集热温度较低；抛物面圆筒形集热器属于聚光型集热器，是将太阳光聚集在面积较小的吸热面上，可获得较高的温度，但只能利用直射辐射，且需要跟踪太阳。

1. 平板集热器

在太阳能低温度热能利用领域，平板集热器的技术经济性能远比聚光集热器好。平板集热器由透明盖层、吸热体、壳体和隔热材料等四个部分组成，其结构示意图如图 4－2 所示。

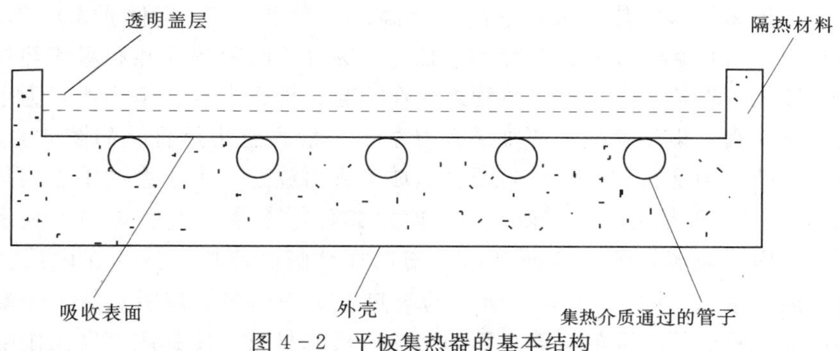

图 4－2 平板集热器的基本结构

(1) 透明盖层。布置在集热器的顶部，其作用是减少集热板与环境之间的对流和辐射传热，并保护集热板不受雨、雪、灰尘的侵害。透明盖层应具备透明率高，耐老化性能好，同时还应具有一定的强度、耐热性和阻燃性，常采用玻璃和透明塑料制作。为了提高集热器的热效率，可采用两层或多层布置。

(2) 吸收表面。也称为集热板，它的作用是吸收太阳能并将其内部的集热介质（常为水或空气）加热。为了提高集热效率，集热板常作特殊处理或涂有选择性涂层，以提高集热板对太阳光的吸收率，而集热板自身的热辐射率很低，以减少集热板对环境的散热。

(3) 隔热材料。布置在集热板的底部和侧面，以防止集热器向周围散热。常为一般建筑用的隔热材料。对于一般采暖、供热水时，隔热材料的厚度为 15～50mm。

(4) 外壳。外壳是集热器的骨架，应具有一定的机械强度、良好的水密封性能和耐腐蚀性能。

平板集热器按工质划分，有空气集热器和液体集热器，目前大量使用的是液体集热器；按吸热板芯材料划分，有钢板、全铜、全铝、铜铝合金、不锈钢、塑料及其他非金属集热器等；按结构划分，有管板式、扁盒式、管翅式、热管翅片式、蛇形管式集热器等；按盖板划分，有单层或多层玻璃、玻璃钢或高分子透明材料、透明隔热材料集热器等；按集热温度分，有低温、中高温和高温，详见表 4-2。国内外目前使用比较普通的是全铜集热器和铜铝复合集热器。

表 4-2　　按集热温度分类的集热器

类型	集热温度（℃）	用　途	集热器构造
低温	环境温度＋（10～20）	预热给水、热泵热源	无玻璃或单玻璃太阳池
中温	环境温度＋（20～40）	供暖、供热水、生产工艺	单层玻璃（黑色选择膜）
			单层玻璃（黑色涂料）
中高温	环境温度＋（40～70）	吸收式制冷、供冷暖	单层玻璃（选择膜）
			单层玻璃（蜂窝状）
			双层玻璃（选择膜）
高温	环境温度＋（70～120）	双效吸收式制冷、郎肯循环机	真空（选择膜）

2. 真空管集热器

为了减少平板集热器的热损失，提高集热温度，20 世纪 70 年代研发了真空集热管，其吸热体被封闭在高真空的玻璃真空管内，杜绝了穿过该间隙的导热和对流热损失，大幅度提高了集热性能。将若干支真空集热管组装在一起，构成真空管集热器。为了增加太阳光的采集量，可在真空集热管的背部加装反光板。一般真空集热管有如图 4-3 所示的三种形式。最简单的一种是在抽成真空的圆柱形玻璃管内放置一个小型的平板集热器，如图 4-3（a）所示。另一种是将集热器做成全玻璃的真空套管，如图 4-3（b）所示。用电镀化学沉积工艺在内层玻璃管的外表面涂以光谱选择性吸收涂层，流体在内层玻璃管中通过，并将有用能量带出。图 4-3（c）所示的集热管是用两根金属吸热管，一端连通形成流体的流动通道。吸热管下面的玻璃套管内壁涂以反光材料，使其产生聚光作用。

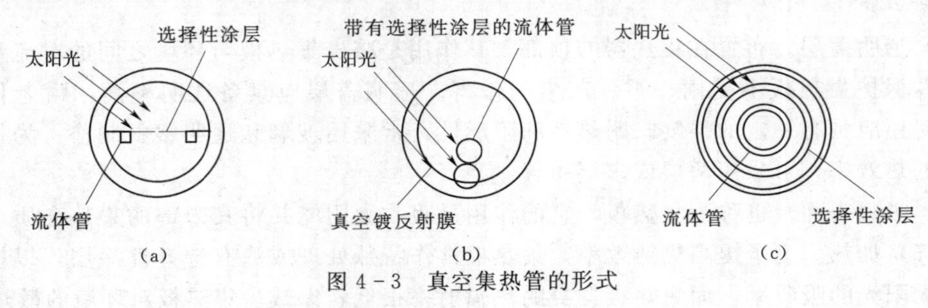

图 4-3　真空集热管的形式

真空集热管大体可分为全玻璃真空集热管、玻璃—U 形管真空集热管、玻璃金属热管真空集热管、直通式真空集热管和储热式真空集热管等。我国拥有自主知识产权的现代化全玻璃真空集热管产业，其产品质量达到世界先进水平，产量居世界第一位。

3. 聚光型集热器

聚光型集热器主要由聚光器、吸收器和跟踪系统三部分组成。其工作原理是：自然阳光经聚光器聚焦到吸收器上，加热在吸收器内流动的集热介质；跟踪系统则根据太阳的方位随时调节聚光器的位置，以保证聚光器的开口面与入射太阳光总是互相垂直的。聚光型集热器分类如表 4-3 所示。在反射式聚光集热器中应用较多的是旋转抛物面镜聚光集热器（点聚焦）和槽形抛物面镜聚光集热器（线聚焦）。前者可以获得高温，但要进行二维跟踪；后者可以获得中温，只需进行一维跟踪。

表 4-3　　聚光型集热器的分类

<table>
<tr><td rowspan="8">聚光方法</td><td rowspan="5">反射聚光</td><td rowspan="3">凹面镜（直射式）</td><td>旋转抛物面镜（碗形）（焦点）</td></tr>
<tr><td>抛物面筒形镜（槽形）（焦线）</td></tr>
<tr><td>圆筒形镜（槽形）（近似焦线）</td></tr>
<tr><td rowspan="2">平面镜（定位镜）</td><td>一次放射形（塔形）（焦点）</td></tr>
<tr><td>二次放射形（凹面镜）（焦点）</td></tr>
<tr><td rowspan="3">折射聚光
（透镜聚光）</td><td>凸透镜</td><td>—</td></tr>
<tr><td rowspan="2">菲涅耳透镜</td><td>圆形透镜（焦点）</td></tr>
<tr><td>矩形透镜（焦点）</td></tr>
<tr><td rowspan="3">跟踪方式</td><td colspan="2" rowspan="2">连续跟踪型</td><td>定时跟踪</td></tr>
<tr><td>太阳检测跟踪</td></tr>
<tr><td colspan="2">间歇跟踪型</td><td>—</td></tr>
</table>

此外，还有一种应用在塔式太阳能发电站的聚光镜（定日镜）。聚光镜由许多平面反射镜或曲面反射镜组成，这些反射镜在计算机控制下将阳光都反射至同一吸收器上，吸收器可以达到很高的温度，获得功率很大的能量。

（二）太阳能热水器

太阳能热水器是太阳能热利用中具有代表性的一种装置，用途广泛，最常见的用途是提供热水。3～5m^2的太阳能集热器可以满足一个四口之家使用热水的需要；1m^2的太阳能集热器提供的热能可以满足 10m^2的采暖需要。太阳能热水器平均每平方米每年可节约 100～150kg 标准煤。近 20 年来，太阳能热水器在我国得到了快速发展和推广应用，已形成较完整的产业体系，总集热面积和均产量居世界第一位。

太阳能热水系统由集热器、蓄热水箱和连接管道等部件组成；按照热水系统中水的流动方式，可分为直流式和循环式。太阳能热水器按结构可分为闷晒式、管板式、聚光式、真空管式和热管式等几种。目前，我国市场上销售的太阳能热水器基本上可分为闷晒式热水器、管板热水器和真空管（包括热管）热水器等三类产品。

1. 闷晒式热水器

闷晒式热水器分有胆和无胆两类。有胆是指太阳能闷晒盒内装有黑色塑料或金属的盛水胆。当太阳能照射到闷晒盒时，盒内温度升高，使水胆内的水被加热。一般用于家庭季节性使用。无胆闷晒式热水器，即浅池热水器，通常建在房屋平顶上，但也有供生产使用的铁皮浅池盒。浅池一般为15～20cm，水深为5～10cm，距水面约为10cm盖以透明玻璃，池内壁必须涂以黑色。在气温不太低的情况下，经过4～5h太阳的闷晒，池内水温可达50℃左右。

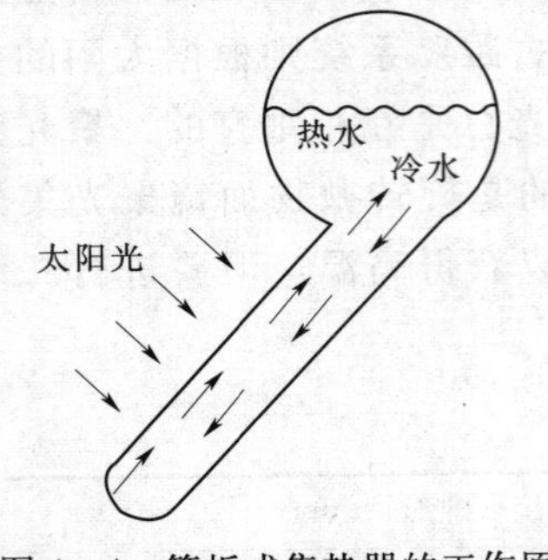

图4-4 管板式集热器的工作原理

2. 管板式热水器

管板式热水器由管板式集热器、储热水箱及支架等组成。管板式热水装置中的水是一个密闭系统，靠冷、热水密度差进行循环。水在集热器中吸收太阳热，温度升高，密度变小，水自然上流，进入上部的水箱。水箱中的水通过集热器的循环加温，逐步达到平衡状态，如图4-4所示。由管板式集热器派生出许多型式的集热器，如翅翼型、波纹板型、塑料压制型等，但它们的集热原理基本相同。

3. 真空管热水器

真空管热水器的核心部件是真空管，它主要由内部的吸热体和外层的玻璃管组成。吸热体表面通过加工沉积有光谱选择性吸收涂层。由于吸热体与玻璃管之间的夹层保持高真空度，可有效地抑制真空管内空气的导热和对流热损失；再由于选择性吸收涂层具有低的发射率，可明显地降低吸收板的辐射热损失。这些都使真空集热器可以最大限度地利用太阳能，使其在高、低工作温度条件下都具有优良的集热性能。真空管太阳能集热器有玻璃吸热体真空管（或称全玻璃真空管）和金属吸热体真空管（或称玻璃一金属真空管）两类。

（1）全玻璃真空管太阳能集热器。其构造如图4-5所示，它由两根同心圆玻璃管组成，内外管间抽成真空，选择性吸收表面沉积层在内管的外表面构成吸热体，将太阳光能转换为热能，加热内玻璃管内的集热介质。

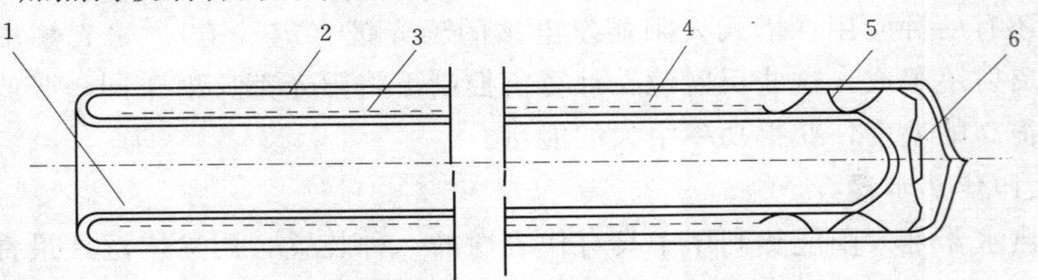

图4-5 全玻璃真空太阳能集热管结构

1—内玻璃管；2—外玻璃管；3—选择性吸收涂层；4—真空；5—弹簧支架；6—消气剂

（2）金属吸热体真空管集热器。采用金属吸热体制造真空管，是在全玻璃真空管之后发展起来的新一代真空管，包括热管式、同心套管式、U形管式、储热式、直通式和内聚光式等多种型式，用这些真空管组成的集热器具有以下优点：工作温度高（运行温度可超过100℃，甚至可达300～400℃）；承压能力大（可用于产生10^6Pa以上压力的热水或高压蒸汽）；耐热冲击性能好。金属吸热体真空管集热器扩大了太阳能的应用范围，成为当今世界真空管集热器发展的重要方向。

4. 循环式太阳能热水系统

循环式太阳能热水器是应用最广泛的热水器，按照水循环的动力又可分为自然循环和强迫循环。图4-6所示为自然循环式太阳能热水器的示意图。水箱置于集热器的上方，水箱中的冷水从集热器的底部进入，吸收太阳能后温度升高，密度降低，与冷水之间形成

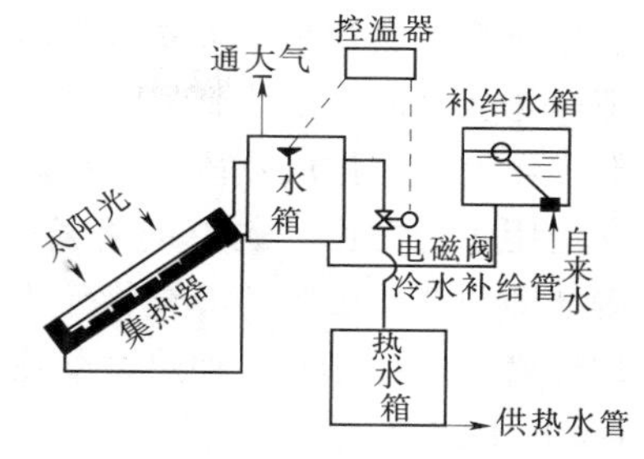

图 4-6 自然循环式太阳能热水器示意图

的密度差构成了循环的动力。当循环水箱顶部的水温达到使用温度的上限时，则由控温器打开电磁阀使热水流入热水箱，与此同时补给水箱自动补水。当水温低于使用温度的下限时，温控器使电磁阀关闭。

由于自然循环压头小，对于大型太阳能供热水系统，通常就需要采用强迫循环，由泵提供水循环的动力，该系统蓄水箱的位置不必高于集热器，系统布置比较灵活。

5. 直流式太阳能热水系统

直流式太阳能热水系统有热虹吸型和定温放水型两种形式。

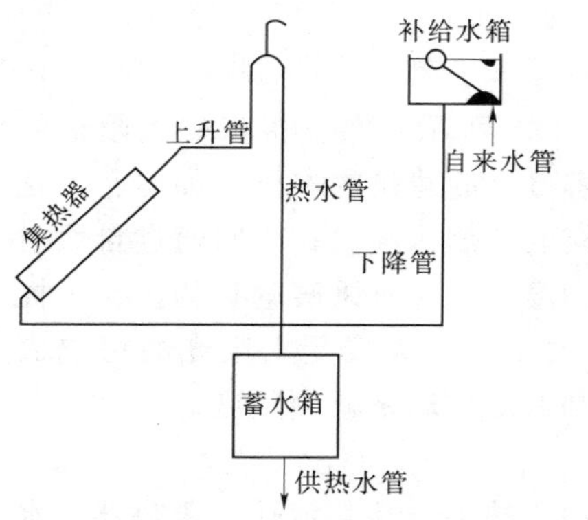

图 4-7 热虹吸型直流系统示意图

(1) 热虹吸型。在该系统中，补给水箱的水位由浮球阀控制，使之与集热器出口热水管的最高位置处于同一水平面上，如图 4-7 所示。在没有太阳光照射时，根据连通器原理，集热器、上升管和下降管内均充满水但不流动。有太阳光照射时，集热器吸收热量后，其内部水上升，系统中形成热虹吸压头，从而使上升管中的热水流入蓄水箱，而补给水箱中的冷水则由下降管进入集热器。日照越强，所得热水温度越高，热水量也越多。

(2) 定温放水型。为了获得符合使用要求的热水，可在集热器出口处安装温度传感元件，通过控制器操纵装在集热器进水管上的电动阀，根据出口水温的变化，改变其开启程度以调节流量，使出口水温始终保持恒定。

(三) 太阳灶

太阳灶是利用太阳的辐射，直接把太阳的辐射能转换成供人们炊事使用的热能进行食物烹饪。一台截光面积为 $2m^2$ 的太阳灶，每年可节约 1t 左右的生物质燃料。一般家用太阳灶的功率为 500～1500W，聚光面积为 1～$3m^2$。太阳灶可分为闷晒式（箱式）、聚光式和热管式三种。

1. 闷晒式太阳灶

闷晒式太阳灶的形状是一个箱体，又称为箱式太阳灶。它的工作原理是置于太阳光下长时间闷晒，缓慢地积蓄热量。箱内温度一般可达 120～150℃，适合于闪蒸食品或作为医疗器具消毒用。

2. 聚光式太阳灶

聚光式太阳灶是将较大面积的阳光进行聚焦，使焦点温度达到较高的温度。这种太阳灶的关键部件是聚光镜，包括镜面材料的选择和几何形状的设计。最普通的反光镜为镀银或镀铝玻璃镜，也有铝抛光镜面和涤纶薄膜镀铝材料等。

聚光式太阳灶除采用旋转抛物面反射镜外，还有将抛物面分割成若干段的反射镜。

3. 热管式太阳灶

热管式太阳灶分为两个部分：一是室外收集太阳能的集热器，即自动跟踪的聚光式太阳灶；二是热管。热管是一种高效传热元件，它利用管体的特殊构造和传热介质蒸发与凝结作用，把热量从管的一端传到另一端。热管式太阳灶是将热管的吸热段（蒸发段）置于聚光太阳灶的焦点处，而把放热段（凝结段）置于散热处或蓄热器中。于是，太阳能就从户外引入室内，使用较为方便。也有的将蓄热器置于地下，利用大地作绝热保温器，其中填以硝酸钠、硝酸钾和亚硝酸钠的混合物作为蓄热材料。当热管传出的热量熔化了这些盐类，盐溶液就把蛇形管内的载热介质加热，载热介质流经炉盘时放热，炉盘受热即可烹饪。

（四）太阳房

直接利用太阳能进行采暖、供热水、供冷与空调的住宅广义上统称为太阳房。根据太阳房的工作方式，可以分为被动式太阳房和主动式太阳房两大类。在被动式太阳房中，热量以自然对流的形式传递，无需额外的动力；而在主动式太阳房中，则由水泵带动热循环系统。

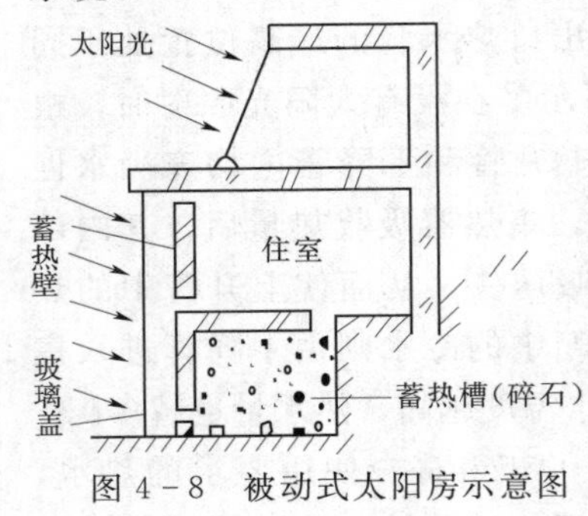

图4-8　被动式太阳房示意图

1. 被动式太阳房

被动式太阳房如图4-8所示，它直接依靠太阳辐射供暖，多余的热量为热容量大的建筑物本体（如墙、天花板、地基）及由碎石填充的蓄热槽吸收；夜间通过自然对流放热使室内保持一定的温度，达到采暖的目的。为了提高被动式太阳房的采暖效率，增大接受太阳光的窗户面积，同时采用隔热套窗和双层玻璃来减少散热。

2. 主动式太阳房

主动式太阳房一般由集热器、传热流体、蓄热器、水泵、控制系统及辅助能源系统构成。这种太阳房的造价较高。但是室温能主动控制。

较大的住宅和办公楼通常还需配备辅助热水锅炉。来自太阳能集热器的热水先送至蓄热器中，再经三通阀将蓄热器和锅炉的热水混合，然后送到室内暖风机组给房间供热，如图4-9所示。

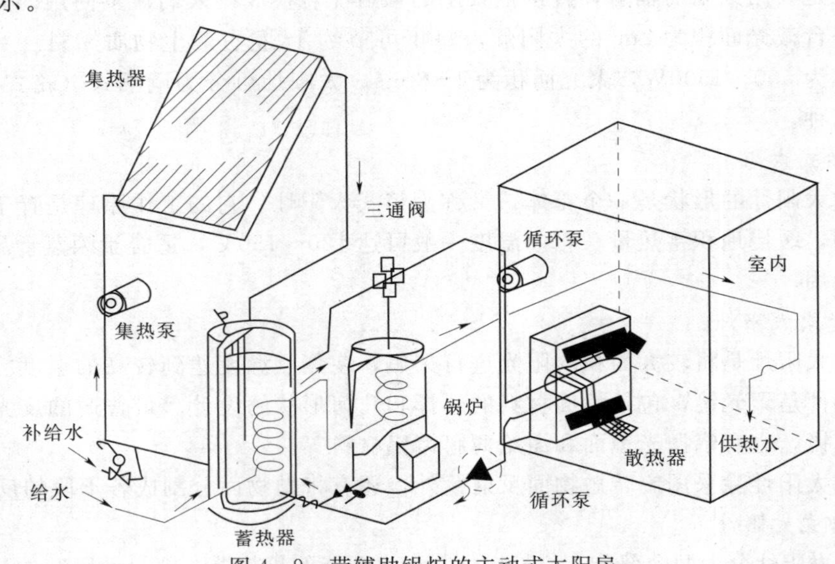

图4-9　带辅助锅炉的主动式太阳房

（五）太阳能温室

太阳能温室就是利用太阳能，来提高塑料大棚内或玻璃房室内温度，以满足植物生长对温度的要求。由于太阳能温室能很好地利用太阳的辐射能并辅加其他能源来确保室内所需的温度，同时还可以对室内的温度、光照、水分进行人工或自动调节，满足植物生长发育所必需的生态条件，创造了一个人工的小气候环境，为农业产业化和市场化运作、提高产品质量开辟了广阔的前景。另外，太阳能温室对养殖业（包括家禽、家畜和水产等）同样具有重要意义，它不仅能缩短生长期，还对提高繁殖率、降低死亡率有显著效果。因此，太阳能温室已成为农、牧、渔业现代化发展不可缺少的技术。

（六）太阳能干燥

自古以来，人们就广泛采用太阳光直接曝晒的方法来干燥农副产品。这种传统干燥方法干燥效率低，时间长，占地面积大，易受风沙、天气的影响，也容易受灰尘、苍蝇、虫蚁的污染，影响农副产品的质量。近年来，太阳能干燥技术得到了快速发展，它具有节约燃料、缩短干燥时间和提高产品质量等优点。

太阳能干燥分为两个阶段：第一个阶段是对空气加热；第二个阶段是热空气将待干燥物料中的水分带走。加热空气有两种方法：一是直接加热空气，即把待干燥物料放在干燥室内，直接受阳光辐射；二是间接加热空气，利用空气集热器把空气的温度提高。在干燥器中，湿物料依靠热空气提供的热量使物料中的水分蒸发。干燥器不仅要满足升温的要求，还要考虑通风排湿。

太阳能干燥器按工作温度可分为高温型和低温型两类。高温型太阳能干燥器为聚焦型，常采用抛物面聚光器，对太阳进行自动跟踪，待干燥物料多为颗粒状，如粮食等，温度可达80～120℃。低温型太阳能干燥器，一般要求温度为40～65℃，常采用空气集热器或隧道温室作为干燥器的主体，特别适合于果品干燥和农副产品加工的需要。常见干燥器类型如下：

1. 温室型太阳能干燥装置

温室型干燥器与普通的太阳能温室相似，只是带有排湿口，便于将待干燥物料中的水分带走。

2. 集热器型太阳能干燥器

集热器通常采用平板空气集热器，空气通过太阳能集热器把空气加热到一定的温度后，进入干燥室，物料在干燥室内实现对流热质交换过程，达到干燥的目的。干燥室的结构有箱式、窑式、固定床式和流动床式。干燥器一般设计为主动式，用风机鼓风以增强对流换热效果。由于这种干燥装置的空气集热器和干燥室是分离的，因此可较好地与常规能源空气加热系统相结合，组成连续操作的大型混合型太阳能干燥装置，如图4－10所示。

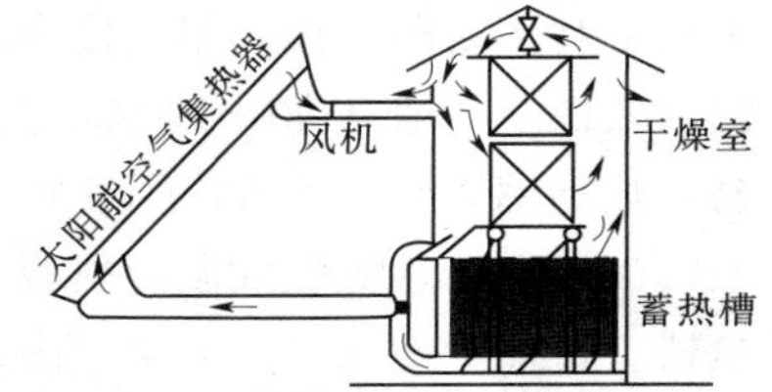

图4－10　集热器型太阳能干燥器

3. 集热器—温室型太阳能干燥装置

为增加能量以保证被干燥物料的干燥质量，在温室外增加一部分集热器，就组成了集热器—温室型太阳能干燥装置。这种干燥装置中，空气先经太阳能空气集热器预热，然后进入干燥室。干燥室中物料一方面直接吸收透过玻璃盖层的太阳辐射，另一方面又受到来自空气集热器的热风冲刷，以辐射和对流换热方式加热物料，适用于干燥那些含水率较高，要求干燥温度较高的物料。

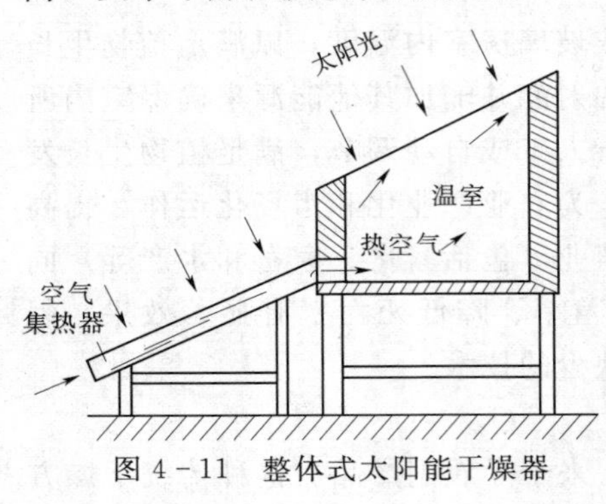

图 4－11　整体式太阳能干燥器

4. 整体式太阳能干燥器

整体式太阳能干燥器将太阳能空气集热器与干燥室两者合并在一起成为一个整体。装有物料的料盘排列在干燥室内，物料直接吸收太阳辐射能，起吸热板的作用，空气则由于温室效应而被加热。干燥室内安装轴流风机，使空气在两列干燥室中不断循环，并上下穿透物料层，使物料表面增加与热空气接触的机会，如图 4－11 所示。在整体式太阳能干燥器内，辐射换热与对流换热同时起作用，干燥过程得以强化。吸收了水分的湿空气从排气管排出，通过控制阀门，还可以使部分热空气随进气口补充的新鲜空气回流，再次进入干燥室减少排气热损失。

5. 聚光型太阳能干燥器

聚光型太阳能干燥装置的集热系统，一般由柱状抛物面聚焦集热器组成，这是一种中温型太阳能干燥装置。聚光型太阳能干燥装置可用于粮食、棉花等农副产品的干燥，但这种干燥装置结构复杂、造价高。

（七）太阳能制冷

太阳能制冷是指利用太阳辐射热作动力驱动制冷装置工作。太阳能制冷之所以前景诱人，就是由于越是太阳辐射强的时候，环境气温越高，越需要制冷。这与太阳能采暖的情况正好相反，越是冬季需要采暖的时候，太阳辐射越弱。

利用太阳能制冷与一般电力制冷原理相同，只是所用能源不同，因此带来一些结构上的变化。太阳能制冷系统可分为压缩式、蒸汽喷射式和吸收式三类。压缩式制冷要求集热温度高，通常采用真空管集热器或聚焦型集热器，造价较高。太阳能蒸汽喷射制冷系统需要利用太阳能集热器将工作流体直接或间接加热，变成高温高压蒸汽，因此不仅要求集热温度高，而且热利用效率低，为 20%～30%。太阳能吸收式制冷系统与普通吸收式制冷的区别，就在于它是利用太阳能集热器直接或间接加热发生器中的溴化锂水溶液或氨水溶液，其所需集热温度较低，一般在 90～100℃。使用平板集热器和真空管集热器都能达到这一温度，制作容易，热利用效率可达 60%～70%；另一种太阳能吸收式制冷系统，是采用氨—水作制冷工质。由于氨—水吸收式制冷热源温度要求较高，因此一般要求采用真空管集热器或聚光型集热器。目前，发达国家采用太阳能的水—溴化锂制冷机组十分普遍，也应用于不同形式的太阳房中，实现了采暖和制冷的全空调太阳房。

（八）太阳池

太阳池是一种人造盐水池，它利用具有一定盐浓度梯度的池水作为太阳能的集热器和蓄热器。

1979 年，以色列成功地用太阳池（深 2.7m，面积 7000m^2）作热源建立了一个 150kW 的发电站。现在太阳池在采暖、空调和工农业生产用热方面都得到了实际应用，并取得了良好效果。

1. 太阳池的构造

太阳池可以分为两类：非对流型太阳池和薄膜隔层型太阳池。

非对流型太阳池池深通常 1m 多，面积根据所提取的热量可大到几平方千米。池底涂黑，池中存有一定浓度梯度的盐水。池表层为清水，底层为较浓或饱和的盐水溶液。由于盐溶液的浓度梯度阻止了自然对流发生，太阳辐射到池中后，池底水温升高，形成一层热水层；由于水池和池底周围土壤的热容量很大，所以太阳池的储热量也非常大。太阳池储存的热量可以用换热器从池中提取，使用十分方便。

薄膜隔层太阳池是在池中部加一透明塑料的下隔层，用以阻止池中水的自然对流；在池顶加一上隔层，用以防止池表面水的蒸发和风吹的影响，改善太阳池的性能。

2. 太阳池的应用

太阳池的储热量很大，因此可以用来采暖、制冷和空调，也可利用太阳池发电。图 4－12所示为太阳池发电系统的原理示意图。先把池底层的热水抽入蒸发器，使蒸发器中的低沸点的有机工质蒸发，产生的蒸汽推动汽轮机做功，排汽进入冷凝器冷凝。冷凝后的有机工质通过循环泵送回蒸发器，从而形成循环。太阳池上部的冷水则作为冷凝器的冷却水，整个系统十分紧凑。

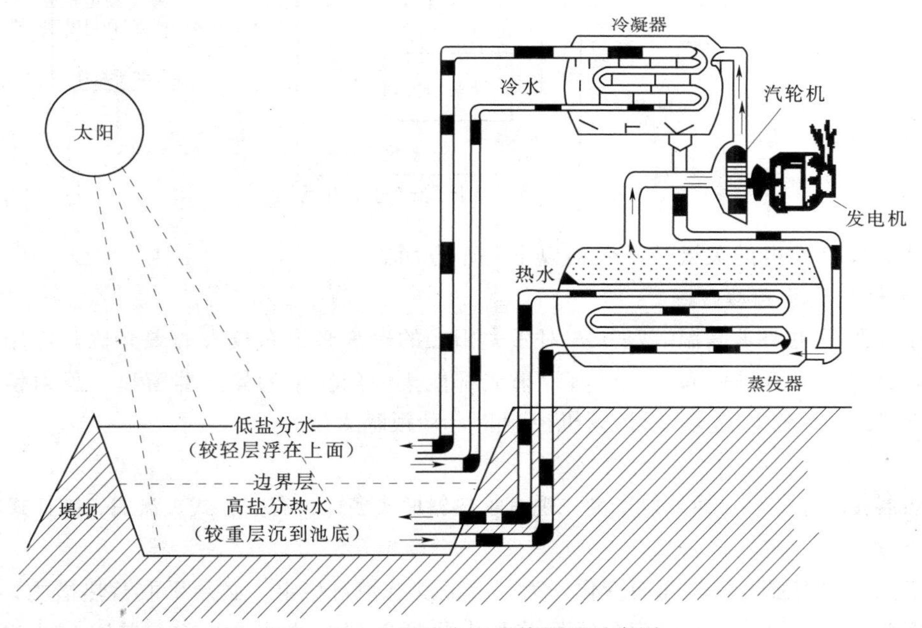

图 4－12　太阳池发电系统原理示意图

（九）太阳能热力发电

太阳能热力发电是利用集热器把太阳辐射能转变成热能，然后通过汽轮发电机组发电。根据集热的温度不同，太阳能热力发电可分为高温发电和低温发电两类；按太阳能采集方式分，太阳能热力发电站主要有塔式、槽式和盘式三类。

太阳能热力发电系统由集热系统、热传输系统、蓄热和热交换系统、发电系统四部分组成。集热系统包括聚光装置、接收器和太阳光跟踪机构，是太阳能热发电的热源和关键部件。蓄热和热交换系统主要由真空绝热蓄热器或绝热材料包裹的蓄热器组成。热传输系统和发电系统与火力发电系统基本相同。

塔式太阳能热力发电系统是一种大型太阳能高温热力发电系统，如图 4-13 所示。美国、日本和欧洲已建成一些几兆瓦至几十兆瓦级的太阳能热力发电站。塔式太阳能热力发电是将集热器置于塔顶，它的部件主要有反射镜阵列、高塔、集热器、蓄热器、发电机组等。反射镜阵列由许多面反射镜按一定规律排列而成。这些反射镜自动跟踪太阳，反射光能够精确地投射到集热器的窗口。高塔可以建在镜阵中央或南侧。集热器按需要设计成单侧受光或四周受光。当阳光投射到集热器被吸收转变成热能后，加热管内流动着的介质（水或其他介质）而产生蒸汽。一部分热量用来带动汽轮发电机组发电；另一部分热量则被储存在蓄热器里，以备没有阳光时发电用。

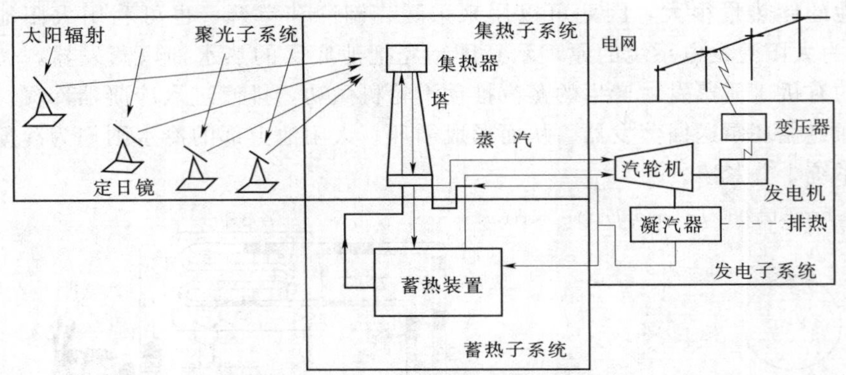

图 4-13　塔式太阳能热力发电系统

塔式太阳能发电的关键技术包括以下三个方面。

1. 反射镜及其自动跟踪

由于此种发电要求高温、高压，对于太阳光的聚焦必须有较大的聚光比，需用上万面反射镜，并且要有合理的布局，使其反射光都能集中到较小的集热器窗口。反射镜的反光率要在 80%～90%以上，采用计算机控制，自动跟踪太阳。

2. 集热器

集热器要求体积小，换热效率高。现有集热器形式多样，有空腔式、盘式、圆柱式等。

3. 蓄热

由于太阳辐射强度随时间而变化，为了保证发电相对稳定，必须采取蓄热措施，这是塔式太阳能热力发电的重要组成部分。目前尚未找到最理想的储热材料。美国涅威尔公司对 300 种熔点在 262～321℃的各类盐的混合物进行了评定，从中选出了十种较好的蓄热材料。

（十）太阳炉

与一般工业用电炉、电弧炉不同，太阳炉是利用聚光系统将太阳辐射集中在一个小面积上面获得高温的设备。太阳炉可以获得 3500℃左右的高温，因此在冶金和材料科学领域中备受重视。

太阳炉一般可分成两大类：一类是直接入射型，它的聚光器直接朝向太阳；另一类是定日镜型，它是借助于可转动的反射镜或定日镜将太阳辐射反射到固定的聚光器上。

聚光器是太阳炉必不可少的主要部件，通常都采用抛物面镜作聚光器。性能优良的聚光器必须几何形状精确，表面反射率高。大型直接入射型太阳炉其聚光器的开口达 8.4m，由 108 块铝反射镜镶嵌而成。世界上最大的定日镜型太阳炉，其聚光器是由 9500 块每块面积为 45cm×45cm、背面镀银的平面镜按抛物面形状排列组成。为了跟踪太阳光，太阳炉还必须有精确的光电跟踪和伺服系统。

（十一）太阳能海水淡化

地球上的水资源中含盐的海水占了 97%，随着人口的增加、大工业的发展，使城镇用水日趋紧张。为了解决日益严重的缺水问题，海水淡化越来越受到重视。

太阳能海水淡化装置中最简单的是池式太阳能蒸馏器，它由装满海水的水盘和覆盖在其上的玻璃或透明塑料盖板组成。太阳辐射通过透明盖板，被水盘中的水吸收，水蒸发成水蒸汽。上升的水蒸汽与较冷的盖板接触后被凝结成水，顺着倾斜盖板流到集水沟中，再注入集水槽。这种池式太阳能蒸馏器是一种直接蒸馏器，它直接利用太阳能加热海水并使之蒸发。池式太阳能蒸馏器结构简单，产淡水的效率也很低。

（十二）太阳能热力机

太阳能热力机是一种以太阳辐射热作动力的机械。它的种类很多，用途也可以各不相同，有的直接提供动力，有的用作太阳泵，也有的作小型发电设备。但是，它们的基本原理不外乎朗肯循环和斯特林循环。近年来还出现了直接的太阳能气压泵、太阳能隔膜泵和太阳能氢气发动机等。

四、太阳能光电转换

（一）太阳能电池

太阳能的光电转换是指太阳的辐射能光子通过半导体物质转变为电能的过程，称为光伏效应。太阳电池就是利用这种效应制成的，所以也叫光伏电池。实质上它是一种物理电源，与普通化学电源的干电池、蓄电池完全不同。太阳能电池理论上的寿命非常长，只要有光子照射，它就能发出电来。

太阳能光电转换的原理是：当太阳光照射到半导体上时，其中一部分被表面反射，其余部分被半导体吸收或透过。被吸收的光，有一些变成热能，另一些光子则同组成半导体的原子价电子碰撞，于是产生电子-空穴对。这样，光能就以产生电子-空穴对的形式转变为电能。如果半导体内存在 P－N 结，则在 P 型和 N 型交界面两边形成势垒电场，能将电子驱向 N 区，空穴驱向 P 区，从而使得 N 区有过剩的电子，P 区有过剩的空穴，在 P－N 结附近形成与势垒电场方向相反的光生电场。光生电场的一部分除抵消势垒电场外，还使 P 型层带正电，N 型层带负电，在 N 区与 P 区之间的薄层产生光伏电动势。若分别在 P 型层和 N 型层焊上金属引线，接通负载，则外电路便有电流通过。如此形成的一个个电池元件，把它们串联或并联起来，就能产生一定的电压和电流，输出电功率。图 4－14 所示为硅太阳能电池光电转换示意图。可制

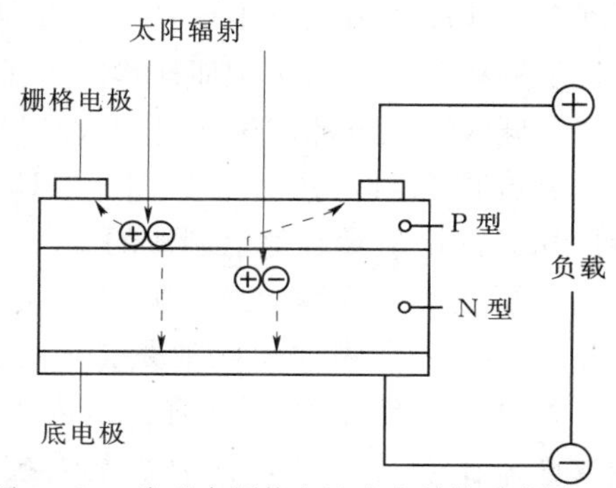

图 4－14　为硅太阳能电池光电转换示意图

造太阳能电池的半导体材料有十几种，因而太阳能电池的种类有很多。目前技术上最成熟并具有商业价值的太阳能电池是硅太阳能电池、多元化合物太阳能电池和聚光太阳能电池等。

1. 硅太阳能电池

人们首先使用高纯硅制造太阳能电池，即单晶硅太阳能电池。由于高纯硅材料价格昂贵，这种太阳能电池成本过高，初期多用于空间技术作为特殊电源，供人造卫星使用。20世纪70年代以来，硅太阳能电池转向地面应用。采用废次单晶硅或较纯的冶金硅来专门生产太阳能级硅材料，并利用多晶硅生产硅太阳能电池，这些均大幅度降低了太阳能的造价。

(1) 单晶硅太阳电池。单晶硅太阳电池是当前开发最快的一种太阳电池，产品已广泛用于空间和地面。这种太阳电池以高纯的单晶硅棒为原料，纯度要求达99.9999%。为了降低生产成本，现在地面应用的太阳电池等采用太阳能级的单晶硅棒，材料性能指标有所放宽。有的也可使用半导体器件加工的头尾料和废次单晶硅材料，经过复拉制成太阳电池专用的单晶硅棒。目前，单晶硅电池的光电转换效率为15%左右，最高为24%。地面使用的单晶硅太阳能电池组件的光电转换效率一般在10%，空间技术中使用的太阳能电池则要求在13%以上。

(2) 多晶硅太阳电池。目前太阳电池使用的多晶硅材料，多半是含有大量单晶颗粒的集合体，或用废次单晶硅材料和冶金级硅材料熔化浇铸而成，然后注入石墨铸模中，待慢慢凝固冷却后，即得多晶硅锭。这种硅锭可铸成立方体，以便切片加工成方形太阳电池片，可提高材料利用率和方便组装。多晶硅太阳电池的光电转换效率为12%左右，稍低于单晶硅太阳电池，但其材料制造简便，节约电耗，总的生产成本较低，因此得到大量生产。

(3) 非晶硅太阳电池。非晶硅太阳电池是新型薄膜式太阳电池，它与单晶硅和多晶硅太阳电池的制作方法完全不同，硅材料消耗很少，电耗更低。非晶硅太阳电池的结构各有不同，其中有一种较好的结构叫PiN电池，它是在衬底上先沉积一层掺磷的N型非晶硅，再沉积一层未掺杂的i层，然后再沉积一层掺硼的P型非晶硅，最后用电子束蒸发一层减反射膜，并蒸镀银电极。非晶硅太阳电池很薄，可以制成叠层式，或采用集成电路的方法制造，在一个平面上，用适当的掩模工艺，一次制作多个串联电池，以获得较高的电压。现在的非晶硅串联太阳电池可达2.4V。非晶硅太阳电池存在的问题是光电转换率偏低，且不够稳定，多半用于如袖珍式电子计算器、电子钟表及复印机等方面。

硅太阳能电池的生产过程大致可分为五个步骤：提纯过程、拉棒过程、切片过程、制电池过程和封装过程，如图4-15所示。通常的晶体硅太阳能电池是在厚度为350～450μm的高质量硅片上制成的。

2. 多元化合物太阳电池

多元化合物太阳电池是指不是用单一元素半导体材料制成的太阳电池，以区别于各种硅太阳能电池。目前，国内外研制的多元化合物太阳能电池的品种繁多，但大多数尚未工业化生产，代表性的有硫化镉太阳电池、砷化镓太阳电池和铜铟硒太阳电池几种。

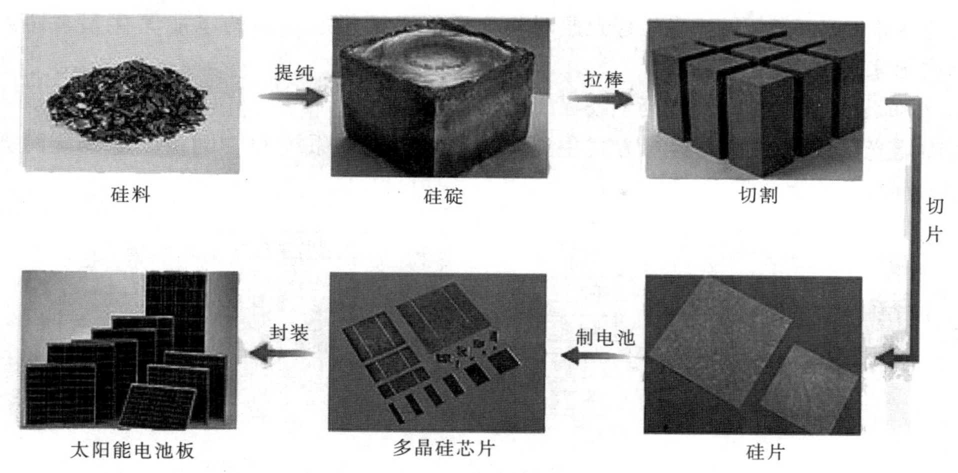

图 4-15　硅太阳能电池的生产流程

3. 聚光太阳电池

聚光太阳电池是降低太阳电池利用总成本的一种措施。它通过聚光器而使较大面积的阳光聚在一个较小的范围内，形成焦斑或焦带，并将太阳电池置于焦斑或焦带上，以增加光强，克服太阳辐射能流密度低的缺陷，从而获得更多的电能输出。

用于聚光太阳电池的单体与普通太阳电池略有不同，因需耐高倍率的太阳辐射，特别是在较高温度下的光电转换性能要得到保证，故在半导体材料选择、电池结构和栅线设计等方面都要进行一些特殊考虑。最理想的材料是砷化镓，其次是单晶硅材料。在电池结构方面，普通太阳电池多用平面结构，而聚光太阳电池常采用垂直结构，以减少串联电阻的影响。同时，聚光电池的栅线也较密，典型的聚光电池的栅线约占电池面积的10%，以适应大电流密度的需要。

（二）光伏发电系统

1. 太阳能发电系统组成

太阳能发电系统是由太阳电池组、充电控制器、逆变器和蓄电池等组成。

（1）太阳电池组和电池方阵。太阳能电池是太阳能光伏发电系统中的核心部分，其作用是将太阳的辐射能转换为电能，或送往蓄电池中存储，或推动负载工作。太阳能电池组的质量和成本将直接决定整个系统的质量和成本。单体太阳能电池不能作为商品电源直接应用。为达到实际应用的要求，需将多个单体太阳能电池组成太阳能电池组件，再由若干各组件连接为阵列，形成太阳能电池方阵。

（2）太阳能控制器。太阳能控制器的作用是控制整个系统的工作状态，并对蓄电池起到过充电保护、过放电保护的作用。在温差较大时，合格的控制器还应具备温度补偿的功能。其他附加功能如光控开关、时控开关都是控制器应有的功能。

（3）逆变器。太阳能发电系统的直接输出一般是12V、24V、48V直流电。为能向220V交流电器提供电能，需要将太阳能发电系统所发出的直流电转换成交流电，因此需要使用DC-AC逆变器。

（4）蓄电池组。一般为铅酸电池，在小、微型太阳能发电系统中，也可用镍氢电池、镍镉电池或锂电池。其作用是在有光照时将太阳能电池板所发出的电能储存起来，到需要时再释放出来。

2. 太阳能光伏发电系统的运行方式

太阳能光伏发电系统的运行方式主要分为离网型发电系统和并网型发电系统两类，如图 4-16 所示。

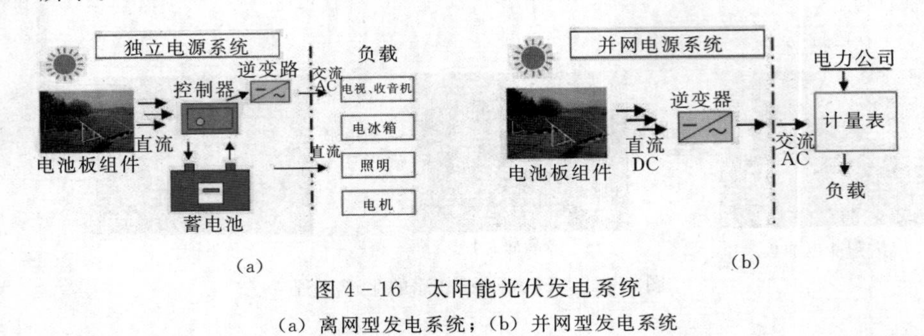

图 4-16　太阳能光伏发电系统

(a) 离网型发电系统；(b) 并网型发电系统

(1) 离网型太阳能光伏发电系统。离网型光伏发电系统独立于常规电网，可以作为独立电源应用，主要对无电网的边远地区及人口分散地区进行供电，是当今太阳能光伏发电技术的主流，具有广阔的发展前景。由于必须有蓄电池储能装置，所以整个系统的造价偏高。

(2) 并网型太阳能光伏发电系统。为实现太阳能光伏发电系统大规模商业化应用，必须将其与常规电网相连，构成并网型太阳能光伏发电系统。该系统是当今世界太阳能发电的趋势，是光伏技术步入大规模发电，并成为电力工业组成部分的重大技术进步。工业发达国家目前正在加速其研发和商业化进程，在国际光伏产品市场上已占到总额的 18%。

并网太阳能光伏发电系统可以提高电网末端的电压稳定性，改善电网的功率因数，有效地消除电网杂波；与独立太阳能光伏发电系统相比，可减少建设投资 35%～45%，发电成本大大降低。

20 世纪 80 年代以来，工业发达国家纷纷实施本国太阳能发电系统发展规划，主要热点是光伏电池与建筑相结合的太阳能屋面联网型光伏发电工程。到 2004 年底，德国累计建设 10 万套，光伏组件总装机容量达 300MW；美国到 2010 年建成 100 万套太阳能住宅；日本政府提出的发展目标是 2010 年光伏组件总装机容量 4700MW；澳大利亚、意大利、瑞士、印度等国家也宣布了相应的发展规划。并网太阳能光伏发电系统在我国也进入规模化商业应用。

(三) 太阳能光伏发电技术发展现状

1. 世界光伏发电现状

世界光伏发电正在由边远农村和特殊应用向并网发电和与建筑结合供电的方向发展，光伏发电已由补充能源向替代能源过渡。近几年，世界光伏发电市场发展迅速。近 10 年太阳能电池组件的年平均增长率为 33%，近 5 年的平均增长率为 43%。

世界许多国家都制定了光伏发电近期发展规划：到 2010 年日本计划累计装机容量达到 5GW，欧盟 3GW（其中德国 2.7GW），美国 4.7GW，澳大利亚 0.75GW，印度、中国等发展中国家估计为 1.5～2 GW。到 2010 年，世界光伏发电系统累计装机容量已超过 16GW。

2. 中国光伏发电现状

中国光伏发电产业于 20 世纪 70 年代起步，90 年代中期进入稳步发展时期。中国光伏发电市场的发展为：90 年代初期，光伏发电主要应用在通信和工业领域，包括微波中继站、卫星通信地面站、程控电话交换机、水闸和石油管道的阴极保护系统等；从 1995 年开始主要应用在特殊应用领域和边远地区，建成各种规模的县、乡、村级光伏电站 40 多座，推广应用家用光伏电源系统约 15 万套；2000 年以后，中国的光伏技术已步入大规模并网发电阶段，开始建造 100 kW 级的光伏并网示范系统。2010 年上海世博会上已安装 3MW 光伏发电机组供电。

虽然我国光伏发电产业发展很快，我国商品化生产的单晶硅、多晶硅和非晶硅电池的效率分别为 11%～14%、10%～12%和 4%～6%，与发达国家相比，要低 1%～2%。在系统工程方面，由于受到技术、经济等多种因素的制约，许多具有市场潜力的应用领域，如大型（>1MW）光伏或风-光-柴互补电站系统、光伏海水淡化系统、太阳能水泵滴灌工程、太阳能电动车、光伏制氧系统及较大规模的光伏并网发电等都还没有进入大规模商业化应用。因此，我国的太阳能光伏产业还有具大的潜力。

五、推广应用太阳能的制约因素

虽然太阳能资源有能力为世界未来能源供应作出更大贡献，但许多因素使其贡献限制在很低的范围。这些制约因素主要有技术、法规制度、经济、社会文化及教育等几个方面。

在技术方面，太阳能资源受天气影响很大，同时也受天气周期性变化的影响。在高纬度地区，由于阳光不充足，人类活动对能源的需求量更大。在法规制度方面的制约因素中，新能源产业的不成熟、标准的缺乏以及现有能源基础设施在接纳变化不定和分散的新能源的能力不强等，都是重要的制约因素。经济方面的制约因素包括：太阳能的成本结构属于资本密集型；为了提高能源供应的可靠性，需要建造储能装置和建立备用的矿物性燃料能源系统；某些能源用量大的地区资金短缺等。其他方面的制约因素包括：公众对太阳能的潜力认识不足；为了最大限度地利用太阳能，需要人们改变生活方式等。

第三节　风　　能

一、概述

风是空气流动的一种自然现象。地球被 120km 厚的大气层所包围，由于地球表面受到的太阳辐射不均匀，赤道附近吸收的热量要比极地多，这种受热不均匀的现象引起了大气层压力不均衡，从而使大气层中的空气沿地球表面水平方向从高压区域向低压区域流动。这种空气流动会强烈地受到地转偏向力的影响，在北半球，地转偏向力垂直于气流速度矢量且指向其右方，在南半球则相反。这种空气流动生产的动能称之为风能。

风能是一种可再生能源，究其产生的原因是由于太阳的辐射引起的，实际上是太阳能的一种能量转换形式。据测算，全球的风能约为 2.74×10^9 MW，其中可利用的风能为 2×

10^7MW，比地球上可开发利用的水能总量还要大10倍。自20世纪70年代，伴随着世界能源危机和人们对能源与环境问题的重新认识，风能资源的利用又得到了世界各国的普遍重视，风能资源的利用技术也得到了快速发展。风能作为一种无污染和可再生的新能源，特别是对沿海岛屿、交通不便的边远山区、地广人稀的草原牧场，以及远离电网和近期内电网还难以达到的农村、边疆，是解决生产和生活能源的一种可靠途径。

二、风的特性

1. 风随时间的变化

风随时间而变化，包括每日的变化和季节的变化。通常一天之中风的强弱在某种程度上可以看作是周期性的，如地面上夜间风弱，白天风强。由于季节的变化，太阳和地球的相对位置也发生变化，使地球上存在季节性的温差。因此，风向和风的强度也会发生季节性变化。我国大部分地区风的季节性变化情况是：春季最强，冬季次之，夏季最弱。当然也有部分地区例外，如沿海的浙江省温州地区，夏季季风最强，春季季风最弱。

2. 风随高度的变化

从空气运动的角度，通常将不同高度的大气层分为三个区域。离地面2m以内的区域称为底层；2～100m的区域称为下部摩擦层，二者总称为地面境界层；从100～1000m的区段称为上部摩擦层，以上三区域总称为摩擦层。摩擦层之上是自由大气层。地面境界层内空气流动受涡流、黏性和地面植物及建筑物等的影响，风向基本不变，但越往高处风速越大。各种不同地面情况下风速随高度的变化如图4-17所示。

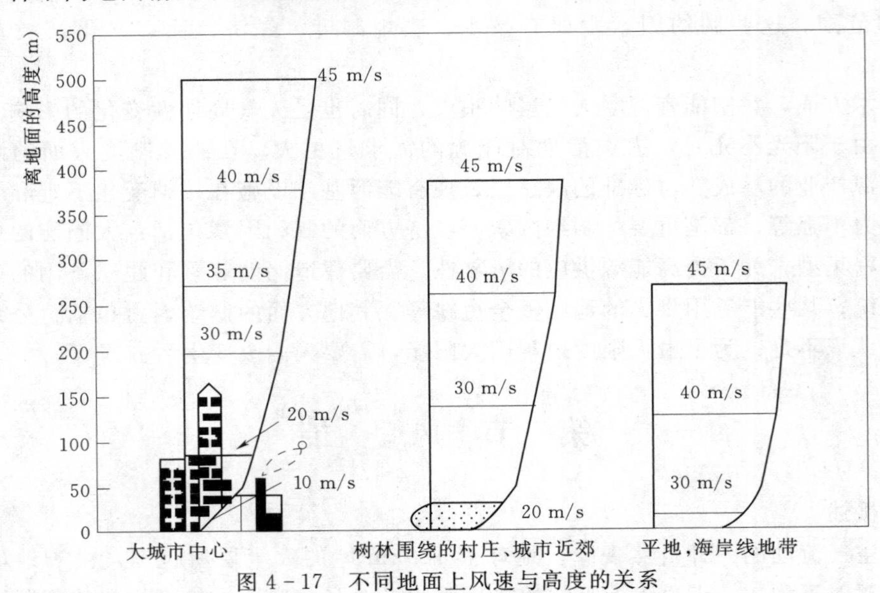

图4-17　不同地面上风速与高度的关系

风速随高度而变化的经验公式很多，通常采用如下指数公式，即

$$v=v_0\left(\frac{H}{H_0}\right)^n \quad \text{m/s} \tag{4-1}$$

式中：v为距地面高度为H处的风速，m/s；v_0为高度为H_0处的风速，m/s，n为经验常数。

一般取 H_0 为 10m，经验常数 n 取决于大气稳定度和地面粗糙度，其值为 1/8～1/2。在开阔、平坦、稳定度正常的地区为 1/7。中国气象部门通过在全国各地测风塔或电视塔测量各种高度下得出 n 的平均值为 0.16～0.20，一般情况下可用此值估算出各种高度下的风速。

3. 风的随机性变化

风是随时随地可以产生的，它的方向不定、大小不同。在气象学上，把空气的不规则运动称为“紊流”，垂直方向的运动叫做“对流”。所以，风特别强调相对于地面水平方向的运动。风速是指变动部位的平均风速，如果用自动记录仪来记录风速，就会发现风速是不断变化的。通常自然风是一种平均风速与瞬间激烈变动的紊流相重合的风。紊乱气流所产生的瞬时高峰风速也叫阵风风速。

三、风的能量与测量

1. 风能

风具有一定的质量和速度，因而它具备产生能量的基本要素。风能 E 可用式（4－2）表示，即

$$E=\frac{1}{2}\rho A v^3 \quad \mathrm{W} \tag{4-2}$$

式中：ρ 为空气密度，$\mathrm{kg/m^3}$；A 为单位时间气流通过的截面积，$\mathrm{m^2}$；v 为风速，m/s。

2. 风能密度

风能密度 W 是估计风能潜力大小的一个重要指标，其定义为气流在单位时间内垂直通过单位面积的风能。风能密度的公式为

$$W=\frac{1}{2}\rho v^3 \quad \mathrm{W/m^2} \tag{4-3}$$

从式（4－3）可知，风能密度是空气质量密度 ρ 和风速的 v 函数。ρ 值的大小随气压、气温和湿度等大气条件的变化而变化。一般情况下，计算风能或风能密度是采用标准大气压下的空气密度。由于不同地区海拔高度不同，其气温、气压不同，因而空气密度也不同。在海拔高度 500m 以下，即常温标准大气压力下，空气密度值可取为 $1.225\mathrm{kg/m^3}$，如果海拔高度超过 500m，必须考虑空气密度的变化。中国各地区温度及海拔相差很大，因此空气密度也有明显差别。由于风速时刻在变化，仅用风能密度的一般表达式，还不能得出某一地点的风能潜力。一般风速是用平均值表示的，平均风能密度可采用直接计算和概率计算两种方法求得，各气象台站都有详细的数据记录资料。

3. 有效风能密度

实际上，风能不可能全部转换成机械能，也就是说，风力机不能获得全部理论上的能量，它受到多种因素的限制。当风速由零逐渐增加达到某一风速 v_m（切入风速）时，风力机才开始提供功率。在该风速下，风力机所得到的有用功率是整个风力机在无载荷损失时所吸收的。然后，风速继续增加，达到某一确定值 v_n（额定风速），在该风速下风力机提供额定功率或正常功率。超过该值时，利用调节系统，输出功率将保持常数。如果风速继续再增加到某一值 v_k（切断风速）时，出于安全考虑，风力机应停止运转。

在实际的风能利用中，将除去这些不可利用的风速后，得出的平均风速所求出的风能密度称之为有效风能密度。世界各国根据各自的风能资源情况和风力机的运行经验，制定

5. 按核燃料的分布分类

(1) 均匀堆。核燃料均匀分布。

(2) 非均匀堆。核燃料及燃料元件的分布不均匀。

6. 按中子的能量分类

(1) 热中子堆。堆内核裂变由热中子引起。

(2) 快中子堆。堆内核裂变由快中子引起。

由于热中子更容易引起铀-235的裂变，因此热中子反应堆比较容易控制，大量运行的就是这种热中子反应堆。这种反应堆需用慢化剂，通过它的原子核与快中子弹性碰撞，将快中子慢化成热中子。

三、核反应堆的组成

核反应堆类型可以千变万化，但组成核反应堆的基本部分确实万变不离其宗。反应堆都是由核燃料元件、慢化层、反射层、控制棒、冷却剂和屏蔽层等六个基本部分构成的。快中子堆主要是利用快中子来引起核裂变，不需要慢化剂。目前运行的反应堆大都是热中子堆，热中子堆必须使用慢化剂。反应堆的基本结构如图5-8所示。

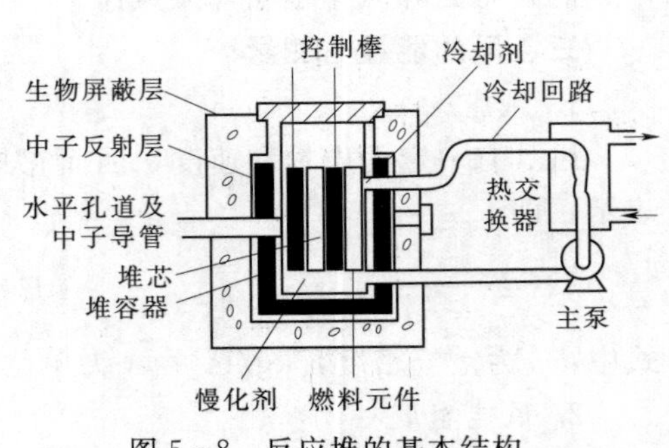

图5-8 反应堆的基本结构

1. 核燃料元件

铀-233、铀-235和钚-239都是易裂变放射性同位素，都可以做反应堆的核燃料。由于高富集铀价格昂贵，大多数反应堆都采用低富集铀作核燃料，生产堆的核燃料一般是天然铀，只有作为特殊研究用的高通量堆和船舰用动力堆才用高富集铀做核燃料。

铀在反应堆中可以有两种布置形式，一种是将铀盐溶解在水或有机液体中，使燃料和慢化剂均匀混合，组成均匀堆芯，但这种形式现在已用得很少。目前普遍采用另一种布置，就是将固体核燃料制成燃料元件，按照一定的栅格排列，插在慢化剂中，组成非均匀堆芯。对于固体核燃料的主要要求是具有良好的辐照稳定性、化学稳定性、热物理性能和力学性能，制造成本低，后处理成本低。

核燃料元件主要由核燃料芯块和包壳组成，通常做成圆棒、薄片、圆管或六角套管等形式。芯块有三种类型：金属型、弥散型和陶瓷型。陶瓷型芯块是用难熔的铀的氧化物、碳化物或硅化物制成所需的形状，然后经过高温烧结而成。这种芯块有更好的辐照稳定性和化学稳定性，允许更高的工作温度。元件包壳是燃料芯块的密封外壳。对包壳材料的主要要求是具有良好的核性能和力学性能，具有良好的耐辐照性能和化学稳定性，热导率高，易于加工。常用的包壳材料有纯铝、铝合金、不锈钢、纯锆、锆合金、镁合金和石墨等。一般是把许多元件组合在一起，成为燃料组件。

水堆（轻水堆和重水堆）燃料元件是燃料棒，其外壳为薄壁的锆合金管或不锈钢管，管内装有烧结的二氧化铀燃料芯块。快中子堆燃料元件也是燃料棒，但其燃料芯块是烧结的二氧化铀和二氧化钚混合物。高温气冷堆采用全陶瓷型的球形燃料元件或棱柱形燃料元件。

反应堆的燃料元件部分叫做堆芯。

续表

级别	名称	离地面10m风速		海上浪高（m）		陆地判据	海上判据
		km/h	m/s	一般	最高		
9	烈风	75～88	20.8～24.5	7	10	建筑物有轻微损坏（如烟囱倒塌、瓦片飞出）	出现大的波浪，泡沫呈粗的带子随风对动，浪前倾，翻滚，倒卷，飞沫挡住视线
10	狂风	89～102	24.5～28.5	9	12.5	陆上少见，可使树木连根拔起或将建筑物严重损坏	浪变长，形成更大的波浪，大块的泡沫像白色带子随风飘动，整个海面呈白色，波浪翻滚
11	暴风	103～117	28.5～32.7	11.5	16	陆上很少见，有则必引起严重破坏	浪大高如山（中、小船舶有时被波浪挡住而看不见），海面全被随风流动的泡沫覆盖。浪花顶端刮起水雾，视线受到阻挡
12	台风	118～133	32.7～36.9	14	—	陆上绝少，其摧毁力极大	空气里充满水泡和飞沫变成一片白色，影响视线

5. 风向与风频

风是具有大小和方向的矢量，通常把风吹来的地平方向定为风的方向，即风向。如空气由东向西流动叫东风，以此类推。在陆地上一般用16个方位来表示不同的风向，如图4－18（a）所示。

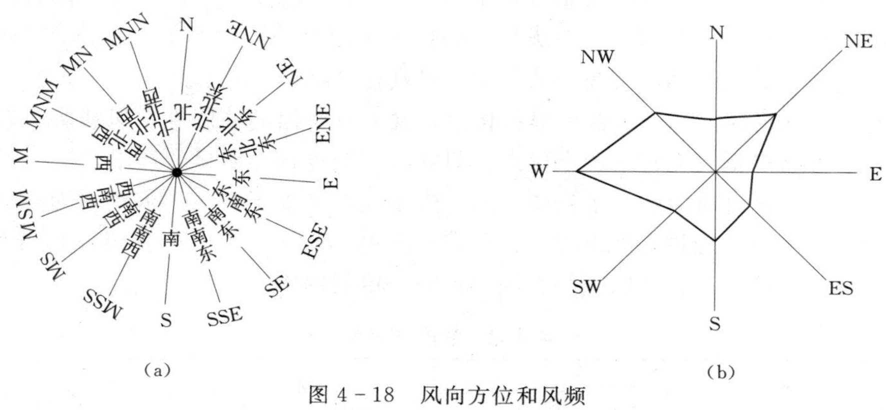

图4－18　风向方位和风频

（a）风向方位图；（b）风频玫瑰图

风频是指风向的频率，即在一定时间内某风向出现的次数占各风向出现总次数的百分比，通常以式（4－4）计算，即

$$f_i = N_i / N_t \times 100\% \tag{4-4}$$

式中：f_i为某风向频率；N_i为某风向出现的次数；N_t为风向的总观测次数。算出各风向的频率数值后，可以用极坐标的方式将这些数值标在风向方位图上，把各点连线后形成一幅代表这一段时间内风向变化的风况图，也称为风频玫瑰图，如图4-18（b）所示。在实际的风能利用中，总是希望某一风向的频率尽可能大些，尤其是不希望在较短的时间内出现风向频繁变化的情况。

此外，描述风的参数还有风速频率，又称风速的重复性，即一定时间内某风速时数占各风速出现总时数的百分比。按相差1m/s的时间间隔观测1年（1月或1天）内各种风速吹风时数与该时间间隔内吹风总时数的百分比，称为风速频率分布。利用风速频率分布可以计算某一地区单位面积上全年的风能。

6. 风的测量

风的测量是了解风的特性和风力资源的基础。进行风的测量的主要目的是正确估计某地点可利用风能的大小，为装备风力机提供风能数据。

风的测量包括风向测量和风速测量两项，风向和风速随时间的变化是很大的，估算风能资源必须测量每日、每年的风速、风向，了解其变化的规律。作为计算风能资源基本依据的每小时风速值有三种不同的测算方法：

（1）将每小时内测量的风速值取平均值。

（2）将每小时最后10min内测量的风速值取平均值。

（3）在每小时内选几个瞬时测量风速值再取其平均值。

世界气象组织推荐10min平均风速，中国目前采用10min平均风速，测量点上配有自动记录仪器，对风向和风速作连续记录，从中整理出各正点前10min的平均风速和最多风向，并选取日最大风速（10min平均）和极大风速（瞬时）以及对应的风向和出现时间。

风的测量仪器主要有风向器、杯形风速器和三杯轻便风向风速表等。

7. 风能特点

风能就是空气流动所产生的动能。风速为9～10m/s的五级风，吹到物体表面上的力约为0.1kN/m²。风速为20m/s的九级风吹到物体表面上的力约为0.5kN/m²。台风的风速可达50～60m/s，它对物体表面上的压力，可高达2kN/m²以上。

风能与其他能源相比，既有其明显的优点，又有其突出的局限性。风能具有蕴藏量巨大、可再生、分布广泛、无污染四个优点。但同时风能也存在明显的局限：

（1）密度低。这是风能的一个重要缺陷。由于风能来源于空气的流动，而空气的密度是很小的，因此风力的能量密度也很小，只有水力的1/816。从表4-5可以看出，在各种能源中，风能的含能量是极低的，给其利用带来一定的困难。

表4-5　各种能源的能流密度

能源类别	风能（风速3m/s）	水能（流速3m/s）	波浪能（波高2m）	潮汐能（潮差10m）	太阳能	
能流密度（kW/m²）	0.02	20	30	100	晴天平均1.0	昼夜平均0.16

(2) 不稳定。由于气流瞬息万变，因此风的脉动、日变化、季变化以至年际的变化都十分明显，波动很大，极不稳定。

(3) 地区差异大。由于地形的影响，风力的地区差异非常明显。一个邻近的区域，有利地形下的风力，往往是不利地形下的几倍甚至几十倍。

四、风能资源

1. 全球风能资源及分布

1981年，在为世界气象组织（WMO）所进行的一项研究中，太平洋西北实验室（PNL）绘制了一份世界范围的风能资源图。根据世界范围的风能资源图估计，地球陆地表面 1.06×10^8 km^2 中约有27%的地区年平均风速高于5m/s（距地面10m处）。表4-6给出了世界风能资源估评。

表4-6 世界风能资源估评

地区	陆地面积 ($\times10^3$ km^2)	风力为3～7级所占的比例和面积	
		比例（%）	面积 ($\times10^3$ km^2)
北美	19339	41	7876
拉丁美洲和加勒比	18482	18	3310
西欧	4742	42	1968
东欧和独联体	23047	29	6783
中东和北非	8142	32	2566
撒哈拉以南非洲	7255	30	2209
太平洋地区	21354	20	4188
中国	9598	11	1056
中亚和南亚	4299	6	243
总计	106661	27	29143

注 根据地面风力情况将全球分为八个区域（中国不算作一个独立区域），三级风力代表离地面10m高处的年平均风速在5～5.4m/s，四级风力代表风速在5.6～6.0m/s，5～7级风力代表风速在6.0～8.8m/s。

2. 中国的风能资源

我国幅员辽阔，风能资源比较丰富。据初步估算，我国陆上离地面10m高度的风能资源总储量约为 4.35×10^6 MW，其中技术可开发量约为 3×10^5 MW。近海（水深不超过10m），离海面10m高度层的风能储量约为陆上风能的3倍。近年来，在我国新疆、河北等地的实测结果证实，50m高度的风能资源约为10m高度的1倍。从总量上看，我国风力资源远远超过可利用的水能资源（3.78×10^5 MW）。

一般认为，可将10m高处风况分为三类：年平均风速6m/s以上时为较好；7m/s以上时为好；8m/s以上时为很好。表4-7所示为中国风能分区及占全国面积的比例。从表可以看出，风速在6m/s以上的地区较少，仅限于较少数的几个地带。就内陆而言，主要分布在东南沿海及附近岛屿，这些地区是我国最大的风能资源区，包括山东、辽东半岛、黄海之滨，南海沿海、海南岛、南海诸岛、内蒙古和甘肃走廊、东北、西北、华北和青藏高原等部分地区。

表 4-7　　中国风能分区及占全国面积的比例

指　　标	丰富区	较丰富区	可利用区	贫乏区
年有效风能密度（W/m^2）	>200	200～150	150～50	<50
年≥3m/s 累计小时数（h）	>5000	5000～4000	4000～2000	<2000
年≥6m/s 累计小时数（h）	>2200	2200～1500	1500～350	<350
占全国面积的百分比（%）	8	18	50	24

五、风能利用的途径

目前风能利用主要包括风力发电、风力提水、风力助航和风力致热等。

1. 风力提水

风力提水从古至今一直得到较普遍的应用。20 世纪下半叶，为解决农村、牧场的生活、灌溉和牲畜用水以及为了节约能源，风力提水机有了很大的发展。

2. 风力助航

在机动船舶发展的今天，为节约燃油和提高航速，古老的风力助航也得到了重新应用和发展。现已在万吨级货船上采用电脑控制的风帆助航，节油率达 15%。

3. 风力发电

风力发电是目前风能利用的主要形式，受到世界各国的高度重视，发展速度很快。风力发电通常有三种运行方式：

(1) 独立运行方式。通常是一台小型风力发电机向一户或几户提供电力，它用蓄电池蓄能，以保证无风时的供电。

(2) 组合运行方式。风力发电与其他发电方式（如柴油机发电、太阳能发电）相结合，向一个单位、一个村庄、一个海岛供电。

(3) 并网运行方式。风力发电并入常规电网运行，向大电网提供电力，通常是一处风场安装几十台甚至几百台风力发电机，是风力发电的主要发展方向。

4. 风力致热

随着人民生活水平的提高，家庭用能中热能的需要越来越大，为解决家庭及低品位工业热能的需要，风力致热有了较大的发展。

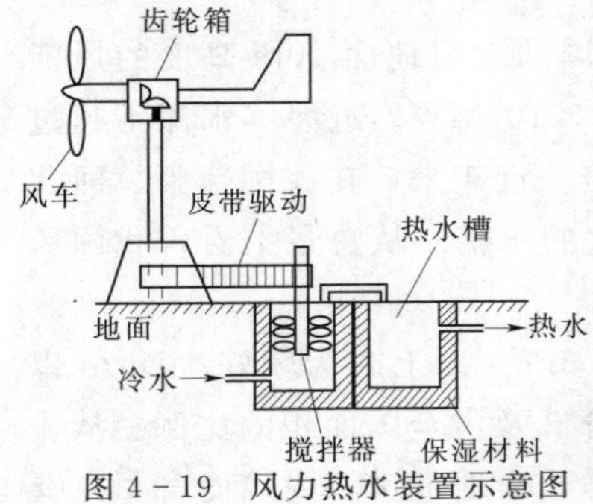

图 4-19　风力热水装置示意图

风力致热是将风能转换成热能。目前有三种转换方法：一是风力机发电，再将电能通过电阻丝发热，变成热能；二是由风力机将风能转换成空气压缩能，由风力机带动离心压缩机，对空气进行绝热压缩而放出热能；三是将风力机直接转换成热能，显然这种方法致热效率最高。风力机直接转换为热能也有多种方法。最简单的是搅拌液体致热，即风力机带动搅拌器转动，从而使液体（水或油）变热，如见图 4-19 所示。

风力机还有多种用途，如海水淡化、电水解等。风力机的效率主要取决于风轮效率、传动效率、储能效率、发电机和其他工作机的效率。图 4-20 给出了各种不同用途风力机的能量转换和储存效率。

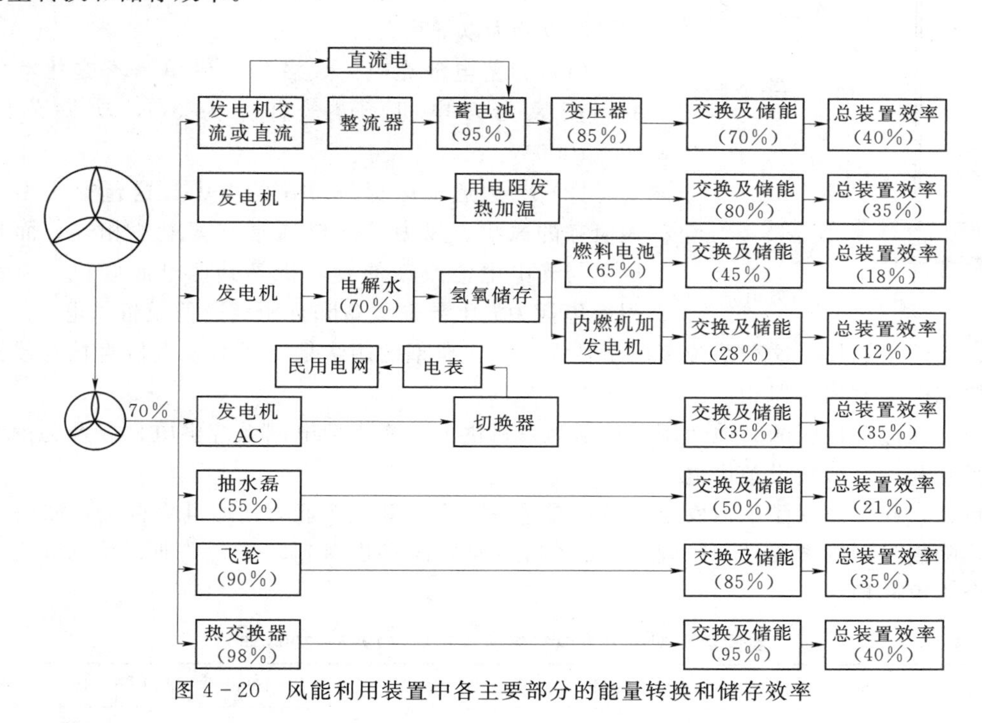

图 4-20 风能利用装置中各主要部分的能量转换和储存效率

六、风力发电

（一）风力发电的原理

风力发电是利用风能来发电，而风力发电机组（简称风电机组）是将风能转化为电能的机械。风轮是风电机组最主要的部件，由桨叶和轮毂组成。桨叶具有良好的空气动力外形，在气流的作用下产生空气动力使风轮旋转，将风能转换成机械能，再通过齿轮箱增速驱动发电机，将机械能转变成电能，风电机组主要由六个部分组成：

(1) 风轮。由 2～3 个叶片组成，将风能转换为机械能。

(2) 传动装置。一般由变速箱组成，将低速机械能转换成发电机所需的高速机械能。

(3) 发电机。一般为直流发电机或交流发电机，交流发电机又可分为同步交流发电机和异步交流发电机。它是将机械能转换成电能。

(4) 调向器（尾翼）。使风轮跟踪风向，以获得最大限度的风能。

(5) 限速装置。保证风电机组安全运行的装置。当风速过高时，会使风轮转速增加，转速增加到一定程度时会损坏风轮或使发电机超负荷运行，导致风电机组损坏。限速装置可将风轮的转速限定在一定的安全范围内。

(6) 塔架。风力发电机的支撑机构。

（二）风力发电系统

发电系统可分为离网型风力发电系统和并网型风力发电系统两大类。

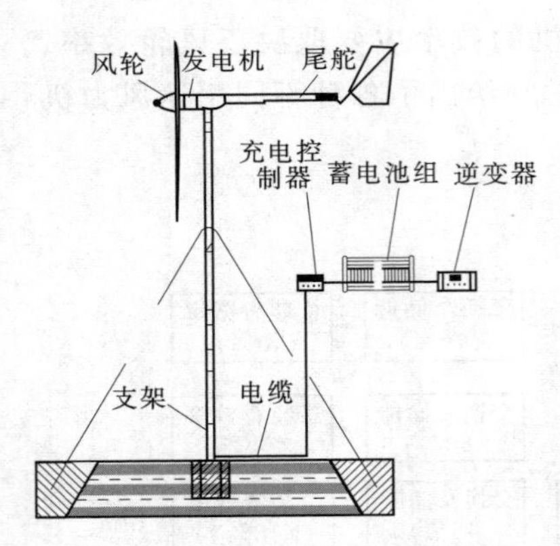

图 4-21 离网型风力发电示意图

1. 离网型风力发电系统

离网型发电系统一般是指功率在 10kW 以下、独立运行、户用采用蓄电池储能的小型风力发电机（图 4-21），主要可以分为以下几类：

（1）为蓄电池充电。大多是指供单一家庭住宅使用的小型风力发电机。转子直径为 3m，功率范围为 40～1000W。

（2）为边远地区提供可靠的电力。这包括小型、无人值守的风机。风力发电机通常与蓄电池相连，而且也可以与光电电池或柴油发电机等其他电源联机。典型的用途包括为海上导航设备和远距离通信设备供电。

（3）给水加热。这种系统多用于私人住宅。典型的用法是将风力发电机直接与浸没式加热器或电辐射加热器相连。

（4）在边远地区的其他使用。包括为乡村供电，为小型电网系统供电，以及为商业性冷藏系统和海水淡化设备供电。

目前，我国离网型风力发电机组保有量、年产量和生产能力均居世界首位。如表 4-8 所示。除满足国内需要外，中国生产的小型风电机组还出口到印尼、瑞典、德国和美国等许多个国家和地区。

表 4-8　我国离网型风力发电机组历年产量（1983～2004 年）

年份	1983 前	1984	1985	1986	1987	1988	1989	1990	1991	1992	1993
产量（台）	3632	13470	12989	19151	20487	25575	16649	7458	4988	5537	6100
年份	1994	1995	1996	1997	1998	1999	2000	2001	2002	2003	2004
产量（台）	6481	8190	7500	6123	13884	7096	12170	20879	29658	19920	24756

离网型发电机组经过长期的推广应用，近年来出现以下发展趋势：

（1）功率由小变大。30W、50W 机组基本停产，100W 机组的年产量在逐年下降，而 300W、500W、1kW 及以上机组逐年增加。

（2）由一户一机推广到多机联网供电。如广东虎门海边一个村庄采用六台 3kW 风力机，建成独立电网供电。

（3）由单一风力发电机组供电发展到多能互补。对于远离常规电网的边远地区，电力公司通过常规电网延伸办法为这些距离远、负荷低的社区供电，经济上是不可行的。因此，发展离网型小型风力发电、风-光（太阳能）互补发电、风力-柴油机发电成为最现实的选择。如山东小管岛 30kW 风-光互补电站、西藏那曲 4kW 风-光互补电站等。

（4）用户范围逐步扩大。由边缘牧区应用发展到近海养殖、气象台站、微波、电视差转、部队边防哨所及远离大陆的地方，一些城市的景观照明与亮化工程也在逐渐采用离网型发电机组。

2. 并网型风力发电系统

并网型风力发电系统一般为多台并网型风力发电机组安装在风力资源好的场地，按照地形和主风向排成阵列，组成机组向电网供电，简称风电场。发电机单机容量在800～3000kW，一个并网电场布置几十台或上百台风机。风电场是大规模利用风能的有效方式，于20世纪80年代初在美国佛罗里达州兴起。我国并网式大型发电开始于20世纪70年代末，在80年代后期得到规模化发展。近十年来，在国家有关部门的支持下，我国风电产业获得了快速发展，出现了十几个超10MW级的并网风电场，单机容量也在不断增大。到2020年，我国将建成10个以上10000MW级风电场，国产风机发电机组的单机容量也超过3MW。

（三）风力发电对环境的影响

风力发电对周围环境的影响主要有CO_2污染排放、伤害鸟类、无线电通信干扰等。

1. CO_2污染排放

风机在建造和运行中要产生一些污染问题，还有间接排放问题。不同能源系统在燃料提取、系统建造和运行期间CO_2排放量大小不同。表4-9给出了每发出1GW·h电能所排放的CO_2质量。在电站建造期间，要计算1MW·h发电量所排放的CO_2量，在整个运行期间风力发电所排放的CO_2总量却是非常少的，约为燃煤发电厂的1%。

表4-9　　不同发电技术所排放的CO_2量

技　术	不同发电阶段所产生的CO_2（10^3kg）			
	燃料提取	建造	运行	总计
常规燃煤发电厂	1	1	962	964
常压流化床联合循环（AFBC）发电厂	1	1	961	963
整体气化联合循环（IGCC）发电厂	1	1	748	751
燃油发电厂	—	—	726	726
天然气燃料发电厂	—	—	484	484
海洋温差发电	—	4	300	304
地热蒸汽发电	<1	1	56	57
小水电	—	10		10
沸水反应堆	−2	1	5	8
风能发电	—	7	—	7
光电转换	—	5	—	5
大型水电站	—	4	—	4
太阳能发电	—	3	—	3
可持续采伐的树木	−1509	3	1346	−160

2. 噪声影响

噪声是公众关心的重要问题。风力发电噪声包括机械噪声和空气动力学噪声，其中空气动力学噪声是风速的函数。转子直径小于20m的风机，产生的噪声主要是机械噪声，转子直径更大一些的风机，产生的噪声主要是空气动力学噪声。

风电场所在地方的地面形状也会对噪声的产生有明显的影响。气象梯度引起的折射、风向的改变、风机的排列方式等，都会对噪声量产生很大的影响。

3. 伤害鸟类

风机的运转会对鸟类造成伤害。当鸟撞击到塔架或风机叶片时，会被杀害，并且风机的运转也妨碍附近鸟类的繁殖和栖居。在某些区域，如鸟类迁徙飞行路线上的区域，要限制风能的利用。

4. 无线电通信干扰

风机会成为一种妨碍电磁波传播的障碍物。由于风机的影响，电磁波可以被反射、散射和衍射，即风机会干扰无线电通信联络。风机既不应妨碍无线电通信联络，也不应干扰家庭的无线电收音机和电视信号的接收。

5. 安全问题

尽管风机发生的安全事故很少，但总时有发生。从运行观点来看，所有的事故都不应发生。

6. 视觉影响

风力机这种高大建筑物有时与周围的自然景观不够协调和谐，形成强烈的反差。国外有些环保工作者反对在田园风景区等地区建造风力发电机组，认为是一种视觉污染。但最近的研究表明，在风景如画的田园风光中点缀几台外观优美的风力机将会起到画龙点睛的作用，从而更添一种现代韵味，设计人员可选用不同形式的风力机，呈点、线、面布置，以适应周围环境和建筑美学的要求。

7. 光影影响

白天阳光照在旋转的叶片上投射下来的影子在房前屋后晃动，使人产生心烦、眩晕的感觉，影响正常的生活。

8. 雷击影响

风力发电机安装的塔架通常竖立在高处，塔架就是将静电从云层传导到地下的通道。为了防止雷击，支承发电机的塔架必须有良好的导线接地。全金属风叶与大地能形成良好的电通路而防雷，复合材料制成的叶片需要特殊的防雷装置。目前风力发电机组都拥有完善的避雷系统，风电场建成后还应设置警示牌，以避免发生事故。

表 4-10 所示为各种发电能源对环境影响的比较，从表中可以看出，与其他能源发电相比，风力发电具有显著的环境优势，是对环境影响最小的发电形式。

表 4-10　　各种发电能源对环境影响的比较

序号	内容		能源						
			风能	水能	地热能	生物质能	石油	核能	煤炭
1	土地占用	一次能源	0	5	2	4	3	5	5
		加工运输	0	0	0	3	4	4	4
		发电厂	3	3	3	3	3	4	3
		废物处理	0	0	1	3	1	5	4

续表

序号	内容		能源						
			风能	水能	地热能	生物质能	石油	核能	煤炭
2	水质	设备使用	0	0	1	3	3	3	3
		泄漏及事故	0	0	3	0	4	5	1
		现场内外影响	0	0	0	1	3	4	4
3	气体排放	CO_2	0	0	1	4	4	0	4
		酸性烟气	0	0	1	3	4	0	4
		颗粒金属	0	0	1	3	2	0	4
		放射物	0	0	1	0	1	5	2
		非甲烷烃类	0	0	0	2	4	0	4
4	生态影响		2	5	1	3	2	4	4
5	废物产生		0	0	1	3	2	5	4
累计	非加权累计		5	13	16	35	40	44	50

七、风力发电的现状与前景

（一）世界风电发展现状与前景

进入21世纪，风能作为一种高效清洁的能源正在受到越来越多国家的高度重视，成为继化石燃料之后的核心能源之一。从20世纪90年代开始，世界能源电力市场发展最迅速的已经不再是石油、煤气和天然气，而是太阳能、风力发电等可再生能源（表4-11）。在经济性不断改善以及多重政策激励作用下，欧洲2007年新增电源中风电（8600MW）。首次超过天然气发电（8200MW）。随着风电的技术进步和应用规模的扩大，风电成本持续下降，经济性与常规能源已十分接近。

表4-11　　1995～2002年能源利用增长趋势

能源	年增长率（%）	能源	年增长率（%）
太阳能光伏电池	30.9	石油发电	1.5
风力发电	30.7	水电	0.7
地热发电	3.1	核电	0.7
天然气发电	2.1	燃煤发电	0.3

到2007年年底，全世界风电装机容量已达9.41×10^4MW。2003～2007年，全球风电平均增长率为24.7%。2007年，全球大约生产了2.0×10^{11}kW·h风电电力，约占全球电力供应的1%。按累计风电装机容量数据排名，2007年，全球前十个国家依次是：德国（22300MW）、美国（16900MW）、西班牙（4700MW）、印度（7800MW）、中国（5900MW）、丹麦（3100MW）、意大利（2700MW）、法国（2500MW）、英国（2400MW）和葡萄牙（2200MW）；前十名国家累计装机容量为8.1×10^4MW，占全球的86%，如图4-22所示。

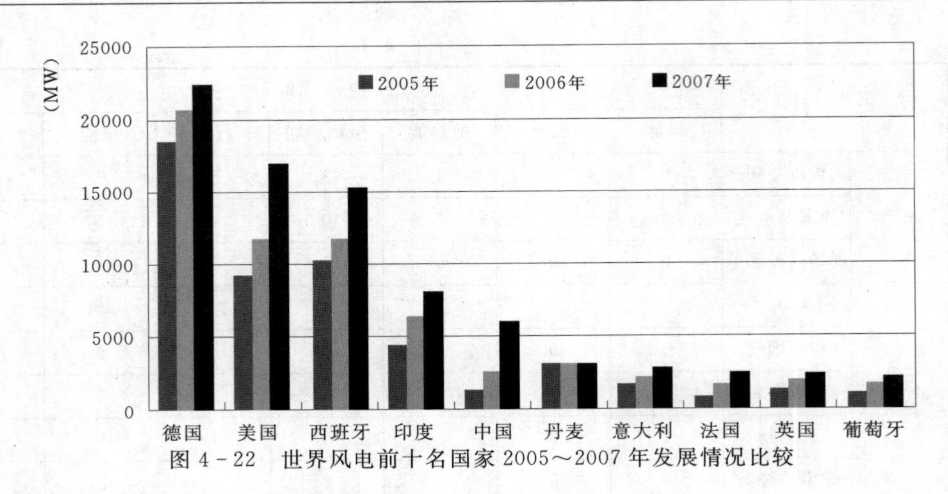

图 4-22　世界风电前十名国家 2005～2007 年发展情况比较

目前，国际风电市场在各地区发展是不均衡的（见表 4-12）。

表 4-12　　2003～2005 年全球各地区总装机容量

地　区	总装机容量（MW）			占世界总装机容量比例（%）		
	2005 年	2004 年	2003 年	2005 年	2004 年	2003 年
非洲	252	240	271.5	0.4	0.5	0.7
美洲	10036	7367	6842.6	17.0	15.5	17.4
亚洲	7022	4759	3217.6	11.9	10.0	8.2
澳大利亚/太平洋地区	740	547	233.5	1.3	1.1	0.6
欧洲	40932	34758	28730.2	69.4	72.9	73.1
世界	58982	47671	39295.3	100.0	100.0	100.0

据预测：2020 年以后，风电发展还会持续增长，每年新增装机容量约为 1.515×10^5 MW，到 2030 年风电将占世界电力的 20%以上（表 4-13）。

表 4-13　　2005～2040 年世界风电和电力需求增长的预测

年份	风电装机容量增长率（%）	风电年新增容量（MW）	风电累计装机容量（MW）	风电年电量（$\times10^{12}$kW·h）	世界电力需求（$\times10^{12}$kW·h）	风电占世界电力的比例（%）
2005	25	14115	66478	139.8	17567	0.80
2006	25	17664	84122	184.2	18035	1.02
2007	25	22055	106177	232.5	18156	1.26
2008	25	27569	133764	292.9	19010	1.54
2009	20	33083	166829	365.4	19540	1.87

续表

年份	风电装机容量增长率（%）	风电年新增容量（MW）	风电累计装机容量（MW）	风电年电量（$\times10^{12}$kW·h）	世界电力需求（$\times10^{12}$kW·h）	风电占世界电力的比例（%）
2010	20	39699	206528	452.3	20037	2.26
2011	20	47639	254167	556.6	20532	2.71
2012	20	57167	311333	763.6	21040	3.63
2013	20	68600	379933	931.9	21560	4.32
2014	20	82320	462253	1133.8	22093	5.13
2015	15	94668	556933	1366.0	22639	6.03
2016	15	108868	665790	1633.0	23198	7.04
2017	15	125199	790988	1940.1	23771	8.16
2018	10	137718	928707	2277.9	24359	9.35
2019	10	151490	1080197	2649.5	24961	10.61
2020	0	151490	1231687	3021.1	25578	11.81
2030	0	151490	2592424	6358.7	31524	20.17
2040	0	151490	3082167	8099.9	36585	22.14

20世纪90年代，欧盟就提出了大力发展风电，到2010年风电装机容量达到40000MW的奋斗目标，并且要求其成员国根据总体发展目标制定本国的发展目标与实施计划。在丹麦、德国和西班牙等国的带动下，风电在欧盟大多数国家得到了重视，到2007年年底，欧盟有8个国家风电装机容量超过了1000MW；世界风电装机容量前十名的国家中，欧洲也占了7个。2007年，风力发电装机容量和发电量在欧盟25国的比例已经分别达到了6%和3.5%，其中丹麦是25%和16%，德国是17%和7%，西班牙是15%和6%。在2007年欧盟新增发电装机容量中，风电开始超过天然气发电而成为最大新增电源，占据新增容量的46%。欧盟提出到2020年风电装机容量达到180GW，发电量达到3.6×10^{11}kW·h，分别占届时欧盟发电装机容量和发电量的20%和12%；2030年风电装机容量达到300GW，发电量达到6.0×10^{11}kW·h，分别占届时欧盟发电装机容量和发电量的35%和20%的目标。

（二）我国风电发展现状

近年来，中国政府把风力发电放在很优先的位置，特别是《中华人民共和国可再生能源法》实施以来，中国的风电产业和风电市场发展十分迅速，主要表现在以下几个方面：

（1）市场规模迅速扩大。中国发展并网风力发电始于1990年，到2004年年底，全国的风力发电装机容量约有764MW；2005年2月《中华人民共和国可再生能源法》颁布之后，当年风力发电新增装机容量超过60%，总容量达到了1260MW；2006年当年新增装机容量超过100%，累计装机容量超过2597MW；2007年又新增装机容量3400MW，累计装机容量达到6040MW；2010年成为世界第二风电大国。

（2）风电制造业发展迅猛。2005年之前，中国只有少数几家风电制造商，且规模小、技术落后，风电场建设主要依赖进口。2010年风电机组制造厂家已超过140家，最大单机容量为3MW，制造能力可满足全球70%以上的需求。

（3）风电政策趋于成熟。中国政府为了加速风电规模化发展，先后实施了五期风电特许权招标的项目，总容量超过8000MW，其意义除了实现了风电的规模化发展之外，还加速了风电国产化的进程，为刚刚进入风电产业的中国制造商提供了市场机会，同时还为探索风电定价机制积累了经验。基本上按照固定电价的模式确定了一地一价的风电上网电价，为稳定风电市场发挥了积极的作用。同时中国政府还在进出口关税、增值税等税收优惠以及财政补贴等方面，对风电发展给予支持。

（4）外资企业开发中国风电市场的障碍减少。中国政府为外资企业进入中国风电市场创造了较好的条件。

从地域分布来看，全国风电容量超过200MW的省份超过了12个，其中，内蒙古一枝独秀，累计风机安装容量超过了1500MW。吉林、辽宁和河北，也都超过了500MW（表4-14）。

表4-14　我国风电装机分布

省（自治区、直辖市、特别行政区）	台数	装机（MW）	省（自治区、直辖市、特别行政区）	台数	装机（MW）
内蒙古	1736	1585.5	福建	178	233.8
吉林	624	628.0	北京	33	50.0
河北	514	531.2	浙江	69	47.0
辽宁	616	509.3	上海	21	29.0
甘肃	428	408.1	湖北	16	14.0
黑龙江	428	376.1	海南	18	8.7
山东	315	369.2	山西	4	5.0
宁夏	376	346.2	河南	2	3.0
新疆	418	297.6	湖南	1	1.7
广东	471	296.7	天津	1	1.5
江苏	188	296.0	香港	1	0.8
合计	6500台			6040MW	

（三）我国风力发电发展预测

1. 我国风力发电发展影响因素

我国风电市场将会长期快速发展的前景，主要有以下三个方面因素的支撑。

（1）国家能源政策鼓励。2007年年底公布的中国能源政策白皮书，首次在能源发展战略中剔除了以煤为主的提法，专注于多元发展，强调优先发展清洁能源和低碳能源。稳定的政策，为包括风电在内的可再生能源的发展提供了政策基础。

（2）气候变化的推动。中国是世界上唯一一个建立了以政府首脑为组长的应对气候变化的国家领导小组；全国上下对气候变化十分关注；各级政府都在制定应对气候变化的行动方案；发展低碳经济成为各级政府转变经济增长方式的重要选择。

（3）风电技术成熟。风电在所有的低碳能源技术中最为成熟，最具市场竞争力，尤其是随着石油、天然气和煤炭的价格上扬，风电成本的稳定性和可预见性逐步被投资商认可。目前，风电的经济性已经优于石油和天然气发电及核电，到2015年，最迟到2020年风电的成本将可以与煤电相竞争。

2. 我国风电近期发展形势估计

截至2008年年底，我国风电装机容量累计已突破12000MW，比2007年增长106%，成为全球第四大风电市场。2010年风电总装机容量跃居世界第二位，并提前10年实现2020年风电装机容量30000MW的目标。到2020年，中国风电装机的最保守估计是80GW，一般估计是100GW，乐观的估计为120GW。中国风电装备制造业的情况也很乐观。2012年中国风电装备制造能力将达到10000～15000MW，除了满足中国风电市场的需求之外，成为世界主要的风电装备制造基地。

3. 我国风电发展中长期形势判断

风电未来发展的国内外宏观政策环境比较清晰和稳定，影响风电市场发展规模和速度的因素主要在于近、中期产业政策的力度，包括电价水平、电网建设以及诸如海上风电发展的起步时间等，这些对远期风能可能达到的规模有着较大的影响。表4-15描述了我国风电三种发展目标的前景，其中“低速发展目标”表示“照常发展趋势前景”，是一种较为保守的估计，按照目前的政策环境和产业发展态势，基本可以确保实现；“中速发展目标”是“中等发展目标前景”，实现的可能性很大，但需要在产业扶持政策等方面给予支持；“高速发展目标”是一种“乐观发展目标”，需要在诸如固定上网电价、电网建设、分布式发电、海上风电研发等方面做出更多投入。

表4-15　　我国风电发展预测目标

年份	发展目标（低）			发展目标（中）			发展目标（高）			GWEC预测全球平均增长速度（%）
	装机	年新增	年均增长速度	装机	年新增	年均增长速度	装机	年新增	年均增长速度	
	$\times10^4$ kW	$\times10^4$ kW	%	$\times10^4$ kW	$\times10^4$ kW	%	$\times10^4$ kW	$\times10^4$ kW	%	
2005	126	—	72	—	—	—	—	—	—	40
2006	260	133	105	260	—	—	260	—	—	—
2007	604	344	132	604	—	—	604	—	—	—
2010	800	100	15	1000	133	18.5	2500	633	60.9	18.0
2015	2000	2400	20.1	3000	400	24.6	7000	1000	22.8	18.0
2020	4000	640	14.9	7000	800	18.5	12000	1500	11.4	14.0
2030	12000	800	11.6	18000	1100	9.9	27000	1500	8.4	7.0
2040	25000	1300	7.6	30000	1200	5.2	42000	1300	4.5	2.0
2050	40000	1500	4.8	45000	1500	4.1	50000	1300	1.7	0.5

（四）我国风电发展的机遇与挑战

为实现我国2020年国民生产总值翻两番的目标，能源供应至少要翻一番，能源供应需求量将超过40亿t标准煤，发电装机将达到12亿kW或更多。因此保障能源供应必须调整能源结构，大规模开发可再生能源资源。风力发电是世界上公认的最接近商业化的可再生能源技术之一，是可再生能源发展的重点，也是最有可能大规模发展的能源资源之一。我国发展风电的必要性近期体现在以下几个方面：①满足能源供应；②促进地区经济特别是西部地区的发展；③改善我国以煤为主的能源结构；④促进风机设备制造业的自主开发能力和参与国际市场的竞争能力；⑤减少温室气体排放；⑥在解决老少边地区用电、脱贫致富方面发挥重大作用。即使是从满足2020年可再生能源达到15%的比例要求考虑，我国的风电到2020年也应该达到1亿kW甚至更高的要求。我国风电发展展望在2020年之后超过核电成为第三大主力发电电源；2050年可能超过水电，成为第二大主力发电电源。因此，风力发电未来可能成为我国的主要战略能源之一。

八、风力发电技术发展趋势

风电发展趋势具体体现在以下几个方面。

1. 风电场的选址

风力大小与地形、地理位置及风轮机安装的高度等因素有关。所以，风电场的选址将直接影响对风能资源的评估利用。由于风电技术日趋成熟，现今的风电场选址也将逐步呈现以下的几个趋势：

（1）由强风带向弱风带过渡。启动风速低，轻风启动、微风发电，能够实现对广大的低风速资源的开发，增加风机的年发电时间，最大限度地挖掘风能资源。

（2）由平坦地形向复杂地形扩展。不同的地形、地貌会影响风的正常流动，有的使风加速、有的则使风减速，有利地势与地形的选择将会增加风电的产出。

（3）由陆地向海上迁移。与陆地上风电场相比，海平面十分光滑，因此，风速较大，且具有稳定的主导风向，允许安装单机容量更大的风机，可实现高产出。

2. 风电机组技术

当前风电机组的主要发展方向是质量更轻，结构更具有柔性，直接驱动和变速恒频等。从目前的发展趋势来看，以水平轴、上风向、三叶片的升力型机组为主流的风电机组中，具有以下特点：

（1）变桨距调节方式将会逐步取代定桨距失速调节方式。变桨距调节能够按最佳参数运行，额定风速以下具有较高的风能利用系数，功率曲线饱满；额定风速以上功率输出稳定，不会造成发电机超负荷；较定距失速式整机受力状况得到改善，而且年发电量大。

（2）变速运行方式将会取代恒速运行方式。变速运行，在低风速时能够调节发电机反转矩以使转速跟随风速变化，从而保持最佳叶尖速比以获得最大风能；高风速时能够利用风轮转速的变化存储或释放部分能量，从而提高传动系统的柔性，使得功率输出更加平稳，以获得最大功率输出。

（3）直驱式的市场份额会越来越大。直接驱动可省去齿轮箱，减少传动链能量损失，减少停机时间、发电成本和噪声，降低了维护费用，提高了风电转换效率和可靠性。

(4) 风力发电机无刷化。无刷化可提高系统的运行可靠性，实现免维护，提高发电效率。

(5) 大型风机系统和小型风机系统并列发展。在开发大型机的同时还重视小型机。优先发展大型机组；当受地形、系统等外部条件限制时，应用小型机组。

(6) 并网大型化与离网分散化互补运行。发展中国家、雪原、孤岛、偏僻地区等电网较小，仍适用于离网分散型发电系统。

3. 风电机组的并网

用同步发电机发电是今天最普遍的发电方式，变频器的使用解决了风机转速和电网频率间的耦合问题。通过对变频器电流的控制，就可以控制发电机转矩，从而控制风力机的转速，使之运行在最佳状态。相同条件下，同步电机比异步电机调速范围更宽。

第四节　水　　能

水能是指水体的动能、势能和压力能等所具有能量资源。广义的水能资源包括河流水能、潮汐水能、波浪能和海流能等能量资源；狭义的水能资源指河流的水能资源。本节内容仅限于狭义的水能资源。

一、水能资源

(一) 世界水能资源

世界各大洲的水能资源见表4-16，其中理论蕴藏量中没有考虑河流分段长短、水文数据选择、地形地貌及淹没损失条件等因素的影响，也没有考虑转变为电能的各种效率和损失。理论蕴藏量是按全年平均出力计算，平均出力乘以8760h便为理论的年发电量。技术上可开发的水能资源是根据河流的地形、地质条件，进行河流的梯级开发规划，将各种技术上可能开发的水电厂装机容量和年发电量总计而得。技术上可能开发的水能资源，或由于造价过高、淹没损失太大，或由于输电距离太远等原因，在经济上不合算时，不能被开发利用。世界上一些外国水能资源理论蕴藏量和可开发的水能资源见表4-17。

表4-16　世界各大洲的水能资源

地　区	水能理论蕴藏量		技术上可开发的水能资源		经济上可开发的水能资源	
	电量 ($\times10^{12}$kW·h)	平均出力 ($\times10^4$MW)	电量 ($\times10^{12}$kW·h)	装机容量 ($\times10^4$MW)	电量 ($\times10^{12}$kW·h)	直接容量 ($\times10^4$MW)
亚洲	16.486	188.2	5.34	106.8	2.67	61.01
非洲	10.118	115.3	3.14	62.8	1.57	35.83
拉丁美洲	5.67	64.7	3.78	75.6	1.89	43.19
北美洲	6.15	70.2	3.12	62.4	1.56	35.64
大洋洲	1.5	17.1	0.39	7.8	0.197	4.5
欧洲	8.3	94.8	3.62	72.4	1.807	41.3
全世界合计	48.224	550.5	19.39	387.8	9.70	221.5

表 4-17　　世界上一些外国水能资源理论蕴藏量和可开发的水能资源

国家	理论蕴藏量		可开发的水能资源		可开发的水能资源占理论蕴藏量的比例	
	容量（$\times10^4$kW）	水能资源（$\times10^8$ kW·h/a）	装机容量（$\times10^4$ kW）	年发电量（$\times10^8$ kW·h/a）	容量（%）	电量（%）
俄罗斯	45000	39400	26900	10950	59.8	27.8
巴西	15000	13200	20900	9680	139.3	73.3
美国	12130	10630	20550	7931	169.4	74.6
加拿大	12000	10500	15200	5352	127.4	51.0
印度	8620	7560	7000	2800	81.2	37.0
瑞典	2250	1970	2010	1003	89.3	50.9
挪威	2100	1840	2960	1210	141.0	65.8
日本	1880	1650	4960	1300	263.8	78.8
西班牙	1787	1560	2932	675	164.1	43.3
意大利	1500	1310	1920	506	128.0	38.6
法国	1200	1050	2100	630	175.0	60.0
奥地利	700	614	1852	492	264.4	80.1
英国	188	165	246	42	130.9	25.5

（二）我国水能资源及特点

1. 我国水能资源

我国不论是水能资源蕴藏量，还是可能开发的水能资源，中国在世界各国中均居第一位。最新普查结果显示，我国水能资源理论蕴藏量的总规模是 6.89×10^8 kW，技术可开发量是 4.93×10^8 kW，经济可开发量是 3.95×10^8 kW。据统计，中国水能资源可能开发率（即可能开发的水能资源的年发电量与水能资源蕴藏量的年发电量之比）为32%，可能开发的水能资源装机容量为 3.78×10^8 kW，年发电量为 1.92×10^{12}kW·h。

2. 我国水能资源的特点

（1）总量丰富，人均资源量不高。水能资源量居世界第一，人均资源量却只占世界平均水平的 2/3 左右。

（2）资源分布不均匀。水能资源主要分布在西南、西北等地区，约占总水能资源量的80%，经济发达的东部沿海地区只占 6%。如长江、金沙江、雅砻江、大渡河、乌江、红水河、澜沧江、黄河和怒江等大江大河的干流水能资源丰富，总装机容量约占全国经济可开发量的 60%，具有集中开发和规模外送的良好条件，见表 4-18。

表 4-18 中国各大流域水能资源统计表

分区	水能蕴藏量			可能开发水能资源		
	平均出力（$\times10^4$kW）	年发电量（$\times10^8$ kW·h/a）	占全国比例（%）	装机容量（$\times10^4$ kW）	年发电量（$\times10^8$ kW·h/a）	占全国比例（%）
全国	67604	59222	100	37853	19233	100
长江	26801	23478	39.6	19724	10275	53.4
黄河	4055	3552	6	2800	1170	6.1
珠江	3348	2933	5	2485	1125	5.8
海河、滦河	294	258	0.4	214	52	0.3
淮河	145	127	0.3	66	19	0.1
东北诸河	1531	1341	2.3	1371	439	2.3
东南沿海诸河	2067	1811	3.1	1390	547	2.9
西南国际诸河	9690	8489	14.3	3768	2099	10.9
雅鲁藏布江及西藏其他河流	15974	13994	23.6	5038	2968	15.4
北方内陆及新疆诸河	3699	3240	5.5	997	539	2.8

(3) 江河水量变化大。年内由于雨季集中，江河会出现季节性枯、丰水现象；年际降水量变化也较大，长江、珠江、松花江最大年际流量与最小年际流量之比可达 2～3 倍，淮河、海河则可高达 15～20 倍。

(4) 水能资源可开发率较低。约为 32%，与发达国家有较大差距，例如，美国在 1986 年时已开发 43.3%，加拿大在 1997 年时已开发 42.9%，日本在 1986 年时已开发 95.0%，法国在 1986 年时已开发 92.1%，意大利在 1986 年时已开发 93.0%，西班牙在 1997 年时已开发 61.6%。

二、中国水能发展现状与前景

1. 水能发展现状

水力发电是最成熟的可再生能源发电技术，在世界各地得到广泛应用。到 2005 年年底，全世界水电总装机容量约为 8.5×10^8kW。目前，经济发达国家水能资源已基本开发完毕，水电建设主要集中在发展中国家。我国十分重视水能资源的开发，近年来水能开发有以下特点：

(1) 水电装机容量逐年上升，但占总装机容量比例略有下降。从发电量来看，水电装机容量逐年上升，截至 2005 年年末，我国水电装机容量达 1.17×10^8kW（包括约 7.0×10^8kW 抽水蓄能电站），年发电量为 3.952×10^{11}kW·h；然而水力发电量比例从 1983 年的 32%开始逐年减少，2002 年底比例减少到 14.9%，2003 年和 2004 年比例又减少到 14.8%和 15.09%，2005 年有所回升，至 19.4%。同样，水电占总装机容量的比例也呈轻微下降趋势，2003 年水电装机容量比例为 24.0%，2004 年水电装机占 23.79%，2005 年下降至22.9%。

（2）水电装机容量和发电量较为集中。主要分布在西南、中南和华中地区，其中，四川、重庆、湖北和湖南占总发电量的34%；福建、云南、贵州等地区的水电发电量占全国的25%；而山东、内蒙古、江苏、河北等地区的水电之和不到全国的1%。

（3）小水电资源丰富。目前，小水电已经发展成为我国最大、发展最快的新能源利用领域。我国小型水电站的理论资源是1.8×10^{8}kW，技术可开发资源量是7.5×10^{7}kW，其中单站装机容量为0.1～50MW的技术可开发量约为1.28×10^{8}kW，年发电量约为4.5×10^{11} kW·h。遍及全国30个省（区、市），1600多个县（市），其中四川、西藏、云南、新疆是小水电资源技术可开发重点省份。

（4）小水电发展迅速，其发电量占全国水电发电量的1/3。截至2004年年底，全国30个省（区、市），共建成了4.2万多座小水电站，装机容量达3.87×10^{4}MW，年发电量达1.1046×10^{11}kW·h，分别占全国水电总装机容量1.0524×10^{5} MW的36.7%，全国水电总发电量3.31×10^{11} kW·h的33.4%。2005年农村水电新增装机突破5300MW，年发电量为1.38×10^{11}kW·h。全国已建成653个农村水电初级电气化县，并正在建设400个适应小康水平的以小水电为主的电气化县。

2. 我国水电开发的规划与前景

中国水电建设规模居世界首位。中国已建大型水电站见表4-19，其中中国十二大水电基地如图4-23所示。

表4-19　　中国已建GW以上大型水电站

序号	水电站名	所在河流	所在省、区	装机容量（MW）	年发电量（GW·h）	开发年月		
						开工	投产	竣工
1	三峡	长江	湖北	18200	84680	1994.12	2003	2009
2	溪洛渡	金沙江	云南	12600	57120	2005	在建	2013.6
3	拉西瓦	黄河	青海	4200	10223	2004	2009.9	
4	龙潭	红水河	广西	4200	15670	2001.7	2007.7	2009.12
5	二滩	雅砻江	四川	3300	17000	1991	1998	1999.12
6	葛洲坝	长江	湖北	2715	15700	1971.5	1981.7	1988.12
7	广蓄	流溪江	广东	2400	4890	一期1988.9 二期1993	1993.6 1998	1994.4 2000
8	李家峡	黄河	青海	2000	5920	1987.7	1997.2	1999.12
9	小浪底	黄河	河南	1800	5830	1994	2001.1	2001
10	天荒坪	西召溪支流	浙江	1800	3160	1994.3	1997.7	2000
11	白山	第二松花江	吉林	1500	1920	一期1975.5 二期1985.1	1983.12 1991.12	1989 1994.6
12	水口	闽江	福建	1400	4950	1986	1993.8	1996.11
13	大朝山	澜沧江	云南	1350	5930	1997	2001.12	2003

续表

序号	水电站名	所在河流	所在省、区	装机容量（MW）	年发电量（GW·h）	开发年月		
						开工	投产	竣工
14	天生桥二级	南盘江	贵州、广西	1320	4920	1982复工	1994	1998
15	龙羊峡	黄河	青海	1280	5940	1976.1	1987.10	1989.6
16	漫湾	澜沧江	云南	1250	6300	1986.5	1993.6	1995.6
17	五强溪	沅水	湖南	1200	5370	1988.10	1994.12	1996.12
18	隔河岩	清江	湖北	1200	3040	1987.1	1993.6	1994.11
19	天生桥一级	南盘江	滇、黔、桂	1200	5226	1991.6	1998	2000.12
20	岩滩	红水河	广西	1200	5370	1983.10	1992.9	1994
21	刘家峡	黄河	甘肃	1160	5580	1964复工	1969.3	1974.12
22	万家寨	黄河	山西、内蒙古	1080	2750	1994.10	1998.12	2000
23	丰满	第二松花江	吉林	1004	1965	一期1937 二期1988 三期1994	1943 1991.12	1959 1992.6 1998

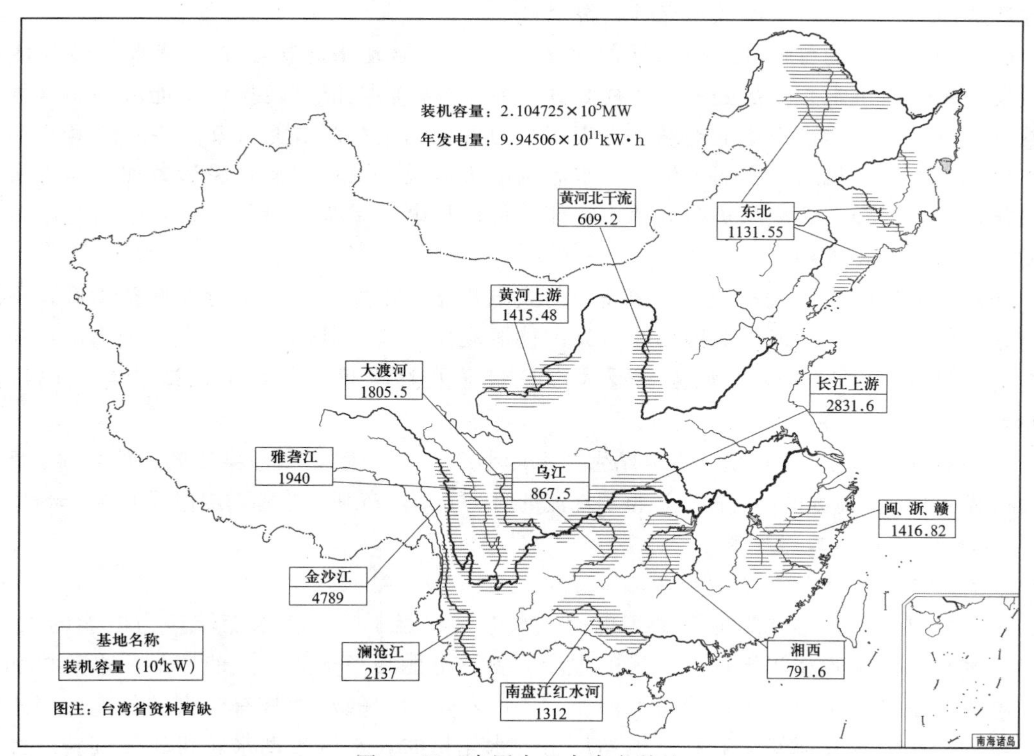

图4-23 中国十二大水电基地

审图号：GS（2011）425号

截至2008年年底，中国水电总装机容量已突破1.7×10^8 kW，稳居世界第一。水能开发利用率从改革开放前的技术可开发量不足10%提高到27%，虽然稍高于22%的世界平均水平，但仍远低于水力资源开发程度较高的国家50%的开发利用率。因此，我国水电事业具有广阔的发展前景。

我国水电开发的规划目标是：到2020年，全国水电装机容量达到3.0×10^{8}kW（其中大、中型水电为2.25×108kW，小水电为0.75×10^{8}kW），占可开发水力资源的80%左右。

三、水电站

（一）水力发电的特点

水力发电区别于其他能源，具有以下几个特点：

（1）水能的再生。水能来自于江河中的天然水流，江河中的水流主要由自然界汽、水循环形成。水的循环使水电站的水能可以再生，故水能被称为再生能源。

（2）水能的综合利用。水力发电只利用水流中的能量，不消耗水量。因此，水能可以综合利用，除发电以外，可同时兼得防洪、灌溉、航运、给水、水产养殖、旅游等方面的效益。

（3）水能的调节。电能不能储存，生产与消费必须同时完成。水能可存蓄在水库里，根据电力系统的要求进行发电，水库是电力系统的储能库。水库调节提高了电力系统对负荷的调节能力，增加了供电的可靠性与灵活性。

（4）水力发电的可逆性。把高处的水体引向低处驱动水轮机发电，将水能转换成电能；反过来，通过水泵将低处的水送往高处水库储存，将电能又转换成水能。利用这种水力发电的可逆性修建抽水蓄能电站，对提高电力系统的负荷调节能力有独特的作用。

（5）水力发电机组工作的灵活性。水力发电机组设备简单，操作灵活方便，易于实现自动化，具有调频、调峰和负荷调整等功能，可增加电力系统的可靠性。水电站是电力系统动态负荷的主要承担者。

（6）水力发电生产成本低，效率高。与火电相比，水力发电厂运行维修费用低，不用支付燃料费用，故发电成本低廉。水电站的能源利用率高，可达85%以上，而火电厂燃煤热能效率只有30%～40%。如果计及火电厂煤矿及运输投资，水电站造价与大电厂造价相近。

（7）有利于改善生态环境。水电站生产电能不产生“三废”，不污染环境，扩大的水库水面面积调节了所在地区的小气候，调整了水流的时空分市，有利于改善周围地区的生态环境。

（二）水电站的工作原理

1. 水电站出力和发电量的计算

水力发电是通过水电站枢纽来实现的。水电站相当于一个将水能转换为电能的工厂，水能（水头和流量）相当于这个工厂的生产原料，电能相当于其生产的产品，水轮机和水轮发电机则是其最主要的生产设备。图4-24所示水库中的水体具有较大的位能，当水体通过隧洞、压力水管流经安装在水电站厂房的水轮机时，水流带动水轮机转轮旋转，此时水能转变为旋转机械能；水轮机转轮带动发电机转子旋转切割磁力线，在发电的定子绕组上就产生了感应电动势。一旦与外电路接通，就可发电，旋转的机械能又变为电能。水电站就是为实现能量的连续转换而修建的水工建筑物及其所安装的水轮发电设备和附属设备的总体。

如图4－24所示，在时间 t 内有体积为 V 的水体经水轮机排入下游。若不考虑进、出口水流动能变化和能量损失，则体积为 V 的水体在时间 t 内向水电站供给的能量即是水体所减少的位能。单位时间 t 内水体向水电站所供给的能量称为水电站的理论出力 N_t，即

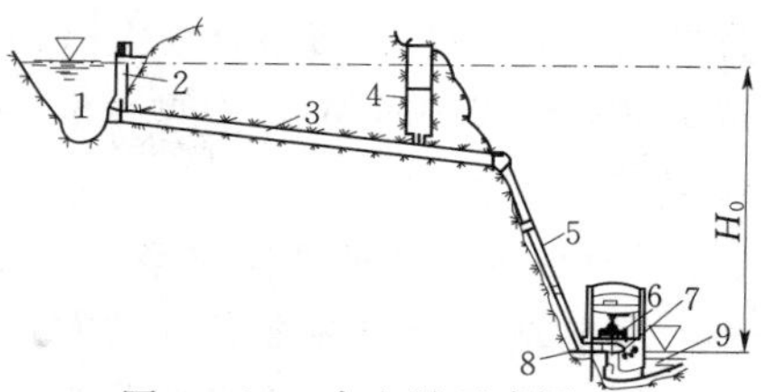

图4－24　水电站示意图

1—水库；2—进水建筑物；3—隧洞；4—调压室；5—压力管道；6—发电机；7—水轮机；8—蝶阀；9—泄水道

$$N_t=\gamma VH_0/t=\gamma QH_0=9.81QH_0 \quad \text{kW} \qquad (4-5)$$

式中：γ 为水的容重，$\gamma=9.81\text{kN/m}^3$；Q 为水轮机流量，$Q=V/t$，m^3/s；V 为时间 t 内水流体积，m^3；H_0为上、下游水位差，称为水电站的静水头，m。水头和流量是构成水能的两个基本要素，是水电站动力特性的重要表征。

实际上，在由水能到电能的转变过程中，不可避免地会产生能量损失。这种损失表现在两个方面：一方面，在水流自上游引到下游的过程中，存在引水道的水头损失 Δh；另一方面，在水轮机、发电机和传动设备中也将损失一部分能量，因此，水电站的实际出力 N 由式（4－6）计算，即

$$N=9.81\eta Q(H_0-\Delta h)=9.81\eta QH \quad \text{kW} \qquad (4-6)$$

式中：H 为水轮机的工作水头，m；η 为水轮发电机组总效率。η 的大小与设备的类型和性能、机组传动方式、机组工作状态等因素有关，同时也受设备生产和安装工艺质量的影响。在初步计算中，可近似地认为总效率 η 是一个常数。一般令 $K=9.81\eta$，称为水电站的出力系数，对于大、中型水电站，K 一般取为8.0～8.5，对中、小型水电站，K 一般取为6.5～8.0。

水电站的发电量 E 是指水电站在一定时段内发出的电能总量，单位是kW·h。对于较短的时段，如日、月等，发电量 E 可由该时段内电站的平均出力 N 和该时段的小时数 T 相乘得出，即 $E=NT$；对于较长的时段，如季、年等，可先计算该季或年内各日（或月）的发电量，然后再相加得出。

2. 水电站的特征参数

水电站的动能参数是表征水电站的工程规模、运行可靠程度和工程效益的指标，包括水电站的设计保证率、保证出力、装机容量、多年平均发电量和水电站装机年利用小时数。

（1）水电站的设计保证率是指水电站正常发电的保证程度，一般用正常发电总时段与计算期总时段比值的百分数来表示。它是根据电力系统中水电容量比例、水库调节性能、水电站规模及其在电力系统中的作用等因素而选定的。

（2）保证出力是指水电站相应于设计保证率的枯水时段发电的平均出力。

（3）装机容量是指水电站内全部机组额定出力的总和。

（4）多年平均发电量是水电站多年发电量的平均值。

（5）水电站装机年利用小时数是指水电站的多年平均发电量除以装机容量而得出的水电站装机年利用小时数。

我国水利部于2000年颁布的《水利水电工程等级划分及洪水标准》中，根据装机容

量的大小，将水电站划分为大（1）型（装机容量不小于1200MW）、大（2）型（装机容量为300～1200MW）、中型（50～300MW）、小（1）型（10～50MW）和小（2）型（＜10MW）五个等级。

（三）水电站的基本类型

水电站的分类标准和分类方式很多。例如，按工作水头分为低水头、中水头和高水头水电站；按水库的调节能力分为无调节（径流式）和有调节（日调节、年调节和多年调节）水电站；按在电力系统中的作用分为基荷、腰荷及峰荷水电站；按集中水头的方式可分为坝式、引水式和混合式水电站等；按水电站的组成建筑物及其特征，可将水电站分为坝式、河床式和引水式三种基本类型。

1. 坝式水电站

坝式水电站常修建于河流中、上游的高山峡谷中。水电站厂房位于坝后，不起挡水作用，也不承受上游水压力。坝式水电站的引水道短，水头损失小，建筑物布置比较集中。当水电站厂房紧靠坝体，布置在坝体非溢流段下游时，称为坝后式水电站；当河谷较窄而水电站机组台数较多时，可将厂房布置在溢流坝段下游，或者让溢流水舌跳越厂房顶泄入下游河道，形成跳越式水电站，如贵州乌江渡水电站；或让厂房顶兼作送洪道宣泄洪水，形成厂房顶溢流式水电站，如浙江新安江水电站；如坝体足够大，也可将厂房布置在坝内而形成坝内式水电站，如江西上犹江水电站和湖南凤滩水电站。坝式水电站的水头由坝来集中，且一般为中、高水头。

2. 河床式水电站

河床式水电站常修建在河流中、下游河道较平缓处，水电站厂房位于河体内，和坝共同组成挡水建筑物，从而水电站厂房本身承受上游的水压力。

河床式水电站一般均为低水头大流量型水电站，厂房应尽量远离溢流坝段而布置在河岸边。如果厂房与溢流坝段相邻，则厂房与溢流坝段之间在上、下游都应有足够长的导流隔墙，以免泄洪时影响发电。当溢流坝段和厂房均较长，布置上有困难时，可将厂房机组段分散布置于泄水闸闸墩内而形成闸墩式厂房，如宁夏青铜峡水电站；或通过厂房宣泄部分洪水而形成泄水式厂房，如湖北葛洲坝大江、二江水电站。这两种布置方式在泄洪时还可因射流得到增加水头的效益。河床式水电站的水头由挡水建筑物集中，水头一般均低于30～40m。

3. 引水式水电站

引水式水电站一般修建在河流坡度大、水流湍急的山区河段。水电站厂房位于河岸，距水电站取水口较远。这种水电站的引水道较长，并以此集中水电站全部或相当大一部分水头。根据引水道中水流的流态，引水式水电站又分为有压引水式水电站和无压引水式水电站。

坝式、河床式及引水式水电站虽各具特点，但有时它们之间却难以明确划分。从水电站建筑物及其特征的观点出发，一般把引水式开发及筑坝引水混合式开发的水电站统称为引水式水电站。此外，某些坝式水电站也可能将厂房布置在下游河岸上，通过在山体中开凿的引水道供水，这时水电站建筑物及其特征与引水式水电站相似。

4. 其他类型水电站

（1）抽水蓄能电站。抽水蓄能电站是具有抽水和发电两种功能的可逆式水电站，如图4-25所示。这种电站有上游和下游两个水库，两库之间形成落差；厂房内装有水泵水轮机组，它在电力系统低谷负荷时利用系统中多余的电能将下降的水抽送到上库，以水的势能形式储存起来，在系统尖峰负荷时再由上库放水发电。所以抽水蓄能电站的工作是由发电和抽水两种工况组成的，它不仅对系统负荷起到了调峰填谷的作用，而且也大为改善了电力系统中火电机组的运行情况。

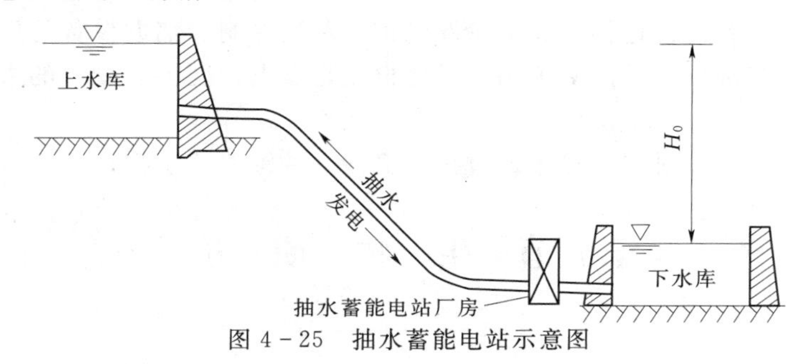

图 4-25 抽水蓄能电站示意图

抽水蓄能电站根据利用水量的情况可分为两大类：一类是纯抽水蓄能电站，它是利用一定的水量在上水库和下水库之间循环进行抽水和发电；另一类是混合式抽水蓄能电站，它修建在河道上，上游水库有天然来水，电站厂房内装有水泵水轮机组和常规的水轮发电机组，既可进行水流的能量转换，又能进行径流发电，可以调节发电和抽水的比例以增加发电量。

（2）潮汐水电站。潮汐水电站是在沿海的港湾或河口建造围坝，形成水库，并利用大海涨潮和退潮时所形成的水头进行发电，如图 4-26 所示。单向潮汐电站仅在退潮时利用池中高水位与退潮低水位的落差发电；双向潮汐电站不仅在退潮时发电，而且也在涨潮时利用涨潮高水位与池中低水位的水位差发电。

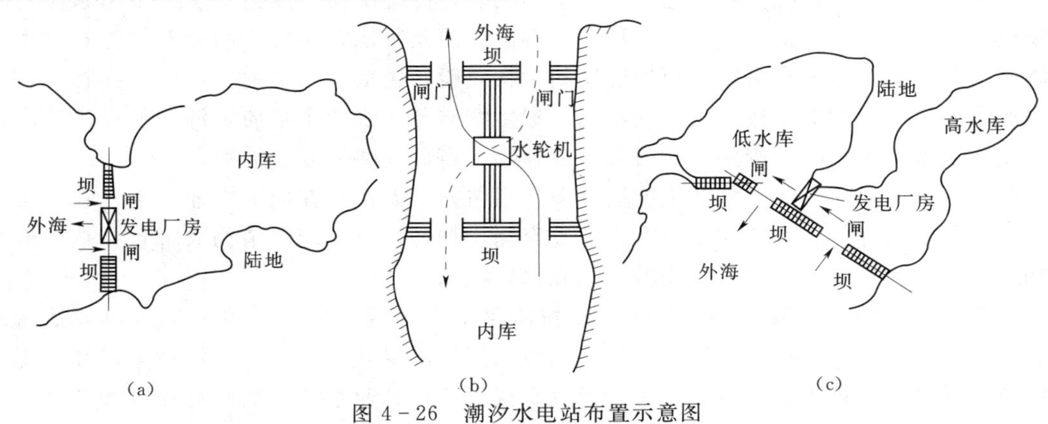

图 4-26 潮汐水电站布置示意图

（a）单水库单向发电；（b）单水库双向发电；（c）双水库潮汐电站

5. 水电站的建筑物组成

水电站枢纽由一般的水工建筑物和特有的水电站建筑物组成。

（1）挡水建筑物。截断河流，集中落差，形成水库。一般为坝或闸。

（2）泄水建筑物。下泄多余的洪水，或放水以供下游使用，或放水以降低水库水位，如溢洪道、泄洪隧洞和放水底孔等。

（3）水电站进水建筑物。按水电站发电要求将水引进引水道。

（4）水电站引水建筑物。将发电用水由进水建筑物输送给水轮发电机组，并将发电用过的水流排向下游，如明渠、隧洞和管道等。

(5) 水电站平水建筑物。当水电站负荷变化时，用以平稳引水建筑物中流量及压力的变化，如有压引水式水电站中的调压室及无压引水式水电站中的压力前池等。

(6) 厂房枢纽建筑物。包括安装水轮发电机组及其控制、辅助设备的厂房，安装变压器的变压器场及安装高压开关的开关站。厂房枢纽是发电、变电、配电的中心，是电能生产的直接场所。

(7) 其他建筑物。如过船、过木、过鱼、拦沙、冲沙等建筑物。

第五节　生物质能

一、概述

1. 生物质及其分类

生物质一般是指源于动物或植物，积累到一定量的有机类资源，包括地球上的所有动物、植物和微生物。作为一种能量可以利用的生物质，90%来源于植物。植物利用太阳能，把大气中的二氧化碳和土壤中的水分合成为具有能量的有机体，并释放出氧气，这就是光合作用，可用式 (4-7) 表示，即

$$6CO_2+12H_2O \longrightarrow C_6H_{12}O_6+6H_2O+6O_2 \tag{4-7}$$

生物质能是太阳能以化学能形式储存在生物中的一种能量形式，以生物质为载体的能量。它直接或间接地源于植物的光合作用。

生物质能可分为传统生物质能和现代生物质能，传统生物质能指在发展中国家应用的生物质能，包括薪柴、秸秆、稻草、稻壳、畜禽粪便及其他农业生产的废弃物等农村生活用能；现代生物质能是指可以大规模应用的生物质能，包括现代林业生产的废弃物、甘蔗渣和城市固体废弃物等。按照来源的不同，把生物质分为农业生物质资源、林业生物质资源、生活污水和工业有机废水、城市固体废弃物、畜禽粪便等五个类别。

(1) 农业生物质资源。农业生物质资源是指包括能源植物在内的农业作物；农业生产过程中产生的废弃物，农业加工业产生的废弃物，如稻壳等。能源植物通常包括草本能源作物、油料作物、制取碳氢化合物的植物和水生植物等几类。

(2) 林业生物质资源。是指森林生长和林业生产过程提供的生物质能源，包括薪炭林、育林和间伐过程中产生的零散木材、残留的树枝、树叶和木屑等；木材采运和加工过程中产生的枝桠、锯末、木屑、梢头、板皮和截头等；林业副产品的废弃物，如果壳和果核等。

(3) 城市固体废弃物。主要由城镇居民生活垃圾、商业和服务业垃圾、少量建筑垃圾等固体废弃物组成。

(4) 生活污水和工业有机废水。主要由城镇居民生活、商业和服务业的各种排水组成和工业有机废水，这些废水中都富含有机物。

(5) 畜禽粪便。畜禽粪便是畜禽排泄物的总称，主要的畜禽包括鸡、猪和牛等，其资源量与畜牧业的发展水平有关。

2. 生物质能的特点

生物质分布分散，形态各异，能量密度低，给收集、运输、存储和利用带来了一定的困

难，必须采取一定的预处理措施或转化技术，才能使其达到实用程度。与化石能源相比，生物质能目前尚缺乏商业竞争力。但由于生物质具有以下特点，生物质被认为是21世纪减轻能源和环境压力的可再生清洁能源。

（1）可再生性。它是光合作用下可以再生的有机资源。只要太阳辐射存在，绿色植物光合作用就不会停止。但是值得注意的是，如果超过其再生量（生长量、固定量），也会造成资源枯竭。

（2）可储存与替代性。作为有机资源，可对其本身或其液体或气体燃料产品进行储存和运输；同时，也可以作为替代燃料应用于已有的石油、煤炭动力系统。

（3）巨大的储量。森林树木等生物资源的生长量十分巨大，相当于全世界一次能源消耗量的10倍左右，因此按10%的实际利用推算，完全可以满足能量供给的要求。

（4）碳平衡。生物质燃烧释放出来的CO_2可以在再生时重新固定和吸收，理论上不会破坏地球的CO_2平衡。

（5）清洁。生物质主要含有碳、氢、氧及少量的氮、硫等元素，生物质燃料热值和理论燃烧温度低。因此，在生物质能源利用的过程中，其CO_2、SO_x和NO_x的排放量远低于化石能源，如表4-20所示，这表明生物质能是一种极具竞争潜力的洁净能源。

表4-20　生物质能源与化石能源主要污染物排放量的比较

能源类型	主要污染物排放量［g/（kW·h）］		
	CO_2	SO_2	NO_x
能源作物（现在）	12～27	0.07～0.16	1.1～2.5
能源作物（未来）	15～18	0.06～0.08	0.35～0.51
煤炭（最佳）	955	11.8	4.3
石油（最佳）	818	14.2	4.0
天然气	430	—	0.5

二、生物质能利用途径与现状

1. 生物质能利用途径

与风能、水能、太阳能相比，生物质能是以实物的形式存在的一种可储存和运输的可再生能源。生物质能转化利用途径主要包括直接燃烧、热化学法、生化法、化学法和物理法等，如图4-27所示。经过上述工艺，生物质能可转化为二次能源，分别为热量或电力、固体燃料（木炭或成型燃料）、液体燃料（生物柴油、生物原油、甲醇、乙醇和植物油等）和气体燃料（氢气、燃气和沼气等）等。

（1）直接燃烧。这是人类最早的能源利用形式，也是最简单且应用最广泛的利用方法。大多数发展中国家的生物质能消费量占全国能源消费总量的40%以上，在少数经济欠发达国家，生物质能占总能量消费的比例还更高，如尼泊尔约占95%，肯尼亚为75%。中国生物质能占全国能源消费量的14%，占农村地区能源消耗量的34%，占农村生活用能的59%。

（2）热化学法。包括气化、热解和直接液化。气化是以氧气（空气、富氧和纯氧）、水蒸气或氢气等作为气化剂，在高温的条件下，通过热化学反应将生物质中的可燃组分转化为 CO、H_2 和 CH_4 等可燃性气体的过程。

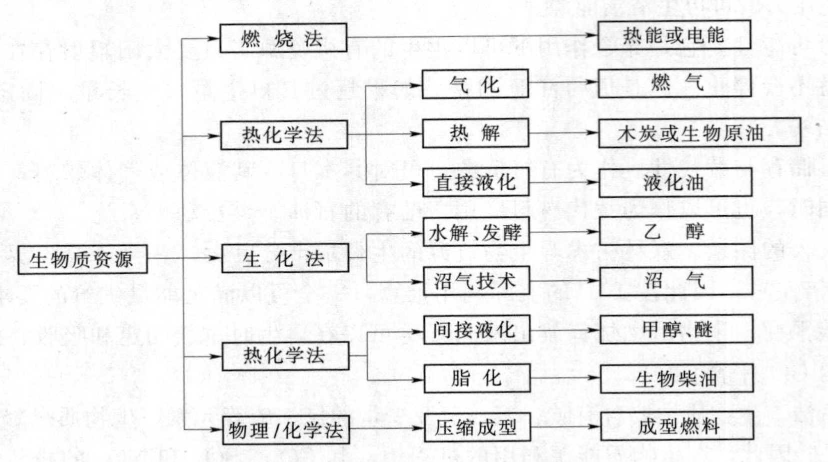

图 4-27 生物质能转化利用途径

(3) 生化法。包括水解、发酵和沼气化技术。它们是依靠微生物或酶的作用，对生物质能进行生物转化，生产出如乙醇、氢气、甲烷等液体或气体燃料。

(4) 化学法。包括间接液化和脂化。间接液化是指将由生物质气化得到的合成气 ($CO+H_2$) 经过催化合成为液体燃料甲醇或二甲醚等。脂化是指将植物油与甲醇或乙醇在温度 230～250℃下采用催化剂进行脂化反应，生成生物柴油，并获得副产品甘油。

(5) 物理法。主要为压缩成型。将生物质（农业和林业生产的废弃物）粉碎至一定的粒度，不添加黏结剂，在高压条件下挤压成型，成型物再进一步炭化制成木炭。成型燃料的低位发热量相当于中等热值的烟煤，可明显地改善燃烧特性。

生物质的发热量是衡量生物质可燃性的一个重要指标，它取决于生物质中含有成分的组成比、构成元素的种类及比例（特别是碳元素的含量）。有机物含量、含碳率越高，其发热量也越高。表 4-21 所示为具有代表性生物质的含水率、有机物含量、灰分含量和高位发热量。

表 4-21 代表性生物质的性状

分类	生物质	含水率（质量分数）(%)	有机物含量（干燥生物质基准，质量分数）(%)	灰分含量（质量分数）(%)	高位发热量（干燥生物质基准）(MJ/kg)
废弃物	家禽粪便	20～70	76.5	23.5	13.4
	活性污泥	90～97	76.5	23.5	18.3
	初沉污泥	90～98	73.5	26.5	19.9
	生物质衍生燃料	15～30	86.1	13.9	12.7
	锯屑	15～60	99.0	1.0	20.5

续表

分类	生物质	含水率（质量分数）(%)	有机物含量（干燥生物质基准，质量分数）(%)	灰分含量（质量分数）(%)	高位发热量（干燥生物质基准）(MJ/kg)
草本	木薯	20～60	96.1	3.9	17.5
	大戟属植物	20～60	92.7	7.3	19.0
	蓝草	10～70	86.5	13.5	18.7
	高粱	20～70	91.0	9.0	17.6
	柳枝戟	30～70	9.9	10.1	18.0
水生生物	宽海带	85～97	54.2	45.8	10.3
	水葫芦	85～97	77.3	22.7	16.0
木质（树木）	赤杨	30～60	99.0	1.0	20.1
	棉		98.9	1.1	19.5
	桉树		97.6	2.4	18.7
	白杨		99.0	1.0	19.5
	美国杉树		99.8	0.2	21.0
	梧桐		98.9	1.1	19.4
副产物	纸	3～13	94.0	6.0	17.6
	树皮（松树）	5～30	97.1	2.9	20.1
	稻草	5～15	80.8	19.2	15.2

从表4-21中可以看出，生物质的含水率和灰分含量的变化幅度较大，就水分而言，低至2%～3%（木炭和纸），高至98%（浓缩污泥）。在生物质能量转化时，应根据生物质的自身特性，选择合适的转化利用途径。

2. 生物质能开发利用现状

许多生物质能技术在国外已达到商业化应用程度，实现了规模化产业经营。以美国、瑞典和奥地利三国为例，生物质转化为高品位能源分别占该国一次能源消耗量的4%、16%和10%。现代生物质能的发展方向是高效清洁利用，将生物质转换为优质能源，包括电力、燃气、液体燃料和固体成型燃料等。生物质发电包括农林生物质发电、垃圾发电和沼气发电等。到2008年年底，全世界生物质发电总装机容量约为80000MW，主要集中在北欧和美国，其中美国生物质能发电的总装机容量已超过20000MW，单机容量达10～38MW；生物燃料乙醇年产量约5000万吨，主要集中在巴西、美国，其中巴西是乙醇燃料开发应用最有特色的国家，目前乙醇燃料已占该国汽车燃料消费量的50%以上，德国开发出利用纤维素废料生产酒精的技术，建立了10MW的发电示范工程，年产酒精约3万吨。沼气已是成熟的生物质能利用技术，在欧洲、中国和印度等地已建设了大量沼气工程和分散的户用沼气池。

我国十分重视生物质能源的开发和利用，重点发展项目分为近期项目和中长期发展项目。近期项目主要包括生物质气化供气、生物质气化发电、大型沼气工程和生物质直接燃烧供热；中、长期化发展项目主要包括生物质高度气化发电、生物质制氢、生物质热解液化制油。近年来，我国在生物质发电、沼气工程、生物质液体燃料、生物质成型燃料和省柴节煤炉灶等方面也取得了快速的发展。

（1）生物质发电。到2009年年底，全国生物质发电装机容量约为5500MW。在引进国外垃圾焚烧发电技术和设备的基础上，现已基本具备制造垃圾焚烧发电设备的能力。但总体来看，我国在生物质发电的原料收集、净化处理、燃烧设备制造等方面与国际先进水平还有一定差距。

（2）沼气。到2009年年底，全国农村户用沼气池超过2200万户，2009年新增约600万户。已建成生活污水净化沼气池14万处，畜禽养殖场和工业废水沼气工程2000多处，全国年产沼气约120亿m^3。沼气技术已从单纯的能源利用发展成废弃物处理和生物质多层次综合利用，并广泛地同养殖业、种植业相结合，成为发展绿色生态农业和巩固生态建设成果的一个重要途径。

（3）生物质气化。我国已经开发出多种固定床和流化床气化炉，以秸秆、木屑、稻壳、树枝为原料生产燃气。目前用于木材和农副产品烘干的有800多台，村镇级秸秆气化集中供气系统近1000处，年生产生物质燃气2000万m^3。兆瓦级生物质气化发电系统已经推广应用20多套。“十一五”期间，国家863计划支持建设了6MW规模的生物质气化发电示范工程。

（4）生物液体燃料。我国已开始在交通燃料中使用燃料乙醇。以甘蔗、木薯、玉米等粮食为原料的燃料乙醇年生产能力为200万吨。以餐饮业废油、榨油厂油渣、油料作物为原料的生物柴油生产能力达到年产5万吨。

此外，我国还大力推广生物质成型燃料、省柴节煤炉灶、生物质裂解与干馏技术也取得了进展，每年减少了数千万吨标准煤的消耗，取得了明显的经济效益、环境效益和社会效益。21世纪人类面临着经济增长和环境保护的双重压力，因而改变能源的生产方式和消费方式，用现代技术开发利用生物质能，对于建立持续发展的能源系统、促进社会经济的发展和生态环境的改善具有重大意义。

三、我国生物质资源

我国作为一个世界上最大的农业大国，具有极为丰富的生物质资源，理论生物质能资源50亿吨左右（干重），相当于20多亿吨油当量，约为我国目前一次能源总消耗量的3倍。现阶段可供利用开发的资源主要为生物质废弃物，包括农作物秸秆、薪柴、禽畜粪便、工业有机废弃物和城市固体有机垃圾等。

1. 农作物秸秆

我国的农业生产废弃物资源量大面广，我国对农作物秸秆的利用多数尚停留在传统利用的层面上，如直接燃烧用作能源；秸秆还田作为肥料；加工成秸秆饲料；也有用作建材、轻工和纺织原料或用作秸秆基质的，但为数不多。造肥还田及其收集损失约占15%，剩余农作物秸秆除了作为饲料、工业原料之外，其余大部分作为农户炊事、取暖燃料。目前农作物秸秆大多直接在柴灶上燃烧，其热效率仅为10%～20%。值得注意的是，被弃于地头田间直接燃烧的秸秆量逐年增大，许多地区废弃秸秆量已占总秸秆量的60%以上，就地焚烧造成了大气污染，2009 年我国农作物秸秆总量已达到 7.2 亿吨，其中饲料用量约为 2.2 亿吨。

目前，我国每年农业中的秸秆量约为 6.5 亿 t，到 2010 年将达 7.26 亿 t，相当于 5.2 亿 t 标准煤。

2. 林业及其加工废弃物

我国森林覆盖率已由新中国成立初期的 8.6%提高到 2009 年的 20.3%，森林面积达 1.95×10^8 hm^2。我国林木的消费主要由商品材（约占消费总量的 44.2%）、自用材（约占总量的 23.5%）、直接燃烧的木材（约占总量的 28.8%）等三部分组成，其他用途的耗材约占 3.50%（其中盗伐约占 2.70%）。林业生物质在我国农村能源中占有重要的地位。

林产品加工业废弃物根据木材加工场所、加工工艺和木材加工产品的不同，可分为林木伐区剩余物（立木──→原木）和木材加工区剩余物（原木──→成品）两大类。

（1）林木伐区剩余物。林木伐区剩余物包括经过采伐、集材后遗留在地上的枝杈、梢头、灌木、枯倒木、被砸伤的树木、不够木材标准的遗弃材等。每采伐 $100m^3$ 的木材，剩余物约占 30%，其中约有 $15m^3$ 的枝杈和梢头，$8m^3$ 的木截头，还有部分小杆等。2008 年中国木材总产量为 37131 万 m^3，可产生约 12098 万 m^3 的剩余物。

（2）木材加工区剩余物。我国的木材加工厂的生产线主要为跑车带锯制材。带锯机锯条稳定性差，所造成带锯制材锯切精度低，造成了严重的木材浪费。

薪炭林也是主要的生物质资源。目前较好的薪炭树种有加拿大杨、意大利杨、美国梧桐、兰桉、松、刺槐、冷杉、麻栎、柞树和大叶相思等。我国近年来也发展了薪炭的树种，如银合欢、紫穗槐，沙枣、旱柳、杞柳、泡桐等。薪炭林三、五年就成材，平均每亩薪炭林可产干柴 1t 左右。表 4-22 介绍了我国主要薪炭林树种产量、热值和主产区。

表 4-22　我国几种薪炭林树种

树　种	年薪柴产量（t/a）	热值（MJ/kg）	分布区域
马尾松	9.37～11.25	20.188	秦岭、淮河以南
黑松	22.50	17.500	华北、东北
麻栎	30.00	19.887	全国
柞树	5.25	18.966	华北、东北
米锥	15.00～112.50	17.446	南方各省
黑荆树	15.00	19.469	华南、华东
大叶相思	30.00	20.097	广东、热带
银合欢	21.00	17.166	热带、亚热带
大麻黄	15.00～30.00	17.231	广东、福建
刺槐	13.50	20.683	全国
兰桉	21.00	20.097	四川、云南

3. 主要畜禽粪便

我国主要的畜禽是牛、猪和鸡。根据畜禽品种和体重等因素以及畜禽平均一昼夜的排粪量，可以估算出全国畜禽粪便可获得资源的实物量。研究表明，一头50kg以上的猪，每天排放的粪便可以产生0.2m^3的沼气；一头牛每天的粪便可以产生1m^3的沼气，每百只鸡粪每天可产0.8 m^3 的沼气。2008年全年粪便及粪水总量超过18亿吨，折合16600万吨标准煤。畜禽粪便经过厌氧发酵后可以提供高效、清洁的高热值气体燃料。大、中型沼气工程是有效处理畜禽粪便、提供清洁燃料的环保与能源工程，同时也是一个实现废弃物资源化、生物质多层次利用、促进农业生态良性循环的综合技术，促进了农业可持续发展。

4. 城市生活垃圾

城市生活垃圾主要是指城市居民的生活垃圾、商业垃圾、市政维护和管理中产生的垃圾，如废纸、废塑料、废家具、废碎玻璃制品、废瓷器和厨房垃圾等。随着我国经济的快速发展，中国城市化水平与城市人口的增长、经济的发展和居民生活水平的不断提高，城市生活垃圾产生量也平均每年以10%左右的速度迅速增长。2008年，我国城市生活垃圾产生量超过2.4亿t，年清运量超过1.9亿t，全国661个城市中有2/3处于垃圾包围之中。北京、上海、哈尔滨、天津、武汉和广州等大城市，垃圾年清运量已超过100万t。如上海全市生活垃圾，日均清运量为1.86万t；北京全市垃圾日均清出量为1.7万t，年增长率达15%～20%。表4-23所示为我国部分城市生活垃圾组分来源及影响因素。

表4-23　我国城市生活垃圾组分来源及影响因素

垃圾组成	易腐有机物	塑料	纸类	玻璃	金属	布类	竹木	灰土砖瓦
主要来源	家庭、餐饮业	包装材料、团体办公用品				废旧衣物、服装厂废料	废旧家具、城市绿化垃圾	炉灰、街道清扫灰土
主要影响因素	人口、居民食品消费、净菜进城	人口、居民消费、废品回收				人口、居民衣物消费	人口、居民家具消费、城市绿化面积	气化率、集中供热面积、街道清扫面积和方式、气候

由表4-23可知，城市生活垃圾可分为直接影响因素和间接影响因素。直接影响因素是指直接导致生活垃圾产生量和成分发生变化的因素，主要包括人口、居民生活水平和城市发展建设状况；间接影响因素是指通过对居民行为的影响而间接改变生活垃圾产生量和成分的因素，主要包括自然因素（城市所处的气候等）、个体因素（个体行为习惯、生活方式、受教育程度等）及社会因素（社会行为准则、社会道德规范、法律规章制度等）。

我国城市生活垃圾的基本特点是热值低、含水量高、成分复杂和季节性变化大等。

城市生活垃圾的管理和资源化处理，成为综合性强、科技含量较高、涉及工程技术各个学科的交叉学科。填埋气体的回收利用技术，高性能、高参数的垃圾焚烧发电成套技术设备，垃圾有机生物肥技术及填埋防渗层技术等综合技术，成为影响中国城市环境卫生事业产业发展的关键技术。

5. 生活污水与工业有机污水

有机污水指受一定污染的来自生活和生产排出含有碳元素的水，包括生活污水与工业有机污水。生活污水的水质、水量随季节而变化，一般夏季用水相对较多，浓度低；冬季相应量少，浓度高。生活污水一般不含有毒物质，但是它适合微生物繁殖，含有大量的病原体，从卫生角度看有一定的危害性。

工业废水是在工矿生产活动中产生的废水，可分为生产污水与生产废水。生产污水是指在生产过程中形成，并被生产原料、半成品或成品等原料所污染，也包括热污染（指生产过程中产生的水温超过60℃的水）；生产废水是指在生产过程中形成，但未直接参与生产工艺、未被生产原料、半成品或成品等原料所污染或只是温度升高的水。生产污水需要进行净化处理；生产废水不需要净化处理或仅需做简单的处理，如冷却处理。生活污水与生产污水的混合污水称为城市污水。

近十余年来，我国城市生活污水排放量每年以5%的速度递增，在1999年首次超过工业污水排放量，2008年，我国工业和城镇生活污水排放总量为571.7亿吨，其中工业污水排放量为241.7亿吨，城镇生活污水排放量为330.0亿吨，污水中的COD排放总量为1320.7万吨，其中工业污水中COD排放量为457.6万吨，城镇生活污水中COD排放量为863.1万吨。

四、生物质能转化利用技术

生物质能转换利用技术及产品如图4-28所示，主要涉及直接燃烧技术、生物质气化技术、生物质液化技术、生物质热解、生物质固化技术和沼气技术。通常将生物质直接燃烧、气化、热解和液化技术统称为生物质热化学转化技术，其中，生物质热解、气化和直接液化技术都是以获得高品质的气体燃料或液体燃料或化工产品为目的。

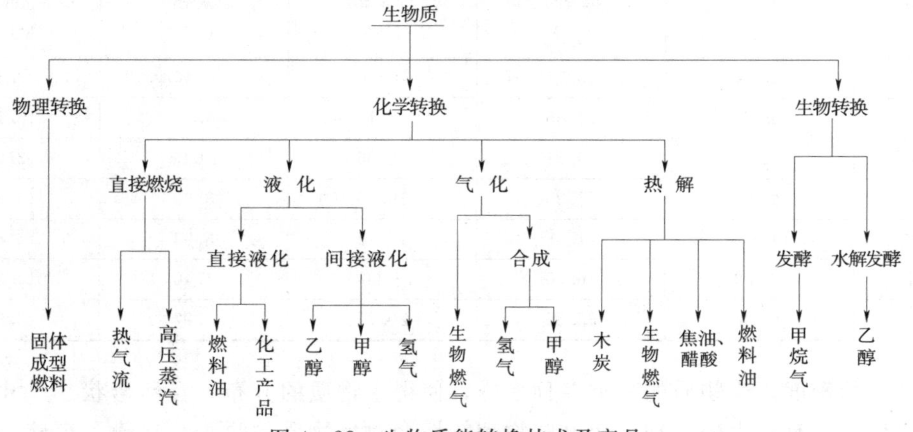

图4-28　生物质能转换技术及产品

（一）生物质直接燃烧技术

1. 生物质的成分和特性

（1）组成与元素分析。生物质一般是由多种可燃质、不可燃的无机矿物质及水分组成。其中，可燃质是由C、H、O、N和S等元素组成的多种复杂的高分子有机化合物，主要包括纤维素、半纤维素和木质素。按质量计算，纤维素占生物质的40%～50%，半纤维素占生物质的20%～40%，木质素占生物质的10%～25%。生物质主要元素成分是C、H和O，S和N的含量很少，几种生物质的元素分析见表4-24。

表 4-24　几种生物质的元素分析

生物质种类	生物质元素分析成分				
	C_{daf}（%）	H_{daf}（%）	O_{daf}（%）	N_{daf}（%）	S_{daf}（%）
杉木	52.80	6.30	40.50	0.10	—
杉树皮	56.20	5.90	36.70	—	—
麦秸	49.04	6.16	43.41	1.05	0.34
玉米芯	48.40	5.50	44.30	0.30	—
高粱秸	48.63	6.08	44.92	0.36	0.01
稻草	48.87	5.84	44.38	0.74	0.17
稻壳	46.20	6.10	45.00	2.58	0.14

（2）工业分析。表征生物质的挥发分、固定碳、灰分和水分的百分含量。生物质热解过程中的主要析出物含有 H_2、CH_4 等可燃气体和少量的 O_2、N_2、CO_2 等不可燃气体，剩余的固体残余物为木炭，主要由固定碳与灰分所组成。表 4-25 所示为几种生物质的工业分析成分，从表中可以看出，生物质水分和灰分变化较大，挥发分含量较高，其干燥无灰基挥发分 V_{daf} 一般为 76.8%～91.6%。

表 4-25　几种生物质工业分析成分

生物质种类	水分（%）	挥发分（%）	固定碳（%）	灰分（%）	$Q_{net,ar}$ 低位热值（MJ/kg）
杂草	5.43	68.77	16.40	9.46	16.192
豆秸	5.10	74.65	17.12	3.13	16.146
稻草	4.97	65.11	16.06	13.86	13.970
麦秸	4.39	67.36	19.35	8.90	15.363
玉米秸	4.87	71.45	17.75	5.93	15.539
玉米芯	15.00	76.60	7.00	1.40	14.395
棉秸	6.78	68.54	20.71	3.97	15.991

（3）堆积密度。生物质的种类多种多样，使得生物质的分布、自然形状、尺寸、堆积密度等物理特性有较大的差别，而这些物理特性会对生物质的收集、运输、存储、预处理和燃烧过程产生较大的影响。堆积密度是生物质自然堆放具有的密度，单位为 kg/m^3，根据生物质的堆积密度可将生物质分为两类，一类为硬木、软木、玉米芯及棉秸等木质燃料，它们的堆积密度在 200～350kg/m^3 之间；另一类为玉米秸秆、稻草和麦秸等农作物秸秆，它们的堆积密度低于木质燃料，如切碎的农作物秸秆的堆积密度为 50～120 kg/m^3。较低的堆积密度不利于收集和运输，也使堆放场地增大。

（4）灰熔点。它对生物质的燃烧过程有较大影响，是指灰开始熔化时的温度，单位为℃。在高温时，灰分将变成熔融状态，形成含有多种组分（具有气体、液体和固体形态）的灰，形成结渣或积灰。生物质中的 Ca 和 Mg 元素会提高灰熔点，K 会降低灰熔点，

Si 元素在燃烧过程中与 K 元素形成低熔点的化合物。农作物秸秆中 Ca 含量低，K 元素含量高，使其燃烧时的灰熔点为 860～900℃，易引起受热面结渣或积灰，影响了燃烧设备的经济性和安全性。

2. 生物质的燃烧过程

固体燃料的燃烧按照燃烧特征可分为表面燃烧、蒸发燃烧和分解燃烧。表面燃烧是指燃烧反应在燃料表面进行，通常发生在挥发分很小的燃料中，如木炭的燃烧就是典型的表面燃烧。蒸发燃烧主要发生在灰熔点较低的固体燃料，燃料在燃烧前先熔融为液态，然后再进行蒸发和燃烧。分解燃烧是指当燃料的热解温度较低时，热解产生的挥发分析出后，与氧气进行气相燃烧反应。

生物质的燃烧属于分解燃烧，其燃烧过程可分为预热和干燥、干馏、挥发分燃烧和固定碳燃烧等四个阶段。当生物质温度达到 100℃后，生物质进入干燥阶段，水分开始蒸发。水分蒸发需要吸收燃烧过程中释放的热量，会降低燃烧室的温度。温度继续升高，挥发分开始析出，进入干馏阶段，当挥发分析出完毕后，剩下的就是木炭。随着燃料的温度不断增加，生物质高温析出的挥发分开始燃烧。挥发分燃烧释放的热量占燃烧全过程总释放热量的 70%左右。挥发分燃烧阶段消耗了大量的氧气，减少了扩散到炭表面的氧含量，抑制了固定碳的燃烧；挥发分的燃烧在炭粒周围形成的火焰又为炭燃烧提供了热量，加速了炭粒的燃烧。随着挥发分的燃尽，固定碳开始燃烧，并逐渐燃尽。生物质中固定碳含量低，固定碳燃烧在整个燃烧过程中仅起次要作用。应指出，虽然上述四个阶段是依次进行的，但也有相互重叠的部分。各阶段所经历的时间与燃料种类、燃烧产物成分和燃烧方式等因素有关。

合适的温度是良好燃烧的首要条件，干燥和挥发分析出更顺利，达到着火的时间缩短，不同种类木材的着火点和自燃温度如表 4-26 所示。

表 4-26　不同种类木材的着火点和自燃温度

木材种类	着火点（℃）	氧气中自燃温度（℃）	空气中自燃温度（℃）	320℃下着火时间（s）
云杉	300	260	430	140
杨树	290	240	450	138
樱	250	250	490	144
松	260	260	490	187
枥	270	270	470	151
榆	280	280	440	164
桦	260	260	500	179
青冈	290	290	540	272

当生物质的燃烧系统功率大于 100kW 时，一般采用锅炉进行燃烧，以适应生物质的大规模利用。利用锅炉进行燃烧的技术称为现代化燃烧技术，主要目的是实现工业供热、区域采暖供热、发电或热电联产等。根据锅炉的燃烧方式，可分为层燃、流化床和悬浮燃烧三种形式。

3. 生物质燃烧的污染排放与控制

生物质燃烧排放的污染物主要包括烟尘、CO、NO_x、HCl、SO_x和重金属等，其排放种类和数量与燃料的特性、燃烧技术、燃烧过程和燃烧控制措施等因素有关，表4-27给出了生物质燃烧主要污染物排放及其对环境的影响。

表4-27 生物质燃烧主要污染物排放及其对环境的影响

污染物	来源	影响
烟尘	未完全燃烧的炭颗粒、飞灰、盐分等	影响人的呼吸系统、致癌
CO_2	燃烧主要产物	温室效应（对生物质认为近似零排放）
CO	未完全燃烧产物	与O_3间接形成温室效应
NO_x（NO、NO_2）	生物质中N和空气中N_2	与O_3间接形成温室效应、酸雨，影响人的呼吸系统
SO_x（SO_2，SO_3）	生物质中S	酸雨，影响人的呼吸系统，导致哮喘
HCl	生物质中Cl	酸雨，影响人的呼吸系统
重金属	生物质中的重金属	在食物链中积累，有毒，可致癌

由于生物质具有低硫、低氮、低灰分、高挥发分和低温燃烧等特性，烟尘是生物质燃烧排放的主要污染物。烟尘除了炭微粒外，还含有硫、氢、苯、酚和重金属等有毒、有害物质和致癌物质。层燃产生的粉尘颗粒直径为10～200μm，悬浮燃烧产生的粉尘直径为3～100μm。虽然通过对燃烧过程的优化控制可以减少烟尘的排放，但无法完全消除烟尘，必须采用除尘器进行烟气除尘。

对生物质燃烧过程中产生的SO_x、NO_x和HCl等有毒、有害气体，要采用脱硫、脱氮设备和洗气设备进行脱除，以达到气体污染排放要求。

4. 生物质的预处理技术

常用的生物质预处理技术包括打捆处理（农作物秸秆）、干燥、粉碎和输送等技术。不同种类的草捆的技术参数见表4-28。

表4-28 不同种类草捆的技术参数

参数	方捆（小）	方捆（大）	圆捆	密实型
消耗功率（kW）	＞25	＞60	＞30	＞70
产量（t/h）	8～20	15～20	15～20	14
形状	长方体	长方体	圆柱体	圆柱体
密度（kg/m^3）	120	150	110	300
堆积密度（kg/m^3）	120	150	85	270
外形尺寸（cm）	40×50×50～120	120×130×120～170	ϕ120～200×ϕ120～170	ϕ20～50×任意长度
质量（kg）	8～25	500～600	300～500	—

生物质的干燥根据是否使用热源可分为自然干燥和人工干燥两种。自然干燥是指在不使用热源的条件下，仅利用空气通风或太阳能对生物质干燥的方法。人工干燥是利用相应

的干燥设备和热源对生物质进行加热干燥的方法。干燥设备可采用带式干燥机、转鼓式干燥机、隧道式干燥机或流化床等，热源采用热烟气或水蒸气等。与自然干燥相比，人工干燥不受自然气候条件的限制，干燥时间短，能耗高，一般用于高附加值生物质的干燥过程。

生物质的形态各异，如农作物秸秆的自然长度一般为0.6～0.9m，有时为了保证连续供料机的正常运行，需要对生物质进行适当的粉碎处理，粉碎后的生物质可以通过皮带、气力输送等方式进行输送。

（二）生物质燃烧发电技术

生物质燃烧发电技术是一种最简单和成熟的生物质能发电技术。这一发电过程与化石燃料发电厂相比，区别在于燃料是生物质而非化石能源。根据不同的技术路线，生物质燃烧发电技术可分为汽轮机、燃气轮机、斯特林（Stirling）发动机等，各种生物质燃烧发电技术性能如表4-29所示。采用生物质直燃发电热电联产系统，它通过不同等级热能的分级使用，提高了生物质能的利用效率，降低了发电成本。

表4-29　　不同生物质燃烧发电技术比较

发电技术	工作介质	装机容量（MW）	发展状况
汽轮机	水蒸气	5～500	成熟技术
燃气轮机	燃气/水蒸气	0.1～1	成熟技术
斯特林发动机	气体（无相变）	0.02～0.1	商业化推广阶段

在现有电厂利用木材或农作物的残余物与煤的混合燃烧，可使燃煤电厂降低NO_x的排放。

（三）生物质气化技术

生物质气化是以生物质为原料，以空气、富氧或纯氧、水蒸气或氢气作为气化介质，在高温条件下通过热化学反应将生物质中的可燃部分转化为可燃气体的过程。生物质气化时产生的气体，称为生物燃气，主要包括CO、H_2、CH_4和C_nH_m等可燃性气体，及不可燃气体CO_2、O_2、N_2和少量水蒸气。不同的生物质资源气化产生的混合气体含量有所差异。

1. 气化基本原理

以生物质下吸式固定床气化炉中的气化过程为例来说明生物质气化的基本原理。生物质从下吸式气化炉的顶部加入，生物质依靠自重逐渐由炉顶部下降到底部，沿途依次完成干燥、热裂解、氧化和还原反应，形成的灰渣从炉底部排出。空气作为气化介质从炉中部的氧化区加入，可燃气体从炉下部被抽出。根据生物质在气化炉中进行的不同热化学反应，可将气化炉从上至下依次分为干燥层、热解层、氧化层和还原层四个区域。

（1）干燥区。在该区内，生物质被加热到200～300℃，生物质中的水分被蒸发，形成生物质干原料。

（2）热解区。来自干燥区的干生物质物料向下移动进入热解区，在该区受热发生热裂解反应，生物质中大部分挥发分再从固体中析出，挥发分的主要成分包括水蒸气、H_2、

CO、CO_2、CH_4、焦油和其他碳氢化合物，热解过程在500～600℃时基本完成，剩下的残余物为木炭。

(3) 氧化反应区。气化剂从炉子的中部氧化区内加入，与热解区形成的木炭发生燃烧反应，生成大量的CO_2，同时放出热量，温度可达到1000～1200℃，反应式为

$$C+O_2 = CO_2+Q_1 \tag{4-8}$$

由于是限氧燃烧，无充分的氧进行完全燃烧，因此，不完全燃烧反应同时发生，其反应式为

$$2C+O_2 = 2CO+Q_2 \tag{4-9}$$

$$2CO+O_2 \longrightarrow 2CO_2 \tag{4-10}$$

$$2H_2+O_2 \longrightarrow 2H_2O \tag{4-11}$$

在氧化层进行的均为燃烧，是放热反应，释放出大量的热量供给其他各区域能量，以保证各区域反应的正常进行，氧化层的高度较低，反应速率很快。

(4) 还原反应区。在还原层已没有氧气存在，在氧化反应生成的CO_2与灼热木炭、水蒸气发生还原反应，还原反应为吸热反应，还原区的温度为700～900℃，所需的热量由氧化层供给。还原反应的反应速率较慢，为了保证反应充分进行，设计的气化炉还原层高度要超过氧化层的高度，其反应式为

$$C+CO_2 = 2CO-Q_3 \tag{4-12}$$

$$H_2O+C = CO+H_2-Q_4 \tag{4-13}$$

$$2H_2O+C = CO_2+2H_2-Q_5 \tag{4-14}$$

$$H_2O+CO = CO_2+H_2-Q_6 \tag{4-15}$$

在气化炉的实际运行过程中，很难分开干燥层、热解层、氧化层和还原层的界限，它们之间是相互渗透和交错的，生物质在气化炉中经历上述四个区域，就完成了气化物料向可燃气体的全部转化过程。气化过程的优劣，常用气体产率、气化强度、气化效率、热效率和可燃气体热值等五个指标进行评价。

(1) 气体产率。单位质量生物质气化所得的可燃气体的体积，单位为m^3/kg。

(2) 气化强度。是指气化炉中单位横截面积每小时气化生物质质量，单位为$kg/(m^2\cdot h)$，或气化炉中单位容积每小时气化的生物质质量，单位为$kg/(m^3\cdot h)$。

(3) 气化效率。是指单位质量生物质气化所得到的可燃气体在完全燃烧时放出的热量与气化使用的生物质发热量之比，是衡量气化过程的主要指标，即

$$\text{气化效率}=\frac{\text{燃气热值}\ (kJ/m^3)}{\text{生物质发热}\ (kJ/kg)}\times\text{气体产率}\ (m^3/kg)\times 100\% \tag{4-16}$$

(4) 热效率。是表示所有直接加入到气化过程中的热量的利用程度。实际上，还应该考虑气化过程中气化剂带入的热量。当气化过程中的焦油被利用时，焦油的热量也应该作为被利用的热量。热效率为生产物的总能量与消耗的总能量之比。

(5) 可燃气体热值。是由可燃气体组分的热值加权而得，可表示为

$$Q_{net}=\sum r_i Q_{net,i} \quad MJ/m^3 \tag{4-17}$$

式中：r_i为可燃气体组分i的体积浓度，%；$Q_{net,i}$为可燃气体组分i的低热值。常见可燃气体的低热值如表4-30所示。

表 4-30　常见可燃气体的低热值

种类	低热值 Q_{net}		种类	低热值 Q_{net}	
	MJ/kg	MJ/m³		MJ/kg	MJ/m³
氢气	120.036	10.743	丙烷	46.886	91.029
一氧化碳	10.111	12.636	乙烯	47.194	59.469
甲烷	20.049	35.709	丙烯	45.812	86.407
乙烷	47.520	63.581	乙炔	78.732	56.451

2. 生物质气化技术的分类

目前，生物质气化技术大体上可按生物质燃气、气化剂和气化炉的运行方式进行分类。

（1）根据制取的可燃气体的热值分，可分为低热值燃气方法（燃气的低热值小于 8.374MJ/m³）、中热值燃气方法（燃气低热值为 16.747～33.494MJ/m³）和高热值燃气方法（燃气的低热值大于 33.494MJ/m³）。

（2）按照气化炉的运行方式分，可分为固定床气化、流化床气化和转炉床气化。

（3）按照有无气化剂分，可分为无气化剂（干馏气化）和有气化剂气化方法，气化剂气化方法包括空气气化、氧气气化、水蒸气气化、水蒸气-空气气化和氢气气化。

3. 生物质燃气

生物质燃气是由多种可燃气体组分（CO、H_2、CH_4、C_mH_n 和 H_2S 等）、不可燃成分（CO_2、N_2 和 O_2 等）及水蒸气组成的混合气体。可燃气体的热值取决于生物质原料性质、气化剂种类、气化炉形式及运行方式等因素，不同气化技术可燃气体的热值见表 4-31。

表 4-31　各种类型气化炉产出气体热值比较

气化剂	气化炉类型							
	固定床气化炉				流化床气化炉			
	下吸式	上吸式	横吸式	开心式	单流床	双流床	循环床	携带床
空气	▲	▲	▲	▲	▲	○	—	—
氧气	○	○	○	—	○	—	○	○
水蒸气	—	—	—	—	○	○	—	—

注　▲ 低热值气体；○ 中热值气体。

从气化炉中排出的可燃气体中含有一些杂质，必须进行净化处理后才能满足用户和燃气设备。杂质一般分为固体杂质、液体杂质和气体杂质三大类。固体杂质中包括灰分和细小的炭粒，液体杂质包括焦油和水分，气态杂质包括 H_2S、氨等。燃气杂质净化的方法主要有水洗法、过滤法、静电除焦和焦油催化裂解等。

生物质气化产生的可燃气体的主要用途为供热、集中供气、发电和化工原料等。根据气化产物可燃气体的不同用途，选择不同的气化炉、工艺流程和燃气净化设备，以确保系统运行的安全性、可靠性和经济性。

4. 秸秆气化集中供气技术

生物质气化集中供气系统是近几年来发展起来的一种新的生物质气化应用方式，它是将农村废弃的秸秆类生物质转换成为燃气集中送入居民用户，替代煤气或液化气。

秸秆气化集中供气系统包括四个部分，即生物质气化机组、气柜、管网和户用炊具。生物质原料首先用切碎机处理达到气化炉使用条件，然后由送料装置送入气化炉中，不同类型的气化炉配置不同类型的上料装置。物料在气化炉内进行气化反应，产生的生物质燃气，由净化系统进行除尘、灰、焦油和水分。经过净化的气体经水封被送入储气罐中。水封相当于单向阀，它只允许可燃气向储气罐中输送。储气罐通常采用湿式浮罩式。目前已成功气化了玉米芯、玉米秸、棉柴和麦秸，所产燃气主要成分及气化器性能如表 4－32 所示。

表 4－32　燃气主要成分和气化反应器性能

燃料品种	成分（%）					低热值（MJ/m³）	产气量（m³/kg）	输出热量（kJ/kg）	气化效率（%）	产气率（Nm³/kg）	气化强度 MJ/（m²·h）	速度（m/s）
	CO_2	O_2	CO	H_2	CH_4							
玉米芯	12.5	1.4	22.5	12.3	2.32	5.30	135	715.9	76.9	2.33	5176.4	0.271
棉柴	11.6	1.5	22.7	11.5	1.92	5.59	109	608.8	77.46	1.94	4402	0.219
玉米秸	13.0	1.65	21.4	12.2	1.87	5.33	116	618	73.92	1.90	4468.7	0.233
麦秆	14.0	1.7	17.6	8.5	1.36	3.66	113	413.9	72.6	2.51	2993.4	0.215

我国较早便开始了生物质热解气化的研究，近年来我国生物质气化技术应用情况见表 4－33。

表 4－33　我国生物质气化技术应用情况

类型	气化炉直径（mm）	气化强度［kg/（m²·h）］	功率（MJ/h）	用途	研制单位
上吸式	1100	240	2.9	生产供热	中科院广州能源所
	1000	180	1.6	锅炉供热	林科院南京林化所
下吸式	400	200	300	茶叶烘干	中国农机院
	600	200	660	木材烘干	中国农机院
	900	200	1490	锅炉供热	中国农机院
	900	200	1000	集中供气	山东科学院能源所
	1400	—	2000	集中供气	山东科学院能源所
层式下吸式	2000	150	160kW	发电	商业部
	1200	150	60kW	发电	江苏省粮食局
	200	398	2～5kW	发电	中科院广州能源所
循环流化床	400	2000	4.2	锅炉供热	中科院广州能源所

5. 生物质气化发电技术

生物质气化发电技术是目前研究与应用多、装备完善的技术。它是指先通过气化炉将生物质气化为可燃气体，然后进行发电。生物质气化发电有汽轮机发电、内燃机发电和燃气轮机发电三种方式，如图 4-29 所示。当前我国的气化发电系统受技术水平限制主要采用前两种形式。

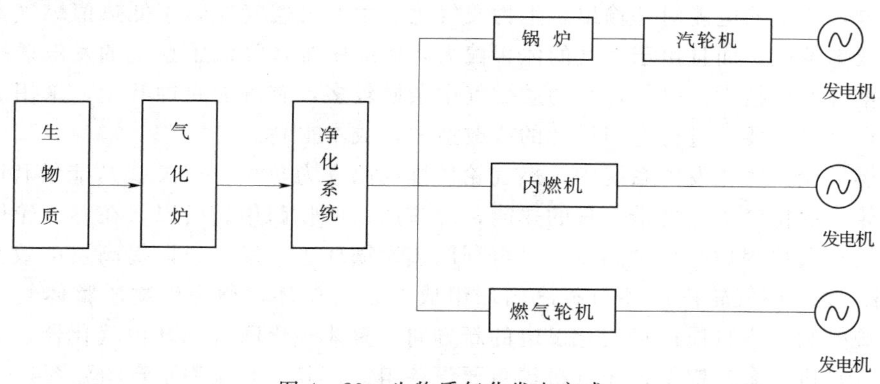

图 4-29 生物质气化发电方式

生物质气化发电系统以发电系统的容量大小可以分为小规模、中等规模和大规模三种，见表 4-34。小规模生物质气化发电系统适合于生物质的分散利用，具有系统简单、初投资小的特点。大规模生物质气化发电系统适合于生物质的大规模利用，发电效率高，是生物质气化发电的主要发展方向。生物质气化发电技术按照可燃气体发电方式可分为内燃机发电系统、燃气轮机发电系统及燃气-蒸气联合循环发电系统。气化发电系统主要由进料机构、燃气发生装置、净化装置、发电机组和废水处理设备等组成。

表 4-34　不同规模生物质气化发电系统

性能参数	小规模	中等规模	大规模
装机容量（kW）	＜200	500～3000	＞5000
气化技术	固定床、常压流化床	常压流化床	常压流化床、高压流化床、双床流化床
发电技术	内燃机、微型燃气轮机	内燃机	整体气化联合循环、燃气轮机
系统发电效率	11～14	15～20	35～45
主要用途	适用于生物质资源丰富的缺电地区	适用山区、农场、林场的照明或小型工业用电	电厂、热电联产

在内燃机气化发电机组中，可燃气体作为内燃机的燃料与空气混合后在内燃机的汽缸里燃烧，可燃气体燃烧后释放出热量并推动活塞做功，进一步转变成电能对外输出。内燃机发电系统具有系统简单、技术成熟可靠、功率和转速范围宽、配套方便、机动性好和初投资低等特点，获得了广泛的应用。但内燃机对可燃气体的质量要求高，可燃气体在进入内燃机之前要进行净化和冷却处理，除去可燃气体中的有害杂质，以保证内燃机运行的可靠性。

在燃气轮机气化发电机组中，生物质燃气喷入燃气轮机燃烧室，与经压气机压缩的空气混合后进行燃烧，释放出热量，气体产物进入燃气透平中膨胀做功，推动透平叶轮带动压气机叶轮一起旋转输出机械能，机械能除了供给压气机外，剩余的机械能带动发电机旋转进行发电，产生的电能对外输出。生物质气化产生的可燃气体属于低热值燃气，燃烧温度和发电效率偏低，而且由于燃气的体积偏大，压缩困难，降低了系统的发电效率，因此需要采用燃气增压技术。另外，生物质燃气中杂质较多，有可能腐蚀叶轮，采用的燃气轮机都是根据系统的要求进行专门设计的或改造的，成本很高。

对于燃气轮机气化发电系统中，燃气轮机排气温度为500～600℃。从能量利用的角度看，燃气轮机的排气仍然携带大量的热能，应该加以回收利用。所以，在燃气轮机发电的基础上，增加余热锅炉产生过热蒸汽，再利用蒸汽循环进行发电，以提高发电效率，使其超过40%。这种燃气轮机循环与蒸汽循环组成的联合循环，称为生物质整体气化联合循环，是大规模利用生物质进行气化发电的新方向。整体气化联合循环由气化器、燃气净化系统、蒸汽轮机、余热锅炉、压气机等主要设备组成，其工艺流程示意图如图4-30所示。

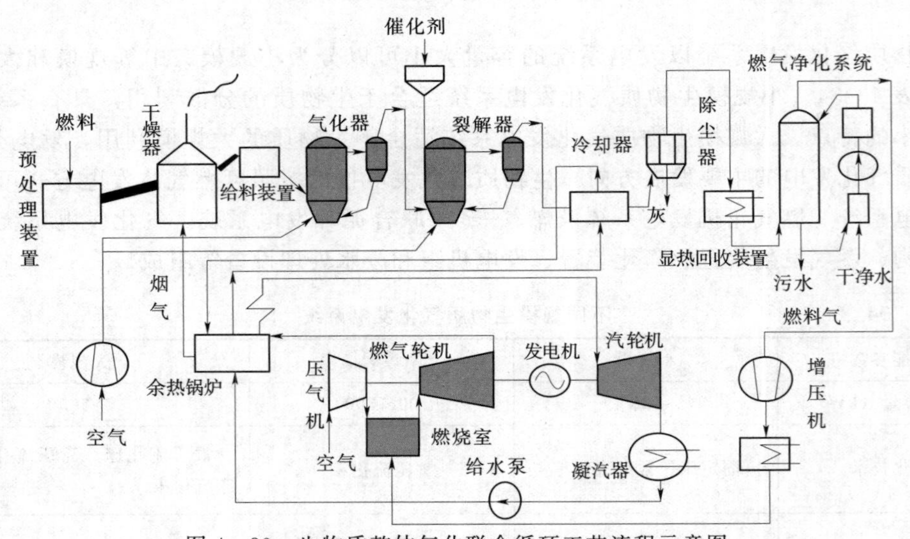

图4-30　生物质整体气化联合循环工艺流程示意图

（四）生物质热解和液化技术

1. 热解与直接液化技术

热解是生物质在反应器中完全无氧时高温分解为生物炭、生物油和可燃气的热化学反应过程。其热解压力一般为0.1～0.5MPa，热解产物的具体组成和性质与热解的方法和反应参数有关。

根据热解条件和产物的不同，生物质热解工艺主要可分为炭化、干馏和快速热解三种。

（1）炭化是将薪炭材放置在炉窑进行热分解制取木炭的方法。

（2）干馏是将木材原料放在釜中隔绝空气进行加热，以制取醋酸、甲醇、木焦油抗聚剂、木馏油和木炭等产品的方法，根据干馏温度的高低，干馏可分为低温干馏（温度为

500～580℃)、中温干馏（温度为660～750℃）和高温干馏（温度为900～1100℃）；经热解，可得到原料重量20%～25%的生物炭、10%～20%的生物柴油。

(3) 快速热解是将林业废料如木屑、树皮及农业副产品如甘蔗渣、秸秆等快速加热后，再进行快速冷却制取液态生物原油的方法。快速热解产物中的生物原油一般可达到原料重量的40%～60%，快速热解过程所需的热量由热解产生的部分气体供应。

直接液化的反应过程中需要催化剂，反应的压力一般为5～20MPa，主要产物为燃料油。与热解相比，直接液化可以产生物理性能和化学稳定性都更好的碳氢化合物液体燃料油，可作为燃料或化工原料。

2. 热解原理

生物质热解包括分子键断裂、异构化和小分子聚合等反应。木材、林业废弃物和农作物废弃物的主要组分是纤维素、半纤维素和木质素。纤维素在52℃时开始热分解，随着温度的提高，热解反应速度加快，到350～370℃时，分解为低分子产物，其热解过程为

$$(C_6H_{10}O_5)_n \longrightarrow nC_6H_{10}O_5 \tag{4-18}$$

$$C_6H_{10}O_5 \longrightarrow H_2O + 2CH_3-CO-CHO \tag{4-19}$$

$$CH_3-CO-CHO + H_2 \longrightarrow CH_3-CO-CH_2OH \tag{4-20}$$

$$CH_3-CO-CH_2OH + H_2 \longrightarrow CH_3-CHOH-CH_2 + H_2O \tag{4-21}$$

半纤维素结构上带有支链，是木材中最不稳定的组分，在225～325℃时分解，比纤维素更易热分解，其热解机理与纤维素相似。

在生物质的热解过程中，影响热解过程的因素主要有热解的最终温度、升温速率、热解压力、生物质含水率、热解反应的气氛和生物质的形态等因素。生物质热解的最终温度对热解的产物产量、组成有显著的影响。

生物质的形态对热解过程也会产生影响。例如，木材，沿纤维方向的热导率比与纤维垂直方向的热导率高，此外树皮也会影响热传导，故锯断、劈开和剥皮都可以加快木材的干燥和热解过程。

3. 生物质炭化技术

生物质炭化和干馏的主要原料为薪炭林、森林采伐剩余物（如枝桠和伐根）、木材加工业的剩余物（如木屑、树皮和板皮）、林业副产品（如果壳、果核和稻壳）及生物质压缩成型的燃料等。木炭作为生物质炭化的产物具有广泛的用途。如在冶金行业，可用来冶炼铁矿石，熔炼的生铁具有细粒结构、铸件紧密、无裂纹等特点，适于生产优质钢材；在有色金属生产中，木炭常用做表面阻熔剂；大量的木炭也用于二硫化碳和活性炭的生产；木炭还可以用于制造渗碳剂、黑火药、固体润滑剂及电极等产品。

4. 生物质快速热解技术

快速热解是指生物质在无氧的条件下，在0.5～1s的很短时间内加热到500～540℃，然后将其产物迅速冷凝的热解过程。快速热解的主要产物是液态生物原油。生物原油是由复杂的有机化合物的混合物所组成，这些混合物分子量大且含氧量高，主要包括醚、酯、醛、酮、酚、醇和有机酸等。生物原油是一种有实用价值的替代燃料，可以作为锅炉或燃气轮机的燃料，进行发电和供热，也可以作为内燃机的替代燃料驱动交通工具。但生物原油化学稳定性较差，含水量和含氧量都较高，影响了作为燃料的推广和应用。另外，大规

模的快速热解设备的初投资较高，生物质原油较高的生产成本在目前还无法与化石燃料进行商业竞争。

5. 生物质直接液化技术

生物质直接液化是在较高的压力和有溶剂存在的条件下的热化学反应过程。反应物的停留时间通常需要几十分钟，主要产物为燃料油。与煤液化相比，生物质液化可在较温和的条件下进行，也可以把生物质的直接液化和它的水解工艺结合起来，用水解中生成的木质素残渣作液化原料。由于木质素的含氧量较低，能量密度较高（木质素和纤维素的能量密度分别为27MJ/kg和17MJ/kg），对液化有利。生物质直接液化工艺流程如图4-31所示。

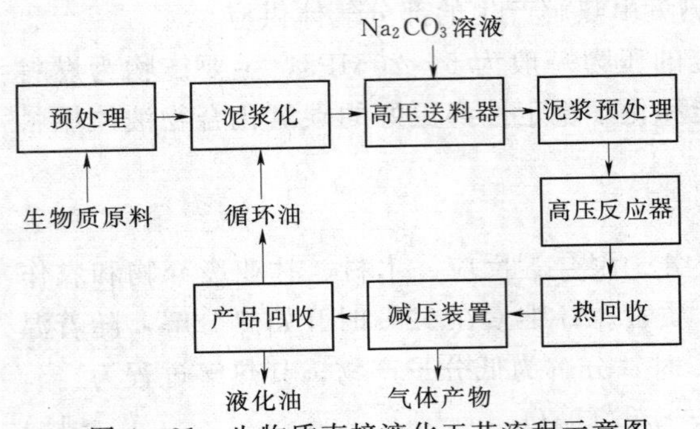

图4-31　生物质直接液化工艺流程示意图

木材原料中的水分一般较高，含水率可达50%，为了减少液化的反应时间，需将木材的含水率降到4%左右。将木屑干燥和粉碎后，与油混合成浆状物料，由高压输料机输送至反应器。加入20%的Na_2CO_3溶液作为催化剂。反应的产物包括油、水、未反应的木屑和其他杂质，利用离心分离机将固体杂质与液体分开，得到的液体产物一部分作为循环油使用，其余的液化油作为产品输出。液化油是高黏度、高沸点的一种酸性物质，不同催化剂和反应温度，生物质液化的产物是不同的。

（五）沼气技术

沼气是一种无色、有臭、有毒的混合气体，主要成分为甲烷（CH_4，占总体积的50%～70%）和CO_2（占总体积的30%～40%），此外还含有H_2、H_2S、N_2、H_2和CO及高分子烃类。沼气的低热值为20.930～25.120MJ/m³，其着火温度为88℃。某些沼气的组成见表4-35。

表4-35　某些沼气的组成

来　源	组成的体积分数（%）							
	CH_4	CO_2	CO	H_2	C_mH_n	N_2	O_2	H_2S
鞍山污水处理厂	58.2	31.4	1.6	6.5	—	0.7	1.6	—
四川化工研究所	61.9	35.77	—	—	0.186	1.88	0.23	0.034
成都污水处理厂	50.0	29.0	1.0	—	3.0	1.6	1.0	
青岛化肥厂无害化厂	53～65	40～30	0.5～0.15	2～4	0.1～1	—	1～2	—
俄罗斯	62.2	34.41	—	1.38	—	1.61	0.4	—
英　国	68.6	29.9	—	—	—	1.2	0.17	0.13

1. 沼气发生的基本原理

沼气是有机物质在厌氧条件下经过多种细菌的发酵作用生成的产物。许多生物质，如秸秆、杂草、人畜粪便、垃圾、污水、工业有机废物等都可以作为生产沼气的原料。沼气发酵过程经历水解、产酸和产甲烷三个阶段。

(1) 水解阶段。微生物的胞外酶(如纤维素酶、淀粉酶、蛋白酶和脂肪酶等)对有机体进行体外酶解,把固态有机物转化为可溶于水的物质。在水解作用的同时产生了更多的产菌酸。在发酵原料中,一般纤维素所占比例较高,由它转化成葡萄糖的水解反应为

$$(C_6H_{10}O_5)_n + nH_2O \longrightarrow nC_6H_{12}O_6 \tag{4-22}$$

(2) 产酸阶段。在胞内酶(产酸菌)的作用下,将第一阶段的水解产物进一步转化为分子量较小的简单有机物和中性化合物。如葡萄糖先后分解成丁酸、丙酮酸和乙酸,反应式为

$$(C_6H_{10}O_5)_n + nH_2O \longrightarrow nC_6H_{12}O_6 \tag{4-23}$$

$$C_6H_{12}O_6 \longrightarrow CH_3CH_2CH_2COOH + CO_2 + 2H_2 \tag{4-24}$$

$$CH_3CH_2CH_2COOH + 2H_2O + CO_2 \longrightarrow 4CH_3COOH + CH_4 \tag{4-25}$$

$$C_6H_{12}O_6 \longrightarrow CH_3COCOOH + 2H_2 \tag{4-26}$$

$$CH_3COCOOH \longrightarrow CH_3COOH + H_2 + CO_2 \tag{4-27}$$

在这个阶段所得的主要产物是低级脂肪酸、醇等,其中主要是挥发性酸(包括乙酸、醇、丙酸和丁酸),乙酸所占比例最大,约占80%。

(3) 产甲烷阶段。在该阶段,甲烷菌把前阶段产生的简单有机物和中性化合物进一步转化为CH_4和CO_2,主要化学反应为

$$C_3H_7COOH + 2H_2O + CO_2 \longrightarrow 4CH_3COOH + CH_4 \tag{4-28}$$

$$CH_3COOH \longrightarrow CH_4 + CO_2 \tag{4-29}$$

$$C_2H_5OH + CO_2 \longrightarrow 2CH_3COOH + CH_4 \tag{4-30}$$

$$4CH_3OH \longrightarrow 3CH_4 + CO_2 + 2H_2O \tag{4-31}$$

$$CO_2 + 4H_2 \longrightarrow CH_4 + 2H_2O \tag{4-32}$$

2. 沼气发酵的工艺条件

为保证沼气池中细菌的厌氧消化过程,就要使厌氧细菌能够旺盛地生长、发育、繁殖和代谢。细菌的生长越旺盛,产生的沼气就越多。

(1) 严格的无氧环境。分解有机质并产生沼气的细菌都是厌氧的,在有氧气存在的环境下,它们无法进行正常的生命活动,因此生产沼气的沼气池必须严格密封,不漏气,不漏水。

(2) 菌种。由于沼气发酵原料成分十分复杂,因此发酵过程需要足够的菌种,以保证正常产气。

(3) 发酵原料。生产沼气的原料也是厌氧菌生长、繁殖的营养物质,这些营养物质中最重要的是碳素和氮素两种营养物质。要保持合适的碳氮比,最佳的碳氮比为(20~30):1。

(4) 适宜的发酵液浓度。一般要求原料中干物质浓度在7%~10%。

(5) 适当的pH值。pH值一般保持在6.5~7.5,以适宜菌种的生长繁殖。

(6) 合适的温度。发酵温度在5~60℃范围内均能正常产气,在一定的温度范围内,随着发酵液温度的升高,沼气产量可大幅度增加。根据采用发酵温度的高低,可以分为常温发酵、中温发酵和高温发酵。常温发酵的温度为10~30℃,其优点是沼气池不需升温设备和外加能源,建设费用低,原料用量少;但常温发酵原料分解缓慢,产气少,特别是在冬季,许多沼气池不能正常产气。中温发酵的温度为30~45℃,这是沼气发酵的最适宜温度,其产气量比常温发酵高出许多倍;在酒厂、屠宰场、纺织厂、糖厂附近应优先采用中

温发酵。高温发酵温度为45～60℃，这种发酵的特点是原料分解快，产气量高，但沼气中的甲烷含量略低于中温和常温发酵，并需消耗热量。

(7) 添加剂与阻抑物。在发酵原料中添加某些物质能够促进有机质的分解并提高产气量，这种物质称为添加剂，如纤维酶、尿素、硫酸钙等。相反，有些物质超过一定浓度会抑制生物细菌的生命活动，称之为阻抑物，如不恰当的酸碱度、重金属、农药等。

此外，对发酵液进行搅拌有利于原料分布均匀，增加反应接触面积，可以提高产气量。

3. 制取沼气的设备

沼气池是产生沼气的关键设备。沼气池的种类很多，有池-气并容式的沼气池、池-气分离式沼气池，固定式沼气池及浮动储气罐式的沼气池。用来建造沼气池的材料也多种多样，有砖、混凝土、钢、塑料等。最常用的为池-气并容固定式的沼气池。通常沼气池都修建成圆形或近似圆形，主要是圆形池节约材料、受力均匀且密封性好。大型沼气发生装置的形式很多，有单级或多级发酵池式，还有连续进出料发酵罐式。以发酵温度来分，有常温（20℃以下）、中温（35℃左右）和高温（50℃以上）的区别。目前我国建造的一些大型沼气发酵装置，多半是中、高温发酵型。大、中型工业沼气装置的发酵工艺比较复杂，因为原料不同，所含化学耗氧量（COD）和生化耗氧量（BOD）不同，设备要求也不同。现对常见的不同小型沼气池进行简单介绍。

(1) 水压式沼气池。水压式沼气池的形式较多，按池的几何形状可分为圆柱形、长方形、球形和椭球形等。图4-32是水压式沼气池结构示意图。沼气池由发酵间和储气间两部分组成，以发酵液液面为界，上部为储气间，下部为发酵间。随着发酵间沼气的不断产生，储气间的沼气密度相应增大，使气压上升，同时把发酵料液挤向水压箱和使发酵间与水压箱的料液而出现液位差，这个液位差就是储气间的沼气压力，两者处于动平衡状态。该过程叫做气压水。当使用沼气时，沼气逐渐输出池外，池内气压慢慢减小，水压箱的料液又流回发酵间，使液位差维持新的平衡，此过程叫水压气。如此不断地产气、用气，沼气池内外的液位差不断地变化，这就是水压式沼气池的基本工作原理。水压式沼气池池体容积一般为6～10m^3，设计气压为4000～8000 Pa。投料量为池体净空容积的80%～90%。沼气发酵料液的浓度很重要，一般采用6%～10%的发酵料液浓度较适宜。水压式沼气池除一次性大投料外，一般还可以连续投料和出料。

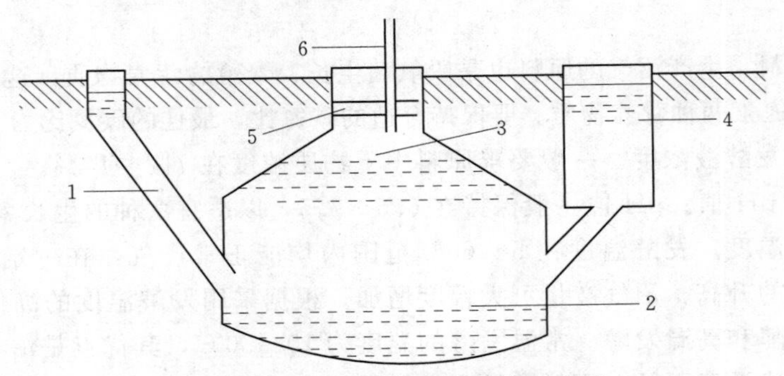

图4-32 水压式沼气池结构示意图

1—进料管；2—发酵间；3—储气间；4—水压间；5—活动盖；6—导气管

（2）浮罩式沼气池。浮罩式沼气池是发酵池与气罩一体化，如图 4－33 所示。池底基础用混凝土浇制，两侧为进、出料管，池体呈圆柱状。浮罩大多数用钢材制成，或采用薄壳水泥构件。发酵池产生沼气后，慢慢将浮罩顶起，依靠浮罩的自身重力，使气室产生一定的压力，以便沼气输出。这种沼气池可以一次性投料，也可半连续投料，其特点是所产沼气压力比较均匀。这种结构特别适合大型沼气池，可避免储气间漏气，并获得稳定压力的沼气，对多用户集体供气十分有利。

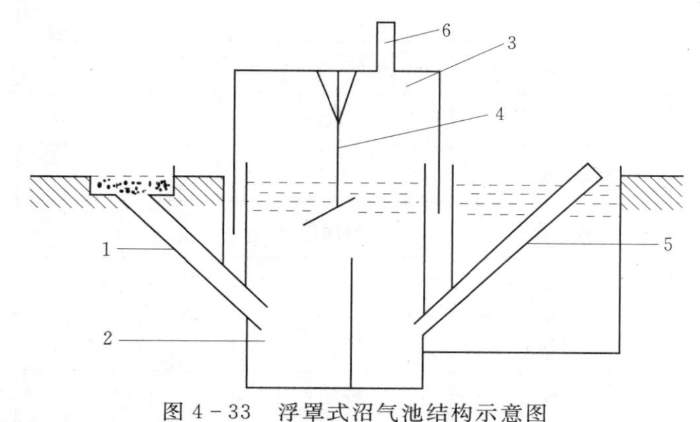

图 4－33　浮罩式沼气池结构示意图

1—进料管；2—沼气池；3—储气罩；4—搅拌器；5—溢流管；6—导气管

（3）塑料沼气池。我国农村建造家用沼气池，通常使用水泥、石灰、石料和砖块，这些材料耗能较大。我国研制了一种红泥塑料，并开始用于沼气方面。它实质上是一种改性聚氯乙烯塑料，使塑料的强度和寿命大为增加，而成本又较低。

4. 沼气发酵工艺流程

一般工业发酵产气装置规模较大，表 4－36 给出了几种常用发酵装置及其技术特点。由表可以看出，这些装置的技术性能相对于普通发酵装置而言，具有如下优势：处理能力大2～10 倍、产气率提高 1～3 倍、COD 去除率高 10%～20%，占用土地较少，适应能力强等。

表 4－36　　几种常用发酵装置的特点

原理及参数	普通消化器	升流式反应器	厌氧过滤器	厌氧接触反应器
工作原理	沼气 进水 出水	沼气 出水 进水	沼气 回流 进水	沼气 出水 进水 污水回流
最大负荷 ［COD/kg/（m^3·d）］	2～3	10～20	5～15	4～12

续表

原理及参数		普通消化器	升流式反应器	厌氧过滤器	厌氧接触反应器
最大负荷下COD去除率（%）		70～90	90	90	80～90
进水最低浓度（CODmg/L）		5000	1000～1500	1000	3000
池容产气率[m^3/（m·d）]	常温	＞0.3	0.6～0.8	—	＞0.3
	中温	0.6～0.8	1.0～2.0	—	0.7左右
动力消耗		一般	小	小	小
运行操作与控制		较容易	较难	易	较容易
堵　塞		无	无	有可能	无
占用土地		较多	较少	较少	较多
对冲击负荷的承受能力		较低	较高	一般	高

为了便于连续产气和储气，大型沼气工程除了必备的发酵装置外，还设有原料的预处理、残留物的后处理以及沼气的净化、计量、储存等系统。具有代表性的沼气工程发酵工艺如图4-34所示。

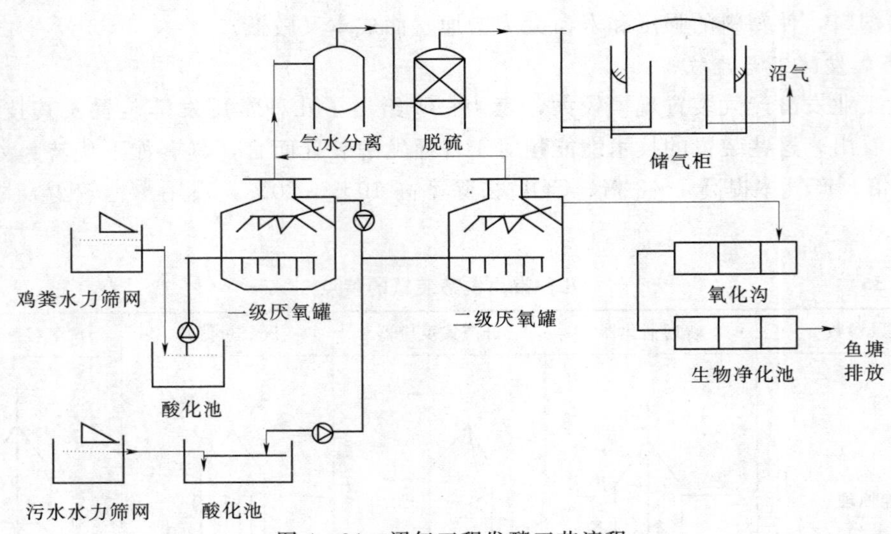

图4-34　沼气工程发酵工艺流程

（六）城市生活垃圾处理技术

1. 城市生活垃圾的基本特性

城市生活垃圾成分比较复杂。城市气化率较高的城市，垃圾中无机物的含量将会明显下降，这在北方城市尤为明显，在使用煤气和暖气的双气楼房的垃圾中，有机含量高于无机含量，可接近90%。一些发达国家城市垃圾组成与上海、深圳、台湾垃圾组成比较如表4-37所示。

表4-37 一些国家地区和城市垃圾组成（%）

垃圾种类	国家和地区							
	美国	日本	德国	英国	法国	上海	深圳	台湾
厨余	17.0	18.6	16	18	15	79.1	60	26.5
塑料、橡胶、皮革	6	12.7	4	1.5	4	5.69	14	13.6
纸类、竹木	44	46.2	31	33	34	7.57	11	26
织物	2	16.4	2	3.5	3	1.65	3.6	12.6
玻璃、金属	20	16.4	18	15	13	4.34	5	21.6
灰烬、碎石、砖瓦	11	6.1	22	19	22	1.51	6.4	21.6
可燃物占百分比（%）	52	60	37	38	41	—	28	52
有机物质量成分	68	65	53	56	66	—	88	78.4

生活水平和城市设施条件不同，垃圾成分有明显的差异，可燃物含量也大不相同。一般而言，城市化率高的城市，垃圾中无机物含量相对低，有机物中厨余含量低，可燃物含量相对高一些。对于同一城市，垃圾的来源不同，可燃物含量亦有很大差别。城市生活垃圾组成十分复杂，所含的化学元素很多，主要以碳、氢、氧、氮为主，此外还含有硫和氯等，目前我国城镇生活垃圾热值一般为4.186 MJ/kg左右。

城市垃圾的处理是一个系统工程，包括垃圾的收集、运输、转运、处理及资源利用等环节，如图4-35所示。我国绝大多数城市采用混合收集方法进行垃圾收集（医院垃圾除外）。垃圾收集方式和设备主要有以下几种：固定式垃圾箱、垃圾的储存收集、活动式垃圾箱、垃圾桶收集、塑料袋收集、密封集装箱收集及地面垃圾站收集等，绝大部分城市都能做到及时收集，保持居民区的环境清洁。

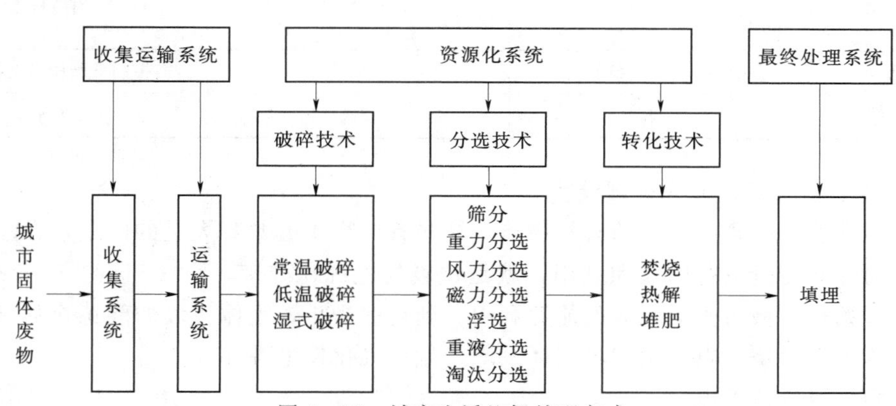

图4-35 城市生活垃圾处理方式

我国采用的垃圾处理场与资源化技术，主要为卫生填埋、堆肥、焚烧等。大部分城市垃圾主要采用堆放、简易填埋处理和卫生填埋处理，机械化堆肥和焚烧处理相对较少。目前，我国城市垃圾处理中填埋处理的垃圾占70%，堆肥占20%，焚烧占5%，其他（包括露天堆放、回收利用）占5%。表4-38给出了各种垃圾处理方法的优、缺点。

表4-38 各种垃圾处理方法比较

项目	填埋	焚烧	高温堆肥
技术可靠性	可靠	可靠	可靠，国内有一定经验
操作安全性	较好，注意防火防爆	好	好
选址	较困难，要考虑地理条件，防止水体污染，一般远离市区，运输距离大于20km	容易，可靠近市区建设，运输距离可小于10km	较易，需避开住宅密集区，气味影响
占地面积	大	小	中等
适用条件	分类无严格要求	大于4000kJ/kg	有机物含量大于40%
最终处置	无	残渣需作处置，占初始量的10%～20%	非堆肥物需作处理，占初始量的25%～35%
产品市场	有沼气回收的填埋场，沼气可作发电等用途	热能或电能易为社会使用	落实堆肥市场有一定困难，需采用多种措施
能源化意义	部分有	部分有	无
资源利用	恢复土地利用或再生土地资源	垃圾分选可回收部分物质	作农肥和回收部分物质
地面水污染	有可能，需要采取措施防止污染	残渣填埋时有可能，但程度小	非堆肥物填埋时有可能，但程度小
地下水污染	有可能，需要采取防渗保护，但仍有可能渗漏	残渣填埋时有可能，但程度小	非堆肥物填埋时有可能，但程度小
大气污染	可用导气、覆盖、收集回用等措施控制	烟气处理不好时大气有一定污染	有气味
土壤污染	主要限于填埋场区域	无	需控制堆肥中有害物含量
管理水平	一般	较高	较高

2. 城市生活垃圾能源化处理技术

城市生活垃圾中含有丰富的有机物质，这些有机物质蕴藏着大量的能量，在垃圾处理过程中，对这些能量进行回收和利用，就是垃圾的能源化处理。自20世纪60年代开始，世界各国开始推广城市生活垃圾的能源利用。到目前为止，固体垃圾的能源化处理大体上可以归纳为垃圾焚烧发电、填埋场气体发电、垃圾气化发电等几类。

（1）填埋场气体发电。

卫生填埋的特点是事先对填埋场地进行防渗透处理，以阻止新生的污水对地下水和地表水的污染，并铺设排气管道，使垃圾发酵过程中产生的可燃气体回收利用。垃圾运到选定的场地后，按照预定的程序在限定的填埋场内铺成30～50cm的薄层，然后压实，再覆盖一层土，厚度为20～30cm。废物层和土壤层共同构成一个单元，即填埋单元。每天的垃圾，当天压实覆土后即是一个填埋单元。具有同样高度的一系列相互衔接的填埋单元构成一个填埋层。完整的填埋场是由若干个填埋层组成的。当填埋厚度达到最终的设计高度之后，再在该填埋层上覆盖一层90～120cm的土壤，压实后就形成一个完整的垃圾填埋场。目前，世界上建成垃圾填埋场4817座，其中美国已建成2247座，欧共体建成175座。每年可回收填埋场沼气$5.142\times10^9m^3$。

填埋场气体发电是有效利用填埋场释放气的途径。城市生活垃圾在填埋以后，经过一段时间后会产生填埋场气体（垃圾沼气），用垃圾沼气发电的设备主要有内燃机和燃气轮机。在内燃机中Otto发动机和Diesel发动机是被经常使用的机器。内燃发动机和燃气轮机的选择主要由填埋场沼气的产量决定。一般情况下，若装机容量为1～3MW，选用内燃机较合适，而大于3MW时，选用燃气轮机更经济，效率更高。目前，填埋沼气的发电效率为$1.68\sim2kW\cdot h/m^3$。

垃圾填埋发电工程的经济性必须综合考察垃圾填埋产生沼气的全过程。垃圾填埋场本身规模决定了沼气的产量、产气率和沼气抽取率。一般认为，垃圾量为1×10^6t以上，填埋高度在10m以上的沼气发电工程具有较好的投资回报率。

（2）垃圾焚烧发电技术。

垃圾焚烧发电技术是利用垃圾焚烧炉对垃圾进行焚烧，垃圾焚烧产生的热量经过汽水系统产生蒸汽，推动汽轮机，再由汽轮机带动发电机进行发电。

垃圾焚烧发电技术可分为有分拣垃圾发电和无分拣垃圾发电两类。有分拣垃圾发电厂需建设垃圾分拣场，对集运来的城市垃圾进行可燃物与不可燃物的预分选，将不可燃物剔除后焚烧发电。按垃圾发电主燃料成分，又可分为全垃圾发电和煤掺垃圾发电两类。城市生活垃圾的焚烧在工程实用过程中是在焚烧炉内完成的，根据燃烧方式不同，焚烧炉可分为链条炉、转炉和流化床。对于不同成分、不同热值的城市生活垃圾，应采用不同的焚烧设备。由于国外垃圾分选处理程度较高，热值很高，较多采用机械炉排炉和转炉。而我国城市生活垃圾分选程度低，组分复杂，垃圾热值低，多采用流化床焚烧技术。

垃圾焚烧发电厂产生的污染物可分为废水、废气和固体废弃物。垃圾焚烧发电后产生的固体废物的体积和质量大幅度减少，其灰渣可采用填埋法处理；垃圾发电过程循环水可基本实现零排放，故废水对环境造成的影响较小。垃圾发电产生的最主要的污染物是废气，废气中含有烟尘、二噁英、SO_2、氯化氢和NO_x等。烟尘、SO_2和NO_x的治理已有成熟技术，如何对垃圾焚烧过程中产生的二噁英进行有效控制是目前世界各国普遍关心的问题。

（3）垃圾气化发电技术。

垃圾的气化发电技术不同于垃圾焚烧发电技术。在垃圾气化发电的过程中，首先将垃圾进行气化，产生可燃气体，然后对产生的可燃气体进行净化处理，净化后的可燃气体可作为内燃机或燃气轮机的燃料直接进行发电，也可作为燃气锅炉的燃料产生蒸汽后再带动汽轮发电机组进行发电。

五、生物质能利用发展前景

生物质能占世界总能耗的14%，作为重要的可再生能源，具有广阔的发展前景。

（1）能源作物的生产将催生能源农业。我国生物质能源原料丰富，油料植物中。种子含油率在40%以上的植物有150多种，能够规模化培育利用的乔灌木树种有10多种。据测算，我国存在约1亿公顷的山地、滩涂、盐碱地等边际性土地，不宜种植粮食作物，但可种植能源作物，按这些土地的20%利用计算，每年约生产10亿吨生物质，每年至少可产酒精和生物柴油约1亿吨。随着各国经济的发展，将有一定比例的传统农业向能源农业转化，从而给传统农业赋予新的内涵。表4－39给出了未来我国主要生物质能的可能获得量。

表4－39　未来50年我国主要生物质能的可获得量预测

生物质能可获得量	2020年		2030年		2050年	
	实物量（$\times10^8m^3/10^8t$）	标煤当量（$\times10^8t$）	实物量（$\times10^8m^3/10^8t$）	标煤当量（$\times10^8t$）	实物量（$\times10^8m^3/10^8t$）	标煤当量（$\times10^8t$）
工业废水废渣（沼气）	200	0.17	280	0.24	320	0.27
禽畜粪便（沼气）	370	0.26	550	0.39	820	0.59
秸秆及农业加工剩余物	4.0	1.9	4.3	2.1	4.5	2.20
柴薪及林业加工剩余物	2.59	1.48	2.81	1.60	3.12	1.78
城市生活垃圾	4.7	0.4	7.7	0.66	13.8	1.18
小计		4.21		4.99		6.02
能源植物（制生物乙醇）	0.197	0.17	0.263	0.23	0.395	0.34
能源植物（制生物柴油）	0.741	1.08	1.112	1.62	2.223	3.24
小计		1.25		1.85		3.58
总计		5.46		6.84		9.60

（2）生物质燃料将在更大的程度上部分替代石油，以解决石油供应不足引起的能源安全问题。预计到2020年，我国石油需求量将超过5亿t，对国际市场的依存度约为60%，能源安全形势不容乐观。为解决这一问题，生物质燃料将大有用武之地。表4－40给出了主要生物质能技术开发利用的前景预测。到2020年、2030年、2050年生物质能分别占我国石油需求的6.8%、14.2%、30.2%。

表4－40　主要生物质能技术开发利用的前景预测

年份	2020		2030		2050	
能源需求总量（亿吨标煤当量）	29.5		36.5		45.5	
石油需求总量（亿吨标煤当量）	5.5		6.5		8.3	
电力需求总量（亿kW·h）	42000		58000		80000	
生物质发电、生物燃油开发量	实物量（亿kW·h）	标煤当量（亿吨）	实物量（亿kW·h）	标煤当量（亿吨）	实物量（亿kW·h）	标煤当量（亿吨）

续表

年份	2020		2030		2050	
生物质发电	1400	0.17	3300	0.4	5900	0.72
占电力需求总量百分比（%）	3.3		5.7		7.4	
生物燃油		0.375		0.925		2.51
占石油需求总量百分比（%）		6.8		14.2		30.2
合计		0.545		1.325		3.23
占能源需求总量百分比（%）		1.8		3.6		7.1

（3）生物质能发电将在电力供应中占有重要份额。目前，技术上比较成熟的固体生物质与煤掺烧或生物质气化发电技术已得到广泛应用。随着生物质直燃发电、气化发电技术和设备的发展，生物质发电比例将逐步得到提高。

（4）生物质燃料电池、生物制氢等新技术将逐步商业化。这些新技术的发展和应用将进一步拓展生物质能源的应用领域。

第六节 地 热 能

一、概述

地热能就是地球内部蕴藏的热能，它源于地球的熔融岩浆和放射性物质的衰变。深部地下水的循环和来自深处的岩浆侵入到地壳后，把热量从地下深处带至近地表层。严格地说，地热能不是一种可再生的资源，而是像石油一样，是可开采的能源。如果将水重新注回到含水层中，使含水层不枯竭，可以提高地热的再生性。

在地壳中，地热的分布可分为三个带，即可变温度带、常温带和增温带。在可变温度带，由于受太阳辐射的影响，其温度有着昼夜、年份、世纪，甚至更长的周期性变化，其厚度一般为15～20m；常温带，其温度变化幅度几乎等于零，深度一般为20～30m；增温带，在常温带以下，温度随深度增加而升高，其热量的主要来源是地球内部的热能。地球每一层次的温度状况是不同的。在地壳的常温带以下，地温随深度增加而不断升高。这种温度的变化，称为地热增温率。各地的地热增温率差别是很大的，平均地热增温率为每加深100m温度升高3℃。根据资料推断，地壳底部至地幔上部的温度为1100～1300℃，地核的温度在2000～5000℃。假如按照正常地热增温率来推算，80℃的地下热水，大致是埋藏在2000～2500 m的地下。

地热能开发利用的物质基础是地热资源，地热资源是指地壳表层以下5000m深度内、15℃以上的岩石和热流体所含的总热量。全世界的地热储量达1.26×10^{21} MJ，相当于4.6×10^{16}t标准煤，即超过世界技术和经济可采煤量含热量的70000倍。地球内部蕴藏的巨大热能，通过大地的导热、火山喷发、地震、深层水循环、温泉等途径不断地向地表散发，平均年流失的热量约达 10×10^{17} MJ。

人类很早以前就开始利用地热能，如利用温泉沐浴、医疗，利用地下热水取暖、建造农作物温室、水产养殖及烘干谷物等。但真正认识地热资源并进行较大规模的开发利用，则始于20世纪中叶。近年来，地热能还被应用于温室、热泵和供热。在商业应用方面，利用过热蒸汽和高温热水发电已有几十年的历史。利用中等温度（100℃）水通过双流体循环发电，发电的技术已成熟，地源热泵技术也取得到了商业化应用。

二、地热资源

（一）地热资源的分类及特性

地热能在全球分布很广泛，但却很不均匀。高温地热田位于地质活动带内，常表现为地震、活火山、热泉、喷泉和喷气等现象。地热带的分布与地球大构造板块或地壳板块的边缘有关，主要位于新的火山活动区或地壳已经变薄的地区。

1. 按地质类型分类

地质学上常把地热资源分为蒸汽型、热水型、干热岩型、地压型和岩浆型五类。

（1）热水型。它是指以热水形式存在的地热田，通常既包括温度低于当地大气压下饱和温度的热水和温度高于沸点的有压力的热水，又包括湿蒸汽。这类资源分布广，储量丰富，温度范围很大。90℃以下称为低温热水田，90～150℃称为中温热水田，150℃以上称为高温热水田。中、低温热水田分布广，储量大，我国已发现的地热田大多属这种类型。

（2）蒸汽型。蒸汽型地热田是最理想的地热资源，它是指以温度较高的干饱和蒸汽或过热蒸汽形式存在。形成这种地热田要有特殊的地质结构，即储热流体上部被大片蒸汽覆盖，而蒸汽又被不透水的岩层封闭包围。这种地热资源容易开发，可直接送入汽轮机组发电，腐蚀较轻。但仅占已探明地热资源的0.5%。

（3）地压型。一种目前尚未被充分认识的一种地热资源。它以高压高盐分热水的形式储存于地表以下2～3km的深部沉积盆地中，并被不透水的页岩所封闭，可以形成长1000km、宽几百千米的巨大的热水体。地压水除了高压（可达几十兆帕）、高温（温度为150～260℃）外，还溶有大量的甲烷等碳氢化合物。所以，地压型资源中的能量是由机械能（高压）、热能（高温）和化学能（天然气）三个部分组成。地压型地热资源常与石油资源有关。

（4）干热岩型。干热岩是指地层深处普遍存在的没有水或蒸汽的热岩石，其温度范围很广，可为150～650℃。干热岩的储量十分丰富，比蒸汽、热水和地压型资源大得多。目前大多数国家都把这种资源作为地热开发的重点研究目标。不过从现阶段来说，干热岩型资源是专指埋深较浅、温度较高的有开发经济价值的热岩。提取干热岩中的热量，需要有特殊的办法，技术难度大。

（5）岩浆型。它是指蕴藏在地层更深处，处于动弹性状态或完全熔融状态的高温熔岩，温度高达600～1500℃。在一些多火山地区，这类资源可以在地表以下较浅的地层中发现，但多数则是深埋在目前钻探还无法达到的地层中。火山喷发时常把这种岩浆带至地面。据估计，岩浆型资源约占已探明地热资源的40%。在各种地热资源中，从岩浆中提取能量是最困难的。

2. 按温度分级与规模分类

根据《地热资源地质勘查规范》（GB 11615—89）的规定，地热资源按温度分为高温、中温、低温三级（见表4－41），按地热田规模分为大、中、小三类（见表4－42）。地热资源的开发潜力主要与地热田的规模大小有关。

表4－41　　地热资源温度分级表

温度分级		温度（t）界限（℃）	主要用途
高温		$t \geqslant 150$	发电、烘干
中温		$90 \leqslant t < 150$	工业利用、烘干、发电、制冷
低温	热水	$60 \leqslant t < 90$	采暖、生产工艺
	温热水	$40 \leqslant t < 60$	医疗、洗浴、温室
	温水	$25 \leqslant t < 40$	农业灌溉、养殖、土壤加湿

表4－42　　地热资源规模分类表

规模	高温地热田		中、低温地热田	
	电能（MW）	能利用年限（计算年限）	电能（MW）	能利用年限（计算年限）
大型	＞50	30	＞50	100
中型	10～50	30	10～50	100
小型	＜10	30	＜10	100

（二）地热资源的分布

1. 地热资源的生成

地热资源的生成与地球岩石圈板块发生、发展、演化及其相伴的地壳热状态、热历史有着密切的联系，特别是与构造应力场、热动力场有直接的联系。从全球地质构造观点来看，大于150℃的高温地热资源带主要出现在地壳表层各大板块的边缘，如板块的碰撞带、板块开裂部位和现代裂谷带。小于150℃的中、低温地热资源则分布于板块内部的活动断裂带、断陷谷和凹陷盆地地区。地热资源赋存在一定的地质构造部位，有明显的矿产资源属性，因而对地热资源要实行开发和保护并重的科学原则。

2. 全球地热资源的分布

地球上地热资源的分布具有不平衡性，又呈现明显的规律性。根据各国发布的地热资源资料，地热资源分布具有带状的特点，称之为地热带。按地球板块构造学理论，在地球形成的漫长历史中，由于其运动的原因使地球表面分成若干板块，其中一级板块有欧亚板块、北美板块、非洲板块、南美板块、印度板块、太平洋板块和南极洲板块等七个，板块之间经常发生规模不定的位移和错动。根据板块界面的力学特性及地理分布，环球性的板缘地热带主要有以下四个：

（1）环太平洋地热带。它是世界最大的太平洋板块与美洲、欧亚、印度板块的碰撞边界。世界许多著名的地热田，如美国的盖瑟尔斯、长谷、罗斯福；墨西哥的塞罗、普列托；新西兰的怀腊开；中国的台湾马槽；日本的松川、大岳等均在这一带。

（2）地中海—喜马拉雅地热带。它是欧亚板块与非洲板块和印度板块的碰撞边界。世界第一座地热发电站意大利的拉德瑞罗地热田就位于这个地热带中。中国的西藏羊八井及云南腾冲地热田也在这个地热带中。

(3) 大西洋中脊地热带。这是大西洋海洋板块开裂部位。冰岛的克拉弗拉、纳马菲亚尔和亚速尔群岛等一些地热田就位于这个地热带。

(4) 红海-亚丁湾-东非裂谷地热带。它包括吉布提、埃塞俄比亚、肯尼亚等国的地热田。

上述四种板缘地热一般为高温地热带，沿高温地热带分布着数以千计的高温地热田。除了板缘地热带外，在板块内部或靠近板块边界部位也分布着大大小小的板内地热带。按其地质构造可分为断裂型和沉积型。断裂型为地壳隆起区，沉积型为地壳沉降区。板内地热带多属中、低温地热田，如俄罗斯西伯利亚热水盆地和中国东部的胶、辽半岛，华北平原及东南沿海等地。

(三) 我国地热资源

1. 地热资源类型

我国地热资源丰富。从地理位置上看，我国版图位于欧亚板块东部，被印度板块和太平洋板块所夹持，因此，既存在高温地热资源，又存在中、低温地热资源。根据地热资源成因，我国地热资源分为以下几种类型，见表 4-43。

表 4-43　　中国地热资源成因类型

成因类型	热储温度	代表性地热田
现（近）代火山型	高温	台湾大屯、云南腾冲热海
岩浆型	高温	西藏羊八井、羊易
断裂型	中温	广东邓屋、东山湖，福建福州、漳州，湖南灰汤
断陷盆地型	中低温	京、津、冀、鲁西、昆明、西安、临汾、运城
凹陷盆地型	中低温	四川、贵州等省分布的地热田

2. 我国地热资源的分布

我国地热资源中能用于发电的高温资源分布在西藏、云南、台湾，其他省区均为中、低温资源，由于温度不高（小于 150℃），适合直接供热。全国已查明水热型资源面积为 10149.5km²，分布于全国 30 个省区，资源较好的省区有河北省、天津市、北京市、山东省、福建省、湖南省、湖北省、陕西省、广东省、辽宁省、江西省、安徽省、海南省和青海省等。从分布情况看，中低温资源由东向西减弱，东部地热田位于人口集中和经济相对发达的地区。

我国地热资源的分布，受大地构造格架的控制，主要与各种构造体系及地震活动、火山活动密切相关。按照地热的分布特点、成因和控制等因素，可把我国地热资源的分布划分为以下六个带。

(1) 藏滇地热带。主要包括冈底斯山、念青唐古拉山以南，特别是沿雅鲁藏布江流域，东至怒江和澜沧江，呈弧形向南转入云南腾冲火山区。这一带，水热活动强烈，地效显示集中，是我国大陆上地热资源潜力最大的地带。这个带共有温泉 1600 多处，现已发现的高于当地沸点的热水区有近百处，是一个高温水汽分布带。据勘查，西藏是世界上地热储量最多的地区之一，现已查明的地热点达 900 多处，西藏拉萨附近的羊八井地热田，孔深200m以下获得了172℃的湿蒸汽；云南腾冲热海地热田，浅孔测温，10m深135℃，12m深145℃。

（2）台湾地热带。台湾是我国地震最为强烈和频繁的地带。地热资源主要集中在东、西两条强震集中发生区。在八个地热区中有六个温度在100℃以上。台湾北部大屯复式火山区是一个大的地热田，已发现13个气孔和热泉区，地热田面积在50km²以上，在11口300～1500m深度不等的热井中，最高温度可达294℃，地热蒸汽流量在350t/h以上，一般在井深500m时，可达200℃以上。大屯地热田的发电潜力可达80～200MW。

（3）东南沿海地热带。主要包括福建、广东以及浙江、江西和湖南的一部分地区。其地下热水的分布和出露受一系列北东向断裂构造的控制。这个带所拥有的主要是中、低温热水型的地热资源，福州市区的地热水温度为90℃。

（4）山东-安徽庐江断裂地热带。这是一条将整个地壳断开的、至今仍在活动的深断裂带，也是一条地震带。钻孔资料分析表明，该断裂的深部有较高温度的地热水存在，已有低温热泉出现。

（5）川滇南北向地热带。主要分布在从昆明到康定一线的南北向狭长地带，以低温热水型资源为主。

（6）祁吕弧形地热带。包括河北、山西、汾渭谷地、秦岭及祁连山等地，甚至从东北延伸到辽南一带。该区域有的是近代地震活动带，有的是历史性温泉出露地，主要地热资源为低温热水。

三、地热资源的利用

地热资源最初的利用是从温泉开始，人们用温泉洗浴、治疗疾病，利用温泉取暖，利用蒸汽型温泉加工食品。目前，地热能的利用可分为直接利用和地热发电两大类。对于不同温度的蒸汽或热水可能利用的范围如下：

200～400℃，直接发电。

150～200℃，双循环发电、制冷、工业干燥、工业热加工。

100～150℃，双循环发电、供暖、制冷、工业干燥、脱水加工、回收盐类、罐头食品生产。

50～100℃，供暖、温室、家庭用热水、工业干燥。

20～50℃，沐浴、水产养殖、饲养牲畜、土壤加温、脱水加工。

为了提高地热利用率，常采用梯级综合利用的方法，如热电联产联供、热电冷三联产和先供暖后养殖等。

（一）地热流体的物理和化学性质

目前开发地热能的主要方法是钻井，由所钻的地热井中引出地热蒸汽或水，再加以利用。因此，地热流体的物理和化学性质对地热的利用至关重要。地热流体都含有CO_2、H_2、CH_4等不凝结气体，其中CO_2占不凝气体占50%～90%，H_2、CH_4占1%～6%，而H_2S变化幅度较大，在1%～50%。地热流体中还含有数量不等的NaCl、KCl、$CaCl_2$、H_2SiO_3等物质。地区不同，含盐量差别很大，地热水的含盐质量浓度为0.1%～40%。

在地热利用中，必须充分考虑地热流体物理和化学性质的影响，如对热利用设备，由于大量不凝结气体的存在，就需要对冷凝器进行特别的设计；由于含盐浓度高，就需要考虑管道的结垢和腐蚀；如含H_2S就要考虑其对环境的污染；如含某些微量元素就应充分对其加以医疗利用等。

（二）地热的直接利用

目前地热能的直接利用发展十分迅速，已广泛地应用于民用采暖、工业加工、农业温室、农田灌溉、土壤加温、水产养殖、畜禽饲养、洗浴和医疗等各个方面，收到了良好的经济效益，节约了能源。地热能的直接利用，技术要求较低。

1. 地热供暖

由于地热热源温度基本恒定、利用方式简单、经济性好，因而备受各国重视，特别是位于高寒地区的西方国家，其中冰岛开发利用得最好。该国早在1928年就在首都雷克雅未克建成了世界上第一个地热供热系统，现今这一供热系统已发展得非常完善，每小时可从地下抽取7740t、80℃的热水，供全市11万居民使用。由于没有高耸的烟囱，冰岛首都雷克雅未克被誉为世界上最清洁无烟的城市。我国利用地热供暖和供热水发展也非常迅速，在京津地区已成为地热利用中最普遍的方式，仅天津市2002年地热采暖面积就达$1.0\times10^{7}m^{2}$。

2. 地热工业应用

地热在工业中的利用十分广泛，供热、制冷、干燥、脱水等均可使用地热。地热给工厂供热，如用作干燥谷物和食品的热源，用作硅藻土、木材、造纸、制革、纺织、酿酒、制糖等生产过程的热源也大有前途。目前世界上最大两家地热利用工厂就是冰岛的硅藻土厂和新西兰的纸浆加工厂。

3. 地热农业应用

地热在农业中的应用范围十分广阔。例如，利用温度适宜的地热水灌溉农田，可使农作物早熟增产；利用地热水养鱼，在28℃水温下可加速鱼的育肥，提高鱼的出产率；利用地热建造温室，育秧、种菜和养花；利用地热给沼气池加温，提高沼气的产量等。将地热能直接用于农业在我国日益广泛，北京、天津、西藏和云南等地都建有面积大小不等的地热温室。各地还利用地热大力发展养殖业，如培养菌种、养殖非洲鲫鱼、鳗鱼、罗非鱼和罗氏沼虾等。

4. 地热行医

热矿水就被视为一种宝贵的资源，地热在医疗领域的应用有诱人的前景。由于地热水除温度较高外，常含有一些特殊的化学元素，从而使它具有一定的医疗效果。如含碳酸的矿泉水供饮用，可调节胃酸、平衡人体酸碱度；含铁矿泉水饮用后，可治疗缺铁性贫血症；含氢泉水、硫氢泉水洗浴可治疗神经衰弱和关节炎、皮肤病等。由于温泉的医疗作用及伴随温泉出现的特殊的地质、地貌条件，使温泉常常成为旅游胜地，吸引大批疗养者和旅游者。在日本就有1500多个温泉疗养院，每年吸引1亿人到这些疗养院休养。我国利用地热治疗疾病历史悠久，含有各种矿物元素的温泉众多，因此充分发挥地热的行医作用，发展温泉疗养行业是大有可为的。

（三）地热发电

地热发电是地热利用的最重要方式，高温地热流体应首先应用于发电。地热发电和火力发电的原理是一样的，都是利用蒸汽的热能在汽轮机中转变为机械能，然后带动发电机发电。所不同的是，地热发电不像火力发电厂那样要备有锅炉，也不需要消耗燃料，它所用的能源就是地热能。目前能够被地热电站利用的是蒸汽和热水。按照载热体类型、温度、压力和其他特性的不同，可把地热发电的方式划分为蒸汽型地热发电和热水型地热发电两大类。

1. 蒸汽型地热发电

蒸汽型地热发电是把蒸汽田中的干蒸汽直接引入汽轮发电机组发电，但在引入发电机组前应把蒸汽中所含的岩屑和水滴分离出去。这种发电方式最为简单，但干蒸汽地热资源十分有限，还不到已探明地热资源1%，且多存于较深的地层，开采技术难度大，故发展受到限制。主要有背压式和凝汽式两种发电系统。

(1) 背压式发电系统。如图4-36所示，工作时，首先把干蒸汽从蒸汽井中引出，先加以净化，经过分离器分离出所含的固体杂质，然后就可把蒸汽送入汽轮机做功，驱动发电机发电。做功后的蒸汽，可直接排入大气，也可用于工业生产中的加热过程。这种系统，大多用于地热蒸汽中不凝结气体含量很高的场合，或者拟综合利用排汽于生产和生活的场合。

(2) 凝汽式发电系统。为提高地热电站的机组出力和发电效率，通常采用凝汽式汽轮机发电系统，如图4-37所示。在该系统中，由于蒸汽在汽轮机中能膨胀到比大气压还低的压力，因而能做出更多的功。做功后的蒸汽排入凝汽器，并在其中被循环水冷却成凝结水，然后排走。在凝汽器中，为保持很低的冷凝压力，即真空状态，因此设有两台具有冷却器的射汽抽气器来抽气，把由地热蒸汽带来的各种不凝结气体和外界漏入系统中的空气从凝汽器中抽走。

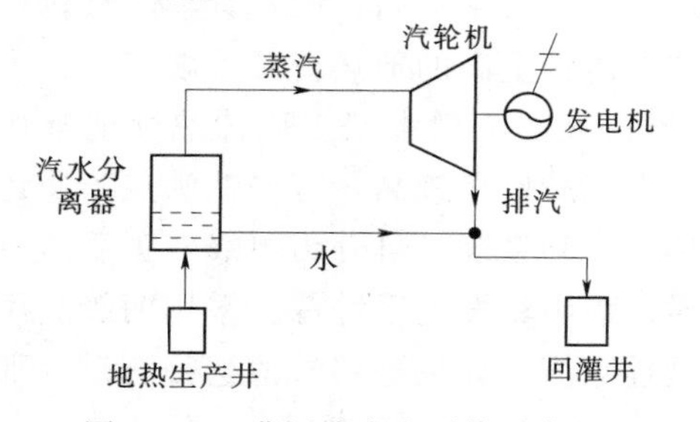

图4-36 背压式发电系统示意图

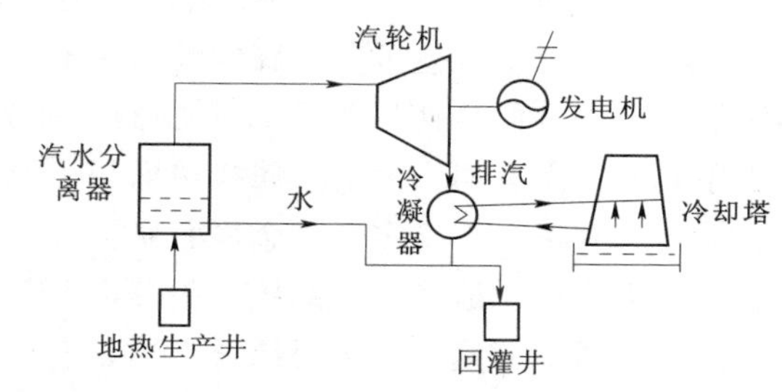

图4-37 凝汽式发电系统示意图

2. 热水型地热发电

热水型地热发电是地热发电的主要方式。目前热水型地热电站有闪蒸系统和双循环系统两种。

(1) 闪蒸系统。闪蒸发电系统如图4-38所示。当高压热水从热水井中抽到地面，压力降低时部分热水会沸腾并闪蒸成蒸汽，蒸汽送至汽轮机做功；而分离后的热水可继续利用后排出。闪蒸系统又可以分为单级闪蒸法发电系统、两级闪蒸法发电系统和全流法发电系统等。两级闪蒸法发电系统，可比单级闪蒸法发电系统增加发电能力15%～20%；全流法发电系统，可比单级闪蒸法和两级闪蒸法发电系统的单位净输出功率分别提高60%和30%左右。采用闪蒸法的地热电站，基本上是沿用火力发电厂的技术，即将地下热水送入减压设备——扩容器中，产生低压水蒸气，送入汽轮机做功。在热水温度低于100℃时，全热力系统处于负压状态。这种电站设备简单、易于制造，可以采用混合式热交换器。缺点是设备尺寸大、容易腐蚀结垢、热效率较低。由于直接以地下热水蒸气为工质，因而对于地下热水的温度、矿化度及不凝气体含量等有较高的要求。

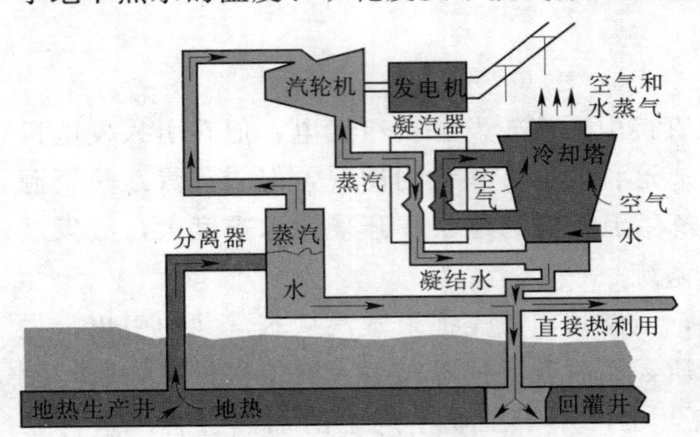

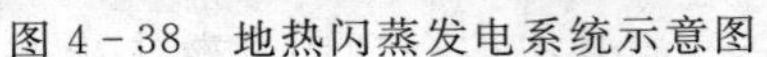
图 4－38　地热闪蒸发电系统示意图

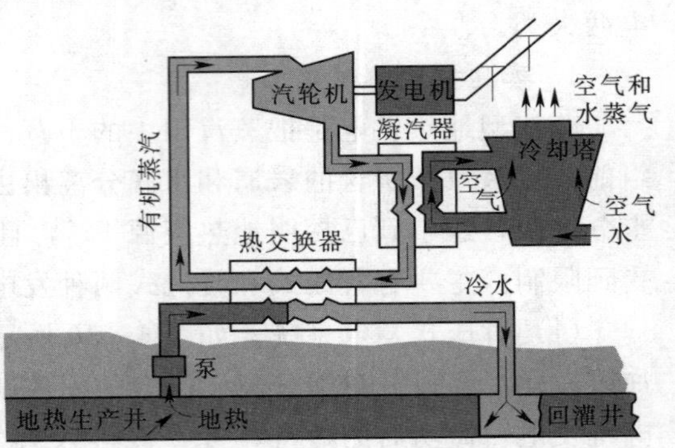

图 4－39　地热双循环发电系统示意图

（2）双循环发电系统。也称双工质发电系统，如图 4－39 所示。这是 20 世纪 60 年代以来在国际上兴起的一种地热发电新技术。这种发电方式不是直接利用地下热水所产生的蒸汽进入汽轮机做功，而是通过热交换器利用地下热水来加热某种低沸点的工质，使之变为蒸气，然后以此蒸汽去推动汽轮机，并带动发电机发电。因此，在这种发电系统中采用两种流体：一种是采用地热流体作热源；另一种是采用低沸点工质流体作为一种工作介质来完成将地下热水的热能转变为机械能。常用的低沸点工质有氯乙烷、正丁烷、异丁烷、氟利昂－11 和氟利昂－12 等。这种发电方法的优点是：热效率较高，设备紧凑，汽轮机的尺寸小，特别适合于含盐量大、腐蚀性强和不凝结气体含量高的地热资源。缺点是：不像扩容法那样可以方便地使用混合式蒸发器和冷凝器；大部分低沸点工质传热性能都比水差，采用此方式需有相当大的金属换热面积；低沸点工质价格较高，有些低沸点工质还有易燃、易爆、有毒、不稳定、对金属有腐蚀等特性。这种系统又可分为单级双工质地热发电系统、两级双工质地热发电系统和闪蒸与双工质两级串联发电系统等。采用两级利用方案，各级蒸发器中的蒸发压力要综合考虑，选择最佳数值。如果这些数值选择合理，那么在地下热水的水量和温度一定的情况下，一般可提高发电量 20％左右。

（四）我国地热电站介绍

我国自 1970 年在广东省丰顺县邓屋建立 86kW 的扩容法地热发电系统以来，总装机容量已超过 11586kW。表 4－44 所示为我国已建成的七座地热电站的概况。在这七座电站中，有六座是利用 100℃以下的地下热水发电的电站。运行经验表明，利用 100℃以下的地下热水发电，效率低，经济性较差，今后不宜发展。对于已建的地热电站，应积极开展综合利用，以提高经济效益。

表 4－44　　我国已建成的七座地热电站的概况

电站地址及名称	发电方式	机组数（台）	设计功率（kW）	地热温度（℃）	建成时间（年）
河北省怀来县怀来地热试验电站	低沸点工质法	1	200	85	1971

续表

电站地址及名称	发电方式	机组数（台）	设计功率（kW）	地热温度（℃）	建成时间（年）
广东省丰顺县邓屋地热电站	低沸点工质法	1	200	91	1977
	扩容法	1	86	91	1976
	扩容法	1	300	61	1982
江西宜春温汤电站	低沸点工质法	1	50	66	1972
	低沸点工质法	1	50	66	1974
辽宁盖县熊岳地热电站	低沸点工质法	1	100	75～84	1977
	低沸点工质法	1	100	75～84	1982
湖南宁乡灰汤地热电站	扩容法	1	300	92	1975
山东招远地热电站	扩容法	1	200	90～92	1981
西藏当雄羊八井地热电站	扩容法	1	1000	140～160	1977
	扩容法	1	3000	140～160	1981
	扩容法	1	3000	140～160	1982
	扩容法	1	3000	140～160	1985

（五）我国地热资源发展预测

根据我国地热开发利用现状、资源潜力评估和国家、地区经济发展预测，2010年高温地热发电装机已达到75～100MW。单井地热发电装机容量达到10MW以上。地热采暖达到$2.2～2.5\times10^7m^2$，主要在北方京、津、冀地区，环渤海经济区，京九产业带，东北松辽盆地，陕中盆地，宁夏银川平原地区发展地热采暖、地热农业，建立地热示范区。热能利用总计约相当于1.5×10^7t标准煤当量。目前存在的主要障碍表现在以下几个方面：

（1）地热管理体制和开发利用工程、项目适合市场经济的运行机制没有建立起来，影响地热产业快速健康发展。

（2）地热资源的勘探、开发是具有高投入、高风险和知识密集的新兴产业，化解风险的机制和社会保障制度尚未建立起来，影响投资者、开发者的信心，影响了地热产业发展。

（3）系统的技术规程、规范和技术标准有待于健全和完善。

四、地热资源的保护与发展前景

目前地热资源被规划为可再生能源领域，但从严格的意义上讲，只有地热资源能量载体得到源源不断的补充，地热能才能成为真正意义上的可再生能源。为了更好地利用这一宝贵资源，对地热资源必须实施保护性开采。

1. 环境影响

地热资源利用对环境的影响主要体现在大气污染、水的利用和污染、CO_2排放、周边土壤与地下水受污染等方面。在地热能开发的早期，蒸汽直接排放到大气中，热水直接排入江河，蒸汽中常含有硫化氢，也含有CO_2，热水会被溶解的矿物质饱和，从而引起大气污染、水污染、热污染和CO_2的排放；地热资源的开发利用还会引起地热田压力不断衰减，地下水减少，从而造成地面沉降；同时在开发过程中也会不同程度地对地热田周边环境带来一定的负面效应。

2. 保护措施

目前地热资源的保护措施主要有“三废”处理和载热流体回灌技术。“三废”处理是指对于必须排放的载热流体进行必要的净化处理，以减少大气污染、热污染和水污染等。载热流体回灌技术就是采用人工的方法将利用后的载热流体重新注回到地热田中。采用这种方法一是可以使地热田的载热流体得到不断的补充，在一定程度上改善或恢复地热田质量，使地热田的服务寿命延长；二是可以基本保持储热层的压力，预防因压力降低而引起的地面沉降；三是将利用后的载热流体重新注入地下，可避免这些化学成分复杂的流体对周围环境造成的污染。

第七节　海　洋　能

一、海洋能类型

（一）海洋

海洋面积为3.61×10^8 km^2，占地球表面积的70.8%。以海平面计，全部陆地的平均海拔约为840m，而海洋的平均深度约为3800m，拥有海水1.37×$10^9$$km^3$。从地球上海陆分布状况来看，北半球陆地占39.3%，海洋占60.7%；而南半球陆地仅占19.1%，海洋占80.9%。世界上最深的海是太平洋的马里亚纳海沟，其深度达11034m。

海水的储量是非常巨大的。海水占地球表层存水量的97.4%，而淡水仅占地球表面存水量的2.6%。海水中含有以氯化钠（NaCl）为主的各种盐类，海水盐类浓度的平均值可为30‰～35‰。1L海水中溶有盐类30～35g，这是它和淡水的根本区别。水温相同的条件下，不同海区或不同深度的部位，盐类的浓度值也不一样。例如，地中海东部、红海、苏伊士湾、波斯湾等处盐类的浓度为38‰～40‰，死海的盐类浓度高达200‰。

（二）海洋能的分类

海洋能是海洋中海水所具有的能，即是衡量海水各种运动形态的大小尺度，通常包括波浪能、潮汐能、海水温差能、海（潮）流能及盐度差能。它既不同于海底或海底下储存的煤、石油、天然气、热液矿床等海底能源资源，也不同于溶存于海水中的铀、锂、重水、氘、氚等化学能源资源，它是用波浪、海流、潮汐、温度差、盐度等方式，以动能、位能、热能、物理和化学能的形态，通过海水自身所呈现的可再生能源。

1. 潮汐能

潮汐能是以位能形态出现的海洋能，是海水在月球和太阳等天体引力作用下，所进行的有规律的升降运动产生的能量。月球对地球的引力方向指向月球中心，其大小因地而异。同时地表的海水又受到地球运动离心力的作用，月球引力和离心力的合力是引起海水涨落的引潮力。除月球外，太阳和其他天体对地球同样会产生引潮力。虽然太阳的质量比月球大得多，但太阳离地球的距离也比月球与地球之间的距离大得多，所以其引潮力还不到月球引潮力的一半。其他天体或因远离地球，或因质量太小所产生的引潮力微不足道。

全世界海洋的潮汐能约有 3×10^{6}MW。若用来发电，年发电量可达 1.2×10^{12}kW・h。我国海岸线曲折，全长约 1.8×10^{4}km，沿海还有6000多个大小岛屿，漫长的海岸蕴藏着十分丰富的潮汐能资源。我国潮汐能的理论蕴藏量达 1.1×10^{5}MW，其中浙江、福建两省蕴藏量最大，约占全国的80.9%。

2. 波浪能

波浪能是以动能形态出现的海洋能，是由风引起的海水沿水平方向周期性运动所产生的能量。通常，海洋中部在8s的周期内会涌起1.5m高的波浪。波浪能的大小可以用海水起伏势能的变化来进行估算，即

$$P=0.5TH^{2}\quad \text{kW/m} \tag{4-33}$$

式中：P 为单位波前宽度上的波浪功率，kW/m；T 为波浪周期，s；H 为波高，m。

根据式（4－33），当有效波高为1m，周期为9s时，在1m的波宽度上，波浪的功率为4.5kW/m。实际上，波浪功率的大小还与风速、风向、连续吹风的时间、流速等诸多因素有关。据估计，全球海洋的波浪能达 7.0×10^{7}MW，可供开发利用的波浪能为（2～3）$\times10^{6}$MW，每年发电量可达 9×10^{13}kW・h。我国沿海有效波高为2～3m、周期为9s，波浪功率可达17～39kW/m，渤海湾更高达42kW/m，利用前景诱人。

3. 海水温差能

海水温差能又称海洋热能，是以热能形态出现的海洋能。海洋是地球上一个巨大的太阳能集热和蓄热器。在热带和亚热带海区，由于太阳照射强烈，使海水表面大量吸热，温度升高，而在海面以下40m以内，90%的太阳能都被吸收，所以40m水深以下的海水温度很低。热带海区的表层水温高达25～30℃，而深层海水的温度只有5℃左右，表层海水和深层海水之间存在的温差，蕴藏着丰富的热能资源。世界海洋的温差能达 5×10^{7}MW，而可能转换为电能的海洋温差能仅为 2×10^{6}MW。我国南海地处热带、亚热带，可利用的海洋温差能有 1.5×10^{5}MW。

4. 海（潮）流能

海流能是另一种以动能形态出现的海洋能。所谓海流就是海水的运动，主要是指海水的水平运动，即大量的海水从一个海域长距离地流向另一个海域。这种海水环流通常是由海面上常年吹着方向不变的风和海水密度（温度和含盐度）两种因素引起的。据估算，世界上可利用的海流能约 5×10^{6}MW。我国沿海的潮流能丰富，理论蕴藏量为 3×10^{4}MW。

5. 盐度差能

盐度差能是以化学能形态出现的海洋能。全世界水的总储量为 1.4×10^{9}km^{3}，其中97.2%为分布在大洋和浅海中的咸水。在陆地水中，2.15%为位于两极的冰盖和高山的冰川中的储水，余下的0.65%才是可供人类直接利用的淡水。海洋的咸水中含有各种矿物和大量的食盐，1km^{3}的海水里即含有3600万t食盐。据估计，世界各河口区的盐度差能达 3×10^{7}MW，可能利用的即有 2.6×10^{6}MW。开发盐度差能将是21世纪人类努力的目标。

（三）海洋能的特点

蕴藏于海水中的海洋能不仅十分巨大，且具有其他能源不具备的特点：

（1）可再生性，海洋能来源于太阳辐射能与天体间的万有引力，只要太阳、月球等天体与地球共存，海水的潮汐、海（潮）流和波浪等运动就周而复始；海水总要受太阳照射

产生温差能；江河入海处总会形成盐度差能。

(2) 能流分布不均、密度低。尽管在海洋总水体中，海洋能的蕴藏量丰富，但单位体积、单位面积、单位长度拥有的能量较小。

(3) 能量多变、不稳定。海水温差能、盐度差能及海流能变化缓慢；潮汐能和海(潮) 流能变化有规律，而波浪能有明显的随机性。

(4) 海洋能开发对环境无污染，属于洁净能源。

(四) 海洋能开发的意义

人类开发利用海洋能的历史与水能利用差不多，大约在11世纪就有了潮汐磨坊。当时在欧洲有些国家兴建的潮汐磨坊功率可达几十千瓦，有的一直使用到21世纪初。后来随着水力发电技术的发展，新型潮汐发电也同时问世。

海洋温差发电从20世纪30年代法国人开始试验，到70年代美国人在夏威夷建立海洋热能转换试验基地，至今仍未实现大规模商业化应用。海洋能的开发意义如下：

(1) 因为海洋能可再生，在未来能源替换的时代，可作为新能源开发，保证人类长期稳定的能源供应。

(2) 因为海洋能开发环境无污染，能满足保护大气、防止气候和生态环境恶化以及社会发展对能源的要求。

(3) 海洋能开发作为未来的海洋产业，将给海洋经济的发展带来新的活力。例如，潮汐能发电，可与海水养殖业、滨海旅游业相结合；波浪能发电和海洋温差能发电都可与海水淡化、深海采矿业相结合。目前海洋能开发尽管存在着投资大、经济性差等问题，但是，随着科学技术的发展，这些问题必将迎刃而解，海洋能将成为21世纪实用的新能源之一。

二、潮汐发电

潮汐是海水受太阳、月球和地球引力的相互作用后所发生的周期性涨落现象，如图4-40所示。海水上涨的过程称为涨潮，涨到最高位置称高潮。在高潮时会出现既不上涨也不下落的平稳现象，称为平潮。平潮时间的长短各地不同，有的地点为几分钟，有的可达几个小时，通常取平潮中间时刻为高潮时，平潮时的高度称为高潮高。海水下落的过程称为落潮，落到最低点位置时称低潮。在低潮时也出现像高潮时的情况，海水不上涨也不下落，称为停潮。取停潮的中间时刻为低潮时间，停潮的高度称为低潮高。从低潮时到高

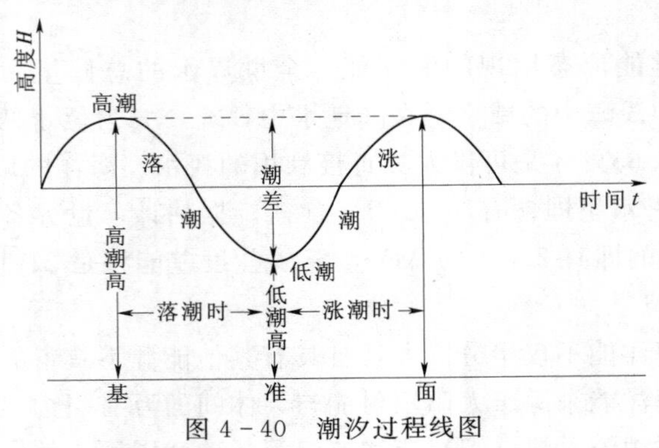

图4-40　潮汐过程线图

潮时的时间间隔称为涨潮时，由高潮时到低潮时的时间间隔称落潮时。相邻高潮与低潮的潮位高度差称潮差。从高潮到相邻的低潮的潮差称落潮差，由低潮到相邻的高潮的潮差称涨潮差。高潮和低潮的潮高和潮时是一个地点潮汐的主要标志，它们是随时间变化的，根据它们的变化规律，可以绘出当地的潮汐现象。大海的潮汐能极为丰富，涨潮和落潮的水位差越大，所具有的能量就越大。可利用潮水涨落产生的水位差所具有的势能进行发电。

潮汐能发电站通常包括潮汐水库、水轮机和发电机，如图 4－41 所示。其中潮汐水库用于接收和储蓄潮汐能；水轮机将潮汐能转换为机械能；发电机将机械能转换为电能。当海水上涨时，闸门外的海面升高，打开闸门，海水向库内流动，水流冲动水轮机并带动发电机发电；海水下降时，把先前的闸门关掉，把另外的闸门打开，海水从库内向外流动，又能推动水轮机带动发电机继续发电。

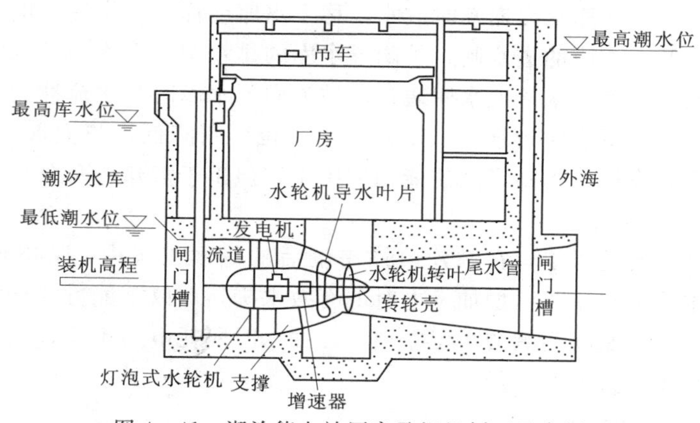

图 4－41　潮汐能电站厂房及机组剖面示意图

潮汐发电的类型一般分为单库单向型、单库双向型和双库单向型三种类型。

1. 单库单向型潮汐电站

这种潮汐电站一般只有一个水库，水轮机采用单向式，在水库大坝上分别建一个进水闸门和一个排水闸门，发电站的厂房建在排水闸门处。当涨潮时，打开进水闸门，关闭排水闸门，这样就可在水库内容纳大量海水。当落潮时，打开排水闸门，关闭进水闸门，使水库内外形成一定的水位差，水从排水闸门流出时，冲动水轮机转动并带动发电机发电。由于落潮时水库容量和水位差较大，通常都选择在落潮时发电。在整个潮汐周期内，电站运行按以下四个工况进行：

(1) 充水工况。电站停止发电，开启水闸，潮水经水闸和水轮机进入水库，至库内外水位齐平时为止。

(2) 等候工况。关闭水闸，水轮机停止过水，保持水库水位不变，海洋侧则因落潮而水位下降，直至库内外水位差达到水轮机组的启动水头。

(3) 发电工况。开动水轮发电机组，进行发电。水库的水位逐渐下降，直至库内外水位差小于机组发电所需的最小水头为止。

(4) 等候工况。机组停止运动，水轮机停止过水。保持水库水位不变，海洋侧水位因涨潮而逐步上升，直至库内外水位齐平，转入下一个周期。

这类电站，只要求水轮发电机组满足单方向的水流发电，所以机组结构和水工建筑物较简单，投资较少。由于只能在落潮时发电，每天有两次潮汐涨落的时候，一般发电仅有10～20h，潮汐能未被充分利用，电站效率低，只有22%。

2. 单库双向型潮汐电站

这种潮汐电站采用双向水轮机，涨潮和落潮都可利用进行发电，这类电站是利用一个水库，就可在涨潮和落潮时都可发电，特点是水轮机和发电机的结构较复杂，能满足正反双向运转的要求。一般每天可发电16～20h。单库双向运动的潮汐电站有六个工况，即等候、涨潮发电、充水、等候、落潮发电、泄水。

3. 双库单向型潮汐电站

双库单向型潮汐电站需要建立两个相邻的水库，一个水库仅在涨潮时进水，称上水库或称高位水库；另一个水库只在退潮时放水，称下水库或称低位水库。电站建在两水库之间。当涨潮时，打开上水库的进水闸，关闭下水库的排水闸，上水库的水位不断增高，超过下水库水位形成水位差，水从上水库通过电站流向下水库时，水流冲动水轮机带动发电机发电。落潮时，打开下水库的水闸，下水库的水位不断降低，与上水库仍保持水位差。水轮发电机便可全日发电，提高了潮汐能的利用率，但由于需建造两个水库，投资较大。

4. 抽水蓄能潮汐电站

利用双向可逆式水轮机组，在潮汐电站平潮后的等候工况中，从电网吸取一部分电能，将水轮机作水泵抽水用，以增加发电时的有效水头，即以蓄能方式增加电站的发电效益。因为平潮后抽水，水坝两侧的水位差很小，抽水时所耗电力不大，但是增添的水头到机组发电时却能获得更大的及电量。

5. 潮汐电站与综合利用

潮汐电站与其他形式发电站的区别之一，就是综合利用条件较好。一些潮汐能丰富的国家，都在进行潮汐能发电的技术研发，开发技术已趋于成熟，建设投资有所降低。现已建成的国内外具有现代水平的潮汐电站，大都采用单库双向型。由于海水潮汐的水位差远低于一般水电站的水位差，所以潮汐电站应采用低水头、大流量的水轮发电机组。目前全贯流式水轮发电机组由于其外形小、重量轻、管道短、效率高已为各潮汐电站广泛采用。

1913年法国建起了世界第一座潮汐发电站。1966年法国建成朗斯潮汐能发电站，装机容量24×10^4kW，年发电量为5.44×10^8kW·h，是目前世界上最大的潮汐电站。20世纪50年代开始，我国先后建造了近50座潮汐电站，是世界上建造潮汐能电站最多的国家之一。表4-45和表4-46列举了国内外潮汐发电站的现状。江厦潮汐电站装机5台，总装机容量为3200kW。该电站位于浙江省乐清湾，最大潮差为8.39m，电站水库面积约5km^2，坝长670m，坝高15.5m。水闸为胸墙孔口平底堰型，五个孔，每孔净宽3m，共15m。该电站年发电量超过1×10^7kW·h。

表4-45　　国外几座大型潮汐电站

电站名称	朗斯	基斯洛	安纳波利斯	坎伯兰	塞汶
国　家	法国	俄罗斯	加拿大	加拿大	英国
装机容量（kW）	24×10^4	2000	2×10^4	408×10^4	400×10^4

续表

电站名称	朗斯	基斯洛	安纳波利斯	坎伯兰	塞汶
单机容量（kW）	1×10^4	400	2万	$\sim4\times10^4$	2.5×10^8
机组台数（台）	24	5	1	106	160
年发电量（kW·h）	5.6×10^8	720×10^4	5000×10^4	117×10^8	—
机组型式	转桨、灯泡	灯泡、增速	全贯流	全贯流	未定
运行方式	双向	双向	单向	单向	未定
设计水头（m）	5.6	1.35	5.5	5.5	4.8
建成时间（年）	1967	1968	1983	建设中	规划中

表4-46　　我国运行的几座潮汐电站

电站名称	沙山	岳浦	海山	刘河	白沙口	江厦	幸福洋
地点	浙江温岭	浙江象山	浙江玉环	江苏乳山	山东乳山	浙江温岭	福建平潭
装机容量（kW）	40	300	150	150	960	3200	1280
单机容量（kW）	40	75	75	75	160	500～700	320
机组台数	1	4	2	2	6	5	4
机组型式	轴流	贯流	轴流	贯流	贯流	灯泡	贯流
运行方式	单向	单向	单向	单向	单向	双向	单向
设计水头（m）	2.5	3.5	3.4	1.25	1.2	2.5	3.2
投产时间（年）	1961	1971	1975	1977	1978	1980	1990

三、波浪发电

水在风和重力的作用下发生起伏运动，称为波浪。江、河、湖、海都有波浪现象，但以海洋中的波浪起伏最大。因为海洋的水面最广阔，水量也巨大，容易产生波浪。

海洋波浪属于低品位能源。由于大部分波浪运动没有周期性，故很难经济地开发利用。以波浪为动力的装置必须具备以下特点：

（1）能够增大与波浪高度有关的水位差。

（2）对波浪的幅度和频率有广泛的适应性。

（3）既能适应小的波浪，又能承受大风暴引起的巨浪。

从海洋波浪中吸取能量的方法有以下几类：

（1）利用前推后拥波浪的垂直涨落来推动水轮机或空气涡轮机。

（2）用凸轮或叶轮利用波浪的来回或起伏运动推动涡轮机。

（3）利用汹涌澎湃的波浪冲力把海水先汇聚到蓄水柜或高位水槽中，再推动水轮机。

1. 波能转化的基本原理

波浪能利用三个基本转换环节（第一级转换、中间转换和最终转换）将能量输送给用户。

（1）第一级转换。它是指将波浪转换为装置实体所特有的能量，包括实体（受能体）和固定体。受能体必须与具有能量的海浪相接触，直接接受从海浪传来的能量，通常转换为本身的机械运动；固定体是相对固定，它与受能体形成相对运动。按照第一级转换的原理不同，波能的利用形式可分为四类：活动型、振荡水柱型、水流型和压力型。

从世界波浪发电的趋势看，第一级收集波能的形式是先从漂浮式开始，要想获得更大的发电功率，用岸坡固定式收集波能更为有利，并设法用收缩水道的办法提高集波能力。所以大型波力发电站的第一级转换多为坚固的水工建筑物，如集波堤、集波岩洞等。第一级波能转换，固定体和浮体都很重要。由于海上波高浪涌，第一级转换的结构体必须非常坚固，要求能经受最强的浪击和耐久性。固定体通常采用两种类型：固定在近岸海床或岸边的结构；在海上的锚泊结构。前者也称固定式波能转换，后者则称为漂浮式波能转换，浮体的锚泊特别重要。

（2）中间转换。中间转换是将第一级转换与最终转换相连接。由于波浪能的水头低，速度也不高，经过第一级转换后，往往还不能达到最终转换的动力机械要求。在中间转换过程中，将起到稳向、稳速和增速的作用。此外，第一级转换是在海洋中进行的，它与动力机械之间还有一段距离，中间转换能起到传输能量的作用。中间转换的种类有机械式、水动式、气动式等。早期多采用机械式，即利用齿轮、杠杆和离合器等机械部件。目前多为气动式，因为空气泵是借用水体作活塞，只需构筑空腔，结构简单。同时，空气密度小，限流速度高，可使涡轮机转速高，机组的尺寸也较小，输出功率可大可小。在压缩空气的过程中，实际上是起着阻尼的作用，使波浪的冲击力减弱，可以稳定机组的波动。

（3）最终转换。为适应用户的需要，最终转换多为机械能转换为电能，即实现波浪发电。这种转换基本上是用常规的发电技术，但是作为波浪能用的发电机，首先要适应有较大幅度变化的工况。一般小功率的波浪发电都采用整流输入蓄电池的办法，较大功率的波力发电站一般与陆地电网并联。

最终转换若不以发电为目的，也可直接产生机械能，如波力抽水或波力搅拌等。也有波力增压用于海水淡化的工程应用实例。

2. 航标用波力发电装置

海上航标用量很大，包括浮标灯和岸标灯塔。波力发电的航标灯更具有市场竞争力。因需要航标灯的地方往往波浪也较大，一般航标工人也难到达，所以航运部门对设置波力发电航标较感兴趣。目前波力航标价格已低于太阳能电池航标，很有发展前景。

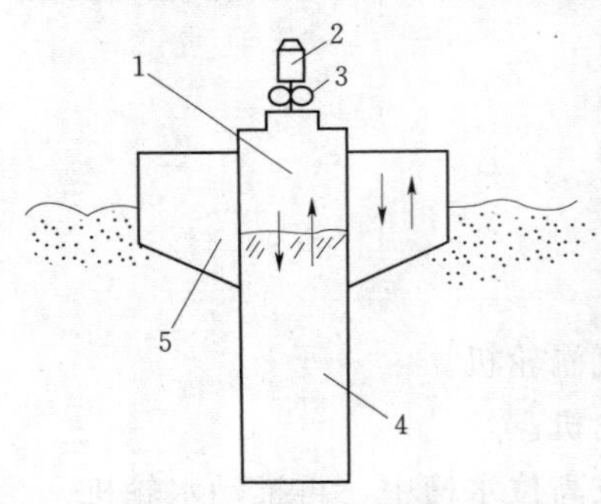

图 4-42 浮标式波能发电示意图
1—空气活塞室；2—发电机；3—空气涡轮机；4—中心管道；5—浮标

波力发电浮标灯是利用灯标的浮标作为第一级转换的吸能装置，固定体就是中心管内的水柱。由于中心管道伸入水下 4～5m，水下波动较小，中心管内的水位相对海面近乎于静止。当灯标浮桶随浪漂浮时产生上下升降，空气活塞室中的空气就受到反复经历压缩、膨胀过程，从而驱动空气涡轮机旋转，并带动发电机发电。发出的电不断输入蓄电池，蓄电池与浮桶上部的航标灯接通，并用光电开关控制航标灯的关启，以实现完全自动化，航标工人只需适当巡回检查，使用非常简便。图 4-42所示为浮标式波能发电示意图。

3. 波力发电船

波力发电船是一种利用海上波浪发电的大型装置，实际上是漂浮在海上的发电厂，它可以用海底电缆将发出的电输送到陆地并网，也可以直接为海上加工厂提供电力。日本建造的“海明”号波浪发电船，船体长 80m，宽 12m，高 5.5m，大致相当于一艘 2000 t 级的货轮。该发电船的底部设有 22 个空气室，作为吸能固定体的空腔。每个空气室占水面面积 $25m^2$，室内的水柱受船外海浪作用而升降，使室内空气受压缩或抽吸。每两个空气室安装一个阀箱和一台空气涡轮机和发电机。共装八台 125kW 的发电机组，总功率为 1000kW，年发电量为 1.9×10^5kW·h。日本又在此基础上研究了冲浪式浮体波力发电装置，这种浮体波力发电装置可以并列几个，形成一排波力发电网，以减轻强大波浪的冲击，因此也是一种消浪设施。

4. 岸式波力发电站

为避免采用海底电缆输电和减轻锚泊设施，一些国家正在研究岸式波力电站。日本建立的波力发电站，采用空腔振荡水柱气动方式。电站的整个气室设置在天然岩基上，宽 8m，纵深 7m，高 5m，用钢筋混凝土制成。空气涡轮机和发电机装在一个钢箱内，置于气室的顶部。涡轮机为对称翼形转子，机组为卧式串联布置，发电机居中，左右各一台涡轮机，借以消除轴向推力。机组额定功率为 40kW，在有效波高 0.8m 时开始发电，有效波高为 4m 时出力可达 44kW。为使电力平稳，采用飞轮蓄能。英国建成一座大型波力发电站，设计容量为 5000kW，年发电量为 1.646×10^7kW·h。我国已建成一座装机容量为 20kW 的岸式波能发电站。

四、海洋温差发电

海洋吸收并储存了大量的太阳能，海洋总是处于热量不平衡中，出现了温差。在地球赤道附近，表层的海水温度为 23～29℃，而在 900～1000m 深处的水温则为 4～6℃。

（一）海洋热能转换的原理

海洋热能转换是将海洋吸收的太阳能转换为机械能，再把机械能转换为电能。在第一步热能转换中，它借助于海底冷水与表层水的温差，构成一种动力循环。目前主要采用朗肯循环。

1. 朗肯循环

朗肯循环是一个典型的热力循环。在海水热能转换中，是利用流体在饱和区实现等温加热和等温放热的特性。图 4-43 所示为海水温差的朗肯循环温熵图及循环原理，循环由液态工质压缩过程 1-2、液态吸热过程 2-3、等温加热过程 3-4、绝热膨胀过程 4-5、等温冷凝过程 5-1 组成。这样的循环对于海水温差计算，其热效率约为 3%，相应海水温差电站的净热效率为 2%左右。根据所用的工质和流程安排不同，朗肯循环又分为闭式循环、开式循环和混合式循环三种。

（1）闭式循环。如图 4-44 所示，由蒸发器、汽轮发电机组、冷凝器和工作液泵等组成。工作液为氨、氟利昂等低沸点物质。在蒸发器里通过海洋表层热水，在冷凝器里通过海洋深层冷水，当工作液泵把液态氨从冷凝器泵入蒸发器时，液态氨因受热水作用，变成高压低温的蒸汽，驱动汽轮机带动发电机发电，而从汽轮机出来的低压气态氨回到冷凝器，又重新冷凝成液态氨，再用工作液泵把液态氨泵入蒸发器中蒸发又变成高压低温的蒸汽，继续做功。这样构成一个完整的闭路循环系统。

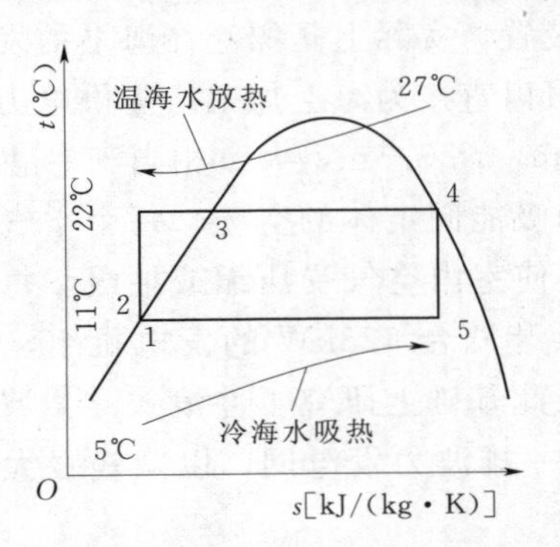

图 4-43　海水温差朗肯循环温熵图及循环原理

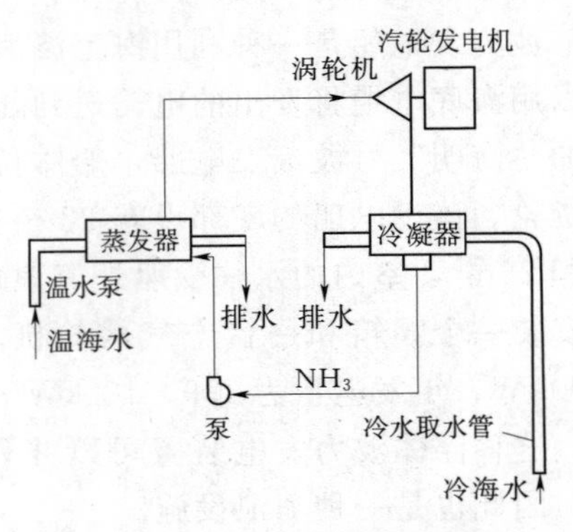

图 4-44　闭式循环系统示意图

（2）开式循环。在朗肯循环中，开式循环也称闪蒸扩容法，开路循环系统如图 4-45 所示，把表层热海水引入低压或真空的闪蒸器中，由于压力大幅度下降，海水沸腾变为蒸汽，从而驱动汽轮机带动发电机发电；使用过的低压蒸汽再进入冷凝器中冷却，冷凝的脱盐水或回收或排入海洋。这种开式循环系统以海水为工作液，它不仅能发电，而且能得到大量的淡水及副产品。

（3）混合式循环。如图 4-46 所示，具有开路循环和闭路循环的特点，即保留工作液整个循环的回路。所不同的是在蒸发器中工作液不是用海水直接加热，而是用热海水扩容蒸成的蒸汽来加热。同时，这样可以避免蒸发器受到海生物的玷污，同时蒸发器高温侧也由原来的液体对流换热变为冷凝放热，使换热系数提高。增加了一道闪蒸环节，使整个循环效率不高。

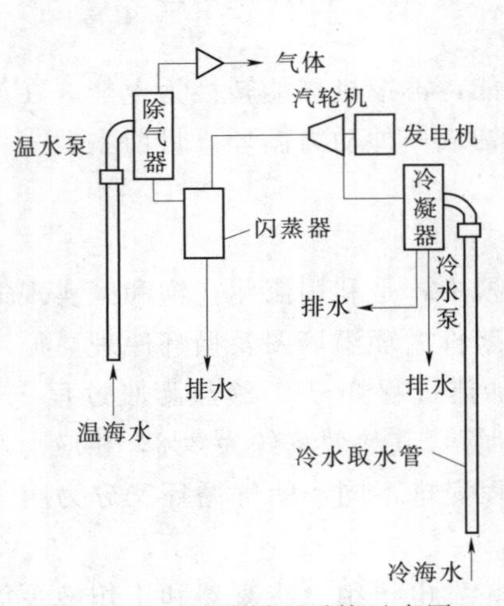

图 4-45　开路循环系统示意图

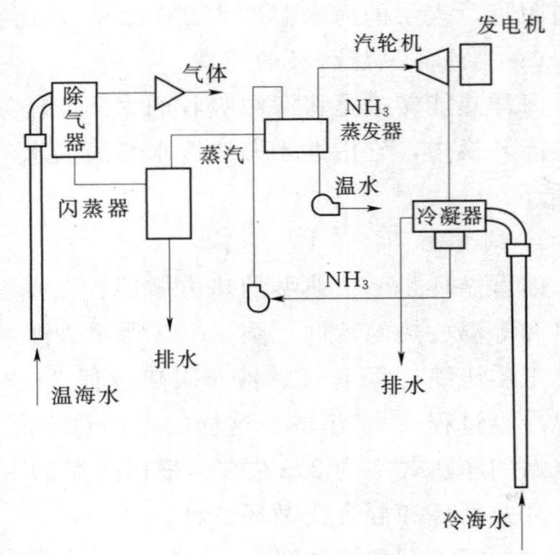

图 4-46　混合式循环系统示意图

2. 全流热力循环

全流热力循环是近年来在利用低温水热能时提出的一种新循环。其循环的温熵图如图 4-47 所示。循环由热液体直接在膨胀机中膨胀做功的过程 1-2、膨胀机排出的汽水混合物的冷凝过程 2-3、冷凝水的升压过程 3-4 及加热过程 4-1 组成。在海水温差发电中，只有 1-2-3-4 这三个过程，4-1 过程是在自然界中自然完成的。这种循环的好处是能充分利用热水中的热量。

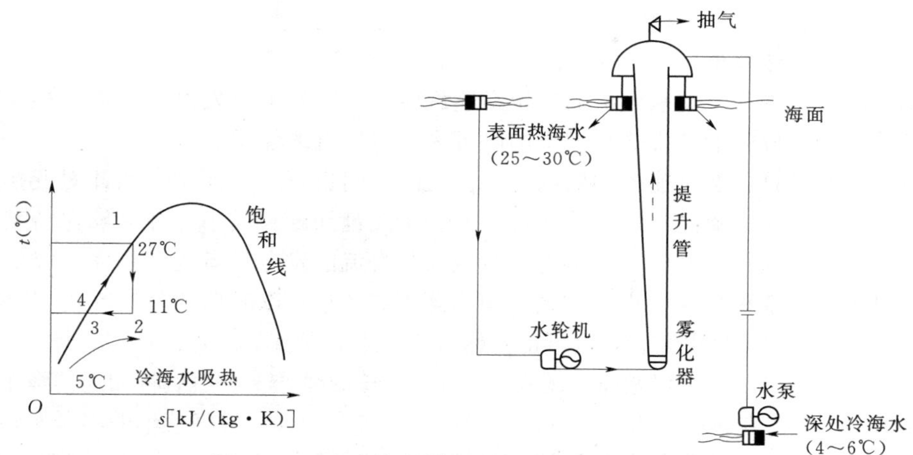

图 4-47　全流热力循环温熵图及雾滴提升原理

为了实现全流循环，提出了多种方法，如雾滴提升循环（图 4-47）、泡沫提水循环（图 4-48）等。而且这些方法都将以水轮机代替汽轮机，使发电系统的设备简化。

（二）海洋温差发电

海洋热能转换的核心是温差发电。图 4-49 所示为海洋温差发电示意图。目前世界上最具有代表性的海洋温差发电装置是美国夏威夷建立的海洋温差发电试验装置。该电站采用朗肯闭

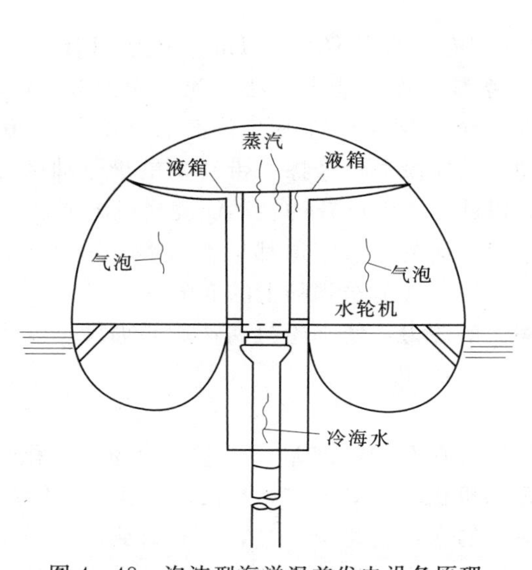

图 4-48　泡沫型海洋温差发电设备原理

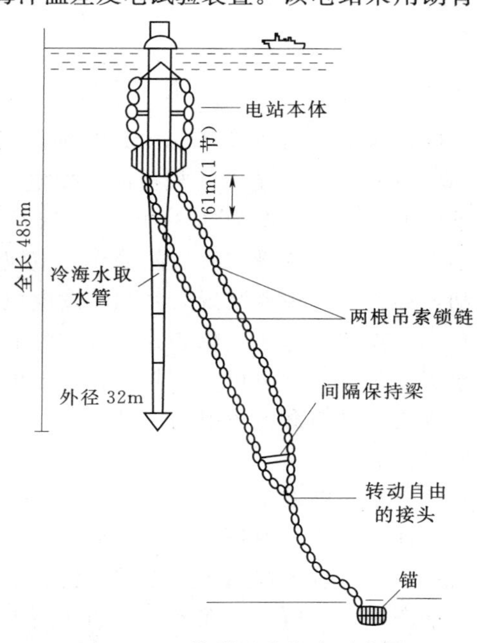

图 4-49　海洋温差发电示意图

式循环系统，安装在一艘重达268t的驳船上。发电机组的额定功率为53.6kW，实际输出功率为50kW，采用聚乙烯制成的冷水管深入海底，长达663m，管径为0.6m，冷水温度为7℃，表层海水温度为28℃。所发出的电可用来供给岛上的车站、码头和部分企业的照明。

五、海（潮）流发电

利用海流的冲击力，使水轮机的叶轮高速旋转，驱动发电机发电。能量变换装置多采用将流动能转换为旋转能的方式，发出的电可采用海底电缆输送。

海流能的特点是：在流速变动的同时，流向随时间也有很大变动，因此对变换系统来说如何适应和如何对海流能加以有效的转换是一个关键问题。其中选择能够保持某一恒定流速，也就是能够保持长时间流速恒定的海域安装海流能发电设备是利用海流能的关键因素。目前已提出了各种各样的设计方案，如降落伞式、科里欧利斯式及贯流式方案等。

(1) 降落伞式海流发电装置，也可把它称为低流速能变换器，如图4-50所示。这种装置是用50只直径为0.6m的降落伞串缚在一根150m长的绳子上，然后将相连的绳子套在固定于船尾的轮子上。在海中，由于海流带动降落伞，将伞冲开，带降落伞的绳子驱动船上的轮子不停地转动，再通过增速系统带动发电机发电。该装置每天工作4h，电功率为500W。

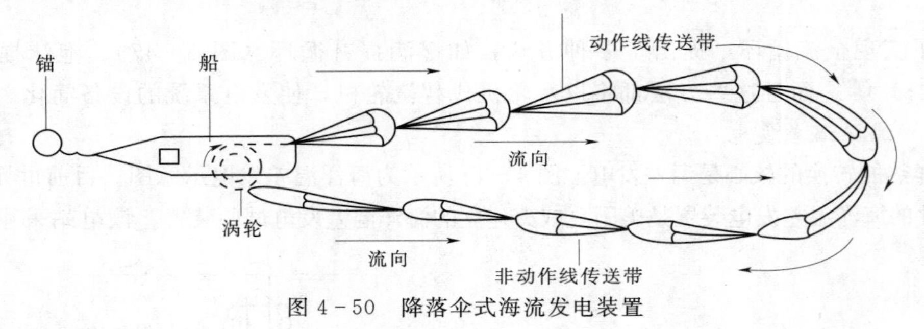

图4-50 降落伞式海流发电装置

(2) 科里欧利斯式（Coriolis）海流发电装置拥有一套外径为171m、长为110m、重达6000 t的大型管道的大规模海流发电系统。该系统的设计能力是在海流流速为2.3m/s的条件下，输出功率为8.3万kW。其原理是在一个大型轮缘罩中装有若干个发电装置，中心大型叶片的轮缘在海流能的作用下缓慢转动，其轮缘通过摩擦力带动发电机驱动部分运动，经过增速传动装置后，驱动发电机旋转，以此将大型叶片的转动能变换成电能。

(3) 贯流式海流发电装置是放在海面以下，使海流的进口流道都呈喇叭形，用以提高水轮机的效率。发电机是密封的，发出的电通过海底电缆输送到陆上的变电站。

潮流发电与海流发电的原理类似，即利用潮流的冲力，使水轮机高速旋转而带动发电机发电。

六、盐差能发电

在江河淡水与海洋咸水交汇处，淡水与含盐海水存在盐浓度差，产生一种物理和化学能，可将其转换成渗透压、浓差电池、蒸汽压差和机械转动等形式，然后再转换为电能。

如图4-51所示，在渗透压的作用下，水塔中的水位就逐渐升高，一直升到两边压力相等为止。如果在水塔顶端安装一根水平导管，海水就会从导管中喷射出来，冲动水轮机叶片转动，进而带动发电机发电。以色列建立了一座150kW的盐差能发电试验装置。

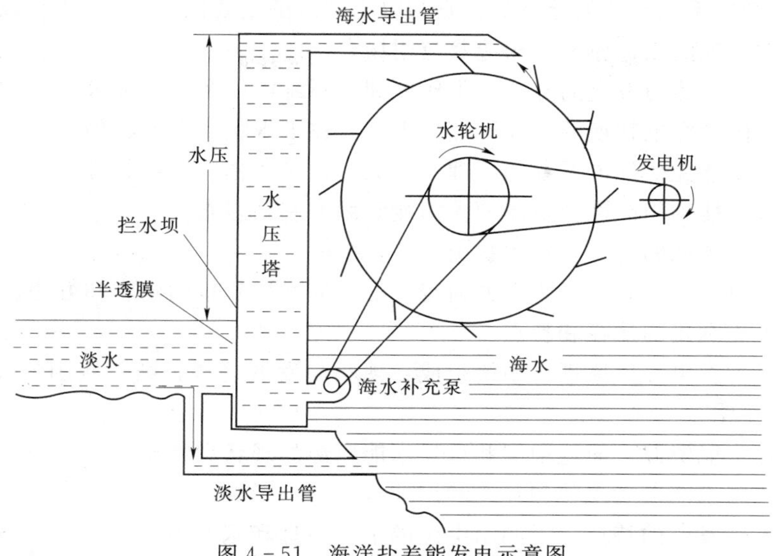

图 4-51 海洋盐差能发电示意图

七、海洋能发电的展望

海洋能开发技术发展的总趋势如下：

（1）规模大型化。海洋能作为可再生新能源，在未来将越来越引起人们的关注，着眼点是用海洋能发电解决海岛居民的生活及工农业用电问题。其关键是电站的发电能力要提高，这就要求电站的规模大型化。从潮汐能、波浪能、海洋温差能等发电技术看，电站向着大规模发展的趋势是不可避免的。

（2）产品商用化。世界上一些发达国家业已注意到海洋能发电技术的潜在市场。沿海发展中国家的海洋能资源较丰富，是一个潜力很大的市场。

（3）用途综合化。海洋能发电在经济上与常规能源比较，目前成本还是较高的。为了提高竞争力，必须降低发电成本。这不仅要求发电技术必须进一步改进，而且要走综合开发利用之路。如潮汐发电与海水养殖和旅游业相结合；海洋温差发电与淡水生产、海水养殖和深海采矿相结合；波能发电与建造防波堤相结合等。

思 考 题

1. 简述可再生能源的含义、分类及主要能源形式。
2. 简述太阳能资源涵盖的内容、特点和利用过程中可能存在的主要问题。
3. 简述我国太阳能资源的分布情况和特点。
4. 太阳能的热利用形式有哪些？简述其利用方式和特点。
5. 简述太阳能集热器的工作原理、类型和特点。
6. 简述太阳能热水器的分类、系统组成及应用领域。
7. 简述太阳灶、太阳房、太阳能温室的分类和工作特点。
8. 简述太阳能干燥的工作原理、分类、特点和应用场合。

9. 太阳能制冷系统是如何分类的？它与电力制冷的主要区别是什么？

10. 简述太阳池的工作原理、构造及应用场合。

11. 简述太阳能热力发电的分类、工作原理、系统组成及关键技术。

12. 简述太阳能光电转换的基本原理、类型、技术现状和发展趋势。

13. 简述太阳能光伏发电系统的原理、组成、技术关键和发展趋势。

14. 说明太阳能利用的途径及影响太阳能利用的制约因素。

15. 简述风和风能的特点和资源状况。

16. 风速、风向、风频和风级是如何定义的？简述风测量的内容和方法。

17. 简述风能利用的途径和特点。

18. 简述风力发电工作原理、系统组成、现状与发展趋势，结合我国实际谈谈影响风力发电发展的因素。

19. 什么是水能资源？简述中国和世界水能资源的现状和特点。

20. 简述我国水能发展现状和开发利用前景。

21. 简述水力发电的特点，说明水电站的工作原理和基本类型。

22. 简述生物质能的来源、种类、资源状况和特点。

23. 生物质能转化与利用的途径有哪些？简述生物质能利用过程中污染物排放状况。

24. 简述生物质直接燃烧的原理、燃烧方式和特点。

25. 简述生物质气化的基本原理、分类和常见的工艺流程及其特点。

26. 简述生物质发电的类型、工艺流程和特点，并谈谈影响生物质发电技术应用的因素。

27. 简述生物质热解和液化原理、分类、特点和常见的技术路线，谈谈生物质直接液化的前景。

28. 简述生物质沼气化技术的原理和常见的沼气制取设备。

29. 简述城市生活垃圾的组成、特点和常用的能源化处理技术。

30. 简述生物质能利用的现状和发展前景。

31. 什么是地热能？简述地热能的来源和特点。

32. 简述地热能的资源状况和分类，谈谈我国地热资源的类型和分布情况。

33. 简述不同地热资源的利用方法。

34. 简述常见的地热能发电方式和特点。

35. 影响地热资源利用的因素有哪些？简述地热能利用的现状和发展趋势。

36. 什么是海洋能？简述开发海洋能的重要意义。

37. 简述海洋能的类型和特点，谈谈各种海洋能的开发现状和发展趋势。

38. 潮汐发电站的类型有哪些？各有何运行特点？

39. 常见的波浪能发电装置有哪些类型？有何特点？

40. 简述海洋温差发电的基本原理和形式。

41. 什么是海（潮）流发电？简述其特点和发电形式。

42. 什么是盐度差能发电？简述其工作原理。

参 考 文 献

[1] 黄素逸，高伟．能源概论．北京：高等教育出版社，2004.

[2] 鄂勇，伞成立．能源与环境效应．北京：化学工业出版社．2006.

[3] 李传统．新能源与可再生能源技术．南京：东南大学出版社，2005.

[4] 可再生能源中长期发展规划．www. sdpc. gov. cn/zcfb/zcfbtz/. . . /W020070904607346044110. pdf.

[5] 吴治坚．新能源和可再生能源的利用．北京：机械工业出版社，2006.

[6] 付祥钊．可再生能源在建筑中的应用．北京：中国建筑工业出版社，2009.

[7] 苏亚欣，毛玉如，赵敬德．新能源与可再生能源概论．北京：化学工业出版社，2006.

[8] 中国国家发展和改革委员会．国际可再生能源现状与展望．北京：中国环境科学出版社，2007.

[9] 李业发，杨廷柱．能源工程导论．合肥：中国科学技术大学出版社，1999.

[10] 左然，施明恒，王希麟．可再生能源概论．北京：机械工业出版社，2007.

[11] 李俊峰，王仲颖．中华人民共和国可再生能源法解读．北京：化学工业出版社，2005.

[12] 王仲颖，高虎，任东明．中国可再生能源产业发展报告2008（中英文版）．北京：化学工业出版社，2009.

[13] Bent Sorensen（SÃ，rensen）. Renewable Energy Conversion，Transmission，and Storage. Academic Press，2007. 11.

[14] 王荣光，沈天行．可再生能源与建筑节能．北京：建筑工业出版社，2004.

[15] 何梓年．太阳能热利用．北京：中国科学技术大学出版社，2009.

[16] 吕芳，江燕兴，刘莉敏，等．太阳能发电．北京：化学工业出版社，2009.

[17] 滨川圭弘，张红梅，崔晓华．太阳能光伏电池及其应用．北京：科学出版社，2008.

[18] 杨金焕，于化丛，葛亮．太阳能光伏发电应用技术．北京：电子工业出版社，2009.

[19] 王君一，徐任学．太阳能利用技术．北京：金盾出版社，2008.

[20] ［日］日本太阳能学会．太阳能利用新技术．北京：科学出版社，2009.

[21] 李俊峰，高虎，王仲颖，等．2008中国风电发展报告．北京：中国环境出版社，2008.

[22] 都志杰，马丽娜．风力发电．北京：化学工业出版社，2009.

[23] 顾为东．中国风电产业发展新战略与风电非并网理论．北京：化学工业出版社，2006.

[24] 刘万琨，张志英，李银凤，等．风能与风力发电技术．北京：化学工业出版社，2007.

[25] 郭新生．风能利用技术．北京：化学工业出版社，2007.

[26] 王长贵，郑瑞澄，新能源在建筑中的应用．北京：中国电力出版社，2003.

[27] 王长贵，崔容强，周篁，新能源发电技术，北京：中国电力出版社，2003.

[28] 徐招才、刘申．水电站．北京：中国水利水电出版社，2007.

[29] ［日］日本能源学会．史仲平，华兆哲，译．生物质和生物质能源手册．北京：化学工业出版社，2007.

[30] 中国电力科学研究院生物质能研究室．生物质能及其发电技术．北京：中国电力出版社，2008.

[31] 程备久．生物质能学．北京：化学工业出版社，2008.

[32] 袁振宏，吴创之，马隆龙．生物质能利用原理与技术．北京：化学工业出版社，2005.

[33] 朱家玲．地热能开发与应用技术．北京：化学工业出版社，2006.

[34] 田廷山，李明朗，白治．中国地热资源及开发利用．北京：中国环境科学出版社，2006.

[35] 褚同金．海洋能资源开发利用．北京：化学工业出版社，2005.

[36] 贾振航，贾振航．新农村可再生能源实用技术手册．北京：化学工业出版社，2009.

[37] 中国能源网，www. china5e. com
[38] 中国可再生能源网，http：//www. cres. org. cn
[39] 中国新能源网，http：//www. newenergy. org. cn
[40] 中国清洁能源网，http：//www. 21ce. cc
[41] 中国风能网，http：//www. cnwee. com
[42] 中国生物质能网，http：//www. china - bioenergy. cn

第五章　核　　能

第一节　概　　述

一、原子和原子核

世界是由物质构成的。几千年来，人们都在探索物质到底是由什么构成的。近代科学的研究结果回答了这个问题，即物质都是由元素组成的，构成元素的最小单位是原子。原子是由原子核和电子组成，原子的体积非常小，其直径大约为 1×10^{-10}m。在原子中，原子核直径更小，只有 1×10^{-15}m。如果把原子比作一个房间，原子核只不过是房间中的一粒尘土。但原子核的密度却是非常巨大的，约为 2×10^{17}kg/m³。原子核带正电，它周围是数目不等的带负电的电子，每个电子都在自己特定的轨道上绕着原子核运动。

原子核又是由质子和中子组成，质子带正电，中子不带电。质子所带正电荷的大小和电子所带负电荷的大小正好相等，因此整个原子是电中性的。科学家测出质子的质量为 1.007277 原子质量单位，中子的质量为 1.008665 原子质量单位，而电子质量仅为 0.0005486 原子质量单位，可见原子的质量主要集中在核上。质子所带正电荷的电量为 1.602192×10^{-19}C。如果原子核是由 Z 个质子和 N 个中子组成，则 Z 就是该原子核所属元素的原子序数。$Z+N=A$，A 就是原子核的核子数，也称之为原子核的质量数。因此，如果知道了某元素的原子序数和质量数，就可以知道原子核里的质子数和中子数。质子数相同的原子具有相似的化学性质，处在元素周期表的同一位置，但它们的中子数可能不同。把质子数相同而中子数不同的元素称之为同位素。例如，氢原子核（$^{1}_{1}H$）只有一个质子，没有中子，而它的同位素氘（$^{2}_{1}H$）则有一个质子和一个中子，氚（$^{3}_{1}H$）有两个中子和一个质子。同位素在化学性质方面虽然相似，但其他性质就相差甚远。如氢和氘都是稳定的同位素，而氚却带放射性。

1896 年法国科学家贝可勒尔发现铀元素可自动放射出一种穿透力极强的放射线，它能透过黑纸使底片感光，这就是所谓放射现象。随后，居里夫人、卢瑟福等科学家又发现处于高强度磁场中的镭、镤、钍、钚等元素可以放射出波长不同的 α、β、γ 三种射线。其中，α 射线是由带正电的高速度的氦原子核组成；β 射线是由速度很大的电子组成；而 γ 射线则是一种波长极短，不带电荷的穿透力极强的射线。这些可以放射出射线的同位素称为放射性同位素。通过加速器或核反应可以获得大量的放射性同位素。

放射性同位素的原子核是不稳定的，它能自发地放射出 α、β、γ 射线而转为另一种元素或转变到另一种状态，这一过程称之为衰变。衰变是放射性原子核的基本特征。但放射性同位素的每个核的衰变并不是同时发生的，而是有先有后。为了描述衰变过程的快慢，科学家定义放射性元素的原子核因衰变而减少到原有原子核数一半时所需的时间为半衰期。因此衰变越快的元素，半衰期越短。半衰期是放射性同位素的一个特定常数，它基本上不随外界条件的变动和元素所处状态的改变而改变。

二、核能的来源

物质是可以变化的。有些变化发生后物质的分子形式没有发生变化，这类变化被称为物理变化，如水在一定温度下由液体变成固体或气体。还有些物质在变化过程中分子结构发生了变化，而构成分子的原子没有变化，这类变化被称为化学变化。人类生活中利用的能量大多来自于化学能，如化石燃料燃烧时燃料中的碳、氢原子和空气中的氧原子结合，生成 CO_2 和水，同时放出一定的能量，这种原子结合和分离使得电子的位置和运动发生变化，从而释放出的能量称之为化学能。在上述化学反应过程中，组成 CO_2 和水的碳、氢、氧原子并未发生变化。化石燃料利用的是化学反应时分子内放出的轨道电子的部分势能，显然它与原子核无关。如果设法使原子核结合或分离是否也能释放出能量呢？近百年来科学家持之以恒的努力给予的答案是肯定的。这种由于原子核变化而释放出的能量，早先通俗地称为原子能。由于所谓原子能实际上是由于原子核发生变化而引起的，因此应该确切地称之为原子核能，简称核能。

核能来源于将核子（质子和中子）保持在原子核中的一种非常强的作用力——核力。核力与人们熟知的电磁力及万有引力完全不同，它是一种非常强大的短程作用力。当核子间的相对距离小于原子核的半径时，核力显得非常强大；但随着核子间距离的增加，核力迅速减小，一旦超出原子核半径，核力很快下降为零。而万有引力和电磁力都是长程力，它们的强度虽会随着距离的增加而减小，但却不会为零。

科学家在研究原子核结合时发现，原子核结合前后核子质量相差甚远。例如，氦核是由四个核子（两个质子和两个中子）组成，对氦核的质量测量时发现，其质量为 4.002663 原子质量单位；而若将四个核子的质量相加则应为 4.032980 原子质量单位。这说明氦核结合后的质量发生了“亏损”，即单个核的质量要比结合成核的核子质量数大。这种“质量亏损现象”正是缘于核子间存在的强大核力。核力迫使核子间排列得更紧密，从而引发质量减少的“怪”现象。根据爱因斯坦提出的质能关系［式（1-1）］计算，氦核的质量亏损所形成的能量为 $E=28.30\mathrm{MeV}$。当然对单个氦核而言，质量亏损所形成的能量很小，但对 1g 氦而言，其释放的能量达 $6.78\times10^{11}\mathrm{J}$，相当于 $1.9\times10^{5}\mathrm{kW\cdot h}$ 的电能。由于核力比原子和与外围电子之间的相互作用力大得多，因此核反应中释放的能量要比化学能大几百万倍。科学家将核反应中由核子结合成原子核时所释放的能量称之为原子核的总结合能。由于各种原子核结合的紧密程度不同，原子核中核子数不同，因此总结合能也会随之变化。

图 5-1 给出了原子的质量数与构成原子核的单位核子的结合能的关系。由图可见，单位核子的结合能越大，意味着原子核越稳定，如铁、锰等质量数为 55 左右的元素最稳定，其核子结合能大约为 8.7MeV/核子。曲线在最高处变化相对平缓，氦核处在一个特殊的轻核点，与其他核相比它非常的稳定（7.1MeV/核子）。重核的核子结合能低于原子量中等的原子核（铀元素为 7.7MeV/核子）。因此，当将重核裂变为两个原子量中等的原子核时便可以获得能量。如铀裂变时释放的能量略少于

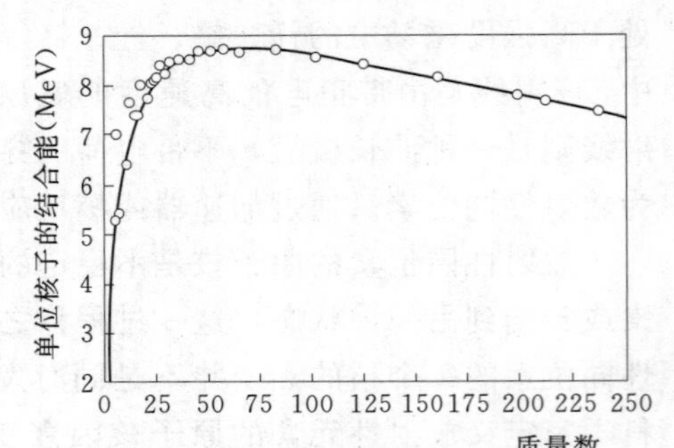

图 5-1　原子的质量数与构成原子核的单位核子的结合能的关系

1MeV/核子，而氘、氚两种较轻的原子核聚合成一个较重的氦原子核，释放的能量更多，为数个 MeV/核子。由于结合能上的差异，于是产生了两种不同的利用核能的途径：核裂变和核聚变。

核裂变又称核分裂，它是将平均结合能比较小的重核设法分裂成两个或多个平均结合能大的中等质量的原子核，同时释放出核能。核裂变现象和理论是由德国放射化学家奥托·哈恩于 1939 年提出的，他通过实验证实了铀原子在中子轰击下发生了裂变反应，并用质能公式算出了铀裂变产生的巨大能量。重核裂变一般有自发裂变和感生裂变两种方式。自发裂变是由于重核本身不稳定造成的，因此其半衰期都很长。如纯铀自发裂变的半衰期约为 45 亿年，因此要利用自发裂变释放出的能量是不现实的，如 1.0×10^{6} kg 的铀自发裂变发出的能量一天还不到 1kW·h 电量。感生裂变是重核受到其他粒子（主要是中子）轰击时裂变成两块质量略有不同的较轻的核，同时释放出能量和中子。一个铀核受中子轰击时发生感生裂变时所释放的能量如表 5-1 所示。核感生裂变释放出的能量才是人们可以加以利用的核能。

表 5-1　　铀核裂变时所放出的能量

能量组成	能量	
	MeV	%
裂变碎片的动能：重核	67	32.9
轻核	98	48.1
瞬发 γ 射线的能量	7.8	3.8
裂变中子的动能	4.9	2.4
裂变碎片及其衰变产物的 β 粒子的能量	9	4.4
裂变碎片及其衰变产物的 γ 粒子的能量	7.2	3.5
中微子的能量	10	4.9
总计	203.9	100.0

核聚变又称热核反应，它是将平均结合能较小的轻核，如氘和氚，在一定条件下将它们聚合成一个较重的平均结合能较大的原子核，同时释放出巨大的能量。由于原子核间有很强的静电排斥力，因此一般条件下发生核聚变的概率很小，只有在几千万度的超高温下，轻核才有足够的动能去克服静电斥力而发生持续的核聚变。由于超高温是核聚变发生必需的外部条件，所以又称核聚变为热核反应。

由于原子核的静电斥力同其所带电荷的乘积成正比，所以原子序数越小，质子数越少，聚合所需的动能（即温度）就越低。因此只有一些较轻的原子核，如氢、氘、氚、氦、锂等才容易释放出聚变能。最有希望的聚合反应是氘和氚的反应，即

$$^{2}_{1}\mathrm{H}+^{3}_{1}\mathrm{H}\longrightarrow^{4}_{2}\mathrm{He}+^{1}_{0}\mathrm{n} \qquad (5-1)$$

由于核聚变要求很高的温度，目前只有在氢弹爆炸和由加速器产生的高能粒子的碰撞中才能实现。因此，使聚变能能够持续地释放，让其成为人类可控制的能源，即实现可控热核反应仍是 21 世纪科学家奋斗的目标。

到目前为止，达到工业应用规模的核能只有核裂变能，而核聚变能只实现了军用，即制造氢弹，通过有控制地缓慢地释放核聚变能达到大规模的和平利用，叫做受控核聚变或受控热核反应。受控热核反应迄今尚未实现工业化应用。现在所说的核能，一般指的就是核裂变能。

三、开发和应用核能的重大意义

人类认识核能存在的历史到现在还不足百年，但核能开发和应用的重要性已经被世界各国普遍接受，核能的开发和应用越来越受到极大的关注。据世界能源理事会统计，2002年世界一次能源消费中，核能已占总量的6%，应用最广的核电已占发电总量的17%。因此，无论从保护环境、合理使用资源来看，还是从人类能源需求的前景来看，发展核能都是必由之路，这是因为核能有其无法取代的优点，核能的优越性主要表现在以下几个方面：

（1）核能是高度浓集的能源。1t金属铀裂变所产生的热量相当于2.7×10^6 t标准煤，故核电站的燃料运输量很小，特别适合于建在缺煤少油而又急需用电的地区。

（2）核能是地球上储量最丰富的能源。按照地球上有机燃料资源和人类耗能的情况估算，煤的储量大概还够用二三百年，石油则只够用三四十年，人类已经面临后继能源的问题。地球上已探明的铀矿和钍矿资源，按其所含能量计算，相当于有机燃料的20倍，只要及早开发利用，即有充分能力替代有机燃料。再进一步说，现在技术先进的国家，都在竞相研究可控热核反应，以期建成热核聚变反应堆。聚变反应堆是利用氢的同位素（氘或氚）的合成聚变核能，聚变能比裂变能更浓集，1t氘产生的能量相当于5.0×10^7 t标准煤。自然界无论海水或河水中都含有1/7000的重水，所以也可以说，聚变堆成功后，1 t海水即相当于350 t标准煤，到那时，人类将不再为能源问题所困扰。

（3）核电远比火电清洁，有利于保护环境。目前世界上80%以上的电力都来自烧煤或烧油的火力发电厂，燃烧后排出的大量SO_2、CO_2、NO_x等气体，不仅直接危害人体健康，还导致酸雨和地球大气层的“温室效应”，破坏生态平衡。比较起来，核电站就没有这些危害，核电站严格按照国际通用的安全规范和卫生规范设计，对放射三废按照“尽力回收储存，不往环境排放”的原则进行严格的处理，排往环境的尾水尾气，只是经过处理回收后余下的一点，数量甚微。国外运行的核电厂每发电1000×10^8 kW·h，排放的总剂量率约为1.2μSv，而燃煤电厂排放的灰尘中所含镭、钍等放射性物的总剂量率约为3.5μSv。可见，即使从放射性排放来看，核电厂也比火电厂小。

（4）核电的经济性优于火电。发展核电的国家和我国台湾省的经验均证明，核电的成本低于火电，电厂每度电的成本是由建造费、燃料费和运行费三部分组成，主要是建造费和燃料费。核电厂由于特别考究安全和质量，建造费高于火电厂，一般要高出30%～50%，但燃料费则比火电厂低得多（火电厂燃料费占发电成本的40%～60%，而核电厂的燃料费则只占发电成本的20%～30%）。总的算起来，核电厂的发电成本已普遍比火电低15%～50%。这里还要指出，煤和石油都是化学工业和纺织工业的宝贵原料，它们在地球上的蕴藏量是很有限的，仅作为燃料来烧掉是极不经济的。所以，从合理利用资源的角度来说，也应该用核燃料代替有机燃料。

（5）核电站的安全是能充分保证的。人们在承认核电站的优点的同时，往往担心核电站会发生事故，污染环境和危害居民。前苏联切尔诺贝利核电站发生事故以后，这种担心骤增。其实，自从世界上有核电站以来，已有400多座核电反应堆运行了5200多堆年，造成环境严重污染和人员伤亡的事故，仅切尔诺贝利一例，而且这次事故是有其独特原因的。事实上，任何方式的能源生产都有一定的风险。例如，1988年7月英北海海油田平台的爆炸死亡166人；美国在往火力发电厂运煤过程中，每年约有100人死于道路交叉处发生的事故；井下采煤的危险性是众所周知的，每采100万t煤就难免死亡几人。比较起来，核电站的风险要小得多。

(6) 核电技术能带动国家科技水平的综合提高。核电技术属于高技术领域，它是核物理、反应堆物理、热工、流体力学、结构力学、机械、材料、控制、检测、计算技术、化学和环保等多种学科的综合。反应堆等核装置，既是重型设备，又是由精密构件所组成，既要能耐高温、耐高压、耐辐照、耐腐蚀、高度密封，又要满足抗地震、抗振动、抗冲击、抗疲劳断裂等一系列要求。核电站的系统错综复杂，高度集中，必须做到互相协调，配合得当，以组成完整的核能→热能→机械能→电能转换体系。由于带有强放射性，必须靠自动控制和遥感技术进行操作和检测，而且必须高度可靠，万无一失。所以，发展核电，不仅使核技术本身得到发展，而且使一系列相关学科和技术领域登上新的台阶。一个国家能否自行设计和建造核电站，是该国技术水平和工业能力的重要标志。

正是由于核能所具有的特点，使其在可替代能源（如水能、风能、太阳能和生物质能等）中占据了重要的地位，成为不可缺少的替代能源。

第二节　核燃料和核燃料循环

正像由化石能源燃烧产生的热能离不开化石燃料一样，核能的产生也离不开核燃料。目前，产生核能的核燃料包括铀、钍和钚三种元素，铀和钍是存在于自然界的天然放射性元素，钚在自然界并不存在，它是通过核反应生产出来的人工放射性元素。核能的产生和应用基本上是依靠铀这种核燃料，从铀矿的勘探和开采、铀的加工和精制、铀的转化、铀的同位素分离、核反应堆元件的制造、对反应过的核燃料（也叫乏燃料）的后处理以及产生的放射性废物的处理与处置，形成了一个核燃料循环，它是核能工业的基础。

一、链式裂变反应

图5-2是核裂变链式反应的示意图。从图中可以看出，当中子撞击铀原子核时，一个铀原子核吸收一个中子而分裂成两个氢原子核，同时发生质量亏损，因而释放出很大的能量，并产生2～3个中子，这些中子又会轰击其他铀核，使其裂变并产生更多的中子，这样一代一代地发展下去，就会形成一连串的裂变反应，这种连续不断的核裂变过程就称为链式反应。显然，控制中子数的多寡就能控制链式反应的强弱。产生链式裂变反应的条件是：①核燃料要具备易于发生裂变的性质；②撞击核燃料的中子要具备足够的能量。

核燃料的链式反应可以分为三种类型：

(1) 自持型。自持型核裂变要人为地确定核燃料中裂变物质的含量，同时在核燃料周围设置具有很强吸收中子的材料（中子毒物），控制每一次裂变产生的中子只能有一个参与下一轮的裂变，这样既可以使链式反应维持下去，又可以使裂变产生的能量维持恒定。

这种裂变称为自持型核裂变。核电站反应堆最常用的控制中子数的方法是用善于吸收中子的材料制成控制棒，并通过控制棒位置的移动来控制维持链式反应的中子数目，从而实现可控核裂变。镉、硼、铪等材料吸收中子能力强，常用来制作控制棒。

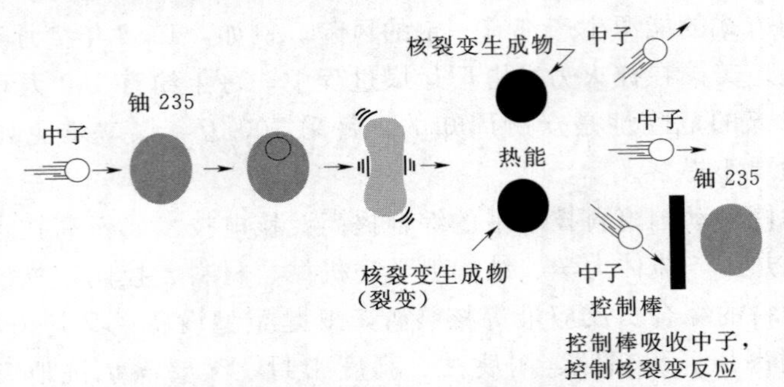

图 5-2　核裂变链式反应的示意图

（2）发散型。每次核裂变产生的中子平均有一个以上参与下一轮裂变，会使核裂变的反应越来越激烈，所释放的能量越来越大。由于每次核裂变的时间极短，只需几百万分之一秒即可完成，在极短的时间内产生极大的能量就成了毁坏力极强的核武器。这种核裂变称之为发散型核裂变。

（3）收敛型。每次核裂变产生的中子平均数不足一个，参与下一轮核裂变，链式反应就会逐渐减弱，所释放的能量越来越小，直至最后停止裂变反应并停止产生核能。这种类型的裂变反应称之为收敛型核裂变。

利用自持型和收敛型核裂变反应，使其能量释放始终处于受控状态，就可以制造核电站的核反应堆，从而利用核能造福人类。

二、核燃料

究竟有哪些原子核会发生核裂变，并引起链式反应，释放出巨大的核能呢？只有铀-233、铀-235和钚-239这三种核素（所谓“核素”，是指具有一定的质量数、原子序数和核能状态，而且存在时间大于 10^{-10}s，因而能对其进行观察的同一类原子）的原子核可以由中子引起核裂变，它们称为裂变材料或裂变物质。在自然界中存在的裂变材料只有铀-235。铀-233和钚-239在自然界中并不存在，它们是分别由自然界中的钍-232和铀-238吸收（俘获）中子后衰变生成的。

钍-232吸收中子后经过两次β衰变生成铀-233：

$$^{232}_{90}\mathrm{Th}+^{1}_{0}\mathrm{n}\longrightarrow ^{233}_{90}\mathrm{Th}\xrightarrow{\beta} ^{233}_{91}\mathrm{Pa}\xrightarrow{\beta} ^{233}_{92}\mathrm{U} \quad (5-2)$$

只有一部分钍-232吸收中子生成钍-233。在核物理中，用“截面”来表示核反应发生的可能性（概率）的大小，截面越大，这种核反应越容易发生，常用的截面单位为“巴恩”（或叫“靶”，符号为 b，$1\mathrm{b}=10^{-24}\mathrm{cm}^2$）。钍-232俘获中子生成钍-233的反应截面为7.40b。

钍-233发生β衰变生成镤-233（$^{233}_{91}\mathrm{Pa}$）的半衰期为22.3min，镤-233发生β衰变生成铀-233的半衰期为27d。

铀-233还可以吸收中子生成铀的更重的同位素。铀-238吸收中子后经过两次β衰变生成钚-239。

$$^{238}_{92}U + ^{1}_{0}n \longrightarrow ^{239}_{92}U \xrightarrow{\beta} ^{239}_{93}Np \xrightarrow{\beta} ^{239}_{94}Pu \tag{5-3}$$

铀-238吸收中子生成铀-239的反应截面为2.70靶。铀-239发生β衰变生成镎-239（$^{239}_{93}Np$）的半衰期为25.5min，镎-239发生β衰变生成钚-239的半衰期为2.35d。钚-239还可以吸收中子生成钚的更重的同位素。

钍-232、铀-238称为转换材料或增殖材料。裂变材料和增殖材料统称为核燃料。因此，铀、钍、钚都是核燃料。目前，核工业基本上是建立在铀-235的热中子裂变上。

铀（U）是元素周期表中第92号元素，原子量为238.0289。铀在地表中分布比较广泛。地壳中铀的含量约为3g/t。铀以铀矿的形式存在，目前已发现的含铀矿物已多大150多种。天然铀由铀-238、铀-235和铀-233三种同位素组成，其中铀-238约占铀元素的99.28%，铀-235约占铀元素的0.71%，铀-233数量极微。在目前的核技术中可直接利用的核燃料的是铀-235。提纯后的铀以金属形态存在，其化学性质非常活泼，可与其他金属形成合金，也易与非金属发生反应。

钍（Th）是元素周期表中第90号元素，原子量为232.038。钍在地表中的平均含量约为9.6g/t。已知的含钍矿物有100余种，其中最主要的是独居石，其含钍量约为5%。独居石是提炼钍的主要矿物，提纯后的钍以银白色金属存在。钍是重要的核燃料之一，在高温气冷堆中钍-铀燃料循环中90%的钍-232转化为铀-233。

钚（Pu）是元素周期表中的第94号元素，是自然界中不存在的人造元素。自然界中天然存在的钚-239数量极微，大多在天然铀矿物中附生。提纯后的钚是一种白色金属，其化学性质极其活泼。由于钚-239裂变反应截面大于铀-235的反应截面，因此，钚-239裂变反应释放的能量大于铀-235。

目前，核科学界正在研究将天然铀中99.7%不能直接进行裂变反应的铀-238转化为钚-239，这一技术将极大地提高天然铀资源的利用效率，为核燃料提供广泛的来源。

三、核燃料的制取与燃料元件

自然界中的铀是以铀矿物的形式存在的。铀矿物的种类很多，按其化学性质一般可分为氧化物、盐类和与其伴生的碳氢化合物等。

含铀矿物的加工一般分成三个过程。首先要进行铀矿石的预处理，这一过程是对铀矿物进行机械粉碎和研磨，将铀矿物加工至所需要的粒度（200目占30%～65%），有的铀矿还在破碎、研磨之间增加热焙烧，以提高有用成分的溶解度，降低杂质的溶解度；其次是进行铀矿石的浸出，利用浸出液具有选择性溶解的特性，将铀从矿石中析出并转入浸出液中；最后对浸出液进行浓缩与提纯，制取较纯的铀化物。

通过上述加工处理过程得到的铀化学浓缩物在纯度和化学形态上仍不能达到使用要求，因此需要对铀化学浓缩物进一步的精制与转化，以制取铀化合物，进而通过沉淀制成铀氧化物，即二氧化铀、八氧化三铀、三氧化铀。若进行铀同位素分离，还需要将铀化物转化成四氟化铀、六氟化铀等铀氟化物。

核反应堆是提取核能的关键部分，而核燃料则是核反应堆的基本元件。根据不同类型的核反应堆，核燃料元件的结构、形状和组分是不同的。

轻水堆的燃料元件一般是棒状的陶瓷二氧化铀，燃料元件的包壳材料为锆合金。重水堆燃料元件使用天然二氧化铀，锆合金包壳，燃料元件由短棒束组成。快中子增殖堆燃料元件采用二氧化铀、二氧化钚混合制成，燃料元件结构与轻水堆类似。高温气冷堆燃料元件组分为二氧化铀与二氧化钍的混合物，形状为柱形或球形。

四、核燃料循环

核燃料的应用分为军用和民用两大部分。狭义的军用是用来制造核武器（原子弹和氢弹），制造核武器的核燃料叫做核材料，广义的军用还包括用核反应堆产生动力推动舰艇（核潜艇、核航空母舰等）。民用主要是作为核反应堆的燃料，这些核反应堆可以通过核裂变产生的热量作为动力来进行发电、供热等，也可以通过裂变产生的中子来进行科学研究和探测及生产许多造福于人类的产品。核燃料是核能的基础，没有核燃料就没有核能。

核燃料的生产和制造涉及许多方面。而核能的一大特点就是在反应堆中又可以生产出新的核燃料来。此外，反应堆不可能像煤球炉子那样把煤球这种燃料充分地烧完，它运行到一定程度，就要将这些用过的"乏燃料"卸出来换上新的燃料。乏燃料中还有一部分没有用完的燃料需要分离出来再使用，而反应堆中生产出来的核燃料（对于铀燃料的反应堆来说，就是钚-239）也在乏燃料中，也需要分离提纯出来，再作为新的核燃料应用。乏燃料中的带有强放射性的"裂变产物"也需要处理和处置。

这样，与核燃料在反应堆中应用有关的所有活动过程，就构成了一个核燃料循环，它包括反应堆的燃料供给和乏燃料处理、处置的全部过程。核燃料循环包括核燃料进入反应堆前的加工、在反应堆中发生链式裂变反应（相当于普通烧煤锅炉中煤的燃烧）和乏燃料以及放射性废物的处理、处置过程。核燃料在进入反应堆前的加工过程叫核燃料循环的前端（也有的叫前段），包括铀矿勘探、开采，铀矿石的加工和精制，铀的转化，铀的同位素分离和燃料元件的制造。核燃料从反应堆中卸出后的处理和处置叫核燃料循环的后端（也有的叫后段），包括乏燃料的中间储存（有的叫"冷却"）、核燃料后处理及放射性废物的处理和处置。核燃料循环过程如图5-3所示。

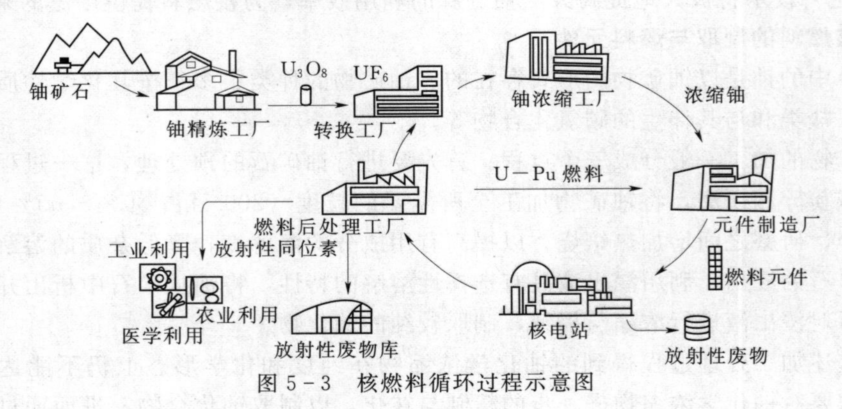

图5-3　核燃料循环过程示意图

(1) 铀矿的勘探和开采。铀矿勘探的主要任务是查明铀资源，勘探铀矿床，提交铀储量。由于铀具有放射性，一般先采用空中探测，用100m以下低飞的飞机上的探测仪器进行探测，然后再进行仔细的地面和地层探测。所用仪器主要为探测放射性的仪器，如盖革-缪勒（Geiger-Muller）计数器、闪烁计数器等。铀矿开采方式与普通矿开采方式基本相同，但由于矿物具有放射性，需要在开采过程中采取严格的射线、粉尘及有害气体的防护措施。

（2）铀矿的加工与精制。也叫铀的提取和精制。这一步骤是首先将开采出来的矿石（先进的采矿办法是向地下矿床注入硫酸等化学试剂，将矿石中的铀溶解浓集再引出来，叫“地浸”；或将矿石采出来后堆积起来，注入硫酸等化学试剂将铀溶解浓集，叫“堆浸”）通过水法冶金（也叫湿法冶金）加工成重铀酸铵、三碳酸铀酰铵等中间产物，它们呈六价铀的黄色，俗称黄饼。由于铀放射系有一系列子体元素，矿石中还存在着其他杂质元素，它们在反应堆中会消耗一部分中子，必须将其除去，因而需对其进行精制，生产出“核纯”级的八氧化三铀（U_3O_8）或二氧化铀（UO_2）。

（3）铀的同位素分离。又叫铀的富集或铀的浓缩。天然铀中铀-235的丰度为0.7%，有的反应堆可用天然铀做核燃料，但多数反应堆核燃料中铀-235的丰度要提高，如核电站反应堆的核燃料中铀-235的丰度为3%左右，许多研究反应堆核燃料中铀-235的丰度在10%左右，推动舰艇的高通量堆和铀原子弹中铀-235的丰度应为90%，这就要通过同位素分离的方法对铀-235进行富集。在富集前，需将铀的氧化物转换成六氟化铀（UF_6）。工业上富集铀-235的方法是采用气体扩散法或离心分离法。由于铀-235和铀-238的化学性质完全相同，其质量数相差为3，仅差1%左右，所以实现分离和富集是很困难、非常耗能的。经同位素分离生产出的富集铀（以六氟化铀形式存在），再根据不同的用途进行转换，生产反应堆燃料元件一般转型为二氧化铀，制造核弹头一般用钙等还原成金属。铀同位素分离的尾料铀-235丰度低于0.7%，叫贫化铀，可以储存起来，也可以还原成金属，制作反坦克穿甲弹（叫做贫铀弹）。

（4）燃料元件的制造。燃料元件是核反应堆的基本部件。核裂变释放的热通过燃料元件导出，并传给载热剂介质。核裂变产生的带有强放射性的裂变产物阻留在燃料元件内避免释放出来。不同类型反应堆由于物理、热工特性不同，因而燃料元件的形状、结构、核燃料的组分和形式各不相同。燃料元件一般由燃料芯块和包壳及其结构件组成。多数反应堆采用棒状燃料元件，再将许多根棒状燃料元件组装起来成为燃料组件。

（5）在反应堆中使用核燃料。核燃料元件装入反应堆中使用，就是通过链式裂变反应释放核能。核燃料在反应堆中经过链式裂变反应后，形成一个很复杂的体系，主要包括未使用完的铀-235、铀-238、新生成的裂变物钚-239、数量繁多的核裂变产物［又叫“裂变碎片”，它们的化学成分很复杂，包括从锌（原子序数30）到镝（原子序数66）的近40种元素］及放射性同位素、锕系元素等。

（6）核燃料后处理。也叫乏燃料后处理。为了从乏燃料中回收有用的可裂变物质，需要对其进行处理，这一过程叫做核燃料后处理。其目的是回收铀和钚，并且把裂变产物变成有利于长期储存的形式，还可以同时获得镅等次要锕系元素和其他有用的放射性同位素加以利用。核燃料后处理过程对铀和钚的回收率要求很高，均大于99%，对于纯度的要求更高，要求裂变产物的去污系数（即处理前后铀或钚中裂变产物的含量之比）达10^7～10^8。由于乏燃料元件具有很强的放射性，还存在着可裂变物质发生临界事故的危险，因此必须把处理设备放在用1m多厚的钢筋混凝土防护墙围起来的“热室”中，进行远距离操作（靠机械手等），并要采取相应的措施防止发生临界事故。目前多数反应堆的核燃料元件是用烧结二氧化铀（UO_2）制成芯块，装在锆合金管或不锈钢管中，组成燃料元件棒，并由许多根燃料棒组装成棒束燃料组件。对于这种乏燃料进行后处理的过程如下：

①以冷却法加快放射性核素衰变，降低放射程度，通常乏燃料冷却时间在1～2a；②用机械和化学的方法将燃料组件解体，脱去包壳，其目的是尽量去除燃料芯块以外的部分（包壳材料等），使它们不参加到化学分离过程中去，以免影响化学反应，并且尽可能不进入高放射性废液中，以减少废物处理量；一般是先用专用的剪切机切成2～10cm长（一般为5cm）的切块，再将燃料元件切块溶于硝酸，弃去不溶的包壳，最后进行过滤和调制，即对溶解液进行过滤，并调节酸度和钚的价态；③化学分离，是后处理的主要工艺阶段，又称净化或去污过程，其主要任务是把裂变产物和次要锕系元素从铀、钚中分离出去，并使铀、钚互相分离。

(7) 核废物的处理与处置。经过上述方法处理过的核废物仍具有很强的放射性，对核废料的处置一般采用深地层埋藏处置的方法，将其与生态圈隔开。

后处理得到的钚可以做反应堆的新的核燃料。得到的铀中铀-235的丰度降低许多，需要重新调整，一种办法是通过同位素分离提高铀-235的丰度，另一种办法是用铀-235丰度高的铀与其混合，而后再在反应堆中重新使用。如果转换比（在反应堆中生成的裂变物质的质量与消耗掉的裂变物质的质量之比）等于1，通过上述一系列的处理，就形成了一个完整的核燃料循环。如果转换比小于1，只进行重新加工的核燃料不能完全满足要求，必须补充裂变材料。如果转换比大于1，则通过核燃料循环生产出来的裂变材料就越来越多。

包括上述七步的核燃料循环叫做闭式（或闭合）燃料循环。也有的对乏燃料元件暂时或永久不进行后处理，而是将其储存起来，叫做一次通过式，这是一种不闭合循环。

一次通过式是将乏燃烧元件经过几十年冷却后，整体作为废物包装起来，送入深地层永久储存库最终处置。1t乏燃料的体积为1.0～2.6m^3，平均为1.5m^3。瑞典提出的概念设计是每个最终处置容器壁厚100mm（由50mm铜和50mm钢构成），外径88cm，高4.9m，重16t，内装2t乏燃料，可提供10^6a的有效屏障。一次通过式处置比较简单，费用较低，核扩散风险小；但核废物量大，放射毒性高，大量的核资源被埋入地下不能得到利用。对最终处置库的要求很高，目前世界上尚未建成一座，美国已批准在内华达州的尤卡（Yacca）山建设一座深地层永久废物处置库，可存放70000t重金属，希望于2010年建成投入使用。

五、核废料及其处理

放射性废物是放射性强度超过一定限值的气、液、固态废物，这些限值是由各国政府根据国际放射性防护委员会（ICRP）建议制定的。固体废物是各种被放射性污染的设备零件、工具、过滤器和防护衣服；液体废物主要为水溶液和泥浆；气体废物是指从废气流中回收的放射性气体。根据放射性强度的水平，将放射性废物分为以下几种：

(1) 高水平放射性废物（HLW），简称高放废物，包括高放废液和固体高放废物，需要冷却和屏蔽。

(2) 中等水平放射性废物（ILW）和低水平放射性废物（LLW），简称中放废物和低放废物。

(3) 特殊放射性废物，包括氪-85（β放射性气体，半衰期10a）、氚化水（弱β辐射体，半衰期12a）和碘-129（β、γ辐射体，半衰期10^7a）。

根据放射性废物的包装、运输和处置厂要求，核燃料循环产生的放射性废物可以分为废燃料、超铀 α 高放废物、中低放废物和放射性废气等几类。

放射性废物来自核燃料循环，主要来自核燃料后处理厂。核燃料循环中产生的放射性物质，有99%以上都存在于后处理厂中的废物里，而且绝大部分存在于高放废液中。据估计，每生产 1GW·a 的电力产生 30～35t 乏燃料，这些乏燃料经后处理约产生 $300m^3$ 的放射性废液。

1. 废燃料

废燃料是从反应堆中卸出的乏燃料元件。废燃料并不是废物，如采用 3%铀-235 燃料元件的轻水堆废燃料中铀-235 占 0.8%，钚约占 1%，是一种有用的能源。一些国家（如美国）暂时停止进行后处理，目前将废燃料元件暂时储存于中间水池，将来有三种可供选择的方案：①继续储存，直到做出最终决定，锆合金包壳在水中至少几十年内不会破损；②建造地表储存设施，在 50～100 年内进行干法或湿法储存；③建造可回取的深地层储存库，等最后决定是否处理。

2. 超铀 α 高放废物

后处理厂产生的高放废液是超铀 α 废物，其放射性和释放热量在 300～500 年间主要来自锶-90（Sr-90）和铯-137（Cs-137），再以后主要来自超铀元素。这些 α 废物要与生物圈隔离 10^6 年。世界上高放废液的储存已有 40 多年的历史，目前采用不锈钢储槽存放酸性高放废液，高放废液的硝酸浓度以 2～4mol/L 为宜，但储存时间不宜过长。近年来，对高放废液的处理进行了大量研发，目前是对高放废液经 6 年以上时间的储存，并经蒸发浓缩减容后进行玻璃固化，即向高放废液中加入化学试剂使其变成玻璃状固体。玻璃固化块先临时储存，最后送到深地层储藏库永久处置。硼硅酸盐玻璃是目前研究得最详尽的固化物。法国连续玻璃固化流程（AVW）已在马尔库尔运行多年，这是世界上第一个玻璃固化工艺流程。

另一种超铀 α 高放废物是废燃料元件包壳，主要是废锆壳，废锆壳存在自燃问题。目前对废锆壳大多采用经压缩后储存在地窖的水池中，也有采用水泥固化法的。

3. 中、低放废物

中放和低放废物的组成和性质很复杂，目前国内外对中放、低放废物尚无统一的分类方法，一般分成含超铀元素的中放废物、不含超铀元素的中放废物、含超铀元素的低放废物和不含超铀元素的低放废物四类。

一般说来，中放和低放废物的处理方法基本相同，即缩小体积和转化为稳定的固化体。对于低密度的具有相对较大体积的物料，可采用焚烧、压缩的办法将它们的体积减小，而对于许多易分散的废物，则应将其固化。

不可燃中、低放的固体废物，可采用去污、机械拆卸、压碎、熔化、溶解等减小废物体积的方法。采取化学试剂和物理方法去污后，作为一般废物处理。对玻璃器皿、过滤器可用压碎方法处理，对于金属废物可用熔融碳酸钠处理。

可燃性中、低放废物主要采用焚烧法处理。把废物氧化焚烧成灰渣，将灰渣固化后储存或进行处置。焚烧过程的尾气进行适当处理，达到排放标准后排入大气。

对于中、低放废液，可用水泥固化法、沥青固化法或塑料固化法（如脲醛固化）进行处理，这些方法已实现工业化。

（1）水泥固化。水凝水泥（普通水泥）固化工艺是各国最常用的中、低放废液固化技术。用水泥作固化剂往往要加入添加剂，如硅酸钠、烟灰、黏土、δ-葡萄糖酸内酯、磷酸三丁酯（TBP）等，以改善水泥固化的效果。将水泥固化产物浸浇聚苯乙烯，可大大提高固化体的机械强度和抗浸出性。

（2）沥青固化。把沥青加热熔融后与废物混合、冷却，便可得到固化体。沥青固化工艺比较简单，国外已广泛用于中、低放废液固化处理，但需对尾气和二次废物作进一步处理。

（3）塑料固化。这是用塑料作介质包容各种放射性物质的固化方法，目前研究较多的塑料有聚乙烯、聚氯乙烯、聚苯乙烯和脲醛等。塑料固化是国际上近年来发展起来的一种新固化技术，当前尚处于中间试验或初级工程阶段。

4. 放射性废气

放射性废气主要是来自后处理的氪-85、氚和碘-129。用深冷法可以从工艺废气中分离氪-85，将其装入高压钢瓶送去储存处置。还研究了用氟碳树脂和方钠石—沸石吸附固定氪-85的方法。氚可用氧化挥发法或同位素交换（用水实现氢—氚同位素交换）法进行处理。碘-129可用水溶液洗涤、用含银吸收剂吸收等方法从工艺废气中去除和回收。

放射性废物的最终处置方法取决于废物的类型。长寿命的高放废物，必须和生物圈隔离 10^6 年以上，近期内唯一能实现的方法，是把固化后的高放废物隔离在稳定地质构造的深地层中。深地层永久储存库的选址特别重要，要选择没有地下水、岩石孔隙低、没有裂缝和缺陷、基岩覆盖层有良好的离子交换性能、无地层活动并远离生物圈的地层。一些国家正在对岩石类型进行评价和研究，美国、德国、加拿大等国提出了许多现实可行的方案。世界上第一个高放废物深地层处置库，21世纪初将在美国建成。

中、低放废物可进行浅层地下埋藏，即把废物放置在地下水位之上的浅地层沟壕中。目前世界上已建立了许多种类型的商用中、低放废物埋藏场。德国从1967年开始改造废弃的阿塞盐矿，用它储存中、低放废物，并进行了模拟废燃料和高放废物储存研究。

第三节　核技术应用

提起核能，人们会想起两个概念，一个是给人类带来灾难的原子弹，另一个是造福人类的核反应堆。自人类发现核能以来，它的首次应用是在军事方面，继而逐步发展了形式多样的核的和平利用途径。

一、核能的军事应用

核的军事应用主要包括制造原子弹这种破坏力极大的核武器，通过铀同位素分离厂生产核武器的核材料高富集铀-235、用核反应堆生产核武器的核材料钚-239以及用核能作为动力去推动舰艇（核航空母舰、核巡洋舰及核潜艇等）。

核武器是利用链式裂变反应或聚变反应，在瞬间释放出巨大能量、产生爆炸、具有大规模杀伤破坏作用的武器。严格地说，只有把核爆炸装置与运载工具（主要是导弹）结合起来，才具有核武器的功能，但习惯上，核武器通常是指武器化的核爆炸装置。迄今为止，核武器已经发展了三代：第一代是原子弹；第二代是氢弹；第三代是中子弹等特殊性能核武器。原子弹是利用链式核裂变反应，而第二、三代核武器都是利用核聚变反应。目前在美国、法国、俄罗斯等国已经提出了第四代核武器的概念，并开展了相关研究。

核武器的威力以"TNT 当量"表示，即爆炸的破坏力相当于装多少 TNT（三硝基甲苯）炸药的常规炸弹的威力。一般为百吨级、千吨级、万吨级、十万吨级、百万吨级和千万吨级。原子弹的当量一般在几十万吨 TNT 以下，氢弹的当量为几十万吨 TNT 以上。当量在万吨 TNT 以下的主要用来袭击战术目标，当量在万吨级、十万吨级、百万吨级的核武器主要用来袭击战役目标，当量在百万吨级以上的核武器主要用来袭击战略目标。

核武器可以制成弹头，由导弹、火箭运载，可在陆上发射，在飞机上发射，或在舰艇上从水面或水下发射；也可以制成炸弹由飞机投探；还可以制成炮弹由火炮发射，或制成鱼雷、地雷等，这些是战术核武器。

（一）原子弹

第二次世界大战期间，德国、美国、日本都在积极开展核武器的秘密研究。1940 年德国即开始实施核计划，并于 1943 年建立了三座核装置。1943 年前后，日本也以"二号研究"为代号开始了秘密核计划研究。1939 年爱因斯坦给美国总统罗斯福写信通报了德国拟利用核武器的信息，同时建议美国应加速核武器的研究工作。美国自 1941 年 7 月开始进行核反应堆的设计和建设工作，于 1942 年建成了世界上第一座核反应堆。1942 年 12 月 2 日在费米的指挥下成功启动并在 28min 后顺利停堆。第一座核反应堆的启动成功，标志着人类核能世纪的开始。在此之后，美国于 1943 年 6 月建立了生产浓缩铀的工厂，1945 年 6 月生产出 20kg 铀-235。同时期，费米又相继领导建设了三座生产钚-239 的反应堆，于 1945 年 7 月生产出 60kg 钚-239。

1945 年夏，在积累了足够的核材料后，美国组装了三枚原子弹，一枚使用铀-235，另两枚使用钚-239，这三枚原子弹分别被命名为"小男孩"、"大男孩"和"胖子"。1945 年 7 月 16 日美国利用"大男孩"进行本土试验，这也是世界上第一次核武器试验。大男孩是一颗以钚-239 为核材料的钚原子弹，爆炸威力相当于 2 万 tTNT 大量。1945 年 8 月 6 日和 9 日美国分别将"小男孩"和"胖子"（图 5-4）投掷在日本的广岛和长崎，两次爆炸造成直接死亡人数达 20 多万人，尚不包括放射性长期影响及对建筑物的破坏。

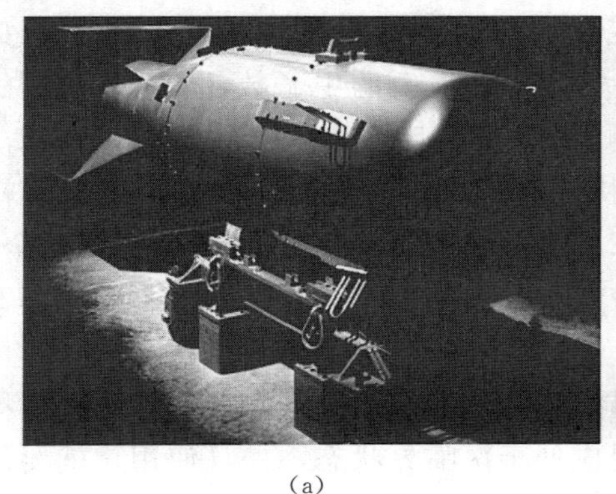

(a)

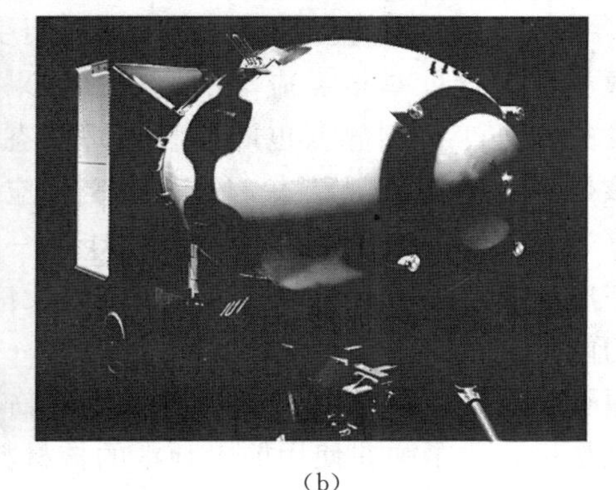

(b)

图 5-4　美国在日本投掷的原子弹

(a)"小男孩"；(b)"胖子"

1949年8月29日，前苏联爆炸成功了第一颗原子弹“南瓜”，这是一枚钚弹，其爆炸威力为2.2万tTNT当量。1952年10月3日，英国在澳大利亚西海岸蒙特贝诺岛停泊的一艘军舰上，成功试爆了第一颗原子弹“飓风”，也是一颗钚弹，其爆炸威力只有几千吨级TNT当量；1954年6月，英国皇家空军开始装备实战型原子弹，使英国成为世界上第三个掌握核武器的国家。1960年2月13日，法国在法属西非撒哈拉大沙漠赖加奈成功地进行了第一次原子弹爆炸试验，原子弹放在100m高的铁塔上，爆炸威力为6万tTNT当量。中国第一颗原子弹的研制，始于1955年初；1964年10月16日在新疆罗布泊核武器试验场成功爆炸中国第一颗原子弹，它是一枚内爆式的铀原子弹，爆炸威力为2万tTNT当量；1965年5月14日，中国试验成功用轰-6轰炸机空投的第二颗原子弹；1966年10月27日，中国试验成功了导弹核武器。

1. 原子弹的工作原理和基本要求

铀、钚等裂变材料在一定的条件下，在一瞬间可以进行许多代的链式裂变反应，原子弹就是利用这个特性产生巨大破坏力的武器。原子弹分为铀原子弹和钚原子弹两种。为满足对原子弹的基本要求，应使核材料的纯度尽可能高，铀-235的纯度要求在90%以上，钚-239的纯度要求在93%以上，同时尽量使核材料在弹体内保留一定的时间，并使中子在这一期间内尽量不要逃逸出去。原子弹包括以下几个基本部分：核材料即核燃料、中子源、引爆装置、中子反射层、外壳体（也叫护持器）。对原子弹的基本要求是：①能产生迅速的链式裂变反应，为此要求核材料要达到和超过临界质量；②准确控制起爆的时机，能在指定的时间爆炸；③所使用的核材料应尽可能地发挥作用；④体积小，质量轻。

原子弹的研制由物理设计和工程设计两个主要部分组成。物理设计是从原理上解决核爆炸的合理性和可行性，并完成原型设计。工程设计是使核装置能够满足战场上各种使用要求。在铀裂变反应中，一个铀-235吸收一个中子发生裂变可以产生两个或三个中子，新产生的中子会遇到以下五种情况：①引起新的铀-235原子核裂变；②引起铀-238原子核裂变；③被铀-238原子核吸收（俘获）而生成钚-239；④被其他杂质元素的原子核吸收；⑤飞散出去而损失掉。

引起下一代核裂变的中子数与引起本代核裂变的中子数之比，叫做增殖系数k。如果$k=1$，那么核燃料就达到临界，链式裂变反应可以维持进行，并且以固定不变的功率释放核能。这就是核反应堆的原理。如果$k<1$，即损失的中子数超过产生的中子数，那么核燃料处于次临界（也叫亚临界）状态，链式裂变反应不能维持进行。如果$k>1$，那么核燃料处于超临界状态，链式裂变反应快速维持进行，强大的核能在一瞬间就释放出来，这就是原子弹的原理。如果1kg铀-235的原子核以$k=2$的倍增系数完全裂变，那么完成整个过程需要约80代，这80代反应在$1\mu s$内完成，产生相当于2万tTNT炸药爆炸的能量。

原子弹在使用前必须避免核材料达到临界状态，而在使用时又必须确保核材料超临界。就是说，原子弹在使用前，弹中的核材料应处于次临界状态，一旦使用，就要使弹中的核材料迅速转变成超临界状态。这个原子弹储存和使用的矛盾是通过特殊的结构设计来解决的。

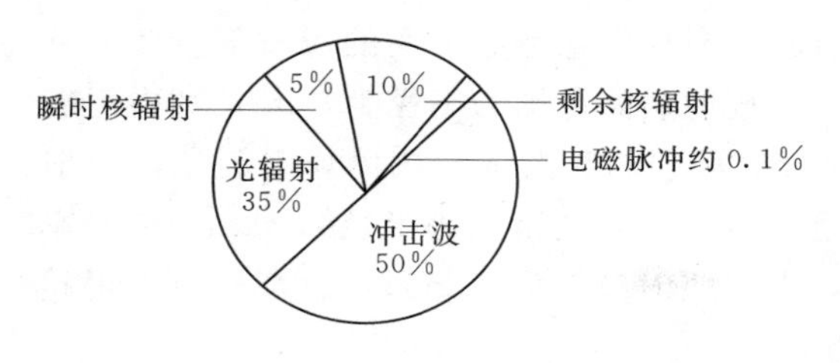

图 5－5　原子弹爆炸能量分配

2. 原子弹的破坏力及防护

原子弹爆炸具有五种杀伤破坏作用，即冲击波、光辐射（也称热辐射）、瞬时核辐射（也称瞬发核辐射）、剩余核辐射（也称放射性污染）和核电磁脉冲，其中主要的杀伤破坏作用是冲击波和光辐射，在一般原子弹空爆情况下，这五种杀伤破坏作用的能量分配比例如图 5－5 所示。

（1）光辐射。原子弹爆炸时光辐射所占的能量高达35%，是核爆炸的主要杀伤破坏作用之一。原子弹在空中爆炸时产生大量的热量，其周围的空气温度高达几十万摄氏度，在约百分之几秒至十分之几秒的很短时间内形成一个直径约为 100m 的大火球，其表面的温度比太阳表面温度（6000℃）还高，其亮度比一千个太阳还亮。火球表面辐射的光和热就是这里所说的光辐射。光辐射向四周传播到很远的地方。光辐射在爆炸后 3s 至十几秒的时间内起作用，其主要作用是着火燃烧。2 万 tTNT 当量的核爆炸产生的光辐射对人的伤害半径为 5.6km，其中重度和极重度伤害半径为 3.6km。50 万 tTNT 当量的核爆炸产生的光辐射对人的伤害半径为 10km，其中重度和极重度伤害半径为 5.5km。人眼最容易受光辐射伤害，即便是 1 万 tTNT 当量的核爆炸，视网膜不受损伤的安全距离也要大于 50km，闪光盲安全距离大于 100km。在对人员起烧伤作用的范围内，光辐射都会引起房屋、庄稼等着火燃烧。

对光辐射的主要防护措施是披遮白色反光物，或躲入碉堡、地下工事中，暴露的人首先要闭眼。

（2）冲击波。核爆炸中心温度高达几百万甚至几千万摄氏度，压强高达十几亿甚至数百亿大气压。这样高的温度和压强下的蒸汽迅速向四周膨胀，强烈地压缩空气层而形成冲击波。冲击波以超音速从核爆中心向四周扩散。冲击波摧毁建筑物和工程设施，摧毁和破坏坦克等武器，抛出人体、损伤器官而造成人员伤亡。2 万 tTNT 当量核爆炸的冲击波可引起半径为 2km 内的人员伤亡，其中引起重度和极重度伤亡的半径为 0.5km。50 万 tTNT 当量核爆炸的冲击波可引起半径为 6.5km 内的人员伤亡，其中引起重度和极重度人员伤亡的半径为 3.2km。

对冲击波进行防护的主要办法是修筑工事。一般的人防工事都可以防冲击波。距离爆炸中心 0.2km 的地方，砖瓦建筑会受到相当大的破坏，但钢筋混凝土构成的掩蔽部分即使离爆炸零点很近，也不致受破坏。2km 以外的楼房对一般原子弹爆炸也是比较安全的。

（3）瞬时核辐射。核爆炸后 1min 内释放的核辐射叫做瞬时核辐射，也称早期核辐射，瞬时核辐射主要是核爆炸瞬时放出的中子和 γ 射线，它对建筑物不起破坏作用，但对人、畜有明显的杀伤作用，引起放射病，并可破坏电子系统，使电子系统致盲或失灵。人员被瞬时辐射伤害的程度取决于其所受吸收剂量及其健康状况。所谓“吸收剂量”是指人或其他物体吸收核辐射后产生的电离能。吸收剂量的单位是“戈瑞（Gy）”，射线在 1kg 物质中产生 1J 电离能的剂量为 1Gy。人在短期间受到照射超过 1Gy 会引起急性放射病。急性放射病分为轻度、中度、重度、极重度四级。引起不同程度急性放射病的吸收剂量和症状见表5-2。2万tTNT当量的核爆炸可能引起急性放射病的范围为半径1.9km，其中引起重度和极重度急性放射病的范围为半径1.4km。50万tTNT当量的核爆炸引起急性放射病的范围为半径2.7km，其中引起重度和极重度急性放射病的范围为半径2.3km。战时军用允许照射剂量24h内无害照射应小于0.5Gy，中等照射最大为0.2Gy，急性照射不得超过0.5Gy。

表5-2 急性放射病等级及效果

等级	吸收剂量（Gy）	效 果
轻度	1～2	吸收1Gy，有5%发生急性放射性病，24h内出现恶心呕吐
中度	2～4	吸收2Gy，有50%发生急性放射性病，4h内出现恶心呕吐，不经治疗有3%以下人员死亡
重度	4～6	吸收4Gy，2h内出现恶心呕吐，不经治疗，大部分死亡
极重度	>6	立即出现恶心呕吐，不及时治疗，几乎全部死亡

对瞬时核辐射的防护主要是采取屏蔽阻挡的办法。用重物质可屏蔽γ射线，用轻物质或吸收中子能力强的物质（如硼或镉）可以屏蔽中子。0.5m厚的混凝土即可以防中子，10cm厚的土层可以使γ射线剂量降低一半。三层楼房的地下室就可以安全地防护中子。

（4）剩余核辐射。剩余核辐射主要是由核爆炸降落下来的裂变产物及核材料产生的核辐射，以及地表物质吸收核爆炸时产生的中子而形成的放射性物质产生，所以又叫放射性污染，占总能量的10%。这些放射性物质的半衰期从几分之一秒到几百万年不等，主要放出β射线和γ射线。污染区以短半衰期放射性物质居多，所以放射性下降很快。放射性污染的危险性不大，但要注意防护。一般用木板即可挡住β射线，阻挡γ射线要用含铅物质。人们通过放射性玷污地段，必须穿防护服。

（5）核电磁脉冲。核爆炸产生的电磁脉冲的能量很小，一般约占原子弹总能量的1‰，基本上没有什么影响，但在高空爆炸时核电磁脉冲会对电子系统造成破坏和干扰。

前苏联在1954年9月4日进行了一次核爆条件下的军事演习，原子弹爆炸当量4万tTNT。美国从1946～1957年先后进行过八次核爆炸军事演习。通过演习，说明核爆炸是可以防护的。从1945～1996年，前苏联和美国共进行了1747次大气层和地下核试验，爆炸当量之和为47840万tTNT当量，是美国投在广岛和长崎的两颗原子弹核爆炸威力的13000多倍，但这样多的核爆炸并没有引起地球多大的变化。

3. 原子弹的爆炸方式

原子弹爆炸通常分为空中爆炸、地面爆炸和地下爆炸三种主要方式。空中爆炸又分为低空爆炸、高空爆炸和大气层外爆炸。爆炸方式是根据火球与地面的距离来分类的。

（1）大气层外爆炸。高于地面35km处的核爆炸为大气层外爆炸效应。

（2）高空爆炸。主要用来杀伤地面暴露人员和破坏不坚固的物体（汽车、飞机等）。放射性污染很轻，对部队行动无影响。

（3）低空爆炸。主要用于杀伤野战工事内的人员，破坏战场地面目标、城市地面建筑、交通枢纽等。爆炸产生一定的放射性污染，但对部队行动影响不大。

（4）地面爆炸。是火球接触地面的爆炸，对小面积目标造成严重破坏。这种爆炸产生大量的放射性物质，形成大面积的放射性污染。

（5）地下爆炸。在地下深层或地表浅层发生核爆炸。产生这种核爆炸的核武器叫做原子爆破弹药，它以污染形式造成障碍，或破坏交通枢纽。

原子弹爆炸时，依次出现闪光、火球和蘑菇云。在不同距离上，先后听到巨响。原子弹的爆炸方式不同，其外观景象有一定区别。

（二）氢弹

氢弹是一个习惯的叫法，它并不是用氢做燃料，而是用氘和氚做燃料。氢弹又叫热核弹，它实际上应该叫氘氚弹或聚变弹。氢弹是利用核聚变能的第二代核武器。两个氢原子核结合成一个重原子核，由于发生质量亏损而放出的巨大能量就是核聚变能，简称聚变能，这个反应叫做聚变反应。聚变反应有多种，其中可以用来制造氢弹的重要的聚变反应是氢的两种同位素氘（重氢，${}_1^2H$，用符号D代表）和氚（超重氢，${}_1^3H$，用符号T代表）之间发生的聚变反应为：

$$ {}_1^2H+{}_1^3H \longrightarrow {}_2^4He+{}_0^1n+17.6MeV \qquad (5-4)$$

即一个氘核和一个氚核发生聚变反应生成氦（${}_2^4He$）和一个中子（${}_0^1n$），并释放出17.6MeV的能量。氘以重水（D_2O）的形式存在于海水中，氚可以在反应堆中生产出来。氘和氚发生聚变反应的可能性最大，比较容易实现。

聚变反应不存在临界质量问题，但需要很高的温度。仅仅把可以发生聚变反应的氢原子核混合在一起，是不会发生聚变反应的。这是因为这些原子核（如氘和氚）都带有正电，正电荷与正电荷之间的静电斥力非常强，这种行为与不带电的中子和带正电的原子核容易发生相互作用成为鲜明的对比。必须使两个带正电的氢原子核或其中的一个具有极高的速度，它们才能克服静电斥力而进入核力（吸引力）范围，发生聚变反应。为了达到这一点，必须使它的温度升高，使其具有很高的动能，因此，核聚变反应又叫“热核反应”。为了达到氢弹爆炸，这个温度约为6×10^6K。在这样的温度下，原子核外的电子由于电离作用而成为自由电子，原子核成为带正电的离子，这种高度电离的物质称为等离子体。热核反应是在高温等离子体中进行的。

同样质量的核燃料，聚变反应要比裂变反应放出更多的能量。1kg氘氚完全聚变放出的能量相当于8万tTNT爆炸释放的能量，这相当于1kg铀-235完全裂变释放能量的4～5倍。要完成氘氚聚变反应而释放出巨大的能量，必须具备千万度的高温和极大的压力，目前只有原子弹爆炸才能产生这样的条件，因此氢弹只能用原子弹来“点火”。但是在原子弹爆炸后，裂变材料迅速膨胀，温度迅速下降，氘氚的密度没有提高多少就迅速散开，虽然放出一些聚变反应的能量，但比裂变反应产生的能量少得多。这种办法可以加强裂变，所以叫做加强型原子弹，但还不是氢弹。氢弹应该是聚变反应放出的能量很多的核武器。

研制和生产氢弹，最初是用氘和氚做聚变材料的。由于氘和氚在常温下是气体，实际应用中必须把它们变成液体以减小体积，这就必须施加极高的压力，并用耐高压的装置，从而大大增加了重量。所以用氘和氚直接做氢弹燃料有一定的困难。例如，美国1952年制成的第一枚氢弹，由于采用制冷装置，使其质量达 65t，体积也十分庞大，显然无法用于实战。用液态氘和氚做燃料的氢弹称为“湿法”或“湿式”氢弹。

后来科学家们找到了一种理想的热核材料——氘化锂-6，它是利用原子弹引爆时释放出来的大量高能中子与锂-6原子核反应而产生氚，即

$$ {}_{0}^{1}n + {}_{3}^{6}Li \longrightarrow {}_{1}^{3}H + {}_{2}^{4}He + 4.8MeV \quad (5-5) $$

氘与氚发生热核反应而释放出巨大能量。装氘化锂-6所起的作用与直接装氘与氚的作用是一样的，但氘化锂-6的成本却比氚便宜得多，同时由于氘化锂的体积小，做成的氢弹显著小型化，可适应实战的需要。氘化锂-6又可长期储存，而氚为放射性核素，其半衰期为 12.6 年，价格又昂贵，长期储存损失很大。采用氘化锂-6的氢弹又称为“干法”或“干式”氢弹，这是一项带根本性的变革。

氘氚聚变反应放出的高能中子，可以使铀-238裂变，铀-238不存在由热中子引起链式裂变反应的临界质量问题。因此，近代的大型氢弹用铀-238做成很厚的外壳，当氢弹爆炸后，核聚变产生的大量高能（14MeV）中子引起外壳的铀-238裂变。这种氢弹叫做氢铀弹，或称三相弹，它的爆炸过程是裂变—聚变—裂变。1954 年 3 月 1 日，美国在太平洋上的比基尼岛进行了第一次氢铀弹爆炸，其总重量 20t，威力为 1500 万 tTNT 当量。氢铀弹的裂变能要占一半以上，它产生的放射性裂变产物很多，污染严重，人们把这种氢弹称为“肮脏”氢弹。

氢弹的杀伤和破坏因素与原子弹相同，但其威力比原子弹大得多。通过设计还能增强或减弱氢弹的某些杀伤和破坏作用，因而其用途更广泛。

图 5-6　中国第一颗氢弹爆炸

1953 年 8 月 12 日，在著名核物理学家萨哈罗夫的领导下，前苏联成功地进行了第一次热核试验，爆炸了一颗 40 万 tTNT 当量的氢弹，它用的是氘化锂-6装料。1954 年英国制定了氢弹研究计划，在库克爵士的推动下，1957 年 5 月 15 日在太平洋的圣诞岛 46000m 空中成功爆炸了第一颗氢弹，威力为百万吨 TNT 当量。1968 年 8 月 24 日，法国军方在太平洋上的穆鲁罗瓦岛（“神秘岛”）的核试验中心进行了第一次氢弹爆炸并获得成功，爆炸成力 270 万 tTNT 当量。1967 年 6 月 17 日，中国采用轰-6中型轰炸机空投，爆炸成功了当量为 300 万 tTNT 的第一颗氢弹，如图 5-6 所示。

（三）中子弹

中子弹又称增强辐射弹，是第三代核武器。它是美国和“北大西洋公约组织”在 1958 年为了阻止以前苏联为首的“华沙条约国”可能发生的集团坦克群的进攻，增强核武器对坦克乘员的杀伤，减少对建筑物的附带破坏而提出的概念，并于 1959 年开始研制的。

中子弹以高能中子的瞬发辐射作为主要杀伤手段，而大大地降低光辐射和冲击波

的破坏和杀伤作用，它的爆炸威力一般只有1000tTNT当量。中子弹可以造成人员的重大伤亡，但对于建筑、武器等基本上没有毁伤作用。由于中子弹产生的剩余辐射很少，又不产生放射性污染，因此称为“干净”氢弹。中子弹除了对集团坦克群有巨大的杀伤力以外，其产生的高能中子和γ射线还可破坏导弹内的电子设备，使导弹丧失作战能力，因此可作低空拦截核导弹的武器。图5-7所示为中子弹与裂变弹爆炸的能量分配比较。

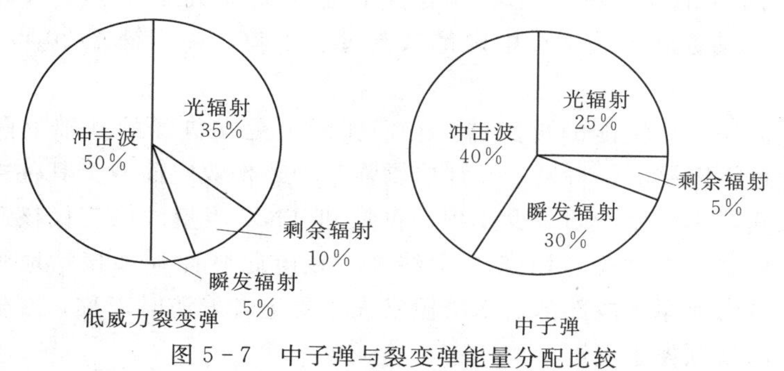

图5-7　中子弹与裂变弹能量分配比较

中子弹的杀伤半径比裂变弹大，相同爆炸威力的中子弹与裂变弹在150m高空爆炸时，中子弹的杀伤半径为裂变弹的2倍，杀伤面积为4倍，辐射杀伤作用为10倍。表5-3列出了中子弹与裂变弹杀伤半径的比较。

表5-3　中子弹与裂变弹杀伤半径的比较（爆炸高度150m）

种类	威　力	中子辐射对坦克内人员的杀伤半径（m）			冲击波对建筑物的破坏半径（m）
		80Gy	30Gy	6.5Gy	
中子弹	1000tTNT当量	690	914	1100	550
裂变弹	10000tTNT当量	690	914	1100	1220

由此可知，威力为1000tTNT当量的中子弹对坦克内人员的杀伤力相当于1万tTNT当量的原子弹，而对建筑物的破坏半径前者不到后者的一半。当爆炸高度为1000m时，中子弹冲击波对建筑物的破坏为零，但对人员仍可造成严重伤害。80Gy的剂量可以使人在5min内丧失能力，直至死亡；30Gy剂量可以使人在5min内丧失能力，4～6d内死亡；6.5Gy剂量可以使人的能力受损，几周内死亡。中子弹的杀伤作用是高能中子与人体中的氢、碳、氮等原子核起核反应，使细胞发生强电离作用而被破坏。美国中子弹的设计以使人受到30Gy剂量为标准。

中子弹设计的基本要求是：①尽可能减少引爆原子弹的初级裂变材料；②使氘和氚聚变反应尽可能充分进行，以尽量增加高能中子的数量；③外壳要用中子容易穿透的高密度、高强度合金。因此，中子弹实际上是靠微型原子弹引爆的，没有铀-238A外壳的特种超小型氢弹。

中子弹中需要使用金属铍（Be）。天然铍中全部为铍-9（$^{9}_{4}$Be）同位素，铍-9在中子弹中起两个作用，一是它受到氘和氚聚变反应放出的一个高能中子轰击，释放出两个高能中子，从而使高能中子数增加，即

$$^{1}_{0}n + ^{9}_{4}Be \longrightarrow 2^{1}_{0}H + ^{6}_{4}Be \qquad (5-6)$$

二是它和氘作用生成氚，从而增强氘和氚聚变反应，即

$$^{2}_{1}H + ^{9}_{4}Be \longrightarrow ^{8}_{4}Be + ^{3}_{1}H + 4.53MeV \qquad (5-7)$$

1kg 氘氚完全反应所放出的中子数，约为 1kg 裂变材料完全裂变释放出的中子数的 30 倍。这就是中子弹的制造基础。

1959 年，美国劳伦斯—利弗莫尔国立实验室开始研究中子弹，1962 年进行试验，1963 年获得成功。前苏联、法国、中国都试验过中子弹，并相继于 20 世纪 80 年代获得成功。

第三代核武器是特殊性能的核武器，它们实际上是在氢弹的基础上向着两个方向发展，一是为了满足特定要求，将氢弹设计成增强某种毁伤效应而减少其他毁伤效应的特殊氢弹，二是使核武器小型化，即减少体积、重量和 TNT 当量。第三代核武器除了中子弹以外，还有减少剩余放射性弹、增强 X 射线弹、核电磁脉冲弹和核钻地弹等几种。2004 年 2 月，俄罗斯政府前原子能部部长米哈伊洛夫接受记者采访时声称，在低当量战术核武器领域，俄罗斯已经领先于美国。

（四）第四代核武器

当前，正当第三代核武器处于进一步研制和初步生产之时，美、法、俄等国又在开始研究第四代核武器。第四代核武器是以原子武器的原理为基础，所用的关键研究设施是惯性约束核聚变装置。第三代核武器是受到《全面禁止核试验条约》限制的，而第四代核武器不产生剩余核辐射，它的威力可以任意调整，甚至可作为“常规武器”使用，其发展不受《全面禁止核试验条约》的限制。这种核武器包括干净的聚变弹、金属氢武器、反物质弹、粒子束武器、激光引爆的炸弹、核同质异能素武器和铪弹等。

第四代核武器是基于核聚变，但不用核裂变能点火，而是用其他高含能物质的能量对核聚变进行点火。例如，用激光、金属氢、同质异能素等引爆，它是纯粹的核聚变武器。表 5－4 列出了几种含能材料的比能（即单位质量可放出的能量）及与普通炸药的比较。

表 5－4　　几种含能材料的比较

材料名称	比能（kJ/kg）	与炸药相比（倍）	材料名称	比能（kJ/kg）	与炸药相比（倍）
高能炸药	约 4	1	铀－235	约 8×10^{7}	2000 万
金属氢	100～140	25～35	氘氚聚变反应	约 3.2×10^{8}	8000 万
核同质异能素	约 10^{6}	约 100 万	质子—反质子湮灭	约 1.8×10^{11}	400 亿

目前，美、法、俄等国正在研究的第四代核武器，这些武器还只处于基础研究阶段，有的还只是科学设想。例如，铪弹这种 γ 射线炸弹的研制还刚刚起步，从解决技术上的问题看，要开发这种武器还需要数十年的时间。

二、核技术的和平应用

核的和平利用主要是利用核反应堆产生核能和中子，其应用领域涉及核能的动力利用和核应用技术两个方面。核的动力利用主要集中在核电的开发利用上，这部分内容在下节

介绍，这里简单介绍一下核应用技术。从狭义上讲，核应用技术并不属于核能领域，但实际上核应用技术与核能密不可分。核应用技术是在核领域中不作为动力的应用技术，包括同位素技术和辐射技术，其种类繁多，应用领域十分广阔。有人把核能技术比喻为核领域中的重工业，而把核应用技术比喻为核领域中的轻工业。

1. 核应用技术的基本功能及主要应用领域

核应用技术是利用同位素和电离辐射与物质相互作用所产生的物理、化学及生物效应，来进行应用研究与开发的技术。同位素包括稳定同位素和放射性同位素两类。稳定同位素主要用于有机化学、生物化学、食品化学、医学、药学、生态学、考古学、地球科学和天文学等领域的科学研究，它是基于原子核的质量差别，通过示踪作用而获取物质的静态和动态信息；放射性同位素在国计民生中得到广泛的应用，其基础是所放出的射线与物质的相互作用，放射性同位素的应用在核应用技术中占有重要的地位。电离辐射种类繁多，常见的类型有电磁辐射（包括 X 射线和 γ 射线）、带电粒子射线（包括 β 射线、β^+ 射线、电子束、α 射线、质子射线、氘核射线、重离子束和介子束等）及不带电粒子射线（中子）。核应用技术就是利用各种电离射线与物质的相互作用来进行研究和生产等活动。实际上，使用放射性同位素也是利用这些同位素发出的电离辐射——α 射线、β 射线、γ 射线与物质的相互作用。核应用技术的基本功能如下：

（1）获取信息。射线与物质相互作用产生物理、化学和生物效应，不同的射线与不同的物质产生的效应性质和强弱不同，因此通过射线与各种物质的相互作用，可以在工业、农业、医学、科研等领域获得各种有用的信息，如同位素示踪、中子活化分析、中子照相、过程监测、工业无损探伤、火灾预警报警、资源探测、人体脏器显像和放射性免疫分析等。

（2）进行物质改性和材料加工。利用辐射对物质的作用，改变物质的性质，获得具有优异性能的材料，以便为人类的生活和生产服务，如辐射加工、中子掺杂、静电消除、辐射育种、离子注入和癌症放射治疗等。

（3）衰变能应用。利用放射性同位素衰变释放出的能量（主要释放出热能）作为能源，如同位素电池、光源和热源等。

核应用技术是一种跨学科、跨领域、跨行业，具有高度综合性的交叉融合技术。核应用技术的应用领域十分广泛，主要包括以下几个方面：

（1）工业。它包括工业生产过程中的检测与分所（工业同位素仪表、核微探针、大型集装箱检测系统等）和辐射加工（辐射化工、辐射消毒和辐射处理三废等）。

（2）农业。它包括辐射育种、昆虫不育、同位素示踪等。

（3）医学。它包括核技术诊断、放射性同位素外照射治疗、放射性药物治疗等。

（4）科学研究。在基础医学、生命科学及其他学科中，用同位素和电离辐射提供多种分析和实验研究手段，把人们的视野从宏观推向微观，从而有可能从分子（10^{-7}cm）、原子（10^{-8} cm）和原子核（10^{-12}cm）水平上动态地观察和研究自然现象。

此外，核应用技术还用于资源、环境、公共安全等领域。

2. 放射性同位素的应用

迄今为止，已发现的周期表中的 109 种元素，共有约 2800 种同位素，其中有稳定同位素 271 种，其他均为放射性同位素。自然界存在的放射性同位素有 60 多种，其余都是通过反应堆和加速器生产出的人工放射性同位素。放射性同位素有这样一些基本特性：

(1) 它们都是不稳定的，从其原子核中不断地、自发地放出射线，而变成另一种核素，这个过程叫做核衰变。核衰变放出射线的现象叫做辐射。如前所述，放射性同位素放出的射线有 α 射线、β 射线和 γ 射线三种，有的放射性同位素可以同时放出这三种射线，有的只能放出一种或两种，β 射线是带负电的电子，有的放射性同位素还可以放出带正电的正电子——β^+ 射线。

(2) 每种放射性同位素核衰变的速度以及放出射线的种类、能量是其固有的核性质，与外界条件无关。前面已经提及，核衰变的速度用半衰期表示，半衰期是放射性同位素原子的数量减少一半所需要的时间。不同的放射性同位素，它们的半衰期不同，放出射线的种类和能量也不同（叫做"特征辐射的能量"）。同一种元素的不同放射性同位素，它们的化学性质相同，但核性质不同。

(3) 放射性同位素放出的射线遇到物质会产生一定的效应，使这种物质发生变化。遇到不同的物质产生的效应不同。这些射线可以穿透一定厚度的物质，不同物质被穿透的厚度不同；可以使一些物质的分子产生电离（变成带电的离子），产生荧光或使胶片及乳胶感光；射线遇到植物、动物和人时，会引起生理变化。射线或者说放射性辐射在人和其他物质这些介质中衰减时给予介质的能量叫做"吸收剂量"，简称剂量，吸收剂量用单位质量的介质所吸收的平均辐照能量表示，其单位为戈瑞（gray，缩写为 Gy），1kg 介质吸收 1J 的辐射能量叫做 1Gy，即 1Gy=1 J/kg。单位时间的吸收剂量叫做吸收剂量率。

在 2000 多种放射性同位素中，有实用价值、应用较多的只有 200 多种，其中有 100 余种是最重要的。放射性同位素的主要应用是：①作示踪原子，进行许多领域的研究工作，用量在 10^5 Bq（微居里）～10^8 Bq（毫居里）之间，其种类繁多，含有示踪原子的化合物叫做标记化合物，用放射性同位素的标记化合物多达 1500 种以上；②做辐射源，其放射性强度从 10^8 Bq（毫居里）～10^{17} Bq（百万居里）之间，如医学上用于疾病诊断、肿瘤治疗、医用 X 光机和核磁共振设备等。

3. 电离辐射的应用

辐射就是从发射体发出的射线，这些射线可以是波动（如电磁波），也可以是微观粒子（如质子）。自然界中存在着多种多样的辐射，有些辐射是通过核反应堆、加速器等装置产生的。有的辐射的能量较低，照射到物体上时，不能使物质的分子或原子发生电离（即将原子中的电子打掉，变成带电的离子），这类辐射叫做非电离辐射。有些辐射具有很高的能量，与物质分子或原子相互作用时，可将原子的外部轨道中的电子打掉而发生电离，这类辐射称为电离辐射。核应用技术应用的手段之一就是电离辐射。

电离辐射种类众多，绝大部分电离辐射是由核反应堆或加速器产生的。电离辐射技术也是应用十分广泛的核应用技术，它在科学研究、工业、农业、工业美术、考古、医学和食品等领域得到了广泛的应用。表 5-5 列出了涉及电离辐射（含放射性同位素）的技术及其应用领域。

表5-5　电离辐射（含放射性同位素）的技术及其应用领域

核技术分类	应用领域
1. 涉及带电粒子束的各种技术	
（1）卢瑟福反散射（KBS）：弹性反冲分析（EBS）、反应物分析（RPA）与质子激光X荧光分析（PIXE等技术用于物质表面分析）	机械磨损、金属中氢动态、半导体研究、环境研究、生物科学、考古学、医学
（2）微探针分析	医学、农业、考古学、冶金
（3）部件活化用于磨损研究	工业、农业
（4）衡量元素的带电离子活化分析	考古、工艺美术
（5）采用加速器根据碳-14、氯-36、铍-10量测定年代技术	工艺美术
（6）采用电子、质子、α粒子和介子等带电粒子治疗癌症	医学
2. 涉及中子束的各种技术	
（1）中子照相	工业
（2）水（氢）的中子散射分析	工业
（3）中子活化分析	考古学、工艺美术、冶金、医学
（4）中子治疗癌症	医学
（5）环境重金属（如锌、汞、铅）的监测	环境、考古学
3. 涉及X射线或γ射线的各种技术	
（1）X射线荧光	矿业、地质、工业、环境
（2）硬X射线放射照相	工业
（3）食品辐照	食品工业、农业
（4）医疗用品消毒	医学、兽医学
（5）工业料位/厚度监测	工业
（6）癌症治疗	医学
4. 涉及放射性同位素的各种技术	
（1）焊缝放射照相	工业
（2）示踪	工业、医学、环境、农业
（3）感烟火灾预警装置	工业、家用
5. 涉及仪器仪表的各种技术	
（1）正电子发射断层显像（PET）	工业、医学
（2）硅与锗固体探测器	环境（建筑内的氡气）、工业、医学
（3）锗酸（BGO）与氟化锂（LiF）	环境、工业、医学
（4）辐射监测仪与电子学	工业、医学
（5）紧凑型电子直线加速器	工业、医学
（6）紧凑型回旋加速器	医学

第四节 核 反 应 堆

核反应堆是实现大规模可控核裂变链式反应的装置，是向人类提供核能的关键设备，简称为反应堆。人类历史上第一座核反应堆是科学家费米在1942年建成并投运的，它的功率非常微弱，仅0.5W。此后的60多年里，人们为了适应不同的需要，建设了不同类型的核反应堆，为人类生产、生活和科学研究提供一种强有力的工具和条件。

一、核反应堆的用途

核反应堆的用途很多，主要涉及以下几个方面。

（1）产生动力。利用核反应堆产生的核能作为动力，代替燃烧化石燃料产生的能量，去发电、供热和推动舰船。用反应堆发电称为荷电，这是核能对于人类经济的主要贡献。用核反应堆的核能供热（包括城市集中供热、供热水和工业供热）叫做核供热，其前景广阔。将反应堆产生的热能代替燃烧化石燃料产生的热能转化为机械能，可以产生推进动力来推动军用舰艇及民用船舶，前者包括核航空母舰、核巡洋舰和核潜艇等，后者包括核动力商船、原子被冰船等，其突出优点是续航力强、马力大、航速高。

（2）生产新的核燃料。用反应堆可以生产新的核裂变材料，即通过核反应堆，由铀-238生产钚-239，由钍-232生产铀-233，并可在反应堆中通过中子轰击锂-6生产核聚变材料氚。有的反应维生产出的核燃料比消耗掉的核燃料多，这对于核燃料的充分利用，实现可持续发展是很有意义的。

（3）生产放射性同位素。放射性同位素种类繁多，应用广泛，对于国计民生有重要意义。放射性同位素可以用反应堆来生产，通过反应堆生产放射性同位素有两种方法：一是从乏燃料的裂变产物和次要锕系元素中分离提取出有用的放射性同位素，如铯-137（作为制造核子秤或测厚仪的辐射源等）、镅-241（作为生产测厚仪或火灾报警器的辐射源）等；二是通过将纯的非放射性元素放在反应堆的中子通道中以中子照射生产放射性同位素，如用钴-59生产钴-60等，钴-60在辐射加工产业中用途很广。

（4）进行中子活化分析。中子活化分析是微量物质的定量快速分析。将被分析的样品放入反应堆中，用反应堆中产生的中子照射样品，使样品中的待分析成分元素的原子核吸收中子后变成放射性同位素，通过灵敏的核仪器检测其微量放射性，即可知道其成分和含量。用这种方法可以分析数量极少（10^{-6}～10^{-15}g）的样品和含量极低（10^{-9}）的成分，花费的时间又很短（一般为2min），因而是一种强有力的新型分析方法。它可用来检验材料成分，监测环境污染，分析罪证材料等。

（5）进行中子照相。中子照相是一种无损检测，它与X射线照相类似，但X射线可以穿透轻物质，而被重物质挡住，中子照相则可以穿透重物质，而被轻物质挡住，因而二者是互补的。用中子照相可以检测一些精密设备金属部件（如航空发动机的叶片）内部的缺陷，了解航天火箭、导弹脱节的导爆索内部炸药分布情况，以及考证古代文物等。

（6）进行中子嬗变掺杂生产高质量的单晶硅。单晶硅是重要的半导体材料，天然硅由硅-28（丰度92.23%）、硅-29（丰度4.67%）和硅-30（丰度3.1%）组成。硅中需掺进少量的磷（叫做掺杂），以达到半导体性能要求。将硅放入反应堆中，用堆中的中子照射，中子被硅-30俘获，生成放射性同位素硅-31，硅-31经过β衰变（半衰期为2.62h），生成稳定的磷-31。由于硅-30在硅中分布很均匀，所以生成的磷-31也均匀分布在硅中，因而制造的半导体器件性能良好，成品率高。这种方法叫做中子嬗变掺杂（Neutron Transmutation Doping，NTD），生产出的硅叫中子嬗变掺杂硅（NTD Si）。

（7）利用中子进行基础研究及应用研究。反应堆是强中子源，它比其他中子源（加速器、镭一铍中子源、钋一铍中子源等）产生的中子量多。利用反应堆产生的中子，可以进行核物理、凝聚态物理、反应堆物理、放射化学、材料学、生物学和物质结构等方面的基础研究，以及反应堆工程的应用研究，特别是在高通量工程实验堆中，用高通量的中子束进行核燃料元件、反应堆材料在中子辐照下结构与性能变化的研究，以提高其耐辐照性能。

（8）利用γ射线进行辐射化学研究与辐射加工。反应堆中的裂变产物具有强γ放射性，因而反应堆是强γ射线源。利用反应堆中的γ射线，可以进行辐射化学研究，如研究γ射线与一些物质的作用机理等，也可利用γ射线来进行消毒、杀菌，进行物质改性等。但其缺点是γ射线能量不单一，堆中的中子会使一些物质活化（变成放射性物质），故以反应堆作为γ射线源使用的不多。

二、核反应堆的分类

核反应堆有许多分类的方法。根据核反应堆的用途、所采用的燃料、冷却剂与慢化剂的类型及中子能量的大小介绍如下。

1. 按反应堆的用途分类

（1）生产堆。用于生产易裂变或易聚变物质，当前主要目的是生产核武器的装料钚和氚。

（2）动力堆。用作核电站和舰船的动力。

（3）试验堆。这种堆主要用于科学试验，它既可进行核物理、辐射化学、生物、医学等方面的基础研究，也可用于反应堆材料、释热元件、结构材料以及堆本身的静、动态特性的应用研究。

（4）供热堆。用作大型低温核供热的热源。

2. 按反应堆采用的核燃料分类

（1）天然铀堆。以天然铀作核燃料。

（2）浓缩铀堆。以浓缩铀作核燃料。

（3）钍堆。以钍作核燃料。

3. 按反应堆采用的冷却剂分类

（1）水冷堆。它采用水作为反应堆的冷却剂。

（2）气冷堆。它采用氦气作为反应堆的冷却剂。

（3）有机介质堆。它采用有机介质作反应堆的冷却剂。

（4）液态金属冷却堆。它采用液态金属钠作反应堆的冷却剂。

4. 按反应堆采用的慢化剂分类

（1）石墨堆。以石墨作慢化剂。

（2）轻水堆。以普通水作慢化剂。

（3）重水堆。以重水作慢化剂。

5. 按核燃料的分布分类

(1) 均匀堆。核燃料均匀分布。

(2) 非均匀堆。核燃料及燃料元件的分布不均匀。

6. 按中子的能量分类

(1) 热中子堆。堆内核裂变由热中子引起。

(2) 快中子堆。堆内核裂变由快中子引起。

由于热中子更容易引起铀-235的裂变,因此热中子反应堆比较容易控制,大量运行的就是这种热中子反应堆。这种反应堆需用慢化剂,通过它的原子核与快中子弹性碰撞,将快中子慢化成热中子。

三、核反应堆的组成

核反应堆类型可以千变万化,但组成核反应堆的基本部分确实万变不离其宗。反应堆都是由核燃料元件、慢化层、反射层、控制棒、冷却剂和屏蔽层等六个基本部分构成的。快中子堆主要是利用快中子来引起核裂变,不需要慢化剂。目前运行的反应堆大都是热中子堆,热中子堆必须使用慢化剂。反应堆的基本结构如图5-8所示。

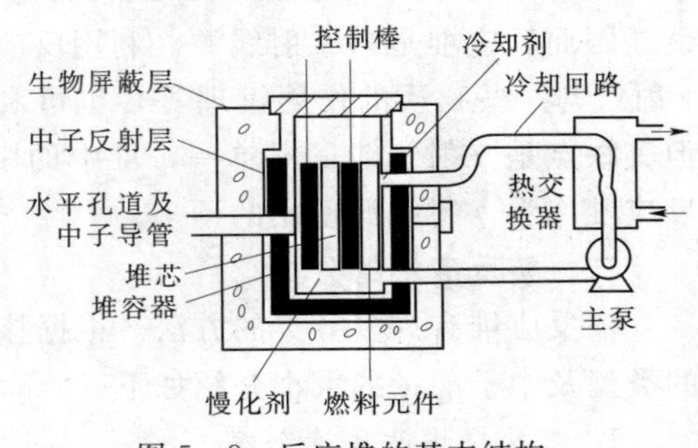

图5-8 反应堆的基本结构

1. 核燃料元件

铀-233、铀-235和钚-239都是易裂变放射性同位素,都可以做反应堆的核燃料。由于高富集铀价格昂贵,大多数反应堆都采用低富集铀作核燃料,生产堆的核燃料一般是天然铀,只有作为特殊研究用的高通量堆和船舰用动力堆才用高富集铀做核燃料。

铀在反应堆中可以有两种布置形式,一种是将铀盐溶解在水或有机液体中,使燃料和慢化剂均匀混合,组成均匀堆芯,但这种形式现在已用得很少。目前普遍采用另一种布置,就是将固体核燃料制成燃料元件,按照一定的栅格排列,插在慢化剂中,组成非均匀堆芯。对于固体核燃料的主要要求是具有良好的辐照稳定性、化学稳定性、热物理性能和力学性能,制造成本低,后处理成本低。

核燃料元件主要由核燃料芯块和包壳组成,通常做成圆棒、薄片、圆管或六角套管等形式。芯块有三种类型:金属型、弥散型和陶瓷型。陶瓷型芯块是用难熔的铀的氧化物、碳化物或硅化物制成所需的形状,然后经过高温烧结而成。这种芯块有更好的辐照稳定性和化学稳定性,允许更高的工作温度。元件包壳是燃料芯块的密封外壳。对包壳材料的主要要求是具有良好的核性能和力学性能,具有良好的耐辐照性能和化学稳定性,热导率高,易于加工。常用的包壳材料有纯铝、铝合金、不锈钢、纯锆、锆合金、镁合金和石墨等。一般是把许多元件组合在一起,成为燃料组件。

水堆(轻水堆和重水堆)燃料元件是燃料棒,其外壳为薄壁的锆合金管或不锈钢管,管内装有烧结的二氧化铀燃料芯块。快中子堆燃料元件也是燃料棒,但其燃料芯块是烧结的二氧化铀和二氧化钚混合物。高温气冷堆采用全陶瓷型的球形燃料元件或棱柱形燃料元件。

反应堆的燃料元件部分叫做堆芯。

2. 慢化剂

核裂变产生的中子是能量很高的快中子，而热中子堆主要是用热中子引起核裂变反应，因此需要采用慢化剂将中子慢化成能量为0.025eV的热中子。

慢化剂必须兼备两方面的优点：既能很快地使中子的速度减慢下来，又不要太多地吸收中子。慢化剂还应具有良好的热稳定性和辐照稳定性，以及良好的传热性能。慢化剂主要有水、重水、石墨和铍等。

3. 反射层

反射层又叫中子反射层。裂变产生的中子总会有一部分逃逸到堆芯外面去。为了减少这些中子的损失，在堆芯外面围上一层材料构成反射层，把那些从堆芯逃逸出来的中子反射回去。对于热中子堆来说，凡是能够作为慢化剂的材料都可以用作反射层。快中子堆一般可用金属铀-238或钢铁作反射层。

4. 控制棒

控制棒的作用是保证反应堆的安全，开、停反应堆和调节反应堆的功率。控制捧内装有能够强烈吸收中子的元素，这些元素叫做中子毒物。当反应堆处于未运行状态时，控制棒与燃料元件放在一起，中子首先被控制棒中的中子毒物吸收掉而不会引起核燃料的链式裂变反应。开堆时，将控制棒提起，中子源产生的中子引起核燃料的链式裂变反应。当反应堆运行时，由于核燃料多于临界质量而产生的过剩反应性也是由控制棒中的中子毒物来平衡掉。控制棒位置不同，吸收中子的能力也不同，由此可以调节反应堆功率。停堆时，将控制棒插入堆芯，中子被中子毒物吸收掉，链式裂变反应终止。因此，控制棒根据作用不同可以分为安全棒、补偿棒和调节棒三类。安全棒起保护作用，反应堆运行时全部抽出，发生事故时迅速降落，紧急停堆。补偿棒用来平衡堆芯的过剩反应性。调节棒用来调节反应堆的功率。

控制棒的中子毒物材料不仅要有很高的吸收中子的能力，还要有足够的机械强度、良好的导热性和耐腐蚀性，并易于加工制造。常用的有硼、碳化硼、镉、镉铟银合金、铪、钆和钐等。控制棒可以做成棒状、板状或圆筒状。动力堆常常把许多根控制棒组成棒束。控制棒的升降是由驱动装置来带动的。

5. 冷却剂

核裂变释放的能量会使燃料元件温度升高，必须及时地把热量带出堆芯，否则就会发生堆芯熔化的重大事故。即使反应堆处于停堆的情况下，也因燃料元件中裂变产物具有放射性引起元件发热（热功率为反应堆热功率的1%～3%），而使燃料元件温度升高，长时间积累也会引起事故，因此有必要将这部分热量带出来利用。用来带出堆内热量的物质叫做冷却剂或载热剂。冷却剂应该具有吸收中子少，导热性好，对结构材料腐蚀性小等特性。热中子堆常用的冷却剂有气体（如二氧化碳、氦气等）或液体（如水、重水、有机液等），快中子堆常用熔融金属（如钠、钠钾合金等）作冷却剂。

为了使冷却剂不断循环使用，反应堆设有冷却回路。冷却回路分为自然循环和非自然循环两种。自然循环是靠处于不同高度、不同温度下冷却剂密度差而产生的推动力使冷却剂循环流动；非自然循环又称强制循环，是用泵（或风机）使液体（或气体）冷却剂循环流动。

6. 屏蔽层

屏蔽层又叫生物屏蔽层。反应堆运行时，有大量的中子和γ射线向四周辐射，停止运行时，裂变产物也向四周放出γ射线。为了防止周围工作人员受到这些辐射危害，并防止邻近的结构材料受到辐射损伤，在反应堆四周要设置屏蔽层。屏蔽层一般为钢筋比例很高的厚混凝土，也可选用铁、铅及水、石墨等。

除了上述六种基本构成外，还包括反应堆容器及堆内构件，测量中子通量、功率、温度、压力、流量、放射性强度和其他参数的仪器以及控制保护系统。反应堆堆内构件分为金属堆内构件和非金属堆内构件两种。金属堆内构件主要用于装放堆芯、控制棒和仪器仪表等，非金属堆内构件一般指作为慢化剂和结构材料的石墨堆内构件。反应堆容器用来装放堆内构件以及堆芯、控制棒、仪器仪表等和冷却剂、慢化剂、反射层等。对于压水堆和沸水堆等承受压力的反应堆，其反应堆容器为压力容器。压力容器应具有良好的力学性能和加工性能。对压力容器材料的要求十分严格，以确保安全。压力容器材料应具有良好的力学性能和加工性能，特别是焊接性能好，其辐照脆化应在容许限度以内。一般采用高强度低合金钢作为压力容器材料，用得最多的是锰钼镍钢。

四、动力反应堆

动力反应堆是利用核能产生动力来推动船舰、进行发电和供热的反应堆。从原理上说，所有的产生核能的反应堆都可以产生动力，但从实用的角度来说，动力堆具有自身的特点和要求。尽管推动船舰用的动力堆要求更高，但世界上最早的动力堆仍然是用来推动潜艇而不是用来发电和供热。核电站是在核潜艇采用的压水堆和沸水准的基础上发展起来的。在核能的利用中动力堆最为重要，动力堆最重要的应用是用于核电站和供热。

（一）舰船用动力堆

近现代的常规船用动力装置用常规能源（煤、油）作为动力，包括采用蒸汽机、柴油机和燃气轮机，目前以柴油机做动力的船舶占绝对优势。常规潜艇用柴油机做动力，由于燃烧柴油需要空气，所以只能先在水面上用柴油机带动发电机产生电能，再将电能储存起来，等潜艇潜入海里，通过这些电能推动潜艇前进，因而在水下续航时间不长，航速不高。核潜艇采用反应堆和蒸汽发生器产生动力，反应堆和蒸汽发生器装在艇体的堆舱内，反应堆堆芯核燃料裂变所释放的大量热能，使水达到相当高的温度，代替烧油在蒸汽发生器里产生蒸汽，去驱动装在机舱内的蒸汽轮机，推动潜艇前进。由于反应堆运行不需要来自水面上的空气，所以核潜艇能够像鱼一样长期在水下航行。而且反应堆的功率大，可以产生更大的动力。除了核潜艇外，一些核大国还研究发展了水面核动力舰船，如核动力的驱逐舰、巡洋舰和航空母舰。除了军用外，一些国家还研制了民用的核动力船舶，如原子破冰船、核动力商船和核动力海洋考察船等。

（二）核电站反应堆

目前核电站广泛应用的堆型主要有轻水堆、重水堆、石墨气冷堆和快中子增殖堆。

1. 轻水堆

轻水堆是动力堆中最主要的堆型，在全世界的核电站中轻水堆约占85.9%。普通水（轻水）在反应堆中既作冷却剂又作慢化剂。轻水堆又可分为沸水堆（BWR）和压水堆（PWR）两种堆型。前者的最大特点是作为冷却剂的水会在堆中沸腾而产生蒸汽，故叫沸水堆；后者反应堆中的压力较高，冷却剂水的出口温度低于相应压力下的饱和温度，不会沸腾，因此这种堆又叫压水堆。

目前，压水堆是核电站应用最多的堆型，在核电站的各类堆型中约占61.3%。图5-9是压水堆结构示意图。由燃料组件组成的堆芯放在一个能承受高压的压力壳内。冷却剂从压力壳右侧的进口流入压力壳，通过堆芯筒体与压力壳之间形成的环形通道向下，再通过流量分配器从堆芯下部进入堆芯，吸收堆芯的热量后再从压力壳左侧的出口流出。由吸收中子材料组成的控制棒组件在控制棒驱动装置的操纵下，可以在堆芯上下移动，以控制堆芯的链式反应强度。

2. 重水堆

重水堆以重水（D_2O）作为冷却剂和慢化剂。重水由两个氘原子和一个氧原子化合而成，氘（D）的热中子吸收面积比氢（H）的热中子吸收面积小得多，吸收中子的几率小，因此重水堆可以采用天然铀作燃料。这对天然铀资源丰富而又缺乏浓缩铀能力的国家是一种非常有吸引力的堆型。但重水堆中子的慢化作用比普通水（轻水）小，所以重水堆的堆芯体积和压力容器的容积要比轻水堆大得多。重水堆可以用任何一种燃料，包括天然铀、各种富集度的铀、钚-239或铀-233，以及这些核燃料的组合。重水堆从结构上可分为压力容器式和压力管式两类。压力容器式只能用重水做冷却剂，压力管式可用重水，也可用轻水、气体或有机化合物做冷却剂。压力管式重水堆可以不停堆连续更换核燃料，核燃料装载量少。在核电站中重水堆约占4.5%，加拿大研发的卧式压力管式天然铀重水慢化和冷却的坎杜（Canada Denterium Uranium，CANDU）堆是发电用重水堆的成功堆型，图5-10所示为最有代表性的加拿大坎杜堆流程示意图。

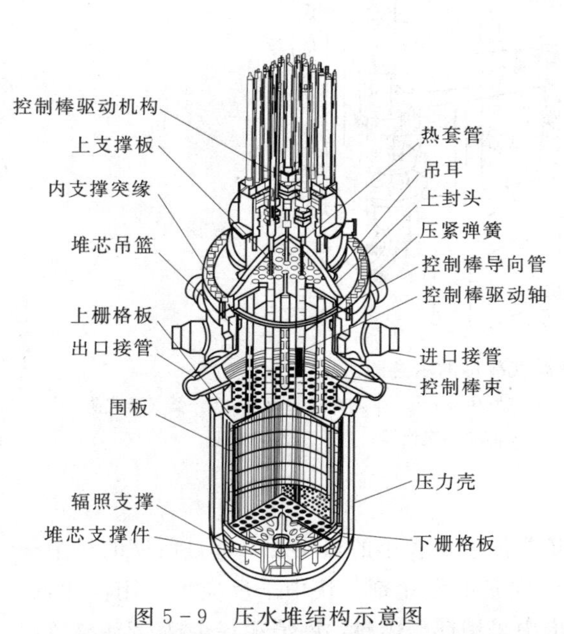

图5-9 压水堆结构示意图

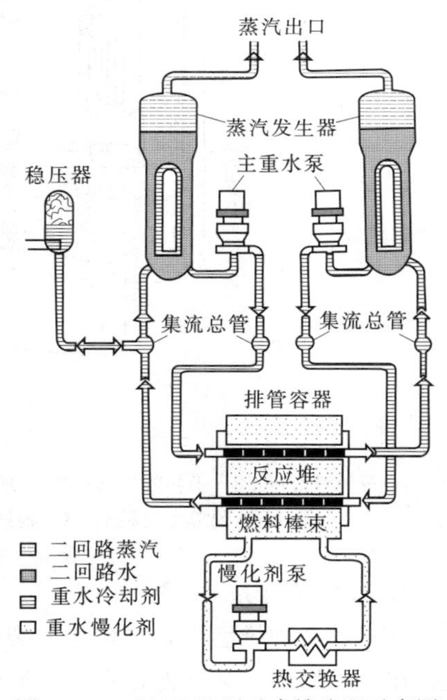

图5-10 CANDU型重水堆流程示意图

3. 石墨气冷堆

石墨气冷堆是以气体作冷却剂，石墨作慢化剂。石墨气冷堆经历了三代发展。第一代气冷堆是以天然铀作燃料，石墨作慢化剂，二氧化碳作冷却剂，堆芯温度达400℃，这种堆最初是为生产核武器装料钚而产生的，后来才发展为产钚和发电两用。这种堆型早已停建。第二代气冷堆称为改进型气冷堆，它是采用低浓缩铀作燃料，慢化剂仍为石墨，冷却剂亦为二氧化碳，但冷却剂的出口温度由第一代的400℃提高到650℃。第三代为高温气冷堆，其与前两代的区别是采用高浓缩铀作燃料，并用氦气作为冷却剂。由于氦冷却效果好，燃料为弥散型无包壳，且堆芯石墨能承受高温，所以堆芯气体出口温度可高达800℃，故称为高温气冷堆。核电站的各种堆型中气冷堆占2%～3%。除发电外，高温气冷堆的高温氦气还可直接用于需要高温的场合，如炼钢、煤的气化和化工过程等。图5-11是用于发电的高温气冷堆的示意图。

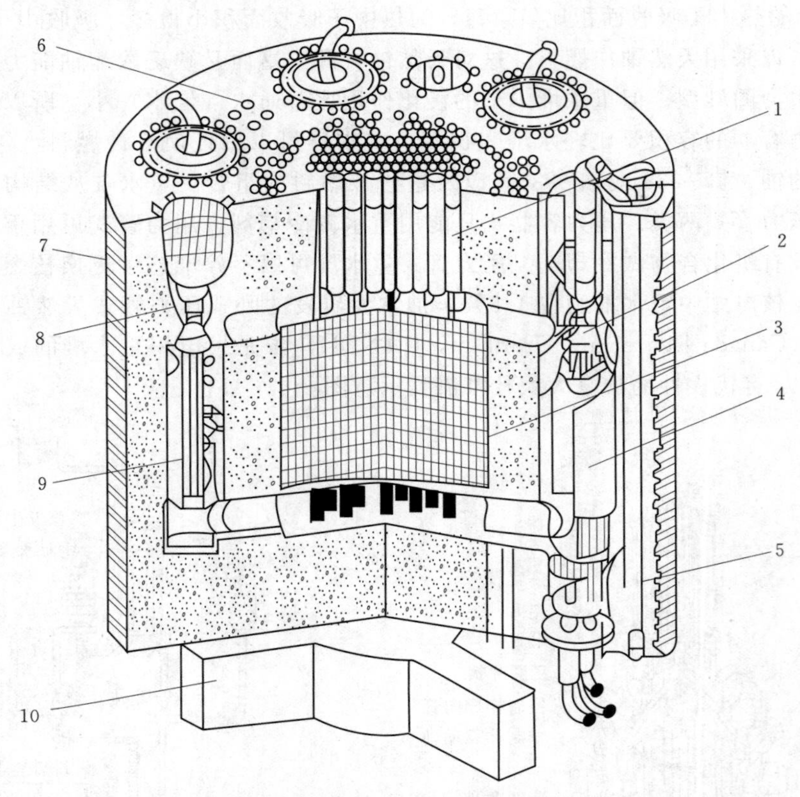

图5-11 发电用高温气冷堆的示意图

1—装卸料通道；2—循环鼓风机；3—反应堆堆芯；4—蒸汽发生器；5—垂直预应力钢筋；6—氦气净化阱；7—预应力混凝土；8—辅助循环鼓风机；9—辅助热交换器；10—压力壳支座

4. 快中子增殖堆

前述的几种堆型中，核燃料的裂变主要是依靠能量比较小的热中子，都是所谓的热中子堆。在这些堆中，为了慢化中子，堆内必须装有大量的慢化剂。快中子反应堆不用慢化剂，裂变主要依靠能量较大的快中子。如果快中子堆中采用钚作燃料，则消耗一个钚-239核所产生的平均中子数达2.6个，除维持链式反应用去一个中子外，由于不存在慢化剂的吸收，还可能有一个以上的中子用于再生材料的转换。例如，可以把堆内天然铀中的铀-238转换成钚-239，其结果是新生成的钚-239核与消耗的钚-239核之比（所谓增殖比）可达1.2左右，从而实现了裂变燃料的增殖。所以这种堆也称为快中子增殖堆。它所能利用的铀资源中的潜在能量要比热中子堆大几十倍。这正是快中子增殖堆突出的优点。

由于快中子增殖堆堆芯中没有慢化剂，故堆芯结构紧凑、体积小，功率密度比一般轻水堆高4～8倍。由于快中子增殖堆体积小，功率密度大，故传热问题显得特别突出。通常为强化传热，都采用液态金属钠作为冷却剂。快中子堆虽然应用前景广阔，但技术难度非常大，目前在核电站的各种堆型中仅占0.7%。

（三）供热堆

核能除用于发电外，还可用于供热。实际上，世界处于温、寒带的国家用于供热的能源远远多于发电。例如，中国的一次能源用于发电仅占25%左右，而70%左右用于各种形式的供热。据统计，德国、俄罗斯、日本等国以热能形式消耗的能源占总能源消耗的60%～70%。因此，用核能取代化石燃料进行供热，是一个比发电更为广阔的新领域。从原理上说，各种堆型的反应堆都可用于供热，核能就是以热能的形式释放出来的，但是由于供热的热网不能过长，供热反应堆必须建于城市人口密集地区附近，因而对供热堆的安全性要求更为严格，供热堆必须是更安全、更经济的先进反应堆，这是利用反应堆供热的设施——核供热站与核电站的主要不同之处。

国际上利用现有的核电站或其他反应堆的余热进行供热已有多年历史，据不完全统计，进行核能供热的反应堆用于城镇供热的有18座，军用的九座，重水生产的七座，用于化工生产的六座，用于水产的四座，用于海水淡化的三座，用于造纸生产的两座，其中用反应堆余热进行城镇供热的主要反应堆见表5-6。

表5-6　用余热进行城镇供热的主要反应堆

反　应　堆	热功率（$\times 10^4$kW）	投产年份
前苏联敖德萨压水堆	2×300	1985
前苏联别洛雅斯克2号石墨沸水堆	53	1968
前苏联高尔基沸水堆	2×50	1085
前苏联别洛雅斯克1号石墨沸水堆	29	1964
前苏联奥列克斯VK－50沸水堆	25	1966
前苏联比列宾石墨水堆	4×6.5	1974
德国MZFR加压重水堆	20	1966
瑞典阿格斯塔加压重水堆	8	1964
美国EBR－II钠冷增殖堆	6.3	1965
法国卡塔拉希PAT压水堆	5	1964
法国格勒诺布尔SILOE池式堆	3	1963

但这些反应堆都不是专门设计用于供热的，它们仅能用于反应堆附近恰好有合适的用户等特殊条件下。目前的商用核电站不能被批准建在居民密集区附近，其反应堆难以用于大城市的热网。

从20世纪70年代开始，前苏联、加拿大、德国、瑞士、瑞典和法国等许多国家进行专门用于供热的核供热堆的研究与开发，这些反应堆的安全性好，不会发生堆芯熔化事故，因此可以建在居民区附近甚至居民区以内。例如，前苏联的核供热堆安全规则规定，大型核供热堆可建在距城市规划边界2km处；加拿大核安全部门则允许SLOWPOKE—Ⅲ小型池式供热堆建在城市建筑物旁或地下室内。

根据所需热能温度，核供热堆可分为高温供热堆和低温供热堆。高温供热堆可用于提供750～900℃的高温工艺热能，用作煤的液化和气化，稠油热采，炼钢等的热源；低温供热堆主要用于城市集中供热和温度在200℃以下的工艺用热能。目前世界各国研发的核供热堆均为区域供热用的低温核供热堆。图5-12所示为低温核供热系统示意图。

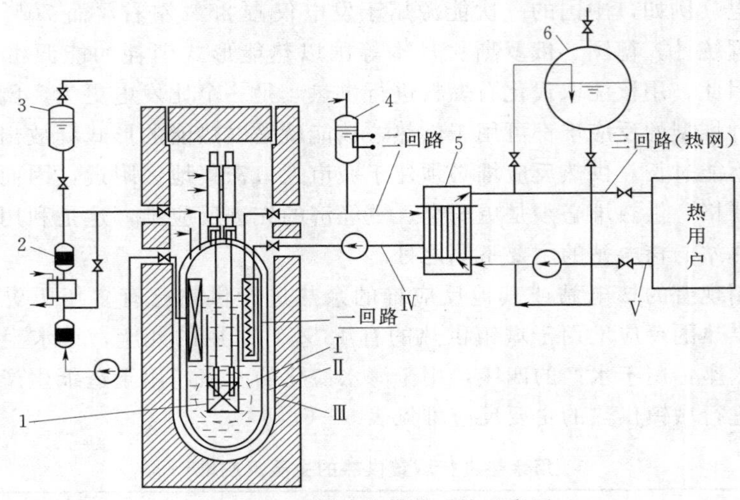

图5-12　低温核供热系统示意图

1—堆芯；2—一次冷却剂净化系统；3—硼酸水注入系统；4—二回路容积补偿器；5—热网热交换器；6—事故冷却系统；Ⅰ—释热区；Ⅱ—压力容器；Ⅲ—屏蔽层；Ⅳ—二回路；Ⅴ—三回路；(热网)

低温核供热堆供热系统主要由三个部分组成：

(1) 一回路。由产生热量的核反应堆和与核反应堆组成一体的主热交换器组成，采用自然循环进行热交换，主热换热器回路中的水带有放射性。

(2) 二回路。包括热网热交换器和泵，中间回路与第一回路互相隔离，热网水不带有放射性。

(3) 三回路。也称为热网回路，即进入居民区的普通热网。

低温核供热堆作为低温热源，具有良好的应用前景，其主要用途如下：

(1) 城市集中供热。在大、中城市采用集中供热，可以提高效率，减少污染。核供热是集中供热最理想的热源，市场十分广阔。

(2) 城市制冷。用低温核供热堆冬季供暖，夏季制冷，可以大大提高反应堆的利用率。由低温堆提供110～130℃的热水，通过溴化理制冷机，可得4℃左右的冷水，供夏天室内优质的空调。

(3) 海水淡化。用低温堆产生的核能代替烧煤为多效蒸发系统提供热源，将海水变为淡水，以解决淡水资源紧张的问题，这对于中东和中国沿海城市是很有吸引力的。

(4) 工艺供热。产生 0.8MPa 的低压蒸汽，输送给工业用户 120℃以下的低温热源，用于化工、造纸、纺织和制糖等工业。

根据结构特点，低温核供热堆分为池式堆和壳式堆两大类。

1. 池式供热堆

池式低温核反应堆是将堆芯和主热交换器放置在一个常压水池内成为一回路，冷却水在水池内循环，将堆芯发出的热量载出，在主热交换器内将热量传给二回路水，再由二回路水将热量传给热网的水。自然循环池式供热堆是结构和系统最简单的核供热堆，反应堆主体结构如图 5-13 所示。

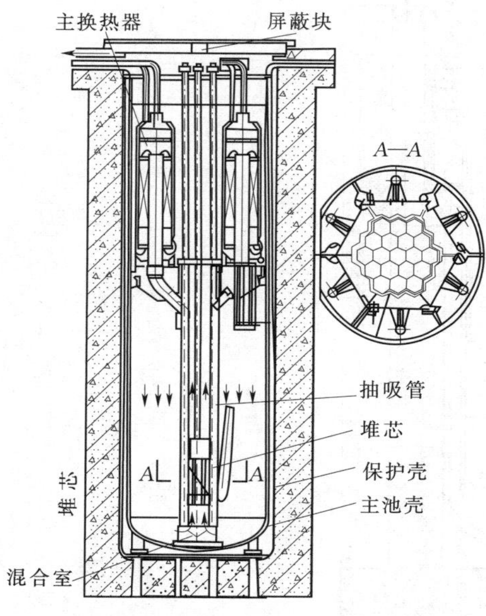

图 5-13　自然循环池式供热堆主体结构

这种反应堆一回路为一体化布置，即堆芯、主热交换器、控制棒及其连接流道均放置在水池中成为一体。管壳式主热交换器布置在堆芯之上，一回路水靠温度差（它的下部温度高，上部温度低）产生的压力差自然循环，将堆芯产生的热量通过热交换器载出。

自然循环池式堆的结构简单，安全性好，将水池置于地下或半地下，并保证良好的防漏措施，就不会发生失水使堆芯裸露的严重事故，其投资少，运行费用低，经济性好，但其水温不超过 100℃，所供一回路热水一般不超过 90℃，所以这种反应堆的供热热网不宜大，一般只能用于小型热网供热。

2. 壳式供热堆

这种供热堆采用一体化布置，即把反应堆堆芯、主热交换器和一回路管路流道布置在同一个压力容器内，容器上部充气作为稳压器。一回路的水在堆芯和主热交换器之间循环，一般一回路取消泵，实现自然循环。压力容器内的压力一般为 1.5～2.5MPa，在压水工况下堆芯出口水温可达 200℃左右。壳式供热堆也可在微沸腾工况下运行，含汽量约为 1%，这种工况可以在更低的压力下获得较高的水温，但不易实现稳定操作。壳式供热堆适用于大、中型热网供热。

我国清华大学核能与新能源技术研究院在 20 世纪 80 年代设计了国内第一座核供热试验堆，该堆供热能力为 5MW，为典型的壳式低温核供热堆。该堆于 1989～1992 年连续三年为清华大学核研院 5 万 m^2 建筑物供暖，成为世界上第一座投入运行的一体化自然循环壳式低温核供热堆。在 5MW 的供热堆运行试验基础上，清华大学核研院又设计了 200MW 低温核供热堆，其结构与 5MW 低温核供热堆相似。反应堆设计采用一体化布置、全功率自然循环冷却、自稳压和双层承压壳的方案。堆芯由 96 个装在锆元件盒中的燃料组件和 32 根控制棒组成。堆芯燃料段长度为 1.9m，等效直径为 2.1m。压力壳直径为 5m，高为 13.8m。图 5-14 所示为 200MW 核供热堆的主体结构。图 5-15 所示为 200MW 低温核供热堆的系统简图。我国低温和供热技术已日趋成熟。

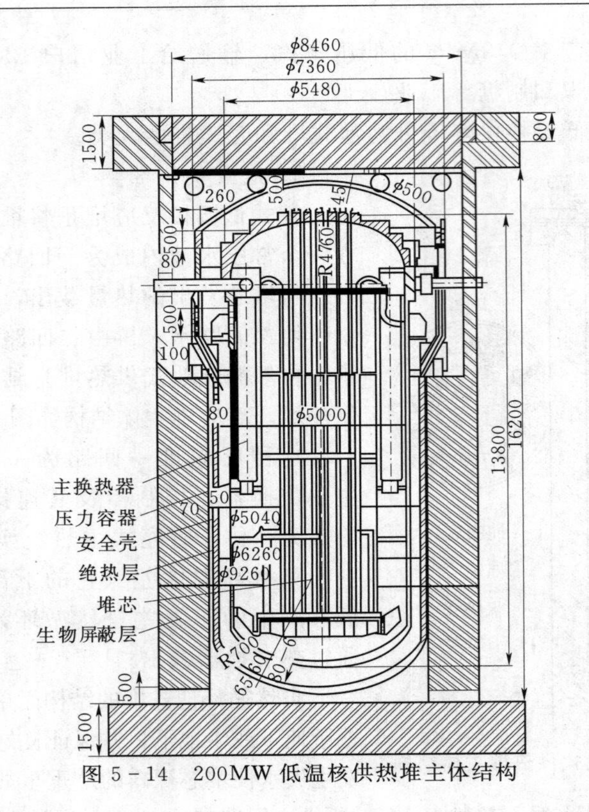

图 5-14　200MW 低温核供热堆主体结构

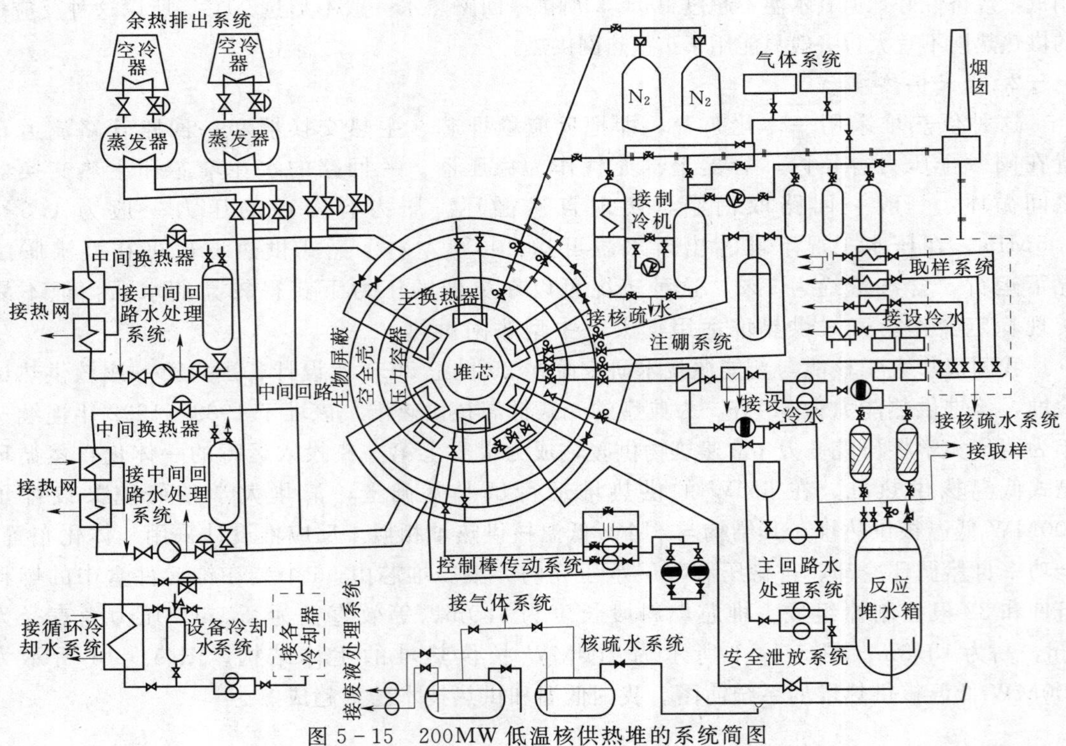

图 5-15　200MW 低温核供热堆的系统简图

第五节　核　电　站

一、概述

早在20世纪50年代初，人类开始开发利用核能，诞生了核电站。核电站是利用原子核裂变反应放出的核能来发电的装置，通过核反应堆实现核能与热能的转换。经过30多年的发展，核电已是世界公认的经济实惠、安全可靠的能源。据国际原子能机构统计，至2002年年底，全世界共有33个国家（地区）建有核电站，其中建成并在运行的反应堆有442座，总装机容量（即净电功率）已突破 3.5×10^5MW，占世界电力总装机容量的17%，还有33座反应堆正在建设中，其装机容量为 2.7743×10^5MW，见表5-7。

表5-7　世界核电现状

国家或地区	正在运行反应堆		正在建造反应堆		总计堆数	总计总净装机容量(MW)
	堆数	总净装机容量(MW)	堆数	总净装机容量(MW)		
阿根廷	2	935	1	692	3	1627
亚美尼亚	1	376	—	—	1	376
比利时	7	5712	—	—	7	5712
巴西	2	1901	—	—	2	1901
保加利亚	6	3538	—	—	6	3538
加拿大	14	10018	—	—	14	10018
中国	5	3715	6	4878	11	8593
中国台湾省	6	5144	2	2700	8	7844
捷克共和国	5	2560	1	912	6	3472
芬兰	4	2656	—	—	4	2656
法国	59	63073	—	—	59	63073
德国	19	21283	—	—	19	21283
匈牙利	4	1755	—	—	4	1755
印度	14	2503	8	2693	22	5196
伊朗	—	—	2	2111	2	2111
日本	54	44289	3	3696	57	47985
朝鲜	0	0	1	1040	1	1040
韩国	18	14890	2	1920	20	16810
立陶宛	2	2370	—	—	2	2370
墨西哥	2	1360	—	—	2	1360
荷兰	1	450	—	—	1	450
巴基斯坦	2	425	—	—	2	425
罗马尼亚	1	655	1	650	2	1305

续表

国家或地区	正在运行反应堆		正在建造反应堆		总计堆数	总计总净装机容量（MW）
	堆数	总净装机容量（MW）	堆数	总净装机容量（MW）		
俄罗斯	30	20793	2	1875	32	22668
南非	2	1800	—		2	1800
斯洛伐克	6	2408	2	776	8	3184
斯洛文尼亚	1	676	—	—	1	676
西班牙	9	7524	—	—	9	7524
瑞典	11	9432	—	—	11	9432
瑞士	5	3200	—	—	5	3200
英国	33	12498	—	—	33	12498
乌克兰	13	11207	4	3800	17	15007
美国	104	97860	—		104	97860
总计	442	357006	35	27743	475	382049

尽管迄今核电站主要分布在工业化国家，但是目前正在建设的35个核电站中有34座分布在亚洲、中欧和东欧地区。阿根廷、巴西、捷克、德国、印度、韩国、西班牙、俄罗斯、瑞士、乌克兰和美国都增加了各自的核电发电量并达到创纪录的水平。2002年立陶宛核能发电在全国发电总量中所占的比例为77.6%，这一比例在世界上是最高的。在世界主要工业大国中，法国核电的比例最高，核电占国家总发电量的77.1%，位居世界第二，日本的核电比例为34.3%，德国为30.5%，中国为21.6%（主要集中在台湾），美国为20.4%。各国核电站总发电量的份额如图5-16所示。

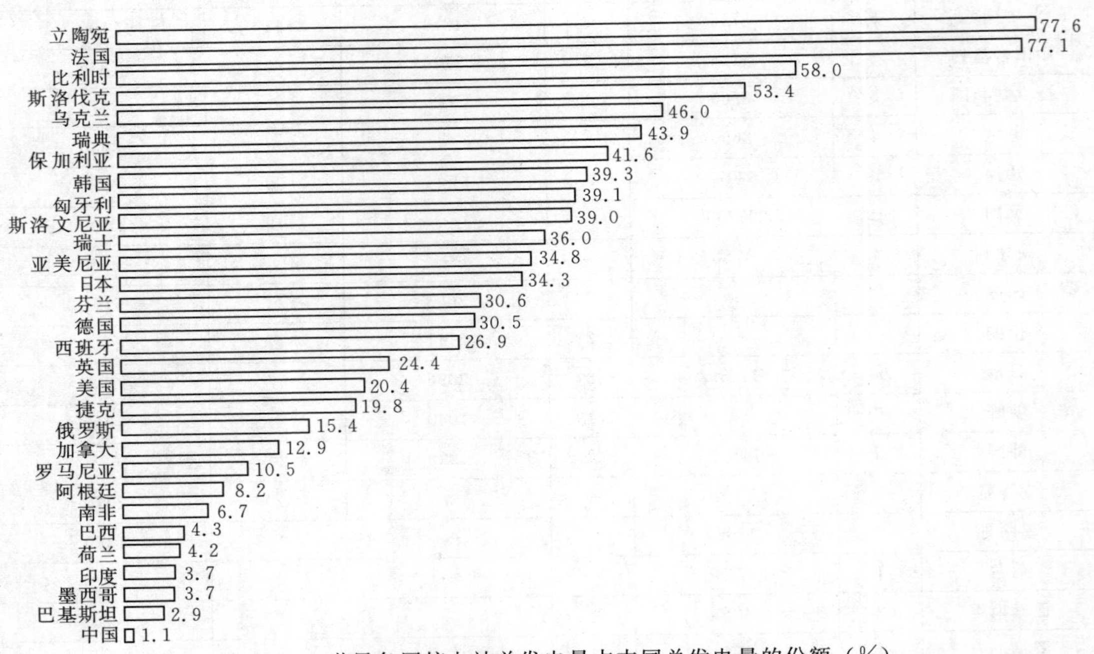

图5-16　世界各国核电站总发电量占本国总发电量的份额（%）

二、核电站的组成

核能最重要的应用是发电。由于核能能量密度高，作为发电燃料，其运输量非常小，发电成本低。例如，一座 1000 MW 的火电厂每年需 300～400 万 t 原煤，相当于每天需八列火车用来运煤。同样容量的核电站若采用天然铀作燃料只需 130t，采用 3%的浓缩铀-235 作燃料则仅需 28t。利用核能发电还可避免化石燃料燃烧所产生的日益严重的温室效应。作为电力工业主要燃料的煤、石油和天然气又都是重要的化工原料。基于以上原因，世界各国对核电的发展都给予了足够的重视。

核电站（又叫核电厂）和火电厂的主要区别是热源不同，而将热能转换为机械能，再转换成电能的装置则基本相同。火电厂靠烧煤、石油或天然气来获得热量，而核电站产生动力的核心部分是反应堆，则依靠其反应堆运行时通过链式裂变反应放出的热量由载热剂（冷却剂）带出，进入蒸汽发生器，用来代替火电厂中烧煤或烧天然气来加热水，使之变成蒸汽，推动汽轮机，带动发电机来发电。

核电站的系统和设备通常由两大部分组成：核的系统和设备（反应堆和蒸汽发生器所在的部分），又称核岛；常规的系统和设备（汽轮机和发电机所在的部分），又称常规岛。一座反应堆及相应的设施和它带动的汽轮机、发电机叫做一个机组。从理论上讲，各种类型的核反应堆均可以进行发电，但从工程技术和经济运行的角度上看，某些类型的核反应堆更适合于核能发电。表 5-8 给出了 2000 年年底世界上运行中和建设中的核电反应堆分堆型统计情况。

表 5-8　世界上运行与建设中的核电反应堆

堆型	运行中反应堆			建设中反应堆			到 2000 年的运行经验堆年数	年度负荷因子（%）	累计负荷因子（%）
	堆数	容量（GW）	份额	堆数	容量（GW）	份额			
压水堆	258	230.9	64.6	27	23.7	58.9	5043.1	79.85	70.31
其中 PWR	208	199.1	55.7	10	8.7	21.6	4099.7	81.57	90.91
其中 VVER	50	31.8	8.9	17	15.0	37.3	943.4	72.59	67.76
沸水堆	91	79.1	22.1	6	7.2	17.9	2208.8	83.04	68.03
重水堆	41	21.6	6.0	9	5.4	13.4	674.6	61.35	67.55
石墨气冷堆	32	11.3	3.2	—	—	—	1426.7	60.70	59.73
石墨沸水堆	17	13.0	3.6	1	0.9	2.2	672.7	59.66	64.59
快中子堆	4	1.1	0.3	4	3.0	7.5	213.0	50.80	34.54
其他堆型（ATR）	1	0.15	—	—	—	—	22.4	43.79	62.69
总计	444	357.3	100	47	40.2	100	10410.6	—	—

20 世纪七八十年代，发达国家的核电站向着大型化的方向发展，但是由于大型核电站的初投资太大，运营管理难度也大，到了 90 年代，核能专家提出了由大型化改变为模块化的理念，即在工厂中建设 100MW 级的中、小型的标准化模块反应堆，运到核电站现

场根据需要并联起来，这样不仅可以灵活地改变核电站的功率，而且大大地提高了核电站的安全性和经济性。近年来，俄罗斯、日本等国的核电专家还提出了发展小核电的设想，即建设发展装机容量为0.5～10MW的微型、小型核电装置，建在水上、居民楼里或农场中，这些小型反应堆可以批量生产，使事故可能性为零的、彻底杜绝人为事故的新型反应堆，但尚未付诸实践。

目前，核电站普遍使用的反应堆堆型是轻水堆和重水堆，其中采用比例最高、最具有竞争力的是轻水堆，包括压水堆（Pressurized Water Reactor）和沸水堆（Boiling Water Reactor）。轻水堆的堆芯紧凑，作为慢化剂和冷却剂的水具有优越的慢化性能、物理性能和热工性能，与堆芯和结构材料不发生化学作用，价格低廉，这种反应堆具有良好的安全性和经济性。

三、轻水堆核电站

1. 压水堆核电站

图5-17所示为压水堆核电站系统示意图。压水堆核电站由两个回路组成：一回路为反应堆冷却剂系统，由反应堆堆芯、主泵、稳压器和蒸汽发生器组成；二回路由蒸汽发生器、水泵、汽水分离器、汽轮机、蒸汽凝结器（凝汽器）组成。一、二回路经过蒸汽发生器进行热交换，一回路的水将核裂变产生的热量带至蒸汽发生器，将二回路的水变成蒸汽，产生的蒸汽进入汽轮机的高压缸做功；高压缸的排汽经再热器再热提高温度后，再进入汽轮机的低压缸做功；膨胀做功后的蒸汽在凝汽器中凝结成水，然后送回到蒸汽发生器再加热变成蒸汽，汽轮机带动发电机发电。一回路系统和二回路系统是彼此隔绝的，万一燃料元件的包壳破损，只会使一回路水的放射性增加，而不致影响二回路水的品质。这样就大大增加了核电站的安全性。

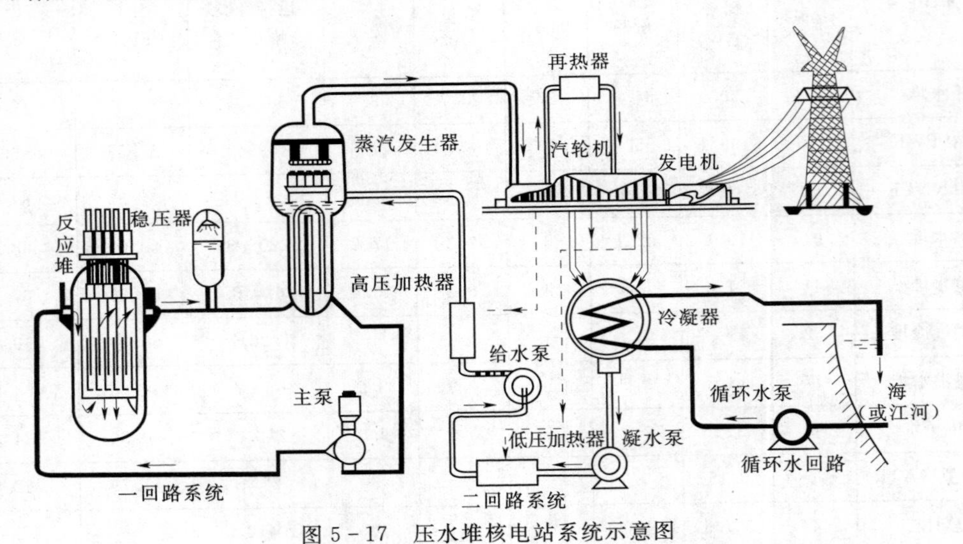

图5-17 压水堆核电站系统示意图

压水反应堆堆芯放在压力壳中，由一系列正方形的燃料组件组成，燃料组件为14×14～18×18根燃料棒束，燃料组件大致排列成一个圆柱体堆芯。燃料一般采用富集度为2%～4.4%的烧结二氧化铀（UO_2）芯块。燃料棒全长为2.5～3.8 m。压力容器（压力壳）为含锰—钼—镍的低合金钢的圆筒形壳体，内壁堆焊奥氏体不锈钢，分为壳筒体和顶盖两部分。其内径为2.8～4.5m，高为10m左右，壁厚为15～20cm。蒸汽发生器内部装有几千根薄壁传热管，分为U形管束和直管束两种，材料为奥氏体不锈钢或因科镍合金。主泵采用分立式单级轴封式离心水泵，泵壳和叶轮为不锈钢铸件。稳压器为较小的立筒形压力容器，通常采用低合金钢锻造，内壁堆焊不锈钢。稳压器的作用是位一回路水的压力维持恒定。它是一个底部带电加热器，顶部有喷水装置的压力容器，其上部充满蒸汽，下部充满水。如果一回路系统的压力低于额定压力，则接通电加热器，增加稳压器内的蒸汽，使系统的压力提高。反之，如果系统的压力高于额定压力，则喷水装置喷冷却水，使蒸汽冷凝，从而降低系统压力。通常一个压水堆有2～4个并联的一回路系统（又称环路），但只有一个稳压器。每一个环路都有一台蒸发器和两台冷却剂泵。压水堆本体结构纵剖面如图5-18所示。

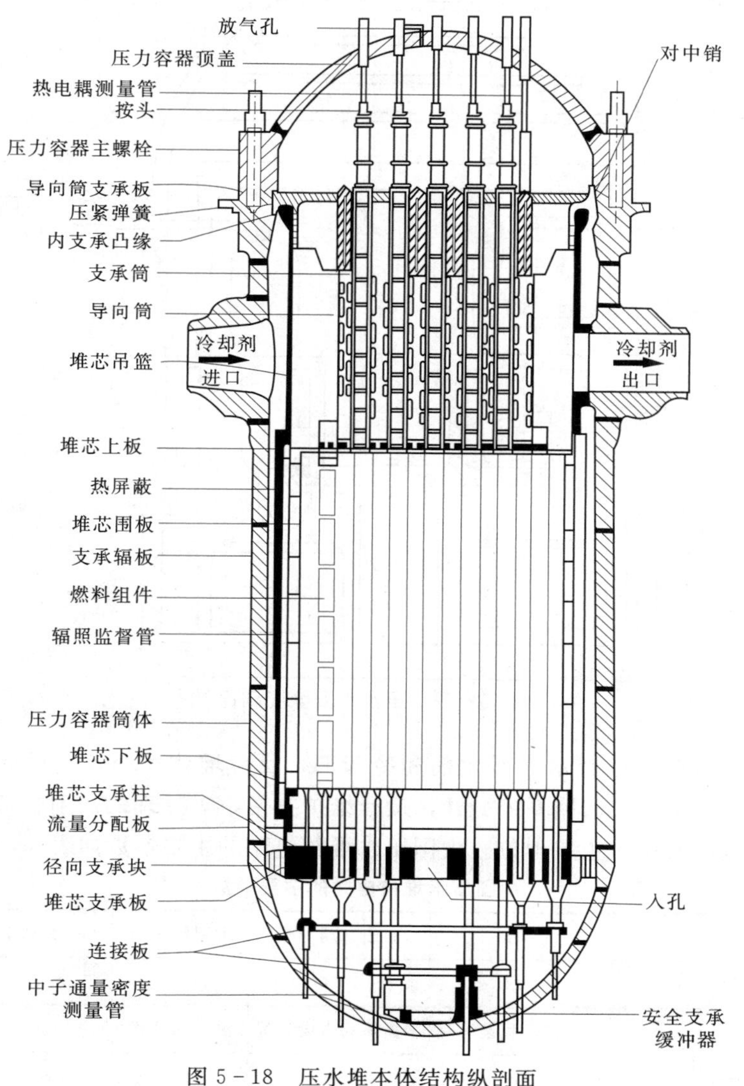

图5-18 压水堆本体结构纵剖面

压水堆核电站一回路的压力约为15.5MPa，压力壳冷却剂出口温度约为325℃，进口温度约为290℃。二回路蒸汽压力为6～7MPa，蒸汽温度为275～290℃，压水堆的发电效率为33%～34%。

压水堆设有与建筑物连为一体的安全壳，以防止放射性物质进入环境。安全壳是一个空间很大的一回路包容体，用约1m厚的钢筋混凝土制成，内表面覆盖一层6mm厚的钢衬里。一般的压水堆核电站安全壳是直径约为40m、高约为60m的圆筒体，上面为半球形苍穹。安全壳应保证密封性，其设计压力为0.4～0.5 MPa。安全壳顶部设有喷淋系统，一旦发生事故，用喷淋水把一回路失水汽化的蒸汽冷凝下来，并冲洗掉入安全壳的放射性物质。喷淋水汇集到安全壳的地坑中。图5-19所示为压水堆安全壳示意图。

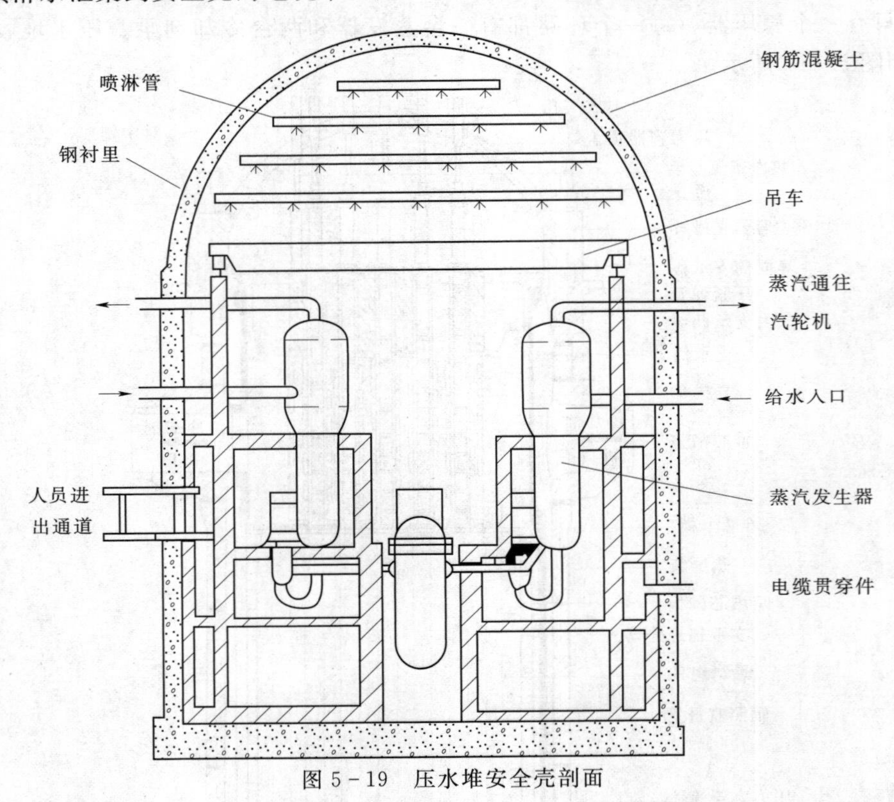

图5-19　压水堆安全壳剖面

压水堆核电站由于以轻水作慢化剂和冷却剂，反应堆体积小，建设周期短，造价较低；加之一回路系统和二回路系统分开，运行维护方便，需处理的放射性废气、废液、废物少，因此在核电站中占主导地位。中国压水堆核电站的主要参数如表5-9所示。

表5-9　中国压水堆核电站的主要参数

堆　名	秦山	秦山二期一号	大亚湾一号	岭澳1号	田湾一号
设计年份	1985	1996	1986	1997	1996
核岛设计者	上海核工程设计院	中国核动力设计院	法马通公司	法马通公司	俄罗斯核设计院
热功率（MWt）	966	1930	2905	2905	3000

续表

堆　　名	秦山	秦山二期一号	大亚湾一号	岭澳1号	田湾一号
毛电功率（MWe）	300	642	985	990	1060
净电功率（MWe）	280	610	930	935	1000
热效率（%）	31	33.3	33.9	34.1	35.33
燃料装载量（tU）	40.75	55.8	72.4	72.46	74.2
平均比功率（kW/kg）	23.7	34.6	40.1	40.0	40.5
平均功率密度（kW/L）	68.6	92.8	109	107.2	109
平均线功率（W/cm）	135	161	186	186	166.7
最大线功率（W/cm）	407	362	418.5	418.5	430.8
燃料组件	15×15	17×17	17×17	17×17	六边形
平均燃料铀-235富集度（%）	3.0	3.25	3.2	3.2	3.9
平均燃料燃耗［MW/（d·tU）］	24000	35000	33000	33000	43000
压力容器内径（m）	3.73	3.85	3.99	3.99	4.13
安全壳设计压力（MPa）	—	0.52	0.52	0.52	0.5
一回路设计压力（MPa）	15.5	15.5	15.5	15.5	15.7
堆芯进口温度（℃）	288.8	292.4	292.4	292.4	291
堆芯出口温度（℃）	315.5	327.2	329.8	329.8	321
环路数目	2	2	3	3	4
主泵数目	2	2	3	3	4
蒸汽发生器数目	2个立式	2个立式	3个立式	3个立式	4个卧式
蒸汽发生器管材	因科镍-800	因科镍-690	因科镍-690	因科镍-690	不锈钢
运行周期（月）	12	12	12	12	12

2. 沸水堆核电站

图5-20所示为沸水堆核电站系统示意图。沸水堆核电站与压水堆核电站的主要区别在于沸水堆只有一个回路。冷却剂从堆芯下部进入，在进入堆芯上部的过程中获取沸水堆燃料裂变产生的热量，使堆芯中的冷却剂汽化变成汽水混合物；经汽水分离及蒸汽干燥后，干蒸汽直接进入汽轮机，推动汽轮机带动发电机发电；做功后的废蒸汽冷凝后重新送回回路循环利用。沸水堆核电站的工作压力约为7MPa，蒸汽温度为285℃。与压水堆相比，沸水堆取消了蒸汽发生器，也没有一回路和二回路之分，系统非常简单。但沸水堆的蒸汽带有放射性，因此将汽轮机归为放射性控制区并加以屏蔽，这增加了检修的复杂性。

沸水堆的压力容器壁厚比压水堆小，但其尺寸（直径和高度）要比同样功率的压水堆大得多。沸水堆的燃料棒直径和燃料芯块均比压水堆的大，芯块仍为烧结二氧化铀（UO_2），包壳材料为锆-4合金，由8×8～9×9根燃料棒束组成燃料组件，放在锆-4合金制成的方形组件盒中。控制棒从压力容器底部插入堆芯，其驱动装置装在压力容器底部。图5-21所示为沸水堆本体结构示意图。

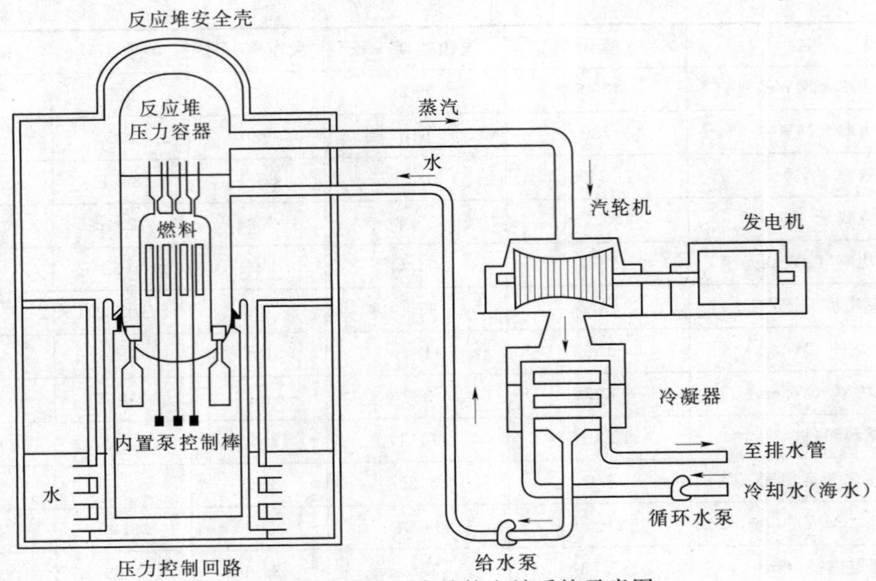

图 5-20　沸水反应堆核电站系统示意图

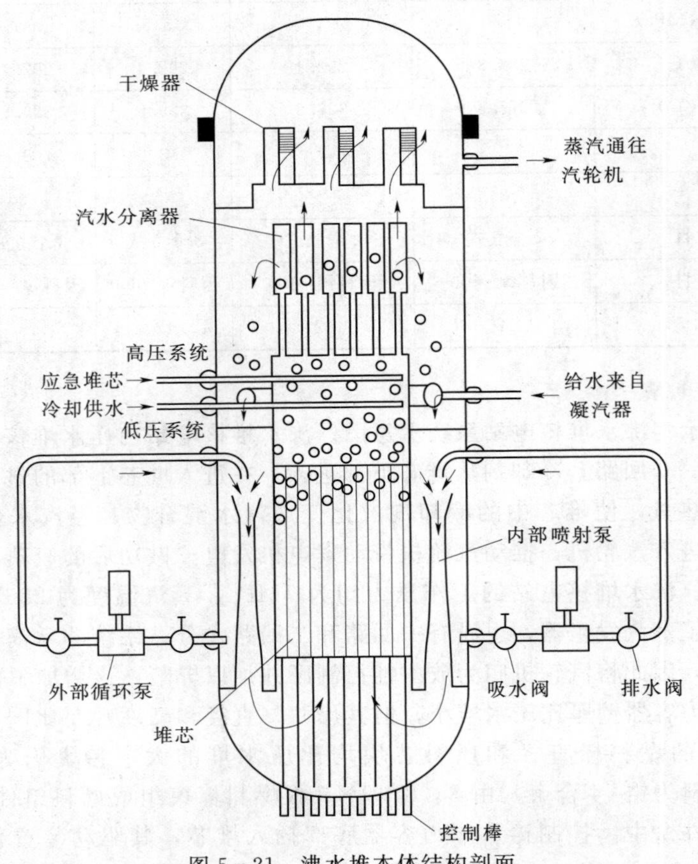

图 5-21　沸水堆本体结构剖面

在沸水堆核电站中反应堆的功率主要由堆芯的含汽量来控制，因此在沸水堆中配备有一组喷射泵。通过改变堆芯水的再循环率来控制反应堆的功率。当需要增加功率时，可增加通过堆芯的水的再循环率，将气泡从堆芯中扫除，从而提高反应堆的功率。另外，万一发生事故，如冷却循环泵突然断电时，堆芯的水还可以通过喷射泵的扩压段对堆芯进行自然循环冷却，保证堆芯的安全。

由于沸水堆中作为冷却剂的水在堆芯中会产生沸腾，因此设计沸水堆时一定要保证堆芯的最大热流密度低于所谓沸腾的“临界热流密度”，以防止燃料元件因传热恶化而烧毁。

四、重水堆核电站

重水堆核电站如图 5－22 所示。反应堆以重水（D_2O）作为慢化剂，由于重水的热中子吸收截面比轻水的热中子吸收截面小很多，因此重水核电站最大的优点在于可以使用天然铀作为核燃料。与轻水堆核电站相比，重水堆核电站的优点是燃料适应性强，容易改换另一种核燃料的特点；缺点是重水堆体积大，造价高，加上重水造价高，运行经济性也低于轻水堆核电站。

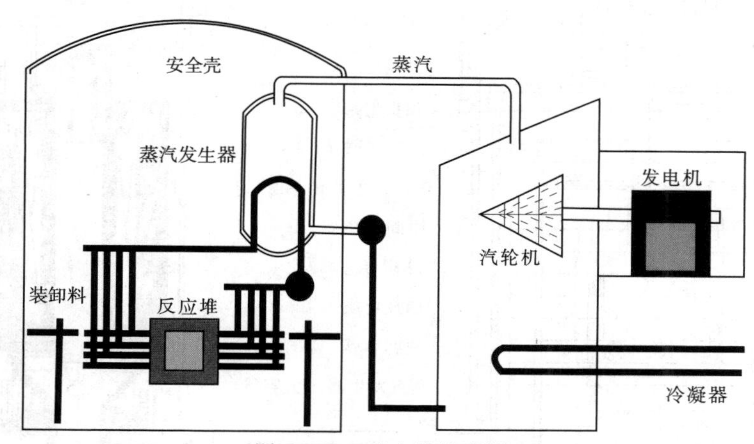

图 5－22　重水堆核电站

五、石墨气冷堆核电站

石墨气冷堆就是以气体（二氧化碳或氦气）作为冷却剂的反应堆，如图 5－23 所示。这种堆经历了三个发展阶段，产生了三种堆型：天然铀石墨气冷堆、改进型气冷堆和高温气冷堆。

（1）天然铀石墨气冷堆核电站。它是以天然铀作燃料，石墨作慢化剂，二氧化碳作冷却剂的反应堆。这种反应堆是英、法两国为商用发电建造的堆型之一，是在军用钚生产堆的基础上发展起来的。早在 1956 年英国就建造了净功率为 45MW 的核电站。因为它是用镁合金作燃料包壳的，英国人又把它称为镁诺克斯堆。该堆的堆芯大致为圆柱形，是由很多正六角形棱柱的石墨块堆砌而成。在石墨砌体中有许多装有燃料元件的孔道。以便使冷却剂流过将热量带出去。从堆芯出来的热气体，在蒸汽发生器中将热量传给二回路的水，从而产生蒸汽。这些冷却气体借助循环回路回到堆芯。蒸汽发生器产生的蒸汽被送到汽轮机，带动汽轮发电机组发电。这就是天然铀石墨气冷堆核电站的简单工作原理。

这种堆的主要优点是用天然铀作燃料，其缺点是功率密度小、体积大、装料多、造价高，天然铀消耗量远远大于其他堆。现在英、法两国都停止建造这种堆型的核电站。

（2）改进型气冷堆核电站。它是在天然铀石墨气冷堆的基础上发展起来的。设计的目的是改进蒸汽条件，提高气体冷却剂的最大允许温度。这种堆仍然以石墨为慢化剂，二氧化碳为冷却剂，核燃料改用低浓度铀（铀-235的浓度为2%～3%），出口温度可达670℃。其堆心结构与天然铀气冷堆类似，但蒸汽发生器布置在反应堆四周并一起包容在预应力混凝土压力壳内。它的蒸汽条件达到了新型火电站的标准，其热效率也可与之相比。这种堆被称为第二代气冷堆，英国自1965年起已建造了14座改进型气冷堆，装机容量为8658MWe。

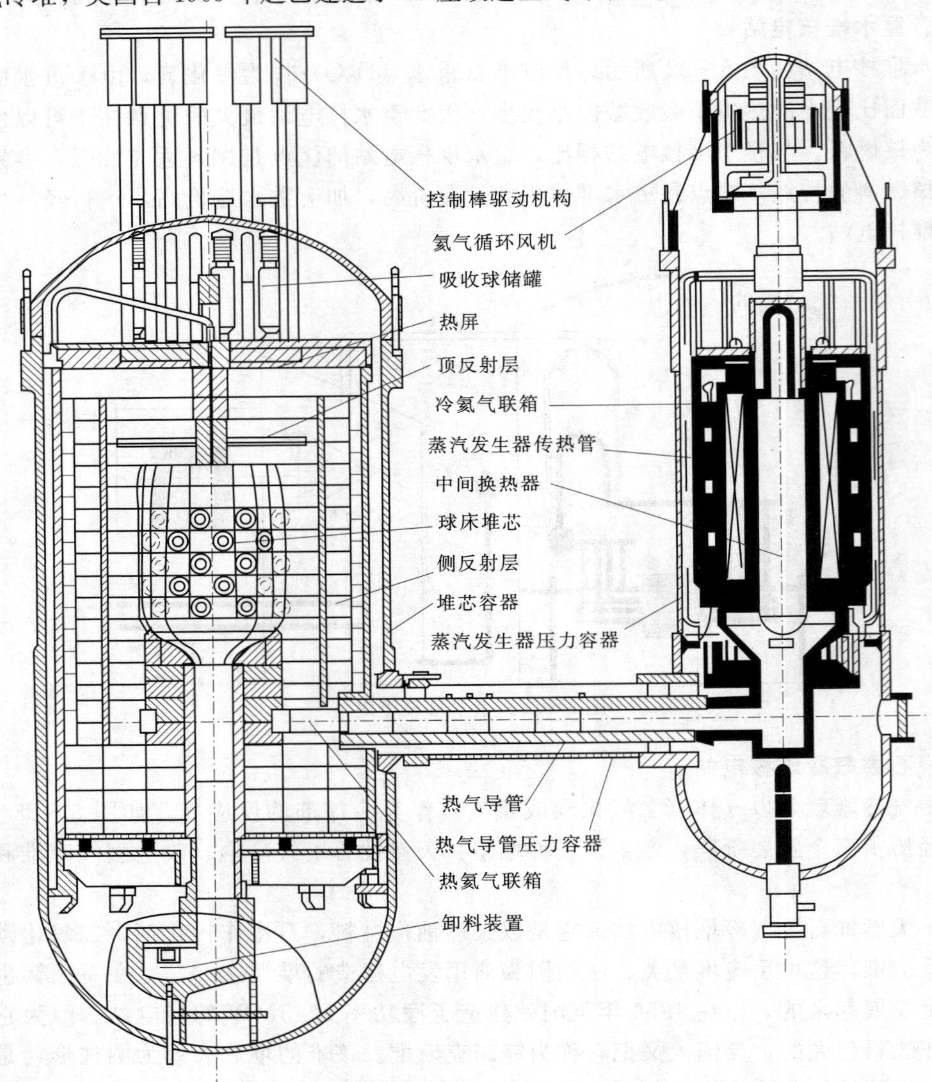

图5-23　石墨气冷堆本体结构

（3）高温气冷堆。它被称为第三代气冷堆，它是以石墨作为慢化剂，氦气作为冷却剂的反应堆。由于在这种反应堆中，采用陶瓷型涂敷颗粒燃料（即在直径为200～400mm的氧化铀或碳化铀心的外面涂敷2～3层的热解炭和碳化硅，然后将接近于1mm的燃料颗粒弥散在石墨基体中压制成燃料元件），同时采用传热性好的惰性气体氦作为冷却剂以替代二氧化碳。这样，高温气冷堆的冷却剂出口温度可提高到750℃以上。高温气冷堆具有以下三个突出的优点：①具有良好的安全性：此种堆芯热容量大，并具有较大的负反应性温度系数，因此，当发生事故时会自动停堆，温升缓慢，不可能发生堆芯熔化，同时，氦不活化，在运行和维修时放射性低；②燃料循环灵活，核燃料转换比高和燃料的燃耗深：高温气冷堆不仅可以使用高浓铀+钍燃料，也可使用低浓铀燃料；③可以采用高效率的常规发电机组（电站热效率达40%）生产电力和工业用蒸汽（供石油化工企业和重质稠油开采用），今后可使用燃气轮机进一步提高热效率，并利用高温工艺热进行煤的气化油页岩提取和裂解水制氢等。

六、核电站的安全性

（一）核电不是核弹

在核电迅猛发展的今天，公众最关心的仍是核电的安全问题。公众首先提出的问题是：核电站的反应堆发生事故时会不会像核武器一样爆炸？回答是否定的。核弹是由高密度和富集度的核燃料（铀-235的富集度大于90%，钚-239的富集度大于93%）以及复杂精密的引爆系统组成的，当引爆装置点火起爆后，弹内的裂变物质被爆炸力迅猛地压紧到一起，大大超过了临界体积，巨大核能在瞬间释放出来，于是产生破坏力极强的、毁灭性的核爆炸。核电站反应堆通常采用天然铀或约3%的低富集度的核燃料，并配上一套安全可靠的控制系统，从而能使核能缓慢地有控制地释放出来。因此，核电站反应堆的结构和特性与核弹完全不同，既没有高浓度的裂变物质，也没有高密度核燃料布置在核反应堆中，更没有复杂精密的引爆系统，不具备核爆炸所必需的条件，当然不会产生像核弹那样的核爆炸。

（二）核电站的放射性

核电站的放射性也是公众最担心的问题。其实人们生活在大自然与现代文明之中，每时每刻都在不知不觉地接受来自天然放射源的本底和各种人工放射性辐照。据国外有关资料介绍，人体每年受到的放射性辐照的剂量约为1.3mSv，其中包括以下几种情况：

（1）宇宙射线：为0.4～1 mSv，它取决于海拔高度。

（2）地球辐射：为0.3～1.3mSv，它取决于土壤的性质。

（3）人体：约0.25mSv。

（4）放射性医疗：约0.5mSv。

（5）电视：约0.1mSv。

（6）夜光表盘：约0.02mSv。

（7）燃油电站：约0.02m5v。

（8）燃煤电站：约1mSv。

（9）核电站：约0.01mSv。

此外，饮食、吸烟、乘飞机都会使人们受到辐照的影响。因此，核电站对居民辐照是微不足道的，比起燃煤电站要小得多，因为煤中含镭，其辐照甚强。

（三）核电站的安全措施

1．核电站在设计上采取的安全措施

为了防止放射性裂变物质泄漏，核安全规程对核电站设置了以下七道屏障：

（1）陶瓷燃料芯块。芯块中只有小部分气态和挥发性裂变产物释出。

（2）燃料元件包壳。它包容燃料中的裂变物质，只有不到0.5%的包壳在寿命期内可能产生针眼大小的孔，从而有漏出裂变产物的可能。

（3）压力容器和管道。200～250 mm 厚的钢制压力容器和 75～100 mm 钢管包容反应堆的冷却剂，防止泄漏进冷却剂中的裂变产物的放射性。

（4）混凝土屏蔽。厚达 2～3m 的混凝土屏蔽可保护运行人员和设备不受堆芯放射性辐照的影响。

（5）圆顶的安全壳构筑物。它遮盖电站反应堆的整个部分，如反应堆泄漏，可防止放射性物质逸出。

（6）隔离区。它把电站和公众隔离。

（7）低人口区。把厂址和居民中心隔开一段距离。

有了以上七道屏障，加上核工业和核技术的进步，像前苏联切尔诺贝利核电站那样的事故是不可能再发生了。

2. 核电厂在管理方面采取的安全措施

核电厂有着严密的质量保证体系，对选址、设计、建造、调试和运行等各个阶段的每一项具体活动都有单项的质量保证大纲。实行内部和外部监查制度，监督检查质量保证大纲的实施情况和是否起到应有的作用；对参加核电厂工作人员的选择、培训、考核和任命有着严格的规定；领取操纵员执照，然后才能上岗，还要进行定期考核，不合格者将被取消上岗资格。

3. 核电厂发生自然灾害时能安全停闭

在核电厂设计中，始终把安全放在第一位，在设计上考虑了当地可能出现的最严重的地震、海啸、热带风暴、洪水等自然灾害，即使发生了最严重的自然灾害，反应堆也能安全停闭，不会对当地居民和自然环境造成危害。在核电厂设计中甚至还考虑了厂区附近的堤坝坍塌、飞机附毁、交通事故和化工厂事故之类的事件。例如，一架喷气式飞机在厂区上空坠毁，而且碰巧落到反应堆建筑物上，设计要求这时反应堆还是安全的。

4. 核电站的纵深防御措施

核电站的设计、建造和运行，采用了纵深防御的原则，从设备上和措施上提供多层次的重叠保护，确保放射性物质能有效地包容起来不发生泄漏。纵深防御包括以下五道防线：

（1）精心设计，精心施工，确保核电站的设备精良。有严格的质量保证系统，建立周密的程序，严格的制度和必要的监督，加强对核电站工作人员的教育和培训，使人人关心安全，人人注意安全，防止发生故障。

（2）加强运行管理和监督，及时正确处理不正常情况，排除故障。

（3）设计提供的多层次的安全系统和保护系统，防止设备故障和人为差错酿成事故。

（4）启用核电站安全系统，加强事故中的电站管理，防止事故扩大。

（5）厂内、外应急响应计划，努力减轻事故对居民的影响。有了以上互相依赖、相互支持的各道防线，核电站是非常安全的。

5. 核电站废物严格遵照国家标准，对人民生活不会产生有害影响

核电厂的三废治理设施与主体工程同时设计，同时施工，同时投产，其原则是尽量回

收，把排放量减至最小，核电厂的固体废物完全不向环境排放，放射性液体废物转化为固体也不排放；像工作人员淋浴水、洗涤水之类的低放射性废水经过处理、检测合格后排放；气体废物经过滞留衰变和吸附，过滤后向高空排放。核电厂废物排放严格遵照国家标准，而实际排放的放射性物质的量远低于标准规定的允许值。所以，核电厂不会给人生活和工农业生产带来有害的影响。

思 考 题

1. 什么是核能？简述核能的来源。
2. 什么是核裂变和核聚变？简述其应用现状和前景。
3. 简述开发和应用核能的意义和前景。
4. 什么是链式裂变反应？简述其类型和特点。
5. 核燃料有哪些？简述核燃料和燃料元件的制取途径和方法。
6. 什么是核燃料循环？简述其主要步骤。
7. 核废料是如何产生的？简述核废料的主要种类和常用的处理方法。
8. 核能的军事应用有哪些？简述不同核武器的杀伤力的差异和基本防护措施。
9. 核能的和平利用主要涉及哪些方面？结合实际谈谈你身边的核应用技术。
10. 什么是核反应堆？简述其主要用途、分类和组成。
11. 什么是核动力堆？简述其主要用途和类型。
12. 常见的核电站反应堆有哪些堆型？简述其主要工作原理。
13. 核电站与火电站的主要区别是什么？简述核电站的系统组成，试介绍一种常用核电站的工作过程。
14. 简述核电站存在的主要安全隐患，浅述保证核电站安全的措施。

参 考 文 献

[1] 王成孝．核能与核技术应用．北京：原子能出版社，2002.
[2] 马栩泉．核能开发与应用．北京：化学工业出版社，2005.
[3] 黄素逸，高伟．能源概论．北京：高等教育出版社，2004.
[4] 黄素逸，能源科学导论，北京：中国电力出版社，1999.
[5] 鄂勇，伞成立．能源与环境效应．北京：化学工业出版社．2006.
[6] 欧阳予．核反应堆与核能发电．石家庄：河北教育出版社，2003.

第六章 氢 能

第一节 概 述

一、氢的基本性质

（一）氢的物理性质

化学元素氢在元素周期表中位于第一位，它是所有元素中最轻的元素，相对原子质量为1.0079。氢是宇宙中含量最丰富的物质，它在构成宇宙的物质中约占75%。在地壳中氢的丰度（地壳的重量组成百分数）是较高的，在地壳的1km范围内（包括海洋和大气），化合态氢的重量组成约占1%，原子组成则约占15.4%。化合态氢的最常见形式是水和有机物（如石油、煤炭、天然气和生命体等）；在较少的情况下（如在火山气和矿泉水中）出现为与氮、硫或卤素的化合物。在自然界中，地球上单质氢很少而且分散，它在大气中仅约占千万分之一，常存在于火山气中，有时夹藏在矿物中，有时出现在天然气中和某些少数绝氧发酵产物中。由于氢分子的扩散速度很高（平均扩散速度为1.84 km/s），所以氢气会很快逃出大气而逸散到外层空间里去。

氢有3种同位素，即氕^1H（或P）、氘^2H（或D）、氚^3H（或T），自然界中氕和氘的丰度分别为99.985%和0.015%，天然氢的两种同位素^1H和^2H在化学性质上相似，而氚是核反应的中间产物。自然界存在的氢主要是最轻同位素^1H，氢气也主要是由^1H组成的单质。单质氢（H_2）是无色无味、极易燃烧的双原子的气体，也是最轻的气体。在0℃和一个大气压下，1L氢气只有0.0899g重，仅相当于同体积空气重量的1/14。具有天然组成的氢气的物理性质汇列在表6－1中。作为能源，氢有以下特点。

表6－1 氢气的性质

性质		数据
熔点（℃）		−259.23（13.92K）
熔化热（J/mol）		87
沸点（℃）		−252.77（20.38K）
汽化热（J/mol）		904（@沸点）
升华热（J/mol）		1028（@3.96K）
临界点	T_c（K）	33.19
	p_c（MPa）	1.297
	ρ_c（g/cm^3）	66.95

续表

性　　质		数　　据
热值	HHV（MJ/m^3）	12.745
	LHV（MJ/m^3）	10.786
H－H键	键能（kJ/mol）	436
	键长（pm）	74.14
热导率（273.15 K，0.101325MPa）	λ［W/（m. K）］	0.2163
着火温度（℃）		400～590
爆炸极限		含氢体积4%～75%，常压，20℃

（1）氢是自然界中存在最普遍的元素。除了空气中合有少量氢气之外，它主要以化合物的形式存在于水中，而水是地球上最广泛的物质，储水量约为 2.1×10^{18} t，而且有它本身的自然循环，是取之不尽、用之不竭的。据推算，如把海水中的氢全部提取出来，它所产生的总热量比地球上所有化石燃料燃烧放出的热量还大9000倍。

（2）氢燃烧时最清洁，除生成水和少量氮化氢外，不会像其他矿物燃料那样产生诸如一氧化碳、二氧化碳、碳氢化合物、铅化物和粉尘颗粒等对环境有害的污染物质，而且燃烧生成的水还可继续制氢，反复循环使用。

（3）氢燃烧性能好，点燃快，与空气混合时有广泛的可燃范围，而且燃点高，燃烧速度快。

（4）除核燃料外，氢的发热值是所有化石燃料、化工燃料和生物燃料中最高的，为（1.21～1.43）$\times10^5$kJ/kg H_2，是汽油发热值的3倍，是焦炭发热值的4.5倍。

（5）所有气体中，氢气的导热性最好，比大多数气体的热导率高出10倍，在能源工业中氢是极好的传热载体。

（6）氢能利用形式很多，既可以通过直接燃烧产生热能，又可以作为发动机燃料、化工原料、燃料电池，或转换成固态氢而用作结构材料；用氢代替煤、石油，无需对现有设备作重大改造。

（7）氢可以以气态、液态或固态的金属氢化物形式出现，能适应储运及各种应用环境的不同要求。

（8）可作为储能介质，可经济、有效地输送能源，作为二次能源氢的输送和储存损失比电力小。

（9）氢无毒和无腐蚀性，但对氯丁橡胶、氟橡胶、聚四氟乙烯和聚氯乙烯等具有较强的渗透性。

（二）氢的化学性质

氢气键能 D（H－H）＝436 kJ/mol，比一般单键如 D（Cl－Cl）＝239 kJ/mol 高很多，与双键如 D（O＝O）＝489.5 kJ/mol 差不多，因此在常温下氢气比较稳定。

1. 氢气与非金属的反应

氢气可与很多非金属如卤族（F、Cl、Br、I）、硫、氧等发生反应，均失去1个电子，呈＋1价。即使在暗处也能立即发生反应，氢气与单质氟 F_2 能快速地发生反应，在温度低到－250℃时 H_2 也能同液态或固态单质 F_2 反应，氢气与卤族或氧的混合物经点燃或光照会发生

剧烈的化合反应；氢气与氮气的反应仅在催化剂存在时才能发生反应生成氨。其反应式为

$$H_2+F_2 \longrightarrow 2HF\text{（爆炸性化合）} \tag{6-1}$$

$$H_2+Cl_2 \longrightarrow 2HCl\text{（爆炸性化合）} \tag{6-2}$$

$$H_2+I_2 \longrightarrow 2HI\text{（可逆反应）} \tag{6-3}$$

$$H_2+S \longrightarrow H_2S \tag{6-4}$$

$$2H_2+O_2 \longrightarrow 2H_2O \tag{6-5}$$

$$3H_2+N_2 \xrightarrow{\text{催化剂}} 2NH_3 \tag{6-6}$$

在高温时，许多金属的卤化物、其他盐类、硫化物能被氢气还原，例如：

$$FeCl_2+H_2 \longrightarrow Fe+2HCl \tag{6-7}$$

$$PdCl_2+H_2 \longrightarrow Pd+2HCl \tag{6-8}$$

$$SiCl_4+2H_2 \longrightarrow Si+4HCl \tag{6-9}$$

$$SiHCl_3+H_2 \longrightarrow Si+3HCl \tag{6-10}$$

$$TiCl_4+2H_2 \longrightarrow Ti+4HCl \tag{6-11}$$

$$FeS_2+H_2 \xrightarrow{<900℃} FeS+H_2S \tag{6-12}$$

$$FeS_2+2H_2 \xrightarrow{>900℃} Fe+2H_2S \tag{6-13}$$

2. 氢气与金属的反应

许多金属可以在高温下与氢气反应生成金属氢化物，获得一个电子，呈－1 价。这些金属包括碱金属、碱土金属、某些稀土金属、ⅣA 族金属以及钯、铌、铀、钚等。此外，铁、镍、铬和铂系金属也都能按一定配比吸收氢气，例如：

$$H_2+2Na \longrightarrow 2NaH \tag{6-14}$$

$$H_2+Ca \longrightarrow CaH_2 \tag{6-15}$$

$$2Li+H_2 \xrightarrow{700℃} 2LiH \tag{6-16}$$

$$Ca+H_2 \xrightarrow{500℃} CaH_2 \tag{6-17}$$

$$U+3/2H_2 \xrightarrow{250℃} UH_3 \tag{6-18}$$

让氢气通过加热、光照或放电进行活化，使气体中包含一些氢原子，将会有助于氢与许多金属的有效化合而生成氢化物。

3. 氢气与金属氧化物的反应

锰和活泼性顺序中锰以后金属的氧化物，都可以在加热下被氢气还原，由高价氧化物还原成低价氧化物，最后还原成金属。例如，在温度低于 325℃时，Fe_2O_3可以被氢气还原成磁性氧化物 Fe_3O_4，而在温度高于 325℃时，Fe_2O_3和 Fe_3O_4都可以被氢气直接还原成金属铁：

$$3Fe_2O_3+H_2 \xrightarrow{<350℃} 2Fe_3O_4+H_2O \tag{6-19}$$

$$Fe_2O_3+3H_2 \xrightarrow{>350℃} 2Fe+3H_2O \tag{6-20}$$

$$Fe_3O_4+4H_2 \xrightarrow{>350℃} 3Fe+4H_2O \tag{6-21}$$

用氢气还原金属氧化物的反应难易程度也与该氧化物的生成条件和预处理情况有关。例如，从碱性溶液中沉淀出来的氧化铜 CuO 会很快地被氢气还原，而由铜在高温空气中

氧化生成的 CuO 仅能极缓慢地被氢气还原；又如在 300～800℃煅烧过的氧化钨 WO_3 被氢还原的温度为 550℃，而在 1000℃燃煅过的 WO_3，被还原温度为 670℃。

4. 氢气的加成反应

在催化剂（Pt、Pd、Ni 等）存在的条件下，氢气可在适中的温度与压力下对 C—C 重键和 C—O 重键进行加成反应，将不饱和有机物（结构含有>C=C<或—C≡C—等）变为饱和化合物，将醛、酮（结构中含有>C=O 基）还原为醇，如烯烃和炔烃与氢进行的加成反应，生成相应的烷烃或甲酰化，其反应式为

$$CH_3CH=CHCH_3+H_2 \xrightarrow{Pt} CH_3CH_2CH_2CH_3 \quad (6-22)$$

$$CH_3CH_2CH_2C \equiv CH+H_2 \xrightarrow{Ni} CH_3CH_2CH_2CH_2CH_3 \quad (6-23)$$

$$CH=CH_2+CO+H_2 \xrightarrow{\text{催化剂}} RCH_2CH_2CHO \quad (6-24)$$

5. 氢原子与某些物质的反应

在加热时，通过电弧和低压放电，可使部分氢气分子离解为氢原子。氢原子非常活泼，但仅存在 0.5s，氢原子重新结合为氢分子时要释放出高的能量，使反应系统达到极高的温度。工业上常利用原子氢结合所产生的高温，在还原气氛中焊接高熔点金属，其温度可高达 3500℃。锗、锑、锡不能与氢气化合，但它们可以与氢原子反应生成氢化物，如原子氢与砷的化学反应为

$$3H+As \longrightarrow AsH_3 \quad (6-25)$$

氢原子可将某些金属氧化物、氯化物还原成金属，原子氢也可还原含氧酸盐，其反应为

$$2H+CuCl_2 \longrightarrow Cu+2HCl \quad (6-26)$$

$$8H+BaSO_4 \longrightarrow BaS+2H_2O \quad (6-27)$$

氢气和氧气或空气中的氧气在一定的条件下，可以发生剧烈的氧化反应（即燃烧），并释放出大量的热量，其化学反应式为

$$H_2(g)+0.5\ O_2(g) = H_2O(g)+285.95\ \ kJ/mol \quad (6-28)$$

根据上述讨论的单质氢的各类反应，氢气的化学反应可以归纳如图 6-1 所示。从图 6-1 可以看出，氢气不仅可以与氧燃烧放出大量的热，从而作为能源使用，而且还是重要的还原剂和轻、重化学工业中的重要原料。

二、氢能的特点和关键问题

1. 氢能的特点

1766 年，英国的卡文迪什（Henry Cavendish）实验室在金属与酸的作用产生的气体中发现氢，以希腊语命名为“水的形成者”。1818 年英国利用电流分解水制取了氢。1839 年英国威廉·格罗夫（William Grove）首次提出用氢气为燃料的燃料电池。对氢燃料的现代研究始于 20 世纪 20 年代的英国和德国。

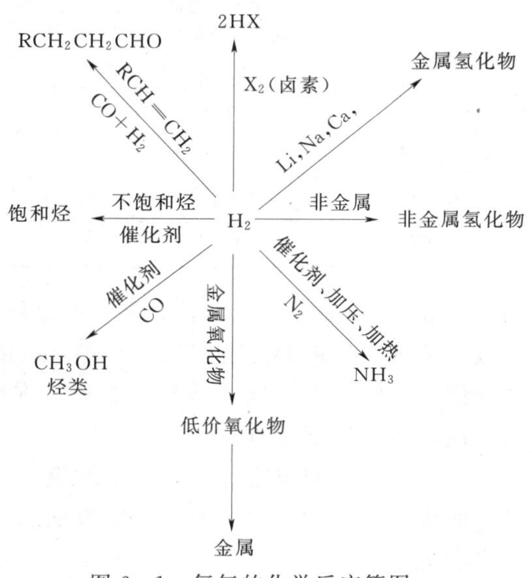

图 6-1 氢气的化学反应简图

1923年有关剑桥大学的J. B. S. 霍尔丹（J. B. S. Haldane）提出用风力作为电解水的能源，而这个设想直到半个世纪以后才得以实现。1928年鲁道夫·杰仁（Ruldolph Jrren）获得了第一个氢气发动机的专利。20世纪50年代意大利的西塞·马凯蒂（Cesare Marchetti）首次倡导将氢气作为能量的载体，提出原子核反应器的能量输出既可以以电能的形式传递，也可以氢为燃料的形式传递，认为氢气形式的能量比电能更易稳定存储。20世纪60年代液氢首次用作航天动力燃料。在1970年，美国通用汽车公司的技术研究中心就提出了“氢经济”的概念。1976年美国斯坦福研究院就开展了氢经济的可行性研究。20世纪80年代，德国与沙特阿拉伯合作开发太阳能制氢的研究，示范功率为350kW。20世纪90年代，研发了第一辆以氢气为燃料的电动汽车。

氢能被视为21世纪最具发展潜力的二次能源，氢气与电能、蒸汽一样，都是能源载体，它们的异同见表6-2。

表6-2　　电能、蒸汽和氢气作为能源载体的比较

项　目	电　能	蒸　汽	氢　气
来源	一次能源＋发电机	一次能源＋锅炉	一次能源＋反应器
载能种类	电能	热能	化学能
输出的能量	电能	热能	电能和热能
能量密度	取决于电压	取决于蒸汽温度	取决于气压
存储情况	小量存储（电容器）	很难存储（蓄热器）	大规模存储（存储方式多样化）
输送方式	电缆	保温管道	管道、容器（气、液、固）
输送距离	不限	短距离	不限
输送能耗	大	大	小
使用终端	电动机（电能） 电阻器（热能）	热机（机械能） 发电机（电能）	热机（机械能） 燃料电池（电能、热能） 锅炉（热能）
再生性	可以	可以	可以
最终生产物	—	水	水
发现年代	19世纪	18世纪	18世纪
工业应用年代	19世纪	18世纪	19世纪

从表6-2中可以看出，如果生产电能、蒸汽和氢气的一次能源是清洁能源，则电能、蒸汽和氢气对环境都是友好的。它们之间的最大差别在于氢气可以采用多种方式进行大规模存储，这就决定了氢能是比电能和蒸汽更方便应用的能源载体。氢能作为21世纪理想的清洁能源有以下优点。

（1）氢的资源丰富。在地球上的氢主要以混合物的形式存在，如水、甲烷、氨、烃类等，而水是地球的主要资源，地球表面的70%以上被水覆盖，即使在陆地，也有丰富的地表水和地下水。

（2）氢的来源多样性。可以通过各种一次能源（如天然气、煤和煤层气等化石燃料）

转化，也可以通过可再生能源［如太阳能、风能、生物质能、海洋能、地热能或者二次能源（如电力）］等的能量转换而获得，地球各处都有可再生能源，而不像化石燃料有很强的地域性。

（3）氢能是最环保的能源。利用低温燃料电池，由化学反应将氢气转化为电能和水，不排放 CO_2 和 NO_x；使用氢气为燃料的内燃机，也可以显著减少污染排放。

（4）氢气具有可储运性。与电能和蒸汽相比，氢气可以容易地采用气氢、液氢和固氢等方式进行大规模的储存与运输；而可再生能源具有时空不稳定性，可以将再生能源制成氢气存储起来。

（5）氢的可再生性。氢气进行化学反应产生电能（或热能）并生成水，而水又可以进行电解转化为氢气和氧气，如此周而复始，进行循环。

（6）氢气是和平能源。氢气既可再生又来源广泛，每个国家都有丰富的资源，不像化石燃料那样分布不均，不会因资源分布的不合理而引起能源的争夺或引发战争。

（7）氢气是安全的能源。氢气不具有放射性和放射毒性；氢气在空气中的扩散能力很强，使氢气在燃烧或泄漏时就可以很快地垂直上升到空气中并扩散，不会引起长期的未知范围的后继伤害。

氢气的上述优点，使氢气可以永远、无限期地同时满足资源、环境和可持续发展的要求，成为人类永恒的能源。

2. 氢能利用待解决的关键问题

由以上特点可以看出，氢是一种理想的新的含能体能源。目前液氢已广泛用作航天动力的燃料，但氢能的大规模商业应用还有待解决以下关键问题：

（1）廉价的制氢技术。氢是一种二次能源，它的制取不但需要消耗大量的能量，而且目前制氢效率很低，因此寻求大规模的廉价的制氢技术是各国科学家共同关心的问题。

（2）安全可靠的储氢技术和输氢方法。氢在常温下为气态，单位质量的体积大，而液氢又极易气化，加上易泄漏、着火、爆炸等安全上的原因，因此如何妥善解决氢能的储存和运输问题也就成为开发氢能的关键。

（3）大规模高效利用氢能的末端设备。氢虽是发电、交通运输的理想能源，但目前能大规模地高效使用氢能的末端设备，特别是以氢为燃料的燃料电池仍存在许多问题，还有待进一步研究。

随着上述三个关键问题的解决，特别是从太阳能、生物质能等新能源中大规模获取氢后，全世界的氢能利用将进入一个新的水平。由于氢既是一种新的二次能源，又是重要的化工原料，我国政府对氢能的研究也很重视，近几年投入了大量的资金和人力。表 6-3 所示为我国未来对氢需求的预测。

表 6-3 我国未来对氢需求的预测

项 目	2010 年	2020 年	2050 年
合成氨（$\times10^4$ t）	768.0	936.2	936.2
炼油厂加氢精制（$\times10^4$ t）	771.3	1141.7	1141.7
燃料电池电动车（$\times10^4$ t）	326.6	967.0	8758.4

续表

项　　目	2010 年	2020 年	2050 年
燃料电池发电（$\times 10^4$ t）	73.2	216.7	1962.8
合计（$\times 10^4$ t）	1939.1	3261.6	12799.1
折合人民币（亿元）*	1648	2772	9009

* 以当前氢的成本价 8500 元/t 计算。

第二节　氢 的 制 取

氢气无论是在实验室中还是在工业中都是一种重要物质，特别是近年来氢能源研究在国际上受到广泛重视，有关的研究工作也向多方面发展，出现了许多新的制氢方法。当前制氢的研究方向是求取低成本、低能耗的方法来分解水，从而大规模地生产氢气。

一、实验室中制备氢气的方法

氢气有许多实验室制备方法，但大多为实验和演示的目的，这些方法很少用于实际。

1. 活泼金属与水的反应

用金属钠或钠汞齐（最好是金属钙）与水反应产生金属氢氧化物和氢气。此法仅适用于作演示实验（图 6－2）。切记用金属钠时只能用极小粒的钠，钠块过大会因反应过猛而造成爆炸！镁可以与热水反应快速地放出氢气，在特定的情况下也可以成为产生氢气的方法。

2. 金属与酸的反应

锌是最方便的一种金属，但实验常用铁（铁片或铁刨花）。在酸中用盐酸最好，但也常用稀硫酸。如果反应的金属中有杂质，则会同时产生有毒的磷化氢、砷化氢或硫化氢。金属纯度越高，与酸的反应越慢，所以用纯锌与酸反应时，可在酸中加入少许铜盐，由于锌的置换作用，有铜析出沉积在锌表面上，构成锌铜电极，有利于加速释放氢气的反应速度。常用的反应设备是启普气体发生器，如图 6－3 所示。

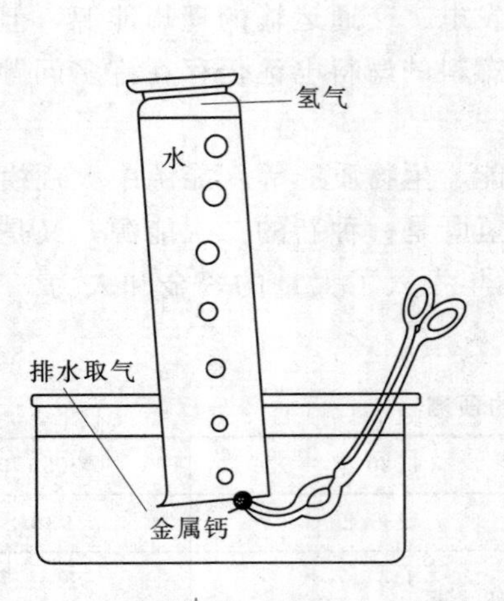

图 6－2　金属钙与水的反应产生氢气

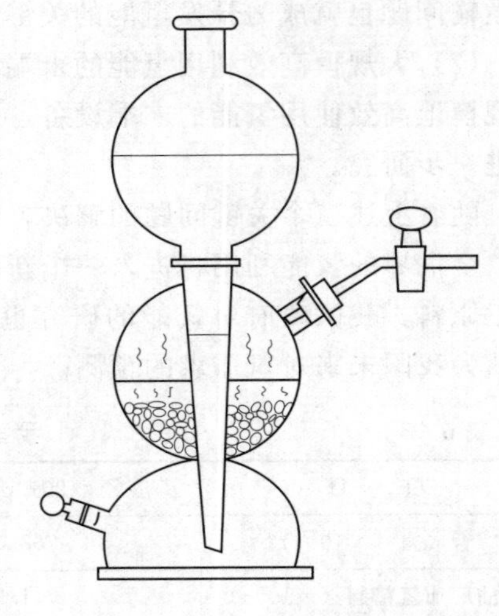

图 6－3　启普气体发生器

3. 金属或半金属与强碱的反应

最方便的反应是铝或硅（或硅铁）与氢氧化钠溶液的作用，可以用其他两性金属。反应如下：

$$2Al + 2NaOH + 2H_2O \longrightarrow 2NaAlO_2 + 3H_2 \tag{6-29}$$

$$Si\text{（或 }SiFe\text{）} + 2NaOH + H_2O \longrightarrow Na_2SiO_3 + 2H_2 \tag{6-30}$$

这类反应适用于实际工作中用氢量不很大的场合。在 50gal（加仑）（$1gal = 3.785dm^3$）的大铁桶中，装入块状硅铁，然后注入较浓（30%～40%）的氢氧化钠溶液，在桶口连接上导管，在桶底加热即可平稳地产生氢气。

4. 金属氢化物与水的反应

可用氢化锂（LiH）或氢化钙（CaH_2）与水反应来产生氢气。反应如下：

$$LiH + H_2O \longrightarrow LiOH + H_2 \tag{6-31}$$

$$CaH_2 + 2H_2O \longrightarrow Ca(OH)_2 + 2H_2 \tag{6-32}$$

用氢化锂的优点是它的分子量小（LiH=8），用较小重量的氢化锂即可得到较大体积的氢气，可用于空勤人员或海上作战的急救设备中。但由于氢化锂比较昂贵，一般工作中较少使用。在野外发生氢气用以充装探空气球则常使用氢化钙，其反应比较平稳，放氢速度也比较适宜，操作手续也比较简单。把氢化钙装入小口大铁桶中，连接上注入水的管件和氢气导出管，有水注入时即放出氢气。放氢速度过慢时可以采用震动或滚动大铁桶的方法来加快反应。

四氢铝锂（$LiAlH_4$）与水反应也可以快速放出氢气：

$$LiAlH_4 + 4H_2O \longrightarrow LiOH + Al(OH)_3 + 4H_2 \tag{6-33}$$

由于 $LiAlH_4$ 对水过于活泼，反应激烈，因此只能用少量的 $LiAlH_4$ 和有控制地滴加水，用大量 $LiAlH_4$ 或快速加水会导致爆炸。在实验室中用氢化锂或氢化钙与水反应产生氢气时，加水的滴液漏斗需有衡压支管，使水液面上的压力与反应瓶内压力相等，以保证水能顺利地加入到反应瓶中。

二、氢气的工业生产

工业制氢的历史很长，方法也较多，大都采用一次矿物能源或分解水的方法。表 6-4 所示为氢在一次矿物能源及其产品中的含量，由表可以看出，各种能源的 H/C 摩尔比和含氢量的变化较大，天然气最高，无烟煤最低。

表 6-4　一次矿物能源及其产品中的含氢量

名　称	H_2	天然气 CH_4	液化气（C_3/C_4）	汽油	重油	褐煤	烟煤	无烟煤
X=H/C	—	4	2.6	2.2	1.4	0.9	0.7	0.4
含氢质量（%）	100	25	18	15.5	10.5	7.0	5.5	3.2

（一）化石燃料制氢

目前全世界制氢的年产量约为 5000 万 t，并以每年 6%～7%的速度增加，其中煤、石油和天然气等的制氢约占 96%。

1. 用气体燃料制氢

天然气和煤层气是主要的气态化石燃料，另外还有一部分裂解石油气。从含烃类的天然气或裂解石油气制取氢气是目前大规模工业制氢的主要方法。虽然上述原料都可以通过热分解而产生氢气，但最常用的方法是天然气水蒸气重整制氢、天然气部分氧化重整制氢和天然气催化裂化制氢等。

（1）天然气水蒸气重整制氢。在该工艺中，所发生的基本反应如下：

转化反应　$CH_4(g)+H_2O(g)\longrightarrow CO(g)+3H_2(g)-206\ kJ$　(6-34)

变换反应　$CO(g)+H_2O(g)\longrightarrow CO_2(g)+H_2(g)+41kJ$　(6-35)

总反应式　$CH_4(g)+2H_2O(g)\longrightarrow CO_2(g)+4H_2(g)-165kJ$　(6-36)

式中：(g) 代表气体，转化反应和变换反应均在转化炉中完成，反应温度为650～850℃，反应压力为0.25～0.3MPa，反应的出口温度为820℃左右。反应产物合成气被输入到下一级水气置换反应器，经过式（6-37）的水气置换反应，将CO转化为H_2，提高了H_2的产量。

$$CO(g)+H_2O(g)\longrightarrow H_2(g)+CO_2(g)+41kJ \quad (6-37)$$

若反应原料气按式（6-38）比例进行混合，则可以得到CO：H_2=1：2的合成气。

$$3CH_4+CO_2+2H_2O\longrightarrow 4CO+8H_2+659kJ \quad (6-38)$$

天然气水蒸气重整制氢反应是强吸热反应，反应所需的吸热量一般由甲烷（CH_4）燃烧热来提供。天然气重整制氢的能量转换效率可以达到75%～80%，经济有效，如果将余热回收利用，效率可达85%以上。该工艺燃料成本占生产成本的52%～68%，工艺装置需要耐高温不锈钢管材制作，因此该工艺过程具有过程反应速度慢、能耗高、运行成本大、初投资高等缺点。

（2）天然气部分氧化重整制氢。该工艺是将碳氢化合物部分氧化生成CO和H_2，氧化反应需要在高温、催化剂条件下进行，有一定的爆炸危险，不适合在低温燃料电池中使用。天然气部分氧化制氢的主要反应为

$$CH_4+0.5O_2\longrightarrow CO+2H_2+35.5kJ \quad (6-39)$$

反应产物合成气也和水蒸气重整制氢一样，需要进行水气置换反应，以提高H_2的产量。

在天然气部分氧化过程中，为了防止析碳，常在反应体系中加入一定量的水蒸气，该反应除上述主反应外，还有以下反应：

$$CH_4+H_2O\longrightarrow CO+3H_2-206kJ \quad (6-40)$$

$$CH_4+CO_2\longrightarrow 2CO+2H_2-247kJ \quad (6-41)$$

$$CO+H_2O\longrightarrow CO_2+H_2+41kJ \quad (6-42)$$

天然气部分氧化重整是合成气制氢的重要方法之一，与水蒸气重整制氢方法相比，变强吸热为温和吸热，具有低能耗的优点，还可以采用廉价的耐火材料堆砌反应器，可显著降低初投资。但该工艺具有反应条件苛刻和不易控制的缺点，另外需要大量纯氧，需要增加昂贵的空分装置，增加了制氢成本。将天然气水蒸气重整与部分氧化重整联合制氢，比单纯采用部分氧化重整制氢具有氢浓度高、反应温度低等优点。

（3）天然气催化热裂解制氢。首先将天然气和空气按完全燃烧比例混合，同时进入炉内燃烧，使温度逐渐上升到1300℃时，停止供给空气，只供给天然气，使之在高温下进行热解生成氢气和炭黑。其反应式为

$$CH_4 \longrightarrow 2H_2 + C \tag{6-43}$$

天然气裂解吸收热量使炉温降至1000～1200℃时，再通入空气使原料气完全燃烧，升高温度后，再次停止供给空气进行热解生成氢气和炭黑，如此往复间歇进行。

由于甲烷中氢碳比最高，在天然气重整制氢工艺中，每生产1kgH_2副产品为5.5kg CO_2，比用任何渣油或煤炭等原料制取氢气，所得氢气的收率高，因此甲烷是最理想和最经济的制氢原料。

2. 煤制氢

传统的煤制氢技术主要以煤气化制氢为主，此技术发展已经有200年历史，在我国也有近100年的历史，可分为直接制氢和间接制氢。煤的直接制氢包括以下方法：

(1) 煤的干馏。它是指在隔绝空气条件下，在900～1000℃下制取焦炭，副产品焦炉煤气中含55%～60%氢气、23%～27%甲烷、6%～8%一氧化碳及少量其他气体。

(2) 煤的气化。它是指煤在高温、常压或加压下，与气化剂（水蒸气、氧气、空气等）发生反应，使煤中可燃物质转变为可燃气体产物，气化产物有CO、H_2等组分，其含量随汽化方法而异。煤的间接制氢过程是指将煤先转化为甲醇，再由甲醇重整制氢。

煤气化制氢主要包括煤气化反应、水煤气变换反应、氢的提纯与压缩等三个过程。气化反应为

$$C(s) + H_2O(g) \longrightarrow CO(g) + H_2(g) \tag{6-44}$$

$$CO(g) + H_2O(g) \longrightarrow CO_2(g) + H_2(g) \tag{6-45}$$

式中：(s) 代表固体，煤气化是一个吸热反应。气化过程所需的热量有多种供给方式，如外部加热法、热载体循环制气法、内热式用氧和水蒸气的连续气化法、内热式的间歇送风蓄热法等。我国主要采用内热式间隙送风蓄热法，这一工艺比较简单，不需要纯氧。在实际生产中，气化炉间隙鼓入空气燃烧部分原料，加热炉膛，提供水煤气反应所需的热量，空气燃烧所形成的烟气直接放空。这样整个煤气化过程是一个包含有燃烧、制气两大阶段的不断的循环过程。

对于采用空气作气化剂的煤气化过程除了得到H_2和CO外，还有CO_2、H_2O、CH_4和N_2等成分。水煤气和水蒸气一起通过装填有氧化铁—铬催化剂的变换炉（400～600℃），通过变换反应式（6-45）将水煤气中的CO变换成H_2和CO_2。在加压下用水洗除CO_2，然后经过铜洗塔用氯化亚铜的氨水溶液洗除最后痕量的CO和CO_2。这样得到的含氢气较高的气体。

由表6-4可知，煤中氢碳比很低，生产每1kg的H_2要产生约20kg的CO_2，为甲烷法产生的CO_2的4倍。与甲烷法相比，该法很不经济，但在没有天然气供应的地方，用煤来制取氢气仍是我国小型合成氨工业或其他工业的唯一应用工艺。

3. 液体化石燃料制氢

液体化石燃料如甲醇、轻质油和重油也是制氢的重要原料，常用的工艺有甲醇裂解—变压吸附制氢、甲醇重整制氢、轻质油水蒸气转化制氢、重油部分氧化制氢等。

(1) 甲醇裂解制氢。甲醇与水蒸气在一定的温度、压力和催化剂存在的条件下，同时发生催化裂解反应与一氧化碳变换反应，生成氢气、二氧化碳及少量的一氧化碳，同时由于副反应的作用会产生少量的甲烷、二甲醚等副产物。甲醇加水裂解反应是一个多组分、

多反应的气固催化复杂反应系统。主要反应为

$$\text{催化分解} \quad CH_3OH \xrightarrow{\text{催化剂}} CO + 2H_2 \tag{6-46}$$

$$\text{变换反应} \quad CO + H_2O \longrightarrow CO_2 + H_2 \tag{6-47}$$

$$\text{总反应} \quad CH_3OH(g) + H_2O(g) \xrightarrow{\text{锌催化剂}} CO_2(g) + 3H_2(g) \tag{6-48}$$

反应后的气体产物经过换热、冷凝、铅管扩散（吸附）分离后，冷凝吸收液循环使用，未冷凝的裂解气体再经过进一步处理，脱去残余甲醇与杂质送到氢气提纯工序。甲醇裂解气体主要成分是 H_2 和 CO_2，其他杂质成分是 CH_4、CO 和微量的 CH_3OH。将产物混合气通过铅管扩散，即得到基本纯净的氢气。目前西方国家已制成紧凑装置，可在野外以甲醇为原料制备充装战地探测气球的氢气，从甲醇生产氢气的装置流程如图 6-4 所示。另外，利用变压吸附技术分离除去甲醇裂解气体中的杂质组分，可以获得纯氢气。

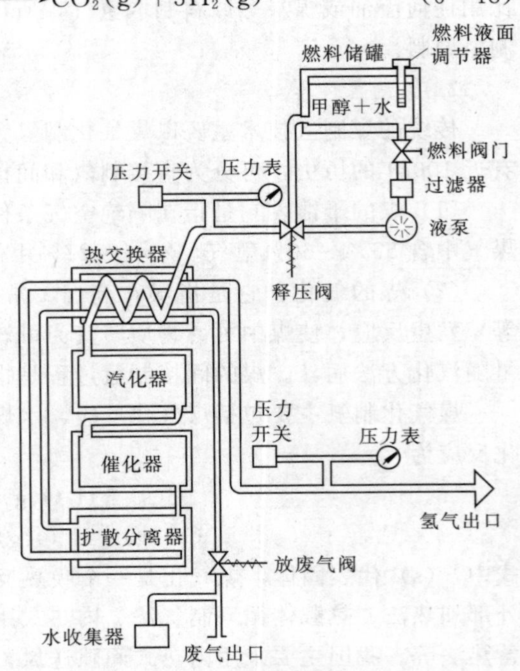

图 6-4　甲醇制取氢气装置流程示意图

甲醇裂解制氢技术，具有工艺简单、技术成熟、初投资小、建设周期短、制氢成本低等优点，成为受制氢厂家欢迎的制氢工艺。

(2) 甲醇重整制氢。甲醇在空气、水和催化剂存在的条件下，温度处于 250～330℃时进行自热重整，甲醇水蒸气重整理论上能够获得的氢气浓度为 75%。甲醇重整的典型催化剂是 $Cu-ZnO-Al_2O_3$，这类催化剂也在不断更新使其活性更高。这类催化剂的缺点是其活性对氧化环境比较敏感，在实际运行中很难保证催化剂的活性，寻找可替代催化剂的研究正在进行，使该工艺受到商业化推广应用的限制。

(3) 轻质油水蒸气转化制氢。在催化条件下，温度达到 800～820℃时进行以下主要反应：

$$C_nH_{2n+2} + nH_2O \longrightarrow nCO + (2n+1)H_2 \tag{6-49}$$

$$CO + H_2O \longrightarrow CO_2 + H_2 \tag{6-50}$$

烃类水蒸气重整制氢反应是强吸热反应，反应时需外部供热，反应温度较高，能耗较高，热效率较低，反应过程中水大大过量。该工艺制氢的体积浓度可达 74%，生产成本主要取决于轻质油的价格。即我国轻质油价格高，制氢成本高，该工艺的应用在我国受到制氢成本高的限制。

$$C_nH_m + 0.5nO_2 \longrightarrow nCO + 0.5mH_2 \tag{6-51}$$

$$C_nH_m + nH_2O \longrightarrow nCO + 0.5(n+m)H_2 \tag{6-52}$$

$$H_2O + CO \longrightarrow CO_2 + H_2 \tag{6-53}$$

(4) 重油部分氧化制氢。重油包括常压、减压渣油及石油深度加工后的燃料油。部分重油燃烧提供氧化反应所需的热量，并保持反应系统维持在一定的温度，重油部分氧化制氢是在一定的压力下进行的，可以采用催化剂或不采用催化剂，这取决于所选原料与工艺。催化部分氧化通常是以甲烷和石油为主的低碳烃为原料，而非催化部分氧化则以重油为原料，反应温度在1150～1315℃。重油部分氧化包括碳氢化合物与氧气、水蒸气反应生成氢气和碳氧化物，典型的部分氧化反应如下：

重油的碳氢比很高，因此重油部分氧化制氢获得的氢气主要来自水蒸气分解和一氧化碳变换反应，其中蒸汽贡献的氢气占69%。与天然气蒸汽转化制氢相比，重油部分氧化制氢需要配备空分设备来制备纯氧，这不仅使重油部分氧化制氢的系统复杂化，还增加了制氢的成本。

(二) 氨分解制氢

在使用氢量少的工业中，有时用氨气的催化分解来制备氢气。合成氨的催化剂也是氨分解的催化剂。将氨气从液态氨钢瓶中放出，以常压通入温度在600～700℃，且装填铁催化剂的床层中，氨基本上完全分解为氢氮混合气（体积比3∶1）；再将混合气通过硫酸溶液洗除未分解的氨，经干燥后可用于金属器件的烧氢还原（脱除氧化物膜）。如需除去氮气，可让混合气通入一端封闭的热钯管，氢气可扩散透过钯管的管壁，氮气则不能透过，这样可将氮气和氢气分离开，得到基本纯净的氢气。

(三) 电解水制氢

电解水制备氢气是一种成熟的制氢技术，到目前为止已有80多年的生产历史。电解水制氢是氢与氧燃烧生成水的逆过程，因此只要提供一定形式的能量，则可使水分解。纯水是电的不良导体，水的电阻超过 $10^6\ \Omega/cm$，因此，电解水制氢时要在水中加入电解质来增大水的导电性。原则上加入任何可溶的酸、碱、盐都可以使水导电。但酸对电极和电解槽有腐蚀性，盐会在电解过程中产生副产物，所以一般电解水都用15%氢氧化钾溶液作电解质，水电解制氢的原理如图6-5所示。其电极反应为

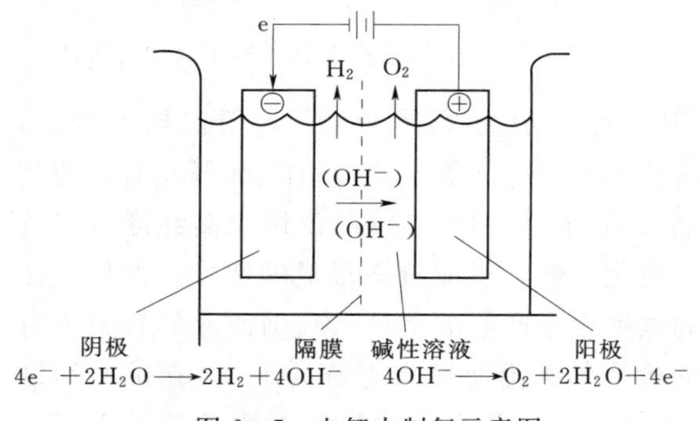

图6-5 电解水制氢示意图

阴极反应 $$2H_2O + 4e^- \longrightarrow 4OH^- + 2H_2 \quad (6-54)$$

阳极反应 $$4OH^- \longrightarrow 2H_2O + O_2 + 4e^- \quad (6-55)$$

作为电解水电极的最理想金属是铂系金属，而通用的水电解槽都采用镍电极，并且发现如果在镍电极镀上极微量的铂，就会使电极上析出的氢原子（或氧原子）结合成分子的速度加快，从而可增大电解效率。为了将阴极上放出的氢气与阳极上放出的氧气分开以取得纯净的气体，也为了避免氢气与氧气互相混合造成意外事故，阴极与阳极之间采用隔膜分开，分隔为阴极室和阳极室，分别用导管将产生的气体导出。隔膜常用以镍铬丝网为衬底的石棉布做成，此隔膜布的微孔允许 K^+ 和 OH^- 离子通过，但又使电解液在微孔处有足够大的表面张力，可以防止气体渗过。

水电解器有两种形式，一种是槽式电解器（图 6－6）。每个槽是独立的，各有自己的阴极和阳极、隔膜、电解液及通电设备。然后许多电解槽并联起来。这种电解器的优点是当任何一个槽发生故障时，可以个别拆卸检修，不影响其他槽的生产。缺点是整个系统须在低电压、大电流的条件下运行，整流变压和输电装置的投资较大。

另一种水电解器是压滤式电解器（图 6－7）。这是一种串联式电解槽，是由许多平板式的电解池叠夹串联所组成的。阴极、阴极室、隔膜、阳极室、阳极、……按此顺序构成了整套组装的一个夹层，每一个薄层电解池有自己的碱液供应管路和氢气、氧气的导出管路，排气管路（氢气和氧气）是分别并联的，总体水电解器的电压降等于各单元电解池电压的总和。从理论上说，压滤式电解器所包括的单元电解池的数目不受任何限制，可以由直流电源电压的大小来决定，不需变压器，没有低电压、大电流的问题。但这种装置也有其困难，那就是每个单元电解池必须彼此完全一样，否则会造成超载问题。另外，如果一组单元电池发生了故障，总体电解器就无法继续工作，维护较为困难。

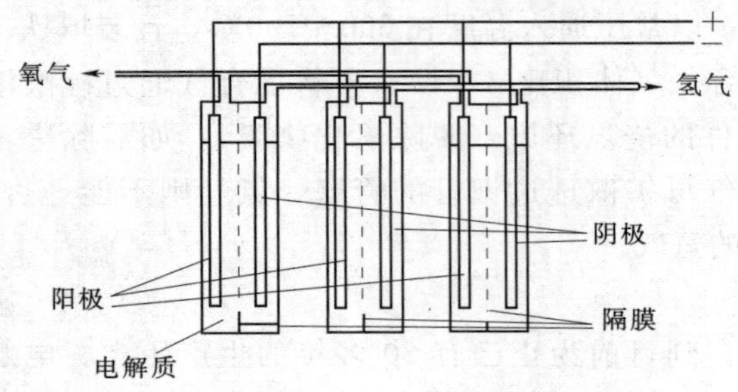

图 6－6　电解水产生氢气的槽式电解器

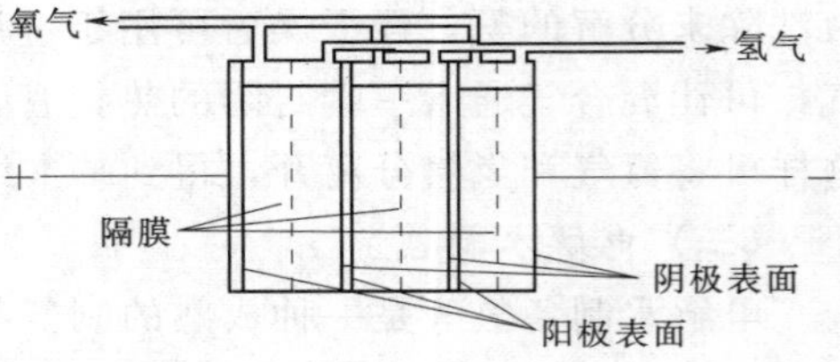

氧气
氢气
+
−
隔膜
阴极表面
阳极表面

图 6－7　电解水产生氢气的压滤式电解器

水电解制氢的工艺过程简单，无污染，其效率一般为 75%～85%，但消耗电量大，$1m^3$ 的 H_2 的电耗为 4.5～5.5kW·h，电费占整个水电解制氢生产费用的 80%左右，使其与其他制氢技术相比不具有竞争力，仅占总制氢量的 4%左右。目前仅用于高纯度、产量小的制氢场合以及在电能廉价（如水力发电）或化石燃料供应价格很贵的地方。例如，在有丰富水电资源的挪威和加拿大都设有很大的电解水生产氢的工厂；我国西北的甘肃省有刘家峡和青铜峡等大型水力发电站，那里电的价格仅为沿海城市电价的 1/3，在那些地区发展电解制氢工业、建设利用氢为原料的化工企业，以及未来建设氢能源基地是大有希望的。

三、氢气制备的新技术

由于氢能被视为 21 世纪最具发展潜力的清洁能源，这也促使了国际对新的制氢方法的不断探索，开发了高温电解水蒸气制氢、热化学循环分解水制氢、高温热解制氢工艺等新技术。

1. 高温电解水蒸气制氢

德国在 1976 年开始进行水蒸气高温电解制氢的研究，到目前已经基本达到成熟阶段。据报道，此工艺比常温电解水可节省电力 20%。

高温电解水蒸气制氢流程如图 6－8 所示。200℃的过热水蒸气通过热交换器，在 1000℃的电极室内经电极反应被电解成氢气和氧气，由电极放出的高温氢气和高温氧气分别通过热交换器将输入的水蒸气预热到900℃，而输出的氢气和氧气则分别被降温到300℃后，导出电解槽。

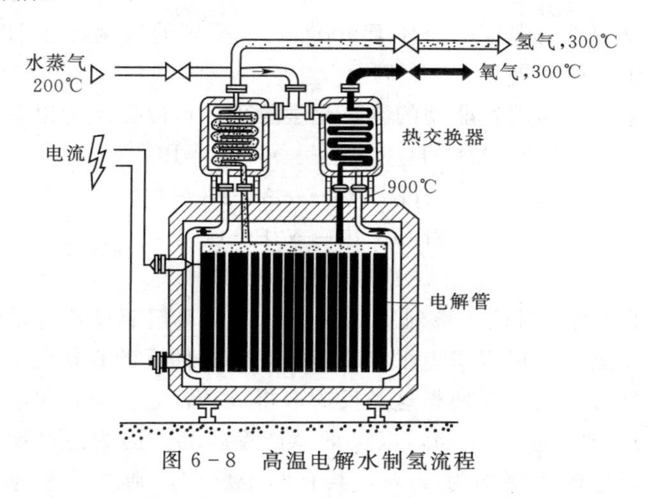

图6-8　高温电解水制氢流程

该电极是固体，是电解质（掺有氧化钇的多孔烧结二氧化锆）组成的空心管子，内、外侧镀有适当的导电金属膜，内侧为阴极，外侧为阳极。水蒸气由管子内侧通入，从阴极经固体电解质流向阳极。电解产生的氢气由管子的内侧放出，氧气由管子的外侧放出。总体电解槽由许多电解管平行地并联起来，其总体电压最高可达1200V。

该电解工艺虽然有极高的电解效率，但目前该工艺的成本仍无法与化石燃料制氢竞争。对于有丰富水电和核电资源的国家，该工艺还是有发展前景的。另外，从长远考虑，石油、天然气和煤炭资源有枯竭的可能，继续研究和开发高温电解水蒸气的制氢工艺仍有一定的必要性。

2. 高温热解水制氢

水的热解反应为

$$H_2O(g) \longrightarrow H_2(g) + 0.5O_2(g) + 241.82\ kJ/mol \qquad (6-56)$$

这是一个吸热反应，常温下平衡转化率极小，一般在2500℃时才有少量水分解，只有将水加热到3000℃以上时，反应才有实际应用的可能。高温热解水制氢的难点是高温下的热源问题、材料问题等，突出的技术难题是高温和高压。

3. 热化学循环分解水制氢方法

热化学循环分解水制氢是指在水系统中，在不同的温度下，经历一系列不同但又相互关联的化学反应，最终分解为氢气和氧气的过程。在这个过程中，仅消耗水和一定的热量，参与制氢过程的添加元素或化合物均不消耗，整个反应过程构成一个封闭循环系统。与水的直接高温热解制氢相比较，热化学制氢的每一步反应温度均在800～1000℃，相对于3000℃而言为较低的温度下进行，能源匹配、设备装置的耐温要求和投资成本等问题，也相对容易解决。热化学制氢的其他显著优点还有能耗低（相对于水电解和直接高温热解水成本低）、可大规模工业生产（相对于再生能源）、可实现工业化（反应温和）、有可能直接利用核反应堆的热能，省去发电步骤、效率高等。

自从核反应堆技术获得发展之后，20世纪60年代德国和美国的科学家们便注意到如何利用核反应堆的高温来分解水。为了降低水的分解温度，他们试图在水的热分解过程中引入一些热力学循环，要求这些循环的高温点必须低于核反应堆或太阳炉的最高极限温度。现在高温石墨反应堆的温度已经高于900℃，太阳炉的温度可达1200℃，这将有利于热化学循环分解水工艺的发展。

一种新发展起来的多步骤热驱动的制氢化学原理，可以归纳为以下程序

$$AB + H_2O + 热 \longrightarrow AH_2 + BO \tag{6-57}$$

$$AH_2 + 热 \longrightarrow A + H_2 \tag{6-58}$$

$$2BO + 热 \longrightarrow 2B + O_2 \tag{6-59}$$

$$A + B + 热 \longrightarrow AB \tag{6-60}$$

式中：AB称为循环试剂。对这一系列反应的探索就是希望驱动反应的温度能处在工业上常用温度的范围内。这样就可以避免水在耗能极高的条件下的直接热分解，而用纯热化学的方法由水产生氢气和氧气。要使得这类反应取得成功，它们应该具有以下的一些条件：

1）各分步反应的产率必须很高，以保证总产率较高，因为总产率等于各分步产率的乘积。如果每一步反应的产率均为80%，共有四步反应，则总产率为41%，如果有一步反应产率很低，就会对总产率产生很大影响。

2）分步反应的数目应尽可能最少，因为分步反应越多，各步反应产率所起的影响越大。如果反应分十步进行，每次反应的产率为90%，则总产率仅为31%，而若每步产率为80%时，总产率只有11%。

3）需在高温下加工的中间产物应是比较容易处理的。如果中间产物难以处理，便会导致成本增加，使整个工艺成为无利可图的冗繁过程。

4）各步反应不会产生副产物，因为对副产物加工处理使之参与循环，无疑增大了反应系统的复杂性。

5）组成物A和B应该是容易大量获得的单质或化合物，并且是价格低廉的常见物质。

6）过程中包括的所有化合物都不会造成环境污染问题。

自20世纪60年代中期开始，在德国、美国和日本的研究机构中，已经从理论到实验两个方面研究了数百个可能的热化学循环系统。目前按反应涉及的物料，热化学循环制氢过程可分为氧化物体系、卤化物体系、含硫体系和杂化体系等。

(1) 碘－硫循环。

含硫体系最著名的循环是由美国GA公司在20世纪70年代发明的碘－硫循环(Iodine－Sulfur cycle，IS)，循环中的反应为

$$SO_2(g) + I_2(s) + 2H_2O(l) \longrightarrow H_2SO_4(aq) + 2HI(aq) \tag{6-61}$$

$$2HI(g) \longrightarrow H_2(g) + I_2(g) \tag{6-62}$$

$$H_2SO_4(aq) \longrightarrow SO_2(g) + 1/2O_2(g) + H_2O(g) \tag{6-63}$$

该循环的优点是闭路循环，只需要加入水，其他物料循环使用；循环中的反应可以实现连续运行；预期效率可达52%，制氢和发电的总效率可达60%。这个循环过程虽然要求供给很高的热量，但由于反应速度快，人们正在不断尝试加入新的循环试剂，力图使反应系列在能量要求上更为可行。

1）硫—碘—镁热化学循环。20 世纪 80 年代开发的硫—碘—镁热化学循环的反应系列为

$$I_2(s) + SO_2(g) + 2H_2O(l) \longrightarrow H_2SO_4(aq) + 2HI(aq) \quad (6-64)$$

$$2MgO(s) + H_2SO_4(aq) + 2HI(aq) \longrightarrow MgSO_4(aq) + MgI_2(aq) \quad (6-65)$$

$$MgI_2(aq) \longrightarrow MgO(s) + 2HI(g) + nH_2O(g) \quad (6-66)$$

$$MgSO_4(aq) \longrightarrow MgO(s) + SO_3(g) \quad (6-67)$$

$$SO_3(g) \longrightarrow SO_2(g) + 1/2O_2(g) \quad (6-68)$$

$$2HI(g) \longrightarrow H_2(g) + I_2(g) \quad (6-69)$$

硫—碘—镁热化学循环中试反应工艺流程如图 6-9 所示，该工艺包括三种主要反应设备：金属反应罐 A，其温度维持在 70～995℃之间间歇变化；第二种是管式分解炉 B，温度维持在 995℃；冷凝器 C，温度维持在 0～25℃。试验表明，该系列反应的总产率达 29.5%。

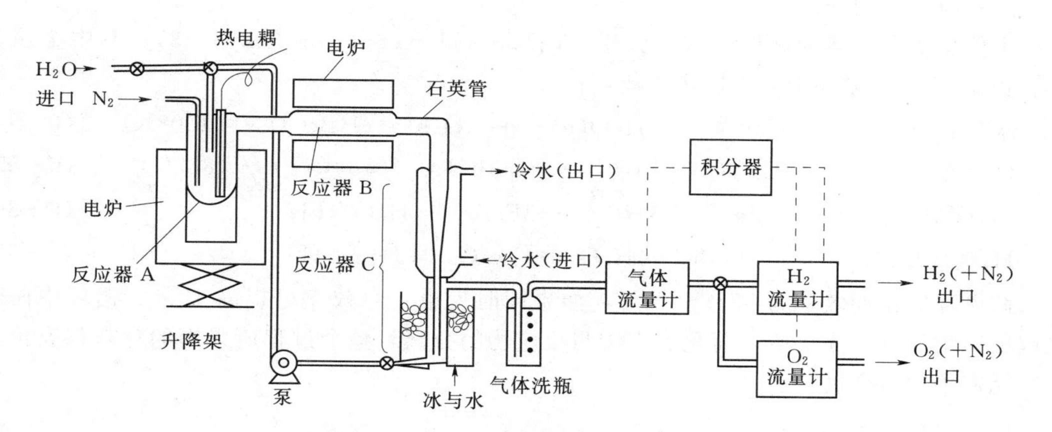

图 6-9 硫—碘—镁热化学循环中试反应工艺流程

2）硫酸二氧化二镧作为循环试剂的热化学循环。在硫—碘循环中加入硫酸二氧化二镧作为循环试剂，其反应系列为

$$La_2O_2SO_4(aq) + SO_2(aq) \longrightarrow La_2(SO_3)(SO_4) \cdot 4H_2O \quad (6-70)$$

$$La_2(SO_3)(SO_4) \cdot 4H_2O + I_2 \longrightarrow La_2O_2SO_4 + 3H_2O + 2HI \quad (6-71)$$

$$La_2O_2SO_4 \longrightarrow La_2O_2SO_4(aq) + 1/2O_2 \quad (6-72)$$

$$2HI \longrightarrow H_2 + I_2 \quad (6-73)$$

这个反应系列需要的最高温度为 650K，HI 的最高产率为 32%。

（2）金属氧化物循环。

有人提出用金属氧化物作为再循环试剂，利用太阳能为热源，如使用氧化铜和氢氧化镁作为循环试剂的反应系列为

1353K $$2CuO \longrightarrow Cu_2O + 1/2O_2 \quad (6-74)$$

448K $$I_2 + Cu_2O + Mg(OH)_2 \longrightarrow 2CuO + MgI_2(aq) + H_2O \quad (6-75)$$

673K $$MgI_2(aq) + H_2O(l) \longrightarrow MgO(s) + 2HI(g) \quad (6-76)$$

1268K　　$2HI(g) \longrightarrow H_2(g) + I_2(g)$　　(6-77)

室温　　$MgO(s) + H_2O \longrightarrow Mg(OH)_2$　　(6-78)

这种以固态氧化物分解为基础的热化学循环和太阳炉的利用结合起来，可能是有利的。现在的太阳炉已可达到1200℃的高温。在空气中高温分解氧化物时，氧的离解压一定高过大气中氧的分压。这样固体氧化物直接投入太阳炉被太阳辐射热分解，简化过程中的热传导问题。其他金属氧化物的热分解温度范围如下：

1750～1800K　　$3Fe_2O_3 \longrightarrow 2Fe_3O_4 + 1/2O_2$　　(6-79)

1350K　　$2CuO \longrightarrow Cu_2O + 1/2O_2$　　(6-80)

1250K　　$Co_3O_4 \longrightarrow 3Co + 1/2O_2$　　(6-81)

1225K　　$3Mn_2O_3 \longrightarrow 2Mn_3O_4 + 1/2O_2$　　(6-82)

800K　　$2MnO_2 \longrightarrow Mn_2O_3 + 1/2O_2$　　(6-83)

(3) 卤化物循环。

本体系中最著名的循环是东京大学-3循环（University of Tokyo-3），其中金属为Ca，卤素用Br，循环由以下四步组成：

水分解反应　　$CaBr_2(s) + H_2O(g) \longrightarrow CaO(s) + 2HBr(g)$　　(1003K)　　(6-84)

O_2生成反应　　$CaO(s) + Br_2(g) \longrightarrow CaBr_2(s) + 0.5O_2(g)$　　(823K)　　(6-85)

Br_2生成反应　　$Fe_2O_3 + 8HBr \longrightarrow 3FeBr_2 + 4H_2O + Br_2$　　(6-86)

H_2生成反应　　$3FeBr_2 + 4H_2O \longrightarrow Fe_3O_4 + 6HBr + H_2$　　(6-87)

此循环的预期效率为35%～40%，如果同时发电，总效率可提高10%。循环中两步关键反应均为气－固反应，简化了产物与反应物的分离，整个过程所采用的材料都廉价易得，无需采用贵金属。

(4) 杂化体系循环。

在杂化体系中，它是水裂解的热化学过程与电解反应的联合过程，为低温电解反应提供了可能性。杂化体系包括硫酸—溴杂化过程、硫酸杂化过程、烃杂化过程和金属—卤化物杂化过程等。以甲烷—甲醇制氢为例的烃杂化过程的反应为

$$CH_4(g) + H_2O(g) \longrightarrow CO(g) + 3H_2(g) \quad (6-88)$$

$$CO(g) + 2H_2(g) \longrightarrow CH_3OH(g) \quad (6-89)$$

$$CH_3OH(g) \longrightarrow CH_4(g) + 0.5O_2(g) \quad (6-90)$$

该循环在压力为4～5MPa的高温下进行，反应步骤不多，原料便宜，效率可达33%～40%。所采用的化工工艺也都比较熟悉，在目前有应用价值。

到目前为止，虽有多种热化学制氢方法，但技术还不成熟，总效率都不高，仅为20%～50%，而且还有许多工艺问题需要解决，难以达到商业化实用的技术水平，还有待进一步研究。

4. 太阳能制氢

随着新能源的崛起，以水作为原料，利用核能和太阳能来大规模制氢已成为世界各国共同努力的目标。其中太阳能制氢最具吸引力，也最有现实意义。目前正在探索的太阳能制氢技术有以下几种：

（1）太阳热分解水制氢。热分解水制氢有两种方法，即直接热分解和热化学分解。前者需要把水或蒸汽加热到 3000 K 以上，水中的氢和氧才能够分解，虽然其分解效率高，不需催化剂，但太阳能聚焦费用太昂贵。后者是在水中加入催化剂，使水中氢和氧的分解湿度降低到 900～1200 K，催化剂可再生后循环使用，目前这种方法的制氢效率已达 50%。

（2）太阳能电解水制氢。这种方法是首先将太阳能转换成电能，然后再利用电能来电解水制氢。

（3）太阳能光化学分解水制氢。将水直接分解成氧和氢是很困难的，但把水先分解为氢离子和氢氧根离子，再生成氢和氧就容易得多。基于这个原理，先进行光化学反应，再进行热化学反应，最后进行电化学反应，即可在较低温度下获得氢和氧。在上述三个步骤中，可分别利用太阳能的光化学作用、光热作用和光电作用。这种方法为大规模利用太阳能制氢提供了实现的基础，其关键是寻求光解效率高、性能稳定、价格低廉的光敏催化剂。

（4）太阳能光电化学分解水制氢。这种方法是利用特殊的化学电池，这种电池的电极在太阳光的照射下能够维持恒定的电流，并将水离解而获取氢气。这种方法的关键是需要有合适的电极材料。

（5）模拟植物光合作用分解水制氨。植物光合作用是在叶绿素上进行的。自从在叶绿素上发现光合作用过程的半导体电化学机理后，科学家就企图利用所谓的“半导体隔片光电化学电池”来实现可见光直接电解水制氢的目标。不过由于人们对植物光合作用分解水制氢的机理还不够了解，要实现这一目标，还有一系列理论和技术问题需要解决。

（6）光合微生物制氢。人们早就发现江、河、湖、海中的某些藻类也有制氢的能力，如小球藻、固氮蓝藻、绿藻等就能以太阳光作动力，用水作原料，源源不断地放出氢气来。因此，深入了解这些微生物制氢的机制将为大规模的太阳能生物制氢提供必要的依据。

5. 生物质制氢

生物质制氢主要有微生物转化和热化工转化两类。微生物转化主要是产生液体燃料，如甲醇、乙醇和氢气；热化工转化是在高温下通过化学方法将生物质转化为气体或液体，主要为生物质裂解液化和生物质气化，产生含氢气的气体燃料或液体燃料。

图 6-10 是生物质制氢的工艺过程。生物质气化的反应可用式（6-91）表示，生产的合成气中含 H_2、CO、CO_2、H_2O、CH_4 和其他碳氢化合物。经过冷却除去固体颗粒、硫化物等杂质，经过水气置换反应后，绝大部分碳氢化合物转化为 H_2，经过压力变动吸附，氢的回收率平均为 97%，纯度大于 99.99%。在整个流程中蒸汽的另一个重要作用是防止重整器和水气置换反应器中出现碳沉积。

$$C_xH_y + 2xH_2O \longrightarrow xCO_2 + (2x + y/2)H_2 \tag{6-91}$$

生物质作为一种可再生资源，制氢技术具有清洁、节能和不消耗矿物质资源等突出优点。许多国家正投入大量财力对生物质制氢技术进行研发，以期早日实现生物质制氢技术的商业化，并显示其显著的经济效益、环境效益和社会效益。

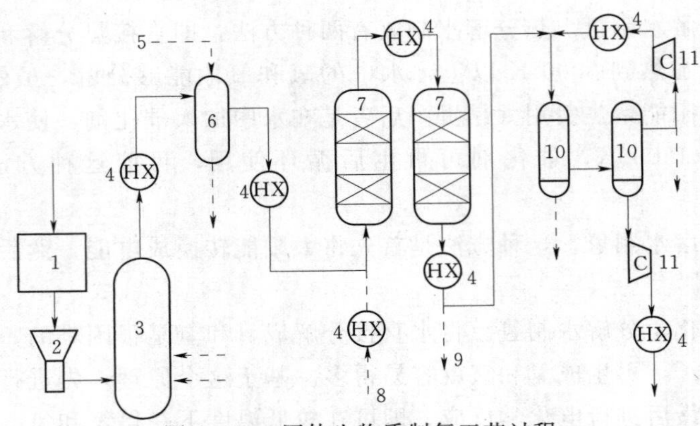

图 6-10　固体生物质制氢工艺过程

1—干燥和粉碎；2—进料斗；3—气化器；4—换热器；5—进水；6—骤冷；7—水气置换反应；8—补给水；9—排水；10—吸收塔（PSA）；11—压缩机

6. 其他制氢方法

随着氢气作为 21 世纪的理想清洁能源受到世界各国的普遍重视，许多国家重视制备氢气的方法和工艺的研究，使新的制氢工艺和方法不断涌现出来，除上述介绍的多种制氢方法和工艺以外，近年来还出现了新型氧化材料制氢、$NaBH_4$ 催化水解制氢、硫化氢分解制氢、太阳能直接光电制氢、放射性催化剂制氢、电子共振裂解水制氢、陶瓷与水反应制氢等制氢技术，但这些技术还都处于研究阶段，距商业化应用还有较大的距离。

目前，全世界的各种工艺的氢气主要以化学法制氢为主，全世界化学制氢法的制备量每年达到 $5\times10^{11}\,Nm^3$，且其消费量以每年 10%左右的增长率在增长，所分布的行业如表 6-5 所示。

表 6-5　全世界化学法氢气制备量

制备方法	天然气和石脑油蒸汽裂解	重油部分氧化	汽油裂解	乙烯生产	其他化学工业	氯碱电解	煤气化
产量（$\times10^9\,Nm^3/a$）	190	120	90	33	7	10	50

四、氢气的纯化

不论哪种制氢方法，所获得的氢气中都含有杂质，很难满足高纯度氢气应用的要求，需要对制氢过程中获得的氢气进一步进行纯化处理。氢气的工业纯化方法主要有低温吸附法、低温分离法、变压吸附法和无机膜分离法等。

（1）低温吸附法。它是使待纯化的氢气冷却到液氮温度以下，利用吸附剂对氢气进行选择性吸附以制备含氢量超过 99.9999%的超纯氢气。为了实现连续生产，一般使用两台吸附器，其中一台运行，另一台处于再生阶段。吸附剂通常选用活性炭、分子筛、硅胶等，选择哪种吸附剂，要视氢气中的杂质组分和含量而定。

（2）低温分离法。该法可在较大氢气体积浓度为 30%～80%范围内操作，与低温吸附法相比，具有产量大、纯度低和纯化成本低的特点。

（3）变压吸附法。利用固体吸附剂对不同气体的吸附选择性和气体在吸附剂上的吸附量随压力变化的特点，在一定的压力下吸附，再降低被吸附气体分压使被吸附气体解吸，达到吸附氢气中的杂质气体而使氢气纯化的目的。变压吸附法要求待纯化的氢气中的氢含量要在25%以上。

（4）无机膜分离法。无机膜在高温下分离气体非常有效。与高分子有机膜相比，无机膜对气体的选择性及在高温下的热膨胀性、强度、抗弯强度、破裂拉伸强度等方面都有明显的优势。同时，对于混合气体中某一气体的单一选择性渗透吸附，无机膜也具有很高的选择渗透性。采用无机膜分离技术中的钯合金膜扩散法，可以获得体积浓度超过99.9999%的超高纯度的氢气。钯合金无机膜存在渗透率不高、力学性能差、价格昂贵、使用寿命短等缺点，有待开发具有高氢选择性、高氢渗透性、高稳定性的廉价复合无机膜。

第三节 氢的储存和运输

虽然氢气有它本身的独特物理性质和化学性质，但它的储存和运输所需要的技术条件，却基本上与储存和运输天然气（甲烷）的技术大致相同。在考虑氢气的储存和运输问题时，必须重视氢气的一些自身特性，即氢气单位体积的重量最轻和扩散速度最快，这两个特性必然给氢气的储存和运输带来某些影响。

一、氢气的储存技术

氢的储存方法也是多种多样，诸如常压储氢、高压储氢、液氢储氢、金属氢化物储氢、碳纤维储氢、碳纳米管储氢、玻璃微球储氢和有机液体储氢等。归纳起来不外乎两种方式：一种是物理方式储氢，如压缩、冷冻、吸附等；另一种是化学方式，如金属氢化物等。高压储氢和液氢储氢是比较传统而成熟的方法，它们无需任何材料做载体，只需耐压或绝热的容器就行，它们的发展历史较早。而其他几种方法均是近二三十年才发展起来的，它们都需要利用一定性质的材料做介质。根据储氢材料的特性可分为金属储氢材料、非金属储氢材料和有机液体储氢材料三类。这些氢化物材料虽然发展较晚，但由于它们具有优异的吸放氢性能，并且兼顾其他功能性质，因而发展迅速，将来有可能成为储氢材料的主角，并在氢能体系中起着重要作用。

（一）水封储气罐储氢

这是一种常压储氢方式。目前，在城市煤气厂或炼制气生产厂，低压水封储气罐得到了广泛的使用。低压储气设施的工作压力一般在5000Pa以下，且基本稳定，储气量的变化使储气容积发生相应变化，其类型有湿式储气罐和干式储气罐，湿式储气罐直以水作为活动部分的密封介质，根据导轨形式可分为直立导轨升降式和螺旋导轨升降式两种。它的工作原理就好像装满水的玻璃杯倒扣在一盆水里，向这只杯子里充入气体时，杯子所代表的储气罐就在水中越来越高地浮起。在储气罐外槽底部的水封可以防止气体逸出罐外。

这类储气罐在常压下操作，不会发生高压下容器或管道爆破或气体泄漏的危险，因而安全可靠，也由于没有高压的驱动，但占地面积很大。如果有一个拥有10万居民的市镇，用此种储气罐储存氢气，准备一个冬季燃烧取暖之用，则需要建造一座高300m、直径为300m的圆筒状储气罐。建造这样一座储气罐，即使在技术上是可行的，但如此庞然大物竖立在市镇内，给市容带来不雅景观。当然，在设计上可将单一的大容量储气罐分成若干小罐，实现交替使用和分区供能。将来如果氢能获得普遍应用，或许这种水封储气罐会遍布城郊。

（二）高压气态储氢

高压气态储氢设施的容积是固定的，储气量变化时，其储气压力也相应变化。按储气容器的形状可分为圆筒形、球形和管束形。氢气可以在高压下（15～40MPa）装盛在气体钢瓶中以高压气体的形式储存和运输，这种技术已经得到充分发展，比较可靠、方便。但其缺点是需要厚重的耐压容器，本身笨重，不易搬动；需要消耗很多的氢气压缩功；由于氢气密度小，在有限的容积中只能储存少量的氢气，氢气的质量只占容器质量的1%～2%。一般一个充气压力为20MPa的高压钢瓶储氢质量只占1.6%，供太空用钛瓶的储氢质量也仅为5%。因为压缩气体是要耗费能量的，因此在使用高压气体钢瓶的技术中，应该把压缩气体的成本考虑在内。在某些工作中，特别是载客的燃氢运载工具，不能不考虑人员的安全问题，因为高压气体具有潜在的危险性。一般使用的气体钢瓶容量为40L、压力为15MPa的压力容器，为便于特殊运输也有按火车货车厢或载重汽车厢特殊设计的气体钢瓶组。高压氢气的储存和运输成本十分昂贵，这种技术只适用于运输少量氢气，并应用于氢气价格不占很重要比例的生产中。

要大规模储存氢气可采用加压地下储存的方法。当有现成的密封良好而又安全、可靠的地窖或开采过的空矿井、地下岩洞、盐洞等，可用于储氢，且成本低廉，但受地域限制运输不便。

（三）低温液氢储存

这是一种深冷的液氢储存技术。氢气经过压缩之后，深冷到21K以下，使之变为液氢[H_2(L)或LH_2]，然后存储到特制的绝热真空容器中。常温、常压下液氢的密度为气态氢的845倍，液氢的体积能量密度比压缩储存高好几倍，这样，同一体积的储氢容器，其储氢质量大幅度提高。液氢储存特别适宜储存空间有限的运载场合，如航天飞机用的火箭发动机、汽车发动机和洲际飞行运输工具等。

若仅从质量和体积上考虑，液氢储存是一种极为理想的储氢方式。但液化氢储存一是氢气液化要消耗很大的冷却能量，液化1kg氢需耗电4～10kW·h，这就增加了储氢和用氢的成本，且安全技术也比较复杂；二是液氢储存容器必须使用超低温用的特殊容器，因为液氢的熔点为－259.2℃，沸点为－253℃，汽化热为452 kJ/g，储槽内液氢与环境温差大，为控制槽内液氢蒸发损失和确保储槽的安全（抗冻、承压），必须严格绝热，如果有很少热量从外界渗入容器，就会造成液氢快速沸腾从而造成损失。因此，对储槽及绝热材料的选择和储槽的设计均有严格要求。例如，登月宇航器和航天飞机的液氢储槽都使用了10～15cm厚的泡沫塑料作为绝热材料，并且是在航天器启动之前1 h左右才充装液氢。目前，除用于火箭等特殊场合外，这种做法是不经济的。

为较长时间储存液氢，需要采用真空绝热，即所谓的超级绝热。在超级绝热容器里，内层容器和外壳之间的夹层中包缠了许多层镀铝的聚酯薄膜，并抽至真空。超级绝热层的厚度为2～5cm，其中夹缠了多达100层的镀铝聚酯薄膜，在每两层薄膜之间又夹了一层尼龙网，以减少薄膜之间的热传导。由于制造此种容器需要大量手工，所以它们的价格昂贵，并且储罐不能做得很大。用此种方法制造的容量为100～400L的液氢储罐，每天因热量渗漏而造成的蒸发损失约为1%。

大的液氢储罐采用真空珍珠岩绝热技术，这种容器的绝热程度不像超级绝热容器那么高，制造价格也低很多。这种容器的夹层间隙为10～30cm，空隙中充填了珍珠岩（膨胀云母）。在液氢生产厂和宇航基地附近都建有这种大型的真空珍珠岩绝热液氢储罐。这种容器的液氢蒸发损耗量一般低于每天0.5%。这种储存液氢技术价格低廉。制造更大的储罐时，可以加大装填珍珠岩夹层的厚度。

现在一种间壁间充满中空微珠的绝热容器已经问世。这种二氧化硅的微珠直径为30～150μm，中间是空心的，壁厚1～5μm，部分微珠上镀有厚度为1 μm的铝。由于这种微珠热导率极小，颗粒又非常细，可完全抑制颗粒间的对流换热。将部分镀铝微珠（一般为3%～5%）混入不镀铝的微珠中，可有效地切断辐射传热。这种新型的热绝缘容器不需抽真空，其绝热效果远优于普通高真空的绝热容器，是一种理想的液氢储存桶。美国宇航局已广泛采用这种新型的储氢容器。

值得注意的是，液氢和液态天然气在极大的储罐中储存时，都有液体热分层的问题。在储罐底部的液体因承受来自上部液体的压力，使底部液体的沸点受压力影响而略高于上部液体的沸点。随着时间进程，在储罐中液体分为两层，上部是蒸气压略低的冷液层，而底部是略热和蒸气压较高的液层。上层因较冷而密度较大，底层密度较小。这显然是一种不稳定状态，如果储罐受到扰动，两层液体就会翻动，使略热而蒸气压较高的底层翻滚到上层来。这就会造成储罐内压突然上升，并发生液氢的曝沸。这种现象曾使早期建造的储罐酿成事故，因为放气管管径太细，经受不住气体的突然膨胀而将储罐爆破。所以在较大的储罐中都设有缓慢搅拌设备，以防止热分层作用。在较小的储罐中，则可投入一些细铝刨花（约占体积的1%），通过铝的热传导而防止了热分层现象。

（四）金属氢化物储氢

把氢气以金属氢化物的形式储存在合金中，是近二三十年来新发展的技术。这类合金基本上是金属间化合物，制备方法一直沿用制造普通合金的技术。这类材料有一种特性，当把它们在一定温度和压力下曝置于氢气氛中时，它们能吸收很大量的氢气，生成金属氢化物。在这种情况下，氢很结实地分布在金属的晶格中。金属氢化物代表了一种全新的储氢技术，它具有液氢和高压氢无可比拟的安全性，并且有很高的储存容量。有些金属氢化物储氢密度可达标准状态下氢气的1000倍，与液氢相同甚至超过液氢。表6-6中列出了一些金属氢化物的储氢能力。

表6-6　某些金属氢化物的储氢能力

储氢介质	存在状态	氢原子密度（10^{22}个·cm^3）	储氢相对密度	含氢量（%）（质量）
标准状态下的氢气	气	5.4×10^{-3}	—	100
氢气钢瓶（15MPa）	气	8.1×10^{-1}	150	100
−253℃液态氢	液	4.2	778	100
$LaNi_5H_6$	固	6.2	1148	1.37
$FeTiH_{1.95}$	固	5.7	1056	1.85
$MgNiH_4$	固	5.6	1037	3.6
MgH_2	固	6.6	1222	7.65

1. 二元氢化物的分类及性质

在元素周期表中，除了惰性气体外，所有元素都能与氢化合生成氢化物或氢化合物。一种元素所生成的氢化物类型决定于它的电负性，元素的电负性为一常数，氢的电负性为2.1。当氢化物中元素的电负性比氢大时，氢便失去电子变成 H^+，相反，则氢获得电子变成 H^-。根据电负性的大小，氢化物可以分成离子型、金属型、共价型和边界氢化物四类。表 6-7 所示为元素氢化合物的分类和特点。

表 6-7　　元素周期表中元素氢化合物的分类和特点

<table>
<tr><th>氢化物类型</th><th>金属类型</th><th>通式</th><th>H 价态</th><th>常见元素</th><th colspan="2">特　点</th></tr>
<tr><td>离子型
（类盐型）</td><td>IA 碱金属、
IIA 碱土金属</td><td>MH 和
MH_2</td><td>H^-</td><td>LiH、NaH、KH、RbH、CsH、CaH_2、SrH_2、BaH_2以及镧系、锕系等</td><td colspan="2">具有较高的生成热（$\Delta H<0$），一般为白色晶体；熔点、沸点较高；熔融体能导电；化学性质很活泼，能与水剧烈作用而放出氢</td></tr>
<tr><td rowspan="4">金属型
（过渡型）</td><td rowspan="3">IIIB～VB</td><td>MH_x</td><td>H^-</td><td>Sc～Ac 族</td><td>无固定结构</td><td rowspan="3">成热 $\Delta H<0$；有金属光泽，电导率与金属大致相同；性脆，粉碎后呈银灰色或黑色；无固定的组成，吸氢量随温度升高而降低，加热和减压下氢迅速放出</td></tr>
<tr><td>MH_2</td><td>H^-</td><td>Ti、Zr、Hf</td><td>间隙型氢化物，空气中稳定，不与水反应</td></tr>
<tr><td>—</td><td>H^-～H^+</td><td>V、Nb、Ta</td><td>非整比氢化物</td></tr>
<tr><td>VIB～VIIIB</td><td>—</td><td>H^+</td><td>Fe、Co、Ni 等</td><td>间隙型氧化物，含量不固定</td><td>$\Delta H^->0$，属吸热型金属，常与 A～VB 族金属配置合金</td></tr>
<tr><td>共价型
（分子型）</td><td>IIIA～VIIA</td><td>$XH_{(8-n)}$</td><td>—</td><td>Al、B、C、Si、Sn、N、Bi、O、S、F 等</td><td colspan="2">由高负电性元素生成，具有分子型晶格，其熔点和沸点均低，有挥发性，没有导电性</td></tr>
<tr><td>边界氢化物</td><td>IB～IIB 和
部分 IIIA</td><td>MH_x</td><td>—</td><td>In、Tl</td><td colspan="2">如 CuH_2、InH_3等，不能看作是稳定的真氢化物，没有实用价值</td></tr>
</table>

由表 6-7 可以看出，所有金属元素都能与氢化合生成金属氢化物，但并不是所有金属氢化物都能做储氢材料，只有那些能在温和条件下大量可逆地吸收和释放氢的金属或合金氢化物才能做储氢材料用。金属元素与氢的反应有两种性质：一种容易与氢反应，能大量吸氢，形成稳定的氢化物，并放出大量的热，金属（A）主要是 IA～VB 族金属，如 Ti、Zr、Ca、La、Mg、Ca、Re（稀土元素）等，它们与氢的反应为放热反应（$\Delta H<0$）；另一种金属与氢的亲和力小，但氢很容易在其中移动，氢在这些元素中的溶解度小，通常条件下不生成氢化物，元素（B）主要是 VIB～VIIIB 族（Pd 除外）过渡金属，如 Fe、Co、Ni、Cr、Cu 等，氢溶于这些金属时为吸热反应（$\Delta H>0$）。将氢在一定条件下溶解度随温度上升而减小的金属（如前者）称为放热型金属；相反的则称为吸热型金属（如后者）。把前者与氢

生成的氢化物称为强键合氢化物，这些元素称为氢稳定因素；氢与后一种金属生成的氢化物称为弱键合氢化物，这些元素称为氢不稳定因素。前者控制着储氢量，是组成储氢合金的关键元素；后者控制着吸放氢的可逆性，起调节生成热与分解压力的作用。

2. 金属储氢物储氢的基本原理

通常，金属氢化合物是由一种吸氢元素或与氢有很强亲和力的元素（A）和另一种吸氢量小或根本不吸氢的元素（B）共同组成储氢合金材料，它应具有像海绵吸收水那样能可逆地吸放大量氢气的特性。一般把吸放氢反应快，可逆性优良的合金，特别称为吸氢合金。

在一定温度和压力下，储氢合金与气态 H_2 可逆反应生成金属固溶体 MH_x 和金属氢化物 MH_y 的反应可分三步进行。

（1）开始吸收小量氢后，形成含氢固溶体（α 相），合金结构保持不变，其溶解度 $[H]_M$ 与固溶体平衡氢压的平方根成正比，即

$$P_{H_2}^{1/2} \propto [H]_M \tag{6-92}$$

（2）固溶体 MH_x 进一步与氢反应，产生相变，生成金属氢化物相（β 相）：

$$\frac{2}{y-x} MH_x + H_2 \Leftrightarrow \frac{2}{y-x} MH_y + Q \tag{6-93}$$

式中：x 是固溶体中的氢平衡浓度；y 是金属氢化物中氢的浓度，一般 $y \geqslant x$。

（3）再提高氢压，金属中的氢含量略有增加。式（6-93）反应是一个可逆反应，吸氢时放热，吸热时放出氢气。不论是吸氢反应还是放氢反应，都与系统温度、压力及合金成分有关。根据 Gibbs 相律，温度一定时，反应有一定的平衡压力。储氢合金—氢气的相平衡图可由压力（p）—浓度（c）等温线，即 p—c—T 曲线表示，如图 6-11 所示。由图可知，随着氢气进入合金，在恒定温度下升高氢压，合金中氢含量沿一条 S 形曲线而增大，在大量吸氢的旺盛期内氢压基本保持不变，这就相当于曲线上的平台区，平台（相变区）压力即为平衡压力，该段氢浓度（H/M）代表了合金在一定温度 T 时的有效储氢容量。提高反应温度，平衡压力升高而有效氢容量减少。也就是，温度低有利于吸氢，温度高有利于放氢。

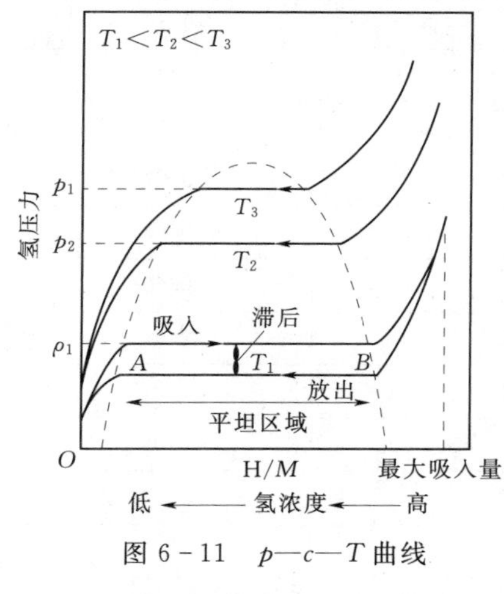

图 6-11　p—c—T 曲线

3. 理想的储氢材料应满足的条件

一般作为储氢用金属或合金氢化物，应具备以下条件：

（1）容易活化，单位质量或单位体积吸氢量大。一般认为在室温附近，1MPa 氢压下，反复 1～2 次，可以认为是容易活化的，而需要较高温度（大于 500℃），时间长，次数多，真空度高或氢压高（大于 5MPa）才能活化的合金，就是难以活化的。

（2）吸收和释放氢的速度快，氢扩散速度大，可逆性好。

（3）有较平坦和较宽阔的平衡平台压区，平衡分解压适中，室温附近的分解压应为 0.2～0.3 MPa。

（4）吸收、分解过程中的平衡氢压差小，即滞后要小。

（5）氢化物生成焓要小。

（6）寿命长，反复吸放氢后，合金粉碎量要小，而且衰减小，能保持性能稳定。

（7）有效热导率大，电催化活性高。

（8）在空气中稳定，安全性能好，不易受 N_2、O_2、H_2O、H_2S 等杂质气体毒害。

（9）价格低廉，不污染环境，容易制造。

当然，要让一种合金完全具备以上条件是不现实的，正如俗话说“人无完人”一样。一种合金，可能在这方面性能优越一些，另一种合金可能在另一方面优越一些。例如，某合金低温性能好、高温性能差；一种合金储氢量大，但难活化，另一种合金可能储氢量稍低一些，但其他性能很好。这就要根据具体情况，综合考虑，有所侧重，并根据性能价格比是否合适的原则进行取舍。表 6-8 给出了几种储氢合金的性能比较。

表 6-8 几种储氢合金的性能比较

合 金	吸氢量（质量）(%)	分解压 [(MPa)(℃)]	反应热 (kJ/mol)	滞后系数 $\ln(p_a/p_d)$①	平台斜度 $[d(\ln p_d)/d(H/M)]$
$LaNi_5$	1.4	0.4 (50)	−30.1	0.19	0.09
$LaNi_{4.7}Al_{0.3}$	1.4	1.1 (120)	−33.1	0.25	0.42
$MmNi_5$	1.4	3.4 (50)	−30.2	1.65	0.54
$MmNi_{4.5}Al_{0.5}$	1.2	0.5 (50)	−29.7	0.18	0.36
$MmNi_{4.7}Al_{0.3}Zr_{0.1}$	1.2	9.9 (30)	−45.1	0.10	1.13
$MmNi_{4.5}Mn_{0.5}$	1.5	0.4 (50)	−20.2	0.62	2.03
$Mm_{0.3}Ca_{0.7}Ni_5$	1.6	0.4 (25)	−30.7	0.10	3.27
$MmNi_{4.15}Fe_{0.85}$	1.2	1.1 (25)	−28.8	0.17	0.43
TiFe	1.8	1.0 (50)	−23.0	0.64	0.00
$TiFe_{0.8}Mn_{0.2}$	1.9	0.9 (80)	−29.3	0.41	2.07
$TiFe_{0.8}Ni_{0.15}V_{0.05}$	1.6	0.1 (70)	−51.8	0.11	1.37
$TiCo_{0.5}Fe_{0.5}Zr_{0.05}$	1.3	0.3 (120)	−46.9	0.21	0.08
Mg	7.6	0.1 (30)	−75.0	—	—
Mg_2Cu	2.7	0.1 (239)	−72.9	—	—
Mg_2Ni	3.6	0.1 (250)	−64.4	—	0.02

① p_a/p_d 为平衡吸收压 p_a 与平衡放出压 p_d 之比。

4. 储氢合金的分类与开发现状

自从 20 世纪 60 年代二元金属氢化物问世以来，世界各国从未停止过新型储氢合金的研究与发展。为满足各种性能的要求，人们已在二元合金的基础上，开发出三元、四元、五元乃至多元合金。但不论哪种合金，都离不开 A、B 两种元素。按照其原子比的不同，它们构成 AB_5 型、AB_2 型、AB 型、A_2B 型等四种类型。从 AB_5 型到 A_2B 型，金属 A 的量增加，吸氢量有增加的趋向，但反应速度减慢，反应温度增高，容易劣化等问题也随之增多。表 6-9 列出了目前开发的几种基本型 AB 合金及其氢化物的性质。

表6-9　主要吸氢合金及其氢化物的性质

类　型	合　金	氢化物	吸氢量（质量）（%）	放氢压（温度）（MPa）（℃）	氢化物生成焓（$kJ/molH_2$）
AB_5	$LaNi_5$	$LaNi_5H_{6.0}$	1.4	0.7（50）	-30.1
	$LaNi_{4.6}Al_{0.4}$	$LaNi_{4.6}Al_{0.4}H_{8.5}$	1.3	0.2（80）	-38.1
	$MmNi_5$	$MmNi_5H_{6.3}$	1.4	3.4（50）	-26.4
	$MmNi_{4.5}Mn_{0.5}$	$MmNi_{4.5}Mn_{0.5}H_{6.6}$	1.5	0.4（50）	-17.6
	$MmNi_{4.5}Al_{0.5}$	$MmNi_{4.5}Al_{0.5}H_{4.9}$	1.2	0.5（50）	-29.7
	$CaNi_5$	$CaNi_5H_4$	1.2	0.04（30）	-33.5
AB_2	$Ti_{1.2}Mn_{1.8}$	$Ti_{1.2}Mn_{1.8}H_{2.47}$	1.8	0.7（20）	-28.5
	$TiCr_{1.8}$	$TiCr_{1.8}H_{3.6}$	2.4	0.2～5（-78）	—
	$ZrMn_2$	$ZrMn_2H_{3.46}$	1.7	0.1（210）	-38.9
	ZrV_2	$ZrV_2H_{4.8}$	2.0	10^{-9}（50）	-200.8
AB	TiFe	$TiFeH_{1.95}$	1.8	1.0（50）	-23.0
	$TiFe_{0.8}Mn_{0.2}$	$TiFe_{0.8}Mn_{0.2}H_{1.95}$	1.9	0.9（80）	-31.8
A_2B	Mg_2Ni	$Mg_2NiH_{4.0}$	3.6	0.1（253）	-64.4

（1）AB_5型储氢合金（稀土基及钙系储氢合金）。

在AB_5型储氢合金（稀土类及钙系合金）中，$LaNi_5$是稀土系储氢合金的典型代表。它具有吸氢量大、易活化、不易中毒、平衡压力适中、滞后小、吸放氢快等优点，很早就被认为是在热泵、电池、空调器等应用中的候选材料。$LaNi_5$在空气中很稳定，它的吸氢放氢循环可以反复进行，并且性能不发生改变。所以用$LaNi_5$作为一种理想的储氢材料有很大实用价值。一个容量为7L的小储罐内装盛了$LaNi_5$，所能装盛的氢气（0.3MPa）和一个容积为40L、150个大气压的高压氢气钢瓶所容纳的氢气一样多（毛重大致相同）。这样的储罐放在运载工具（如汽车、飞机）上不占很大体积，便于应用。但最大的缺点是在吸放氢循环过程中晶胞体积膨胀大（约23.5%）。

早在1969年Philips实验室就发现了$LaNi_5$合金具有很好的储氢性能，储氢量为1.4%（质量），当时用于Ni-*MH*电池，但发现容量衰减太快，而且价格昂贵，很长时间未能发展，直到1984年，Willims采用钴部分取代镍，用钕少量取代镧得到多元合金后，制出了抗氧化性能高的实用镍氢化物电池，重新掀起了稀土基储氢材料的开发的热潮。一方面由$LaNi_5$发展为$LaNi_{5-x}M_x$（M=Al、Co、Mn、Cu、Ga、Sn、In、Cr、Fe等），其中M有单一金属的也有多种金属同时代替的。另一方面为降低La的成本，也采用其他单一稀土金属（如Ce、Pr、Nd、Y、Srn）、混合稀土金属（Mm——富铈混合稀土金属、ML——富镧混合稀土金属）、Zr、Ti等代替La。因此，品种繁多、性能各异的稀土基AB_5型或AB_{5+x}型储氢材料在世界各国诞生，并开展了广泛的应用研究，主要应用于储氢及各种Ni-*MH*电池，其中Ni-*MH*电池用负极材料已在各国实现工业化生产，电化学容量达320 mAh/g以上。

（2）AB_2型金属间化合物。

AB_2型金属间化合物典型的代表有锆基ZrM_2和钛基TiM_2（M=Mn、N、V等）两大类。1966年Pebler首先将二元锆基Laves相合金用于储氢项目的研究。20世纪80年代中期人们开始将其用于储氢电极，并用其他金属置换AB_2中的A或B，形成了性能各异的多元合金Ti-Zr-Ni-M（M=Mn、V、Al、Co、Mo、Cr中的一种或几种元素）。此类合金储氢容量为1.8%～2.4%（质量），比AB_5型合金的储氢容量高，但初期活化比较困难。目前Laves相储氢合金电化学容量已达360mAh/g以上。日本和美国已成功地用于各种型号的Ni-MH电池上。另一类体心立方（BCC）合金，有与Laves相共存的一个相，其吸氢行为与Laves相相同。BCC固溶体能大量吸氢，吸氢量约为4%（质量），是有很大发展前途的储氢材料。电化学容量达420mAh/g。

（3）钛系AB型合金。

钛系AB型合金的典型代表是Ti-Fe合金，于1974年由美国布鲁克海文国家研究所的Reilly和Wiswall二人首先发现，并发表了他们对Ti-Fe合金氢化性能的系统研究结果，此后Ti-Fe合金作为一种储氢材料，逐渐受到重视。Ti-Fe合金在室温下能可逆地大量吸放氢，吸氢量为1.86%（质量）。其氢化物的分解压在室温下为0.3MPa，而且两元素在自然界中含量丰富，价格便宜，因而在工业中已得到一定程度的应用。由于Ti-Fe合金活化较困难，采用其他元素代替Fe或Ti，或添加其他元素，改善了初期活化性能。出现了$TiFe_xM_y$（M=Ni、Cr、Mn、Co、Cu、Mo、V）等二元或多元合金。这些合金在低温条件下容易活化，滞后现象小，而且平台斜率小，适于做储氢材料用。

（4）镁系A_2B型合金

镁系A_2B型的典型合金是Mg_2Ni，是1968年由美国布鲁克海文国立研究所的Reilly和Wiswall二人发现的。镁系储氢合金是很有发展前途的储氢材料之一。因为金属镁作为一种储氢材料具有一系列优点：①密度小，仅为1.748g/cm^3；②储氢容量高，MgH_2的吸氢量达7.6%（质量），而Mg_2NiH_4的吸氢量为3.6%（质量）；③资源丰富，价格低廉。因此引起各国科学家的高度重视，纷纷致力于并发新型镁基合金。但是Mg吸放氢条件比较苛刻，Mg与H_2的反应需在300～400℃、2.4～40MPa下才能生成MgH_2，0.1MPa时的离解温度为287℃，而且反应速度十分缓慢，故实际应用尚存在问题。为了降低合金工作温度，采用机械合金化使合金非晶化，达到使合金在较低温度下工作的目的。目前已开发了Mg-10%（质量）Ni，Mg-23.3%Ni合金［吸氢量为5.7%、6.5%（质量）］，用于输氢容器。利用废热作为氢化、脱氢的热源，仍是有优点的。

表6-10对各种A-B型合金给出了定性评价。从表中可以看出，就综合性能而言，AB_5合金是较好的；AB_5、AB_2、AB合金在接近室温附近的p—c—T性能最全面；AB_2、AB和A_2B的吸氢容量较大、成本低；V基因溶体容量高，但价格贵，而且对环境有毒害影响。总的看来，至今还没有一种理想的氢化物合金，还有很多空白待填补，需要在上述几种合金的基础上进一步研究与发展。

表6-10　各类A—B合金的定性评价

性 质	AB_5	AB_2	AB	A_2B	V基BCC
氢含量	中	中/良	中/良	良	良

续表

性　质	AB_5	AB_2	AB	A_2B	V 基 BCC
$p—c—T$ 性能	良	良	良	差	良
活化能	良	中	中/差	中	中
循环稳定性	良/中	中/差	中/差	中/?	?
通用性	良	良	良	中/差	中
抗毒性	良	中	差	中	差/?
制造难易	良	中	良	中	中
自燃性	中	差	良	良	良/中
成本	中	良	良	良	中/差

（五）非金属储氢材料储氢

非金属储氢材料主要是指碳材（如活性炭、碳纤维、碳纳米管）和玻璃微球等这类材料，是最近几年刚发展起来的新型储氢材料，由于它们具有优良的吸、放氢性能，引起了世界各国的广泛关注。这类储氢材料均属于物理吸附型材料，也就是说利用其极大的活性比表面积，在一定的温度与压力下，吸取大量氢气，而当提高温度或减压下，则将氢气放出。这种储氢材料的吸氢量，一般均大于金属吸氢材料，可达5%～10%（质量），是一种很有前途的新一代储氢材料。

1. 活性炭

活性炭有常规型和高比表面积型两种。一般常规活性炭比表面积为700～1800 m^2/g，而用KOH处理过的AX－21，其BET比表面积超过3000m^2/g。图6－12所示为不同比表面积活性炭的吸氢量的比较，由图6－12可以看出，除活性炭4以外、其余四种活性炭吸氢能力都遵循一定的规律性，即比表面积越大，其吸氢量越大，但 $S_{BET}>1100\ m^2/g$，吸氢量相差甚少。另外，比表面积高的活性炭再通过表面改性处理，其吸氢能力至少可提高20%（质量）。一般而言，比表面积高的活性炭与常规活性炭相比，其体积密度较小，故单位体积的吸氢量仅比常规活性炭大25%。因此在采取表面改性的同时，提高其体积密度也很重要。据报道，改变体积密度对储氢性能的影响效果，是表面改性的2倍。

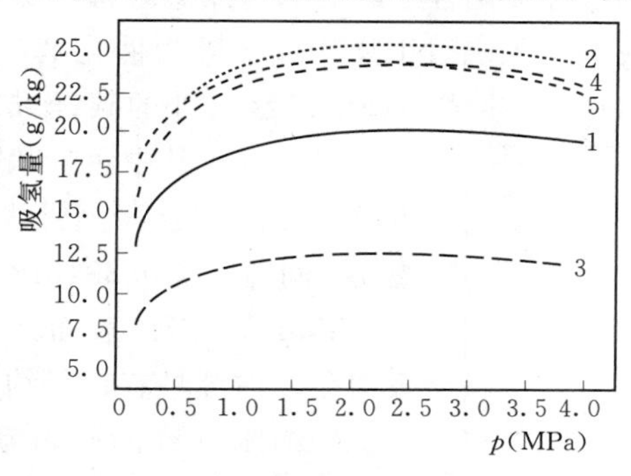

图6－12　不同比表面积活性炭吸氢量的比较（T＝78K）

1—S_{BET}＝1012m^2/g；O_2＝12.8%；2—S_{BET}＝1159m^2/g；O_2＝13.3%；3—S_{BET}＝713m^2/g；O_2＝18.6%；4—S_{BET}＝1159m^2/g；O_2＝4.6%；5—S_{BET}＝1119m^2/g；O_2＝7.4%

活性炭的吸氢性能与温度、压力和杂质含量有密切关系。一般来说，温度越低、压力越大、杂质含量越低，储氢量越大。图6-13给出了典型的AX—21活性炭吸氢性能等温吸附线，在小于6.0MPa氢压和77～150K的低温下，活性炭吸氢量随温度的降低而急剧增加，但在某一温度下，吸氢量随压力增大将趋于某一定值，压力的影响小于低温的影响。活性炭储氢的最佳值在77K时已达5.3%（质量）。同时，活性炭的可逆放氢量亦与温度有关，如150K时的残留氢是300K时的2倍，80K时为300K时的4倍。

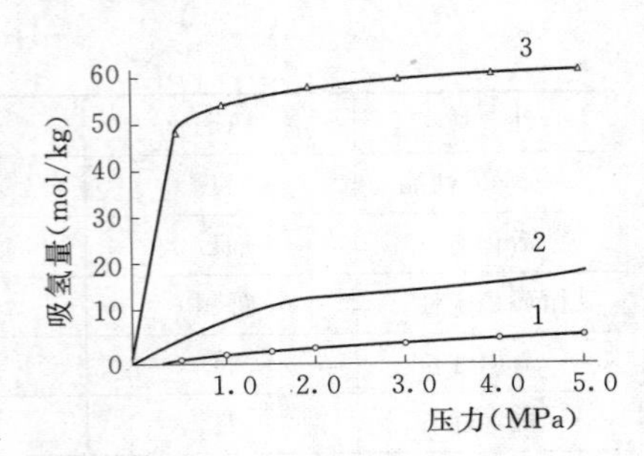

图6-13　活性炭（AX—21）吸附等温线

1-298K；2-175K；3-77K

表6-11是四种储氢方法的经济分析结果。从表6-11可以看出，与高压储氢、液化储氢、金属氢化物储氢相比，活性炭储氢的成本是最低。

表6-11　各种储氢方法的经济分析　　单位：美元/GJ

储存方法	使用成本	储存系统成本	能耗	总成本	总成本排序
吸附（AX—21）（150K，5.4MPa）	2.10	2.61	2.46	7.38	1
压缩（p=20MPa）	0.82	8.12	2.65	11.59	2
金属氢化物（TiFe）	0.06	7.84	5.41	13.85	3
液化（20K）	1.46	2.36	15.37	19.02	4

活性炭储氢主要用于低压吸附储氢，如作为汽车燃料的储存。由于该技术具有压力低、储存容器自重轻、形状选择余地大和成本低等优点，已引起广泛关注。

2. 碳纳米纤维

碳纳米纤维是近几年才发现的一种吸氢材料。由于碳纳米纤维表面具有分子极细孔，内部具有直径大约10nm的中空管，比表面积大，而且可以合成石墨层面垂直于纤维轴向或与轴向成一定角度的鱼骨状特殊结构的纳米碳纤维，大量氢气可以在纳米碳纤维中凝聚，从而可能具有超级储氢能力。

石墨纳米纤维（CNF）由含碳化合物经所选金属颗粒催化分解产生。例如，气相生长碳纳米纤维一般以过渡金属Fe、Co、Ni及其合金等为催化剂，以低碳烃化合物为碳源，以氢气为载气，在600～1200℃下生成一种纳米级尺寸的碳纤维。主要形状有管状、鱼骨状、层状等。其中鱼骨状石墨纳米纤维（GNF）的吸氢量最高。通常，层状GNF长10～100μm，石墨层间隙（0.334nm）大于氢分子直径（0.289nm）。纤维表面具有直接开口于表面的分子级细孔，内部具有直径约为10nm的中空管。

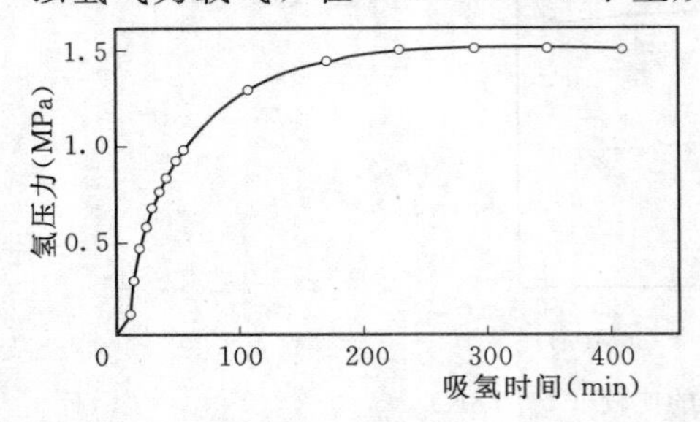

图6-14　碳纳米纤维的吸氢动力学曲线

碳纳米纤维的吸氢动力学曲线如图6-14所示，由图可以看出，碳纳米纤维的储氢速度比较快，在2～3h内可以达饱和状态。不像金属储氢材料那样，必须经过几次循环活化后才能快速吸氢，同时还发现碳纳米纤维的放氢速度也很快，衰减也很快，经过三次循环吸放氢以后，储氢容量开始下降，降为第一次储氢量的70%，但随循环次数的增加，储氢容量趋于稳定。经石墨化处理后可望恢复其储氢性能。

表6－12所示为几种碳纳米纤维的储氢容量。由表6－12可以看出，用流动催化法制备的碳纳米纤维的储氢容量可达10%（质量）以上。碳纳米纤维的直径细一些的储氢量大。这种高容量材料在燃料电池等应用方面具有广阔的前景。

表6－12　几种碳纳米纤维的储氢容量

平均直径（nm）	质量（mg）	压力变化 Δp（MPa）	储氢容量	
			（L/g）	（%）（质量）
80	317	9	1.73	12.4
90	237.8	7	1.79	12.8
100	335	7.5	1.36	10.0
125	674	15.2	1.37	10.1

3. 碳纳米管

碳纳米管CNT也是一种储氢量大的吸氢材料，有单壁碳纳米管（SWNT）和多壁碳纳米管（MWNT）之分。单壁碳纳米管是碳纳米管的一种极限状态。与多壁碳纳米管相比，单壁碳纳米管缺陷少、长径比大、结构简单，有很高的强度、明显的量子效应、超级储氢能力，可参加化学反应。由于SWNT之间有很强的范德华吸引力，倾向于形成束状SWNT阵列，是一种二维纳米晶体。

碳纳米管的研究是近十多年的事，1990年Kratschmer用石墨电极电弧放电首次宏观合成了碳数为60的C_{60}，1991年日本NEC的Lijima用真空电弧蒸发石墨电极，对产物作高分辨透射电镜（HRTEM）分析时发现具有纳米尺寸的碳多层管状物——巴基管(Buckytube)，后来被广泛地称之为碳纳米管（Carbon Nanotube）。在50万倍电镜下观察，碳纳米管的横切面是由两个或多个同轴管层组成，层与层相距0.343nm，此距离稍大于石墨中碳原子层之间的距离（0.335nm）。X射线衍射及计算证明，碳纳米管的晶体结构为密排六方（HCP），$a=0.24568$nm，$c=0.6852$nm，$c/a=2.786$，与石墨相比，a值稍小而c值稍大，预示着同一层碳管内原子间有更强的键合力，同时也预示着碳纳米管有极高的同轴向强度。由于纳米碳管独特晶格排列结构，其储氢数量大大地高于传统的储氢材料。碳纳米管产生一些带有斜口形状的层板，层间距为0.337nm，而分子氢气的动力学直径为0.289nm，所以，碳纳米管能用来吸附氢气。另外，由于这些层板之间氢的结合是不牢固的，降压时能够通过膨胀来放出氢气，直到系统降为常压。

碳纳米管的制取方法主要有下述几种：石墨电弧法、化学气相沉积法、激光蒸发法、有机物催化热解法和等离子沉积法等。研究表明，在常温下，碳纳米管吸氢速度很快，可在3～4h之内完成，碳纳米管的放氢速度也很快，在0.5～1h之内即可完成。碳纳米管的后处理和改性处理对其吸氢量有很大的影响。碳纳米管的表面特性决定了其与氢的交互反应，对碳纳米管的有效表面处理是获得表面活性的重要步骤。目前表面处理主要有酸性和碱性等处理方法，这种处理有效地增加了表面积和表面活性，储氢性能明显增强。表6－13所示为碳纳米管与各种储氢方式的性能比较。

表 6－13　　碳纳米管与各种储氢方式的性能比较

储存方式	吸附温度 (K)	吸附压力 (MPa)	氢密度 (%)(质量)	能量密度	
				kW·h/kg	kW·h/L
未处理 CNT	298～773	1	0.4	0.133	0.106
Li 处理 CNT	473～673	1	20.0	6.66	6.0
石墨管	473～673	1	14.0	4.66	9.32
K 处理 CNT	<313	1	14.0	4.66	4.2
石墨管	<313	1	5.0	1.66	2.0
TiFe	>263	25	<2	0.58	3.18
低温吸附	～77	20	～5	1.66	0.67
汽油	>233	1	17.3	12.7	8.76

碳纳米管作为新的超级吸附剂是一种很有前途的储氢材料，目前，世界各国掀起了碳纳米管的研究高潮，我国清华大学、北京大学、中科院等都在积极开发。它的出现将推动氢—氧燃料电池汽车及其他用氢设备的发展，作为商业应用还有一段距离，尚需继续努力。

4. 玻璃微球

玻璃微球是一种中空的玻璃球，直径在 25～500μm，球壁厚度仅为 1μm。在高压(10～200MPa)下加热至 200～300℃的氢气扩散进入玻璃空心球内，然后等压冷却，氢的扩散性能随温度下降而大幅度下降，使氢有效地存于空心微球中，使用时加热储器，就可将氢气释放出来。玻璃微球的储氢量可高达 15%～42%(质量)。玻璃微球储氢特别适用于氢动力车系统，是一种具有发展前途的储氢材料。其关键在于制取高强度的空心微球，以及为储氢器选择最佳的加热方式，以确保氢的完全释放。

(六) 有机液体等储氢材料储氢

有机液体氢化物储氢是借助不饱和液体有机物与氢的一对可逆反应——加氢、脱氢反应来实现的。加氢反应时储氢，脱氢反应时放氢。从而以有机液体作为氢载体，达到储存和输送氢的目的。不饱和有机液体(烯烃、炔烃、芳烃等)均可做储氢材料，但从储氢过程的能耗、储氢量、储氢剂、物理等方面考虑，常用的有机物氢载体有苯、甲苯、甲基环己烷和萘等。表 6－14 列出了几种可能的有机液体储氢体系的储氢性能。

表 6－14　　几种有机液体储氢性能比较

有机液	反应过程	储氢密度 (gH_2/L)	理论储氢质量 (%)(质量)	储存 1kgH_2的非饱和有机液量 (kg)	反应热 (kJ/mol)
苯	$C_6H_6+3H_2 \Leftrightarrow C_6H_{12}$	56.0	7.19	12.9	206.0
甲苯	$C_7H_8+3H_2 \Leftrightarrow C_7H_{14}$	47.4	6.18	15.2	204.8
甲基环己烷	$C_8H_{16}+H_2 \Leftrightarrow C_8H_{18}$	12.4	1.76	55.7	125.5
萘	$C_{10}H_8+5H_2 \Leftrightarrow C_{10}H_{18}$	65.3	7.29	12.7	319.9

由表6-14可以看出，苯、甲苯（TOL）、甲基环己烷（MCH）、萘（$C_{10}H_8$）等均可以储氢。萘的储氢量和储氢密度均稍高于甲苯和苯，但萘在常温下呈固态，且反应的可逆性较差，无法循环利用；而苯、甲苯的脱氢为可逆过程，在常压下呈液态，储存和运输简单易行，是比较理想的储氢材料。因此，目前文献中报道的有机液体储氢剂主要是苯和甲苯。氢经过催化加氢装置储存于有机液体如甲苯（TOL）或甲基环己烷（MCH）等中。这些有机液的加氢反应必须在合适的催化剂作用下，在较低压力和相对高的温度下，才能作为氢的载体。有机储氢材料输送到目的地后，经催化脱氢装置使储存的氢脱离载体，有机液又变回非饱和状态。

与传统储氢技术如深冷液化、金属氢化物、高压压缩等技术相比，有机储氢具有一系列优点，表6-15列出了两种有机液储氢与深冷液化、金属氢化物、高压压缩等各种储氢方式的性能比较。由表6-15可以看出，苯和甲苯的储氢量大大高于传统高压压缩储氢和金属氢化物储氢。

表6-15　各种储氢方式的性能比较

储氢系统	密度（gH_2/L）	理论储氢质量（%）	储存1kg的H_2的非饱和化合物量（kg）
气态氢（20MPa）	18	1.6①	0.0
液氢	70	12.0①	0.0
低温吸附储存	16.9	4.76	20.0
TiH_2	150.0	3.80	25.0
$TiFeH_2$	45.5	1.30	77.0
$C_6H_6+3H_2 \Leftrightarrow C_6H_{12}$	56.0	7.19	12.9
$C_7H_8+3H_2 \Leftrightarrow C_7H_{14}$	47.4	6.18	15.2

① 包括储氢容器质量。

有机液的储氢特点如下：①有机液的储存、运输安全方便，与汽油类似，可利用现有的储存和运输设施，有利于长距离大量输送；②储氢量大，苯和甲苯的理论储氢量分别为7.19%和6.18%（质量），比现有金属氢化物储氢和高压压缩储氢量大多得；③储氢剂成本低且可多次循环使用，寿命长达20年；④加氢反应要放出大量的热，可供利用，脱氢反应可利用废热。

用有机液体氢化物作储氢剂的储氢技术，是20世纪80年代开发的一种新型储氢技术。1975年，O. Sultan和M. Shaw提出利用可循环液体化学氢载体储氢的设想，开辟了这种新型储氢技术的研究领域。1980年M. Tawbe和P. Taube分析、论证了利用甲基环己烷（MCH）做氢载体储氢，为汽车提供燃料的可能性。随后许多学者对为汽车提供燃料的技术开展了很多卓有成效的研究和开发工作；对催化加氢脱氢的储存输送进行了广泛的开发；意大利正在研究用有机液体氢化物储氢技术开发化学热泵；日本正在考虑把此种储氢技术应用于船舶运氢；瑞士、日本等国正在研制MCH脱氢反应膜催化反应器，以解决脱氢催化剂失活和低温转化率低的问题。我国石油大学从1994年开始，较详细地研究了基于汽车氢燃料的有机液体氢化物储氢技术。有机液体氢化物储氢作为一种新型储氢材料，其最大特点是储氢量大（7%）、储存设备简单、维护保养安全方便，许多国家都在积极开展研究。

二、氢气的输配技术

氢气输送也是氢能系统中关键之一，它与氢的储存技术密不可分。图6-15所示为综合输氢方案示意图，由图可以看出，氢有多种多样的输送方式，具体的输送方案需视地点、用途、用氢方式、距离、用量以及用户分布情况及输氢成本等因素进行综合考虑。

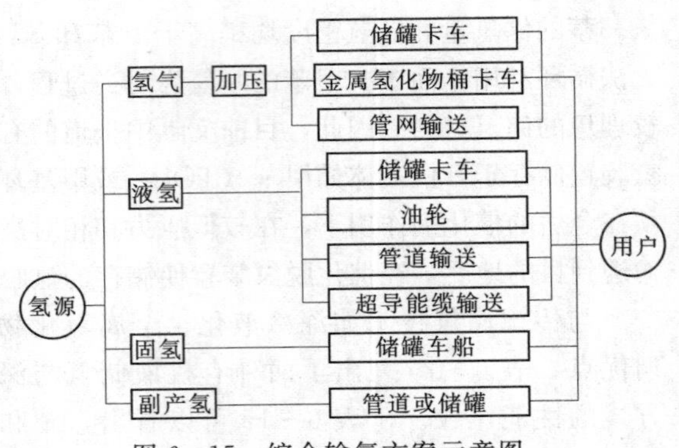

图6-15　综合输氢方案示意图

氢气和天然气一样，可以通过管道输送、以高压装在气体钢瓶中或以液化气的形式（液氢）储存和输运。根据运输时氢气所处的物理状态不同，可以分为气氢（Gaseous H_2）输送、液氢（Liquid H_2）输送和固氢（Solid H_2）输送，目前大规模使用的是气氢和液氢输送。根据氢气的输送距离、用氢要求和用户的分布情况，气氢可以采用管道输送，也可以用储氢容器装在车、船等运输工具上进行输送。管网输送一般适合于用气量大、输送距离长的场合，而车船运输则适合于规模较小、用户比较分散的场合；液氢和固氢一般利用储氢容器用车船进行输送。研究表明，用管道输氢要比先将氢能转换成电能再输送电的成本低。

氢虽然有很好的可运输性，但无论是气态氢还是液态氢，它们在使用过程中都存在着不可忽视的特殊问题。首先，由于气特别轻，与其他燃料相比，在运输和使用过程中单位能量所占的体积特别大，即使液态氢也是如此。其次，氢特别容易泄漏，以氢作燃料的汽车行驶试验证明，即使是真空密封的氢燃料箱，每24h的泄漏率就达2%，而汽油一般一个月才泄漏1%。因此对储氢容器和输氢管道、接头、阀门等都要采取特殊的密封措施。另外，液氢的温度极低，只要有一滴掉在皮肤上，就会导致严重的冻伤，因此在运输和使用过程中，应特别注意采取各种安全措施。

1. 气氢的管道输送

目前采用管道输送天然气的技术已相对成熟，而该管网输送系统是否适合于氢气的输送，这是人们所关心的问题。作为氢气的管道输送需要考虑两方面的问题：一是能量衡算；二是氢的致脆性脆，俗称“氢脆”。首先从能量衡算方面角度出发，可燃性气体在管道中输送，有两个决定性因素在影响着所输送能量的大小：一是输送气体的体积；二是气体的流速。根据热化学方程式（6-94）和式（6-95）为

$$2H_2 + O_2 \longrightarrow 2H_2O + 483.20\ \text{kJ} \tag{6-94}$$

$$CH_4 + 2O_2 \longrightarrow CO_2 + 2H_2O + 806.74\ \text{kJ} \tag{6-95}$$

将氢气和天然气（甲烷）进行对比可知，相同重量氢气的燃烧热是天然气的2.4倍，而相同体积氢气的燃烧热仅为天然气的1/3。也就是说，采用管道来输送氢气和天然气时，输送3体积的氢气所传送的能量才能和输送1体积天然气所传送的能量相当。

根据气体扩散定律，气体的扩散速度与相对分子质量的平方根成反比。由于甲烷和

氢气的相对分子质量不同，因此在相同压力差下，氢气和甲烷在管道中的流速比为 $V_{H_2}/V_{CH_4}=\sqrt{16}/\sqrt{2}=2.828$。也就是说，在相同压力差下，在同一管网中，氢气的输送速度约是天然气流速的3倍。综合上述两个因素可知，在同一压力降下，用相同管网输送氢气和天然气，它们所代表的能量基本上是相等的。但由于在单位时间内输送氢气的体积是天然气的3倍，这就给压缩这些气体的压气机带来了3倍的功率要求。因此采用现有的煤气或天然气输送系统来输送相同能量的氢气，必须对压气泵站进行改造，以增加输送量。

另一个需要考虑的问题是所谓“氢脆”的问题。许多纯态金属能与氢气反应生成间充型氢化物，这些氢化物性脆，因而降低了该金属的机械强度，使盛氢容器或管道变性，可能导致破裂和意外。研究表明，大多数常见的结构金属材料与氢作用生成氢化物的程度都较小，即使所用金属会生成氢化物，因氢气中常含有的极性杂质，会强烈地阻止氢化物的生成；在许多情况下，水蒸气就是生成氢化物的优良阻化剂，含量低至 10^{-4} 就可以抑制金属对氢气的吸收；同时 H_2S、CO_2、醇、酮以及其他类似化合物都能阻止金属生成氢化物；只有在金属十分洁净和高纯度，曝置在不含这些杂质的极纯氢气中，才会有利于氢化物的生成。因此，基于在石油炼制、合成氨的蒸气重整工艺和合成甲醇等工业实践，就现有的输送管道网而言，完全可以可靠地用于输送氢气，而不必顾虑“氢脆”问题。

2. 液氢的管道输送

液氢可以通过管道输送，但这些管道必须有极完好的绝热包装。在液氢生产厂家和空间宇航设施中都已多年采用短程的真空绝热管路来输送液氢。这种管道是由同心的双层套管组成的，内管用于液氢的传送，内、外管间的夹层有2～5cm厚的空隙，用一层一层的镀铝塑料薄膜包缠起来，在每两层镀铝塑料薄膜之间又隔以一层尼龙网带。外管包在这些绝热材料之外，构或为绝热层的严密真空容器，将绝热层减压抽至真空（低于 133.322×10^{-4} Pa）。这种硬管道可用于较长距离输送液氢，未见发生过液氢因受外界热量渗入而沸腾损失的情况。但建造这种管道费用昂贵，用这种管道进行过长距离的输送（如超过百米），在经济上是不合算的。采用类似的绝热技术也已经制成输送液氢的可伸缩软管，用以从固定储存液氢的设施向宇航器燃料舱或槽车充装液氢。

第四节　氢　的　应　用

一、氢在现代工业中的应用

氢在工业中的应用技术较早而且比较成熟，尤以在化学工业中应用较多。据统计，在美国各种重要化工产品耗氢量的比例为：合成氨占31%，合成甲醇和合成碳基占11%，石油精制占51%，其他用途占7%。据称，此比例多年来变化不大，由于各国国情不同，在比例上会有不同，但耗氢的主要领域没有大的差别。

1. 石油化学工业

在石油化学工业中，从原油炼制石油产品，氢既是一种原料又是一种产品。首先，对原油初加工时，将原油连续加热的过程中，起初挥发性最高的组分先蒸馏出来，最不稳定的组分开始分解产生氢气；在继续加热下，较高沸点的馏分就蒸馏出来，较不稳定的化合物此时会分解产生氢气；加热到400～500℃，只剩下一种黑色的焦炭状物质——残渣，其中不再含有挥发性物质。在加热过程中产生的蒸气经冷凝收集，得到各种不同的石化产品。在原始的直接蒸馏工艺中，依赖于原油的组成，所得汽油的量占石油重量的15%～50%，而剩余的重油大部分可以通过催化裂解转化成汽油，而在炼制汽油的催化裂解工艺中需要使用大量的氢气。另外，石油产品由于原料中常常含硫，在使用上常会造环境污染问题，常采用高压氢在高温下处理原料或裂解组分，使其生成 H_2S 从石油产品中逸出，或用碱性材料如石灰或石灰石将它吸收为硫化钙，最终实现石油产品中硫的脱除。

2. 煤的加氢气化或液化

由于大多数煤炭的H/C小于1，因此要将煤炭气化或液化成气态或液态燃料，就需要大量的加氢。在原油的加氢裂炼工艺中，需要把C/H从1～2提高到2.3或更高，按重量计每处理15kg原油需要1kg氢。而对于C/H为0.1的煤加氢处理时，每15kg煤则需要2kg氢。目前，煤的加氢液化受到一些国家的广泛关注，相继开发了各种煤液化的方法，如溶剂精炼法（SRC）、埃克森供氢溶剂法（EDS）及氢煤法（H－Coal）。

3. 合成氨工业

氨及其衍生物在工、农业生产中有广泛的用途，如用于合成塑料、洗涤剂等，但主要的和最重要的用途是肥料。氢的这个用途和其他技术发展相比较，或许是对人类的生存和世界人口的增长具有更大的贡献意义。如果科学家没有解决氢和氮的化合以生产氨作为肥料的话，土地上生产出来的粮食将不可能养活世界上现有的众多人口。当前，氢的最大应用是用哈伯法生产合成氨，该工艺是将氢气和氮气在有催化剂存在的条件下合成氨。

4. 食品加工工业

氢气也用于食用油的加工工业中。许多天然的食用油具有很大程度的不饱和性，在分子结构中含有复键，能够加合氢。在分子中的活泼复键在储存中会与氧结合而变质，如所谓的“变哈”，或者油分子互相交联生成塑料状物。为了避免上述情况的发生，可以用氢气来处理这些不饱和油类，使全部或大部分活性复键与氢加成。所得的产品叫做部分加氢或全加氢油脂，它们在储存中很稳定，并能抵抗细菌的生长。这种加氢过程使油的熔点升高。在室温下为液态的油经加氧后，依加氢程度的不同可以是黏稠度很大的液态油、软膏状的半固体油脂（人造黄油）或全固态的油脂（人造牛油）。这种加氢工艺像石油和煤加氢一样，需要高温、高压和使用催化剂。

5. 塑料工业和精细有机合成工业

用氢与一氧化碳的混合气体合成各种化工产品及燃料油、甲醇、甲烷及羰基合成制醛等。在生产聚氨基甲酸酯塑料工业中，氢气是一种至关重要的原料。它用于生产甲苯二异氰酸酯（TDI），TDI是生产聚氨基甲酸酯塑料配方中最重要的活性参加物。TDI是按下列反应中由苯合成的：

$$C_7H_8(\text{甲苯})+2HNO_3 \longrightarrow C_7H_6(NO_2)_2(\text{二硝基甲苯})+4H_2O \tag{6-96}$$

$$C_7H_6(NO_2)_2+6H_2 \longrightarrow C_7H_6(NH_2)_2+4H_2O \tag{6-97}$$

$$C_7H_6(NH_2)_2(\text{二氨基甲苯})+2COCl_2 \longrightarrow C_7H_6(NCO)_2(\text{TDI})+4HCl \tag{6-98}$$

氢气也用于合成甲醇。在水煤气反应中，得到的气体中含有CO和 H_2，这两种气体不需分离即可直接用于合成甲醇：

$$CO+2H_2 \longrightarrow CH_3OH \tag{6-99}$$

CO和H_2又用于氢甲酰化反应，在催化剂的作用下同时向不饱和化合物加成，生成醛类和醇类：

$$R-CH=CH_2+CO+H_2 \longrightarrow \begin{cases} RCH_2CH_2CHO \\ R-\underset{\displaystyle CHO}{\underset{|}{CH}}-CH_3 \end{cases} \tag{6-100}$$

$$R-CH=CH_2+CO+2H_2 \longrightarrow RCH_2CH_2CH_2OH \tag{6-101}$$

6. 冶金工业

在冶金工业中，许多工艺都要用到氢气。它可以用作还原剂将金属氧化物还原为金属，或用做金属高温加工时的保护性气氛。如果在高温下用氢气处理高品位铁矿石（氧化铁），氢与铁矿石中的氧作用生成水，氧化铁便被还原成金属铁，用这种方法得到的金属铁所含杂质比碳还原的铁中杂质少得多。直接氢还原的产品是“海绵铁”，它是炼钢的最优原料。在有色金属冶炼中，以氢作还原剂，由金属氧化物制取纯金属粉末，如Cu、Co、W、Mo及通过金属块（锭）制取高纯Ti、Zr、Ta、Nb、La、Ce、Pr、Nd等。在钨的生产中，用碳还原氧化钨得到的金属钨中因含有碳而性脆，不适于机械加工，为此，电工艺中使用的钨必须是用氢气高温直接还原氧化钨而得到的。

除了用氢气还原若干金属氧化物来制备金属之外，在高温锻压一些金属器材时，有时用氢气作保护性气氛，可以避免器材表面的氧化，用此法处理钢带材表面光亮无氧化层。在电子工业中，电子元件需要除去表面上的氧化膜，所以将电子元件放在氢气中加热，称为电子元件的“烧氢”。

7. 其他应用

其他工业中也大量用氢，如半导体工业中在硅片氧化工艺、扩散工艺、外延工艺中均需使用高纯氢制取多晶硅；在浮法玻璃生产中作保护气体；在染料、塑料等生产中用作原料；在气相色谱工作中用氢气作为离子火焰检定器中的载气；在原子核反应研究中氢既可用为靶核，又可用液氢作为核反应产物的校定介质等。

二、氢作为化学能的应用

1. 氢的直接燃烧

氢有气、液、固三种储存状态，其直接燃烧的产物是无污染的淡水，可通过冷凝加以收集来补充淡水供应，特别是在缺淡水的地区是有很大价值的。

各种现行的燃用天然气或煤气的设备都可改用于燃烧氢气。过去燃烧煤的电站有些已改成烧天然气，因为气流速度比较容易控制，因而增高了效率。改烧氢气当然更为适宜，同时还减少了腐蚀和环境污染等问题。烧煤的电站只要把锅炉的喷煤粉装置改换成喷气嘴就成了，其他部分不需任何改变，因为氢气的燃烧温度仅略高于化石燃料的燃烧温度。烧油的锅炉改成烧氢气也是容易的，因为也只是把喷油嘴改成喷气嘴就行了。把氢气的发生与应用、调节高峰用电、长距离管道输送氢气、长距离高压输电和氢能利用技术结合起来，将会全面改善电力工业的面貌。

用煤或其他燃料的工业也可改用氢气，如从铁矿石生产铸铁的高炉也可用氢气代替焦炭。向高炉中喷入富氢的氢/空气混合气可将较纯净的铁矿石还原成海绵铁。氢/空气的燃烧提供了足够的高温，多余的氢气就将矿石还原了。这样产生的铁有较高的纯度，适用于冶炼各种钢，避免了产品铁中由于使用焦炭所带来的硅和硫等杂质。

对于加热取暖来说，氢气应是最优的洁净燃料。任何类型燃煤气的炉具都可略加改造而用于燃烧氢气。外部燃烧的蒸汽涡轮机或燃气轮机只要经简单改造都可改烧氢气，因为所需燃料的供应都是连续性的，只需改变燃料喷嘴的大小以满足氢/空气的不同配比要求就行了。

2. 在交通运输上的应用

在汽车、火车和舰船等运输工具中，用氢能产生动力来驱动车、船，无论从能源开发、能源节约及环境保护等方面，都可带来很大的经济效益和社会效益。根据储氢方式不同，氢能汽车有液氢汽车、金属氢化物汽车、渗氢汽油汽车和 Ni－*MH* 电池汽车等。氢能汽车，由于其排气对环境的污染小，噪声低，特别适用于行驶距离不太长而人口稠密的城市、住宅区及地下隧道等地方。

美、德、法、日等汽车大国早已推出以氢作燃料的示范汽车，并进行了几十万千米的道路运行试验。其中美、德、法等国是采用氢化金属储氢，而日本则采用液氢。目前基于氢发动机和储氢合金燃料箱相结合的燃料供给系统而开发氢能汽车，其最高时速达 100km/h，连续行驶里程为 120km；采用液氢的氢能汽车，行驶距离达 400km。美国和加拿大已联手合作拟在铁路机车上采用液氢作燃料。在进一步取得研究成果后，从加拿大西部到东部的大陆铁路上将奔驰着燃用液氢和液氧的机车。我国也积极开发氢能汽车，1996 年 9 月由北京有色金属研究总院研制出我国第一组电动汽车用 100Ah、120V Ni－*MH* 电池组，用于五人座轿车、一次行驶 121km，最高时速 112km/h。试验证明，以氢作燃料的汽车在经济性、适应性和安全性三方面均有良好的前景，但目前仍存在储氢密度小和成本高两大障碍。因此，各国一直在注重开发储氢量大、质量轻的储氢装置。

3. 在航空航天上的应用

液氢和液氧作为火箭发动机和航天飞机的燃料在航天领域中的历史已是源远流长。早在第二次世界大战期间，氢被用作 A－2 火箭发动机的液体推进器。1960 年液氢首次用作航天动力燃料。1970 年美国发射的“阿波罗”登月飞船使用的起飞火箭也是用液氢做燃料。后来法国的阿里阿娜火箭、日本的 H_2 火箭及中国的长城三号火箭的最后几级都是采用液氢作为推进剂的。现在氢已是火箭领域的常用燃料。对于现代航天飞机而言，由于液氢能量密度很高，是普通汽油的 3 倍，这意味着燃料的自重可减 2/3，这对航天飞机无疑是极为重要的。航天飞机以氢作为发动机的推进剂，每次发射需用 1450 m^3，质量约为 100 t，足见氢在航空航天上的应用前景。

目前科学家们正在研究一种“固态氢”的宇宙飞船。固态氢既作为飞船的结构材料，又作为飞船的动力燃料。在飞行期间，飞船上所有的非重要零件都可以转作能源而“消耗掉”。这样飞船在宇宙中就能飞行更长的时间。在超声速飞机和远程洲际客机上以氢作动力燃料的研究已进行多年，目前已进入样机和试飞阶段。

4. 氢能发电

氢能利用的最好终端设备是燃料电池，进入 21 世纪，燃料电池的研究方兴未艾，为氢能的广泛应用展现了美好的前景。燃料电池通过氢气与氧气或空气的化学反应得到直流电。用燃料电池发电，能量密度大、发电效率高，如质子交换膜燃料电池（PEMFC）的效率可达70%以上，加之清洁无污染、性能稳定、工作条件温和、工作寿命长等优点深受世人关注。它用途广泛，既可做固定电站，又可做便携式电源，同时可作为航天、潜艇、电动汽车等领域的动力电源。

5. 家庭用氢

氢能进入千家万户有两种形式，一是以小型电池的形式。目前小型 Ni－MH 电池已经进入大规模生产阶段，家家的小型电器都少不了电池。因此，随着电池在家庭中的应用，氢能也就进入了家庭，其实 Ni－MH 电池的负极材料就是以储氢材料为主的，这种电池的实质就是氢能应用的一大具体实践。此外还有电动自行车、电动摩托车用电池等。

以燃料的形式进入家庭，这是氢能进入千家万户的又一大形式。因为随着化石燃料的日益枯竭，以及对环境的污染，氢能代替化石燃料已是势在必行。氢进入家庭，既可作燃料，又可供家庭取暖、空调、冰箱和热水等用作能源。

三、氢的核能应用

从地球上存在的几种重金属铀和钍中提取它们的可裂变同位素或浓缩物来建造原子能反应堆，用于发电和产生动力，或是实现氢原子聚变的热核反应能的和平利用，把地球上无限丰富的小原子（特别是氢）物质作为能源材料而加以利用。原子能的开发利用是有局限性的：①原子能严格说来不是一次能源，也不是可再生能源，由矿物（以及将来从海水中）提取铀和分离或浓缩裂变同位素都是需要消耗能量的；②世界上的铀、钍资源也是有限的；③原子能的和平利用需要解决一系列放射性污染和意外事故的问题；④原子能动力目前还不能用于发动内燃机启动的汽车和飞机，内燃机仍需要用液态或气态燃料。

四、氢能的利用与环境保护

氢是一种理想的清洁燃料，燃烧过程中不生成CO、CO_2、SO_x 及烟尘的污染物。但是，如用常规扩散式燃烧，燃烧产物中有大量的NO_x气体生成，NO_x是对人体有害的气体污染物；如果采用预混式燃烧方法，可以大幅度降低产物中NO_x的生成，但又容易回火，烧坏燃烧器而不安全。防止回火和实现低NO_x燃烧是一对矛盾。可采用两种方法来解决：

（1）改进空气吸入型燃烧器的结构，使空气由火焰内部和火焰外部两路供入，NO_x生成量可以降低，这种燃烧器适用于高温（>1200℃）和供热强度大的装置［(40～4000) kJ/(cm^2·h)］；

（2）采用催化燃烧器，使氢与空气通过固体催化剂床层进行无焰燃烧，该法适合于温度低（<500℃）、热强度小［(1.2～12) kJ/(cm^2·h)］的燃烧装置，燃烧时采用铂类催化剂的性能最好，但考虑到民用，也开发了廉价的催化剂，如 $MnO_2-CuO-Co_2-Ag_2O$ 等。

第五节　燃　料　电　池

一、燃料电池的原理

燃料电池的原理是英国的格鲁夫（W. Grove）于1839年首先提出的，但直到20世纪50年代，才出现可实用的燃料电池。燃料电池作为一种能量转换装置，它是按照电化学原理，即原电池（如锌锰干电池）的工作原理，等温地把燃料的化学能直接转化为电能。

对于一个氧化还原反应，如：

$$[O] + [R] \longrightarrow P \tag{6-102}$$

式中：[O] 代表氧化剂；[R] 代表还原剂；P 代表反应的生成物。原则上可将上述反应可分为两个半反应，一个为氧化剂 [O] 的还原反应，一个为还原剂 [R] 的氧化反应。用 e^- 代表电子，则有

$$[R] \longrightarrow [R]^+ + e^- \tag{6-103}$$

$$[R]^+ + [O] + e^- \longrightarrow P \tag{6-104}$$

以氢氧反应为例，上述反应相应表示为

$$H_2 \longrightarrow 2H^+ + 2e^- \tag{6-105}$$

$$1/2O_2 + 2H^+ + e^- \longrightarrow H_2O \tag{6-106}$$

总反应

$$H_2 + 0.5O_2 \longrightarrow H_2O \tag{6-107}$$

图 6-16 所示燃料电池的主要部件由两个阳极、阴极和电解质组成的。在阳极（燃料电极），氢气在催化剂作用下被拆开成为质子（氢离子）和电子，其中氢离子通过电解液流到阴极（氧气电极），而电子不能通过电解液，留在阳极，这样就在两极之间形成了电位差。如果接通两极，氢原子分析出的电子就会沿电路从阳极流到阴极，在阴极与氢离子结合后，与氧气发生反应，生成水并释放出热量。氢离子在将两个半反应分开的电解质内迁移，电子通过外电路定向流动、做功，并构成总的电的回路。

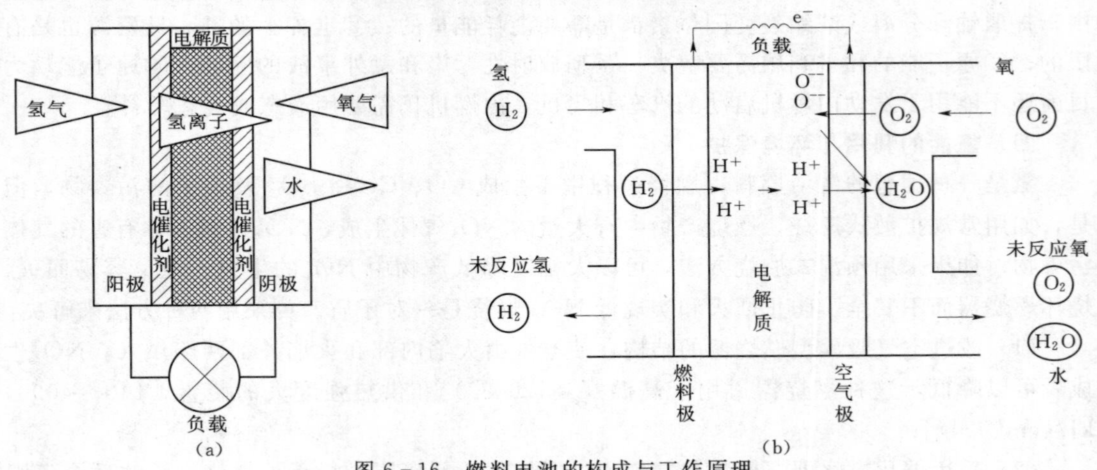

图 6-16　燃料电池的构成与工作原理

(a) 构成；(b) 工作原理

燃料电池与常规电池不同，它的燃料和氧化剂不是储存在电池内，而是储存在电池外部的储罐中。当它工作（输出电流并做功）时，需要不间断地向电池内输入燃料和氧化剂，并同时排出反应产物。因此，从工作方式上看，它类似于常规的汽油或柴油发电机。

由于燃料电池工作时要连续不断地向电池内送入燃料和氧化剂，所以燃料电池使用的燃料和氧化剂均为流体（即气体和液体）。最常用的燃料为纯氢、各种富氢的气体（如重整气）和某些液体（如甲醇水溶液）。常用的氧化剂为纯氧、净化空气等气体和某些液体（如过氧化氢和硝酸的水溶液等）。

在电极与电解质的界面上，当表面上电流不流动而处于平衡状态时，电极上发生氧化—还原反应，其电极的平衡电压由能斯特（Nernst）方程确定，即

$$E=E_0+\frac{2.03RT}{nF}\lg\frac{a_O^a}{a_R^b} \quad (6-108)$$

式中：R 为气体常数，$R=8.31\text{J/(mol}\cdot\text{K)}$；$T$ 为绝对温度，K；F 为法拉第常数（96500C/mol）；a_O为氧化体的活性；a_R为还原体的活性；E_0 为 $a_O=a_R=1$ 时标准平衡电压；n 为氢的原子数。根据计算，发电时的开路电压约为 1.23V。

为了尽可能获取电力，可以采取以下促进方法：①提高温度与燃料气的压力；②提高催化作用，应用铂金与镍；③扩大燃料、空气与电极、电解质的接触面积；④电极中的细小毛孔应使氢、氧、水（水蒸气）易于流动。

燃料电池输出的电压等于阴极与阳极之间的电位差。在电池输出电流的开路状态下，电池的电压为开路电压 E_0。当电池对外输出电流做功时，输出的电压 E_0 降到 E，这种电压降低的现象称为极化。电池输出电流时阳极电位的损失称为阳极极化，阴极电位电能损失称为阴极极化。一个电池总的损失是阳极极化、阴极极化和欧姆电位降三者的总和。从极化的原因来分析，极化包括由活化极化（由化学反应速度限制引起的电位损失）、浓差极化（由反应剂传质限制引起的电位损失）和欧姆极化（由电池组件，主要是电解质膜的电阻引起的欧姆电位损失）所组成。电池中的各种极化如图 6－17 所示。

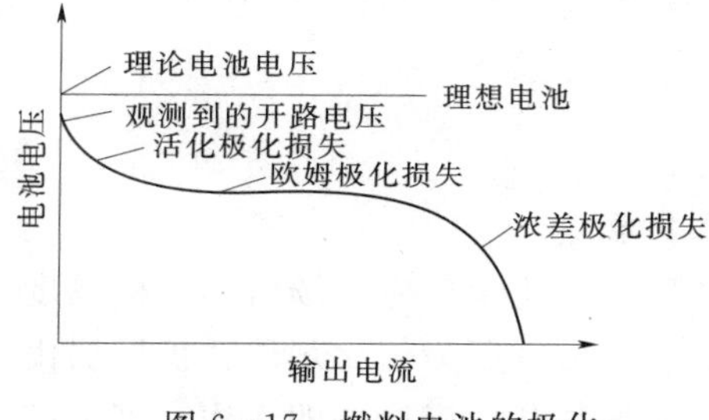

图 6－17　燃料电池的极化

燃料电池效率是指燃料电池中转换为电能的那部分能量占燃料中所含能量的比值，是衡量燃料电池性能的重要指标。氢氧燃料电池的理论上最大效率为 83%，实际上由于电池内阻的存在和电极工作时极化现象的产生，燃料电池的实际效率为 50%～70%，比内燃机的实际效率 30%要高出很多。当燃料电池的反应物和生产物不同时，其最大效率也不同。当用碳作为燃料电池的燃料时，其能量转换效率超过 100%，这是由于化学反应从反应体系外部获得能量所致。

二、燃料电池的特点

燃料电池作为一种能量发生装置，其不可比拟的优越性主要表现在能量转化效率高、低污染、低噪声、清洁、燃料来源广泛和运行安全、可靠等方面。

（1）效率高。燃料电池是按照化学原理直接将燃料的化学能转变为电能，摈弃了现有火力发电厂中能量的多次转化过程（化学能→热能→机械能→电能），不受卡诺循环的限制，其理论上的能量转化率可达 85%～90%。实际上，燃料电池工作时由于各种极化的限制，使得目前燃料电池实际的能量转化率在 40%～60%；如果将排出的燃料进行重复利用，再利用其排热，实现热电联产，燃料的化学能的总利用率可以超过 80%。

（2）污染极少，具有良好的环境效益。当燃料电池以富氢气体为燃料时，在富氢气体的制备过程中，其二氧化碳的排放量比热机的能量转化过程减少 40%以上，可显著减少温室气体的排放；另外，燃料电池的燃料气体在进入燃料电池之前，要进行脱硫处理，且燃料电池是按照电化学原理工作，不需经过燃烧过程，因此它几乎不排放 NO_x 与 SO_2，减轻

了对大气的污染；当燃料电池以纯氢气为燃料时，它的化学反应产物仅为水，实现了NO_x、SO_2和CO_2零的排放。

(3) 安全可靠、噪声低。由于燃料电池按照电化学原理工作，且燃料电池本体没有旋转部分，工作时噪声很低，燃料电池从未发生过像燃烧涡轮机或内燃机因转动部件失灵而发生恶性事故。燃料电池的实际运行表明它具有高可靠性。

(4) 燃料形式多样、资源广泛。可以使用氢气、天然气、石油、乙醇、沼气等多种多样的燃料。与燃烧涡轮机循环系统或内燃机相比，燃料电池的转动部件很少，因而系统更加安全、可靠。

(5) 具有发电站功能，电站的建设成本低，建造周期短，结构简单，运行可靠。由于燃料电池由基本电池组成，以用积木式的方法组成各种不同规格、功率的电池，进而根据不同的需要灵活地组装出不同规模的燃料电池发电站，由于燃料电池的基本单元可按设计标准预先进行大规模生产，所以燃料电池电站的建设成本低，建造周期短。另外，由于燃料电池重量轻、体积小、比功率高，移动起来比较容易，所以它特别适合在海岛、边疆或边远地区建造分散式电站和分布式供能系统。

三、燃料电池的组成与分类

1. 燃料电池的关键材料和部件

构成燃料电池的关键材料和部件包括电极、隔膜和集流板。

(1) 电极是燃料（如氢）氧化和氧化剂（如氧）还原的电化学反应的场所。电极厚度一般为0.2～0.5mm。电极通常分为两层：一层为扩散层，另一层为催化剂层。扩散层由导电多孔材料制成，起到支撑催化剂层、收集电流与传递气体和反应产物的作用。催化剂层由催化剂和防水剂（如聚四氟乙烯）制成，其厚度仅为几微米至几十微米。影响电极性能好坏的关键因素是电催化剂的性能、电极材料和电极的制备技术。

(2) 隔膜的功能是分隔氧化剂与还原剂并起离子传导的作用。为减少欧姆电阻，隔膜的厚度一般为零点几毫米。燃料电池中采用的隔膜分为两类：一类为绝缘材料制备的多孔膜，如石棉膜、碳化膜和偏铝酸锂膜等；另一类为离子交换膜，如质子交换膜电池中采用的全氟酸树脂膜，在固体氧化物燃料电池中采用氧化锆膜。决定隔膜性能的主要因素是隔膜材料和隔膜制备技术。

(3) 集流板也称双极板，它起着收集电流、分隔氧化剂与还原剂的作用，并将反应物均匀分配到电极各处，再传送到电极催化层进行电化学反应。集流板的关键技术是材料的选择、流体流场的设计和集流板的加工。

2. 电池组

燃料电池通常将多节电池按压滤机方式组合起来组成一个电池组。电池组的设计首先要按照用户的要求和燃料电池的性能来决定单电池的工作面积和节数。以质子膜燃料电池为例，设某用户需要28V、1kW的一台燃料电池，按照这类电池目前的技术水平，其工作电流密度为300～700mA/cm^2，单节电池的工作电压为0.6～0.8V，选取工作电流密度500 mA/cm^2，单节电池电压0.7V，则电池组应由40节单电池组成。当工作电压为28V时，电池输出电流应为40A，则电极的有效工作面积应为80 cm^2。据此设计的电池组的工作电压为28V±4V，输出功率为700～1000W，可满足用户的要求。在完成了电池组的设计加工后，要依据严格的组装工艺完成电池组的组装，在组装过程中应注意：确保电池组的密封；确保组装工艺不会造成各单节电池的双极板的流动阻力和共用管道阻力的大幅度变化，以免影响反应物在各单节电池中的均匀分配。

3. 燃料电池系统

燃料电池发电装置除了燃料电池本体之外，还必须和以下周边装置共同构成一个系统。燃料电池系统因燃料电池本体的形式、使用燃料的差异及用途的不同而有所区别，主要包括燃料重整系统、空气供应系统、直流—交流逆变系统、余热回收系统及控制系统等周边装置。在高温燃料电池中还有剩余气体循环系统。燃料电池发电系统构成如图 6－18 所示。

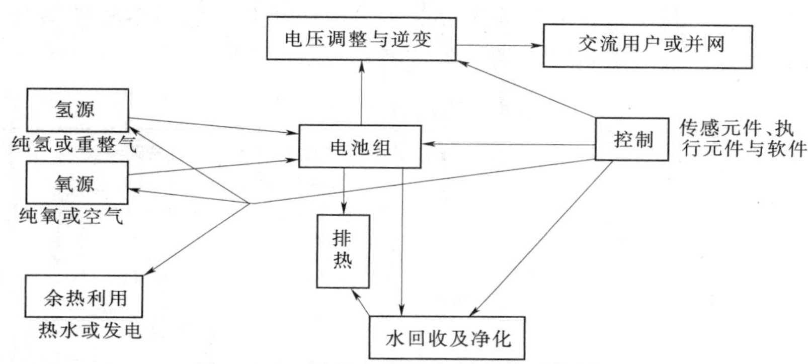

图 6－18 燃料电池发电装置的系统构成

构成系统各周边装置的作用如下：

（1）燃料供应系统。提供燃料电池反应时所需要的反应物；燃料电池在正常工作时，要连续供给燃料，同时要将燃料电池产生的反应产物及时排出，以保证燃料电池的连续运行。碳氢化合物的气体燃料（如天然气等）或者液体燃料（石油、甲醇等）用作燃料电池的燃料时，通过水蒸气重整法等，对燃料进行重整；而在使用煤炭时，则通过煤制气的反应，制造出以氢与一氧化碳为主要成分的气体燃料。这些转换的主要反应装置，称之为重整器和煤气化炉。

（2）空气供给装置。提供燃料电池反应时所需空气；它可以使用电动机驱动的送风机或者空气压缩机，也可以使用回收排出余气的透平机或压缩机的加压装置。

（3）直—交流逆变系统。燃料电池与各种化学电池一样，输出的电压为直流，对于交流用户或需要和电网并网的燃料电池发电系统，需要经过电压逆变系统将燃料电池输出的直流电转换成交流电，因此要一个将燃料电池本体所产生的直流电变换成交流电的装置。

（4）排热回收系统。燃料电池工作时还排出废热，应将此废热及时排出或加以利用。该系统主要目的是回收燃料电池本体发电时所产生的废热。

（5）控制系统。燃料电池的内阻较大，千瓦级质子膜燃料电池组的内阻在 1000Ω 左右。高内阻的优点时它的抗短路性能好，但当负载变化幅度大时，输出电压的变化幅度也较大。因此，对要求电压稳定的用户，燃料电池需要配备稳压系统；同时燃料电池是一个自动运行的发电装置，电池的供气、水热管理、电输出、电流调控均需要自动控制系统来控制燃料电池的自动运行；该系统由控制运算的计算机以及测量与控制执行机构等组成。

（6）剩余气体循环系统。在高温燃料电池发电装置中，由于电池排热温度高，因此装设有可以使用燃气轮机与蒸汽轮机剩余气体的循环系统。

4. 燃料电池的分类

燃料电池最常用的分类方法是按照所用的电解质进行分类，据此，可将燃料电池分为碱性燃料电池（AFC）、磷酸型燃料电池（PAFC）、质子交换膜燃料电池（PEMFC）、熔融碳酸盐型燃料电池（MCFC）、固体氧化物燃料电池（SOFC）以及与PEMFC同样使用质子交换膜为电解质的直接甲醇燃料电池（DMFC）等。

根据工作温度的高低，燃料电池可分为：低温燃料电池，其工作温度低于100℃，包括碱性燃料电池和质子交换膜燃料电池；中温燃料电池，其工作温度为100～300℃，如磷酸型燃料电池；高温燃料电池，其工作温度为600～1000℃，包括熔融碳酸盐燃料电池和固体氧化物燃料电池。各种燃料电池的分类和特性见表6-16。

表6-16 各种燃料电池的分类和特性

性能	碱性燃料电池（AFC）	磷酸型燃料电池（PAFC）	固体氧化物燃料电池（SOFC）	质子交换膜燃料电池（PEMFC）	熔融碳酸盐燃料电池（MCFC）	直接甲醇燃料电池（DMFC）
电解质	KOH NaOH	H_3PO_4溶液	氧化钇稳定的氧化锆	全氟磺酸膜	（Li－K）CO_3	全氟磺酸膜
导电离子	OH^-	H^+	O^{2-}	H^+	CO_3^{2-}	H^+
工作温度（℃）	室温～200	100～200	800～1000	室温～100	600～700	室温～200
燃料	纯氢	重整气	净化煤气/天然气	纯氢净化重整气	净化煤气/重整气/天然气/煤	CH_3OH
氧化剂	纯氧	空气	空气	纯氧/空气	空气	空气
电功率（kW）	1～100	1～2000	1～100	1～300	250～2000	1～1000
适用领域	移动电源	分散电源	分散电源	移动电源/分散电源	分散电源	分散电源
毒性	无	CO中毒	无	CO中毒	无	CO中毒
技术状态	在航天中应用	工业试验，寿命待延长	工业试验	有样车，待降成本	成本待降低	正在研发
研制国家	美国、日本、德国、中国	美国、日本、德国、加拿大、中国	美国、日本、德国、加拿大、中国	美国、加拿大、意大利、日本、德国、中国	美国、日本、德国、加拿大、中国	美国、日本、德国、加拿大、中国

碱性燃料电池是最先研究成功的，多用于火箭、卫星上，但其成本高，因此不宜作为大规模研究开发的内容；磷酸型燃料电池已进入实用化阶段，研究上已不再花费很多财力、物力与人力。在各种燃料电池中，以质子交换膜燃料电池（又称固体高分子型燃料电池）的操作温度最低，大约在80℃，而且使用了质子交换膜（高分子固态薄膜）来取代一般燃料电池中的液态腐蚀性电解质，所以不会有腐蚀性液体溢出的危险性；同时，PEMFC具有高效率、高功率能量密度、启动快速、有良好的瞬时响应、低温操作和低污染等优点，是目前研制的热点。由于直接甲醇型燃料电池特别适合于作为小型电源（如手提电

话、笔记本电脑等的电源），因而备受重视，目前已开展了大量的基础研究。

四、燃料电池的应用

由于燃料电池同时兼备高效率、无污染、适用广、无噪声、能连续工作和“积木”特性，可以由多台燃料电池进行串联或并联的组合方式对外供电。因此，燃料电池既可用于集中发电，也可以用作分散电源和移动电源进行应急供电和不间断供电。目前，燃料电池作为一种革命性的新能源生产形式，是21世纪电力与动力生产的主要发展方向之一。

1. 碱溶液型燃料电池

20世纪50～70年代，碱性燃料电池在世界范围内受到重视，进行了广泛的研发，并成功地应用于美国“阿波罗”登月飞船、航天飞机和空间轨道站。70年代末，德国西门子公司研究了电极催化剂为非贵金属的碱溶液型燃料电池，在此技术基础上，将八个6～7kW碱溶液型燃料电池堆组合在一起构成48kW级系统，该系统输出电压为192V时电流可达250A。90年代后，燃料电池研究进入了一个新的高潮，并成为德国国防技术发展的一部分。富士电机是日本研究碱溶液型燃料电池技术较早、成绩最突出的公司，60年代开发了独特的富士电极，并参与了日本政府实施的1978年“日光计划”和1981年“月光计划”中碱溶液型燃料电池的研制工作。1985年后又试制出3.6kW和7.5kW两种碱溶液型燃料电池装置。碱性燃料电池不仅具有很高的能量转化率（≥60%），而且还具有高比功率和高比能量的优点。碱性燃料电池原理示意图如图6-19所示。

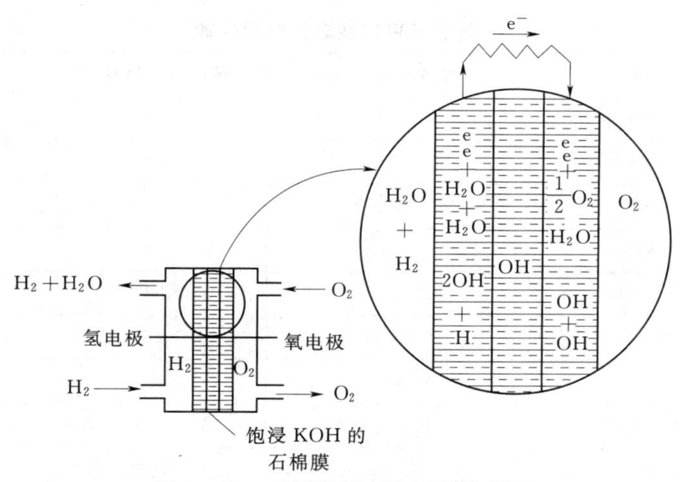

图6-19　碱性燃料电池原理示意图

碱性燃料电池工作温度是室温，以碱性液体氢氧化钾或氢氧化钠为电解质，导电离子为OH^-。燃料（如氢）在阳极发生氧化反应：

标准电极电位：−0.828V　　$H_2+2OH^- \longrightarrow 2H_2O+2e^-$　　(6-109)

氧化剂（如氧）在阴极发生还原反应：

标准电极电位：0.401V　　$0.5O_2+H_2O+2e^- \longrightarrow 2OH^-$　　(6-110)

总反应　　$0.5O_2+H_2 \longrightarrow H_2O$　　(6-111)

电池理论标准电动势：$E=0.401-(-0.828)=1.229$（V）。

碱性燃料电池的优点如下：

（1）一般碱性燃料电池的输出电压选定在0.8～0.9V时，其能量转化效率可高达60%～70%，这是因为在碱性介质中氧的还原反应在相同电催化剂（如铂、铂/碳）上的反应速度比其他类型电池中高所致。

（2）碱性燃料电池可用非铂材料（如硼化镍）作为电催化剂，这不仅降低了电催化剂的成本，而且不受铂资源的制约。

（3）镍在碱性介质和电池的工作温度范围下化学性能稳定，可采用镍板或镀镍金属板作为双极板。

碱性燃料电池也有以下缺点：

（1）采用空气作氧化剂，必须对其净化，除去空气中百万分之几的二氧化碳。

（2）当以各种烃类的重整气作燃料时，也必须去除气体中的二氧化碳。尽管对小功率电池可以采用钯—银分离膜来实现这一处理，但却大大增加了发电系统的造价。

（3）碱性电池均采用氢氧化钾作电解质。电池进行电化学反应所生成的水需及时排出，以维持其水平衡。在此条件下，其排水方法及控制均较复杂。

碱性燃料电池在航天应用方面取得了较大成功，但它具有的缺点严重地限制了碱性燃料电池在地面上的应用。自20世纪90年代以来，由于新型燃料电池的出现，又因以液态氢为燃料的碱溶液型燃料电池造价昂贵，人们对它的关注慢慢减少。我国航天用碱性燃料电池的性能见表6-17。

表6-17　我国航天用碱性燃料电池性能

电池类型	碱性石棉膜A型	碱性石棉膜B型	碱性石棉膜C型
正常输出功率（kW/台）	0.50	0.30	0.3～0.5
峰值输出功率（kW/台）	1.0	0.6	0.7
工作电压（V）	28±2	28±2	28±2
整机质量（kg）	40	60	50
整机体积（cm^3）	22×22×90	39×29×57	50000
寿命（h）	>450	>1000	>500
工作温度（℃）	92±2	91±1	87±1
氢氧工作压力（MPa）	0.15±0.02	0.13～0.18（区间）	0.2±0.015
氢气纯度（%）	>99.5	≥65（肼分解气）	99.95
正常输出功率时的电流密度（mA/cm^2）	100	75	125
氢氧化钾含量（%）	40	40	—
排水方式	静态	静态	动态
启动次数	>10	>10	>10

2. 磷酸型燃料电池

1967年初，美国联合技术公司等组成的大财团对磷酸型燃料电池进行研究，历经10年，共制造了64台PC11A-2型磷酸型燃料电池发电装置，先后在美国、加拿大和日本的35个地方进行了试运行。到目前为止，其该术已经商业化，世界最大规模的11MW试验电站建在日本东京电力五井火力发电厂内，并曾并入电网供电，200kW 的定型产品已有数百台在世界各地运行。磷酸型燃料电池的发电效率可达 40%左右，再将其余热加以利用，其综合效率可达 60%～80%。

磷酸型燃料电池是以磷酸溶液为电解质，使用甲醇和天然气等为燃料，在 150～220℃高温下使氢气和氧气发生反应，得到电力和热，磷酸型燃料电池的原理如图 6－20 所示。

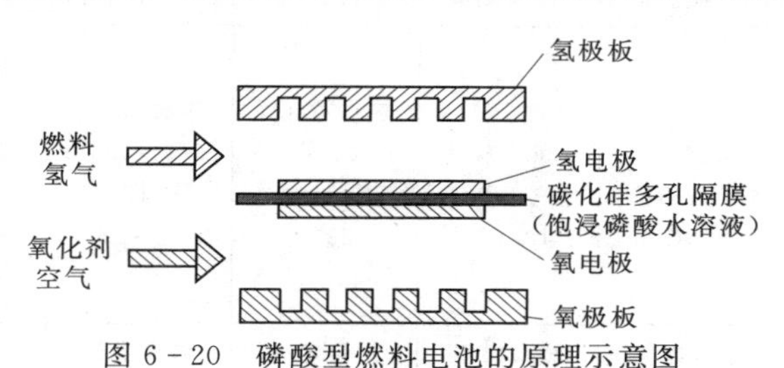

图 6－20　磷酸型燃料电池的原理示意图

当以氢气为燃料，氧为氧化剂时，在燃料电池中发生的电极反应和总反应为

阳极反应　$$H_2 \longrightarrow 2H^+ + 2e^- \tag{6-112}$$

阴极反应　$$0.5O_2 + H^+ + 2e^- \longrightarrow H_2O \tag{6-113}$$

总反应　$$0.5O_2 + H_2 \longrightarrow H_2O \tag{6-114}$$

磷酸型燃料电池从电极膜三合一结构上看，与碱性石棉膜型燃料电池是一样的。它采用由碳化硅和聚四氟乙烯制备的电绝缘的微孔结构隔膜，饱浸磷酸电解质，可以使磷酸燃料电池长期稳定地运行。磷酸型燃料电池由多节电池按压滤机方式组装以构成电池组。为了保证磷酸型燃料电池工作的稳定性，还必须连续排出电池本身所产生的废热，一般在每 2～5 节电池间加入一散热板，散热板内通水、空气或由绝缘油以完成对电池的冷却，最常用的是采用水冷却。与碱性燃料电池相同，磷酸型燃料电池也是输出直流电，对交流电用户也需要经逆变器将直流电转换成交流电后再供给用户使用。磷酸型燃料电池的内阻比常规化学电池如铅酸蓄电池大，故当输出电流变化时，燃料电池的电压变化幅度较大。为了解决这一问题，常在燃料电池的输出和逆变器之间加一个振荡变流器，以确保供给用户的电压维持恒定不变。现已有磷酸型燃料电池运行多年，磷酸型燃料电池电站的制造技术有了很大的进步，电池组及辅助系统的可靠性也得到逐步提高，磷酸型燃料电池电站的售价已从初期的 1 万多美元/kW 降到目前的 1500 美元/kW 左右。

各种磷酸型燃料电池电站的技术参数如表 6－18 所示，其中 200kW 磷酸型燃料电池水冷却电站的流程图如图 6－21 所示。

表 6－18　　磷酸型燃料电池商品电站的技术参数

单机容量（kW）	50	100	200	500	1000	5000	11000
电站名	FP—50	FP—100	NEDO—PLAZA	OSAKA GAS	NEDO/ONSITE	NEDO/CENTER	Tepco/GOI
制造厂商	富士	富士	三菱	富士	东芝	富士	东芝
类　型	大气压	大气压	大气压	大气压	大气压	大气压	大气压

续表

单机容量（kW）	50	100	200	500	1000	5000	11000
电效率（%）	35（高热值）	38（高热值）	36（高热值）	40（低热值）	36（高热值）	41.2（高热值）	41.1（高热值）
总效率（%）	72（高热值）	85（低热值）	80（高热值）	85（低热值）	71（低热值）	71.4（高热值）	72.7（高热值）
热利用	热水 65℃，189MJ/h	热水 50℃，243MJ/h；蒸汽 165℃，205MJ/h	热水 70℃，26.1%；蒸汽 170℃，18.1%	热水 70℃，22%；蒸汽 160℃，23%	热水 65℃，10%～15%；沼气 170℃，20%～25%	热水 92℃，1496MJ/h，热水 48℃，5988MJ/h；蒸汽 324℃，3268MJ/h	热水 70℃，26.1%；蒸汽 170℃，18.1%
燃　料	城市煤气	城市煤气	城市煤气	城市煤气	城市煤气	城市煤气	天然气
NO_x 排放	2×10^{-6}	—	1×10^{-6}	$<1\times10^{-5}$	$<1\times10^{-5}$	$<1\times10^{-5}$	$<3\times10^{-6}$
SO_x 排放	—	—	—	—	$<1\times10^{-7}$	$<1\times10^{-7}$	0
噪声（dB）	—	—	—	—	<60	<55	<55
长×宽×高（m）	3.1×1.75×2.3	3.6×2.39×3.18	10×3.1×3.2	5.3×3.2×3.2	$<0.1m^2/kW$	45×20×20	$<0.28m^2/kW$
质量（kg）	6.5×10^3	—	—	5×10^4	—	—	—

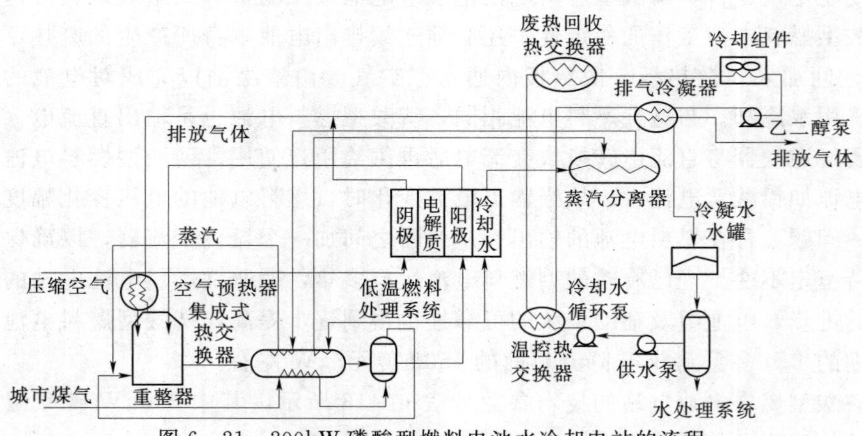

图 6－21　200kW 磷酸型燃料电池水冷却电站的流程

如上所述，磷酸型燃料电池经过 30 多年的研发，已经在技术上取得突破性的进展，现正处于商业化阶段，在美国和日本已有产品进入市场，还需要技术的完善和大批量生产来提高电站的可靠性、寿命和降低造价。但由于磷酸型燃料电池启动时间需要几个小时，作为备用应急电源或交通电力如电车的动力源，则不如随时可以启动的质子交换膜燃料电池更为便利。又因为它的工作温度仅为 200℃，用于固定电站时余热的利用价值偏低，在能量综合利用方面不如熔融碳酸盐燃料电池和固体氧化物燃料电池，所以磷酸型燃料电池近年的研究投入减少，进展缓慢。

3. 熔融碳酸盐燃料电池

它以高温下处于熔化状态的碳酸盐（碳酸锂、碳酸钾）作为电解质，工作温度为600～700℃，发电效率达45%～55%，不仅可以直接利用余热进行供热，而且排出的高温气体可以带动汽轮机，进行第二次发电。它的最大特点是可以组合成复合发电的电力回收型系统。20世纪50年代出现了第一台熔融碳酸盐燃料电池。加压工作的熔融碳酸盐燃料电池于80年代开始运行。1987年后美国对该电池进行大规模研制与实验。目前美国能源研究公司设计的一个20MW电池堆已在迪斯特（Destec）电源系统公司进行联网演示，效果良好。熔融碳酸盐能量（MCP）公司推出最先进MCP－3型电池堆，成为生产线上第一批产品，该电池堆燃料利用率为75%，寿命达到1000h。

1991年后日本把该电池研究转为重点。由三菱电机与美国能源研究公司合作研制的内重整30kW熔融碳酸盐燃料电池，已运行了10000h。目前，石川岛播磨重工有世界上最大面积（$1.4m^2$）的熔融碳酸盐燃料电池堆，试验寿命已达13000h。熔融碳酸盐燃料电池所用的催化剂以镍为主，不使用贵金属。此外，熔融碳酸盐燃料电池可用脱硫煤气或天然气作为燃料，它的电池隔膜与电极均采用带铸的方法进行制造，这种铸造工艺十分成熟，便于批量生产。若在应用过程中能解决电池关键材料的腐蚀问题和使其运行寿命由现在的1万～2万h延长到4万h，就可以加快熔融碳酸盐燃料电池作为电站的商业化进程。

熔融碳酸盐燃料电池的工作原理及电池结构示意图如图6－22所示。由图可见，构成熔融碳酸盐燃料电池的关键材料与部件为阳极、阴极、隔膜和集流板等。

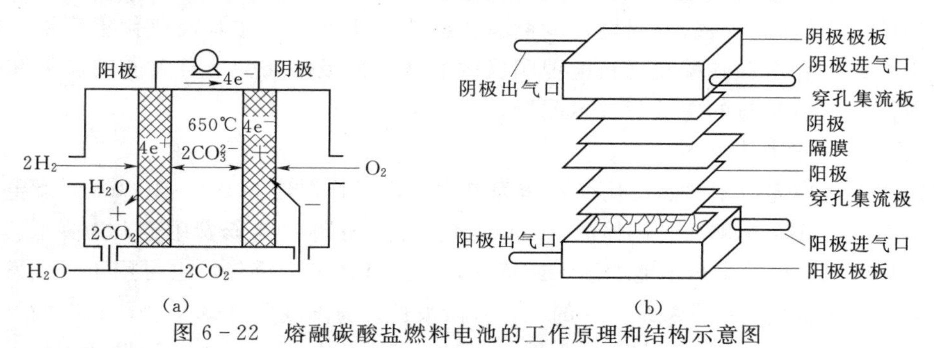

图6－22 熔融碳酸盐燃料电池的工作原理和结构示意图

(a) 工作原理；(b) 结构

熔融碳酸盐燃料电池的电极反应为

燃料极反应 $$2H_2 + 2CO_3^{2-} \longrightarrow 2CO_2 + 2H_2O + 4e \quad (6-115)$$

空气极反应 $$O_2 + 2CO + 4e^- \longrightarrow 2CO_3^{2-} \quad (6-116)$$

总反应 $$2H_2 + O_2 \longrightarrow 2H_2O \quad (6-117)$$

由上述电极反应可知，熔融碳酸盐燃料电池的导电离子为CO_3^{2-}。与其他类型的燃料电池相比，其区别在于：CO_2在熔融碳酸盐燃料电池的阴极为反应物，而它在燃料电池的阳极为产物，CO_2在电池的工作过程中构成了一个循环。为了保证熔融碳酸盐燃料电池稳定的连续工作，要把在阳极产生的CO_2送回到阴极，常用的方法是将阳极室所排出的尾气经燃烧消除其中的CO和H_2与进行分离除水后，再将CO_2送回到阴极。熔融碳酸盐燃料电池组按照压滤机方式进行组装，在隔膜两侧分置阴极和阳极，再置双极板，周而复始进行。氧化气体（如空气）和燃料气体（如煤气）进入各节电池的孔道，将气体进行均匀分布。氧化与还原气体在电池内的相互流动方式分为顺流、逆流和错流三种方式，大部分熔融碳酸盐燃料电池采用错流流动方式。

以天然气、煤气和各种碳氢化合物（如柴油）为燃料的熔融碳酸盐燃料电池在建立高效、环境友好的50～1000kW的分散电站方面具有显著的优势。它不但可以减少40%以上的CO_2排放，而且还可以实现热电联产或联合循环发电，将其流动有效利用率提高到70%～80%。对于发电功率在50kW左右的小型熔融碳酸盐燃料电站，则可以用于地面通信、气象台站等。发电功率为200～500kW的熔融碳酸盐燃料电池，可用于舰船、机车、医院、海岛和边防的热电联供，发电功率大于1000kW的熔融碳酸盐燃料电池电站，可与热机构成联合循环发电，作为区域性供电电站并供给电网。

1996年，美国建成了当时世界上最大的熔融碳酸盐燃料电池电站，设计功率为2MW。该电站的每台电池组的功率为125kW，由258节单电池组成，每4台电池组构成一个500kW的电池堆（Module），每两个电池堆构成一个1000kW的电池单元（Section），整个电站包括两个电池单元。该电站以管道天然气为燃料，实际最大输出功率为1930kW，总共运行了5290h，输出电能2.5×10^6kWh。电站正常运行期间没有排放出SO_x和NO_x，距电站30.5m处的噪声为60dB，达到了城市市区对噪声的要求。在电站的启动过程中，从燃烧器的排气中可以检测到2×10^{-6}的NO_x，这说明了熔融碳酸盐燃料电池电站达到了市内分散电站的要求。

到目前为止，熔融碳酸盐燃料电池的制造技术已经高度发展，试验电站的运行积累了丰富的经验，为熔融碳酸盐燃料电池的商业化创造了条件。但在其商业化进程中，还需要解决使用寿命短和熔融碳酸盐燃料电池阴极的溶解、阳极的蠕变、电解质的流失和熔盐电解质对电池集流板材料的腐蚀等技术问题。

4. 固体氧化物燃料电池

以固体氧化物烧结体（如氧化锆）作为电解质，工作温度为900～1000℃，发电效率可达50%～60%。因为电解质是固体的，所以避免了许多麻烦，维修费用也大为降低。固体电解质型燃料电池放出的余热也能加热水或蒸汽，或向其他工序供热，也可用于二次发电，因此，它可用于建造热电联供系统。它的工作寿命很长，美国威斯汀豪斯公司制造的产品可连续工作5万～10万h，已达到了实用水平。美国西屋电气公司在该电池的发展历程中起了举足轻重的作用，现已成为最有权威的单位。1962年，西屋电气公司就以甲烷为燃料气，完成了燃料催化转化与电化学反应两个基础过程，为固体氧化物燃料电池发展奠定了基础。20世纪80年代后，该公司采用电化学气相沉积技术，使电池性能得到明显提高，从而揭开了崭新的一页。1986～1987年，分别在美国田纳西州和日本东京成功完成管式固体氧化物燃料电池组与发电机组的运行试验，标志着该电池研究从实验研究向商业发展。

固体氧化物燃料电池工作原理如图6-23所示。它采用固体氧化物为电解质，这种氧化物在高温下具有传递O^{2-}的能力，在电池中起着传导O^{2-}和分隔氧化剂（如氧气）和燃料（如氢气）的作用。由图6-23可见，构成固体氧化物燃料电池的关键部件为阴极、阳极、固定氧化物电解质隔膜和集流板或连接材料等。

在阴极，氧分子得到电子被还原成氧离子

$$O_2+4e^-\longrightarrow2O^{2-} \tag{6-118}$$

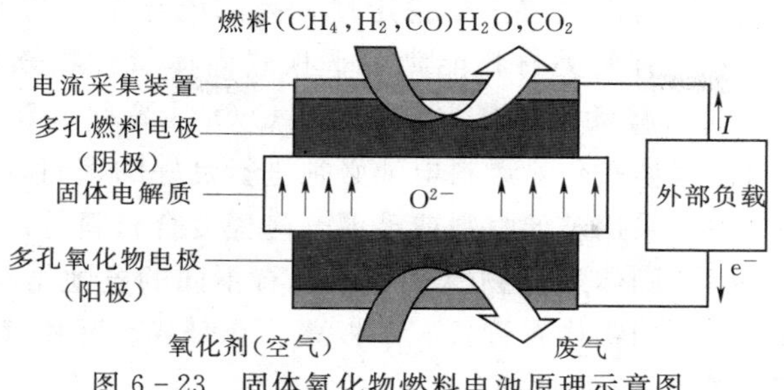

图 6-23 固体氧化物燃料电池原理示意图

氧离子在电解质隔膜两侧电位差和浓度差的作用下，通过电解质隔膜中的氧空位，定向跃迁到阳极侧，并与燃料如氢气进行氧化反应：

$$2O^{2-}+2H_2 \longrightarrow 2H_2O+4e^- \tag{6-119}$$

总反应

$$2H_2+O_2 \longrightarrow 2H_2O \tag{6-120}$$

从固体氧化物燃料电池的原理和结构上可知，它是一种理想的燃料电池，不但具有其他燃料电池高效、环境友好的优点，而且还具有以下突出的优点：固体氧化物燃料电池是全固体结构，不存在使用液体电解质带来的腐蚀问题和电解质流失的问题，可望实现长寿命运行。固体氧化物燃料电池的工作温度为800～1000℃，不但电催化剂不需要采用贵金属，而且还可以直接采用天然气、煤气和碳氢化合物作为燃料，简化了燃料电池系统。固体氧化物燃料电池排出高温余热可以与燃气轮机或蒸汽轮机组成联合循环，大幅度提高固体氧化物燃料电池的总发电效率。

固体氧化物燃料电池技术的难点在于它是在高温下连续工作。电池的关键部件阳极、隔膜、阴极连接材料等在电池的工作条件下必须具备化学与热的相容性，即在电池工作条件下，电池构成材料间不但不发生化学反应，而且热膨胀系数也应相互匹配。

固体氧化物电解质按其结构可分为两类：一类为萤石结构的固体氧化物电解质，如三氧化二钇（Y_2O_3）和氧化钙（CaO）等掺杂的氧化锆（ZrO_2）、氧化钍（ThO_2）、氧化铈（CeO_2）、三氧化二铋（Bi_2O_3）等；另一类是钙钛矿结构（ABO_3）的固体氧化物电解质，如掺杂的镓酸镧（$LaGaO_3$）。目前绝大多数固体氧化物燃料电池以6%～10%三氧化二钇掺杂的氧化锆为（YSZ）固体电解质。固体氧化物燃料电池的阴极催化剂原则上可采用铂类贵金属。但由于铂类贵金属价格昂贵，而且在高温下易挥发，所以实际上很少采用。对于固体氧化物燃料电池的电催化剂，除具有良好的电催化活性和一定的电子导电性外，还必须具有与固体氧化物电解质的化学及热的相容性，即在电池工作温度下不能与电解质发生化学反应，而且其热膨胀系数也应相近。

目前固体氧化物燃料电池广泛采用的阴极电催化剂为锰酸镧（$La_{1-x}Sr_xMnO_3$），一般x取值在0.1～0.3之间。固体氧化物燃料电池的阳极电催化剂主要集中在镍、钴、铂、钌等过渡金属和贵金属。由于镍价格低廉，而且也具有良好的电催化活性，因此镍称为固体氧化物燃料电池广泛采用的阳极电催化剂。常用的方法是将亚微米的氧化镍和YSZ粉混合后以丝网印制等工序将混合物沉积于YSZ电解质隔膜上，然后在1400℃高温下进行烧结，形成厚度为50～100μm的镍－YSZ陶瓷阳极。双极连接板在固体氧化物燃料电池中起连接相邻单电池阴极和阳极的作用。双极连接板在900～1000℃的高温、氧化和还原气氛下工作，必须具有良好的机械与化学稳定性、高的电导率和与电解质隔膜YSZ有相近的热膨胀系数。目前主要有两类材料能满足平板式固体氧化物燃料电池连接材料的要求，一类是钙或锶掺杂的铬酸镧钙钛矿（$La_{1-x}Ca_xCrO_3$，简称LCC）材料，另一类是耐高温的铬—镍合金材料。固体氧化物燃料电池必须进行良好的密封，确保燃料电池长期正常工作，高温密封材料主要采用玻璃材料或玻璃—陶瓷复合材料等。由于固体氧化物燃料电池是全固体的结构，因此固体氧化物燃料电池具有不同的电池结构以满足不同的要求，常见的固体氧化物燃料电池的结构有管式、平板式、套管式、瓦楞式（MOLB）及热交换一体化结构（HEXIS）等。

西门子－西屋公司100kW的固体氧化物燃料电池以天然气为燃料，电池的额定功率为100kW，由1152个管式单电池按照集束管式排列构成，并进行了超过4000h的试运行，电池的实际输出功率达127kW，电池的电效率为53%，以热水方式回收高温余热，回收效率为25%，总能量效率为75%，热、电总功率为165kW。单个电池的最长寿命实验达到7万h，远超过固定电站4万h的要求。

固体氧化物燃料电池的制造成本、运行成本目前还都无法与现有的火力发电厂相竞争，要使固体氧化物燃料电池能与现有的火力发电厂发电成本相当，还需要解决许多技术难题，特别是材料方面的问题。另外，过高的成本使其还不具备商业竞争力。

5. 质子交换膜燃料电池

20世纪60年代，美国首先将质子交换膜燃料电池用于双子星座航天飞行。1983年加拿大国防部资助巴拉德动力公司进行质子交换膜燃料电池的研究，在加拿大、美国等国科技人员的共同努力下，质子交换膜燃料电池取得了突破性的进展。20世纪90年代以来，美国、加拿大、德国、日本、法国、意大利和中国等国家先后加大对质子交换膜燃料电池研发的投入，到目前为止，上述各国都生产了自己的以质子交换膜燃料电池为动力源的汽车，已逐步进入商业化示范阶段。

质子交换膜燃料电池的工作原理示意图如图6－24所示。这种燃料电池的启动时间短，结构紧凑，功率密度高，工作温度为60～100℃，便于小型化、轻量化，适合作为可移动式电源使用。它以全氟磺酸型固体聚合物为电解质，铂/碳和铂－钌/碳为电催化剂，氢气或净化重整气为燃料，空气或纯氧为氧化剂，带有气体流动通道的石墨或表面改性的金属板为双极板。

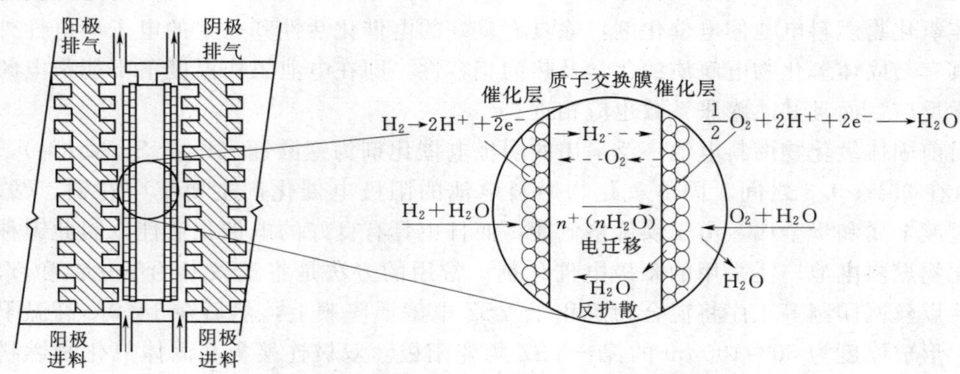

图6－24　质子交换膜燃料电池工作原理示意图

从图6-24中可以看出，构成质子交换膜燃料电池的关键材料和部件是电催化剂、电极（阳极和阴极）、质子交换膜和双极板。质子交换膜燃料电池中的电极反应类同于其他酸性电解质燃料电池。阳极催化层中的氢气在催化剂的作用下发生电极反应

$$H_2 \longrightarrow 2H^+ + 2e^- \tag{6-121}$$

该电极反应产生的电子经外电路到达阴极，氢离子则经电解质到达阴极。氧气与氢离子及电子在阴极发生反应生成水

$$0.5O_2 + 2H^+ + 2e^- \longrightarrow H_2O \tag{6-122}$$

生成的水不稀释电解质，而是通过电极随反应尾气排出燃料电池。

质子交换膜燃料电池除具有燃料电池的一般特点外，同时还具有不受卡诺循环效率的限制，能量转化效率高，可在室温下启动，无电解液流失，水易排出，寿命长，比功率与比能量高等突出特点。因此，它不仅可用作分散电站，也特别适合用作可移动动力源，是电动车和不依靠空气推进的潜艇的理想动力源，是军民通用的一种新型可移动动力源，在未来以氢作为主要能量载体的氢能时代，它是最理想的家庭动力源。以质子交换膜燃料电池为动力源的一些典型电动车的性能见表6-19。

表6-19 燃料电池电动车发展现状

生产厂商	车名称	时间（年）	燃料储存	燃料供应	混合动力类型
戴姆勒—克莱斯勒	Necar（Van）	1994	压缩氢气	直接	—
	Necar2（V-class）	1996	压缩氢气	直接	—
	Necar3（A-class）	1997	甲醇	直接	—
	Necar4（A-class）	1999	液氢	直接	—
	Concept	2000	汽油	重整	蓄电池
雷诺	Laguna	1997	液氢	直接	—
大众	Concept	2001	甲醇	重整	蓄电池（系列）
福特	P2000	1999	压缩氢气	直接	—
通用	Concept	2001	汽油	重整	蓄电池
尼桑	Concept	2001	甲醇	重整	蓄电池
马自达	Demio	1997	金属氢化物	释放	超电容
丰田	RAV4	1996	金属氢化物	释放	蓄电池
	RAV4	1997	甲醇	重整	蓄电池

福特公司推出的P2000燃料电池电动车后部行李箱底层安装三台25kW质子交换膜燃料电池组，燃料为具有压力24.8MPa的纯氢，储存在两个41L由碳纤维增强的储氢罐内。储氢罐安装在车后部行李箱上层，携带的氢气可保证车的行驶里程100km。若需增加里程，则要增大储氢罐的容积。质子交换膜燃料电池系统的总质量为295kg。轿车采用前轮驱动，电机为56kW三相异步电动机，最高转速为1500r/min，最大扭矩为190N·m。整

个驱动部分由电机、逆变器、场矢量控制组成，还配有DC－DC变换器，可将质子交换膜燃料电池所提供的高直流电压转变为直流12V，并可提供1.5kW的动力，还可为车上12V的蓄电池充电。这些部件均置于轿车前部，总质量为114kg。轿车的最高时速大于80km/h，从静止状态加速到30km/h和60km/h的时间分别为4.2s和12.3s，其性能基本可以与内燃机轿车相媲美，并具有高能量利用率和环境友好性。

6. 直接甲醇燃料电池

30多年来，直接甲醇燃料电池（Direct Methanol Fuel Cell，DMFC），一直是燃料电池研究开发者的梦想。DMFC尤其适用于交通工具、便携式电源。甲醇是最简单的液体有机化合物，有完整的生产销售网。与其他燃料电池相比，DMFC的显著特点是不用氢气。甲醇储存安全方便，因而，DMFC体积小、重量轻。尽管DMFC的优势明显，但其发展却比其他类型燃料电池缓慢，主要原因是目前DMFC的效率低。甲醇的电化学活性比氢至少低三个数量级。另外，甲醇的催化重整反应温度比其他有机物低，因而，在短期内，从技术和效益方面考虑，使用甲醇重整燃料电池更合适。但从长远看，理想的燃料电池将直接应用甲醇为阳极反应物。

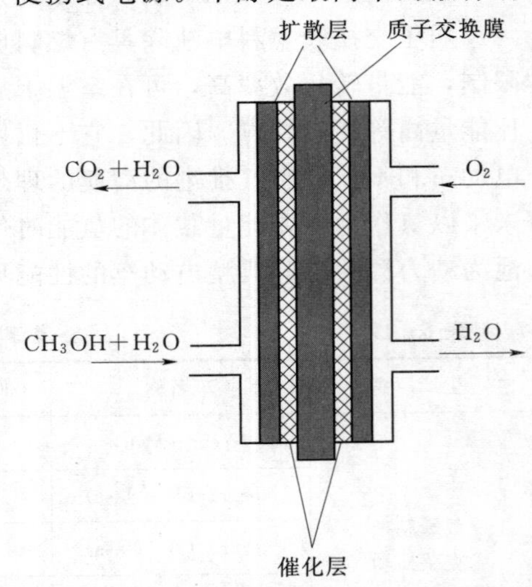

图6-25 直接甲醇燃料电池的工作原理

DMFC的结构如图6-25所示，其中心部位是质子交换膜，两侧是微孔催化电极。DMFC以气态或液态甲醇为燃料，工作温度为50～100℃，电池的理论标准电势为1.214V，与氢氧反应电势（1.229V）相近，电极及电池反应为

阳极 $$CH_3OH+H_2O \longrightarrow CO_2+6H^+ +6e^- \tag{6-123}$$

阴极 $$3/2O_2+6H^+ +6e^- \longrightarrow 3H_2O \tag{6-124}$$

电池反应 $$CH_3OH+3/2O_2 \longrightarrow CO_2+2H_2O \tag{6-125}$$

在DMFC中，目前使用Pt－Ru合金催化剂，以炭黑为载体。气态甲醇DMFC的性能有了很大提高，通常功率密度能达到0.18W/cm^2，最高达0.3 W/cm^2。但与H_2－PEMFC（0.6～0.7 W/cm^2）相比，还是很低的。气态甲醇DMFC的两个缺点是：①甲醇的蒸发需要能量；②生成的CO_2混合在燃料气体中，在阳极尾气中有未反应的甲醇和产物CO_2，需要进行分离。另外，其热管理和水管理也有一定难度。因而，DMFC的研究主要集中在液态甲醇。现在的DMFC通常是指直接以液态甲醇为燃料。

DMFC发展需要克服的难题如下：

（1）寻找甲醇氧化的高效催化剂，交换电流的密度至少应大于10^{-5} A/cm^2。

（2）阻止甲醇及中间产物（如CO、－CHO）使催化剂中毒，使运行千小时电压降少于10mV。

（3）寻找新的质子电导率高而甲醇渗透性低的质子交换膜，防止甲醇从阳极向阴极转移。

（4）寻找对甲醇呈惰性的阴极氧化还原催化剂。

五、燃料电池的发展趋势

燃料电池成为21世纪的洁净能源系统，已被世界各国所公认。燃料电池不仅可以作为分散的供能系统，而且还可以与现有的化石燃料发电系统组成联合供能系统。根据不同燃料电池种类的特点和功率大小，燃料电池的应用前景如表6-20所示。

表6-20　燃料电池的应用前景

用途	形式	场所	PEMFC	DMFC	AFC	PAFC	MCFC	SOFC
固定式电站	电网电站	集中	N	N	N	N	Y	Y
		分散	N	N	N	N	Y	Y
		补充	N	N	N	Y	Y	Y
	用户热电联产	住宅区	Y	N	U	Y	Y	Y
		商业区	Y	N	U	Y	Y	Y
		轻工业	U	N	U	Y	Y	Y
		重工业	N	N	N	Y	Y	Y
交通运输	发动机	重型	Y	N	N	Y	Y	Y
		轻型	Y	N	N	N	N	N
	辅助动力（千瓦级）	轻型和重型	Y	Y	N	N	N	Y
便携电源	小型（百瓦级）	娱乐自行车	Y	Y	N	N	N	U
	微型（瓦级）	电子微电器	Y	Y	N	N	N	N

注　Y代表有可能；N代表不可能；U代表待定。

在过去的十几年里，燃料电池的技术取得了惊人的快速发展，使部分燃料电池已经进入商业化应用阶段。还有一些燃料电池正在处于实验室研发阶段和工业化试验阶段，尚须加快商业化进程，尽快实现商业化应用。

第六节　21世纪的氢能和氢经济

一、氢能与氢经济

氢能被视为21世纪最具发展潜力的清洁能源，具有的清洁、无污染、高效率、储存及输送性能好等诸多优点，赢得了全世界各国的广泛关注。人类对氢能应用自200年前就产生了兴趣，到20世纪70年代以来，世界上许多国家和地区就广泛开展了氢能研究。从20世纪90年代起，美、日、德等发达国家均制订了系统的氢能研究与发展规划。其短期目标是氢燃料电池汽车的商业化，并以地区交通工具氢能化为前导，在20年左右的时间内，使氢能在包括发电在内的总体能源系统中占有相当大的份额。长期目标是在化石能源枯竭时，氢能自然地承担起主体能源的角色。不难想象，随着科学技术的不断进步，氢能的应用不是遥远的将来。我们可望未来的经济将变为氢经济，氢能转化为动力、电能，走向家家户户，成为人类今后长期依靠的一种通用燃料，并与电力一起成为21世纪能源体系的两大支柱，如图6-26所示。

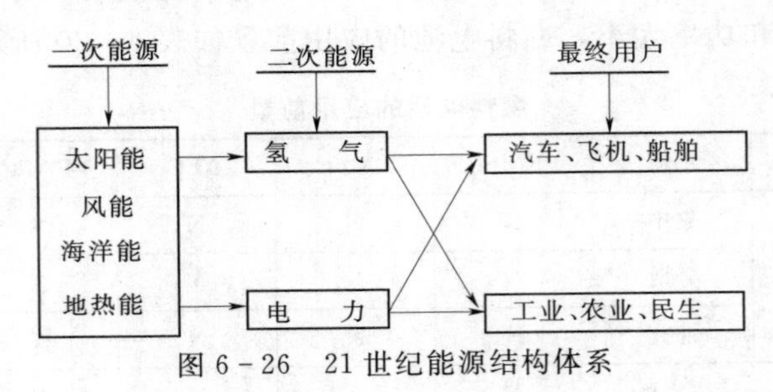

图6-26　21世纪能源结构体系

二、氢能系统

21世纪的能源体系将是氢能和电能的混合体系。氢能系统是一个有机的系统工程，它包括氢能源开发、制氢技术、储氢技术、输氢技术及氢的利用技术等系统，如图6-27所示。

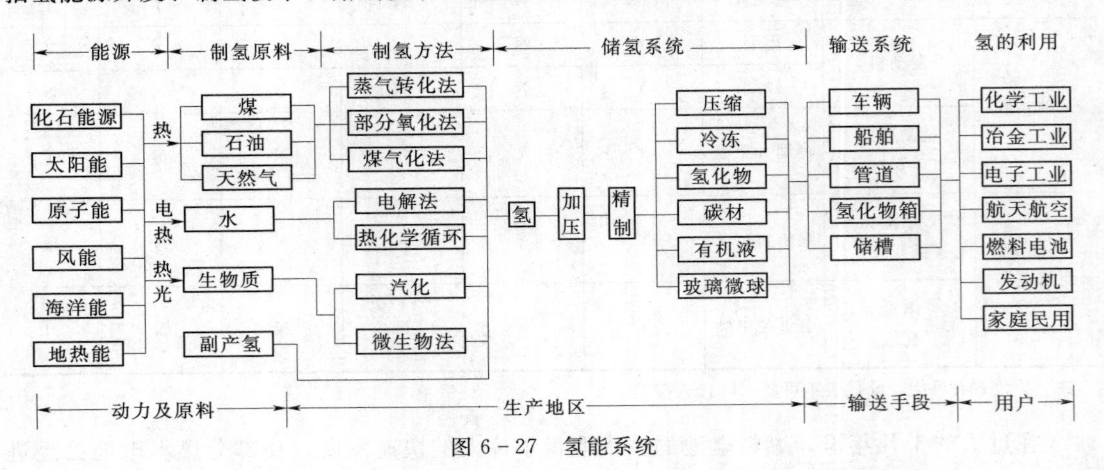

图6-27　氢能系统

氢能是二次能源，作为能源使用时，除了需要制氢的生产装置，还必须向氢能消费地区和氢能使用装置转移、储存，形成了一个氢能生产、运输、储存、转化直到终端使用的氢能体系。因此，在设计和实施氢能发展战略时，要具有综合大系统的理念。要根据氢能终端用户的特点和要求，选择合适的氢能生产、储运和转化的技术路线，降低氢能系统的供能成本。

氢能有望成为21世纪占主导地位的新能源，因此，谁掌握了氢能的应用技术，谁就占领了新能源的战略制高点，就会对经济可持续发展提供可持续的能源供应。鉴于此，世界各国都把氢能的开发和利用作为新世纪的战略能源技术投入大量的人力和物力，这也加快了氢能的商业化应用进程，使氢能作为战略能源早日占据21世纪能源的主导地位，从而促进可持续生态经济在全球早日实现。

思　考　题

1．简述氢气的物理和化学性质。

2．作为21世纪理想的清洁能源，氢能具有哪些优点？氢能利用需要解决的关键问题有哪些？

3．氢气是如何制取的？制氢的原料有哪些？简述常见的工业制氢方法和特点。

4．氢气制备新技术有哪些？与常规制氢方法相比它们有哪些优点？

5．为什么要进行氢气纯化？常见的氢气纯化方法有哪些？

6．氢气是如何储存的？简述常见的氢气储存方式及其特点。

7．什么是金属储氢？简述其储氢原理。

8．理想的储氢材料应满足哪些条件？

9．简述储氢合金的分类和开发现状。

10．常见的非金属储氢材料有哪些？各有什么特点？

11．氢的输送方式有哪些？简述其特点。

12．举例说明氢在现代工业中的应用。

13．简述燃料电池的工作原理、特点和分类。

14．构成燃料电池的关键材料和部件有哪些？简述各部件的主要作用。

15．燃料电池发电系统由哪些部分组成？简述各部分的主要作用。

16．简述质子膜燃料电池的工作原理、特点和应用前景。

17．简述直接甲醇燃料电池的工作原理、优缺点以及需要解决的关键技术难题。

18．燃料电池的技术现状和发展趋势如何？影响燃料电池商业化应用的主要因素有哪些？

19．什么是氢经济？氢能的利用对21世纪能源结构体系将产生哪些影响？

参　考　文　献

[1]　申泮文．21世纪的动力：氢与氢能．天津：南开大学出版社，2000.

[2]　毛宗强．氢能：21世纪的绿色能源．北京：化学工业出版社，2005.

[3]　氢能协会．氢能技术．北京：科学出版社，2009.

[4]　李瑛，王林山．燃料电池．北京：冶金工业出版社，2000.

[5]　陈全世，仇斌，谢起成，等．燃料电池电动汽车．北京：清华大学出版社，2005.

[6]　黄倬，屠海令，张冀强，等．质子交换膜燃料电池的研究开发与应用．北京：冶金工业出版社，2000.

[7]　衣宝廉．燃料电池——原理、技术、应用．北京：化学工业出版社，2003.

[8]　胡子龙，储氢材料．北京：化学工业出版社，2002.

[9]　王长贵，崔容强，周篁．新能源发电技术．北京：中国电力出版社，2003.

[10]　黄素逸，高伟．能源概论．北京：高等教育出版社，2004.

[11]　李传统．新能源与可再生能源技术．南京：东南大学出版社，2005.

第七章　能源利用的环境效应

第一节　能源开发与利用过程中的环境效应

一、地球环境的基本特征

1. 地球环境及其组成

地球自然环境包括人类赖以生存的环境要素，例如空气、阳光、水、土壤、矿物、岩石和生物等，以及由这些要素构成的各圈层，如大气圈、水圈、土壤圈、生物圈和岩石圈，这些要素和圈层构成了人类的生存环境和地理环境。

在茫茫宇宙中，地球是迄今发现存在智能生物的唯一天体。地球环境丰富多样，适合生物的生存和繁衍。比如，地球上存在着大气、陆地和海洋；距地面15～40km处有一个臭氧层，保护着地球不受高能紫外线的侵袭；大气中含有一定数量的CO_2，使地表保持适中的温度，有利于生物的生长；地表上覆盖着一层或厚或薄的土壤，为植物提供营养和生长的基地；甚至地壳的厚度也很适中，它厚到足以把岩浆覆盖在地下足够的深度，又薄到足以维持一定的构造运动和火山活动，使地壳深部和浅部之间保持一定的物质交流。

近年来，人们认为地球的独特性在于它是一个靠生命来捕获、转移和储存太阳辐射能，靠生命活动来驱动地球表层的物质元素循环，靠生命过程来调控并保持其远离天体物理学平衡的开放系统。这就是说，不是地球上“优越”的环境条件创造了生命，而是生命活动创造了今天地球的环境。

2. 地球环境的演变

地球在大约46亿年前形成的时候，是一个炙热的大火球，还没有圈层的分化。地球外面包围着原始大气，主要由H_2、CH_4、NH_3和水蒸气等组成，是一个还原性的大气圈。今天所见的地球各圈层，是经历了亿万年的发育才形成的。水的出现是地球发育史的第一个重大事件。大约在38亿年以前，在某种机制的作用下，地球上出现了水。水分的蒸发和降雨，降低了地表的温度，产生了河流、湖泊和海洋，为地球生命的出现创造了最基本的条件。

地球史上第二个重大事件是生命的出现。尽管对生命起源的机制也有种种不同的看法，但一般都认为生命起源于海洋，因为当时还原性的大气圈还不能向地球提供必要的保护，使之免遭强烈紫外线的袭击。频率高达1022Hz的太阳辐射足以毁灭一切生命，除非这些原始生命处于海洋水层的保护之下。

早期细菌通过发酵作用取得能量，并在生命过程中放出CO_2，逐渐改变了原始大气的组成。到大约20亿年前，出现了更为进化的细菌和蓝藻等生物。从此，开始了一种新的生命过程——光合作用，大气圈中首次出现O_2。

经过大约4亿年的积累，到距今16亿年以前，一个含O_2的大气圈终于形成。性质极其活泼的O_2对大气圈进行了一场“氧革命”，导致还原性的原始大气逐渐向含有CO_2、H_2O和O_3的氧化性大气转化。这一过程不仅进一步改变了大气圈的组成，而且O_3在高空的积累逐渐形成了保护地球的臭氧层，为更高等的海洋生物进化和生命登陆创造了条件。

此后，生物进化的过程加速。12亿年前出现最早的真核细胞，5亿年前出现海洋无脊椎动物，4.5亿年以前，在温暖湿润的河口地带，一种叫做顶囊蕨的植物开始登陆。哺乳类动物出现在2亿年前。今天，大约有500万～5000万种生物组成了五彩缤纷的生物界，构成了包括人类在内的生物圈。

生物的出现，将大气圈中大量的CO_2转移到岩石圈中，形成了大量的碳酸盐岩石，不仅改变了岩石圈的组成，而且生物与岩石风化物的相互作用，在地表上形成了土壤。可见，土壤圈的形成是与生物圈息息相关、互相促进的。地球表层物质和能量的循环、转换是靠生命活动实现的。如果没有生命捕获、转移和储存太阳能，则来自太阳的辐射能将会散失。据粗略估算，地质历史上所有生物的累计总质量是地球质量的1000倍以上；水圈中全部的水每2800年通过生物代谢过程一次；大气圈中的氧气每1000年全部通过生物代谢过程一次。沉积岩中全部的碳都是生物固定的，如果没有生物，就没有石灰岩等碳酸盐岩的形成；如果没有生物吸收人类工业化以来排放的CO_2，则今天大气圈的CO_2将增加1000倍，浓度达到30%以上，在温室效应作用下，地球早已不适合人类和其他一切生物的生存了。

因此，地球的现状是生命参与地质历史过程的结果，地球现在的状态也是靠生命活动调节、控制和维持的。爱护和保护生物圈，就是爱护和保护地球的现在和未来。

二、地球的生态系统

生态系统是一定空间内由生物成分和非生物成分组成的一个生态学功能单位。自然界中生态系统多种多样，大小不一。小至一滴湖水、一条小沟、一个小池塘、一个花丛，大至森林、草原、湖泊、海洋以致整个生物圈，都是一个生态系统。从人类的角度理解，生态系统包括人类本身和人类的生命支持系统——大气、水、生物、土壤和岩石，这些要素也在相互作用构成一个整体，即人类的自然环境。

1. 生态系统的组成

生态系统中包括以下六种组分：

(1) 无机物，包括氮、氧、二氧化碳和各种无机盐等。

(2) 有机化合物，包括蛋白质、糖类、脂类和土壤腐殖质等。

(3) 气候因素，包括温度、湿度、风和降水等，来自宇宙的太阳辐射也可归入此类。

(4) 生产者，指能进行光合作用的各种绿色植物、蓝绿藻和某些细菌。又称为自养生物。

(5) 消费者，指以其他生物为食的各种动物（如植食动物、肉食动物、杂食动物和寄生动物等）。

(6) 分解者，指分解动植物残体、粪便和各种有机物的细菌、真菌、原生动物、蚯蚓和秃鹫等食腐动物。分解者和消费者都是异养生物。

生态系统中的这些组分可分为非生物成分（前三种）和生物成分（后三种）两大类，同时有些生物成分与非生物成分交织在一起。例如，土壤中既含有矿物无机成分，又含有以腐殖质为代表的有机物，是生态系统中物质循环的重要养分库。

2. 生态系统的特点

(1) 具有能量流动、物质循环和信息传递三大功能。生态系统内能量的流动通常是单向的，不可逆转。但物质的流动是循环式的。信息传递包括物理信息、化学信息、营养信息和行为信息，构成一个复杂的信息网。

(2) 具有自我调节的能力。生态系统受到外力的胁迫或破坏，在一定范围内可以自行调节和恢复。系统内物种数目越多，结构越复杂，则自我调节能力越强。

(3) 生态系统是一种动态系统。任何生态系统都有其发生和发展的过程，经历着由简单到复杂，从幼年到成熟的过程。

图 7－1 所示为生态系统中的物质和能量在这四个组分之间的循环和流动过程。

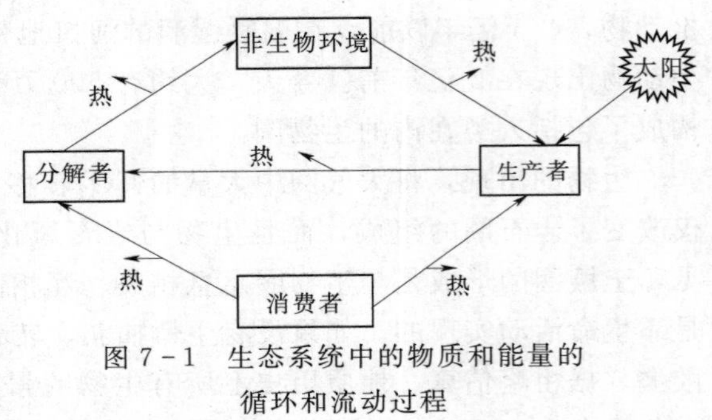

图 7－1　生态系统中的物质和能量的循环和流动过程

3. 生态平衡及其破坏

任何一个正常、成熟的生态系统，其结构与功能，包括其物种组成、各种群的数量和比例以及物质与能量的输出、输入等方面，都处于相对稳定状态。也就是说，在一定时期内，系统内生产者、消费者和分解者之间保持着一种动态平衡，系统内的能量流动和物质平衡在较长时期内保持稳定。这种状态就是生态平衡，又称自然平衡。

在自然状态下，生态系统的演替总是自动地向着物种多样化、结构复杂化、功能完善化的方向发展。如果没有外来因素的干扰，生态系统最终必将达到成熟的稳定阶段。那时生物种类最多，种群比例最适宜，总生物量最大，系统的内稳性最强。

生态平衡是靠一系列反馈机制维持的。物种循环与能量流动中的任何变化，都是对系统发出的信号，会导致系统向进化或退化的方向变化。但是变化的结果又反过来影响信号本身，使信号减弱，最终使原有平衡得以保持。

影响生态平衡的因素既有自然的，也有人为的。自然因素如火山、地震、海啸、林火、台风、泥石流和水旱灾害等常常在短期内使生态系统破坏或毁灭。受破坏的生态系统在一定时期内有可能自然恢复或更新；人为因素包括人类有意识“改造自然”的行动和人类的贪欲与无知、过分地向自然索取，也包括因为对生态系统的复杂机理知之甚少而贸然采取行动造成对生态系统的破坏。

人们迄今所采取的许多行动往往只顾及眼前的和局部的利益，而忽略了长远的和全球的利益，由此造成对生物圈的某些伤害，其中有些严重影响是深远的。

三、能源开发和利用过程的环境效应

人类的活动离不开能量的消耗。人类文明的进步，总是伴随着更多能量形式和能量数量的利用。由于存在一定的主观性，人类利用能源的过程势必对其生存的环境产生一定影响。如果影响的时间和强度在自然环境可自行修复的范围，则对于自然环境尚不至于产生不可逆转的毁灭。但是，如果人类的活动对自然的影响超过了其能够忍受的程度，则对自然环境的影响将会导致自然生态体系不可逆转的破坏和毁灭。而自然生态的破坏，又会反过来威胁人类自身的生存。

自然界可供人类利用的能量形式有多种，如前文所述，包括化石能源（煤炭、石油、天然气）、核能、生物质能、水能、风能、太阳能、地热能和海洋能等，有些能源的利用对环境的影响比较小，而有些能源的利用对环境会产生较大的危害。

（一）化石能源

化石能源通常是指煤炭、石油、天然气，是人类利用最早、当前人类利用数量最多的能量形式之一，化石能源占一次能源的比例为90%。从能量利用的角度，化石能源都是通过燃烧过程来利用的。通常化石能源都位于地表以下，所以化石能源从开采到利用过程都会对环境产生显著影响。

1. 煤炭的开采和利用

在化石能源中，煤炭的利用历史最长。绝大部分煤炭位于较深的地层，通过开挖矿井至煤层，将地下的煤炭运至地面。煤田区的集中大量开采会造成原有的地质结构、地下水系的改变，使得地下水位下降，泉水枯竭。同时，煤炭的开采还会造成地面塌陷、水土流失等问题。

煤炭从矿井开采出，到各个用户都要通过公路、铁路及水路运输，运输过程都会造成一定程度的粉尘污染。

煤炭作为能源，基本是原煤（或加工成煤粉）直接燃烧，煤炭中的一些有毒有害的物质，比如，每燃烧1t煤，会生成约20kg的SO_2。SO_2会随着燃烧后的烟气进入大气，以气态形式危害动、植物的健康，或进一步形成酸雨污染水体、土壤，对生态环境造成破坏。煤燃烧过程还会生成NO_x，与SO_2相同，NO_x也会以气态和酸雨的形式污染环境。煤炭燃烧也会生成颗粒物污染，会直接或间接导致大气能见度降低、酸雨、全球气候变化、臭氧层破坏等环境问题。尤其是粒径很小的所谓可吸入颗粒物，很难被常规的除尘装置捕获，已是导致人类死亡率上升的重要因素。煤炭燃烧同时又有微量有害元素的污染，比如汞、砷、镉、铯、锶等有毒有害的元素大部分富集在固体颗粒中，通过可吸入颗粒危害人类和其他动物的健康。

煤炭燃烧后主要的气态产物是CO_2，CO_2是温室效应的主要贡献者。由于温室效应，将造成全球气候的变化以及生态平衡的破坏。

2. 石油的开采和利用

石油也需要通过海上和陆上的油井从地下采出。在石油钻探、开采、提炼、运输和使用过程中，都有一部分石油流失到周围环境中，污染海洋环境，危害海洋生态。尽管作为化石能源之一的石油，通常不是直接燃烧，而是经过石油精炼，得到不同的石油产品，一般是煤油、汽油、柴油用于发动机燃烧。燃料油虽然比燃煤清洁，但是燃烧过程仍有NO_x、可吸入颗粒物生成，同时一部分燃油仍含铅，它们都会随燃烧后的烟气排入大气。由于发动机大多为移动源，治理难度大。

3. 天然气的开采和利用

天然气在化石能源中属于最清洁的燃料，在开采和使用中对环境的影响都比较小。由于天然气的成分主要是CH_4，以及少量的C_mH_n、CO和N_2，所以燃烧后生成的有害物质少，同时单位热量释放出的CO_2比较低。

（二）核能

在一次能源中，人类利用核能的历史比较短，仅有几十年的时间。前面已经详述，核能具有很多优点，发电成本低于燃煤发电，减少了温室气体和污染气体的排放。发展核能技术，尽管在反应堆方面已有了安全保障，但核废料的最终处理问题并没有完全解决，在数百万年里仍将保持有强的放射性，这是核污染的潜在威胁。而一旦核电站发生核泄漏，将对局部环境带来灾难性的危害。

（三）生物质能

生物质能是人类利用的最早的一次能源。从一次能源是否可再生，生物质能属于可再生能源，可以通过直接燃烧或热解、气化等方式获得能量。由于生物质能的可再生性，以及可以实现能量利用过程中C的循环，即燃烧过程释放出的CO_2又通过生物质生长过程的光合作用吸收，不会因为能源的使用造成大气中CO_2含量的增加，所以，生物质能又称为绿色能源。

（四）水能

水能也是人类利用最早的一次能源，也属于可再生能源。在早期，人类利用水能的规模很小，主要利用水流的动能带动简单机械，对环境几乎没有影响。现在水能的利用目的是大规模的发电，所以需要进行大规模的水利设施的建设，比如大型水坝。大型水坝的建设，形成了大型的水库，可能造成地面沉降、诱发地震；水坝的建立改变了江河的自然流动方式，会造成上下游生态系统显著变化、地区性疾病（如血吸虫病）蔓延、土壤盐碱化、野生动植物灭绝和水质发生变化等。大规模利用水能发电对于环境影响的显现，或许需要在相当长的时间才能证实，因此需要充分的论证。

（五）风能

尽管人类利用风能的历史也比较长，但是，直到最近几十年才开始大规模利用风能发电。风能也属于可再生的一次能源，由于太阳的辐射热引起。在风能条件适宜的场合，风能的利用对环境几乎没有影响，但是在风电场的选址时，要考虑避开鸟类的栖息地、迁徙路线及文化古迹区。

（六）太阳能

太阳能是可再生能源，既可以直接使用其热能，比如集热器、热水器、建筑采暖和干燥等，也可以通过光电转换发电。其实人类居住地球的许多能量形式都与太阳能有关。目前，大规模利用太阳能发电的方法，对于环境没有不良的危害。

（七）地热能

地热能属于可再生能源，与燃煤电站比较，可以减少污染物及CO_2的排放，占地面积小。地热的开发利用可能引起地面下沉，使地下水或地表水受到氯化物、硫酸盐、碳酸盐等的污染，水质发生变化等。

（八）海洋能

海洋面积占地球表面积的71%，海洋中蕴藏着多种能量形式，比如潮汐、波浪、海洋温差、海洋盐差和海流能等。潮汐电站的建设需要建立拦潮水库，会改变潮差和潮流、海水温度和水质。水库可为养殖提供条件，也会对地下水和排水带来不利影响，同时会对鸟类栖息环境、水生生态产生不利影响。对于海洋温差电站而言，由于需要大量的抽取冷水，可能会对鱼卵、幼鱼及成鱼造成伤害，改变当地的生态系统，危及珊瑚，还可能影响到海区的温度、盐度、海流或气候等大尺度的海洋过程。

综上所述，大多数能源的利用对环境都有一定程度的影响。对于产生明确污染物的能源，需要积极采取治理措施，或采取考虑资源、环境、生态综合因素的能源利用方式；而对那些对环境的影响上不明确的能源，则需要精心论证，慎重决策，避免环境的不可逆危害。

第二节　全球的主要环境问题

一般说来，能源的消耗与经济的发展水平一致。而对于能源的消耗所引起的污染程度，不同的国家和地区间有差异。但是，由于人类不节制的消耗对环境有害的能源造成的一些环境问题，则是全人类都必须面对的，这就是气候变化、臭氧层破坏、生物多样性锐减及海洋污染等。

一、气候变化

气候是与人类的生活息息相关的一个重要的自然因素。气候实际上是指包括温度、湿度和降水等在内的综合信息。因此，地球气候系统是一个涉及阳光、大气、陆地和海洋等内容十分丰富的系统。地球经过漫长的地质年代的自然演变，发展成适宜人类生存的环境体系，气候也是其中的要素之一。

自从地球上出现人类，人类的活动都会对其生存的环境产生一定影响。在人类的早期，人类活动对于自然的影响很有限，尚没有超过自然的承受能力，所以在相当长的时间内，地球的环境是稳定的，包括气候。

（一）气候变化

对全球气候未来可能的变化趋势，全球政府间气候变化委员会（IPCC）的科学家依据迄今取得的研究成果进行了预测，1850～2100年的时间范围内，设计了四种不同的方案，并模拟了温度的预期变化，如图7－2所示。A方案是温室气体排放无控状态，即对目前的温室气体排放不加任何限制，所有的工业活动照常进行；B方案中，目前大范围的毁林将被禁止，天然气被广泛地用于取代煤炭，并采取必要的节能措施；C方案和D方案则分别设计了更为严格的控制措施，并不同程度地采用可再生能源（如太阳能、风能等）代替化石燃料（煤、石油和天然气）。从图7－2中可以看到，方案A中，全球的平均气温每十年将升高0.2～0.5℃，到2100年全球地面的平均气温上升3～5℃。

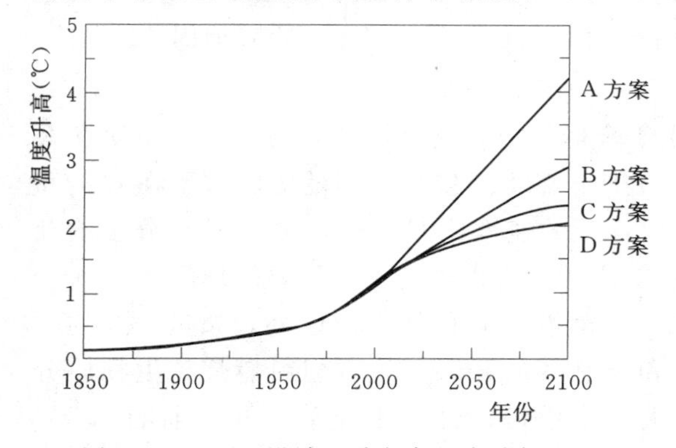

图7－2　IPCC设计四种方案的全球气温预测

需要指出的是，虽然以上数据变化似乎并不惊人，然而这些数据是全球的平均水平，气温、降水和海平面高度及其变化速率在全球的分布并不均匀，在地球的某些地区会在短时间内发生急剧的气候变化，如高温天气、飓风暴雨等极端天气的频率增多等，温度升高导致冰川融化，海平面上升，更会引起巨大的环境、经济和社会冲击。

（二）气候变化的人为因素

在地球的大气层中，除了N_2和O_2，还有少量H_2O和CO_2等其他气体。地球表面会向宇宙辐射能量，H_2O 和 CO_2 等气体可以吸收地球的这种红外辐射，而这些气体对于太阳辐射却是透明的，即太阳辐射可以穿过这些气体到达地球，这被称为天然温室效应，具有温室效应的气体称为温室气体。如果地球没有现在的大气层，那么地球的表面温度将比现在低 33℃，在这样的条件下人类和大多数动、植物将面临生存的危机。因此，正是大气层的温室效应造成了对地球生物最适宜的环境温度，从而使得生命能够在地球上生存和繁衍。

然而，由于人类在自身发展过程中对能源的过度使用和自然资源的过度开发，造成大气中 CO_2 等温室气体的浓度以极快的速度增长，使得温室效应不断强化，地球的吸热与散热就需要重新建立新的平衡，地球表面的温度就会增加，从而引起全球气候的改变。

以下对造成温室效应主要气体成分及原因作一简单介绍。

1. CO_2 气体

CO_2 是大气中丰度仅次于 N_2、O_2 和惰性气体的物质，是主要的温室气体之一。世界各地的观测都表明，CO_2 的全球浓度上升十分显著。CO_2 的浓度变化是工业革命以后大气组成变化的一个十分突出的特征，其根本原因在于人类生产和生活过程中矿石燃料的大量使用。据估算，化石燃料燃烧所排放的 CO_2 占排放总量的 70%。1850 年工业革命后，人类活动使大气中 CO_2 体积分数由 0.028%增加到 1991 年的 0.0383%，100 多年来增长了20%～30%。到 21 世纪中叶，化石燃料仍然是人类的主要能源，而且需求还将增加，大气中的 CO_2 体积分数将达到 0.056%以上。大气中 CO_2 增加的另一个原因是陆地植物系统的破坏。据科学家估算，全球绿色植物每年能吸收 285×10^9 t 的 CO_2，其中森林就可吸收其中的 42%。热带雨林的破坏，使大气层每年增加 17×10^9 t 的 CO_2，这个数字相当于世界燃烧放出的 CO_2 的总量，所以森林在地球上以极快的速度消失是导致全球性气温升高的又一个重要原因。

2. 甲烷（CH_4）

CH_4 是大气中浓度最高的有机化合物，由于全球气候变化问题的日益突出，甲烷在大气的浓度变化也受到越来越密切的关注。研究表明，CH_4 对红外辐射的吸收带不在 CO_2 和 H_2O 的吸收范围之内，而且 CH_4 在大气中浓度增长的速度比 CO_2 快，单个 CH_4 分子的红外辐射吸收能力超过 CO_2。因此，CH_4 在温室效应的研究中占有十分重要的地位。

目前全球甲烷每年排放约 5.5×10^8 t，除了天然湿地等自然来源以外，超过 2/3 的大气 CH_4 来自与人为活动有关的源，包括煤矿和天然气的开采、化石燃料燃烧、生物质分解、动物反刍和垃圾填埋等。这些因素使得大气中甲烷已经从工业革命开始前的 0.7×10^{-6} 增长到 1992 年的 1.7×10^{-6}，增加了将近 150%，而且正以每年 1%～2%的速度增加。

3. 氧化亚氮（N_2O）

N_2O 是低层大气含量最高的含氮化合物。N_2O 主要来自于天然源，也就是土壤中的硝酸盐经细菌的脱氮作用而生成。N_2O 主要的人为来源是农业生产（如含氮化肥的使用）、工业过程（如己二酸和硝酸的生产）及燃烧过程等。由于 N_2O 在大气中具有很长的化学寿命（大约 120 年），因此，N_2O 在温室效应中的作用同样引起人们广泛的关注。

4. 氟利昂及替代物

氟利昂是一类含氟、氯烃化合物的总称，其中最重要的物质是 CFC－11（$CFCl_3$）、

CFC—12 (CF_2Cl_2)。这些物质被广泛地用于制冷剂、喷雾剂、溶剂清洗剂、起泡剂和烟丝膨胀剂等，大气中的氟利昂全部来自它们的生产过程。氟利昂的大气寿命很长，而且对红外辐射有显著的吸收作用。因此，它们在温室效应中的作用不容忽视。

5. 氟化物

全氟代甲烷（CF_4、CF_3CF_3等）和六氟化硫（SF_6）等化合物因为在大气中的寿命极长（一般超过千年），同时具有极强的红外辐射吸收能力，SF_6也被列入温室气体之一。CF_4和CF_3CF_3是工业铝生产过程中的副产品，SF_6是主要用于大型电气设备中的绝缘流体物质。这些物质全部来源于人类的生产活动，而它们一旦进入大气就会在大气中积累起来，对地球的辐射平衡产生越来越严重的影响。有数据表明，SF_6的大气浓度水平几乎呈直线上升的趋势。

6. 臭氧

大气中的臭氧主要阻挡更多的太阳紫外线辐射到达地表，同时对地表又起降温作用；另外，臭氧同时又是温室气体。前些年由于臭氧层遭到氟利昂破坏，通过采用氟利昂替代物，对臭氧层的破坏减小，但替代物却具有显著的全球增温能力。

7. 颗粒物

颗粒物在大气中普遍存在，在全球辐射平衡中起着重要的作用。大气中的颗粒物通过两种方式影响气候：一是颗粒物的光散射和光吸收作用产生的所谓直接效应；二是参加成云过程影响云量、云的反照率和云的大气寿命，造成间接效应。大规模的火山爆发可以把大量的气溶胶，尤其是硫酸盐气溶胶送入平流层，从而使得更大量的太阳辐射被反射回太空，造成地表降温。在对流层中，粒径在 0.1～2μm 的颗粒物可以有效地反射太阳辐射，而这样粒径的粒子对地球的红外辐射没有有效的作用。由于大气中存在水汽和其他化学组分，细粒子有可能会长大，其光反射的性质也会随之发生变化。另外气溶胶中的炭黑因对太阳辐射具有强烈的吸收作用，故对地球大气系统产生增温的效果；而硫酸盐气溶胶的增加，由于其光反射作用，则会导致地面的降温。对流层中气溶胶一方面来自自然的原因，另一方面来自人类活动的（燃烧过程），一般寿命短，在大气中仅停留几天的时间，其空间的分布范围大约在几百到上千公里。因此，在目前的全球气候模式中，气溶胶的影响尚不确定。

8. 森林覆盖率

人类在追求经济发展高速度的同时，也改变了地球表面的自然面貌。如对森林树木无节制的滥砍滥伐，导致全球森林覆盖率的下降，尤其是热带雨林的衰退。这虽然有可能增加地球表面对阳光的反射，但是由于植被的减少，全球总的光合作用将减小，从而增加了CO_2在大气中的积累。同时，植被系统对水汽的调节作用也被减弱，这也是引起气候变化的重要因素。

（三）气候变化可能导致的影响

1. 对人体健康的影响

气候变化会导致极热天气频率的增加，使得由于心血管和呼吸道疾病的死亡率增高，尤其是对老人和儿童；传染病（疟疾、脑膜炎等）的频率由于病原体的更广泛传播而增加。

2. 对水资源的影响

温度的上升导致水体挥发和降雨量的增加，从而可能加剧全球旱涝灾害的频率和程度，并增加洪灾的机会。

3. 对森林的影响

森林树种的变迁可能跟不上气候变化的速率；温度的上升还会增加森林病虫害和森林火灾的可能性。

4. 对沿海地区的影响

海平面的上升会对经济相对发达的沿海地区产生重大影响。据估计，在美国海平面上升 50cm 的经济损失为 300 亿～400 亿美元；同时，海平面的上升还会造成大片海滩的损失。

5. 对生物物种的影响

很多动、植物的迁徙将可能跟不上气候变化的速率；温度的上升还会使全球一些特殊的生态系统（如常绿植被、冰川生态等）及候鸟、冷水鱼类的生存面临困境。

6. 对农业生产的影响

由于气候变化，某些地区的农业生产可能会因为温度上升，农作物产量增加而受益，但全球范围农作物的产量和品种的地理分布将发生变化；农业生产可能必须相应改变土地使用方式及耕作方式。

上述影响，在一定程度上正在产生。尽管我们对全球气候变化的本质、趋势和程度的认识还不确定，但我们必须着眼于现在，采取有效措施，控制全球气候的变化。1992 年 6 月，有 154 个国家参加的联合国环境与发展大会在巴西里约热内卢召开，会议通过了《气候变化框架公约》。1997 年 12 月在日本京都，170 多个国家的政府首脑聚集在一起，就人类密切关注的全球气候变化的问题达成了一个世界性的协议——《京都议定书》，希望在气候变化导致严重后果发生之前，采取一致的行动，控制气候变化的发展趋势。

二、臭氧层破坏

（一）臭氧层

大气中 90%的臭氧位于平流层中，平流层中的臭氧进行着生成和消耗过程。其反应机理（Chapman，1930 年）如下：

来自太阳的高能紫外辐射（$\lambda>240$ nm）可使高空中的氧气分子分解为两个氧原子式（7－1），即

$$O_2 + hv \longrightarrow O + O \tag{7-1}$$

这个反应产生的氧原子具有很强的化学活性，能很快与大气中含量很高的 O_2 发生进一步的化学反应，生成臭氧分子式（7－2），即

$$O_2 + O \longrightarrow O_3 \tag{7-2}$$

生成的臭氧分子在平流层也能吸收紫外辐射并发生光解式（7－3），即

$$2O_3 + hv \longrightarrow 3O_2 \tag{7-3}$$

平流层臭氧更重要的去除途径是催化反应机制式（7－4）～式（7－6），即

$$Y + O_3 \longrightarrow YO + O_2 \tag{7-4}$$

$$YO + O \longrightarrow Y + O_2 \tag{7-5}$$

$$O_3 + O \longrightarrow 2O_2 \tag{7-6}$$

式中：Y 主要是指平流层中的奇氮（NO、NO_2）、奇氢（OH、HO_2）和奇氯（Cl、

ClO）等。

自然条件下，大气中的臭氧按以上的机理形成了一个较为稳定的臭氧层，这个臭氧层的高度在距离地球表面15～25km处。如果在0℃下，沿着垂直于地表的方向将大气中的臭氧全部压缩到一个标准大气压，那么臭氧层的总厚度只有3mm左右。这种用从地面到高空垂直柱中臭氧的总层厚来反映大气中臭氧含量的方法叫做柱浓度法，采用多布森单位（D. U.）来表示，正常大气中臭氧的柱浓度约为300D. U.。生成的臭氧对太阳的紫外辐射有很强的吸收作用，有效地阻挡了对地表生物有伤害作用的短波紫外线。因此，实际上可以说，直到臭氧层形成之后，生命才有可能在地球上生存、延续和发展，臭氧层是地表生物的“保护伞”。当人为的原因打破自然的平衡后，臭氧层就会发生破坏。

（二）臭氧层的破坏

近30年来，人们逐渐认识到平流层大气中的臭氧正在遭受着越来越严重的破坏。1985年，英国科学家Farmen等在总结南极哈雷湾观测站自1975年的观测结果时，发现从1975年以来南极每年早春总臭氧浓度的减少超过30%，如此惊人的臭氧减弱引起了全世界极大的震动。

进一步的测量表明，在过去10～15年间，每到春天南极上空的平流层臭氧都会发生急剧的大规模的耗损，极地上空臭氧层的中心地带，近95%的臭氧被破坏。从地面向上观测，高空的臭氧层已极其稀薄，与周围相比像是形成了一个“洞”，直径上千公里，“臭氧洞”就是因此而得名的。

臭氧洞被定义为臭氧的柱浓度小于200D.U.，即臭氧的浓度较臭氧洞发生前减少超过30%的区域。臭氧洞可以用一个三维的结构来描述，即臭氧洞的面积、深度及延续的时间。观测结果表明，臭氧洞的面积和持续时间都在逐年加大。

进一步的研究和观测还发现，臭氧层的损耗不只发生在南极，在北极上空和其他中纬度地区也都出现了不同程度的臭氧层损耗现象。实际上，尽管没有在北极发现类似南极洞的臭氧损失，但科学研究发现，北极地区在一月至二月的时间，16～20km高度的臭氧损耗约为正常浓度的10%，北纬60°～70°范围的臭氧柱浓度的破坏为5%～8%。

（三）臭氧层破坏的原因

臭氧层的破坏原因被曾有过三种不同的解释，一种认为，南极臭氧洞的发生是因为对流层中低臭氧浓度的空气传输到达平流层，稀释了平流层臭氧的浓度；第二种解释认为，南极臭氧洞是由于宇宙射线导致高空生成氮氧化物的结果；第三种解释认为，人工合成的一些含氯和含溴的物质是造成南极臭氧洞的元凶，最典型的是氟氯碳化合物即氟利昂（CFCs）和含溴化合物哈龙（Halons）。最后第三种观点得到证实，氯和溴在平流层通过催化化学过程破坏臭氧是造臭氧层破坏的根本原因。

（四）臭氧层破坏的危害

由于臭氧层破坏导致紫外线辐射增加可能导致的危害有以下几个方面。

1. 对人体健康的影响

太阳紫外线的增加对人类健康有严重的危害作用。潜在的危险包括引发和加剧眼部疾病、皮肤癌和传染性疾病。对有些危险，如皮肤癌已有定量的评价，但其他影响目前尚不确定。

实验证明紫外线会损伤角膜和眼晶体，如引起白内障、眼球晶体变形等。据分析，平流层臭氧减少1%，全球白内障的发病率将增加0.6%～0.8%，全世界由于白内障而引起失明的人数将增加10000～15000人；如果不对紫外线的增加采取措施，从现在到2075年，紫外线辐射的增加将导致大约1800万例白内障病例的发生。

紫外线增加能明显地诱发人类常患的皮肤疾病。研究结果显示，若臭氧浓度下降10%，非恶性皮肤瘤的发病率将会增加26%。另外一种恶性黑瘤是非常危险的皮肤病，对浅肤色的人群，特别是儿童尤其严重。

人体研究结果也表明，长期暴露于强紫外线的辐射下，会导致细胞内的DNA改变，人体免疫系统的机能减退，人体抵抗疾病的能力下降。使许多发展中国家本来就不好的健康状况更加恶化，大量疾病的发病率和严重程度都会增加，尤其是包括麻疹、水痘、疱疹等病毒性疾病，疟疾等通过皮肤传染的寄生虫病，肺结核和麻风病等细菌感染及真菌感染等疾病。

2. 对陆生植物的影响

对陆生生态系统，紫外线增加会改变植物的生成和分解，进而改变大气中重要气体的吸收和释放。例如，在强烈紫外线照射下，地表落叶层的降解过程被加速。植物的初级生产力随着紫外线辐射的增加而减少，但对不同物种和某些作物的不同栽培品种来说影响程度是不一样的。臭氧层损耗导致紫外线辐射的增加对植物的危害的机制目前尚不完全清楚，在已经研究过的植物品种中，超过50%的植物有来自紫外线辐射的负影响，比如豆类、瓜类等作物，另外某些作物如土豆、番茄、甜菜等的质量将会下降。

3. 对水生生态系统的影响

海洋浮游植物并非均匀分布在世界各大洋中，通常高纬度地区的密度较大，热带和亚热带地区的密度要低10～100倍。除可获取的营养物、温度、盐度和光外，在热带和亚热带地区普遍存在的阳光紫外线含量过高的现象也在浮游植物的分布中起着重要作用。

有足够证据证实天然浮游植物群落与臭氧的变化直接相关。对臭氧洞范围内和臭氧洞以外地区的浮游植物生产力进行比较的结果表明，浮游植物生产力下降与臭氧减少造成的紫外线辐射增加直接有关。由于浮游生物是水生生态系统食物链的基础，浮游生物种类和数量的减少会影响鱼类和贝类生物的产量。据另一项科学研究的结果，如果平流层臭氧减少25%，浮游生物的初级生产力将下降10%，这将导致水面附近的生物减少35%。

此外，研究发现紫外线辐射对鱼、虾、蟹、两栖动物和其他动物的早期发育阶段都有危害作用。最严重的影响是导致其繁殖力下降和幼体发育不全。因而，当其照射量略有增加就会导致消费者生物的显著减少。

对水生生态系统的作用直接造成水生生态系统中碳循环、氮循环和硫循环的影响。

4. 对材料的影响

紫外线辐射的增加会加速建筑、喷涂、包装及电线电缆等所用材料，尤其是高分子材料的降解和老化变质。特别是在高温和阳光充足的热带地区，这种破坏作用更为严重。由于这一破坏作用造成的损失估计全球每年达到数十亿美元。紫外线辐射的增加无论是对人工聚合物，还是天然聚合物以及其他材料都会产生不良影响，加速它们的光降解，从而限制了它们的使用寿命。

5. 对对流层空气质量的影响

平流层臭氧的变化对对流层的影响是一个十分复杂的科学问题。一般认为，平流层臭氧减少的一个直接结果是使到达低层大气的紫外线辐射增加。紫外线辐射的增加会促进对流层臭氧和其他相关的氧化剂如过氧化氢（H_2O_2）等的生成，使得一些城市地区的臭氧超标率大大增加。与这些氧化剂的直接接触会对人体健康、陆生植物和室外材料等产生各种不良影响。H_2O_2浓度的变化可能会对酸沉降的地理分布带来影响，结果是污染向郊区蔓延，清洁地区的面积越来越少。

紫外线辐射的增加还会引起对流层中一些控制着大气化学反应活性的重要微量气体的光解速率将提高，其直接的结果是导致大气中重要自由基浓度如 OH 基的增加。OH 自由基浓度的增加意味着整个大气氧化能力的增强。由于 OH 自由基浓度的增加会使甲烷和 CFCs 替代物如 HCFCs 和 HFCs 的浓度成比例的下降，从而对这些温室气体的气候效应产生影响。

此外，对流层反应活性的增加还会导致颗粒物生成的变化。目前对这些过程了解的还不十分清楚，平流层臭氧的减少与对流层大气化学及气候变化之间复杂的相互关系有待进一步揭示。

三、生物多样性锐减

（一）生物多样性

生物多样性是指地球上所有生物——动物、植物和微生物及其所构成的综合体。生物多样性通常包括三个层次：生态系统多样性、物种多样性和遗传多样性。

1. 生态系统多样性

生态系统多样性是指生物群落和生境类型的多样性。地球上有海洋、陆地，有山川、河流，有森林、草原，有城市、乡村和农田，在这些不同的环境中，生活着多种多样的生物。实际上，在每一种生存环境中的环境和生物所构成的综合体就是一个生态系统。生态系统的主要功能是物质交换和能量流动，它是维持系统内生物生存与演替的前提条件。保护生态系统多样性就是维持了系统中能量和物质流动的合理过程，保证了物种的正常发育和生存，从而保持了物种在自然条件下的生存能力和种内的遗传变异度。因此，生态系统多样性是物种多样性和遗传多样性的前提和基础。

2. 物种多样性

物种多样性是指动物、植物、微生物物种的丰富性。物种是组成生物界的基本单位，是自然系统中处于相对稳定的基本组成成分。一个物种是由许多种群组成，不同的种群显示了不同的遗传类型和丰富的遗传变异。

对于某个地区而言，物种数多则多样性高，物种数少则多样性低。自然生态系统中的物种多样性在很大程度上可以反映出生态系统的现状和发展趋势。通常，健康的生态系统往往物种多样性较高，退化的生态系统则物种多样性降低。物种多样性所构成的经济物种是农、林、牧、副、渔各业所经营的主要对象，它为人类生活提供必要的粮食、医药，特别是随着高新技术的发展，许多生物的医用价值将不断被开发和利用。

3. 遗传多样性

遗传多样性是指存在于生物个体内、单个物种内及物种之间的基因多样性。物种的遗传组成决定着它的性状特征，其性状特征的多样性是遗传多样性的外在表现。通常所谓的

"一母生九子，九子各异"，指的是同种个体间外部性状的不同，所反映的是内部基因多样性。任何一个特定的个体和物种都保持有大量的遗传类型，可以被看作单独基因库。

基因多样性包括分子水平、细胞水平、器官水平和个体水平上的遗传多样性。其表现形式是在分子、细胞和个体三个水平上的性状差异，即遗传变异度。遗传变异度是基因多样性的外在表现。基因多样性是物种对不同环境适应与品种分化的基础。遗传变异越丰富，物种对环境的适应能力越强，分化的品种、亚种也越多。基因多样性是改良生物品质的源泉，具有十分重要的现实意义。

遗传多样性是农、林、牧、副、渔各行业中的种植业和养殖业选育优良品种的物质基础。

（二）全球生物多样性锐减

1. 生态系统多样性的锐减

生态系统多样性的锐减主要是各类生态系统的数量减少、面积缩小和健康状况的下降。

生态系统多样性的主要威胁是野生动、植物栖息地的改变和丢失，这一过程与人类社会的发展密切相关。在整个人类的历史进程中，栖息地的改变经历了不同的速率和不同的空间尺度。在中国、中东地区、欧洲和中美地区，栖息地的改变大约经历了1万年，改变过程较慢。在北美，栖息地的改变较为迅速，从东到西横跨整个大陆的广大地区，栖息地的改变只经历400余年。热带栖息地的改变主要发生在20世纪后半叶。目前，热带森林、温带森林和大平原及沿海湿地正在大规模地转变成农业用地、私人住宅、大型商场和城市。

栖息地的改变与丢失意味着生态系统多样性、物种多样性和遗传多样性同时丢失。例如，热带雨林生活着上百万种尚未记录的热带无脊椎动物物种，由于这些生物类群中的大多数具有很强的地方性，随着热带雨林的砍伐和转化为农业用地，很多物种可能随之灭绝。比如，中国的大熊猫从中更新世到晚更新世的长达70万年的时间内曾广泛分布于我国珠江流域、华中长江流域及华北黄河流域。由于人类的农业开发、森林砍伐和狩猎等活动的规模和强度的不断加大，大熊猫的栖息地现在只局限在几个分散、孤立的区域，栖息地的碎裂化直接影响到大熊猫的生存。

2. 物种多样性锐减

自从大约38亿年以前地球上出现生命以来，就不断地有物种的产生和灭绝。物种的灭绝有自然灭绝和人为灭绝两种过程。

物种的自然灭绝是一个按地质年代计算的缓慢过程，由于生物之间的竞争、疾病、捕食等长期变化以及随机的灾难性环境事件，例如，大陆的沉降、漂移，冰河期，大洪水等使生活在地球上的人类和生物遭受毁灭性打击。在2.5亿年前，出现了一次规模和强度最大的物种灭绝，估计当时海洋中95%的物种都灭绝了。在6500万年前的白垩纪末期，很多爬行类动物，如恐龙、翼手龙等灭绝了。与此同时，约有76%的植物物种和无脊椎动物物种也灭绝了。

物种的人为灭绝是伴随着人类的大规模开发产生的，大约在更新世后期，世界各地同时发生了大型动物灭绝事件。这些大规模的灭绝事件，多数与大规模殖民化相关联。这些土地原先是没有人居住的，野生动物自由的生活。殖民化后，人口数量的增加，过度狩猎，超过了野生动物的繁殖速率，野生动物经不起人类突然的捕杀和栖息地的变化，导致许多大型动物的灭绝。尤其是当今人类活动的干扰大大加快了物种灭绝的速度和规模。有记录的人为灭绝的物种多集中于个体较大的有经济价值的物种，本来这些物种是潜在的可更新资源，由于人类过度地猎杀、捕获，导致了许多物种的灭绝和资源丧失。世界各国已经注意到，生物多样性的大量丢失和有限生物资源的破坏已经和正在直接或间接地抑制经济的发展和社会的进步。

物种多样性的丢失涉及物种灭绝和物种消失两个概念。物种灭绝是指某一个物种在整个地球上丢失；物种消失是一个物种在其大部分分布区内丢失，但在个别分布区内仍有存活。物种消失可以恢复，但物种灭绝是不能恢复的，造成全球生物多样性的下降。

四、海洋污染

地球上海洋面积占地球总面积的70%，海洋以其巨大的容量消纳着一切来自自然源和人为源的污染物。随着人为活动的加剧，海洋已经遭受日益严重的人为污染。

（一）海洋石油污染

石油的大规模开采和应用始于20世纪。在陆地开采石油的同时，逐渐开始在海上进行开采。在石油钻探、开采、提炼、运输和使用过程中，都有一部分石油流失到周围环境中。其中以大型油轮事故最为引人瞩目，30年来几乎每年都有此类恶性事故发生。

油轮吨位越大，经济效益越高。所以，大型油轮失事以后，常常流失原油几万吨至几十万吨。例如，1968年Torrey Canyon号在英国海岸失事，流失原油约10^5 t；1978年Amoco Cadiz号在法国失事，流失原油2×10^4 t等。原油的泄漏使附近海域的水生生物、海鸟和海滩旅游业蒙受极大损失。目前世界所需石油的2/3经海路运输，经常运行在航道上的油轮达7000艘。每年在海运过程中流失的石油估计达1.50×10^5 t，其中约1/3是在正常作业过程中流失的，如卸压仓水、洗船舱、卸油等作业。除了明显的油膜污染，低浓度分散的可溶性石油组分则已遍布海洋的每个角落。

近年来发展起来的近海采油平台及输油管的泄漏，以及陆地上所排放与挥发的一切油品最终也将进入海洋。据联合国环境规划署报告，进入海洋的石油为$200\sim2000\times10^4$ t/a，按保守的估计，每生产1000 t原油就有1t散失到海洋之中。

（二）海洋石油污染的危害

1. 光合作用降低

不透明的油膜降低了海洋藻类光合作用的效率，一方面，使海洋产氧量减少。据估计，海洋中主要因藻类光合作用所放出的氧气占全球产氧量的1/4。另一方面，藻类生长阻滞也影响其他海洋生物的生长与繁殖，对整个海洋生态系统产生影响。

2. 海面浮油富集有害物质

海面浮油富集了分散于海水中的DDT、狄氏剂、毒杀芬等农药和聚氯联苯等，浮油可从海水中把这些毒物浓集到表层，对浮游生物、甲壳类动物和鱼苗直接触杀，或影响其生理、繁殖与行为。石油中有些组分类同于一些海洋生物的化学信息。许多鱼、鳖、虾、蟹的行为，如觅食、归巢、交配、迁徙等，均依靠某些烃类传递信息。试验证明，十亿分之几的煤油可以使龙虾离开天然觅食场所游向溢油区。因石油污染造成的这种假信息泛滥对海洋生物的影响也是极其有害的。石油溢出后，海鸟羽毛的功能损害，使体温降低，其游泳、潜水和飞翔能力变差，最后冻饿而死，每年死于石油污染的海鸟以十万计。

3. 有害物质被食物链浓缩

海面浮油所富集的有害物质，经过食物链的浓缩，最后进入人类食物的有毒、有害物质含量增加。据分析，污染海域鱼、虾及海参体内苯并芘（致癌物）浓度明显增高。

海洋污染是一种全球性污染现象，南极企鹅体内脂肪中已检出DDT，说明污染影响范围之广，而石油污染加剧了这种情况，因而需要给予足够的关注。

第三节　中国的主要环境问题

一、中国环境问题的特点

自从1949年开始恢复经济建设，头30年，由于建设的规模有限，对环境的影响尚不十分明显。而大规模经济建设开始后的30年，经济建设对环境的影响很快的凸显。在人民生活显著提高的同时，也付出了沉重的环境代价，环境压力越来越明显。由于中国独特的国情，中国的环境问题又表现出自身的特点。

1. 人口压力

中国是世界上人口最多的国家，2000年11月1日第五次人口普查的数据表明，目前中国人口数量已达13亿。人生存，要发展，势必需要消耗能源，从而要对环境产生影响。与发达国家比较，尽管当前中国人均消费的能源还不高，但是由于庞大的人口基数的原因，对环境的压力仍然很大。除此之外，人均耕地、森林、草原、水面等资源也非常紧张，而这些因素又将加剧环境的恶化。

2. 不合理的工业企业构成

经过几十年的发展，中国的工业技术水平有了长足的进步，但是发展极不平衡，还有相当多的中小企业。由于这种工业数量多、布局混乱、产品结构不合理、技术装备差、经营管理不善、资源和能源消耗大、绝大部分没有防止污染的设施，使污染危害变得更为突出和难以防范。可以说是中国所特有的环境问题，它使中国的环境污染由点到面，由城市向农村蔓延。

3. 以煤为主的一次能源构成

由于资源和经济实力制约，多年来中国的一次能源一直以煤炭为主，煤炭在一次能源中所占的比例高达70%，而煤炭的直接燃烧带来了一系列的环境污染，如可吸入颗粒物、废渣、SO_2、NO_x、酸雨及温室气体等。我国城镇和工业区普遍存在的大气污染，主要是燃煤引起的。要治理这些污染物质，需要采用比较复杂的技术装置和耗费大量的费用。据预测，到2050年，中国一次能源需求将达3494Mt标准煤，其中煤炭仍将占66%。

相对清洁的水能、核能利用的比例很小。农村生活能源严重匮乏，每年要烧掉逾4亿t植物秸秆，但仍然不能满足生活燃料的需要，从而导致了植被的破坏。当前，我国农村伐木作柴、掘草为薪、燃秸取火的原始燃烧方式，不仅热效率低，破坏了农田有机质的来源，而且造成了水土流失，草地沙化，严重破坏了农业生态和自然环境，是我们面临的一个重大环境问题。

4. 环保投入不足

虽然中国近年经济实力大增，但是仍是一个发展中国家。与发达国家相比，仍有很大的差距。因此，中国用于环境治理的费用仍偏低。长久以来，环保投入一直由政府财政拨款。专家计算，环保投入至少达到GDP的1.5%，中国的环境才能够有所改善。然而，中国的环保投入一直在GDP的0.5%左右徘徊，直到1999年才勉强达到1%。

5. 公众与决策管理层的环境意识不强

环境保护意识不强既与法律法规的制定、执行有关，更主要的与公众的认识有关。大部分公众认为环境似乎不关乎个人，大家都在排放，我也排放。对于决策者们，一直有一个思想上的误区，认为单纯的经济增长就等于发展，只要经济发展了，就有足够的物质手段来解决现在与未来的环境问题。认为中国可以模仿发达国家走“先发展后治理”的老路，只要发展上去了，有了钱，回头再治理污染也不迟。但实际情况是，中国的人口、资源环境结构比发达国家紧张得多，发达国家可以在人均8000～10000美元的时候改善环境，而我们很可能在人均3000美元时，环境以及其他的社会问题交织在一起提前来到，我们那一点点经济成果根本无法抵挡。社会发展不协调，环境保护不落实，经济发展将会受到更大制约。中国政府已在2004年提出了以可持续发展理念为核心的“科学发展观”，这是中国发展道路上的一次战略性转折。但正确的理念如果没有坚实的制度框架，对那些大部分仍处于工业化与城市化发展初期的地区而言，很容易沦为一句空洞的口号。今天的当务之急就是建立起一整套可持续的制度框架。

二、中国环境污染的现状

中国是一个发展中国家，过去的几十年，经济成效显著，但是由于种种原因（上文），中国所面临的环境问题已经十分严峻，环境的污染除了造成当地的危害，在国际上也在承受越来越大的压力。

（一）大气污染

一般来说，大气污染包括可吸入颗粒物、SO_2、NO_x、酸雨等内容。中国一次能源主要是煤炭，煤炭的直接燃烧产生的污染物是大气污染的主要来源。使用液体燃料的发动机也是大气可吸入颗粒物和NO_x的来源。环境空气质量按功能划分为三类，空气质量标准分为三级。一类区为自然保护区、风景名胜等区，空气质量执行一级标准；二类区为城镇居住区、文化区和农村地区，执行二级标准，二级标准是保障人群在环境中长期暴露不受危害的基本要求；三类区为特定工业区，执行三级标准。

1. 可吸入颗粒物

可吸入颗粒物是指可以通过鼻和嘴进入人体呼吸道的颗粒物总称，用PM_{10}（粒径小于$10\mu m$）表示，其中更细的$PM_{2.5}$（粒径小于2.5mm）又称为可入肺颗粒，能够进入人体肺泡甚至血液系统中去，直接导致心血管病等疾病，是导致人类死亡率上升的主要原因；可吸入颗粒物通常富集各种重金属元素（如As、Se、Pb、Cr等）和PAHs（多环芳烃类）、PCDDs/PCDFs（二噁英类）等有机污染物，这些多为致癌物质和基因毒性诱变物质，危害极大；同时，大气颗粒物也是导致大气能见度降低、酸雨、全球气候变化、烟雾事件、臭氧层破坏等重大问题的重要因素。可吸入颗粒物是目前我国城市大气环境的首要污染物，尤其是其中$PM_{2.5}$污染问题十分严重，其主要来源是矿物燃料的燃烧。

2008年可吸入颗粒物（PM_{10}）年均浓度达到二级标准及以上的城市占81.5%，劣于三级标准的占0.6%。山东、陕西、新疆、内蒙古、湖北、江苏、甘肃和湖南等八省区参加统计的地级城市中PM_{10}未达到二级标准的比例超过20%。

2. SO_2和NO_x

气态SO_2对人的危害主要刺激呼吸系统黏膜，在黏膜上形成亚硫酸、硫酸和硫酸盐，进一步刺激黏膜。进入肺部后，会对全身产生不良反应，它能破坏酶的活力，影响碳水化合物及蛋白质的代谢，损害肝脏，使机体的免疫机制受到影响。

2008年，SO_2排放量为2321.2万t，位居世界第一位。

SO_2年均浓度达到二级标准及以上的城市占85.2%，劣于三级标准的占0.6%。贵州、山东、河北、山西、内蒙古、四川、湖南等七省区参加统计的地级城市中SO_2未达到二级标准的比例超过20%。

NO_x通常是指NO和NO_2。NO对人和动物的危害表现为NO与血色素（Hb）的亲和力很强，约为一氧化碳（CO）的数百倍至1000倍。血液中的血色素一旦与NO结合，即变成NO－Hb或NO正铁血红蛋白，而不能再和O_2结合，因无法将O_2输送到人体的各个器官中去，人和动物就出现麻痹和痉挛症状。NO_2容易侵人肺泡，破坏肺表面活性物质，使肺表面张力增大，吸引毛细血管内的水分向间质和肺泡内移动，使肺泡浸漫于水中，从而产生肺水肿。NO_2的毒性为NO的4～5倍，不仅对肺组织有强烈的影响，而且对心脏、肝脏、肾脏和造血组织等都有影响，并同支气管哮喘的发病也有密切关系。NO_2浓度超过410mg/Nm^3时，会使人瞬间死亡。

NO_x中的NO_2在大气中可以被OH自由基氧化成气相HNO_3或吸收水汽形成液态HNO_3，然后以酸雨形式危害环境。NO_x与C_mH_n共存于大气时，在紫外线的照射下发生光化学反应，生成毒性很大的光化学烟雾，使植物组织机能衰退，生长受阻，落叶落果，造成作物产量下降；对人的眼、鼻、心、肺及造血组织等均有强烈的刺激和损害作用。

2008年所有地级及以上城市NO_x年均浓度均达到二级标准，87.7%的城市达到一级标准。

2008年度，全国有519城市报告了空气质量数据，达到一级标准的城市有21个（占4.0%），二级标准的城市378个（占72.8%），三级标准的城市113个（占21.8%），劣于三级标准的城市七个（占1.4%）。全国地级及以上城市的达标比例为71.6%，县级城市的达标比例为85.6%。

3. 酸雨

酸雨（pH<5.6的降水）是SO_2和NO_x进入大气的另外危害形式，危害面更广、程度就更大。酸雨不但对人、动物造成危害，还破坏土壤植被，使土壤酸化、贫瘠化，引发土壤微生物群体生态系统的紊乱；同时酸雨还会对建筑物形成破坏，使建筑物维护费用增加、寿命缩短；酸雨还会引起森林的大面积枯死，破坏水体的生态环境。

2008年监测的477个城市（县）中，出现酸雨的城市有252个，占52.8%；酸雨发生频率在25%以上的城市164个，占34.4%；酸雨发生频率在75%以上的城市有55个，占11.5%。降水酸度与上年相比，发生较重酸雨（降水pH<5.0）的城市比例降低1.1个百分点，发生重酸雨（降水pH<4.5）的城市有42个。酸雨分布主要集中在长江以南，四川、云南以东的区域，包括浙江、福建、江西、湖南、重庆的大部分地区以及长江、珠江三角洲地区。与上年相比，全国酸雨分布区域保持稳定。图7-3所示为中国酸雨分布，

酸雨面积已占国土面积的1/4。据估算，酸雨每年造成森林的生态损失、农作物损失及人体健康损失达1165亿元。就城市大气环境而言，2008年，全国城市空气质量总体良好，比上年有所提高，但部分城市污染仍较重；全国酸雨分布区域保持稳定，但酸雨污染仍较重。

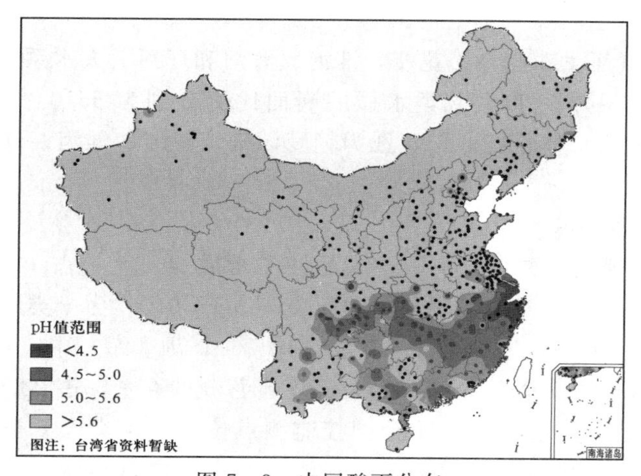

图7-3 中国酸雨分布

审图号：GS（2011）425号

（二）CO_2的排放

多少年来，燃料燃烧完后生成的CO_2直接排向大气，不被认为对环境有什么影响。自从温室效应被提出并逐渐被接受，CO_2气也被认为对环境有害。

中国是世界上少有的以煤炭为主的能源消费国，煤炭属于高碳能源。由于经济和能源消费的增长较快，化石能源利用和水泥生产的CO_2排放增加较快。2004年，中国化石能源的CO_2排放为13.7亿t，占世界CO_2排放的20%，与美国相当。但是，碳排放强度（单位产值的碳排放量）为0.8kg碳/美元，大大高于美国0.2 kg碳/美元。这既有能源结构的因素，更多的是单位能源产值低下所致。同时由于中国近30年水泥产量逐年增加，到2004年，中国水泥生产排放的CO_2占世界的44.3%。随着中国经济的增长，CO_2近期的排放仍将持续增加。

（三）水污染

水污染是指水体因某种物质的介入而导致其物理、化学、生物或者放射性等方面的特性改变，从而影响水的有效利用，危害人体健康或破坏生态环境，造成水质恶化的现象。能源的开采、运输、加工及最后利用都会对水环境产生污染。中国水污染的特征是有机污染、水体富营养化、石油污染。饮用水污染将直接危害人体健康，同时造成水资源紧缺；被污染的水用于农业，会造成农作物的枯萎死亡，或产量降低，同时污染物还会在粮食和蔬菜中，危及人体健康；水体受到污染同样影响渔业的产量和质量；大面积的水污染会加速生态环境的退化和破坏，水生动物的栖息环境丢失。

中国按不同水域和功能将水质分为六类：Ⅰ类——源头水及自然保护区；Ⅱ类——集中饮用水水源一级保护区、珍贵鱼类保护区，鱼虾产卵场；Ⅲ类——集中饮用水水源二级保护区、一级鱼类保护区、游泳区；Ⅳ类——工业用水区、人体不直接接触的娱乐用水区；Ⅴ类——农业用水、景观要求水域；劣Ⅴ类——黑臭、无法利用。

2008年，全国地表水污染依然严重，七大水系水质总体为中度污染，浙闽区河流水质为轻度污染，西北诸河水质为优，西南诸河水质良好，湖泊（水库）富营养化问题突出。

1. 七大水系

2008年长江、黄河、珠江、松花江、淮河、海河和辽河七大水系200条河流409个断面中，Ⅰ～Ⅲ类、Ⅳ～Ⅴ类和劣Ⅴ类水质的断面比例分别为55.0%、24.2%和20.8%。其中，珠江、长江水质总体良好，松花江为轻度污染，黄河、淮河、辽河为中度污染，海河为重度污染。

2. 湖泊

2008年28个国控重点湖（库）中，满足Ⅱ类水质的4个，占14.3%；Ⅲ类的2个，占7.1%；Ⅳ类的6个，占21.4%；Ⅴ类的5个，占17.9%；劣Ⅴ类的11个，占39.3%。主要污染指标为总氮和总磷。在监测营养状态的26个湖（库）中，重度富营养的1个，占3.8%；中度富营养的5个，占19.2%；轻度富营养的6个，占23.0%。

太湖水质总体为劣Ⅴ类，湖体21个国控监测点位中，Ⅳ类、Ⅴ类和劣Ⅴ类水质的点位比例分别为14.3%、23.8%和61.9%。湖体处于中度富营养状态，主要污染指标为总氮和总磷。

滇池水质总体为劣Ⅴ类。草海处于重度富营养状态，外海处于中度富营养状态。主要污染指标为氨氮、总磷和总氮。

巢湖水质总体为Ⅴ类，西半湖处于中度富营养状态，东半湖处于轻度富营养状态。主要污染指标为总磷、总氮和石油类。

城市内湖昆明湖（北京）为Ⅳ类水质，西湖（杭州）、东湖（武汉）、玄武湖（南京）、大明湖（济南）为劣Ⅴ类。主要污染指标是总氮、总磷。

大型水库密云水库（北京）和石门水库（陕西）为Ⅱ类水质；董铺水库（安徽）为Ⅲ类；丹江口水库（湖北、河南）和千岛湖（浙江）为Ⅳ类；大伙房水库（辽宁）、于桥水库（天津）和松花湖（吉林）为Ⅴ类；门楼水库（山东）和崂山水库（山东）为劣Ⅴ类，主要污染指标为总氮。

南水北调东线工程沿线水质总体为轻度污染，10个监测断面中，Ⅱ～Ⅲ类、Ⅳ～Ⅴ类和劣Ⅴ类水质的断面比例分别为50.0%、40.0%和10.0%，主要污染指标为高锰酸盐指数、五日生化需氧量和氨氮。

（四）海洋污染

2008年，中国近岸海域水质总体为轻度污染，近海大部分海域为清洁海域；远海海域水质保持良好。

中国将海水水质分为四类：第一类为适用于海洋渔业水域、海上自然保护区和珍稀濒危海洋生物保护区；第二类为适用于水产养殖区、海水浴场人体直接接触海水的海上运动或娱乐区以及与人类食用直接有关的工业用水区；第三类为适用于一般工业用水区、滨海风景旅游区；第四类为适用于海洋港口水域海洋开发作业区；还有劣四类。

2008年，近岸海域监测面积共281012km^2，其中一、二类海水面积为212270km^2，占70.4%；三类为31077 km^2，占11.3%；四类、劣四类为37665 km^2，占18.3%。

四大海区近岸海域中，黄海、南海近岸海域水质良，渤海水质一般，东海水质差。北部湾海域水质优，黄河口海域水质良，一、二类海水比例在90%以上；辽东湾和胶州湾海域水质差，一、二类海水比例低于60%且劣四类海水比例低于30%；其他海湾水质极差，劣四类海水比例均占了40%以上，其中杭州湾最差，劣四类海水比例高达100%。

渤海近岸海域为轻度污染，一、二类海水比例为67.4%，主要超标指标为无机氮、pH和铅。黄海近岸海域水质为良，一、二类海水比例为92.6%，主要超标指标为无机氮和活性磷酸盐。东海近岸海域为中度污染，一、二类海水占38.9%，四类和劣四类海水占43.2%，主要超标指标为无机氮和活性磷酸盐。南海近岸海域水质为良，一、二类海水比例为89.3%，无四类海水，劣四类海水占5.8%，主要超标指标为无机氮、活性磷酸盐和pH值。

2008年沿海发生船舶污染事故达136起，累积溢泄量（溢油、含油污水、化学品、油泥等）约155t，其中涉及10t以上50t以下溢泄事故六起，未发生50t以上溢泄事故。

（五）生态环境的破坏

生态环境与人类的生存息息相关，而生态环境的破坏将影响人类的生存。

1. 植被的破坏

植被是全球或某一地区内所有植物群落的泛称。植被是生态系统的基础，为动物和微生物提供了特殊的栖息环境，为人类提供食物和多种有用的材料。植被包括森林和草场。

中国的森林覆盖率本来就偏低，仅有17%，约占世界平均水平的2/3。曾经森立覆盖率很高的地区覆盖率大量减少。长白山地区1949年森林覆盖率为83%，现在减少到14%；西双版纳1949年天然森林覆盖率为60%，现在减少到30%；四川省1949年森林覆盖率为20%，现在减少到13%。

中国的草原面积占国土面积的40%，居世界第四位。但是由于过度放牧、开垦，草场面积减少了1/3，内蒙和青海的草场草产量仅为20世纪50年代的2/3或1/2。

植被的破坏又会导致水土流失、土地的荒漠化，从而引发一系列的环境问题。

2. 生物多样性减少

生物多样性的减少表现为生态多样性和物种多样性减少。

中国主要生态系统表现为森林生态系统、草原生态系统、荒漠生态系统、高寒生态系统、湿地生态系统、内陆水域生态系统、海岸生态系统、海洋生态系统、农区生态系统和城市生态系统。

植被的减少意味着生物栖息地的改变与丢失，于是生态系统的多样性、物种多样性和遗传多样性同时丢失。由于大规模的砍伐，中国现有的原生性森林已不多。尽管近年中国的森林覆盖率在增加，但主要是人工林，濒危的388种植物绝大部分是森林野生种，其分布区在萎缩，种群数量在降低。

在20世纪70年代，野生大熊猫分布在45个县，目前减少到34个。栖息地分离破碎，将大熊猫分割成24个亚群体，造成近亲繁殖，种群面临直接威胁。

由于围垦和城市开发，中国湿地面积日益缩小。据统计，近40余年中，沿海湿地减少了50%。中国天然湖泊从1950年的2800个减少到2350个。受到严重污染的水域，实际上丧失了生态系统的功能。曾经栖息在中国长江的中华白鳘豚，21世纪初由于种种原因消失了。

第四节　环境监测与环境评价

一、环境监测

环境监测是政府部门执行有关环境保护法规，进行环境质量管理和制定宏观政策，环境科学研究及修订环境质量标准所必须提供的基础资料和依据的来源。环境监测是政府授权的公益型行为，环境监测是国家环境保护系统各级监测站的主要职责。

环境监测可理解为对环境的监视、测定和监控等。环境监测可以定义为：为了某种特定目的，按照预先设计好的时间和空间，定期地或连续地对一种或多种环境质量的代表值进行测定，并观察、分析其变化及其对环境影响的过程，达到监视环境质量的好坏或评价环境污染的程度，进一步预测其变化趋势，以便对环境质量起到监控作用。环境监测的内容应主要包括对环境质量和环境污染源的物理、化学、生物性质和生态性能变化趋势的监测等。

环境监测是环境科学的重要分支学科。在从事环境工程学、环境化学、环境医学、环境规划与管理、环境影响与评价、环境物理学、环境经济学、环境法学等环境科学分支学科的研究时，环境监测是评价环境质量及其变化趋势的基础和支撑力量，进行环境管理研究的重要依据。

（一）环境监测的目的

作为政府授权的公益性的环境监测，必须准确、及时、全面地反映环境质量现状及其发展趋势，其目的包含以下内容：

（1）判断环境质量是否符合标准，以国家制定的环境质量标准为依据，通过对环境质量代表值的测定和综合评价而实现。

（2）寻找污染源，根据对环境质量代表值的测定和数据综合评价，了解污染因素的分布状况，追踪污染路线而实现。

（3）确定污染源的相关情况，包括对环境造成的污染影响及其在时间、空间上的分布与在环境中的动向及迁移转化规律。

（4）为环境科学研究、预测预报环境质量、控制环境污染和环境治理提供依据，通过研究污染扩散模式和规律而实现。

（5）为保护人类健康和合理使用自然资源执行有关环境保护法规，为进行环境质量管理和宏观决策提供依据，通过收集环境本底及其变化趋势数据，积累长期监测信息和综合评价而实现。

环境监测是环境保护工作的基础，是执行环境保护法规的依据，是污染治理、环境科研、设计规划、环境管理不可缺少的重要手段，也是环境质量评价以及企业全面质量管理的组成部分。

我国由国务院环境保护行政主管部门建立监测制度，制定监测规范，会同有关部门组织监测网络，加强对环境监测的管理。国务院和省、自治区、直辖市人民政府的环境保护行政主管部门，应当定期发布环境状况公报。

1983 年，我国颁布了第一部《全国环境监测管理条例》，2007 年制定了《环境监测管理办法》。《环境监测管理办法》规定，县级以上环境保护部门应对环境质量监测、污染源监督性监测、突发环境污染事件应急监测、为环境状况调查和评价等环境管理活动提供监测数据的其他环境监测活动。

（二）环境监测的分类

环境污染物的种类庞杂、性质各异，污染物在环境中的形态多样、迁移转化复杂，污染源的多样性，环境介质及被污染对象的多样性和复杂性，加之环境监测的目的有多层次的要求等多种因素决定环境监测类型的多样性。

1. 按环境监测的社会属性划分

按环境监测任务来源的社会属性划分，可划分为政府授权的公益性环境监测和非政府组织的公共事务环境监测。

政府授权的公益性环境监测由国家统一组织、统一规划，严格按照程序，由各级政府所辖环保局、各级监测站执行。具体可分为监视性监测、特定目的性监测及研究性监测。非政府组织的公共事务环境监测主要包括咨询性监测，为科研机构、生产单位等提供服务性监测，如室内环境空气监测、生产性研究监测等，这类环境监测也是要各级政府部门所辖环保局、各级监测站进行，或是经过严格考核给予授权的某些有资质的相关监测单位进行。

2. 按环境监测的目的划分

（1）监视性监测（例行监测、常规监测）。

监视性监测是指按照预先设计好的程序和监测网络，对指定的有关监测项目进行长期、定期的监测，包括环境质量的监测和对污染源的监督监测，建立各种监测网，累积监测数据，以确定环境污染状况及发展趋势，评价环境质量及污染源状况，评价污染控制措施的效果，衡量环境标准实施情况和环境保护工作的进展等。

（2）应急性监测（事故性监测）。

应急性监测是在环境应急情况下，为发现和查明环境污染情况和污染范围而进行的环境监测。在突发环境污染事故时，及时深入事故地点进行应急监测。要求根据突发环境事件污染物的扩散速度和事件发生地的气象和地域特点，确定污染物扩散范围；根据监测结果，分析突发环境事件污染变化趋势作为突发环境事件应急决策的依据。应急监测包括定点监测和动态监测。

（3）研究性监测（科研监测）。

研究性监测是针对科学研究的特定目的而进行环境监测，研究污染机理、污染物的迁移转化规律、环境受到污染的程度，或是鉴定环境中需要关注的新的污染物。

（4）本底值监测（背景值监测）。

环境本底值是指在环境要素未受污染影响的情况下，环境质量的代表值。本底值监测是一类特殊的研究性监测，是环境科学的一项重要基础工作，能为污染物阈值的确定、环境质量的评价和预测、污染物在环境中迁移转化规律的研究和环境标准的制定等提供依据。

（5）其他特定目的的监测。

这类监测包括纠纷仲裁监测、考核验证监测和咨询服务监测等。

3. 按环境监测的介质与对象划分

这类监测包括大气污染监测、水质污染监测、土壤污染监测、生物污染监测以及固体废物监测和包括四种环境要素在内的生态监测等。

4. 按目标污染物的学科性质划分

这类监测包括无机污染物和有机污染物两大类化学污染物的定性、定量和形态分析监测；对各种物理因子如热能、噪声、振动、电磁辐射和放射性等的强度、能量和状态进行测试的物理监测；对生物包括病毒、寄生虫、霉菌毒素等引起污染的生物监测。

5. 按环境监测的工作性质划分

环境监测按工作性质可分为环境质量监测和污染源监测。环境质量监测分为大气、水、土壤、生物等环境要素以及固体废物的环境质量，主要由各级环境监测站负责，都有一系列环境质量标准以及环境质量监测技术规范等。污染源监测（排放污染物监测）则由各级监测站和企业本身负责。污染源监测分为工业污染源、农业污染源、生活污染源（包括交通污染源）、集中式污染治理设施和其他产生、排放污染物的设施。

6. 按其他方式划分

按环境监测的专业部门划分，可分为气象监测、卫生监测、生态监测、资源监测等。按环境监测的区域划分，可分为厂区监测和区域监测。厂区监测是指企业、事业单位对本单位内部污染源及总排放口的监测。区域监测指全国或某地区环保部门对水体、大气、海域、流域、风景区和游览区等环境的监测。

（三）环境监测的特点

环境监测中，环境污染物种类繁多，形态各异，毒性和危害程度和阈值差别很大；污染源向环境排放污染物的方式各不相同，同时污染物之间以及污染物与环境之间还有复杂的作用，污染物的迁移和转化机制复杂，在时间和空间上的分布很不均匀。

环境监测的任务要求数据准确、代表性强、方法科学、传输及时。为满足这种任务要求，环境监测要具备以下特点。

1. 综合性

环境监测的综合性表现在以下几个方面：

(1) 学科综合。

涉及化学、物理学、生物学、生态学、水文学、气象学、地学、农学、工程学和毒理学等方面的知识及社会评价因素。

(2) 监测对象综合。

监测对象包括空气、水体、土壤、固体废物和生物等。

(3) 监测数据处理和分析的综合性。

要对监测数据进行统计处理和数据综合分析；对监测区域的自然的、社会的情况进行综合分析；最终获取多种环境信息，发挥最大环境效益。

2. 环境监测的连续性

污染物在时间、空间上的不均匀性要求环境监测必须在时间、空间上连续监测，才能获得污染物的变化规律，预测其变化趋势。

3. 环境监测的追踪性

环境监测的步骤包括目的确定、计划制定、样品采集、运送和保存、实验室测定、数据整理和传输。要保证监测结果的准确可靠，需要建立一个量值追踪体系予以监督。

4. 环境监测难度大

环境监测的难度主要由于以下的原因：

（1）测定项目繁多。由于环境体系的多样性、复杂性、动态性，导致环境样品复杂繁多。

（2）污染物浓度低。很多污染物在环境中属于微量甚至痕量，测量时易受到干扰，测量的难度大，要求测量仪器或方法具有高灵敏度、高分辨率及高准确度。

（3）污染物具有毒性和有害性。污染物的毒性使得污染物的监测从采样到测量分析都必须注意安全防护，保证不对检测人员产生危害，这也增加了环境监测的难度。

（4）污染物的不确定性。除了污染物浓度低的原因，还由于环境因素的复杂性，使得污染物的环境行为变化多端，而环境监测不仅需要进行定性、定量监测，还要监测污染物的形态和变化。

5. 环境监测的规范性

环境监测的数据具有一定的法律效力，而环境监测的规范性是监测数据代表性、准确性、精密性、可比性和完整性的基本保证。

二、环境评价

环境评价是按照一定的评价标准和评价方法，评估环境质量的优劣，预测环境质量的发展趋势和评价人类活动的环境影响。

（一）环境评价的目的

与地球上的其他生物不同，人类具有“改造”环境的能力，因此人类的大规模活动无不对环境产生明显的影响。早期人类相对于自然环境的活动是盲目的、小规模的，而到了科技高度发展的当代，人类活动对于自然环境的影响十分巨大，所以在涉及改变某一区域原有自然状态的活动时，需要全面地评估人类活动给环境造成的显著变化，并提出减免措施，从而起到“防患于未然”的作用。

环境评价包括以下内容：

（1）基本上适应所有可能给环境造成显著影响的项目，并且应当识别和评估这些影响。

（2）对各种替代方案、管理技术及减免措施进行比较。

（3）编写出环境影响报告书，使专家和非专家都可以了解影响的特征及其重要性。

（4）有广泛的公众参与和严格的行政审查。

（5）能够为决策提供信息。

环境评价是管理工作的重要组成部分，它具有不可替代的预知功能、导向作用和调控作用。对开发项目而言，它可以保证建设项目的选址和布局的合理性，它同时也可以提出减免税措施和评价各种减免税措施的技术经济可行性，从而为污染治理工程提供依据。区域环境影响评价和公共政策的环境影响评价，可以在更好的层次上保证区域开发和公共政策对环境的负面影响降低到最小或者人们可以接受的程度。

（二）环境评价的分类

根据所评价的环境质量的时间属性，环境评价可以分为回顾评价、现状评价和影响评价三种类型。

1. 环境质量回顾评价

对某一区域某一历史阶段的环境质量的历史变化的评价，评价的资料为历史数据，它可以预测环境质量的变化发展趋势。

2. 环境质量现状评价

利用近期的环境监测数据，反映的是具有环境质量的现状。环境质量现状评价是环境综合整治和区域环境规划的基础。

3. 环境质量影响评价

对拟议中的重要决策或者开发活动可能对环境产生的物理性、化学性或者生物性的作用，及其造成的环境变化和对人体健康可能造成的影响，进行的系统分析和评估，并提出减免这些影响的对策和措施。环境影响评价是目前开展最多的环境评价。

环境影响评价可划分为四种类型：

（1）单个建设项目的环境影响评价。

（2）区域开发环境影响评价。将区域作为一个总体进行考虑，重点考察区域内的产业结构/建设项目的布局的环境影响，从而为区域开发提供依据。

（3）公共政策的环境影响评价。对可能给环境造成潜在重大影响的公共政策必须进行环境影响的评价。

（4）规划环境影响评价。对国土规划、土地利用总体规划、城市规划，区域、流域、海域开发利用规划，以及工业、农业、林业、能源、水利、交通、旅游、自然资源开发的专项规划，都要进行环境影响评价。

（三）环境质量现状评价

环境质量现状评价即环境质量评价。环境质量是环境系统客观存在的一种本质属性，可以用定性和定量的方法加以描述，是环境系统所处的状态。环境质量是不断变化的，它有自然作用过程，也有人为作用过程。

环境质量评价是利用近期的环境监测数据，对照环境质量评价标准，评价环境系统的内在结构和外部状态对人类以及生物界的生存和繁衍的适宜性程度。环境质量评价是对环境质量与人类社会生存发展需要满足程度进行评定。

环境质量评价的对象是环境质量与人类生存发展需要之间的关系，也可以说环境质量评价所探讨的是环境质量的社会意义。

环境质量评价包括对水环境质量、环境空气质量、土壤环境质量、声环境质量和生态环境质量等进行评价。

环境质量评价的核心问题是研究环境质量的好坏，以人类生存和发展的适应性为标准。

1. 环境质量评价的内容

（1）自然环境。

自然环境包括水环境、大气环境、土壤环境、生态环境和地质环境等。

在评价过程中，需要调查环境的结构、物质流、演变情况及污染状况，确定环境质量状况的功能属性，为合理利用环境资源提供依据。

（2）社会环境。

社会环境包括：人口数量、组成、分布；经济状况、农业经济、工业经济、生活水平、生活质量等；政治、法律文化、教育；宗教信仰；生活环境、生存环境污染状况。

2. 环境质量评价方法

（1）污染源调查。

污染源通常是指向环境排放或者释放有害物质或者对环境产生有害影响的场所、设备和装置。按照污染源的产生性质，污染源可分为自然污染源和人为污染源；按照污染源对于环境要素的影响，污染源可分为分大气污染源、水体污染源、土壤污染源和生物污染源；按照污染物的性质，污染源可以分为物理性污染源、化学性污染源和生物性污染源；按照生产行业，污染源可以分为工业污染源、农业污染源、交通运输污染源和生活污染源。

污染源调查的目的是用其污染物的种类、数量、方式、途径以及污染源的类型和位置，在此基础上可判断出主要的污染物和主要污染源，为环境评价与环境治理提供依据。

针对工业污染源，需要调查企业概况、生产工艺、原材料和能源消耗、生产布局、管理状况、污染物排放（种类、数量、浓度、排放方式、控制方法、事故排放情况）、污染防治调查和污染危害调查。

针对生活污染源，需要调查居民人口、调查民用水排水状况、生活垃圾数量、种类、收集和清运方式。

针对农业污染源，需要调查农业使用的农药品种、数量、使用方法、有效成分含量、时间、农作物品种、使用的年限，化肥使用的品种、数量、方式、时间，农作物秸秆、牲畜粪便的产量及其处理和处置方式以及综合利用情况，水土流失情况。

（2）污染源调查方法。

污染源调查一般采用普查与详查方法。对于排放量大、影响范围广、危害严重的重点污染源，采用详查的方法，即深入现场，核实被调查对象填报的数据是否准确，同时进行必要的监测；对于非重点污染源一般采取普查的方法。

污染源调查时污染物排放量的确定采用物料平衡法、排污系数法和实测法。

（3）污染源的评价。

污染源评价就是要把标准不同、量纲不同的污染源和污染物的排放量，通过等标污染负荷法确定主要污染物和主要污染源。

第 i 个污染源的等标污染负荷 P_i 定义为其污染物的等标污染负荷之和，如式（7-7），即

$$P_i = \sum_{j=1}^{n} P_{ij} \tag{7-7}$$

第 i 个污染源的第 j 种污染物的等标污染负荷 P_{ij} 定义为第 j 种污染物的年排放量 G_{ij}（t/a）除以第 j 种污染物的评价标准 S_j（排放标准，mg/L，mg/m^3），如式（7-8），即

$$P_{ij} = G_{ij}/S_j \tag{7-8}$$

区域的等标污染负荷 P 为该区域内所有污染源的等标污染负荷之和，如式（7-9），即

$$P = \sum_{i=1}^{m} P_i = \sum_{i=1}^{m}\sum_{j=1}^{n} P_{ij} \tag{7-9}$$

第 j 种污染物占污染源的等标污染负荷比 K_j，如式（7-10），即

$$K_j = \frac{P_{ij}}{P_i} = \frac{P_{ij}}{\sum_{j=1}^{n} P_{ij}} \tag{7-10}$$

第 i 个污染源占区域的等标负荷比 K_i，如式（7－11），即

$$K_i=\frac{P_i}{P}=\frac{\sum_{j=1}^{n}P_{ij}}{\sum_{i=1}^{m}\sum_{j=1}^{n}P_{ij}} \tag{7-11}$$

将某污染源的所有污染物的等标污染负荷按数值大小排列，分别计算百分比和累计百分比，将累计百分比大于80%的污染物确定为该污染源的主要污染物。

将区域的所有污染源的等标负荷按照数值大小排列，分别计算百分比和累计百分比，将累计百分比源大于80%的污染源确定为该区域的主要污染源。

（4）环境质量指数评价法。

环境质量指数是一个有代表性的综合性数值，它表征着环境质量的整体优势。该指数可以使用单个环境因子的观测指标计算得到，也可由多个环境因子观测指标综合计算得出。根据环境质量指数，按照一定的数学方法，将表征环境质量的各种数值归类，可确定所评价的环境质量等级。

环境质量指数评价法中单因子评价指数是最简单的环境质量指数，定义为评价因子的实际检测值与其对应的评价标准的比值；多因子环境质量分指数是将待评价的环境要素中的多个因子的单因子评价指数进行综合，使多因子目标值组合成一个单指数；多要素环境质量综合因子是对各分指数的线性累加，得到一个综合评价指数后，根据综合指数的范围对最终的评价对象确定其环境质量等级。

环境评价需要明确回答一个区域的环境是否受到污染、程度如何；什么地方环境质量最差、污染最严重；什么地方环境质量最好、污染和破坏最轻；造成污染的原因是什么等问题。

环境质量的分级是按一定的指标对环境质量指数范围进行分级。在单一指数或较简单的指数系统中，指数与环境的关系密切，分级比较容易。当参数选择较多，综合指数复杂，环境质量分级则需要掌握污染状况的历史变化资料，找出指数变化与污染状况变化相关性，确定出污染、重污染、严重污染等突出的污染级别与相应的指数范围，再根据评价结果作具体分级。常用的分级方法有总分法、加权法和模糊数学法等。

（四）环境影响评价

环境影响评价是指对规划和建设项目实施后可能造成的环境影响进行分析、预测和评估，提出预防或者减轻不良环境影响的对策和措施，进行跟踪监测的方法与制度。

1. 环境影响评价程序

环境影响评价程序是指按一定的顺序或步骤指导完成环境影响评价工作的过程。

环境影响评价程序可以分为管理程序和工作程序。前者主要用于指导环境影响评价的监督与管理，后者用于指导环境影响评价的工作内容和进程。

（1）管理程序。

首先对建设项目进行分类筛选，确定对环境可能造成重大影响的项目，编写环境影响报告书；对环境产生轻度的不利影响的项目，编写环境影响报告表；对环境产生不利影响或者影响极小的建设项目，填报环境影响登记表。

对环境可能造成重大影响的建设项目包括所有流域开发、开发区建设、城市新区建设和旧区改建等区域性开发项目；可能对环境敏感区造成影响的大中型建设项目；污染因素复杂，产生污染物种类多、产生量大；产生的污染物毒性大或难降解的建设项目；造成生态系统结构的重大变化或生态环境功能重大损失或有可能造成或加剧自然灾害的建设项目；易引起跨行政区污染纠纷的建设项目。

对环境可能造成轻度影响建设项目包括不对环境敏感区造成影响的中等规模的建设项目或者可能对环境敏感区造成影响的小规模建设项目；污染因素简单、污染物种类少和产生量小且毒性较低的中等规模的建设项目；对地形、地貌、水文、植被、野生珍稀动植物等生态条件有一定影响但不改变生态环境结构和功能的中等规模以下的建设项目；污染因素少，基本上不产生污染的大型建设项目；在新、老污染源均达标排放的前提下，排污量全面减少的技改项目。

对环境影响很小的建设项目包括：基本不产生废水、废气、废渣、粉尘、恶臭、噪声、振动、放射性、电磁波等不利影响的建设项目；基本不改变地形、地貌、水文、植被、野生珍稀动植物等生态条件和不改变生态环境功能的建设项目；未对环境敏感区造成影响的小规模的建设项目；无特别环境影响的第三产业项目。

环境敏感区包括：水源保护区、风景名胜区、自然保护区、森林公园、国家重点保护文物、历史文化保护地；水土流失重点预防保护区、基本农田保护区；水土流失重点治理及重点监督区、天然湿地、珍稀动植物栖息地或特殊生境、天然林、热带雨林、红树林、珊瑚礁、产卵场、渔场等重要生态系统或自然资源；文教区、疗养地、医院等区域以及具有历史、科学、民族、文化意义的保护地。

在编制环境影响报告书之前，评价单位应编制环境影响报告书的整体设计——评价大纲，由建设单位向负责审批的环境保护部门申报。评价部门根据经过审批的大纲，开展环境影响评价工作。

评价单位编制的环境影响报告书由建设单位报主管部门预审，主管部门提出预审意见后转到负责审批的环境保护部门，组织专家对报告书进行评审，有修改意见，评价单位应对报告书进行修改。审查通过后的环境影响报告书由环保主管部门批准后实施。

(2) 环境影响评价的工作程序。

环境影响评价的工作分为三个阶段：准备阶段，主要研究有关文件，进行初步的工程分析和环境现状调查，筛选重点评价项目，确定各单项环境影响评价的工作等级，编制评价大纲；正式工作阶段，主要是详细的工程分析和环境现状调查，并进行环境影响预测和环境影响评价；报告书编制阶段，主要是汇总。分析第二阶段工作所得到的各种资料、数据，给出结论，完成环境影响报告书的编制。

2. 环境影响识别方法

环境影响识别就是要找出所受到的影响的环境因素，以使环境影响预测减少盲目性、环境影响综合分析增加可靠性、污染防治对策具有针对性。

(1) 环境影响因子的识别。

获得评价对象影响地区的自然环境和社会环境状况，确定环境影响评价的工作范围，根据工程特性及其功能，结合工程影响地区的特点，从自然环境和生活环境两个方面，选择需要进行影响评价的环境因子。对需进行环境影响评价的项目，建设单位应当委托有相应评价资格证书的单位来承担。

（2）环境影响程度识别。

评价对象对环境因子的影响程度可以用等级划分来反映，不利影响包含极端不利、非常不利、中度不利、轻度不利和微弱不利；有利影响包含微弱有利、轻度有利、中度有利、大有利和特有利等。

3. 环境影响评价方法

（1）核查表法。

将可能受开发方案影响的环境因子和可能产生的影响性质，通过核查在一张表上列出的识别方法，分为简单型清单、描述型清单和分级型清单。

（2）类比法。

类比法是将拟建工程对环境的影响在性质上作出全面分析和在总体上作出判断的一种方法。它是将拟建工程同选择的已建工程进行比较，根据已建工程对环境产生的影响，作为评价拟建工程对环境影响的主要依据。

类比工程的选择原则是自然地理环境的相似，工程性质、工艺和规模相当，环境影响已全部显现。

（3）专家调查法。

当缺乏足够的数据、资料，无法进行客观的统计分析，同时也难以用数学模型进行定量化分析，只能用主观预测方法，即召开专家咨询会，综合专家的实践经验进行类比。对比分析以及归纳、演绎推理来预测拟建工程的环境影响。

（4）模型分析法。

根据污染物的迁移规律或环境毒理学规律等理论基础建立的环境影响模型而获得环境影响评价参数的方法，称为模型分析法。环境系统模型是环境影响模型的基础。一般的系统模型包括物理模型、文字模型和数学模型三大类。环境影响预测中，数学模型应用最为广泛。

数学模型分为许多种，数学模型的建立实际上是对环境系统内在行为规律的认知过程，通过对系统的认识，根据自然科学和社会科学的理论和方法，建立一系列的数学关系式。模型的建立需要各相关学科的综合，比如微积分、微分方程、线性代数、概率统计、图与网络、排队论、规划论和对策论等数学知识和各专业学科知识的综合应用。建模常用的方法包括图解法、质量平衡法、量纲分析法及概率统计法等。

（五）生态环境影响评价

生态环境影响评价也属于环境影响评价。生态环境是指除人口种群以外的生态系统中不同层次的生物所组成的生命系统。研究和评价生态环境，主要是针对生态环境质量而言的。所谓生态环境质量是指生态系统在人为作用下所发生的变化程度，或者指生态系统在人为作用下的总变化状态。对这些改变及其所造成的影响作出定量或定性的分析及评价，可称之为生态环境评价。即通过定量揭示预测人类活动对生态环境的影响及其对人类健康和经济发展的作用，分析确定一个地区的生态负荷和环境容量。生态环境评价一般包括生态环境质量评价和生态环境影响评价。生态环境质量评价是根据选定的指标体系，运用综合的方法评定某区域生态环境的优劣，作为环境现状评价和环境影响评价的参考标准，或为环境规划和环境建设提供基本依据。生态环境影响评价指对人类开发建设活动可能导致的生态环境影响进行分析与预测，并提出减少影响或改善生态环境的策略与措施。生态环境影响评价还分为污染影响评价和非污染生态环境影响评价，目前进行的主要是污染影响评价。

1. 生态环境影响评价的目的

生态环境影响评价的主要目的是保护生态环境和自然资源，解决环境优美和可持续发展为题，为区域乃至全球的长远发展的利益服务。

生态环境影响评价的主要对象是所有开发建设项目，研究人类的开发建设活动所造成的某一生态系统的变化以及这种变化对相关生态系统的影响，并通过发挥人类的主动精神，通过实施一系列改善生态环境的措施，保护或改善生态系统的结构，增强生态系统的功能。

2. 生态环境影响评价程序

生态环境影响评价程序如图 7 - 4 所示。

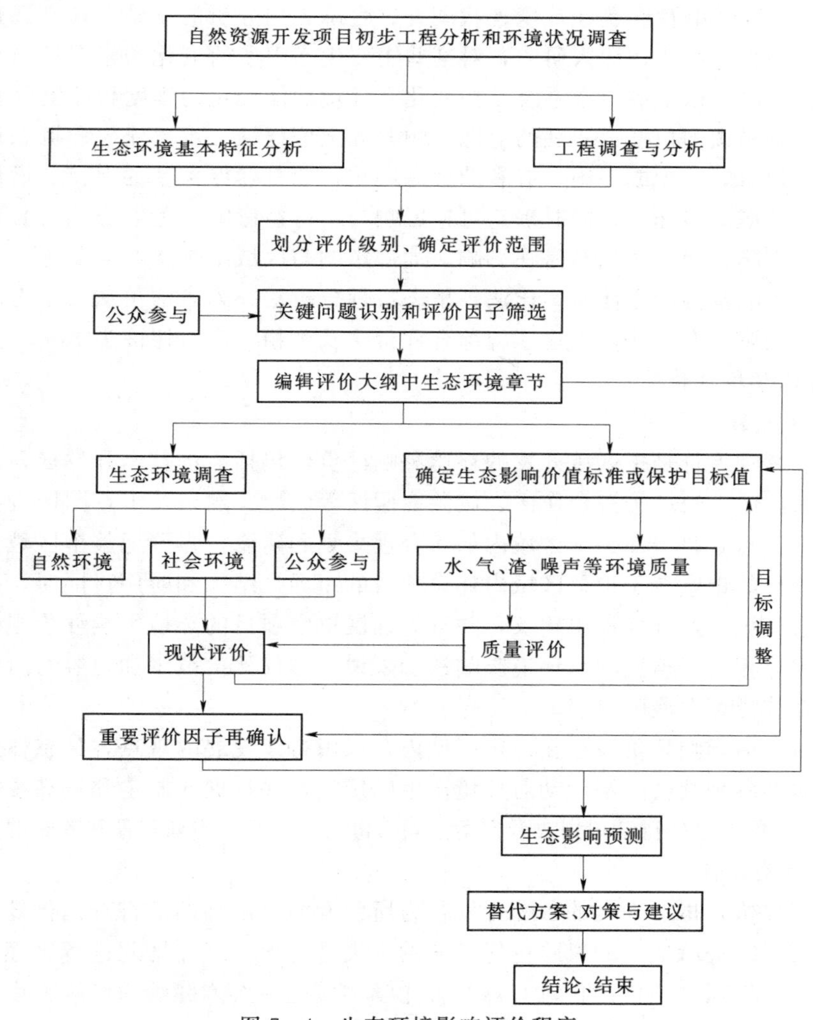

图 7 - 4　生态环境影响评价程序

3. 生态影响分析

生态影响分析是在工程分析的基础上，分析建设项目影响生态环境的途径、方式、强度、性质以及受影响生态系统的特点，以生态分析为手段。在生态分析中，生态系统分析主要是认识系统本身的结构、特点与规律；相关性分析是将复杂的生态系统进行相关性检验，确定相关性强的系统和因子，揭露生态系统的本质；生态约束条件分析是找出制约生态系统的主要因子；生态特殊性分析包括生态系统特殊性分析、主导性生态因子分析及敏感生态环境保护目标分析。

生态影响分析包括影响因素和影响效应分析。人类活动对生态环境的影响包含物理作用、化学作用和生物作用，同时自然力也对生态系统产生大的影响，如气候变化、干湿交替、早霜和干旱风沙等。影响效应分析是分析生态系统在受到某种作用后，所发生的变化，需要得出影响效应的性质、程度、特点和相关性。

4. 生态环境影响预测

对生态环境的影响预测是在环境现状调查、生态影响分析的基础上，有选择、有重点地对某些受影响生态系统作深入研究，对某些主要生态因子的变化和生态环境功能变化作定量或半定量预测，以把握生态系统结构变化、环境功能变化的程度和环境后果。

生态环境影响预测包括：不利的生态影响，如土壤侵蚀、水土流失、栖息地面积或数量减少、物种数量的减少或灭绝；有利的生态影响，如自然保护区的保持、增加有益的物种、增加生态环境的多样性。同时确定可逆影响与不可逆影响，近期影响与长远影响，一次影响与累计影响，明显影响与潜在影响，局部影响与区域影响。

生态环境影响预测的方法有类比法、生态机理分析法、列表清单法、生态图法指数与综合指数法、景观生态学法、生态系统综合评价法及生物生产力评价法。

（六）其他环境评价

1. 区域环境影响评价

区域环境影响评价是指区域开发的环境影响评价，包括经济技术开发区、高新技术产业开发区、保税区、边境经济合作区、旅游度假区等区域开发以及工业园区等类似区域的环境影响评价。它着眼于在一个区域内如何合理规划和建设，强调把整个区域作为一个整体来考虑，评价的重点在于论证区域内建设项目的布局、结构和时序；同时，根据区域环境的特点，对区域开发规划提出建议，并且为开展单个项目的环境影响评价提供依据。区域环境影响评价相对于拟建项目环境影响评价来说，不仅评价范围和内容有所扩大，而且包含了区域系统协调发展的思想。

所谓区域环境影响评价就是在一定区域内，以可持续发展的观点，从整体上综合考虑区域内拟开展的各种社会经济活动对环境产生的影响，并且据此制定和选择维护区域良性循环、可持续发展的最佳行动规划或者方案，同时也为区域开发规划和管理者提供决策依据。

2. 环境风险评价

环境风险评价是指对人类的各种开发行为所引发的或面临的危害对人体健康、社会经济发展、生态系统等所造成的风险可能带来的损失进行评估，并据此进行管理和决策的过程。狭义上，环境风险评价是指对有毒有害化学物质危害人体健康的影响程度进行概率估计，并提出减少环境风险的方案和对策。

环境风险评价分环境风险识别、环境风险预计、环境风险评价与对策几个步骤。

环境风险识别就是根据因果分析的原则，把环境系统中能给人类社会、生态系统带来风险的因素识别出来的过程。

环境风险预计又叫做环境风险度量，是指对环境风险的大小以及事件的后果（包括事件涉及的时空范围和强度等）进行预测和量度。环境风险预计常常采用定量化的方式估计不利事件发生的概率以及造成后果的严重程度，如用单位时间内不希望出现的后果或某种损失超过正常值或背景值的增量来表示。

环境风险评价与对策是指根据风险分析、预计的结果，结合风险事件承受者的承受能力，确定风险是否可以接受，并提出减小风险的措施和行动建议与对策。

环境风险评价一般分为三类：自然灾害环境风险评价、有毒有害化学品环境风险评价、生产过程与建设项目的环境风险评价。

3. 规划的环境影响评价

根据《中华人民共和国环境影响评价法》，规划（包括环境规划）本身也需要进行环境影响评价。

规划可划分为综合性规划和专项规划，其中专项规划又可划分为指定性专项规划和非指定性专项规划。

需要进行环境影响评价的规划包括：国务院有关部门、设区的市级以上地方人民政府及其有关部门，对其组织编制的土地利用的有关规划，区域、流域、海域的建设、开发利用规划，应当在规划编制过程中组织进行环境影响评价，编写该规划有关环境影响的篇章或者说明；国务院有关部门、设区的市级以上地方人民政府及其有关部门，对其组织编制的工业、农业、畜牧业、林业、能源、水利、交通、城市建设、旅游、自然资源开发的有关专项规划，应当在该专项规划草案上报审批前，组织进行环境影响评价，并向审批该专项规划的机关提出环境影响报告书。

规划的有关环境影响内容，应当对规划实施后可能造成的环境影响作出分析、预测和评估，提出预防或者减轻不良环境影响的对策和措施，作为规划草案的组成部分一并报送规划审批机关。

思　考　题

1. 生态系统的组成包括哪几部分？
2. 化石能源使用对环境的影响有哪些？
3. 全球气候变化的影响因素有哪些？如何影响？
4. 大气中的臭氧对环境有几种作用？
5. 什么是生物多样性？
6. 中国环境问题的特点是什么？
7. 简述中国水污染的现状。
8. 环境监测的目的是什么？
9. 环境评价分为哪几大类？

参　考　文　献

[1]　钱易，唐孝炎．环境保护与可持续发展．北京：高等教育出版社，2000.
[2]　姚强，陈超．洁净煤技术．北京：化学工业出版社，2005.
[3]　潘岳．中国环境问题的根源是我们扭曲的发展观［R］．财富论坛，http：//blog.163.com/dreamangel/blog/static/16245412009523944373 5/，2005.
[4]　曲格平．中国环境问题的基本特点和主要教训［J］．环境保护，(8)，1983，2-5.
[5]　国家环境保护总局．2009年中国环境状况公报［R］．2009.
[6]　魏一鸣，刘兰翠，范英，等．中国能源报告（2008）．北京：科学出版社，2008.
[7]　杨若明，金军，王英，等．环境监测．北京：化学工业出版社，2009.
[8]　金腊华，徐俊峰．环境评价与规划．北京：化学工业出版社，2008.

第八章 节 能 技 术

第一节 节 能 概 述

能源是国家的基础工业，是国民经济和社会发展的重要物质基础，是提高和改善人民生活的必要条件。它的开发和利用是衡量一个国家经济发展和科学技术水平的重要标志。20世纪70年代，世界发生两次能源危机，引起各国政府对能源的重视，到20世纪80年代，能源更成为世界瞩目的三大问题之一，由于能源问题日益突出，在世界范围内，节能已经成为解决当代能源问题的一个公认的重要途径。有科学家把“节能”称之为开发“第五大能源”，与煤、石油与天然气、水能、核能等四大能源相并论，由此可见节能的重要意义。

节能，顾名思义就是节约能源消费，即从能源生产开始，一直到最终消费为止，在能源开采、运输、加工、转换、使用等各个环节上都要减少损失和浪费，提高有效利用程度。从经济角度，节能则是指通过合理利用、科学管理、技术进步和经济结构合理化等途径，以最少的能耗取得最大的经济效益。我国节约能源法给节能赋予了更科学的定义，即节能是指“加强用能管理，采取技术上可行、经济上合理以及环境和社会可以承受的措施，从能源生产到消费的各个环节，降低消耗、减少损失和污染物排放、制止浪费，有效、合理地利用能源”。

一、节能工作的意义

1. 节能是实现我国经济持续、高速发展的保证

我国能源的生产能力，特别是优质能源，如石油、天然气和电力的生产能力远远赶不上国民经济的发展，其中液体燃料的短缺显得特别突出。目前我国液体燃料的98%来自石油，据估计，国内石油的年产量今后只能维持在1.6亿～2亿t，即使考虑到海外合作开发油田所获得的份额油，也很难突破2.2亿t/a。从1993年开始我国已成为纯粹的石油输入国，2000年我国净进口石油达7400万t，占国内石油消费总量的30%，2010年预计将高达40%以上。有资料预测，到2010年，我国常规能源消耗量的缺口将达10亿t标准煤，电力缺口为3200亿kW·h。因此，为了维持我国经济的高速发展，节能就显得特别重要。

2. 节能是调整国民经济结构、提高经济效益的重要途径

当前深化经济改革的关键是调整国民经济结构，提高经济效益。其目的是转变经济增长的方式，走集约型的发展道路，实现少投入、多产出。能源在工业产品的成本中占相当大的比例，平均约为9%，化工行业则为30%，电力行业更高达80%，因此节能是提高企业的经济效益的重要途径。节能的实施不但可以促进产业结构的调整、产品结构的调整，同时节能还能提高能源的利用效益，降低能源消耗水平，延长能源资源的使用时间，为开

发新能源争取宝贵的时间。

3. 节能将缓解我国运输的压力

由于我国能源资源分布不均匀，能源运输压力很大，如我国铁路运力的43%用于煤炭运输。2000年由“三西”煤炭基地外运的煤炭就达近4亿t，据估计2010年将增加到5.2亿～5.8亿t，全国铁路煤炭运量将占总运量的50%，公路运输和水运也有类似的情况。显然，大量煤炭的开发利用和长距离运输，严重地制约了我国国民经济的发展，节能将有效地缓解我国运输的压力。

4. 节能将有利于我国的环境保护

能源开发和利用所引发的环境污染问题已日益引起人们的关注。在节约能源的同时，也相应减少了污染物的排放，其环保效益非常明显。当然在采取各种节能措施时，都应充分考虑其对环境的影响。

二、节约能源法

1997年11月1日第八届全国人民代表大会常务委员会第二十八次会议通过，2007年10月28日第十届全国人民代表大会常务委员会第三十次会议修订，2008年4月1日正式施行了新的《中华人民共和国节约能源法》。新的《中华人民共和国节约能源法》在法律层面明确提出：国家实行节约资源的基本国策，实施节约与开发并举，把节约放在首位的能源发展战略。有助于从根本上扭转国内节能减排意识薄弱、责任不明确、政策不完善和协调不得力的现状，对于确保我国如期完成“十一五”节能减排目标和长远的发展具有深远意义。

新的《中华人民共和国节约能源法》由原来的《中华人民共和国节约能源法》的6章50条增加为7章87条，内容涉及节能管理、合理使用与节约能源、节能技术进步、激励措施和法律责任等。与原来的《中华人民共和国节约能源法》相比，新的《中华人民共和国节约能源法》有以下的特点。

1. 基本立法

新《中华人民共和国节约能源法》是一部严格的国家基本立法。该法不仅基本明确了执法主体和监督主体，建立了奖惩体系，在调整范围上，也从偏重于规范工业节能，扩大到涵盖建筑、交通、政府机构、公用事业等领域节能。此外，财税激励政策、节能基金的建立、重点用能单位节能、节能标准、行业节能技术规范、能效标识制度和节能认证、节能统计等也都在新法中有了更为明确的指导和规定。同时，新节能法在相关法律条文上的规定也更加具体，提高了实用性和可操作性。

2. 政府先行

新《中华人民共和国节约能源法》将政府和公共机构的节能工作放在了首要位置。法律规定，国家实行节能目标责任制和节能考核评价制度，将节能目标完成情况作为对地方人民政府及其负责人考核评价的内容。省、自治区、直辖市人民政府每年向国务院报告节能目标责任的履行情况。同时，新节能法的法则中专设了“公共机构节能”一节，指出“公共机构是指全部或者部分使用财政性资金的国家机关、事业单位和团体组织”，规定“公共机构应当厉行节约，杜绝浪费，带头使用节能产品、设备，提高能源利用效率”、“公共机构应当制定年度节能目标和实施方案，加强能源消费计量和监测管理。国务院和县级以上地方各级人民政府管理机关事务工作的机构会同同级有关部门按照管理权限，制定本级公共机构的能源消耗定额，财政部门根据该定额制定能源消耗支出标准”。

3. 重点监管

新《中华人民共和国节约能源法》强化了对重点用能单位节能的监管。完善了对重点耗能领域、行业以及重点用能单位节能管理的规定，同时新节能法对建筑节能、交通运输节能都分列专门的部分进行了规范。

按照新节能法规定，年综合能源消费总量1万t标准煤以上的用能单位、国务院有关部门，或者省、自治区、直辖市人民政府管理节能工作的部门指定的年综合能源消费总量5000t以上不满1万t标准煤的用能单位，均为重点用能单位。

重点用能单位是我国的耗能大户，监管重点用能单位的节能工作成为节能工作的重中之重。新节能法规定，重点用能单位应当每年向管理节能工作的部门报送上年度的能源利用状况报告。重点用能单位未按照规定报送能源利用状况报告或者报告内容不实的，由管理节能工作的部门责令限期改正；逾期不改正的，处1万元以上5万元以下罚款。对节能管理制度不健全、节能措施不落实、能源利用效率低的重点用能单位，管理节能工作的部门应当开展现场调查，组织实施用能设备能源效率检测，责令实施能源审计，并提出书面整改要求，限期整改。

4. 稳步推进

新节能法第二十八条规定，能源生产经营单位不得向本单位职工无偿提供能源，任何单位不得对能源消费实行包费制。无偿向本单位职工提供能源或者对能源消费实行包费制的，逾期不改正，将处5万元以上20万元以下罚款。

5. 允许地方标准

允许地方按照一定程序制定严于国家的地方标准，特别是在建筑领域方面，给予地方节能标准更大的权限，新节能法还将逐步落实供热分户计量、按用热量计量收费制度，建立房屋销售的节能信息明示制度等。

6. 税收信贷等措施多管齐下

新节能法明确了我国将在节能方面采取的激励政策，规定国家对生产、使用法律规定推广目录的需要支持的节能技术、节能产品，实行税收优惠等扶持政策。

在金融支持方面，法律规定国家引导金融机构增加对节能项目的信贷支持，为符合条件的节能技术研究开发、节能产品生产及节能技术改造等项目提供优惠贷款。同时，国家推动和引导社会有关方面加大对节能的资金投入，加快节能技术改造。

实行有利于节能的价格政策，引导用能单位和个人节能。实行峰谷分时电价、季节性电价、可中断负荷电价制度，鼓励电力用户合理调整用电负荷。对钢铁、有色金属、建材、化工和其他主要耗能行业的企业，分淘汰、限制、允许和鼓励类差别电价政策。

国家鼓励工业企业采用高效、节能的电动机、锅炉、窑炉、风机、泵类等设备，采用热电联产、余热余压利用、洁净煤以及先进的用能监测和控制等技术。

国家鼓励在新建建筑和既有建筑节能改造中使用新型墙体材料等节能建筑材料和节能设备，安装和使用太阳能等可再生能源利用系统。

国家鼓励、支持在农村大力发展沼气，推广生物质能、太阳能和风能等可再生能源利用技术，按照科学规划、有序开发的原则发展小型水力发电，推广节能型的农村住宅和炉灶等，鼓励利用非耕地种植能源植物，大力发展薪炭林等能源林。

三、能源的利用效率

能源利用效率是衡量能量利用技术水平和经济性的一项综合性指标。通过对能源利用效率的分析，可以有助于改进企业的工艺与设备，挖掘节能的潜力、提高能量利用的经济效果。

能源利用效率是指能量被有效利用的程度。通常以 η 表示，其计算公式为

$$\eta=\frac{\text{有效利用能量}}{\text{供给能量}}\times 100\ \%=\left(1-\frac{\text{损失能量}}{\text{供给能量}}\right)\times 100\% \qquad (8-1)$$

对于不同的对象，能源利用效率的计算方法不尽相同。通常有以下几种计算方法。

1. 按产品能耗计算法

一个国家或一个地区可能生产多种产品，对主要的耗能产品，如电力、化肥、水泥、钢铁、炼油和制碱等，按单位产品的有效利用能量和综合供给能量加权平均，即可求得总的能源利用效率 η_t，即

$$\eta_t=\frac{\sum G_i E_{0i}}{\sum G_i E_i}\times 100\ \% \qquad (8-2)$$

式中：G_i为某项产品的产量；E_{0i}为该项产品的有效利用能量；E_i为该项产品的综合供给能量（综合能耗量）。综合能耗量包括两部分：一部分为直接能耗，即生产该项产品所直接消耗的能量；另一部分是间接能耗，它是指生产该项产品所需的原料、材料及耗用的水、压缩空气、氧等以及设备投资所折算的能耗。

2. 按部门能耗计算法

将国家和地区所消耗的一次能源，按发电、工业、运输、商业和民用五大部门，分别根据技术资料及统计资料，计算各部门的有效利用能量和损失能量，求得部门的能量利用效率 η_d，然后再求得全国或地区的总的能源利用效率 η_t，即

$$\eta_d=\frac{\text{部门有效利用能量}}{\text{部门有效利用能量}+\text{部门损失能量}}\times 100\% \qquad (8-3)$$

$$\eta_t=\frac{\sum\text{部门有效利用能量}}{\sum\text{部门有效利用能量}+\sum\text{部门损失能量}}\times 100\% \qquad (8-4)$$

3. 按能量使用的用途计算法

一次能源在国民经济各部门使用，除了少数作为原料外，绝大部分是作为燃料使用。其中一类是直接燃烧，如各种窑炉、内燃机、炊事和采暖等；另一类转换为二次能源后再使用，如电、蒸汽、煤气等。因此按用途计算便可分为发电、锅炉、窑炉、蒸汽动力、内燃动力、炊事和采暖等。先求得某项用途的能量利用效率 η_p，然后再将各种用途 η_p 的相加平均，即可求得总的能量利用效率 η_t，即

$$\eta_d=\frac{\text{某种用途的有效利用能量}}{\text{某种用途有效利用能量}+\text{某种用途的损失能量}}\times 100\% \qquad (8-5)$$

$$\eta_t=\frac{\sum\text{某种用途的有效利用能量}}{\sum\text{某种用途的有效利用能量}+\sum\text{某种用途的损失能量}}\times 100\% \qquad (8-6)$$

4. 按能量开发到利用的计算法

根据能源开采、加工、运输和终端使用的四个环节，分别计算出各个环节的能量利用效率 η_{exp}、η_{pro}、η_{tra}、η_{use}，然后相乘求得总的能源利用率，即

$$\eta_t = \frac{\eta_{exp} \times \eta_{pro} \times \eta_{tra} \times \eta_{use}}{10^6} \times 100\% \tag{8-7}$$

在节能工作中，如果运用价值工程的观点，用能效率就相当于价值，能源消耗则相当于成本，因此有以下关系，即

$$用能效率 = \frac{产品功能}{能源消耗} \times 100\%$$

不论产品的功能和能耗是增加还是减少，只要用能效率提高，就取得了节能的效果。这样就将节能从单纯数量的含义扩展到效益的范畴，即节能效益。因此根据产品功能和能耗的改变情况，有以下几种节能的类型：

(1) 功能不变，能耗降低，称为纯节能型。这就是目前普遍采用的节能形式。

(2) 功能提高，能耗不变，称为增值节能。这是一种值得提倡的节能法。

(3) 功能提高，能耗降低，称为理想节能。这种情况只有在改革工艺方法后才能达到。

(4) 功能大大提高，能耗略有提高，称为相对节能。

(5) 功能略有降低，能耗大量降低，称为简单节能。这是在能源短缺时才允许采用的方式。

(6) 功能或提高或不变或降低，但能耗为零，称为零点节能，或超理想节能。例如，省去一道工序，或利用生产过程中的化学反应放热代替外供能源消耗等，都属于这种节能形式。

四、节能的组织、管理措施

从广义上讲，节能就是要降低能源消费系数，使实现同样的国民经济产值 M 所消耗的能源量 E 最少。节能包括直接节能和间接节能。

1. 直接节能

直接节能是指人们在生产过程中或生活活动中节约直接消耗的有形能源。如节约煤、电、油、蒸汽等，它通过加强能源的科学管理和推动技术进步的渠道和手段，具体反映在能源利用效率的提高、单位产品（工作量）能源消耗量的降低上，包括以下内容：

(1) 技术节能。提高用能设备的能源利用效率，直接减小能耗和 E/M 值。

(2) 工艺节能。采用新工艺以降低某产品的有效能耗。

2. 间接节能

间接节能是指除直接节能原因外所节约的能源，具体反映在单位产值的降低上。间接节能主要包括调整经济结构、调整工业布局、合理组织生产、节约原材料和物质、提高产品质量及资源综合利用等，包括管理节能和结构节能。

(1) 管理节能。加强组织管理，通过各种途径减少原材料消耗，提高产品质量，以减少间接耗能。

(2) 结构节能。调整工业结构和产品结构，发展耗能少的产品，以降低 E/M 值。

3. 间接节能的组织和管理

（1）调整工业结构。各种工业的耗能量是不同的，在不影响全局的情况下，可以适当调整轻重工业的比例。钢铁工业耗能大，但产值较低；而纺织、仪表、电子等轻工业能耗较少，而产值较高。因此，有条件可适当降低冶金工业的比例，发展高技术的电子产业和生物工程将会降低能源消费系数。

（2）合理布局工业。能源生产和能源消费在地区分布上常常很不均衡。例如，我国能源分布主要集中在西部、西南和华北，而能源消费则主要集中在东部和南部，因此“北煤南运”、“西电东送”，消费了大量运输能力和电能，增加了能源消耗。根据能源资源分布的特点，在调整工业结构时，合理布局工业也是间接节能的主要措施。

（3）合理使用能源。各种不同品质的能源要合理使用，以发挥各自的优势，取得最大的经济效益。例如，优质能源石油，除作为化工原料外，首先应当用于运输机械；劣质煤首先要应用于发电，因为燃煤和燃油电厂热效率相差不大；机车则应当首先实行电气化；地热资源一般温度低，首先应用于采暖；农村则要大力发展沼气，既是能源又是肥源。

（4）多种能源互补，综合利用。在能源选择中要实现多种能源的互补，如以煤为主要燃料，就可以油做辅助燃料，如燃煤电站、以油做辅助燃料来实现锅炉的点火和稳燃。在核电站中，以油做辅助燃料，当出现紧急停电事故时，各种备用的柴油发电机组即可紧急启动、供电。对于缺乏能源的广大农村地区，除薪柴外，还要考虑风能、水能和太阳能，并要积极推广沼气，同时也要提供部分商品煤。

（5）进行企业改造、设备更新及工艺改革。老企业、小企业通常设备落后、效率低、能耗高、对环境污染严重，因此，对老企业进行设备更新和工艺改革是降低能耗、减少污染物排放的关键。对一些小煤窑、小化肥、小造纸厂和小冶炼厂必须关、停、并、转。我国电力工业是耗煤大户，中低压小型发电机组占相当大的比例，其耗煤量大，比先进国家高30%左右，因此必须对能耗过多的小型机组有计划地加以改造和淘汰。又如在水泥生产中每吨水泥熟料的平均燃料消耗，湿法窑炉比干法悬浮预热窑炉要高63%，因此，改革工艺同样可以大大降低能耗。

（6）改善企业的能源管理。

1）摸清企业的耗能状况、用能水平、节能潜力和省能效果。

2）建立厂—车间—工段（班）—班组的节能管理网，制定能源消耗的定额及奖罚制度。

3）健全能源管理规章制度，包括燃料进厂、分区存放、技术档案、定量供应、定额管理和奖罚制度。

4）加强能源计量管理。

5）合理组织产品的生产过程。

6）消除明显的不合理浪费，如跑、冒、滴、漏，管道和设备保温不良，可燃气体放空等。

五、技术和工艺节能的途径

一切能源的利用过程，本质上都是能量的传递和转换过程，这两个过程在理论上和实践上都存在限制，存在着一系列物理的、技术的和经济方面的限制因素，如热能的利用首先要受热力学第一定律（能量守恒）和热力学第二定律（能量贬值）的制约。在能量传递和转换过程中，由于各种原因能量在数量要产生损失，能量的品质也要降低。因此能源有效利用的实质是，在热力学原则的指导下提高能量传递和转换效率；整体上使所有需要消费能源的地方做到最经济、最合理地利用能源，充分发挥能源的利用效果。能源节约既要着眼于提高用能设备的效果，也要考虑整个用能系统的最优化。从技术和工艺上，为了提高能源的有效利用应从以下五个方面入手：

（1）提高能量传递和转换设备的效率，减少转换的次数和传递的距离。

（2）在热力学原则的指导下，从能量的数量和质量两方面分析，计算能量的需求和评价能源使用方案，按能量的品质合理使用能源，尽可能防止高品质能量降级使用。

（3）按系统工程的原理，实现整个企业或地区用能系统的热能、机械能、余热和余压全面综合利用，使能源利用最优化。

（4）大力开发研究节能新技术，如高效清洁的燃烧技术、高温燃气透平、高效小温差换热设备、热泵技术、热管技术及低品质能源动力转换系统等。

（5）作为节约高品质化石燃料的一个有效途径，把太阳能、地热能、海洋能等低品质、低密度替代能源纳入节能技术，因地制宜地加以开发和利用。

值得指出的是，节能还是减少环境污染的一个重要方向。在一般情况下，大多数节能措施都会有效地减少污染，如提高锅炉热效率、回收余热、利用太阳能和地热等。

六、我国节能的潜力和目标

在能量利用和转换过程中，虽然有部分损失是不可避免的，并且也无法回收利用；但是有些损失却是可以减少或回收利用的。即使在有效利用能量中也有一部分能量，只要改变工艺流程，就能重复使用。所以节能潜力就有理论潜力和视在潜力两个概念。理论潜力是指在理论上可以回收和重复利用的那一部分，视在潜力是在目前世界技术经济条件下已能被回收利用的部分。节能工作就是要不断缩小和世界先进水平的差距，并逐渐挖掘理论潜力的过程。

我国节能潜力十分巨大，这一点可从我国能源利用效率与国外的差距看出。目前我国能源利用效率（包括加工、运输和使用）只有32%左右，比先进国家低约10%，如果再乘上32.1%的能源开采效率，总的能源利用效率只有10.3%，不到先进国家的1/2。能源利用效率涉及单位产值能耗、单位产品能耗、主要耗能设备能源效率、单位建筑面积能耗和能源效率等指标。

据统计，2000年按现行汇率计算的每百万美元国内生产总值能耗，我国为1274t标准煤，比世界平均水平高2.4倍，比美国、欧盟、日本、印度分别高2.5倍、4.9倍、8.7倍和0.43倍。

表8-1所示为我国主要工业产品能耗与国外先进水平的比较。从表8-1中可以看出，我国单位产品能耗比国际平均水平高30%～40%，也存在明显差距。

表8-1　　国内、外主要工业产品单位能耗的比较（1995年）

主要工业产品及单位能耗	中国	国际先进水平	能耗高出比例（%）
火电厂煤耗［g标准煤/(kW·h)］	412	325	26.8
钢可比能耗（kg标准煤/t）	976	629	55.2

续表

主要工业产品及单位能耗	中国	国际先进水平	能耗高出比例（%）
粗钢综合能耗（kg 标准煤/t）	1184	820	44.4
电解铝耗直流电（kW·h/t）	14736	12956	13.7
炼油单位能量因素能耗（kg 标准煤/t）	21.91	19.46	12.6
合成氨综合能耗（kg 标准煤/t）（天然气，大型）	1268	930	36.3
水泥熟料综合能耗（kg 标准煤/t）	175	113.2	54.6
粘胶纤维耗电（kW·h/t）	1955	1450	34.8

造成这一差距的原因有以下几个方面：首先，我国高能耗行业规模小，设备落后。表 8-2 所示为国内、外高能耗行业企业和设备规模的比较。其次，高能耗行业的原料和材料较差，如钢铁工业铁矿石品位低，焦炭质量差；化工行业合成氨多以煤为原料。表 8-3 所示为我国合成氨和纸浆原材料结构和国外的比较。

另外，我国企业管理落后也是高能耗的一个重要原因。如优化资源配置，调整产业结构，以及优化行业结构、企业结构及产品结构方面潜力巨大。据估计，我国节能潜力中直接节能潜力约占 1/3，间接节能潜力约占 2/3。

表 8-2　国内、外高能耗行业企业和设备规模的比较（1997 年）

行业	中 国	国 际
煤矿	县及县以上煤矿平均年产原煤 26 万 t	德国矿井平均年产 606 万 t
炼油厂	全国 62 座，年平均加工能力 274 万 t	日本 40 座，平均 607 万 t
火电厂	6MW 以上的机组平均单机容量 45.2MW	日本已经淘汰 100MW 以下的机组
炼铁高炉	全国 1128 座，平均容积 107m^3	日本 30 座，平均为 2500m^3
合成氨	小氮肥厂平均年产 1.52 万 t	发达国家为大型厂，能力大于 30 万 t
水泥	全国 4000 座立窑，平均年产 5.5 万 t	日本回转窑 81 座，平均年产 109 万 t

表 8-3　我国合成氨和纸浆原材料结构和国外的比较（1997 年）

内容	中 国	国 外	对能耗的影响
合成氨原料	煤、焦占 62%，天然气和焦炉气占 21%	美国天然气站 98%	能耗高 70%，投资增加 1 倍
纸浆原料	木浆占 14%	木浆占 90%以上	树皮和黑液可用来发电，自给自足

能源是全面建设小康社会的重要物质基础。解决能源约束问题，一方面要开源，加大国内勘探开发力度，加快工程建设，充分利用国外资源；另一方面必须坚持节约优先。“十一五”规划纲要将 GDP 能耗降低 20%作为必须完成的约束性指标，这也成为当前重要的节能目标。

第二节 节能减排的技术经济评价

一、节能项目特点

节能即节约能源，采取技术上可行、经济上合理、有利于环境、社会可接受的措施，提高能源效率和能源利用的经济效果，以最少的能源消耗和最低的支出成本，生产出更多适应社会需要的产品和提供更好的服务。节能要兼顾效率和效益。对企业而言，节能以效益为主，包括效率和替代问题；对宏观全局，更主要的是节约能源资源问题，同时减少温室气体和污染物排放。

节能项目主要指节能技术改造项目，且项目收益50%以上来自于节约能源产生的收益。节能项目按建设特点分为四种类型，即增添型、更新型、替代型和综合型。

二、技术经济评价中的基本要素

节能和其他工程项目一样，都需要从技术和经济两方面来进行分析和评价。其目的是要求在技术可行的前提下，获得经济上的合理性。技术经济分析就是以技术方案为对象，比较和分析对项目有影响的，经济上可用数量表示的各因素，并结合政治、社会、环境、资源等多方面进行综合分析平衡，最终获得对该方案的客观评价。

为了对某一具体项目进行经济评估，应尽可能多地将各种因素转化为经济上可以计量的参数，并尽可能用货币来表示。经济评价应考虑的主要因素有以下几个方面。

1. 投资费

针对某一项目的投资，包括固定资产投资和流动资金的投资。固定资产投资由以下几方面构成。

(1) 设备投资与建筑安装费。它包括：主要生产项目费用，辅助生产项目费用，公用工程项目费用，服务性工程项目费用，生活福利设施的项目费用，治理三废项目费用，厂外工程费用等。

(2) 其他费用。包括：管理费；规划、勘测、设计费，研究实验费，外事费，其他独立费用等。

(3) 不可预见费。包括：职业培训费，报废工程损失，施工临时设施等。

流动资金投资由以下几方面构成：

(1) 储备资金。包括：原材料，辅助材料，燃料，包装物，修理配件，低值易耗品等。

(2) 生产资金。包括：在生产产品，半成品，其他待摊费用等。

(3) 成品资金。主要指产成品资金。

(4) 结算及货币资金。包括：发出商品，结算资金，货币基金等。

前面三项是所谓定额流动资金，后一项则为非定额流动资金。

2. 成本费

产品成本通常由以下几部分构成：

(1) 原材料及辅助材料。

(2) 燃料及动力。

（3）工人工资及附加费。

（4）废品损失。

（5）车间经费。

（6）企业管理费。

（7）销售费。

前五项之和为车间成本，加上第六项则为工厂成本；再加上第七项则为所谓销售成本。

3. 折旧费

折旧费通常用下式计算，即

$$D=\frac{P_0+R+F-L}{n}\quad 元/年 \tag{8-8}$$

式中：D 为年折旧额；P_0为固定资产原值或重估值；R 为折旧期内大修费总和；F 为拆除报废固定资产发生的费用；L 为残值；n 为折旧年限。

4. 利润

企业的利润由产品销售利润和非销售利润两部分构成。其中产品销售利润包括：

（1）销售商品利润。它通常由两部分利润组成，即产出商品的销售利润、期初和期末库存商品的差额利润。产品销售利润通常按下式计算，即

$$产品销售利润=销售收入-销售成本-税金\quad 元 \tag{8-9}$$

（2）其他销售利润。主要指来自不属于商品的产品，如废品、回收品、农副产品的销售利润及劳务利润。

对于非销售利润，主要指罚款、违约金、去年发生的今年入账的利润等。

5. 税金

税金按我国现行税制主要有以下六类：

（1）流转税类，包括增值税、营业税、消费税和关税等。

（2）收益税类，包括企业所得税和个人所得税等。

（3）资源税类，包括资源税和城镇土地使用税等。

（4）农业税类，包括农业税、农林特产税、耕地占用税和契税等。

（5）特定目的税类，包括固定资产投资方向调节税、城乡维护建设税和土地增值税等。

（6）财产和行为税类，包括房地产税、车船使用税、印花税、宴席税和屠宰税等。

三、节能项目经济评价的指标和方法

（一）节能项目技术经济评价的方法学

节能项目技术经济评价采用费用效益法，即通过费用和效益的比较来评价项目，通过节能项目改造前后或者“有”、“无”项目的费用效益来比较。评价目的主要为前期预测及项目完成后的评估审核服务。与一般投资项目评价相比，其难点是项目节能量的核准不一致；此外，一般投资项目在评价上大多根据项目收益的大小来评价，而有些节能项目的短期效益并不明显，但长期效益显著，需要在项目寿命期内全面考虑。因此，节能项目经济评价是节能项目的经济评价指标是对节能项目进行经济评价的依据。由于项目的复杂性，任何一种具体的评价指标都只能反映项目的某一侧面或某些侧面，而忽略其他方面，所以仅凭单一经济指标很难达到全面评价项目的目的。因此，为了系统而全面地评价一个项

目，往往需要采用多个评价指标，从多个方面对项目的经济性进行分析考察。这些既互相联系又相对独立的评价指标，就构成了项目经济评价的指标体系。

（二）节能项目财务评价静态指标

一般项目经济评价静态评价指标主要包括投资回收期、投资利润率和借债偿还期等。针对节能项目，应考察节能减排效果对投资的价值和意义，因此除了对传统指标在节能领域的应用外，还应考虑万元投资节能效益、万元投资节能能力、万元投资减排能力等指标。各指标含义如下：

（1）投资回收期。以项目的净收益回收项目投资所需要的时间，一般以年为单位，从项目建设开始年算起，在计算收益时，应包括项目带来的节能和减排收入，以及可能的出售余能、管理增效、产品增产等收益，减去投产后年运行维护费用。

（2）万元投资节能效益。年节能净效益与投资额的比值。

（3）万元投资节能能力（投资节能率）。年节能量与投资额的比值，表示单位投资可形成多少节能量，与单位节能能力的投资成倒数关系。

（4）节能投资率：投资额与年节能量的比值，表示单位节能能力的投资数，若低于国家规定的年节约单位能源的投资值，项目方案可取。

（5）万元投资 CO_2（SO_2）减排能力。年 CO_2（SO_2）减排量与投资额比值，表示单位投资可形成多少 CO_2（SO_2）减排量。这是表明单位投资节能项目减排效果的指标。

（6）年折算费用 B 为

$$B=C+\alpha P \quad 元/年 \tag{8-10}$$

式中：C 为年运行费用；α 为行业标准的投资效果系数；P 为投资额。在进行多方案比较时，年折算费用最小方案为最经济的方案。

（三）节能项目财务评价动态指标

1. 财务净现值（FNPV）和净现值率（FNPVR）

财务净现值是指按设定的折现率计算项目计算期内净现金流量的现值之和，计算公式为

$$\mathrm{FNPV}=\sum_{i=1}^{n}(C_{\mathrm{i}}-C_{\mathrm{o}})_{i}(1+i_{\mathrm{c}})^{-i} \quad 元 \tag{8-11}$$

式中：C_{i}为现金流入量；C_{o}为现金流出量；n 为计算期；i_{c}为设定折现率（一般采用基准收益率）。在现金流入量中，若考虑由项目带来的节能和减排收入，以及出售余能、管理增效、产品增产等因为节能改造产生的收益，则

$$C_{i}=\sum_{j=1}^{m}P_{j}Q_{j}+\sum_{g=1}^{s}P_{g}Q_{g}+I_{\mathrm{SE}}+I_{\mathrm{M}}+I_{\mathrm{P}} \quad 元 \tag{8-12}$$

式中：$\sum_{j=1}^{m}P_{j}Q_{j}$ 为节能项目各能源品种（如电力、煤炭、油、天然气等）在第 i 年的节约能源收入之和，P_{j}、Q_{j} 分别为该年第 j 种能源的实际价格和节约能源的实物数量；$\sum_{g=1}^{s}P_{g}Q_{g}$ 为节能项目各减排气体第 i 年的减排收入之和，P_{g}、Q_{g} 分别为该年第 g 种气体的财务评价下价格和减排数量；I_{SE}为第 i 年出售由节能项目带来的余能收入；I_{M}为第 i 年由节能项目带来的企业管理费用的减少；I_{P}为第 i 年由节能项目带来的企业产能增加的收入。

在现金流出中，主要是考虑节能项目的投入及运行费用，则

$$C_o = C_I + C_M - C_R \quad 元 \tag{8-13}$$

式中：C_I为第 i 年的节能项目投资额；C_M为第 i 年的节能项目运行维护费；C_R为第 i 年的节能项目残值。

净现值率是项目净现值与全部投资的现值之比，亦即单位投资现值的净现值。利用财务净现值也可换算出项目年度净收益。

2. 财务内部收益率（FIRR）

财务内部收益率是指项目计算期内净现金流量现值累计等于 0 时的折现率，即

$$\sum_{i=1}^{n}(C_i - C_o)_i(1 + \mathrm{FIRR})^{-i} = 0\% \tag{8-14}$$

其中，财务内部收益率、财务净现值是主要的动态指标，其他动态评价指标还有总投资收益率、项目资本金净利润率、利息备付率、偿债备付率和资产负债率等，可根据项目的具体需要选用。

第三节　高效低污染燃烧技术

一、气体燃料

气体燃料便于储存、运输，燃烧方便，随着天然气的开发和煤的气化，其应用越来越广泛。气体燃料的燃烧效率通常都很高，在气体燃料燃烧技术中应注意以下几点。

1. 正确选用燃烧器

各种燃烧器的特点均不相同，在选用时应充分掌握其特点。例如，扩散式燃烧器其安全性较好，不会回火，因此没有回火爆炸的危险，但其火焰较长，仅适合于高热值的燃烧。预混式燃烧器，燃烧强度高，而且不会产生炭黑，其缺点是燃烧不稳定，可能出现回火或脱火，它主要适用于低热值燃烧。又如对某些供热量很大的工业炉，以天然气作燃料时所需流量很大，此时采用部分预混式燃烧器不但可以提高燃烧热负荷，而且还能控制火焰的发光程度，有利于改善炉内辐射传热。

2. 控制好燃烧器的参数

燃烧器的参数包括结构参数和流动参数。结构参数的改变会对燃烧状况（如火焰长度）产生明显的影响。例如，扩散式燃烧器，如果助燃空气喷口和煤气喷口相邻平行布置，其火焰长度就明显长于煤气喷口，位于空气喷口内，并彼此同心布置的情况。此外煤气喷口放在空气喷口内，两喷口均为不收缩的圆形时，火焰长度也明显长于同样结构但两喷口收缩为扁形时的情况。流动参数对燃烧的影响也是很明显的，例如，对于预混火焰，当燃烧器喷出的气流速度小于火焰传播速度时，火焰可能传到燃烧器内部，产生回火，显然回火有引起爆炸的危险。另外，如果燃烧器喷出的气流速度大于火焰传播速度，火焰有可能被吹熄，产生脱火。因此应控制好燃烧器的流动参数。

3. 提高火焰的稳定性

火焰的稳定性是指火焰能够连续稳定地维持在某个空间位置上，既不熄火，又不随意移动位置。显然火焰稳定性是高效低污染燃烧的关键，因此在燃烧过程中应采取各种措施

提高火焰的稳定性。提高火焰的稳定性必须针对各种不同的情况采取不同的措施。例如，对层流火焰，为提高火焰的稳定性，防止回火，可以将单喷口改成许多小喷口，以加强散热。又如喷口气流速度过大有可能脱火时，可在喷口外加障碍物，以降低气流速度，保持火焰稳定。

在工程应用中，通常喷口气流速度都较高，为湍流状态，如不采取措施，火焰很难稳定，甚至会被吹熄。为避免这一问题，工程上常利用回流的高温烟气或用小火焰不断地向可燃气体提供足够的热量，以保证火焰连续稳定地燃烧。产生高温烟气回流有很多方法，其中最简单的是在湍流火焰后放置一钝体，在钝体后将形成高温烟气的回流区，以持续地向可燃气体提供热量，维持火焰稳燃，因此钝体又称之为稳焰器。除了钝体稳焰器外，还有其他形式的稳焰器，如船形稳焰器、多孔板稳焰器（它相当于多个小钝体）等。此外旋转射流、复杂射流（如射流突然扩张、突然转弯等），也都能产生高温烟气回流区。小股高速射流和主流气体之间形成的大速差，也会造成高温烟气回流。另一种维持火焰稳定的简捷方法是采用点火火焰，通常将此火焰又称为值班火焰。

4. 燃烧器的改进和开发

燃烧器的改进和开发一直是高效低污染燃烧技术的一个主要研究内容，其发展非常迅速。例如，众所周知，使气流旋转将有利于可燃气体和助燃空气的混合和燃烧，因此根据这一原理设计的旋流式燃烧器，燃烧热负荷高，火焰稳定性好。如进一步提高气流的旋转强度，燃烧时将形成燃烧漩涡，此时燃烧更加激烈，热负荷更高，此种燃烧器称之为旋流燃烧器。此外，还有所谓高速燃烧器，如图 8-1 所示，它是通过提高煤气和空气从各自喷口喷出的速度，使它们喷出后能迅速混合和燃烧，完全燃烧后的烟气以非常高的流速喷入炉内，与工件进行强烈的对流换热。高速燃烧器有两个作用，一是燃气在非常高的热负荷下燃烧（可达 2330kW），二是高速烟气以非常高的流速（200～300m/s）喷出燃烧室（火道），从而增强炉内对流传热的作用，这种燃烧器主要应用在工业加热炉上，其特点是炉体小、加热速度快、热惯性小、加热工件质量高，热效率高并易实现自动控制。

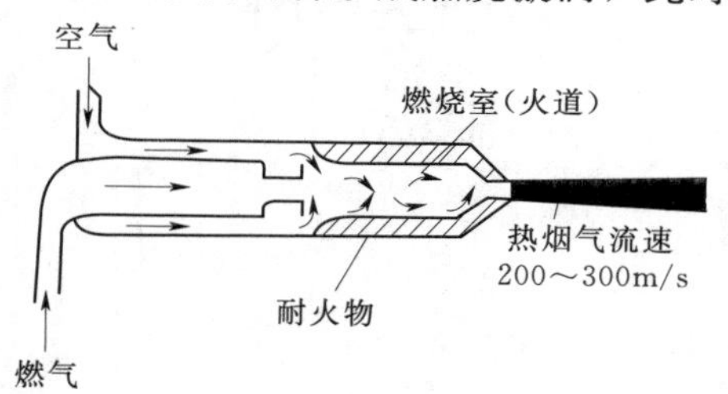

图 8-1　高速燃烧器工作原理

另外一种多喷口板式无焰燃烧器（图 8-2），由于煤气与空气经过混合器均匀混合后，再通过分配室分配到许多由耐火砖砌成的燃烧道，不但燃烧效率高，而且温度场均匀，烧嘴寿命长，非常适合于烧低热值的煤气。平焰式燃烧器（图 8-3）与上述燃烧器相类似，这种部分预混燃烧器，煤气从中心管端部四周小孔喷出并与四周扩展的空气相棍合，形成平展的圆盘形火焰，其火焰短而且展开，因此温度场均匀，适于作加热炉的燃烧器。

5. 燃烧过程的强化与完善

燃烧过程包括物理和化学两个过程，所以燃烧速度取决于混合速度和化学反应速度。混合速度由气体流动动力学来确定；化学反应速度则由燃气性质、氧化剂性质、可燃物的浓度、温度、压力等化学动力学因素所决定。因此，强化燃烧过程主要应从气流混合、提高燃烧温度等方面来考虑，主要途径如下：

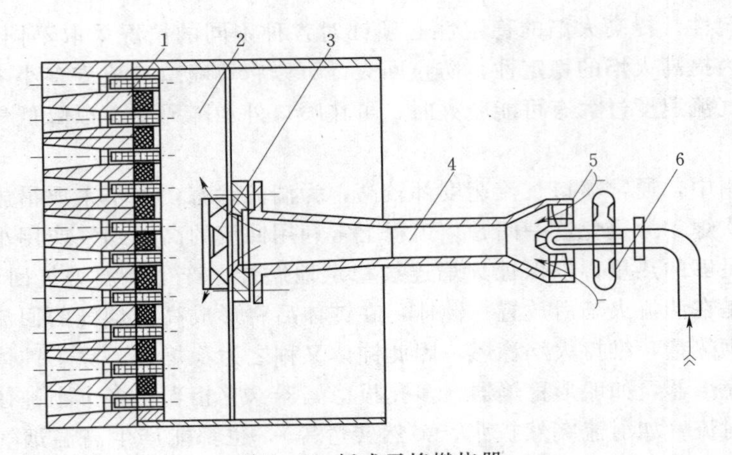

图 8-2 板式无焰燃烧器

1—耐火砖燃烧道；2—分配室；3—分配锥；4—混合器；5—喷嘴；6—空气调节阀

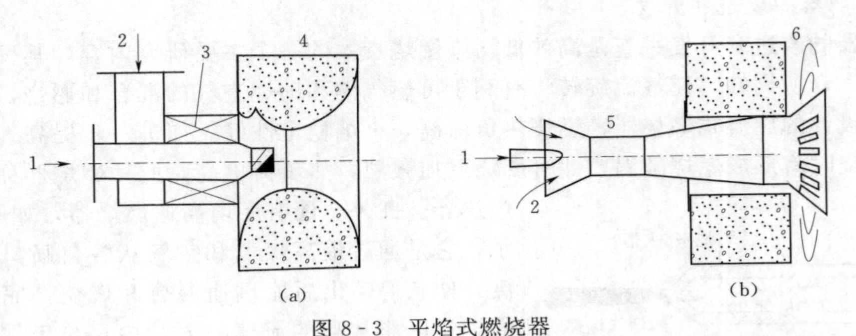

图 8-3 平焰式燃烧器

(a) 鼓风型；(b) 引射型

1—燃气入口；2—空气入口；3—旋流器；4—烧嘴砖；5—引射器；6—火焰

(1) 预热燃气和空气。预热燃气和空气可以提高火焰传播速度，增加反应区内的反应温度，从而提高燃烧温度，增加燃烧强度。在实际工程中，常常是利用烟气余热来预热空气和燃气，这样既可以强化燃烧，又回收了烟气余热，可降低燃料消耗，提高热效率。

(2) 加强气流扰动。不论是大气式燃烧，还是扩散式燃烧，加强气流扰动都能提高燃烧强度。在工程上采取的办法就是，在火焰稳定性允许的范围内，尽量提高炉子入口或燃烧室中的气流速度。

(3) 应用旋转气流。在气体从喷口喷出以前，使其产生旋转，改善气流混合过程，提高燃烧强度。

(4) 烟气再循环。将一部分燃烧所产生的高温烟气引向燃烧器，使之与尚未着火的或正在燃烧的燃气/空气混合物掺混，可提高反应区的温度，从而增加燃烧强度。烟气再循环的方式，包括内部再循环和外部再循环两种。

6. 燃烧引起的环境污染与防治

对燃气而言，一般燃气经过脱硫净化，燃烧后生成的 SO_2、SO_3 很少，而且只要完全燃烧，烟气中的 CO 含量也是很少的。因此，由燃气燃烧引起的大气污染物主要是 NO_x。燃烧产生的NO_x主要是NO（占90%以上），NO_2很少，不过NO排入大气后，很快被氧化成NO_2。NO_2的毒性是NO的5倍，对人和动、植物都有较大的危害。更为严重的是，NO_2在日光作用下会产生新的生态氧原子。这些生态氧原子在大气中将会引起一系列连锁反应并与未燃尽的碳氢化合物一起形成光化学烟雾，其毒性更强。因此为了防止NO_2及其引起的光化学烟雾的危害，就必须抑制燃料燃烧时的NO生成量。燃烧过程中生产NO_x的途径有三种：

（1）热力型NO_x，是由燃烧用空气中的氮气在高温下与氧反应而生成的氮氧化物。

（2）瞬时型NO_x，是碳氢燃料过浓时燃烧产生的氮氧化物。

（3）燃料型NO_x，是燃料中含有氮的化合物，如复杂的杂环氮化物在燃烧过程中氧化而生成的氮氧化物。

因此，影响NO生成的主要因素为燃料中氮化物的含量、燃烧温度的峰值、燃烧区中的氧浓度以及可燃物在火焰峰与反应区中的停留时间等。

目前，氮氧化物污染物防治主要从两方面入手：一方面是采用燃烧控制技术，如基于控制火焰温度峰值、限制在火焰峰和反应区的氧浓度等方法，开发的各种低NO_x燃烧器、两段燃烧、低氧燃烧和燃料再燃等；另一方面是采用烟气处理技术，如现行烟气脱硝设备中使用的选择性催化还原（Selective Catalytic Reduction，SCR）技术、选择性催化还原（Selective Non－Catalytic Reduction，SNCR）以及采用活性炭或分子筛一类固体吸附剂吸附烟气中NO_x的吸附技术等。

二、液体燃料

油是最常用的液体燃料。由于油的沸点总是低于其着火温度，因此油总是先蒸发成油蒸汽，再在蒸汽状态下燃烧。油雾化质量的好坏直接影响燃烧效率，雾化细度是衡量雾化质量的一个主要数据。通常雾化气流中油滴的大小各不相同，显然油滴的直径越小、单位质量的表面积就越大。例如，$1cm^3$的球形油滴其表面积仅为$4.83m^2$，如将它分成10^7个直径相同的小油滴时，它的表面积将增加到$1200cm^2$，即增加250倍。燃烧技术中，通常用索太尔平均直径（SMD）来表征油滴的尺寸分布。SMD是指具有相同体积和表面积比值的粒子的平均直径，即假想存在一个油滴直径相等的油雾，该油雾与实际的雾化油具有相同的体积（质量）和油滴的总表面积，则该假想油雾的直径就称之为实际油雾的索太尔平均直径。显然，索太尔平均直径越小，油滴雾化得越好，其蒸发混合即燃烧的速率也越快。

影响雾化质量的主要因素是喷射速度和燃油温度。研究表明，雾化油滴的尺寸取决于油气间相对速度的平方，相对速度越大，雾化油滴越细。同时燃油温度增加，其表面积和黏度下降，雾化油滴的直径变小。从雾化的角度讲，不仅雾化油滴的平均直径要小，而且要求油滴的直径尽量均匀。

为了实现油的高效低污染燃烧，应从以下两个方面着手。

1. 提高燃油的雾化质量

燃油的雾化是通过各种雾化器实现的。油雾化器又称油喷嘴，它的作用是把油雾化成雾状颗粒，并使油雾保持一定的雾化角和流量密度，促其与空气混合，以强化燃烧过程和提高燃烧效率。油喷嘴的形式很多，按其工作形式可以分为两大类：机械式喷油嘴（压力式和旋杯式）和介质式喷油嘴（以蒸汽或空气作介质）。压力式雾化喷油嘴是借送入燃烧器的油的压力来实现雾化，它又可分为简单式和回油式两种形式。旋杯式雾化喷油嘴则利用高速旋转的金属杯，油通过中心轴内的油管注入转杯内壁，在内壁形成的油膜被高速从杯口甩出，并与送入的高速一次风相遇而雾化。在蒸汽雾化喷油嘴中，油雾化的能量不是来自油压，而是来自雾化介质蒸汽，即一定压力的蒸汽以很高的速度冲击油流，并把油流撕裂成很细的雾滴。蒸汽雾化油喷嘴通常又有两种形式，即外混式蒸汽雾化油喷嘴和内混式蒸汽雾化油喷嘴（Y形蒸汽雾化油喷嘴，如图8－4所示）。

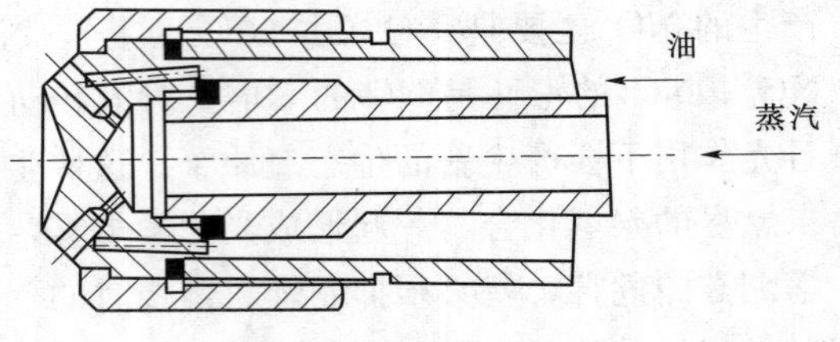

图 8－4　Y形油喷嘴

新发展的所谓超声波油喷嘴也属蒸汽雾化油喷嘴的一种（图 8－5）。进入汽室 1 的蒸汽从环形间隙 2 中喷出，激发谐振器 3 产生超声波。油从喷油孔 4 中喷出后，在超声波作用下因振动而进一步破碎。另一种低压空气雾化油喷嘴是利用空气作雾化介质，油以较低的压力从喷嘴中心喷出，而高速的空气（约 80m/s）从油四周喷入，使油雾化。

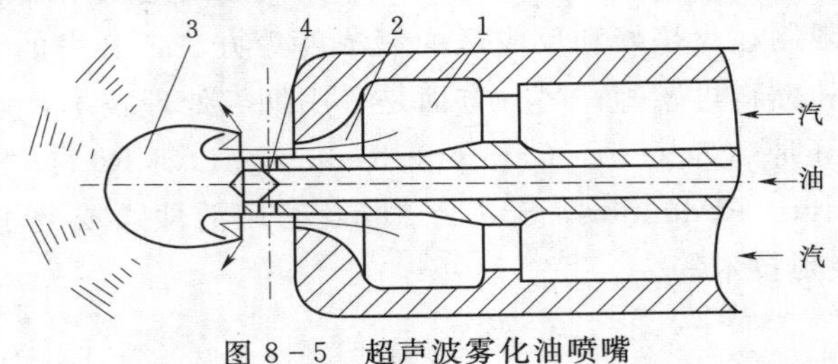

图 8－5　超声波雾化油喷嘴

1—汽室；2—环形间隙；3—谐振器；4—喷油孔

要提高燃油的雾化质量，首先就应根据各种喷油嘴的特性正确选用。例如，对简单式压力雾化油喷嘴，因为其喷油量的调节是依靠改变油压来实现的，低负荷时油压将降低，雾化质量也随之下降。因此，这种喷油嘴只适于带基本负荷的锅炉和窑炉。对于负荷变动较大的情况，特别是低负荷运行较多时，可以采用回油式压力雾化喷油嘴，这种喷油嘴设有回油道，可以依靠回油压力调整来调整喷嘴的流量特性，而油的旋流强度基本不变。

当企业有蒸汽源时，可以考虑优先选用蒸汽雾化油喷嘴。因为蒸汽雾化喷嘴雾化特性好，雾化油滴细，而且雾化角与喷油量无关，火焰形状易于控制，调节性能好，负荷调节比可达 1∶6 以上。蒸汽雾化油喷嘴对燃油的适应性好，燃油黏度变化对雾化特性影响很小；对燃油压力要求不高，可简化供油系统；结构简单，操作方便，不易堵塞。当然这种油喷嘴也存在一些明显缺点，如耗汽大，且雾化蒸汽不能回收，降低了锅炉运行的经济性；噪声大，启动性差；烟气中的蒸汽含量会加剧尾部受面金属的低温腐蚀和积灰堵塞等。近几年，蒸汽雾化油喷嘴已有很大的改进，耗汽量大大降低，噪声和启功性能也有很大的改善。为了减少蒸汽用量，容量较大的燃油锅炉上采用了 Y 形蒸汽雾化喷嘴。它综合了压力喷嘴和蒸汽雾化喷嘴的优点，喷嘴的耗汽量低，仅 0.02～0.03（kg 汽）/(kg 油)，从而提高了运行的经济性。同时，为了节能和提高经济效益，雾化燃油的品质越来越差，而使用上又要求锅炉对负荷的适应力越来越好，这一因素也促使了蒸汽雾化喷嘴的广泛应用。

对于小型燃油锅炉和窑炉多优先采用低压空气雾化喷嘴。这是由于这种喷嘴雾化质量好，火焰较短，油量调节范围广，对油质要求不高，且结构和系统均较简单。此外，转杯式喷嘴对油压、油质要求不高，调节性能优良，特别是低负荷运行时，因油膜减薄雾化质量反而好。因此也适合于小型工业锅炉，但因有高速运转部件，且转杯易玷污，故影响它的应用。

由于雾化质量与喷射速度和燃油温度有很大的关系，因此也可以从这两个方面来改善雾化质量。例如，当燃油黏度较大时，可以将油预热温度提高，对重油更应将加热温度提高到110～130℃。此外重油中重分子量的碳氢化合物占相当大的比例，它们不易蒸发，且在缺氧的情况下易受热（600℃左右）裂解，形成炭黑微粒，致使重油燃烧时间延长，为此在燃烧重油时，还应保证火焰尾部有足够高的温度和充足的氧气供应。

2. 实现良好的配风

油燃烧器是由油喷嘴和配风器两部分组成，配风器的任务是供给适量的空气，以形成有利于空气和油雾混合的空气动力场，使之与油喷嘴喷出的油雾很好地混合，促成着火容易、火焰稳定及燃烧良好的运行工况。好的配风器应满足以下要求：

（1）将空气分为一次风和二次风，一次风从油雾根部送入，又称根部风，其风量占总风量的15%～30%，风速为25～40m/s。一次风在点火前就已和油雾混合，其作用是避免油雾着火时，由于缺氧严重而分解，产生大量炭黑。

（2）一次风应当是旋转的，从而可以产生一个适当的回流区，以保持火焰的稳定。

（3）二次风可以是直流的，也可以有小的旋流强度。后者是为了控制火焰的形状，以有利于早期混合。

图8-6所示为直管式配风器的示意图，它多用于小型锅炉和窑炉。

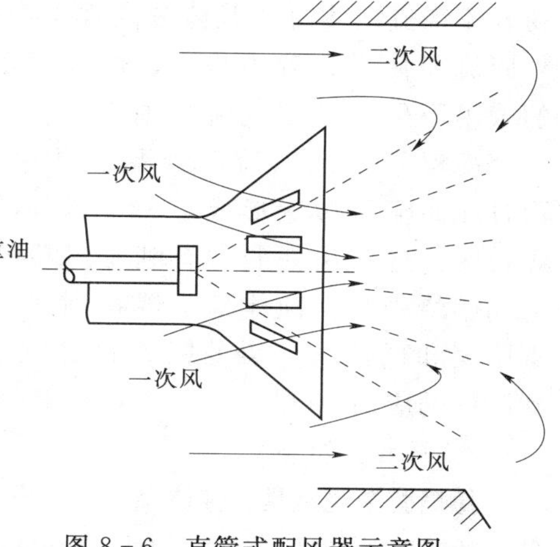

图8-6　直管式配风器示意图

旋流式配风器湍流强烈，喷进炉膛后可以形成强烈的油气混合气流，十分有利于燃烧，适合于大、中型的锅炉和窑炉。

不管何种配风方式都应该使空气和油雾扩展角很好地配合，一般气流的扩展角应比油雾扩展角稍小些，以使空气能高速喷入油器中形成良好的配合，如图8-7所示。

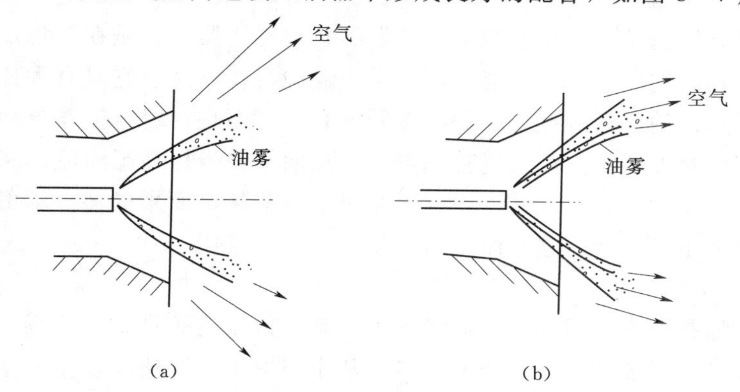

图8-7　空气扩展角与油雾扩展角的配合

（a）空气流扩展角过大；（b）空气流扩展角合适

三、固体燃料

我国大型锅炉大多采用煤粉燃烧技术。随着环保要求的日益严格，低污染煤粉燃烧技术也越来越受重视。近几年为了将稳燃和低污染燃烧结合起来，高浓度煤粉燃烧技术发展也非常迅速。这些先进的煤粉燃烧技术有些也是中国独创的，不但提高了燃烧效率，节约了煤炭，减少了污染，还为锅炉的调峰和安全运行创造了条件。

煤粉燃烧稳定技术是通过各种新型燃烧器来实现煤粉的稳定着火和燃烧强化。采用新型燃烧器不但能使锅炉适应不同的煤种，特别是燃用劣质煤和低挥发分煤，而且能提高燃烧效率，实现低负荷稳燃，防止结渣，并节约点火用油。

1. 煤粉钝体燃烧器

煤粉钝体燃烧器是20世纪80年代由华中理工大学开发的，如图8-8所示。它利用煤粉气流绕流钝体时的脱体分离现象产生的内、外回流而使煤粉着火提前、燃烧稳定。钝体的采用不但提高了气流的湍流强度，形成了一个高温烟气的回流区（温度可达900℃），而且在回流区边缘形成了一个局部的高浓度煤粉区。这些条件非常有利于煤粉的稳定着火和燃烧强化。钝体稳焰器特别适用于燃用劣质煤和低挥发分煤的锅炉和窑炉，并已得到广泛的应用。

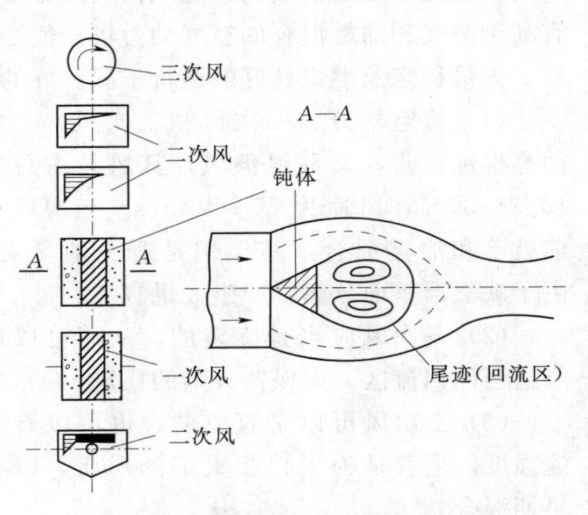

图8-8　煤粉钝体燃烧器示意图

2. 稳焰腔燃烧器

稳焰腔燃烧器是在钝体燃烧器上发展起来的另一种新型燃烧器。它是在钝体燃烧器的外面罩上一个稳燃腔，利用腔壁来消除钝体上下端部效应带来的端部卷吸，从而使来自钝体后方的高温烟气的回流强度得到大大提高。由于钝体被罩在稳燃器中，钝体不易烧坏，延长了使用寿命。这种燃烧器对低负荷稳燃、节约点火用油，提高燃烧效率起到了明显的效果。

3. 开缝钝体燃烧器

开缝钝体燃烧器也是在钝体燃烧器上开发的新型燃烧器。它是在三角形钝体中间开一条中缝，它除了具有钝体的基本功能外，由于中缝的存在，又使它具有大速差的功能，即在回流中，形成一定的煤粉浓度，这是钝体所没有的；而且中缝射流充分利用了回流区中高温、低速、高湍流度的特点，可以首先着火，从而进一步提高了回流区和尾流恢复区的温度，更有利于主流的点燃。此外，中缝射流对以屏蔽从正面来的部分辐射热，有利于保护喷口和开缝钝体不被烧坏，这种燃烧器也得到了广泛应用。

4. 夹心风燃烧器

夹心风燃烧器是西安交通大学和武汉锅炉厂合作研制的一种直流式煤粉燃烧器，它的特点是在二次风口中间加装一个狭长的喷口，从中喷射出一股速度较高但不带煤粉的空气流。该股射流能增强一次风的抗偏转能力，使两侧的一次风气流向喷口中心牵引，减少了煤粉的散射，有利于煤粉气流的着火和火焰稳定。

5. 火焰稳定船式燃烧器

火焰稳定船式燃烧器是将船形火焰稳定器装设在一次风口内，由于船形作用在出风口处将形成一种束腰形的气固两相流结构，在腰束外缘会形成局部的高温区，并由于气流作用促使煤粉浓淡分离。高浓度的煤粉也集中在腰束外缘，这种高温和高浓度煤粉对着火和稳燃是非常有利的。甚至在低负荷运行时不投油也能稳定燃烧。

6. 双通道自稳燃式燃烧器

双通道自稳燃式燃烧器是清华大学开发的一种新燃烧器。它的特点是在同一喷口上开上下两个一次风喷口，在两个喷口之间设计一个回流空间。这样一次风射流自身将产生一个强烈的回流区，利用高温烟气回流加热一次风，使煤粉稳定燃烧。

四、煤粉低 NO_x 燃烧技术

燃煤电站对环境的污染是十分严重的。目前世界上大多数燃煤电站对粉尘和 SO_2 排放已有相当成熟的控制和处理技术，但对如何控制氮氧化物（NO_x）排放仍在深入研究之中。目前，燃煤降低氮氧化物的排放比较成熟的办法是采用低过量空气燃烧、空气分级燃烧和烟气再循环燃烧等技术。

1. 低过量空气燃烧

如果使煤粉燃烧过程接近理论空气量，则由于烟气中过量氧的减少将有效地抑制氮氧化物 NO_x 的生成。显然，这是一种最简单的降低 NO_x 排放的方法。一般来说，采用低过量空气燃烧可以降低 NO_x 排放 15%～20%。值得注意的是，采用这种方法有一定的限制。如炉内氧的浓度过低，例如低于 3%以下时，将造成 CO 浓度急剧增加，从而大大增加了化学不完全燃烧损失；同时飞灰含碳量也会增加，这些都会使燃烧效率降低；还有引起炉壁结渣和腐蚀的危险，因此在锅炉和窑炉的设计和运行时，应选取最合理的过量空气系数，避免出现为降低 NO_x 排放而产生的其他问题。

2. 空气分级燃烧

空气分级燃烧是目前国内、外燃煤电厂采用最广泛、技术上也比较成熟的低 NO_x 的燃烧技术。空气分级燃烧的基本原理是，将燃料的燃烧过程分阶段来完成，在第一阶段，将从主燃烧器供入炉膛的空气量减少到总燃烧空气量的 70%～75%（相当于理论空气量的 80%左右），使燃料先在缺氧的富燃料燃烧条件下燃烧，此时由于过量空气系数 $\alpha<1$，因而降低了该燃烧区内的燃烧速度和温度水平，抑制了 NO_x 在这一燃烧区中的生成量。为了完成全部燃烧过程，完全燃烧所需的其余空气则通过布置在主燃烧器上方的“火上风”喷口送入炉膛，与在“贫氧燃烧”条件下所产生的烟气混合，在过量空气系数大于 1 的条件下完成全部的燃烧过程。图 8-9 给出了空气分级燃烧原理的示意图。图 8-10 所示为锅炉火上风方法示意图。实践表明，采用空气分级燃烧的方法可以降低 NO_x 排放 15%～30%。

3. 燃料的分级燃烧

燃料的分级燃烧是一种燃烧改进技术，它用燃料作为还原剂来还原燃烧产物中的 NO_x，也称为燃料再燃。它是先将 80%～85%的燃料送入主燃烧区，使之在过量空气系数 $\alpha>1$ 的条件下燃烧，并生成 NO_x；其余的 15%～20%的燃料送入在主燃烧区上部的再燃区，在过量空气系数 $\alpha<1$ 的情况下，形成很强的还原气氛，从而使得在主燃烧区中生成的 NO_x 在再燃区中被还原成氮气（N_2），与此同时，新的 NO_x 的生成也受到了抑制，最后

在燃尽区内补足空气，以保证再燃区中生产的未完全燃烧产物能够燃尽。图 8-11 给出了燃料再燃示意图。通常将进入主燃烧区的燃料称之主燃料，送入再燃烧区的称为再燃燃料，再燃燃料有天然气、煤粉、水煤浆和生物质等。采用此法可降低 50%以上的 NO_x 排放。

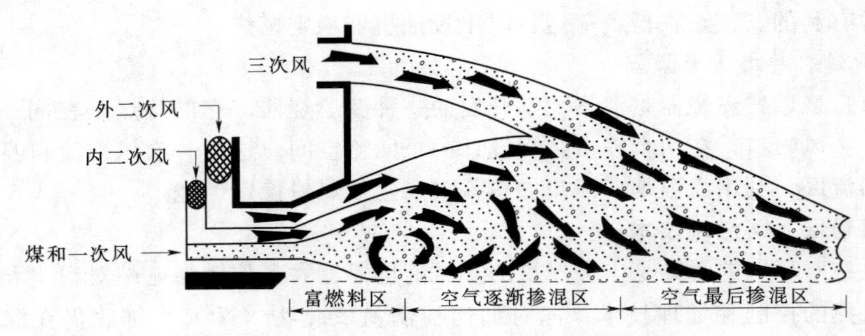

图 8-9 空气分级燃烧原理示意图

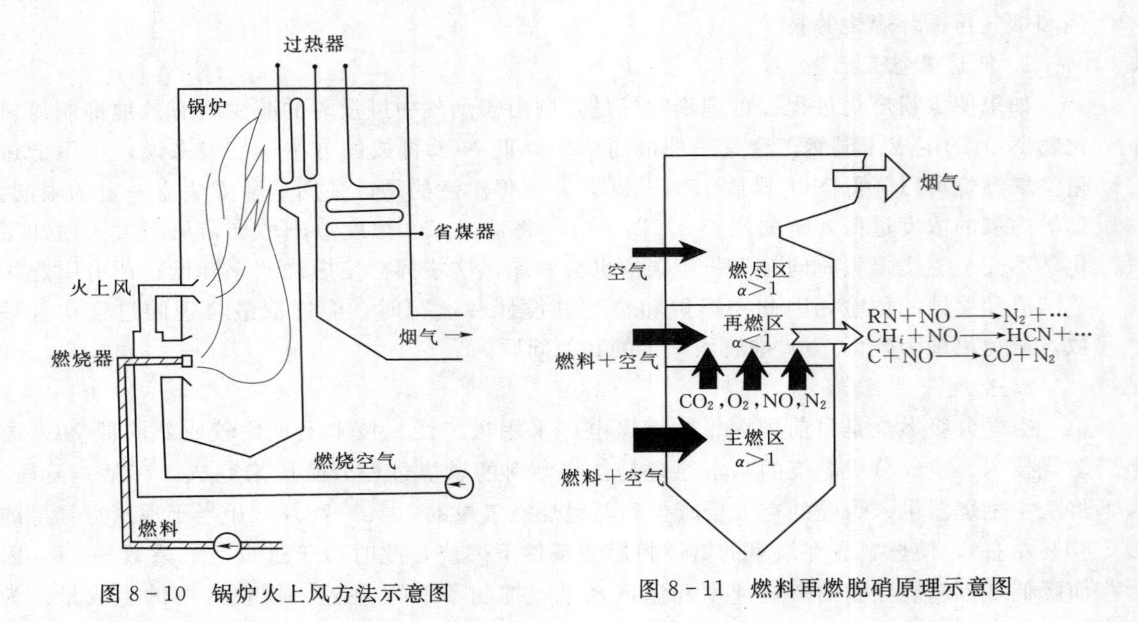

图 8-10 锅炉火上风方法示意图

图 8-11 燃料再燃脱硝原理示意图

4. 烟气再循环

烟气再循环法（FGR）的过程是在锅炉尾部空气预热器前抽取一部分温度较低的烟气，直接送入炉内或与燃烧用的空气混合后再送入炉膛，这样不仅降低进入炉膛的氧气浓度，使燃烧区内惰性气体含量增加，而且可以降低燃烧温度，达到降低 NO_x浓度的目的。经验表明，当烟气再循环率为 15%～20%时，煤粉炉 NO_x的排放可降低 25%左右。

5. 浓淡偏差燃烧

浓淡偏差燃烧是基于过剩空气系数对 NO_x的变化关系，使一部分燃料在空气不足下燃烧，即燃料过浓燃烧；另一部分在空气过剩下燃烧，即燃料过淡燃烧。无论是过浓燃烧还是过淡燃烧，燃烧时 α 都不等于 1，前者 $\alpha<1$，后者 $\alpha>1$，故又称偏差燃烧。燃料过浓部分，因氧气不足，燃烧温度不高，所以燃料 NO_x 和热力 NO_x 值均不高。燃料过淡部分，因空气量很大，燃烧温度低，使热力 NO_x 降低。

五、流化床燃烧技术

流化床技术最初主要应用在化工领域，煤的流化床燃烧（图 8-12）是继煤的层燃和粉煤燃烧后，于 20 世纪 60 年代开始迅速发展起来的一种新的煤燃烧方式，经历了 30 多年的发展，呈现出良好的发展前景。

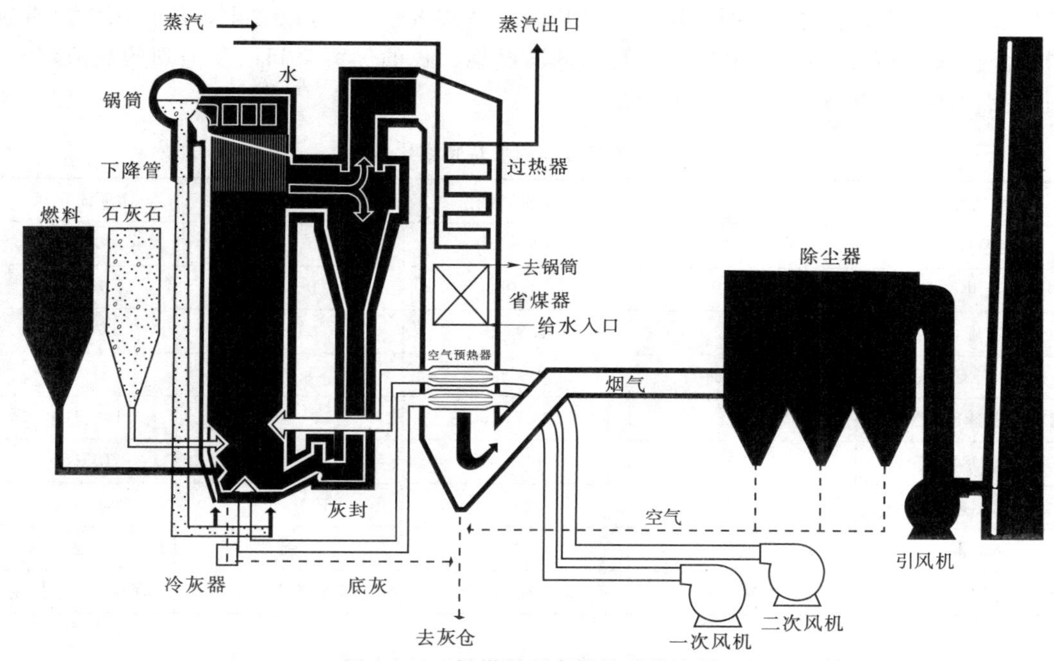

图 8-12　燃煤循环床锅炉系统流程

1. 流化床的优点

(1) 燃料的适应性好。由于固体颗粒在流化气体的作用下处于良好的混合状态，燃料进入炉膛后很快与床料混合，燃料被迅速加热至高于着火温度，只要燃烧的放热量大于加热燃料本身和燃烧所需的空气至着火温度所需的热量，流化床锅炉就可不需要辅助燃料而直接燃用该种燃料。所以它可燃用常规燃烧方式难以使用的燃料，如各种高灰分、高水分、低热值、低灰熔点的劣质燃料和难以点燃和燃尽的低挥发分煤（如褐煤、贫煤、洗中煤、泥煤、矸石、石油焦、油页岩、废木屑甚至工业废弃物和城市垃圾等）。

(2) 污染物排放低。低的燃烧温度（800～950℃）和床内炭粒的还原作用，使流化床燃烧过程中氮氧化合物的生成量大幅度减少。而流化床内的燃烧温度又恰好是石灰石脱硫的最佳温度，在燃烧过程中加入廉价易得的石灰石或白云石，就可方便地实现炉内脱硫。流化床燃烧与采用煤粉炉和烟道气净化装置的电站相比，二氧化硫和氮氧化物的排放量可降低 50%以上。

(3) 燃烧效率高。由于颗粒在床内停留时间较长以及燃烧强化等因素使流化床燃烧的燃尽度高，再采用飞灰回燃或循环燃烧技术后，燃烧效率通常在 97.5%～99.5%范围内。

(4) 负荷调节性好。采用流化床燃烧，既可实现低负荷的稳定燃烧，又可在低负荷时保证蒸汽参数。其负荷的调节速率每分钟可达4%，调节范围可达20%～100%。

(5) 有效利用灰渣。低温燃烧所产生的灰渣具有较好的活性，可以用来做水泥熟料或其他建筑材料的原料。由于燃料中的钾、磷成分保留在灰渣中，故灰渣有改良土壤和作肥料添加剂的作用。有的煤中含有稀有元素，如钒、硒等，在煤燃烧后，还可从灰渣中提取稀有金属。

正是上述这些优点使流化床燃烧技术在较短的时间内得到了迅速发展和广泛应用。表8-4给出了不同煤燃烧方式的燃烧特性的比较，从表8-4中可以看出，流化床燃烧有别于其他两种燃烧方式的最突出的特点是：低温燃烧，长的停留时间以及强烈的湍流混合，这些特点给流化床燃烧带来了上述优点。

表8-4　　不同煤燃烧方式的燃烧特性比较

燃烧特性	层　燃	煤粉燃烧	鼓泡床	循环流化床
燃烧温度（℃）	1100～1300	1200～1500	800～900	800～900
燃料尺寸（mm）	0～50	0～0.2	0～12	0～12
气流速度（m/s）	2.5～3	4.5～9	1.3	4.5～7
燃料停留时间	几十分钟	2～3s	1～3h	1～3h
燃料升温速度（℃/s）	1	10～10000	10～1000	10～1000
挥发分燃尽时间（s）	100	<0.1	10～50	10～50
焦炭燃尽时间（s）	1000	～1	100～500	100～500
湍流混合	差	差	强	强
燃烧过程控制因素	扩散控制	扩散控制为主	动力控制为主	动力一扩散控制

2. 循环流化床的发展

流化床锅炉已从20世纪60年代的第一代鼓泡流化床锅炉发展到20世纪80年代的第二代循环流化床锅炉。20世纪80年代，德国鲁奇（Lurgi）公司首先取得了循环流化床装置的专利，并研究开发出当时世界上最大的270t/h循环流化床锅炉，由此引发出了全世界循环流化床的开发热潮。至今已经形成几个技术流派：以鲁奇公司为代表（包括Stain公司和ABB公司）的绝热旋风筒带有外置换热床的循环流化床锅炉技术；以德国B&W公司为代表的采用塔式布置中温旋风分离循环流化床锅炉技术；以原芬兰Alhstrom公司为代表的燃烧室内布置翼形受热面的高温绝热旋风分离的循环流化床锅炉技术；以美国FW公司为代表的带有Intrex的汽冷旋风分离循环流化床锅炉技术和美国B&W公司采用简易分离的循环流化床锅炉技术。从容量上看，循环流化床锅炉也从热电用小中型低参数容量发展到高参数大型电站锅炉。世界上在运行的最大容量循环流化床锅炉为美国佛罗里达300MWe燃用石油焦的循环流化床锅炉，目前600MWe循环流化床锅炉正在安装。

我国的循环流化床燃烧技术来自于自主开发、国外引进、引进技术的消化吸收三个主要方面。自20世纪80年代以来，我国循环流化床锅炉数量和单台容量逐年增加。据不完全统计，现有近千台35～460t/h循环流化床蒸汽锅炉和热水锅炉在运行、安装、制造或订货，平均单机容量从37.41t/h上升至106.78t/h，参数从中压、次高压、高压发展到超高压，单台容量已经发展到670t/h。国内自主研发循环流化床燃烧技术单位有清华大学、中科院热物理研究所及西安热工研究院等，他们与锅炉厂合作，开发了35～440t/h系列化国产循环流化床锅炉。随着环保标准的提高，供热及电力市场对循环流化床锅炉的需求将会进一步扩大。

第四节　强化传热技术

一、概述

只要存在着温度差，热量就会自发地由高温传向低温，因此热传递过程是自然界中基本的物理过程之一。它广泛见诸如动力、化工、冶金、航天、空调、制冷、机械、轻纺和建筑等部门。大至单机功率为130万kW的汽轮发电机组，小至微电子器件的冷却都与传热过程密切相关。

热传递过程可分为导热、对流换热和辐射换热等三种基本方式，它们各自有不同的传热规律，实际中遇到的传热问题都常常是几种传热方式同时起作用。实现热量由热流体传给冷流体的设备就称之为换热器。它是上述工业部门广泛应用的一种通用设备，以电厂为例，如果把锅炉也看作换热设备，则再加上冷凝器、除氧器、高低压加热器等换热设备，换热器的投资约占整个电厂投资的70%。在制冷设备中蒸发器、冷凝器的重量也要占整个机组重量的30%～40%。

由于换热器在工业部门中的重要性，因此从节能的角度出发，为了进一步减小换热器的体积，降低重量和金属消耗，减少换热器消耗的功率，并使换热器能够在较低温差下上作，必须用各种办法来增强换热器内的传热。因此最近十几年来，强化传热技术受到了工业界的广泛重视，得到了迅速的发展，并且取得了显著的经济效果。如美国通用油品公司将该公司电厂汽轮机冷凝器中采用的普通铜管用单头螺旋槽管代替，由于螺旋槽管强化传热的效果，使冷凝器的管子长度减少了44%，数目减少了15%，重量减轻了27%，总传热面积节约30%，投资节省了10万美元。采用椭圆矩形翅片管代替圆形翅片管制作的空冷器，其传热系数可以提高30%，而空气侧的流动阻力可以降低50%。这种空冷器已在我国石化行业和火电厂得到广泛应用，取得了明显的经济效益。

二、强化传热的原则

由传热学可知，换热器中的传热量可用式（8-15）计算，即

$$Q=kF\Delta T \tag{8-15}$$

式中：k为传热系数，$W/(m^2 \cdot K)$；F为传热面积，m^2；ΔT为冷热液体的平均温差，K。从式（8-15）可以看出，欲增加传热量Q，可通过增加k、F或ΔT来实现。

1. 增加冷热液体的平均温差

在换热器中冷热液体的流动方式有四种，即顺流、逆流、交叉流、混合流。在冷热流体进出口温度相同时，逆流的平均温差ΔT最大，顺流ΔT最小，因此为增加传热量，应尽可能采用逆流或接近于逆流的布置。

当然可以用增加冷热流体进出口温度的差别来增加ΔT。比如某一设备采用水冷却时传热量达不到要求，则可采用氟利昂来进行冷却，这时平均温差ΔT就会显著增加。但是

在一般的工业设备中，冷热流体的种类和温度的选择常常受到生产工艺过程的限制，不能随意变动；而且这里还存在一个经济性的问题，如许多工业部门经常采用饱和水蒸气作加热工质，当压力为 1.586×10^{6} Pa 时，相应的饱和温度为 437K，若为了增加 ΔT，采用更高温度的饱和水蒸气，则其饱和压力亦相应提高，此时饱和温度每增高 2.5K，相应压力就要上升 10^{5} Pa。压力增加后换热器设备的壁厚必须增加，从而使设备庞大、笨重，金属消耗量大大增加，虽然可采用矿物油，联苯等作为加热工质，但选择的余地并不大。

综上所述，用增加平均温差 ΔT 的办法来增加传热只能适用于个别情况。

2. 扩大换热面积

扩大换热面积是常用的一种增强换热量的有效方法。如采用小管径，管径越小，耐压越高，而且在金属重量相同的情况下，表面积也越大。采用各种形状的肋片管来增加传热面积其效果就更佳了。这里应特别注意的是肋片（扩展表面）要加在换热系数小的一例，否则会达不到增强传热的效果。

一些新型的紧凑式换热器，如板式和板翅式换热器，同管壳式换热器相比，在单位体积内可布置的换热面积多得多。如管壳式换热器在 $1m^3$ 体积内仅能布置换热面积 $150m^2$ 左右，而在板式换热器中则可达 $1500m^2$，板翅式换热器中更可达 $5000m^2$，因此在后两种换热器中其传热量要大得多。这就是它们在制冷、石油、化工、航天等部门得以广泛应用的原因。当然紧凑式的板式结构对高温、高压工况就不宜应用。

对于高温、高压工况一般都采用简单的扩展表面，如普通肋片管、销钉管和鳍片管，虽然它们扩展的程度不如板式结构高，但效果仍然是显著的。

采用扩展表面后，如果几何参数选择合适还可同时提高换热器的传热系数，这样增强传热的效果就更好了。值得注意的是，采用扩展面常会使流动阻力增加，金属消耗增加，因此在应用时应进行技术经济比较。

3. 提高传热系数

提高传热系数 k 是强化传热的最重要的途径，且在换热面积和平均温差给定时，是增加换热量的唯一途径。当管壁较薄时从传热学中可知，传热系数 k 可用式（8-16）计算，即

$$k=\frac{1}{\frac{1}{\alpha_1}+\frac{\delta}{\lambda}+\frac{1}{\alpha_2}} \tag{8-16}$$

式中：α_1 为热液体和管壁之间的对流换热系数；α_2 为冷流体和管壁之间的对流换热系数；δ 为管壁的厚度；λ 为管壁的热导率。

对于金属而言，其壁厚很薄，热导率很大，忽略 δ/λ，则传热系数近似写成 $k=\alpha_1\alpha_2/(\alpha_1+\alpha_2)$。由此可知，欲增加 k，就必须增加 α_1 和 α_2，但当 α_1 和 α_2 相差较大时，增加其中较小的一个最有效。

要想增加对流换热系数，就需根据对流换热的特点，采用不同的强化方法。获得高的对流换热系数的主要途径如下：

（1）提高流体速度场和温度场的均匀性。

（2）改变速度矢量和热流矢量的夹角，使两矢量的方向尽量一致。

目前强化传热技术有两类：一类是耗功强化传热技术，另一类是无功强化传热技术。

前者需要应用外部能量来达到强化传热的目的，如机械搅拌法、振动法和静电场法等。后者不需外部能量，如表面特殊处理法、粗糙表面法、强化元件法和添加剂法等。

由于强化传热的方法很多，为保证强化传热达到最佳的经济效益，在应用强化传热技术时，应遵循以下原则：

（1）首先应根据工程的要求，确定强化传热的目的，如减小换热器的体积和重量；提高现有换热器的换热量；减少换热器的阻力，以降低换热器的动力消耗等。因为目的不同，采用的方法也不同。

（2）根据各种强化方法的特点和上述要求，确定应采用哪一类的强化手段。

（3）对拟采用的强化方法从制造工艺、安全运行、维修方便和技术经济性等方面进行具体比较和计算，最后选定强化的具体技术措施。

三、单向介质管内对流换热的强化

（一）流体旋转法

强化单向介质管内对流换热的有效方法之一是使流体在管内产生旋转运动，这时靠壁面的流体速度增加，加强了边界层内流体的搅动。同时由于流体旋转，使整个流动结构发生变化，边界层内的流体和主流流体得以更好的混合。使流体旋转的方法很多，在工艺上可行的有以下几种：

1. 管内插入物

使流体旋转最简单的方法是管内插入各种可使流体旋转的插入物，如扭带、静态混合器和螺旋片等。

（1）扭带。扭带是一种最简单而又使流体旋转的旋流发生器（图 8－13）。它是由薄金属片（通常是铝片）扭转而成。扭带的扭转程度由每扭转 360°的长度 L（称为全节距）与管子内径 d 之比来表征。L/d 称之为扭率。扭率不同强化传热的效果也不同，试验表明，扭率为 5 左右效果最好。

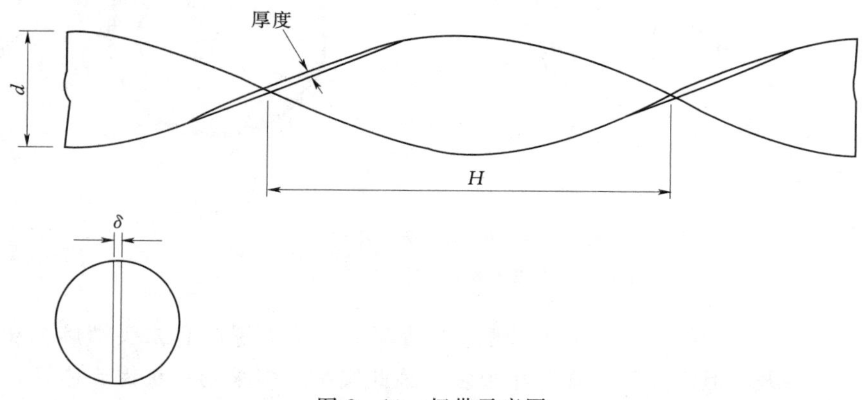

图 8－13　扭带示意图

（2）错开扭带。错开扭带是将扭带剪成扭转 180°的短元件，互相错开 90°再点焊而成。

（3）静态混合器。由一系列左、右扭转 180°的短元件，按照一个左旋、一个右旋的排列顺序，互相错开 90°点焊而成。

（4）螺旋片。由宽度一定的薄金属片在预先车制出的有一定深度和一定节距螺旋槽的心轴上绕成。

(5) 径向混合器。用薄金属片冲压成具有一个圆锥形收缩环和一个圆锥形扩张环的元件，在环上开许多小孔，然后将这些元件按一定间距点焊在一根金属丝上，插入管内就成为一个径向混合器。

(6) 金属螺旋线圈。用细金属丝绕制成三叶或四叶的螺旋线圈，插入管内，即可使流体旋转。

管内插入上述插入物后，由于流体的旋转，使管内流体由层流向湍流过渡的临界雷诺数 Re 降低，强化了管内换热。当然由于流体的旋转，流动阻力也会相应增加。实验研究证明，在低 Re 数区采用插入物比高 Re 数区强化传热的效果更加显著，这说明层流时采用插入物是很有效的。等功率和等流量的试验研究表明，各种插入物的强化效果在层流区都随 Re 的增加而增加。在相当于光管由层流向湍流过渡的临界 Re 时达到最大值，然后又随 Re 的增加而减小。在 $Re=500\sim10000$ 的范围内，在相同的流量下，静态混合器可获得较强的传热效果。因此当系统压降有裕量的情况下，为强化传热可优先采用静态混合器。在要求消耗功率一定的情况下，则可选用螺旋片和扭带，此时螺旋片还有节约材料的优点。

2. 螺旋槽管和螺旋内肋管

管内插入物的方法。其结构不够牢靠，制造安装工作量大，一般宜在增强现有换热设备的传热能力上采用。对新设计制造的换热设备，可以采用螺旋槽管或螺旋内肋管来使流体旋转，如图 8-14 所示。螺旋槽管可以用普通圆管滚压加工而成，它有单头和多头之分。螺旋槽管的作用也是引起流体旋转，使边界层厚度减薄并在边界层内产生扰动，从而使传热增强。

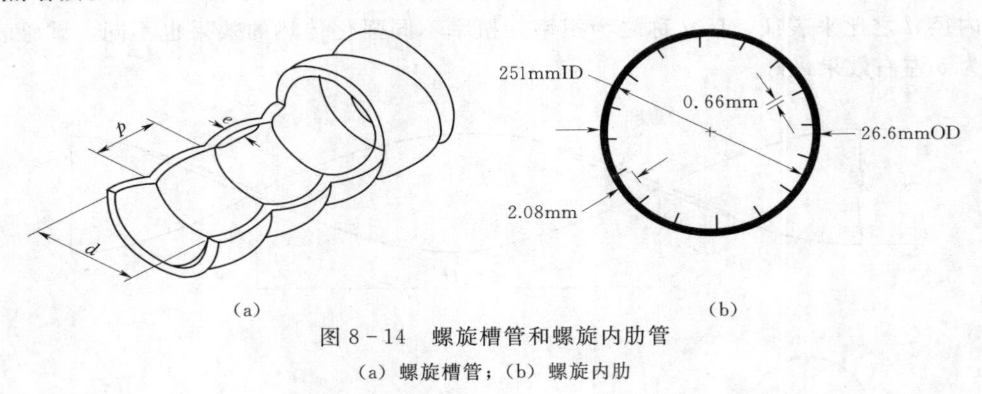

图 8-14 螺旋槽管和螺旋内肋管

(a) 螺旋槽管；(b) 螺旋内肋

研究表明，在相同的 Re 及槽距、槽深的情况下，单头螺旋和二头螺旋相比，强化传热的效果差别不大，但流动阻力却减小很多，因此实际上多采用单头螺旋槽管。

采用螺旋内肋管，一方面可使流体旋转，另一方面内助片又加大了管内换热面积，有利于增强传热或降低壁温。虽然其加工比较复杂，但仍是一种理想的强化传热管。

(二) 改变流进截面形状

1. 横槽纹管

湍流工况时为改变管子的流通截面情况，应用最广泛的是所谓横槽纹管。它是由普通圆管滚轧而成，如图 8－15 所示。流体流过横槽纹管会形成漩涡和强烈的扰动，从而强化了传热。强化的效果取决于节距 p 和横槽纹的突出高度 h 之比，实际应用中 $p/h \geqslant 10$。与上述的螺旋槽管相比，由于横槽纹管的漩涡主要在管壁处形成，对流体主流的影响较小，所以其流动阻力比相同节距与槽深的螺旋管小。

2. 扩张—收缩管

流体沿流动方向依次交替流过收缩段和扩张段，如图 8－16 所示。流体在扩张段中产生强烈的漩涡被流体带入收缩段时得到了有效的利用，且收缩段内流速增高会使流体层流底层变薄，这些都有利于增强传热。

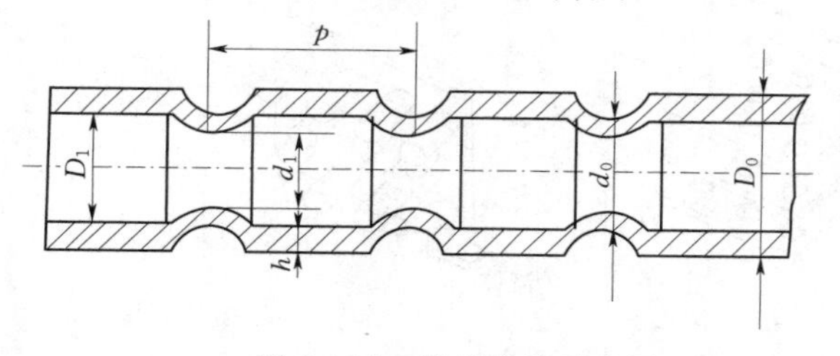

图 8－15　横槽纹管示意图

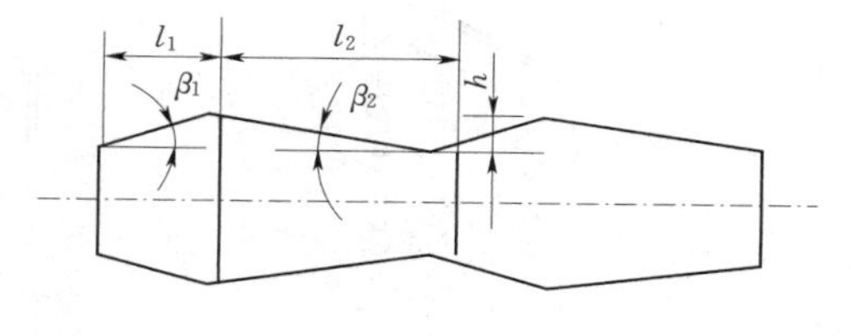

图 8－16　扩张—收缩管示意图

扩缩管的性能取决于 l_1、l_2、h、β_1、β_2 等结构参数。一般扩缩管中扩张段和收缩段的角度应使流体产生不稳定的分离现象，从而有利于传热，而流动阻力却增加不多。扩缩管是一种很有前途的强化传热管，特别是对污染的流体，扩缩管不易产生堵塞现象。

对于非圆形槽道亦可利用扩缩管的原理使流道扩缩，如在两块平板间加入两块带锯齿表面的板，就可构成扩缩槽道。

四、单向介质管束外对流换热的强化

单向介质横向或纵向掠过管束是工程上常见的对流换热过程，其最常使用的氧化换热方法是扩展换热面和采用各种异形管。

（一）扩展换热面

当换热面一侧为气体，另一侧为液体时，由于气体侧的换热系数比液体侧小得多（一般小 10～50 倍）。这时应用扩展换热面的方法来提高传热系数是最有效的办法。为了使换热器更加紧凑和进一步提高气侧的换热，现在各种异形扩展换热面得以迅速发展，它们可使气侧的换热系数较普通扩展面再提高 0.5～1.5 倍。

1. 平行板肋换热器中各种异形扩展换热面

平行板肋换热器中各种异形扩展换热面的发展很快，应用也最广泛。它们是各种普通扩展面（如矩形、三角形）的变形，其种类繁多，形状各异。最常用的有波形、叉排短肋形、销钉形、多孔形和百叶窗形，如图 8－17 所示。这些换热面的肋片密度都很高，一般为 300～500 片/m。由于通常当量直径小，气体密度小，因此它们经常处于低 Re 数的范围，即 Re＝500～1500，亦即处于层流状态。它们的特点，或者是利用流道的特殊截面形状来强化传热，如波形通道中产生的二次流；或者是使通道中流动的边界层反复形成又反复破坏来强化换热，如叉排短肋形、销钉形。

（1）波形扩展换热面。波形扩展换热面能使气体流过波形表面的凹面时形成漩涡，造成反方向的旋转；而在凸面处又会形成局部的流体脱离，这两种因素会使换热得到强化。

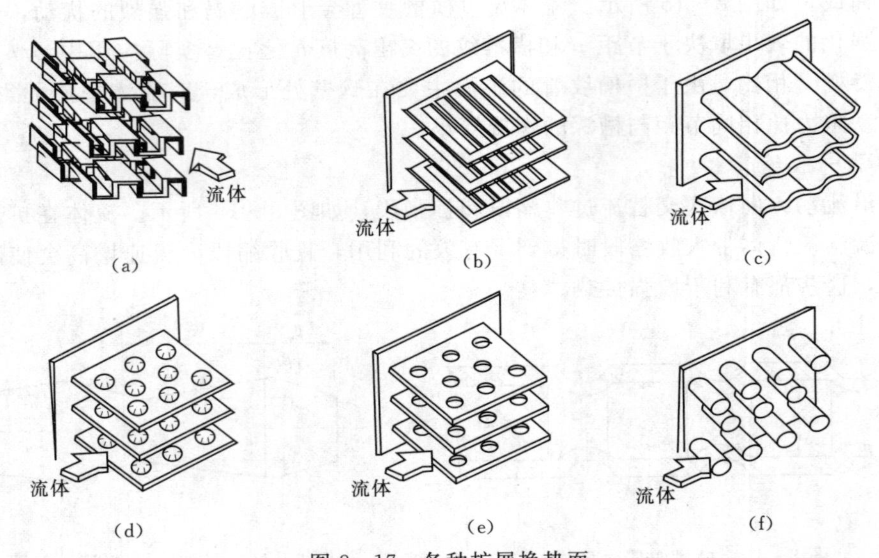

图 8-17 各种扩展换热面

(a) 偏置散热片（有时也叫拱形散热片、锯齿形散热片或条形散热片）；(b) 百叶窗散热片；(c) 波状散热片；(d) 凹穴状散热片；(f) 销式散热片

(2) 叉排短肋形扩展面。叉排短肋形扩展面是将通常的矩形长直肋变成短肋，并错开排列，这样在前一块短肋上形成的层流边界层在随后的叉排肋处被破坏，并在其后形成漩涡，这一过程反复进行。由于边界层开始形成时较薄（入口效应），热阻较小，因此换热得到充分的强化。一般叉排短肋要比矩形直肋换热系数高 1 倍，当然相应阻力也要增加，一般约增大 2 倍。

(3) 销钉形扩展表面。销钉形扩展表面与叉排短肋类似，它是使用销钉来代替短肋，其强化换热的机理与也短肋类似。

(4) 多孔形扩展换热面。这种换热面是先在板上打许多孔，再将板弯成通道，当孔足够多时，由于孔的扰动可以破坏板上的流动边界层，从而强化传热。

(5) 百叶窗形扩展换热面。在板上冲许多百叶商，再将板弯成通道，这些百叶窗的凸出物能破坏边界层，从而增强传热的效果。

2. 圆管上的各种异形扩展换热面

圆管上的异形扩展换热面通常是在普通圆肋的基础上形成的，如开槽肋片、开三角孔并弯边的肋片、扇形肋片、绕圈形肋片等，它们的目的都是为了破坏流动边界层从而强化传热。

肋片的形状对换热有很大的影响。通过对椭圆管上套圆形肋片、椭圆形肋片和矩形翅片（其四角、L 带有绕流孔）的研究，发现矩形翅片效果最好，可使换热系数较前者提高 7%。

(二) 采用异形管

为了强化管束传热，在工程应用上已越来越广泛地采用异形管来代替圆管，如椭圆管、滴形管、透镜管等。其中以椭圆管应用最广泛。

与圆管相比，由于椭圆管的流动性好，流动阻力小，且在相同的管横截面积下，椭圆管的传热周边比圆管长，从布置上讲在单位体积内可布置更多的管子，因此其单位体积的传热量高。研究结果表明，TZ型椭圆矩形翅片管散热器与SRZ型圆形圆翅片管散热器相比，阻力可降低59%，传热系数可增加67%，单位体积的传热量可提高80%。

目前国内外大规模的风冷技术中广泛应用的也是各种椭圆矩形翅片管。在国外直接空冷电厂中换热面积常常达到几十万m^2。此时椭圆管的尺寸（长、短轴之比）和翅片的形状、间距以及翅片与管子接触的紧密程度对换热性能有很重要的影响。随着技术的发展，螺旋扁管、螺旋椭圆扁管及交叉缩放椭圆管等也获得越来越多的应用。

五、单相介质对流换热的耗功强化技术

针对一些特殊的换热问题，也可采用耗功的强化方法来强化单相介质对流换热。

（一）机械搅拌法

此法主要应用于强化容器中的对流换热。容器中的单相介质对流换热主要是自然对流，这时换热系数低，温度分布很不均匀，采用机械搅拌法可以得到很好的效果。

容器中的介质黏度较低时，通常采用小尺寸的机械搅拌器。搅拌器的直径d一般为容器直径D的1/4～1/2，搅拌叶片的高度，从底部算起约为液体总高度的1/3。容器中为高黏度介质时，则应用比容器直径略小的低速螺旋式或锚式搅拌器。在进行搅拌器计算时应区分容器中的介质是牛顿流体还是非牛顿流体，它们的计算方法是不同的。

（二）振动法

1. 换热面的振动

对于自然对流，实验证明，对静止流体中的水平加热圆柱体振动，当振动强度达到临界值时，可以强化自然对流换热系数。实验还证明圆柱体垂直振动比水平振动效果好。在小振幅和高频率时，振动可使换热系数增加7%～50%。

对于强制对流，许多研究证明，根据振动强度和振动系统的不同，换热系数比不振时可增大20%～400%。值得注意的是，强制对流时换热面的振动有时会造成局部地区的压力降低到液体的饱和压力，从而有产生汽蚀的危险。

2. 流体的振动

利用换热面振动来强化传热，在工程实际应用上有许多困难，如换热面有一定质量，实现振动很难，且振动还容易损坏设备，因此另一种方法是使流体振动。

对于自然对流，许多人研究了振动的声场对换热的影响，一般根据具体条件的不同，当声强超过140dB可使换热系数增加1～3倍。实际应用中，采用声振动也有不少困难，如有可能首先应用强制对流来代替自然对流，或用机械搅拌，这样才能更有效果。

对于强制对流，由于强制对流换热系数已经很高，采用声振动时其效果并不十分显著。除了声振动外，其他的低频脉动（如泵发生的脉动）也能起到类似强化传热的作用。

众所周知，当流体横掠单管或管束时，由于漩涡脱落，湍流抖振，流体弹性激振及声共鸣等诸多原因，会引起管子产生振动。这种振动通常称之为流体诱导振动，它常常是导致换热器管子磨损、泄漏、断裂的主要原因。因此在换热器设计时，人们都尽量采用各种措施来避免流体的诱导振动。

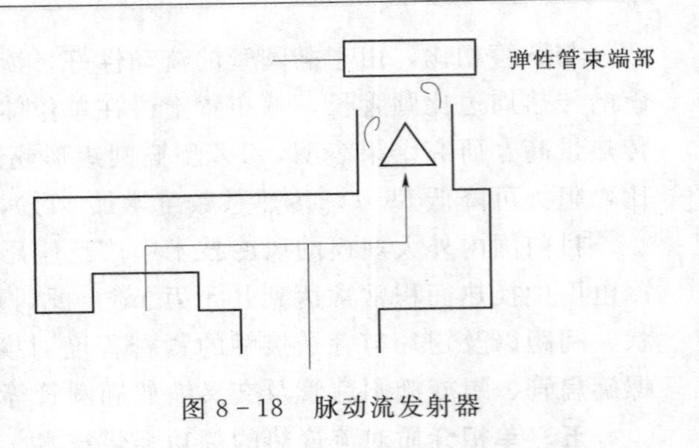

图 8-18　脉动流发射器

图 8-18 所示的脉动流发生器，将进入换热器的水流分成两股，其中一股通过一正置三角块后，在下游方向就会产生不同强度的脉动流，该脉动流直接作用在弹性盘管的附加质量端，从而诱发弹性盘管发生周期性的振动。这种流体振动，换热面也振动的强化传热新方法，几乎不耗外功，却能极大地提高换热系数，根据这种原理设计的弹性盘管汽水加热器，在流速很低的情况下，可使传热系数达到 4000～5000W/(m^2·℃)，是普通管壳式换热器的 2 倍。现在这种换热器已在供热工程中得到了广泛的应用。

（三）抽压法

抽压法多用于高温叶片的冷却。此时冷却介质通过抽吸或压出的方法从叶片或管道的多孔壁流出，由于冷却介质和受热壁面的良好接触能带走大量热量，并且冷却介质在壁上形成的薄膜可把金属表面和高温工质隔开，从而对金属起到了保护作用。此法在燃汽轮机叶片的冷却中已得到了广泛的应用。

除了上述方法外还有使用换热面在静止流体中旋转的方法，利用静电场强化换热的方法，但它们的应用还十分有限。在工程应用上，应尽可能地根据实际情况，同时采用多种强化传热的方法，以求获得更好的效果。

六、沸腾换热的强化

沸腾是一种普遍的相变现象，在工业上有广泛的应用。沸腾换热的特点是换热系数很高，在以往的应用中人们认为已不必进行强化了，而把主要的注意力集中在单相介质对流换热的强化上。但随着工业的发展，特别是高热负荷的出现，相变传热（沸腾和凝结）的强化日益受到重视并在工业上得到越来越多的应用。

沸腾换热的强化主要从增多汽化核心和提高气泡脱离频率两方面着手，具体方法有粗糙表面和对表面进行特殊处理，扩展表面，在沸腾液体中加添加剂等。

（一）使表面粗糙和对表面进行特殊处理

粗糙表面可使汽化核心数目大大增加，因此和光滑表面相比其沸腾换热强度可以提高许多倍。最简单的粗糙表面的办法是用砂纸打磨表面或者采用喷砂的方法。在使壁面粗糙度增加以强化沸腾换热时，应注意存在一极限的粗糙度，超过此之后，换热系数就不再随粗糙度的增加而增加。此外增加粗糙度并不能提高沸腾的临界热负荷。

工程上为增强沸腾换热应用最多的还是对表面进行特殊处理。特殊处理的目的是使表面形成许多理想的内凹穴，这些理想的内凹穴在低过热度时就会形成稳定的汽化核心；且内凹穴的颈口半径越大，形成气泡所需的过热度就越低。因此这些特殊处理过的表面能在低过热度时形成大量的气泡，从而大大地强化了泡状沸腾过程。实验证明，表面多孔管的沸腾换热系数可提高 2～10 倍。此外临界热负荷也相应得到提高。在相同热负荷下特殊处理过的表面的传热温差也比普通表面低得多。

制造上述表面多孔管的方法很多，一种是在加热面上覆盖一层多孔覆盖层；另一种是对换热面进行机械加工以形成表面多孔管。

1. 带金属覆盖层的表面多孔管

20 世纪 60 年代末，在美国首先出现用烧结法制成的带金属覆盖层的表面多孔管。除了烧结法外还可采用火焰喷涂法和电镀法等。一般来说，烧结法的效果最好。作为覆盖层的材料有铜、铝、钢、不锈钢等。用烧结法制成的多孔管已在工业部门获得广泛的应用。这种多孔管一般可使沸腾换热系数提高 4～10 倍，从而推迟膜态沸腾的发生。

2. 机械加工的表面多孔管

用机械加工方法可使换热表面形成整齐的 T 形凹沟槽，如图 8－19 所示。这种机械加工的表面多孔管亦能大大强化沸腾换热过程和提高临界热负荷值。对形状和尺寸不同的凹沟槽，沸腾换热系数可提高 2～10 倍。用机械加工的方法还可克服烧结法带来的表面孔层不均的缺点，且多孔层也不易阻塞。

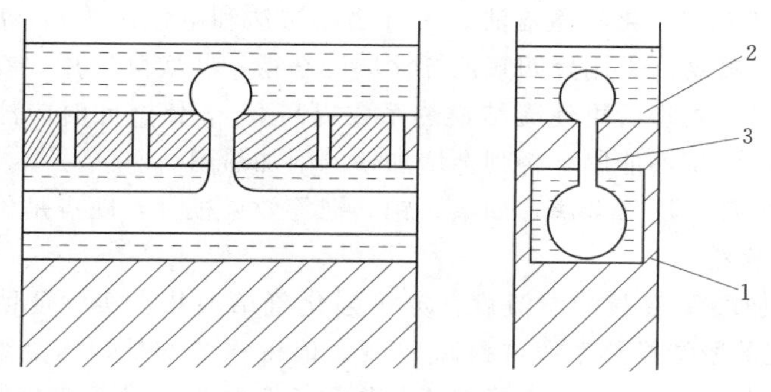

图 8－19　机械加工表面多孔管

1—通道（内池）；2—外池；3—连通池（非活性孔）

（二）采用扩展表面

用肋管代替光管可以增加沸腾换热系数。这一方面是肋管与光管相比除具有较大的换热面积外，还可以增加汽化核心；另一方面肋片和管子连接处受到液体润湿作用较差，是良好的吸附气体的场所；加之肋片与肋片之间的空间里的液体三面受热，易于过热。以上这些因素都促进了气泡的生长，一般换热系数可高 10%左右。

对于管内强制沸腾换热，通常还采用内肋管或内外肋管。这些内肋片不但强化了沸腾换热过程，还强化了管内单相介质的对流换热。因此在制冷和化工中应用很广泛，其中应用最多的是带星形嵌入式的内肋管，一般换热系数可提高 50%左右。

（三）应用添加剂

在液体中加入气体或另一种适当的液体亦可强化沸腾换热。例如，在水中加入合适的添加剂（如各类聚合物），有时可使沸腾换热系数提高 40%。值得注意的是，如液体和添加剂配合不当，反而会使换热系数降低。在液体中加入固体颗粒，当颗粒层的高度恰当时亦可强化沸腾换热，甚至可以比无颗粒层时高 2～3 倍。

（四）其他强化沸腾换热的方法

前面介绍的强化单相介质对流换热的流体旋转法对于强化管内沸腾亦非常有效，这时可以在管内插入扭带、螺旋片或螺旋线圈，亦可采用螺旋槽管或内螺纹管。它们不但能使换热系数提高（如扭带可提高10%～15%，螺旋槽管可提高50%～200%），还可提高临界热负荷。

七、凝结换热的强化

凝结是工业中普遍遇到的另一种相变换热过程。一般认为凝结换热系数很高，可以不必采用强化措施。但对氟利昂蒸气或有机蒸气而言，它们的凝结换热系数比水蒸气小得多。例如，氟利昂的凝结换热系数仅为其另一侧水冷却换热系数的1/4～1/3。在这种情况下，强化凝结换热仍然是非常必要的。对空冷系统而言，由于管外侧空气的肋化系数非常之高，强化管内的水蒸气凝结换热也仍然是有利的。

1. 冷却表面的特殊处理

对冷却表面的特殊处理，主要是为了在冷却表面上产生珠状凝结。珠状凝结的换热系数可比通常的膜状凝结高5～10倍，由于水和有机液体能润湿大部分的金属壁面，所以应采用特殊的表面处理方法（化学覆盖法、聚合物涂层法和电镀法等），使冷凝液不能润湿壁面，从而形成珠状凝结。采用聚四氟乙烯涂层已获得一些实际应用。在冷却壁面上涂一层聚四氟乙烯，通过热处理后可使凝结换热系数提高2～3倍，此时应注意聚四氟乙烯的老化和脱落。另外，涂层不能厚，否则会增加壁的附加热阻。

用电镀法在表面涂一层贵金属，如金、铂、钯等效果很好，缺点是价格昂贵。

2. 冷却表面的粗糙化

粗糙表面可增加凝结液膜的湍流度，亦可强化凝结换热。实验证明，当粗糙高度为0.5mm时，水蒸气的凝结换热系数可提高90%。值得注意的是，当凝结液膜增厚到可将粗糙壁面淹没时，粗糙度对增强凝结换热不起作用。有时当液膜流速较低时，粗糙壁面还会滞留液膜，对换热反而不利。

3. 采用扩展表面

在管外膜状凝结中常常采用低肋管，低肋管不但增加换热面积，而且由于冷凝流体的表面张力，肋片上形成的液膜较薄，因此其凝结换热系数可比光管高75%～100%。日本日立公司开发了一种肋呈锯齿形的冷凝管，其肋高1.22mm，肋片密度为18片/cm，错齿凹处深度为肋高的40%，凹槽宽度为肋间距的30%，这种锯齿形肋片管可比普通低肋管的凝结换热系数提高0.5～1.5倍。

此外会有一种销钉形的外肋管，它的扩展面是一系列的销钉，销钉形肋片管的凝结效应和低肋管差不多，但可节约60%的材料。

对垂直管外的凝结，采用纵槽管的效果十分显著，这是因为表面张力和重力的作用。顶部冷凝液会顺槽迅速排走，使顶部区及上部液膜变得很薄。试验表明，对某些有机蒸气（如异丁烷）换热系数可增大4倍，在垂直管上垂直设置金属丝也可达到类似的效果。值得注意的是，对于易结垢的介质不宜采用低肋管等，因为其结垢难清除。

采用螺旋槽管和管外加螺旋线圈。螺旋槽管，管子内外壁均有螺纹槽，既可强化冷凝换热，又可强化冷却侧的单相对流换热，与光管相比，其凝结强度可提高35%～50%。在管外加螺旋线圈，由于表面张力使凝结液流到金属螺旋线圈的底部而排出，上部及四周液膜变薄，有时凝结换热系数甚至可提高2倍。

强化传热技术在动力、制冷、低温、化工等部门得到了日益广泛的应用。许多新的强化传热的方法正在不断出现和应用于工业界。强化传热技术的进步和推广，不但能节约大量的能源，而且能大大减少设备的重量和体积，降低金属消耗量，是当前推进节能减排向深度发展的重要一环。

第五节　余 热 回 收 技 术

一、热能的主要用途

热能是国民经济和人民生活中应用最广泛的能量形式，除家用炊事和采暖外，热能主要用于工业企业。工业企业有不同的类型，各种企业的生产过程又多种多样。从使用热能的目的来看，热能主要用于以下三个方面。

(1) 发电和拖动。即将蒸汽的热能转变为电能，用作各种电气设备的动力；或者直接以蒸汽为动力，拖动压气机、风机、水泵、起重机、汽锤和锻压机等。这类热能消费者，通常称为动力用户。

(2) 工艺过程加热。即利用蒸汽、热水或热气体的热量对工艺过程的某些环节加热，以及对原料和产品进行加热处理，以完成工艺要求或提高产品质量。这类热能消费者统称为热力用户。

(3) 采暖和空调。即公用和民用建筑冬季采暖间接使用大量热能。这类热消费者简称为生活用户。

从使用热能的参数来看，可以分为三个级别。

(1) 高温高压热能。通常指500℃以上、3.0～10MPa的高温高压蒸汽或燃气，它们通常用于发电。温度和压力越高，热能转换的效率也越高。

(2) 中温中压热能。通常指150～300℃、4.0MPa以下的热能，它们大量用于加热、干燥、蒸发、蒸馏、洗涤等工艺过程，少数用于汽力拖动。

(3) 低温低压热能。通常指150℃、0.6MPa以下的热能，主要用于采暖、热水、制冷和空调等。

二、余热资源

工业企业有着丰富的余热资源，从广义上讲，凡是温度比环境高的排气和待冷物料所包含的热量都属于余热。具体而言，可以将余热分为以下六大类：

(1) 高温烟气余热，主要指各种窑炉、加热炉、燃气轮机、内燃机等排出的烟气余热，这类余热资源数量最大，约占整个余热资源的50%以上，其温度为650～1650℃。

(2) 可燃废气、废液、废料的余热，如高炉煤气、转炉煤气、炼油厂可燃废气、纸浆厂黑液、化肥厂的造气炉渣、城市垃圾等。它们不仅具有物理热，而且含有可燃气体。可燃废料的燃烧温度在600～1200℃，发热值为3350～10465 kJ/kg。

(3) 高温产品和炉渣的余热，其中有焦炭、高炉炉渣、钢坯钢锭、出窑的水泥和砖瓦等，它们在冷却过程中会放出大量的物理热。

(4) 冷却介质的余热，它是指各种工业窑炉壳体在人工冷却过程中冷却介质所带走的热量，如电炉、锻造炉、加热炉、转炉、高炉等都需采用水冷，水冷产生的热水和蒸汽都可以利用。

(5) 化学反应余热，是指化工生产过程中的化学反应热，这种化学反应热通常又可在工艺过程中再加以利用。

(6) 废气、废水的余热，这种余热的来源很广泛，如热电厂供热后的废气、废水，各种动力机械的排汽以及各种化工、轻纺工业中蒸发、浓缩过程中产生的废气和排放的废水等。

按温度水平分，余热可以分为三档：高温余热，温度大于650℃；中温余热，温度为230～650℃；低温余热，温度低于230℃。

工业各部门的余热来源及余热所占比例见表8-5。

表8-5　工业各部门的余热来源及余热所占比例

工业部门	余　热　来　源	余热约占部门燃料消费量的比例（%）
冶金工业	高炉、转炉、平炉、均热炉、轧钢加热炉	33
化学工业	高温气体、化学反应、可燃气体、高温产品等	15
机械工业	锻造加热炉、冲天炉、退火炉等	15
造纸工业	造纸烘缸、木材压机、烘干机、纸浆黑液等	15
玻璃搪瓷工业	玻璃熔窑、坩埚窑、搪瓷转炉、搪瓷窑炉等	17
建材工业	高温排烟、窑顶冷却、高温产品等	40

三、余热利用的途径

1. 余热的直接利用

(1) 预热空气。它是利用高温烟道排气，通过高温换热器来加热进入锅炉和工业窑炉的空气。由于进入炉膛的空气温度提高，使燃烧效率提高，从而节约燃料。在黑色和有色金属的冶炼过程中，广泛采用这种预热空气的方法。

(2) 干燥。利用各种工业生产过程中的排气来干燥加工的材料和部件，如陶瓷厂的泥坯、冶炼厂的矿料、铸造厂的翻砂模型等。

(3) 生产热水和蒸汽。它主要是利用中低温的余热生产热水和低压蒸汽，以供应生产工艺和生活方面的需要，在纺织、造纸、食品、医药等工业以及人们生活上都需要大量的热水和低压蒸汽。

(4) 制冷。它是利用低温余热通过吸收式制冷系统来达到制冷或空调的目的。

2. 余热发电

利用余热发电通常有以下几种方式：

(1) 用余热锅炉（又称废热锅炉）产生蒸汽，推动汽轮发电机组发电。

(2) 高温余热作为燃气轮机的热源，利用燃气轮发电机组发电。

(3) 如余热温度较低，可利用低沸点工质，如正丁烷，来达到发电的目的。

3. 余热的综合利用

余热的综合利用是根据工业余热温度的高低，采用不同的利用方法，实现余热的梯级利用，以达到“热尽其用”的目的。例如，高温排气，首先应当用于发电，发电后的余热，再用于生产工艺，最后低温余热再用于生活用热。如工艺用热要求的温度较高，则可通过汽轮机的中间抽气予以满足。对于高温高压废气，应尽可能采用燃气—蒸汽联合循环。

四、余热的动力回收

工业生产过程中，许多热设备的排气温度较高（表 8－6），能满足动力回收的条件。此外许多可燃废气，其温度和热值都比较高，也是理想的动力回收的余热，表 8－7 给出了部分可燃废气的成分和热值。

表 8－6　常见热设备的排气温度

设　备	排气温度（℃）	设　备	排气温度（℃）
高炉	1100～1200	干法水泥窑	900～1000
炼钢平炉	600～1100	玻璃熔窑	650～900
氧气顶吹转炉	1650～1900	煤气发生炉	400～700
钢坯加热炉	900～1200	燃气轮机	400～550
炼焦炉	～1000	内燃机	300～600
炼钢炉	1000～1300	热处理炉	400～600
镍精炼炉	1400～1600	干燥炉	250～600
石油化工装备	300～450	锅炉	100～350

表 8－7　某些可燃废气的成分和热值

煤　气	可燃成分（%）			低位发热量（kJ/m³）
	CO	H_2	CH_4	
焦炉煤气	5～8	55～60	23～27	16300～17600
高炉煤气	27～30	1～2	0.3～0.8	3770～4600
转炉煤气	56～61	1.5	—	6280～7540
铁合金冶炼炉气	70	6	—	＞8400
合成氨甲烷排气	—	—	15	14600
化肥厂焦结煤干馏气	6.6	19.3	5	4200～4600
电石炉排气	80	14	1	10900～11700

（一）中高温废气余热的动力回收

1. 利用可燃废气驱动燃气轮机

以一个年产万吨的小化肥厂为例，其排放的废气流量为 450Nm³/h，热值为 14600kJ/Nm³，采用适当的稳压措施后，这种废气即可作为燃料直接驱动 200kW 的燃气轮机，而燃气轮机的排气还可用作余热锅炉的热源，生产0.3MPa的饱和蒸汽，如图8-20所示。据估算这种余热动力回收系统，三年内即可收回全部投资。此外，利用高炉煤气的余压0.2～0.3MPa，驱动特殊设计的膨胀涡轮机发电，也是一种动力回收的方式。

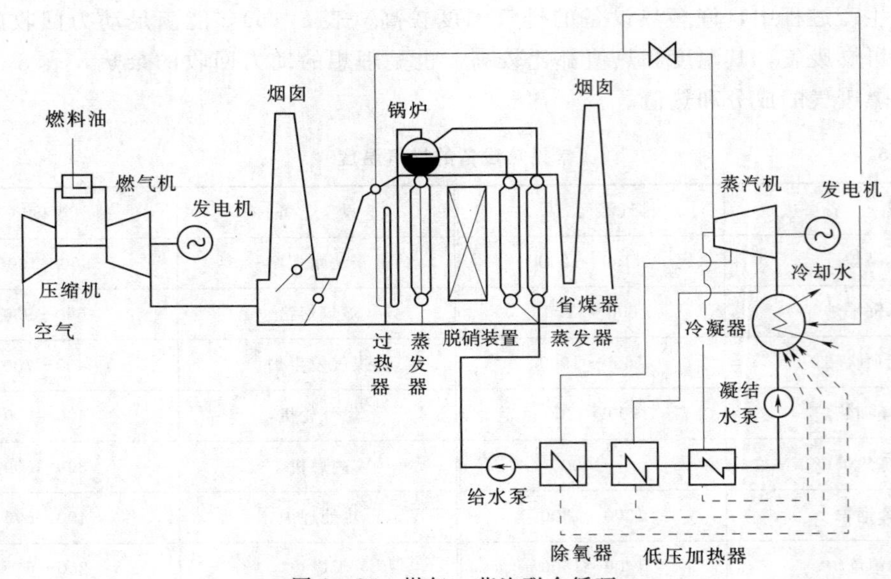

图8-20 燃气—蒸汽联合循环

2. 余热锅炉发电

对于中高温废气，在很多情况下，都是采用余热锅炉产生蒸汽，再驱动汽轮机发电。在20世纪60年代以前，一般仅利用余热锅炉生产少量的中低压蒸汽，供生产或工艺用汽之用。随着技术的发展，余热锅炉也逐步用于动力回收。20世纪90年代以后，由于石油、化工、冶金等大型企业的发展，余热锅炉亦向大容量和高参数方向发展，蒸汽压力已达10～14MPa，单机蒸发量也超过200t/h。据估算，年产30万t的合成氨装置，如充分利用余热，可以生产300t/h以上的高压蒸汽，除供发电、驱动合成氨压缩机（18MW）外，还可有100t/h的蒸汽供工艺过程使用，全年可节煤24万t。一套年产30万t乙烯的装置，利用余热产生的高压蒸汽可以取代一台190t/h的高压锅炉。

余热锅炉的结构和一般锅炉类似，但由于热源分散，温度水平不同，因此不能像普通锅炉那样组成一个整体。其布置应服从工艺要求，多采用分散布置，所以其外形更类似于换热器。此外，由于工艺排气中往往含有腐蚀性气体和粉尘，在余热锅炉的设计时应充分考虑废气的特点，在除尘和防腐蚀方面采取一些特殊的措施。在大多数情况下余热源的热负荷是不稳定或周期波动的，为了使余热锅炉保持供汽稳定，在系统中常常还需要并联工业锅炉，或在锅炉中加装辅助燃烧器或蒸汽蓄热器，以调节负荷。

（二）低温余热的动力回收

工业余热中有相当一部分低温烟气（低于250℃）和低温热水（90℃以下）等品位较低的余热，目前对其利用的主要方法有双循环法、闪蒸法和全流量法等，参见第四章地热能利用部分。

五、凝结水回收系统

蒸汽是工业生产和人民生活中被广泛应用的载热介质，由于其具有来源充足、价格低廉、无毒、无污染、不爆燃且热容量大等优点，已被广泛应用于化工、制药、纺织、烟草、造纸、石化与采油、印染和电力等诸多领域。

一般用汽设备利用的蒸汽热量只不过是蒸汽的潜热，而蒸汽中的显热，即凝结水中的热量，几乎没有被利用。凝结水温度等于工作蒸汽压力下的饱和温度，蒸汽压力越高，凝结水中的热量也越多。其所含热量可以达到蒸汽所含热量的20%～30%，如果不加以回收，不仅损失热能，而且也损失了高度洁净的水，使锅炉补给水和水处理费用增加。

目前，我国蒸汽管网系统节能存在的主要的问题如下：

(1) 蒸汽泄漏严重，蒸汽管网上使用的疏水阀60%处于超标准的漏汽状态，30%处于严重漏气状态，再加上许多该装疏水阀而未装导致的泄漏，每年泄漏蒸汽总量约为1亿t，约台1400万t标准煤。

(2) 约有70%的凝结水未被回收而直接排放到地下，凝结水中所含热能占蒸汽排放热能的20%～25%，而国家有关规定要求凝结水回收比例为80%，国际上较先进的国家该标准一般为90%左右，仅此一项每年浪费的锅炉软水就有15亿t，由此浪费的能源每年约合1500万t标准煤。

凝结水的最佳回收利用方式就是将凝结水送回锅炉房，作为锅炉的给水。凝结水回收系统可分为开式和闭式两类。所谓开式系统，即从用汽设备来的凝结水，经疏水器由凝结水本身的重力（或由凝结水泵）排至凝结水箱中。此凝结水箱与大气相通，凝结水处于大气压力，并与空气直接接触。闭式系统的凝结水箱则是密封的，其内部压力比大气压力稍高。

显然开式系统比较简单，尤其在凝结水可靠自身重力或压力流回凝结水箱时，更是如此。但在工作蒸汽压力较高时，由于冷凝水也具有一定的压力，当流回处于大气压力下的开式水箱时，将会因降压而产生大量的蒸汽，即所谓二次蒸汽。二次蒸汽散逸至大气中，不但导致大量的热损失，而且污染环境。因此在凝结水回收系统中应尽量采用闭式系统。另外，由于闭式系统中水不会与空气接触，不会吸收空气中的氧，因此系统不易腐蚀。当然闭式系统的投资将高于开式系统。

蒸汽在用气设备和管道中放出潜热以后，即凝结为水。在设备中积存的凝结水应及时排出。如积存过多，对加热设备则将减少蒸汽的散热面积，降低设备的加热效果；对动力设备和管道还会引发水击。为此在加热设备和管道的泄水管出口应装设疏水器。疏水器的作用是能将凝结水及时排出，并能阻止未凝结的蒸汽漏出，所以又将其称之为“阻汽器”。由于作用原理不同，疏水器可以分为机械型、热动力型和热静力型。此外，低压蒸汽系统和高压蒸汽系统所用的疏水器也不相同，在设计时必须正确选用。

余热回收虽然可以节能，但又需付出一定的代价，如设备投资、折旧和维护费等，因此在进行余热利用时一定要考虑经济效益，进行余热利用效果的经济评价。

第六节 热 泵 技 术

一、概述

当前热能利用中的突出浪费是“降级使用”，即普遍地把煤炭、石油、天然气直接燃烧，来取得所谓低温热介质（通常在100℃以下），以用于采暖、空调、生活用热水及造纸、纺织、食品、医药等工业部门，同时又有大量的低温余热被白白浪费。

热泵是一种热量由低温物体转移到高温物体的能量利用装置（如水泵使水从低处流向高处一样），它可以从环境中提取热量用于供热。根据热力学第二定律，热量从低温传至高温不是自发的，必须消耗机械能。但热泵的供热量却远大于它所消耗的机械能。例如，如果驱动热泵消耗的机械能为1kW，则供热量为3～4kW；而用电加热，仅能产生1kW的热量。热泵的供热来自两部分：一部分是从低温热源传到高温热源的热量；另一部分热量则由机械能转换而来。热泵工作原理同制冷装置相同，如图8-21所示。但热泵的目的不是制冷而是“制热”，即热泵以消耗一部分高品质的机械能为代价来“制热”。

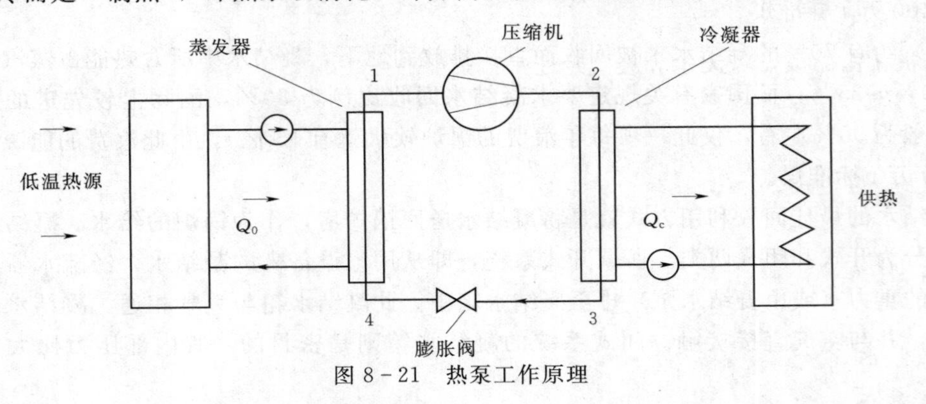

图8-21 热泵工作原理

在 T—s 和 $\lg p$—h 图上，理论的热泵循环如图8-22所示。其中1—2为等熵压缩，2—3在冷凝器中等压放出热量 Q_c，3—4为等焓节流，4—1为在蒸发器中等压或等温吸收热量 Q_0。供热系数 ε_{th} 为冷凝器的放热量 Q_c 与压缩机消耗功 A 之比。

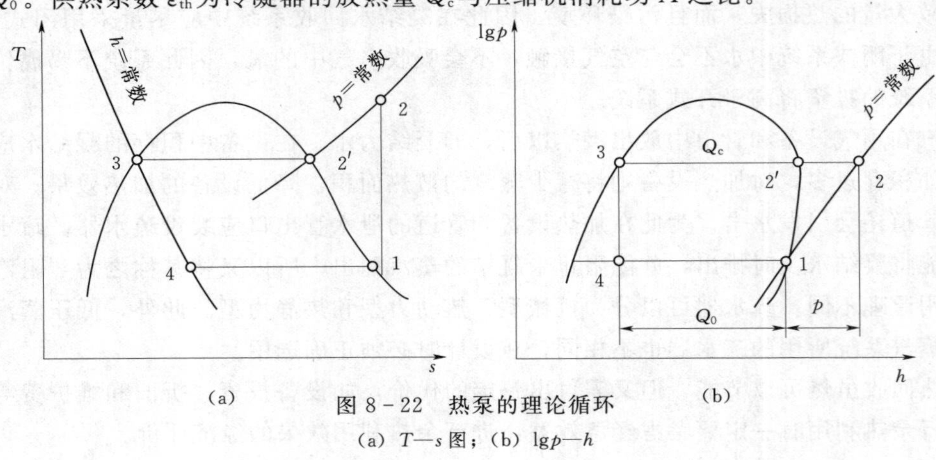

图8-22 热泵的理论循环

(a) T—s 图；(b) $\lg p$—h

在 $\lg p-h$ 图上，ε_{th}为两段直线长度之比，因此有

$$\varepsilon_{th}=\frac{Q_c}{A}=\frac{h_2-h_3}{h_2-h_1} \tag{8-17}$$

$$Q_c=Q_0\frac{\varepsilon_{th}}{\varepsilon_{th}-1} \tag{8-18}$$

供热系数的大小直接取决于蒸发温度与冷凝温度之差。

地下水、土壤、室外大气、江河湖泊都可作为热泵的低温热源，其供热则可用于房间采暖、热水供应、游泳池水加热等。热泵本身并不是自然能源，但从输出可用能的角度来看，它又起到了能源的作用，所以有人又称它为“特殊能源”。热泵有许多用途，首先它可节约电能，与直接用电取暖相比，采用热泵可节电 80%以上。采用热泵还可节约燃料，若生产和生活中需要 100℃以下的热量，采用热泵比直接采用锅炉供热可节约燃料 50%。

二、热泵的分类

热泵可分为两大类型，即压缩式热泵和吸收式热泵。视带动压缩机的原动力不同，又可分为电功热泵、燃气轮机热泵或柴油机热泵，其中电动热泵应用最广泛。对于大型热泵，为了节约高品位的电能，故改用燃气轮机或柴油机驱动，在这一类装置中，燃气轮机和柴油机排出的废热（废水和废气）还可以进一步利用。吸收式热泵不用压缩机，而直接利用燃料燃烧或工业过程的废热，其原理与吸收式制冷机类似。

不论何种形式的压缩式热泵，目前多采用制冷剂 R12、R22、R502 为工质，它们的性质见表 8-8。由于 CFC 这类物质对大气臭氧层的破坏，根据蒙特利尔公约，以上制冷剂将逐步禁止使用。人们正在寻找新的替代工质，如 R134a 等。

表 8-8　制冷剂的性质

制冷剂	蒸发压力 P_0 (10^5Pa)	冷凝压力 P_c (10^5Pa)	压力比 (P_c/P_0)	体积供热负荷 q (J/m²)	等焓压缩温度 t_2	理论供热系数 ε_{th}	实际供热系数 ε_w
R12	3.09	12.24	3.96	0.64	57	5.2	3.5
R22	4.98	19.33	3.88	1.04	73	5.2	3.5
R502	5.73	21.01	3.67	1.02	57	4.3	3.1

三、电动热泵及其应用

电动热泵有紧凑式与分离式两种形式。紧凑式电动热泵将供热的各种部件如压缩机、冷凝器、风机、控制设备等均安装在一封闭的机壳中，因此设备安装费用低。以空气作为低温热源的紧凑式热泵的结构如图 8-23 所示。由于空气取之不尽，所以这种热泵应用最广泛。分离式电动热泵是将压缩机和蒸发器置于室外，室内只保留冷凝器。两者之间用制冷管道连接。这种结构的热泵因布置方式多样灵活，可以满足不同热用户的需要。

电动热泵应用最广的是住宅采暖和温水游泳池。图 8-24 所示为单户住宅采用热泵采暖的示意图。在住宅采暖中常用的热泵有空气—空气热泵、空气—水热泵、空气—盐水—水热泵、水—水热泵、土壤—水热泵和水—空气热泵等多种形式。一般当室外温度不低于 3～5℃时，热泵可以单独工作；当室外温度低于这一温度时，就需要有附加热源配合，采用热泵和附加热源联合运行。

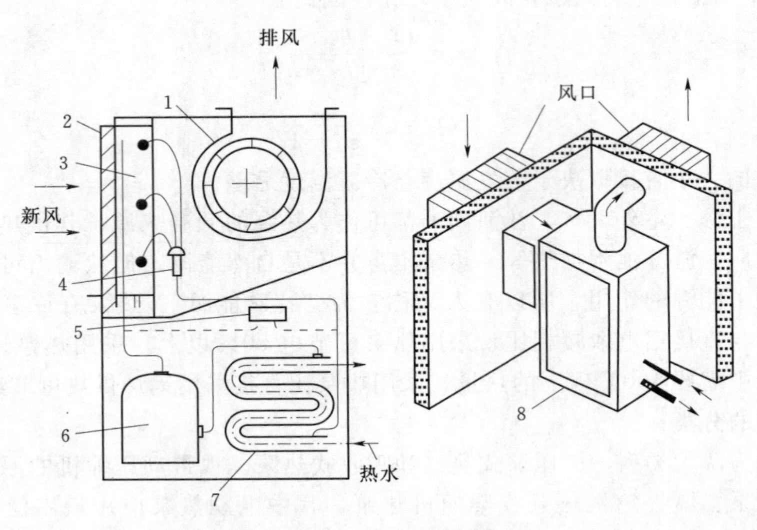

图 8-23　紧凑式热泵示意图

1—通风机；2—过滤器；3—蒸发器；4—膨胀阀；5—开关按钮；6—压缩机；7—冷凝器；8—热泵

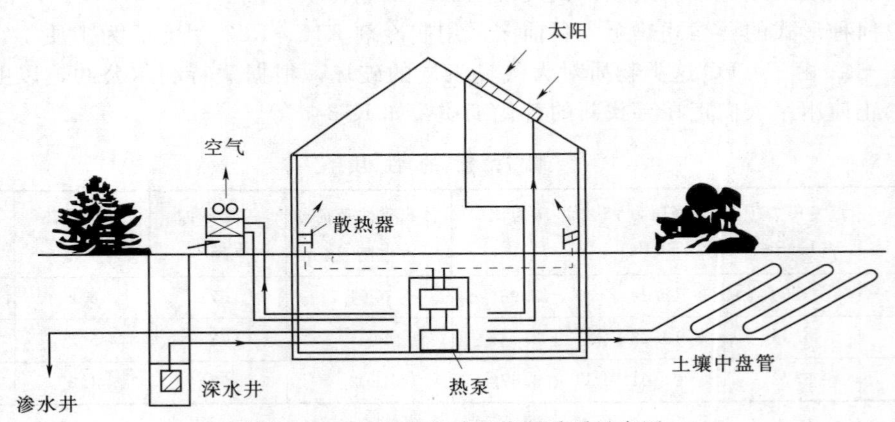

图 8-24　单户住宅采用热泵采暖示意图

热泵应用的另一个重要方面是游泳馆和游泳池。游泳馆由于空气吸收池面蒸发的水分、湿度增加，使人感到不舒服。池面水蒸气的蒸发取决于水温和空气温度、空气相对湿度及空气的流动特性等。一般池面的蒸发速度为0.05～0.1kg/(m²·h)。过去的做法是将潮湿的热空气抽吸掉，再通入加热的室外空气，这样大量的热量被白白地浪费掉了。运用热泵以回风方式运行时，既可回收排气中的热量，又可与制冷机的蒸发器相连，使排气冷却到15～18℃，同时去湿。在蒸发器后面的冷凝器释放的热量则用于加热进风。

图8-25是用于游泳馆去湿和通风的热泵系统。当室外温度升高时，多余的冷凝热用于加热池水和淋浴水或地面采暖，也可用于加热生活用水。为了确保馆内空气新鲜，必须不断地通入预热过的室外空气，其最少的添加量为20m³/(人·h)。

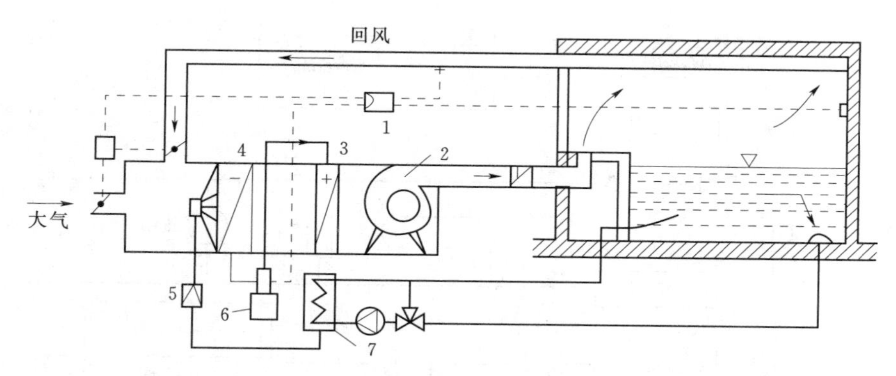

图 8－25　用于游泳馆去湿和通风的热泵系统

1—调节器；2—通风机；3—冷凝器；4—蒸发器；5—膨胀阀；6—压缩机；7—水冷凝器

出于环境保护的原因，露天游泳池采用热泵日益增多。图 8－26 是热泵用于露天游泳池的系统。河水或地下水在蒸发器中放热，池水则在冷凝器中被加热。露天游泳池的需热量，若不考虑 4～9 月份对太阳辐射的吸热量，池水温度为 22℃时，约为 465W/m^2。实际上由于太阳辐射，在夏季此值将大大减小。经济性比较表明，对露天游泳池采用热泵比其他供热形式经济。非使用时间，在露天游泳池上加盖还可以节能 30％～40％。

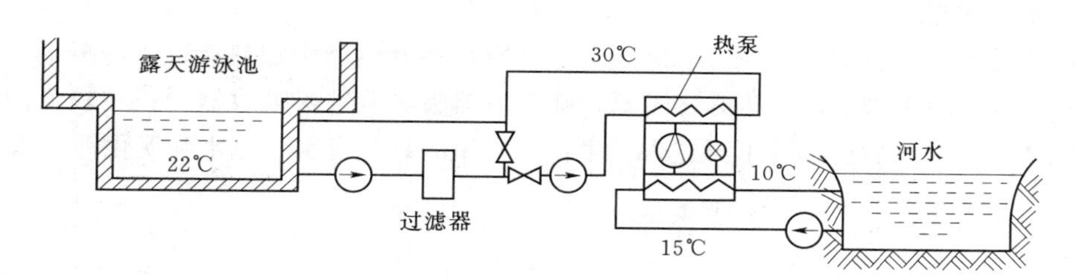

图 8－26　用于露天游泳池的热泵系统

热泵近几年也广泛用于办公楼、住宅群和教学大楼之中。它冬季用于采暖，夏季则用于空调。图 8－27 是具有这种功能的水—水热泵的系统。同时有冷负荷又有热负荷，对热泵运行是极为有利的。如对既有游泳池又需人工溜冰场的体育馆，采用热泵装置其经济性就特别好。图 8－28 就是用于这种体育馆的热泵装置。

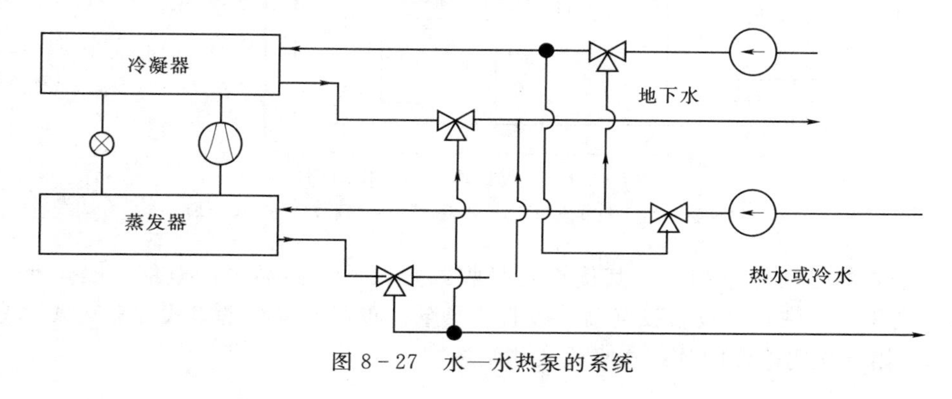

图 8－27　水—水热泵的系统

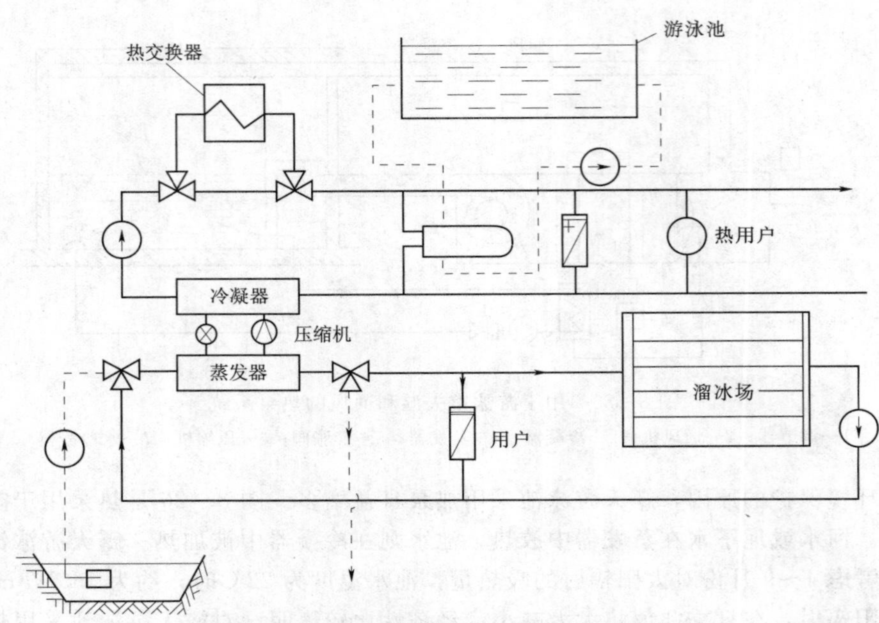

图 8-28　用于体育馆和溜冰场的热泵系统

四、吸收式热泵

吸收式热泵的工作原理如图 8-29 所示。制冷剂在发生器中加热后进入冷凝器，被冷却成液体；液体经节流阀节流后进入蒸发器，在蒸发器吸热后进入吸收器中；在较低的压力下被一种流体吸收，而后在加压下再进入发生器。常用的系统有水—氨水和溴化锂—水。

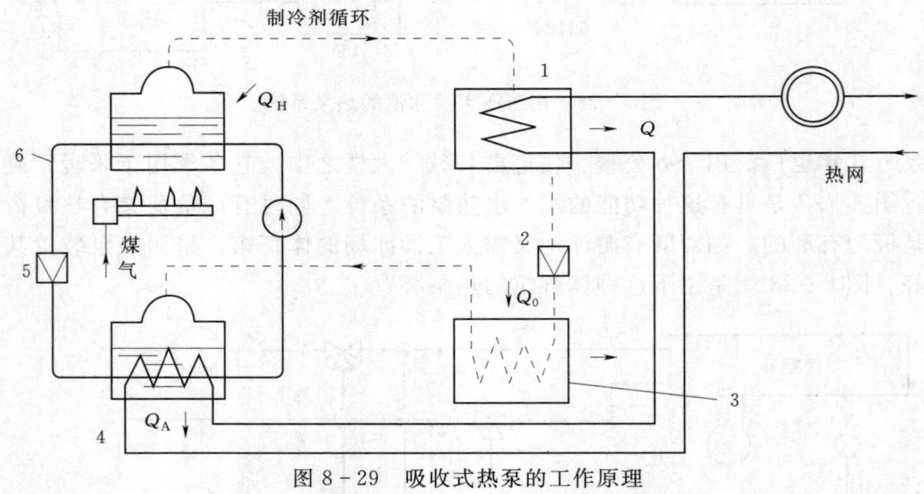

图 8-29　吸收式热泵的工作原理

1—冷凝器；2，5—节流阀；3—蒸发器；4—吸收器；6—发生器

与压缩式的电动热泵相比，其优点是吸收式热泵不用高品位的电能，噪声小、寿命长、维修费用低；缺点是设备投资高。吸收式热泵在布置上也有紧凑式和分离式之分。图 8-30 就是用于住宅采暖的分离式吸收式热泵系统。

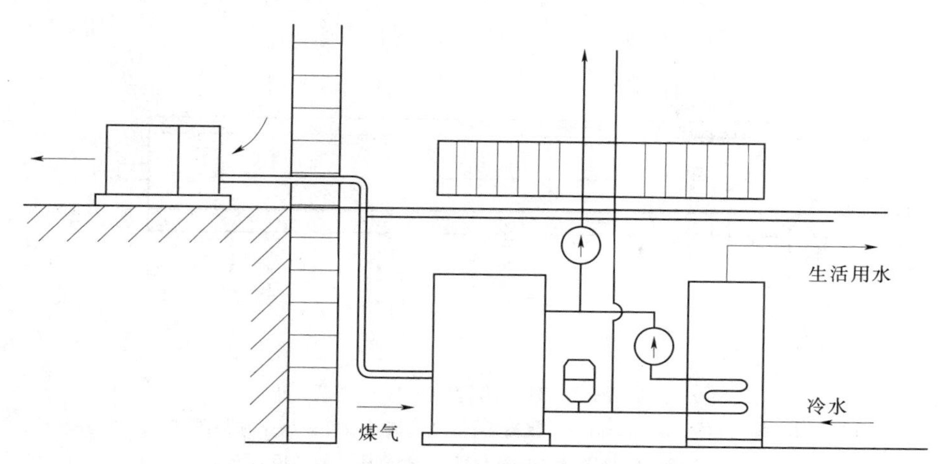

图 8－30　用于住宅采暖的分离式吸收式热泵系统

热泵在工厂企业中的应用也很广泛。由于轻纺、造纸、制糖、食品、建材等行业在生产过程中会产生大量低温余热，这些余热经常是被白白地排放掉了。采用热泵“制热”的特性，可将这些低温余热的品位提高。提高品位后的热水或蒸汽，不但可用于采暖和生活用水，而且还可用于工艺过程，取得明显的经济效益。

第七节　热管及其在节能中的应用

热管是一种新型的传热元件。由于它良好的导热性能以及质量轻、体积小、无运动部件、结构简单和运行可靠等优点，自 1964 年问世以来得到了迅速的发展。现已广泛地应用于宇航、核反应堆、电子器件、动力、化工、冶金、石油和交通等各种技术领域，成为强化传热和节能技术的一个重要部分。

一、热管的基本原理

热管由密封的壳体、紧贴于壳体内表面的吸液芯和壳体抽真空后封装在壳体内的工作液组成，其工作原理如图 8－31 所示。当热源对热管的一端加热时，工作液受热沸腾而蒸发，蒸汽在压差的作用下高速地流向热管的另一端（冷端），在冷端放出潜热而凝结。凝结液在吸液芯毛细抽吸力的作用下，从冷端返回热端。如此反复循环，热量就从热端不断地传到冷端。因此热管的正常工作过程是由液体的蒸发、蒸汽的流动、蒸汽的凝结和凝结液的回流组成的闭合循环。

从热管与外界的换热情况来看，可将热管分成三个区段。

（1）加热段。热源向热管传输热量的区段。

（2）绝热段。外界对热管没有热量交换的区段，这一段并不是所有热管都必需的。

（3）冷却段。热管向冷源放出热量的区段，亦即为热管本身受到冷却的区段。

从热管内部工质的传热传质情况来看，热管也可分为三个区段。

（1）蒸发段。它对应于外部的加热段。在这一段中，工作液体吸收热量而蒸发成蒸汽，蒸汽进入热管内腔，并向冷却段流动。

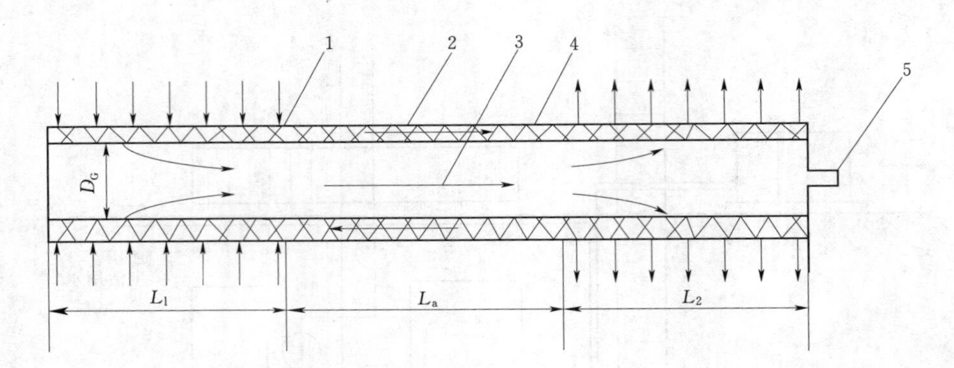

图 8-31　热管的工作原理

1—壳体；2—液体；3—蒸汽；4—吸液芯；5—充液封口管；L_1—加热段（蒸发段）；L_a—绝热段（传热段）；L_2—冷凝段（凝结段）

（2）输送段。它对应于外部的绝缘段。在这一段中，既没有与外部的热交换，也没有液汽之间的相变，只有蒸汽和液体的流动。

（3）凝结段。它对应于外部的冷却段。蒸汽在这个区段内凝结成液体，并把热量传给冷源。

蒸发段和凝结段具有相同的内部结构，外界环境的热状态变化时，蒸发、凝结两个工作段完全可以互换，因此这种结构的热管其传热方向是可逆的。

二、热管的特性

1. 极好的导热性

热管利用了两个换热能力极强的相交传热过程（蒸发和凝结）和一个阻力极小的流动过程，因而具有极好的导热性能。相变传热只需要极小的温差，而传递的是潜热。一般潜热传递的热量比显热传递的热量大几个数量级。因此在极小的温差下热管可以传输极大的热量。

2. 良好的均温性

热管内腔的蒸汽处于汽液两相共存状态，是饱和蒸汽。此饱和蒸汽从蒸发段流向凝结段所产生的压降甚微，这就使热管具有良好的均温性。热管的均温性已在均温炉和宇航飞行器中得到了应用，另外也可以通过热管来均衡机床的温度场，减少机床的热变形，提高机床加工精度。

3. 热流方向可逆性

热管的蒸发段和凝结段内部结构并无不同，因此当一根有芯热管水平放置或处于失重状态时，任何一端受热，则该端成为加热端，另外一端向外散热就成为冷却端。若要改变热流方向，无需变更热管的位置。热管的这种热流方向的可逆性为某些特殊场合的应用提供了方便，如用于某些需先放热后吸热的化学反应，或用于室内的空调。在冬天换气时，热管式空调器通过热管利用排出室外的热空气加热从室外吸入的新鲜冷空气；由于热管传热方向的可逆性，夏天吸入的新鲜空气又被排往室外的冷空气冷却。同一种设备两种用途，起到自动适应环境变化的目的。而重力热管则无此性能。

4. 热流密度可变性

在热管稳定工作时，由于热管本身不发热、不蓄热、不耗热，所以加热段吸收的热量Q_1应等于冷却段放出的热量Q_2。若加热段的换热面积为A_1，冷却段的换热面积为A_2，则它们的热流密度分别为$q_1=Q_1/A_1$，$q_2=Q_2/A_2$；因为$Q_1=Q_2$，由此得$q_1/A_1=q_2/A_2$，这样通过改变换热面积A_1和A_2即可改变热管两工作段的热流密度。

有些场合需要将集中的热流分散冷却，如某些电子元件体积很小，工作时发热强度高达500W/cm^2，即加热端换热面积很小，热流密度很高。若采用空气冷却，冷却段只能达到很小的热流密度。若采用热管，只需将冷却段换热面积加大即可较好地解决这一矛盾。另外，利用热管的上述性质，加大加热段的换热面积也可以把分散的低热流密度收集起来变为高热流密度供用户使用。热管太阳能集热器就是应用了这一原理制成的。

5. 较强的适应性

与其他换热元件相比，热管有较强的适应性，表现在以下几个方面。

(1) 无外加辅助设备，无运动部件和噪声，结构简单、紧凑，重量轻。

(2) 热源不受限制，高温烟气、燃烧火焰、电能、太阳能都可以作为热管热源。

(3) 热管形状不受限制，形状可以随热源、冷源的条件及应用需要而改变。除圆管外还可以做成针状、板状等各种形状。

(4) 既可用于地面（有重力场），又可用于空间（无重力场）。在失重状态下，吸液芯的毛细力可使工作液回流。

(5) 应用的温度范围广，只要材料和工作液选择适当，可用于－200～2000℃的温度范围。

(6) 可实现单向传热，即只允许热向一个方向流动的所谓“热二极管”。如依靠重力回流工作液的无芯重力热管（热虹吸管），其热源只能在下端，产生的热蒸汽在上端凝结后，工作液靠重力回流到下端，即热量能由下端传至上端，反向传热则不可能实现。

三、热管的类型

1. 按工作温度分类

(1) 深冷热管：工作温度低于－200℃。

(2) 低温热管：工作温度在－200～50℃。

(3) 常温热管：工作温度在50～250℃。

(4) 中温热管：工作温度在250～650℃。

(5) 高温热管：工作温度高于650℃。

使用时应根据热管的工作温度范围选用工作液，保证工作液处在汽液共存的范围内，否则热管不能运行。表8－9给出了热管常用的工作液与使用温度范围。

表8－9　热管常用的工作液与使用温度范围

工作液	熔点	10^5Pa下沸点(℃)	工作温度范围(℃)	工作液	熔点	10^5Pa下沸点(℃)	工作温度范围(℃)
氦	－272	－269	－271～269	庚烷	－90	98	0～150
氮	－210	－169	－203～160	水	0	100	30～320

续表

工作液	熔点	10^5Pa 下沸点（℃）	工作温度范围（℃）	工作液	熔点	10^5Pa 下沸点（℃）	工作温度范围（℃）
氨	−78	−33	−60～100	导热姆 A	12	257	150～395
氟利昂−11	−111	24	−40～120	汞	−39	361	250～650
戊烷	−129.75	28	−20～120	铯	29	670	450～900
氟利昂−113	−35	48	10～100	钾	62	774	500～1000
丙酮	−95	57	0～120	钠	98	892	600～1200
甲醇	−93	64	10～130	锂	179	1340	1000～1800
乙醇	−112	78	0～130	银	960	2212	1800～2300

2. 按工作液回流的原理分类

（1）内装有吸液芯的有芯热管。吸液芯是具有微孔的毛细材料，如丝网、纤维材料、金属烧结材料和槽道等。它既可以用于无重力场的空间，也可以用在地面上。在地面重力场中它既可以水平传热，也可以垂直传热，传热的距离取决于毛细力的大小。

（2）两相闭式热虹吸管，又称重力热管。它是依靠液体自身的重力使工作液回流的。这种热管制作方便，结构简单，工作可靠，价格便宜。但它只能用于重力场中，且只能自下向上传热。

（3）重力辅助热管。这是有芯热管和重力热管的结合，它既依靠吸液芯的毛细力又依靠重力来使工作液回流到加热段。只限于在地面上应用，加热段必须放在下部，在倾角较小时用吸液芯来弥补重力的不足。

（4）旋转热管。热管绕自身轴线旋转，热管内腔呈锥形，加热段设在锥形腔的大头，冷却段设在锥形腔的小头，在冷却段被凝结的液体依靠离心力的分力回流到加热段。

（5）工作液回流的其他方法。依靠静电体积力使液体回流的电流体动力热管；依靠磁体积力使液体回流的磁流体动力热管；依靠渗透膜两边工作液的浓度差进行渗透使液体回流的渗透热管等。

3. 按形状分类

热管按形状不同，可以分为管形、板形、室形、L 形和可弯曲形等，此外还有径向热管和分离热管。径向热管的内外层分别为加热段和冷却段，热量既可沿径向导出，也可以由径向导入。

普通热管是将加热段和冷却段放在一根管子上，而分离热管是将冷却段和加热段分开，如图 8－32 所示。工作液在加热段蒸发后产生的蒸汽汇集在上联箱中，经蒸汽管道至冷却段，在冷却段放出热量凝结成液体，通过下降管回流到加热段。这种分离式热管为大型发电厂和冶金工业、化学工业的热能利用开辟了广阔的前景。

四、热管的传热极限

热管虽然是一种较好的传热元件，但是其传热能力也受其内部各物理过程自身规律的限制。对于典型的有芯热管，其输热能力受到的限制有以下五种。

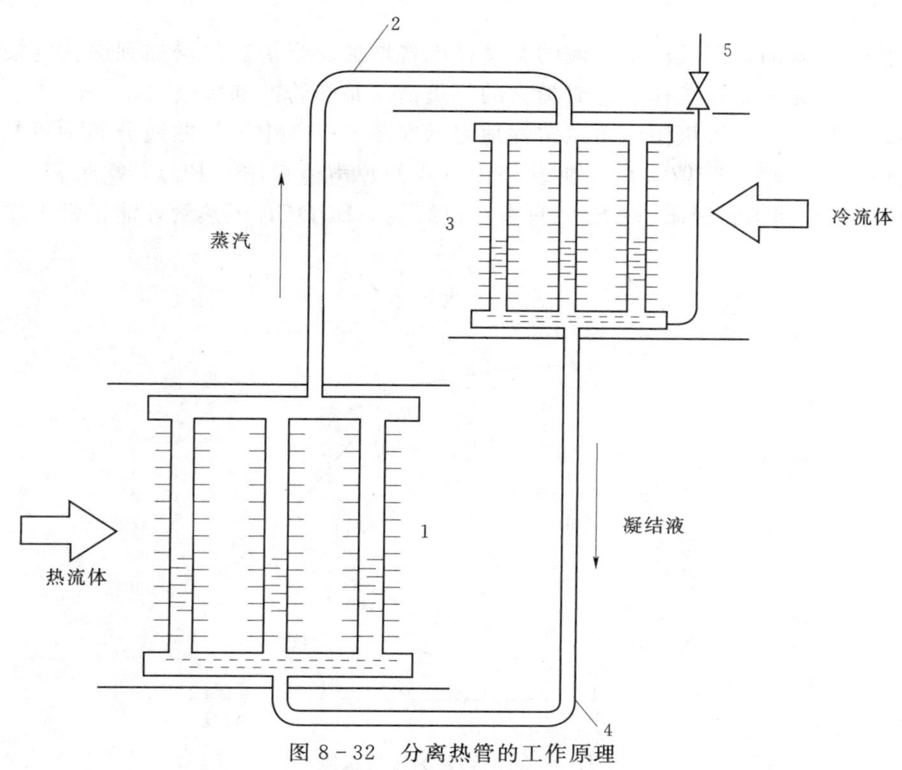

图 8-32 分离热管的工作原理

1—组合蒸发段；2—汽导管；3—组合凝结段；4—汽液管；5—排气阀

1. 毛细极限

热管内凝结液的回流靠毛细力，当热管工作时不但蒸汽流动有阻力，凝结液回流液也有阻力，当传热量增加到一定程度时，上述两阻力可能超过毛细力，此时凝结液将无法回流，热管亦不能正常工作。因此吸液芯最大毛细力所能达到的传热量就称之为毛细极限。

2. 声速极限

随着热管传热量的增大，管内蒸汽流动的速度也相应增加，当蒸汽流速达到当地声速时，将产生流动阻塞。此时热管的正常工作被破坏，因此蒸发段出口截面蒸汽流速达到当地声速时所对应的传热量称为声速极限。

3. 携带极限

热管内蒸汽和回流液体是反向运动的，随着传热量的增加，两流体的相对速度也增大，由于剪切力的作用，流动蒸汽会将部分回流液滴携带至凝结段，当这种携带量增加到一定程度时，凝结液的回流将受阻，使热管不能正常工作。这时的传热量就称之为热管的携带极限。

4. 黏性极限

由于液态工质黏性大，其流动阻力大，影响凝结的液体回流到蒸发段的速率，导致热管不能正常工作。该极限仅仅对长热管和在启动时蒸汽压力很低的液态金属热管才有意义。

5. 沸腾极限

随着传热量增加，蒸发段工作液的蒸发量也将增加。当传热量增加到沸腾的临界热负荷时，蒸发段将无法正常工作，这时最大的热负荷就是热管的沸腾极限。

总括以上所述的五种极限，可以定性地表示在图 8－33 中。从曲线分布中可知，随着热管的工作温度的增加，依次出现黏性极限（AB）、声速极限（BC）、携带极限（CD）、毛细极限（DE）和沸腾极限（EF），只有在包络线 $ABCDEF$ 下热管才能正常工作。

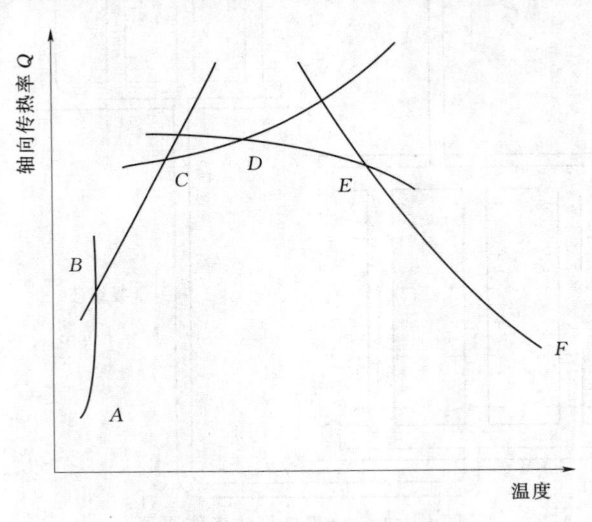

图 8－33　热管的传热极限

五、热管换热器及其应用

将若干热管组装起来，就成了热管换热器。典型的热管换热器如图 8－34 所示。换热器传热效率高，结构紧凑，重量轻，工作可靠，因此在工业部门，特别是在锅炉、窑炉及各种工业炉中得到了应用。

在动力工程和余热回收中应用最广泛的热管换热器是热管空气预热器、热管省煤器、热管余热锅炉和热管蒸发器。

1. 热管空气预热器

空气预热器是常见的气—气式换热器。它利用锅炉或加热沪的排烟余热预热进入炉子的助燃空气，不仅提高了炉子的热效率，还减轻了对环境的污染。由于气—气式换热器两侧的换热系数都很小，为了强化传热，通常两侧都必须同时加装肋片。典型的热管式空气预热器，其外形一般为长方体，如图 8－34 所示，主要部件为热管管束，热管的蒸发段和凝结段被隔板隔开。隔板、外壳和热管管束组成了冷、热流体的流道。隔板对热管管束起部分支撑作用，其功能主要是密封流道，以防止两种流体的相互渗透。热管元件蒸发段和凝结段的肋化系数一般为 5～30。为防止烟气积尘堵塞，烟气侧肋片间距较大；在空气侧，气流较清洁，

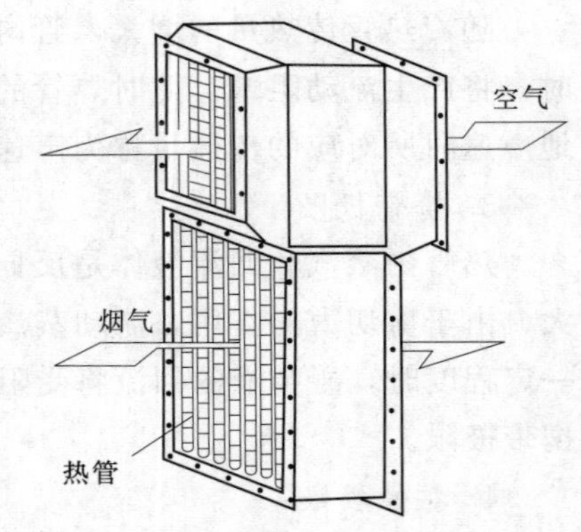

图 8－34　热管空气预热器

为获得较高的肋化系数，肋片间距可取小些。热管管束一般为叉排布置，这样可使换热系数提高。热管管束安装位置有水平、倾斜和垂直三种。重力热管问世以后，已广泛用于空气预热器。这时热管必须倾斜或垂直布置，且下部只能为加热段。

热管空气预热器与一般空气预热器相比，因为气体两侧都可以方便地实现肋化，因此传热过程得以大大强化。其次可将传统的烟气—空气的交叉流型改为纯逆流流型，提高了传热的对数平均温压。另外还可把一侧气体的管内流动改为外掠绕流，仅此改变，即可使该侧的平均换热系数提高30%。基于以上几个原因，热管空气预热器的传热系数比普通管壳式空气预热器高得多。

2. 热管省煤器

省煤器是一种常见的气—液式换热器。它通常利用排烟的余热来加热给水。对于大型锅炉设备，省煤器和空气预热器一起作为锅炉的尾部受热面。在中、小型工业锅炉中，给水一般没有前置加热，低温给水将引起省煤器金属壁面的低温腐蚀（对省煤器，气侧的热阻较水侧的热阻大得多，壁温与供水温度接近，当壁温低于酸露点时，就会造成金属壁的酸腐蚀）。另外，我国锅炉以燃煤为主，烟气含尘量大，极易积灰、堵灰，加上余热温差小，要求传热面积大，工业锅炉上布置受限制。以上这些原因都阻碍了热管省煤器的应用。

由于热管的均温性，热管省煤器可以获得较高的壁温，从而能较好地解决低温腐蚀问题。加上传热强度高、结构紧凑、便于更换等优点，使热管省煤器能在工业锅炉中应用推广，因为水侧的热阻比气侧低得多，热管省煤器的水侧一般不需肋化。

3. 热管余热锅炉

热管余热锅炉可以用于回收流体或固体的余热。回收余热时通常将热管元件的一端置于烟道内，另一端插入锅筒中。由于烟气侧和沸腾水侧的换热系数相差悬殊，因而元件加热段较长，并加装肋片；冷却段较短，一般为光管。水通过热管吸收烟气的余热后，蒸发成一定压力的饱和蒸汽供动力、工艺加热或生活用。热管余热锅炉既有类似于火管锅炉的池沸腾的特点，从而循环过程稳定；又有水管锅炉传热强度高的优点，可使余热得到充分的利用。

4. 烟气脱硫装置用热管换热器

电站锅炉烟气脱硫现已成为环境保护的重要问题。锅炉烟气经脱硫吸收塔冷却后，温度降到约60℃，此时，烟气中的水分处于饱和状态，会在管道和烟筒内结露而损害内壁。采用热管来进行排烟脱硫的系统，烟气进入吸收塔前的温度为160℃，出脱硫吸收塔的烟气温度为60℃，热管内面开槽，长8.5m，略水平倾斜放置，为保证有很强的耐腐蚀能力，管外表面镀上特殊的铝合金，投产运行后取得了很好的效果。

5. 采暖和空调系统的热回收

在采暖和空调系统中也广泛采用热管换热器来回收排出空气的余热，如图8－35所示。夏天利用排出空气来冷却进入空调房的室外热空气，冬天利用排出空气来加热进入室内的冷空气。这样可以大大节约空调的能耗。值得注意的是，如热管换热器采用重力热管，由于重力热管的加热段必须在下部，因此冬夏两季进气和出气上、下位置应倒换，即夏季室外蒸汽由下端进入，到冬季则应倒换过来。

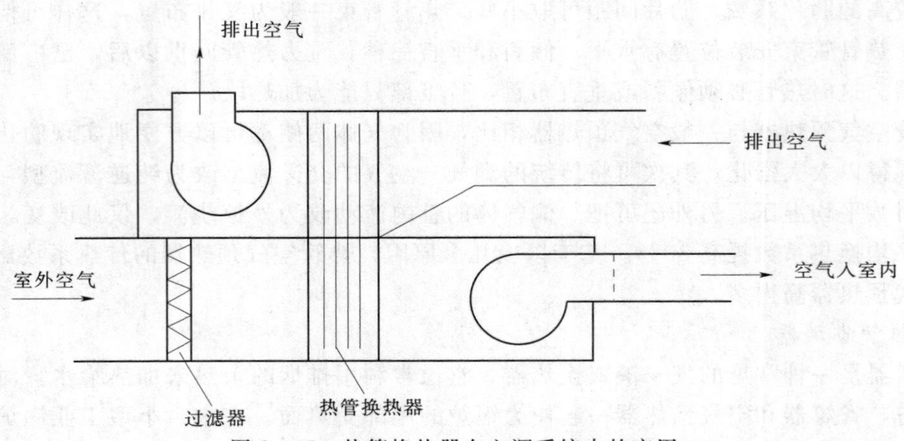

图 8－35 热管换热器在空调系统中的应用

6. 热管的其他用途

热管用途广泛，太阳能集热器、太阳能海水淡化、电子和电气设备冷却、生产硅晶体的均温炉、人造卫星的均温及高精度的热控，甚至深冷手术刀上都应用了热管技术。例如，对人造卫星而言，向阳的一面温度高，背阳的一面温度低，而且在卫星运行的过程中，向阳面和背阳面经常变换，这种温度的不均匀性对卫星很有影响。此时可利用热管的均温性，缩小向阳面和背阳面的温差。美国 ATS－E 卫星应用热管技术使向阳面温度由 47℃降至 7.5℃。此外，农业上热管地热温室，热管融雪也取得了很好的经济效益。

第八节 隔热保温技术

一、隔热保温与节能

在热能转换、输送和使用过程中，都需要对热设备和输热管网进行隔热保温，以减少热能的损失。即使对于低温设备和管道，如冷库、制冷机组和空调管道也需要保温，以防制冷量损失。隔热保温不但可以节约能源，而且可以保证生产工艺过程的实施。隔热保温的目的并不仅仅在于节能，通常其目的还有以下三个方面。

1. 要满足用户工艺过程的要求

保温设计首先应当满足工艺上的要求，如通过热力管网送至某用户的蒸汽温度和压力，不能低于工艺流程所要求的给定值，其次才考虑经济性。

热用户的工艺要求是多方面的。例如，在许多工程中，由于化学（或燃烧）反应后排放的废气中含有腐蚀性物质，废气的露点（即冷凝温度）要比环境空气温度高得多。如果管道（或设备）尾部隔热较差，则废气温度将降至露点，腐蚀性气体将在管内壁冷凝，从而产生腐蚀作用。在这种情况下，隔热体的设计就要保证气体出口温度高于废气的露点。又如制冷工程中，为防止管外壁结露，保温设计应保证管外壁温度高于环境温度下空气的露点温度。此外，在某些情况下保温还用于管道防冻，许多场合保温材料更兼有防火和隔离噪声的功能，这些在保温设计中都要充分予以考虑。

2. 要体现经济性

以减少热损失，节约燃料为目的时，经济性是首先应考虑的问题。如图 8-36 所示，对于选定的某一种保温材料，随着保温层厚度的增加，热损失费用减少（曲线 A）；但敷设保温的费用却增加（曲线 B）。图 8-36 上曲线 C 表示总费用，总费用最小时所对应的厚度 δ，就是最经济的保温层的厚度。

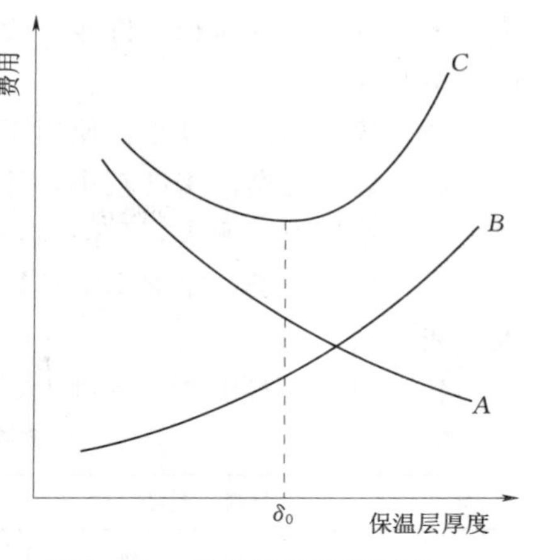

图 8-36　保温层的经济厚度

3. 要满足一定的劳动卫生条件以保证人员安全

对于热设备和管道，为了防止工作人员被烫伤，保温的目的是使热设备或管道的表面温度不超过某一温度。例如，对于供热管道，当外表面包上金属皮时，通常为 55℃，当外表面为非金属材料时，保温层为 60℃。对于某些特殊场合，如空分行业，由于液氮液氧的温度很低，与之接触也会引起严重的冻伤。因此对低温设备和管道进行保温设计时也应考虑人员安全的因素。值得注意的是，对于工业炉窑的炉体外表面温度允许较高，因为如果加厚了保温层，由于散热减少，炉壁耐火材料的工作温度相应增加，从而影响耐火材料的使用寿命。

二、保温材料与保温结构

隔热通常是通过在设备或管道外包上一层保温材料（又称热绝缘材料或隔热材料）而实现的。

（一）保温材料

1. 对保温材料的要求

（1）保温性能好。热导率是保温材料最重要的性质，作为保温材料要求热导率越小越好。保温材料的热导率主要取决于其内所含空气泡或空气层的大小及其分布状态，其与构成保温材料的固体性质关系较小。静止空气的热导率很低，约为 0.025W/(m·K)，因此保温材料中所含不流动的单独小气泡或气层越多，其热导率就越低。保温材料的热导率还与温度和湿度有关。一般来讲，容重增加，热导率增加；水分增加，热导率也增高；温度增高，热导率成直线地增加。

（2）耐温性好，性能稳定，能长期使用。不同的保温材料有不同的使用温度范围。

（3）密度要小，一般不超过 600kg/m^3。密度小不但热导率低，而且可以减轻保温管道的重量。

（4）有一定的机械强度，能满足施工的要求，一般其抗压强度应不小于 0.3MPa。

（5）可燃物少，吸水性低，无毒，对金属无腐蚀作用，易于加工成型，且价格便宜。

2. 保温材料及其制品的特性

表 8-10 给出了常用保温材料及其制品的热物理性质。表中各类保温材料及其制品的特性如下：

（1）珍珠岩类。密度小，热导率小，化学稳定性强，不燃，无腐蚀性，无毒无味，价廉，资源丰富，但吸水率稍高。

（2）玻璃纤维类。耐酸，抗腐，不烂，不蛀，吸水率小；化学稳定性强，无毒，无味，施工方便，寿命长，价廉，货源广，耐振，密度小，热导率小，但刺人，无碱超细玻璃棉不刺人。

（3）蛭石类。密度小，使用于高温，强度大，价廉，施工方便，吸水率较高。

（4）硅藻土类。密度较小，热导率较大，强度大，耐高温，施工方便，但尘土大。

（5）石棉类。耐火，耐酸碱，热导率小。

（6）矿渣棉类。密度小，热导率小，耐高温，货源广，价廉，填充结构时易沉陷，刺人，灰尘大。

（7）泡沫混凝土类。密度大，热导率大，可自行制作。

表 8-10　常用保温材料及其制品的热物理性质

类　别	材料及制品名称	密度（kg/m³）	热导率［W/(m·K)］	适用温度（℃）
膨胀珍珠岩类	散料：一级	≤80	≤0.052	
	二级	80～150	0.052～0.064	～200
	三级	150～250	0.064～0.076	～800
	水泥珍珠岩板	250～400	0.058～0.087	≤600
	水玻璃珍珠岩板	200～300	0.056～0.065	≤650
	憎水珍珠岩制品	200～300	0.058	
普通玻璃棉类	中级纤维淀粉黏结制品	100～130	0.040～0.047	－35～300
	中级纤维酚醛树脂制品	120～150	0.041～0.047	－35～350
	玻璃棉沥青黏结制品	100～170	0.041～0.058	－20～250
超细玻璃棉类	超细棉（原棉）	18～30		－100～450
	超细棉无脂毡缝合垫	60～80	≤0.035	－120～400
	无碱超细棉	60～80	≤0.035	－120～600
石棉类	石棉绳	590～730	0.070～0.209	＜500
	石棉碳酸镁管	360～450	$0.064+0.00033t$	＜300
	硅藻土石棉灰	280～380	$0.066+0.00015t$	＜900
	泡沫石棉	40～50	$0.038+0.00023t$	＜500
硅藻土类	硅藻土保温管和板	＜550	$0.063+0.00014t$	
	石棉硅藻土胶泥	＜660	$0.151+0.00014t$	≤900
泡沫混凝土类	水泥泡沫混凝土	＜500	$0.127+0.0003t$	＜300
	粉煤灰泡沫混凝土	300～700	0.15～0.163	＜300
硅酸铝纤维类	硅酸铝纤维板	150～200	$0.047+0.00012t$	≤1000
	硅酸铝纤维毡	180	0.016～0.047	≤1000
	硅酸铝纤维管壳	300～380	$0.047+0.00012t$	≤1000
泡沫塑料	可发性聚苯乙烯泡沫板	20～50	0.031～0.047	－80～75
	可发性聚苯乙烯泡沫管壳	20～50	0.031～0.047	－80～75
	硬质聚氨酯泡沫塑料制品	30～50	0.023～0.029	－80～100
	软质聚氨酯泡沫塑料制品	30～42	0.023	－50～100

注　t 为保温材料的平均温度（℃）。

（二）保温结构

为了使保温材料长期可靠地使用，供热管道的保温结构是由防锈层、保温层、保护层和防水层等几层材料组成。防锈层在敷设保温层前，必须先清理管子的表面再涂上防锈漆；保温层是保温结构的主要部分，其材料应满足基本要求；保护层敷设在保温层外面，它要求具有好的防水性能，一定的机械强度和隔热保温性能［50℃时的热导率不超过0.33W/(m·K)］，在温度变化或振动的情况下，不易开裂或脱皮，含可燃物或有机物极少，一般应不大于10%。根据所使用的保温材料和使用要求，保护层可用金属薄板、玻璃布和石棉水泥等材料；防水层主要作用是防水，架空地沟保温管道的保护层表面。

按照保温材料的特点，供热管道的保温结构的敷设有下列几种形式：

（1）涂抹式。将保温材料（如石棉硅藻上等）加水制备成糊状，直接分层抹于管子外表面上。

（2）预制式。将保温材料制成块状、扇形、半圆形等，然后捆扎于管子的外表面上。

（3）填充式。将松散的或纤维状的保温材料充填在管道四周特制的套子或铁丝网中。

（4）捆扎式。利用成型、柔软而具有弹性的保温织物（如矿渣棉或玻璃棉毡等）直接包裹在管道或附件上。

（5）浇灌式。常常用于不通行地沟或无沟敷设管道时，浇灌材料大多用泡沫混凝土。为了保证管道在热胀冷缩时自由伸缩，应在管道上涂以重油或其他油脂。

在保温结构的施工中，要注意由于被保温设备或管道的热膨胀及有些保温材料的收缩，在运行中会出现缝隙，必须考虑防止间隙部分的热损失。例如，钢管的膨胀系数为1.15～1.26×10^{-5}/℃，工作温度为500℃时，每1m长的钢管要伸长约5.7mm，而保温材料一般在温度升高时会收缩（500℃时约收缩0.5%左右），也就是说1m长的保温材料会收缩5mm，这样就出现了10mm的间隙。于是，管子表面通过缝隙会直接向保护层辐射热量，除增加热损失外，还会使保护受到损坏。在施工时，可在接缝处填充保温纤维，以改善上述出现的问题，如图8-37所示。

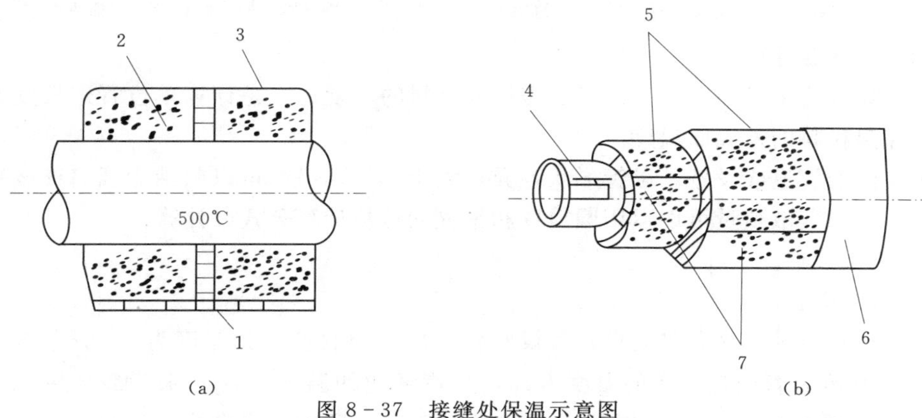

图8-37 接缝处保温示意图

（a）环向接缝；（b）纵向接缝

1—留10mm间隙；其中填充保温棉；2—保温材料；3—外保护层；4—管道；5—保温筒；6—保护层；7—保温筒接缝（各条缝要错开）

此外，管道的吊架、阀门和法兰的保温也应予以重视。未敷设保温材料的法兰和阀门，其散热损失量分别相当于长度为0.5m和1.0m裸管的热损失。法兰不保温时，由于内外的温差，会使法兰螺栓产生热应力，造成法兰填料压不住而漏气。对法兰及阀门的保温结构，要保证检修工作的方便，其结构分别如图8-38和图8-39所示。

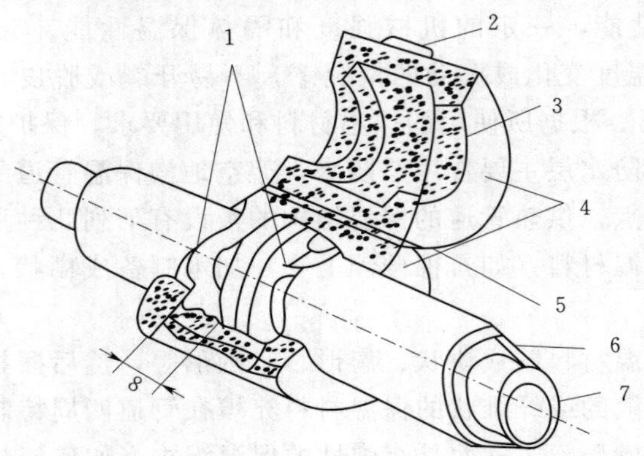

图8-38　法兰的保温

1—外装铁皮保护层的折边；2—用铁丝将上下固定；3—法兰部分的保温材料；4—镀锌铁皮；5—合叶；6—管子保温材料；7—管子；8—法兰螺栓长度再加一定余量

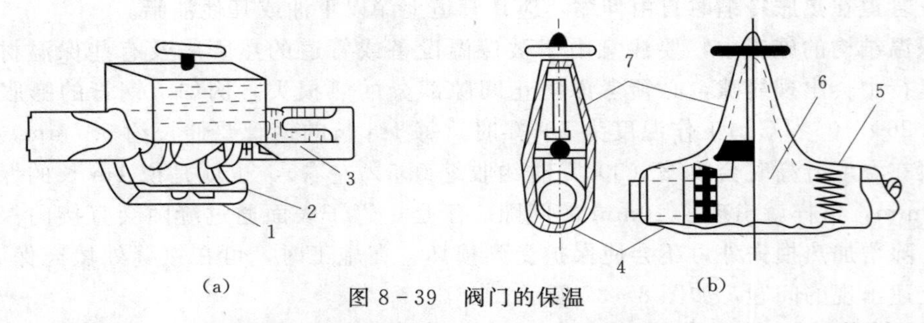

图8-39　阀门的保温

1—镀锌铁皮；2—保温材料；3—管道的保温；4—铁丝；5—铁丝圈；6—阀门；7—石棉垫褥

三、管道保温计算

保温计算有两个目的：一是计算所需保温材料的厚度；二是计算单位管道长度的热损失或核算保温材料的外表面温度。

隔热保温的管道或设备，尽管形状各异，大小不一，但都可以归纳为圆筒壁或平壁的传热问题，所以其散热量可以运用圆筒壁和平壁的传热计算公式来计算。

(一) 架空管道

1. 基本公式与简化

如图8-40所示，为简单起见，假设只包一层保温材料，其厚度为δ。管子内直径为d_1，外直径为d_2，管内热介质的温度为t_{f1}，周围环境的温度为t_{f2}；假设管内壁的温度为t_{w1}，管外壁的温度为t_{w2}，保温层外表面的温度为t_w，环境的温度为t_s。图8-40还给出了这一系统的串联热阻图。

假设管道各部分的分热阻为R_i，则通过每米长管道的径向热损失Q_L（不包括管道附件的热损失）为

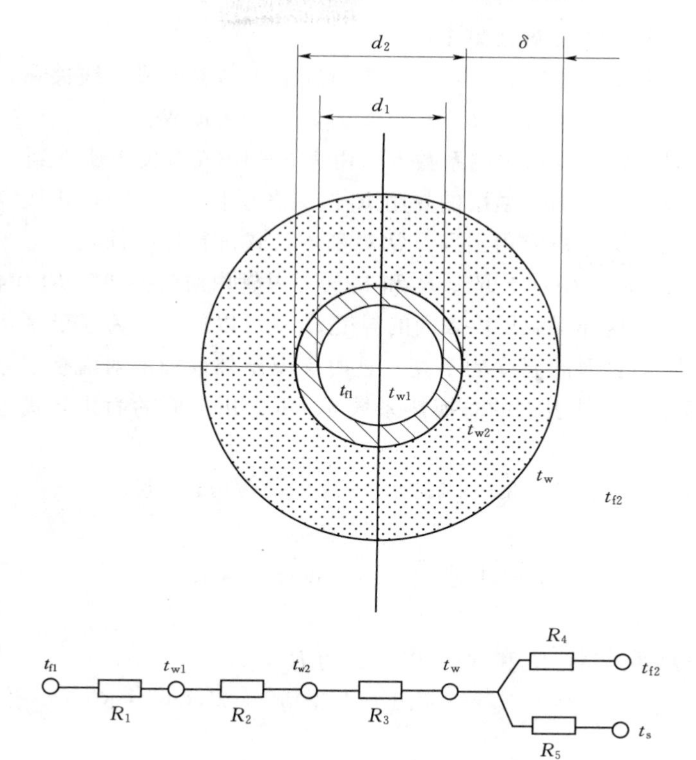

图 8-40 管道保温计算示意图

$$Q_L=(t_{f1}-t_{f2})/\sum R_i \quad W/m \tag{8-19}$$

其中各部分的分热阻如下：

（1）热介质与管内壁之间的对流换热热阻 R_1

$$R_1=1/(\pi d_1\alpha_1) \quad m\cdot K/W \tag{8-20}$$

式中：α_1 为热介质对管壁的对流换热系数，$W/(m^2\cdot K)$。

（2）管壁的热阻 R_2

$$R_2=\ln(d_2/d_1)/(2\pi\lambda_p) \quad m\cdot K/W \tag{8-21}$$

式中：λ_p 为金属管壁的热导率，$W/(m\cdot K)$。

（3）保温层的热阻 R_3

$$R_3=\frac{\ln[(d_2+2\delta)/d_2]}{2\pi\lambda_i} \quad m\cdot K/W \tag{8-22}$$

式中：λ_i 为保温材料的热导率，$W/(m\cdot K)$。

（4）保温层外表面对周围环境的对流换热热阻 R_4

$$R_4=1/[\pi(d_2+2\delta)\alpha_2] \quad m\cdot K/W \tag{8-23}$$

式中：α_2 为保温层外表面对周围环境的对流换热系数，$W/(m^2\cdot K)$。

（5）保温层外表面对环境的辐射热阻 R_5

$$R_5=1/[\pi(d_2+2\delta)\alpha_3] \quad m\cdot K/W \tag{8-24}$$

式中：α_3 为保温层外表面对环境的辐射换热系数，$W/(m^2\cdot K)$。

在应用上述基本公式时有两点要注意：

保温材料的热导率 λ_i 与温度有关，大多数情况下 λ_i 与温度成直线关系，即

$$\lambda_i=\lambda_0+b[(t_{w2}+t_w)/2] \quad m\cdot K/W \tag{8-25}$$

对于不同的保温材料，λ_0 和比例系数 b 可由表 8-10 或有关手册查到。

如采用多层保温材料，则保温层的热阻 R_3 应为各层保温材料的热阻之和。

为计算简单起见，从工程应用出发，常对基本公式进行以下简化：

(1) 包上保温材料后，相对于 R_3、R_4 和 R_5 而言，管内对流换热阻 R_1 和金属管壁的导热热阻 R_2 可以忽略不计。这样保温层内表面的温度 t_{w2} 就可以近似认为等于热介质的温度 t_{f1}。

(2) 一般保温层外表面的温度均不高，这时保温层外表面的对流换热系数 α_2 和辐射换热系数 α_3 之和，即保温层外表面的总换热系数 α，可以用下面的简化公式进行计算。

室内管道：

$$\alpha=10.3+0.052(t_w-t_{f2}) \quad W/(m^2\cdot K) \tag{8-26}$$

室外管道：

$$\alpha=11.6+7\sqrt{w} \quad W/(m^2\cdot K) \tag{8-27}$$

式中：w 为风速，m/s。

由于采用总换热系数 α，R_4 和 R_5 可以合并为 R_6，即

$$R_6=R_4+R_5=1/[\pi(d_2+2\delta)\alpha] \quad W/(m^2\cdot K) \tag{8-28}$$

由此得简化公式

$$Q_L=\frac{t_{f1}-t_{f2}}{R_3+R_6}=\frac{\pi(t_{f1}-t_{f2})}{\dfrac{1}{2\lambda_i}\ln\left(\dfrac{d_2+2\delta}{d_2}\right)+\dfrac{1}{(d_2+2\delta)\alpha}} \quad W/m \tag{8-29}$$

或

$$Q_L=\frac{t_{f1}-t_w}{R}=\frac{t_w-t_{f2}}{R_6} \quad W/m \tag{8-30}$$

上述简化给保温计算带来很大的方便。

2. 保温层厚度的计算方法

保温层厚度的计算很复杂。要由上述一组基本公式或简化公式计算出保温层的厚度，首先必须确定每米长管道所容许的热损失 Q_L。Q_L 决定以后，还不能由基本公式算出所需的保温层的厚度 δ，因为计算中涉及保温层外表面的温度 t_w，而 t_w 又与保温层的厚度 δ 有关。δ 越厚，t_w 越小，故只能采用试算法，其步骤如下：

(1) 根据算出或选定的容许热损失 Q_L（见表 8-11 和表 8-12），设定一保温层的外表面温度 t_w'。

(2) 根据假定的 t_w'，由基本公式算出所需的保温层的厚度 δ'。

(3) 根据 δ'，再由基本公式核算出保温层的外表面温度 t_w。

(4) 若 t_w 与 t_w' 相差很小，则算出的 δ' 即为所求的保温层的厚度；若相差很大，则必须重新设定 t_w' 进行计算，直至结果满意为止。

根据上述步骤和基本公式，可以编制计算程序，利用计算机就可以很快地得到计算结果。

表 8-11 室内保温管道表面容许的热损失（保温表面和周围空气的温差为20℃）

管道外径(mm)	热介质温度								
	50	70	100	125	150	160	200	225	250
	容许热损失 Q_L(W/m)								
20	17.4	26.7	37.2	43.0	48.8	50.0	55.8	64.0	73.3
32	31.4	34.9	44.2	51.2	58.2	62.8	69.8	77.9	87.2
48	37.2	44.2	55.8	62.8	69.8	73.3	84.9	93.0	101.2
57	43.0	50.0	62.8	68.6	75.6	79.1	93.0	102.3	110.5
76	53.5	61.6	69.8	84.9	91.9	95.4	110.8	119.8	130.3
89	60.5	69.8	86.1	94.2	102.3	105.8	118.6	129.1	139.5
108	68.8	81.4	98.9	108.2	116.3	119.8	133.7	144.2	154.7
133	81.4	98.9	116.3	125.6	133.7	137.2	153.5	164.0	174.5
159	93.0	110.5	127.9	139.6	151.2	154.7	168.6	180.3	191.9
194	116.3	133.7	157.0	168.6	180.3	183.8	197.7	209.3	221.0
219	122.1	145.4	174.5	183.8	191.9	196.5	215.2	226.8	238.4
273	151.2	180.3	209.3	218.6	226.8	231.4	250.0	261.7	273.3
325	180.3	215.2	238.4	250.0	261.7	265.3	284.9	296.6	308.2
377	203.5	238.4	273.3	284.9	296.6	301.2	319.8	334.9	348.9
426	226.8	273.3	302.4	314.0	325.6	331.5	354.7	369.8	383.8

表 8-12 室外保温管道表面容许的热损失（当周围空气的计算温度为5℃时）

管道外径(mm)	热介质温度								
	50	70	100	125	150	160	200	225	250
	容许热损失 Q_L(W/m)								
20	15.1	23.3	31.4	38.4	5.5	50.0	62.8	0.9	79.1
32	17.4	26.7	36.1	44.2	53.5	57.0	72.1	80.2	89.6
48	20.9	31.4	41.9	52.3	61.6	67.5	63.7	94.2	104.7
57	24.4	34.9	46.5	57.0	67.5	72.1	90.7	101.2	111.6
76	29.1	40.7	52.3	64.0	76.8	81.4	100.0	112.8	125.6
89	32.6	44.2	58.2	69.8	82.6	87.2	108.2	119.8	132.6
108	36.1	50.0	64.0	77.9	89.6	95.4	117.5	131.4	145.4
133	40.7	55.8	69.8	86.1	98.9	104.7	129.1	144.2	158.2
159	44.2	58.2	75.6	93.0	109.3	116.3	139.6	157.0	172.1
194	48.8	67.5	84.9	102.3	119.8	125.6	151.2	169.8	188.4
219	53.5	69.8	90.7	110.5	127.9	134.9	162.8	183.8	203.5
273	61.6	81.4	101.2	124.4	145.4	153.5	186.1	209.3	230.3
325	69.8	93.0	116.3	139.6	162.8	172.1	209.3	232.6	255.9
377	82.6	108.2	132.6	157.0	181.4	191.9	231.4	255.9	279.1
426	95.4	122.1	148.9	174.5	207.0	210.5	253.5	279.1	302.4

3. 保温层经济厚度的确定

保温层的经济厚度就是图 8-40 上的 δ_0，在这个厚度下，年总费用最低。每年每米管道的投资、运行和维修的总费用 C 为

$$C=bQ+P(c_0V+c_bF) \quad 元/(m\cdot h) \tag{8-31}$$

式中：Q 为每米管道的热损失，10^8kJ/(m·h)；b 为热量价格，元/10^8kJ；P 为保温结构的年折旧率，%；c_0 为每米管道保温材料的投资费（包括材料、运输、安装费等），元/(m^3·m)；V 为每米管道保温层体积，m^3/m；c_b 为每米管道防护层的投资费，元/(m·m^2)；F 为每米管道保护层的面积，m^2。显然式（8-31）与防护层的厚度有关。对式（8-31）求导并令其等于零，即可求得最经济厚度。但为简化起见，常用式(8-32)来计算经济厚度，即

$$\delta_0=2.688\frac{d_2^{1.2}\lambda_i^{1.35}t_w^{1.73}}{Q_L^{1.5}} \quad mm \tag{8-32}$$

对满足工艺要求的保温，若计算出的经济厚度 δ_0 大于所需保温层的厚度 δ，可采用经济厚度；但若小于所需厚度，则仍应取计算的所需厚度，以保证工艺要求。

热力管道包上保温后，由于 δ 已知，由式（8-29）和式（8-30），很容易算出管道的热损失和保温层外表面的壁温。

（二）无沟埋设的管道

对直接埋于土壤中的管道，在计算热损失时，除了保温层的热阻外，还要考虑土壤的热阻，根据传热学理论，土壤热阻可用式（8-33）计算，即

$$R_t=\frac{1}{2\pi\lambda_t}\ln\left[\frac{2h}{d_z}+\sqrt{\left(\frac{2h}{d_z}\right)^2-1}\right] \quad m\cdot K/W \tag{8-33}$$

式中：λ_t 为土壤热导率，当土壤温度为 10～40℃和通常湿度下，$\lambda_t=1.1\sim2.3$W/(m·K)，对稍湿的土壤取低值，对潮湿的土壤取高值，对于干土壤可取 $\lambda_t=0.55$W/(m·K)；h 为埋设深度，即管道中心线到地表面的距离，m；d_z 为与干土壤接触的管道外表面的直径，m。

当 $h/d_z\geqslant1.25$ 时，式（8-33）可简化为

$$R_t=\frac{1}{2\pi\lambda_t}\ln\frac{4h}{d_z} \quad m\cdot K/W \tag{8-34}$$

此时，无沟埋设的保温管道的热损失为

$$Q_L=\frac{t_{f1}-t_0}{R_3+R_t} \quad W/m \tag{8-35}$$

式中：t_0 为土壤的平均温度，℃。

（三）地沟中铺设的管道

地沟中铺设的管道的总热阻应包括以下几部分：保温层的热阻 R_3，保温层外表面到地沟内空气的对流换热热阻 R_4，地沟内空气到地沟壁的对流换热热阻 R_7，沟壁的导热热阻 R_8，土壤的热阻 R_t。其中 R_3、R_4、R_7、R_8、R_t 均可采用前述的计算公式进行计算。

计算地沟中铺设的管道的热损失可采用以下公式：

$$Q_L=\frac{t_{f1}-t_0}{\sum R_i}=\frac{t_{f1}-t_0}{R_3+R_4+R_7+R_8+R_t} \quad W/m \tag{8-36}$$

或

$$Q_L = \frac{t_{f1} - t_{g0}}{R_3 + R_4} \quad W/m \tag{8-37}$$

式中：t_{f1}为管内热介质的温度，℃；t_0为土壤温度，℃；t_{g0}为地沟内的空气温度，℃。

从热平衡可求得地沟内的空气温度t_{g0}。令$R_7 = R_3 + R_4$，$R_0 = R_7 + R_8 + R_t$，则有

$$t_{g0} = \frac{\frac{t_{f1}}{R_1} + \frac{t_0}{R_0}}{\frac{1}{R_1} + \frac{1}{R_0}} \quad ℃ \tag{8-38}$$

对于可通行的地沟，还应考虑通风系统排热对地沟内空气温度的影响。有了地沟内空气的平均温度，就可按常规的保温计算算出各管道的热损失。

（四）热力管道保温设计中的一些问题

1. 保温管道的附加热损失

保温管道的附加热损失是指管道中的法兰、阀门、接头、分配器等所带来的热损失。这部分热损失不易求得，一般按下面给出的值来估算。

(1) 管道吊架。采用圆钢或扁钢时，总管长增加 10%～15%；采用大滑动轴承时增加 20%。

(2) 法兰。裸露法兰的热损失，大致与法兰表面积相等、直径相当的光管的热损失相等；当管道保温材料的外径与法兰外径相等时，不必增加附加的热损失。

(3) 阀门。阀门的热损失可参考表 8-13。

表 8-13　阀门热损失的相当长度

阀门情况	管子内径（mm）	管温 100℃	管温 400℃
		热损失的相当长度（m）	
室内：裸露	100	6	16
	500	9	26
1/4 裸露，3/4 保温	100	2.5	5
	500	3	7.5
1/3 裸露，2/3 保温	100	3	6
	500	4	10
室外：裸露	100	16	22
	500	19	32
1/4 裸露，3/4 保温	100	4.5	6
	500	6	8.5
1/3 裸露，2/3 保温	100	6	8
	500	7	11

2. 保温管道的敷设

在设计热力管道时，应根据具体情况选用合适的敷设方式，并考虑不同敷设方式对保

温结构的要求。如管道架空时受自然环境的侵袭，要求高强度的防护层，为了减轻支架的负担，保温层的重量应较轻。对于不通行的地沟或无沟埋管，应特别注意保温结构的防水及防潮性能。包保温材料前，管道应涂防锈漆；包保温材料后，外表面应涂色漆和箭头，以示管内介质的种类和流动方向。

四、隔热保温技术的进展

1. 新型保温材料的不断出现

新型保温材料的出现极大地增强隔热保温的效果，促进技术的进步。例如，低温保温材料聚氨酯及聚氨酯整体发泡工艺出现后，由于其密度小，热导率很低，而且整体发泡后可以和内护板及外装置板构成一个整体，不但保冷性能特别好，而且能够提高组件强度，因此极大地促进了冰箱、冷柜和冷库的发展。

在高温保温材料方面最值得一提的是空心微珠和碳素纤维，1976年美国首次发现空心微珠这种新型保温材料，它存在于火电厂的灰渣之中。这些微珠占粉煤灰数量的50%～70%。空心微珠的化学成分主要是硅和铝的氧化物。它颗粒微小、球形、质轻、中空，具有隔热、电绝缘、耐高温、隔音、耐磨和强度高等特点，价格又便宜，有着非常广阔的用途。

作为节能材料的空心微珠，其密度一般仅为0.5～0.75g/cm^3，耐火度为1500～1730℃，热导率仅为0.08～0.1W/(m·℃)，是一种非常优质的保温材料，如电阻炉采用它保温可以节电50%。碳素纤维则是另一种既质轻隔热，又耐高温的热绝缘材料，只是由于价格太高，目前仅用于航天飞机、飞船等航天领域。

2. 采用复合保温管道

这种管道是预先将管道保温层和防护层复合成一体，保温层通常由两层组成，其中内层耐温好，能够承受管内热介质的高温。这种管的防护层能防水、防潮。因此不但使用方便，安装简单，而且可以直接埋于地下而不用地沟，且使用寿命长，代表了今后管道保温的发展方向。

3. 管网设计和保温计算软件包

大型过程工业（如动力、冶金、化工、炼油企业）的供热（包括供冷）管网十分复杂，不但管线长、管径类型多、附件多，而且其内热（冷）介质类型和温度水平都不一样，其管网设计和保温计算是耗时费力的工作。由于计算技术的进步，现在已有各种管网设计和保温计算的软件包，它不但提高了设计效率，而且其设计更加合理、节能，并且经济效益更加显著。

第九节 建 筑 节 能

一、概述

建筑节能的内容和含义在发达国家已经历了三个发展阶段：最初就叫建筑节能（Energy Saving in Buildings）；但不久即改为在建筑中保持能源，意思是减少建筑中能量的散失；近来则普遍称为提高建筑中的能源利用效率（Energy Efficiency in Buildings），也就是说，并不是消极意义上的节省，而是从积极意义上提高利用效率。在我国，现在仍然通称为建筑节能，但其含义与第三层意思相当，即在满足居住舒适性要求的前提下，通过采用新型的隔热保温墙体材料和高能效比的采暖空调设备等措施，合理使用和有效利用能源，达到节约能源、减少能耗、提高能源利用效率的目的。

建筑能耗有广义和狭义之分。狭义的建筑能耗是指建筑物使用过程中所消耗的能量，包括供暖、空调、通风、照明、电器、家庭炊事、热水及开水供应等的耗能。广义的建筑则包括建筑材料的生产、建筑材料运输、建筑施工和建筑物使用过程中的能耗。本节所讨论的建筑能耗就是狭义建筑能耗。

二、建筑节能的必要性和潜力

随着社会发展和人民生活水平的不断提高，我国建筑规模也随之迅速扩大。到2006年年底，全国城乡房屋建筑面积已达 3.88×10^{10} m^2，其中城市建筑面积为 1.318×10^{10} m^2。近年来，我国每年竣工的建筑约 2×10^9 m^2。预计到2020年年底，全国房屋的总建筑面积将达 7×10^{10} m^2，其中城市约为 2.61×10^{10} m^2。在已有的 3.88×10^{10} m^2 建筑中，99%为高耗能建筑；即使在新建筑中95%以上仍属于高耗能建筑。

1996年我国建筑年能耗 3.3×10^8 t标准煤，占能源消耗总量的24.1%，到2001年已达到 3.58×10^8 t标准煤，占能源总能耗的27.5%，平均年增长比例约为5%。2002年全国空调制冷高峰负荷已达到 4.5×10^7 kW，相当于2.5个三峡电站的满负荷出力。按照目前建筑能耗水平的发展趋势，到2020年，我国建筑能耗将达到 1.089×10^9 t标准煤，是2001年建筑能耗的3倍，届时空调制冷高峰负荷将相当于十个三峡电站满负荷出力。目前，发达国家的建筑能耗一般占总能耗的1/3左右，其中建筑耗能最大的就是采暖与保温。我国建筑物的能耗现状如图8-41所示，其中能耗最大的部分为建筑物的采暖和空调。我国建筑采暖与保温耗能是发达国家的3倍左右。造成这种情况的主要原因是我国建筑围护结构的隔热保温性能太差，与气候条件相近的发达国家相比，外墙差4～5倍，屋顶差2.5～5.5倍，门窗气密性差3～6倍。另外，我国建筑物能量供给形式单一也是造成能源利用效率低的原因。

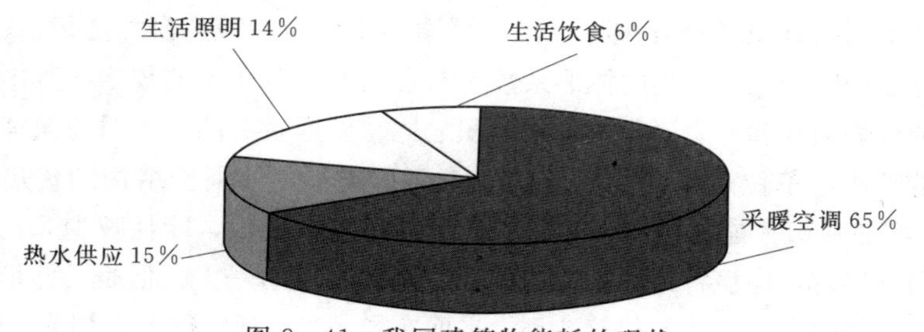

图8-41 我国建筑物能耗的现状

随着我国城市化程度的不断提高，第三产业占GDP比例的加大以及制造业结构的调整，建筑能耗的比例将继续提高，最终接近发达国家目前的水平。因此，建筑节能是各种节能途径中潜力最大、最为直接有效的方式，是缓解能源紧张、解决社会经济发展与能源供应不足之间矛盾的最有效措施之一。

我国建筑节能工作起步比较晚，建设部提出了“三步节能”的设计标准，即：

(1) 新建采暖居住建筑从1986年起，在1980～1981年当地通用设计能耗的基础上节能30%。

(2) 1996 年起在达到第一步节能要求的基础上再节能 30%，即总节能达到 50%。

(3) 2005 年起在达到第二步节能要求的基础上再节能 30%，即总节能达到 65%。其中每次的 30%节能中，建筑物约承担 20%，采暖系统约承担 10%。

尽管我国目前有许多强制性的建筑节能设计标准，但是执行率还比较低。据统计，全国新建建筑只有 15%～20%执行了建筑节能设计标准。目前，北京市一个冬季供热的建筑能耗为 22.4kg 标准煤/m^2，该能耗水平只能与德国 1986 年的能耗水平相当，而目前德国的能耗水平已经降到 9kg 标准煤/m^2以下。这一方面表明了我国建筑能耗与发达国家之间的巨大差距，另一方面也说明我国建筑节能的潜力巨大。

三、建筑节能的设计标准

1986 年国家建设部颁发了《民用建筑节能设计标准（采暖居住建筑部分）》(JGJ 26—1986)，目标是实施第一步节能。1995 年 12 月建设部批准了 JGJ 26—1986 标准的修订稿，即“JGJ 26—1995”，其目标节能率为 50%（第二步节能）。2001 年颁布了《夏热冬冷地区居住建筑节能设计标准》(JGJ 134—2001)，在此期间各地也根据各自的特点发布了相应的建筑节能规定。结合上述行业标准实施的情况，2006 年发布了新的国家标准——《居住建筑节能设计标准》。

关于室内热环境设计计算指标，该标准按照国家标准规定：①冬季采暖卧室、起居室室内设计温度控制在 18℃；②夏季空调卧室、起居室室内设计温度控制在 26℃。

对于建筑热工节能设计，标准依据不同的采暖度日数 HDD18 和空调度日数 CDD26 范围，将全国划分为表 8 - 14 所示的五个气候区，11 个气候子区，其中 HDD18 为采暖度日数（℃·d)，它是一年中，当某天室外日平均温度低于 18℃时，将低于 18℃的度数乘以 1 天，并将此乘积累加；CDD26 为空调度日数（℃·d)，即一年中当某天室外日平均温度高于 26℃时，将高于 26℃的度数乘以 1 天，并将此累加。标准同时规定：①建筑物的朝向宜采用南北或接近南北，主要房间避免夏季受东、西向日晒；②建筑群的规划设计，单体的平、立面设计和门窗的设置应考虑冬季利用日照并避开主导风向，夏季利用凉爽时段的自然通风；③建筑物的平、立面不应出现过多的凹凸，建筑物的体形系数应符合表 8 - 15 所示的规定，其中建筑物体形系数是指建筑物的外表面积和外表面积所包的体积之比。体形系数的大小对建筑能耗的影响非常显著，体形系数越小，单位建筑面积对应的外表面积越小，外围护结构的传热损失越小。在 0.3 的基础上每增加 0.01，能耗增加 2.4%～2.8%；每减少 0.01，能耗减少 2.3%～3%。从降低建筑能耗的角度出发，应该将体形系数控制在一个较低的水平上。但是，体形系数不只是影响外围护结构的传热损失，它还与建筑造型，平面布局，采光通风等紧密相关。体形系数过小，将制约建筑师的创造性，造成建筑造型呆板，平面布局困难，甚至损害建筑功能。

表 8 - 14　　居住建筑节能设计气候分区

气候分区		分区依据
严寒地区（Ⅰ区）	严寒 A 区	5500≤HDD18<8000
	严寒 B 区	5000≤HDD18<5500
	严寒 C 区	3800≤HDD18<5000

续表

气候分区		分区依据
寒冷地区（Ⅱ区）	寒冷A区	2000≤HDD18<3800，CDD26≤100
	寒冷B区	2000≤HDD18<3800，100<CDD26≤200
夏热冬冷地区（Ⅲ区）	夏热冬冷A区	1000≤HDD18<2000，50<CDD26≤150
	夏热冬冷B区	1000≤HDD18<2000，150<CDD26≤300
	夏热冬冷C区	600≤HDD18<1000，100<CDD26≤300
夏热冬暖地区（Ⅳ区）	夏热冬暖地区	HDD18<600，CDD26>200
温和地区（Ⅴ区）	温和A区	600≤HDD18<2000，CDD26≤50
	温和B区	HDD18<600，CDD26≤50

表8-15　　居住建筑的体形系数限值

气候分区	建筑层数			
	≤3层	4～6层	7～9层	≥10层
严寒地区	≤0.55	≤0.30	≤0.26	≤0.24
寒冷地区	≤0.55	≤0.35	≤0.30	≤0.26
夏热冬冷地区、温和地区A区	≤0.55	≤0.40	≤0.35	≤0.30
夏热冬暖地区、温和地区B区	不限			

该标准还对建筑物围护结构各部分的传热系数也作了具体的规定，应根据建筑所处城市的气候分区区属不同，不超过表8-16所列规定限制。

表8-16　　不同气候分区建筑围护结构的传热系数限值

围护结构部位		传热系数 K [W/(m²·K)]										
		严寒地区			寒冷地区		夏热冬冷地区			夏热冬暖地区	温和地区	
		A区	B区	C区	A区	B区	A区	B区	C区		A区	B区
屋面	≥10层建筑	0.40	0.40	0.45	0.50	0.50	≤0.4	≤0.4	≤0.5	≤0.5	≤0.4	—
	7～9层的建筑	0.40	0.40	0.45	0.50	0.50	≤0.4	≤0.4	≤0.5	≤0.5	≤0.4	—
	4～6层的建筑	0.40	0.40	0.45	0.50	0.50	≤0.4	≤0.4	≤0.5	≤0.5	≤0.4	—
	≤3层建筑	0.33	0.36	0.36	0.45	0.45	≤0.4	≤0.4	≤0.4	≤0.4	≤0.4	—
外墙	≥10层建筑	0.48	0.45	0.50	0.50	0.50	≤0.5	≤0.5	≤0.75	≤1.0	≤0.5	—
	7～9层的建筑	0.40	0.45	0.50	0.50	0.50	≤0.5	≤0.5	≤0.75	≤1.0	≤0.5	—
	4～6层的建筑	0.40	0.45	0.50	0.50	0.50	≤0.5	≤0.5	≤0.75	≤1.0	≤0.5	—
	≤3层建筑	0.33	0.40	0.40	0.45	0.45	≤0.4	≤0.4	≤0.6	≤0.7	≤0.4	—

续表

围护结构部位		传热系数 K [$W/(m^2 \cdot K)$]												
		严寒地区			寒冷地区		夏热冬冷地区			夏热冬暖地区	温和地区	
		A区	B区	C区	A区	B区	A区	B区	C区		A区	B区
底面接触室外空气的架空或外挑楼板		0.48	0.45	0.50	0.50	0.60	≤1.5	≤1.5	≤1.5	≤2.0	≤1.5	—
分隔采暖与非采暖空间的隔墙、楼板		0.70	0.80	1.0	1.2	1.0	—	—	≤2.0	—	—	—
户　门		1.5	1.5	1.5	2.0	2.0	≤2.0	≤2.0	≤2.0	—	≤2.0	—
阳台门下部门芯板		1.0	1.0	1.0	1.7	1.7	≤3.0	≤3.0	≤3.5	—	≤3.0	—
地面	周边地面	0.28	0.35	0.35	0.50	—	—	—		—	—	—
	非周边地面	0.28	0.35	0.35	0.50	—	—	—	—	—	—	—
外窗（含阳台门透明部分）	窗墙面积比≤20%	2.5	2.8	2.8	2.8	3.2	≤4.7	≤4.7	≤4.7	—	≤4.7	—
	20%＜窗墙面积比≤30%	2.2	2.5	2.5	2.8	3.2	≤3.2	≤3.2	≤4.0	—	≤4.0	—
	30%＜窗墙面积比≤40%	2.0	2.1	2.3	2.5	2.8	≤3.2	≤3.2	≤3.2	—	≤3.2	—
	40%＜窗墙面积比≤50%	1.7	1.8	2.1	2.0	2.5	≤2.5	≤2.5	≤2.5	—	≤2.5	—
天窗	天窗面积占屋顶面积≤4%	—	—	—	—	—	≤3.2	≤3.2	≤4.0	—	≤4.0	—

显然要满足表8-16所示的要求，首先就必须淘汰落后的建筑材料，并广泛采用新型的节能墙体和屋面材料及先进的隔热保温技术，加强门窗的隔热和密封。我国许多城市采取了相应的措施，如北京市已明令从2002年5月1日起在城近郊区、远郊区（县）的建制镇、新建住宅小区、经济开发区、新技术产业开发区的新建房屋及围墙工程禁止使用黏土实心砖，并淘汰其他以黏土为原料的建筑材料和保温性差的墙体屋面，淘汰和限制使用保温密封性差的门窗。

根据建筑能耗的现状和建筑节能的要求，降低建筑能耗、实现建筑节能的途径应从设计、施工和运行管理三方面入手。在设计上必须将采暖、空调、防火、照明、通信、网络、办公自动化及保安系统等统筹考虑，在施工上必须立体施工；最后，在物业管理上则必须科学规范。

四、建筑围护结构的节能方法

1. 墙体节能措施

墙体是建筑外围护结构的主体，其所用材料的保温性能直接影响建筑能耗，可从以下四个方面来考虑。

（1）优化建筑外形。在建筑物各部分围护结构传热系数和窗墙面积比不变的条件下，热量指标随体形系数成直线上升。故应增加房屋进深，减少平面凹凸变化。不能因为追求“变化和新颖”使外墙凸陷厉害，使体型系数控制在0.3以下，以最小的建筑外表面积包容最大的建筑空间，减轻墙外表面积的影响。

（2）使用环保、节能型建筑材料。使用环保节能型建筑材料可有效减少通过围护结构的传热，达到显著的节能效果。如选用三孔砌块、外抹保温砂浆，其工程造价低、节能效果好、施工简单且易于推广。

（3）使用合理构造。目前我国外墙保温技术发展很快，是节能工作的重点。外墙保温常采用内保温复合外墙、夹心复合外墙和外保温复合外墙三种构造。

（4）隔离太阳辐射热。对垂直墙面可采用阳台、挑檐等遮阳设施和浅色墙面、反射幕墙以及植物覆盖绿化和“可呼吸外墙”，同时具有良好生态性能的外墙。这些都是改善建筑室内环境，节约建筑能耗的有效措施。

2. 门窗节能措施

门窗是建筑必不可少的组成部分。面积约占建筑外围护结构面积的30%，传热系数比墙的大很多，又经常开启，是夏、冬季耗能的关键部位。其长期使用能耗约占整个建筑长期使用能耗的50%，门窗的节能是建筑节能的重要突破口，其节能措施主要如下：

（1）尽量减少门窗的面积，合理控制窗墙比。门窗是建筑能耗散失的最薄弱部位，所以在保证日照、采光、通风、观景条件下，尽量减少外门窗洞口的面积，合理控制窗墙比。《民用建筑节能设计标准（采暖居住部分）》规定窗墙比：北向不大于25%；南向不大于35%；东西向不大于30%。

（2）提高门窗的气密性，减少冷空气渗透。通过改进门窗产品结构（如加装密封条），提高门窗气密性，防止空气对流传热。加设密闭条是提高门窗气密性的重要手段之一。

（3）设置遮阳设施。适当确定建筑物的挑檐、遮阳板的尺寸，安装可调式百叶、窗帘，调节室内日照，达到遮挡、反射和引光入室的目的。

3. 屋顶节能措施

（1）采用高效保温材料。屋顶保温材料的选择应注意两点：其一是屋面保温层不宜选用密度较大、热导率较高的保温材料，以免屋面重量、厚度过大；其二是屋面保温层不宜选用吸水率较大的保温材料，以防屋面湿作业时因保温层大量吸水而降低保温效果。

（2）隔离太阳辐射热。可采用的方法有：①架空板隔热屋面；②蓄水屋面；③覆土屋面；④浅色坡屋面等。

五、建筑物的采暖空调节能

建筑物的采暖与调节能是建筑节能的关键。首先，在建筑物设计时就应对采暖空调方式及其设备的选择进行精心的考虑，并根据当地的资源情况和用户对设备运行费用的承担能力，对不同方案进行技术经济比较，其次在设备运行时要进行运行方案的优化，在满足用户要求的前提下实现经济运行。建筑采暖空调节能主要涉及冷热源设备的选用、热泵技术和经济运行等方面。

（1）冷热源设备的选用。冷热源设备的选择直接关系到建筑物的能耗，应在积极发展集中供热、区域供冷供热站和热、电、冷三联产技术的基础上，根据安全性、经济性和适应性的原则来统筹兼顾，具体考虑的因素有能源、环保和城建的要求和法规，建筑物的用途、规模和冷热负荷，初投资和运行费，机房条件、消防、安全和维护管理，设备的性能和能效比等。

(2) 热泵技术。本章第六节中的热泵技术非常适合于建筑物的采暖和空调，而且已在我国建筑物中得到了广泛的应用。热泵主要用来为建筑物的采暖和空调提供100℃以下的低温用能。用于建筑物的热泵主要有水源热泵、土壤源热泵和空气源热泵。目前建筑物中热泵应用要解决的主要问题是，如何因地制宜正确选用。

(3) 经济运行。建筑物采暖和空调的经济运行是非常重要的。该方面的工作应从优化设计和加强运行人员的管理和培训方面入手。

六、建筑节能的其他措施

1. 建筑照明节能

我国每年用于照明的耗电量占总发电量的7%～8%。节约建筑照明用电应从：①选用高效率的电光源，减少配电损耗，如采用节能荧光灯、高低压钠灯、金属卤化物灯；②推广使用节能开关；③从配用低损耗的镇流器等方面入手，达到节电的目的，而不是以降低照明强度、牺牲视觉健康为代价。

2. 建筑物分布式能源系统

为了克服传统的建筑物能源供给模式存在的能源供给模式非联产、对电网依赖性强、燃气和电使用峰谷期不能互补等弊端，建筑物分布式能量系统得到了很大的发展。

分布式能源系统是在建筑物中设置小规模（数千瓦至50MW）模块化的能量利用系统，可以独立地输出电、热、冷。其原动机采用气体或液体燃料的内燃机、微型燃气轮机或燃料电池。与常规的集中供电相比，分布式能量系统有以下优点：无需建配电站，输配电损耗小；适合多种热电比的变化，年设备利用小时高；土地及安装费用低；各电站互相独立，不会发生大规模的供电事故，供电可靠性高；能提供电、热、冷综合能源，满足不同用户的需要。显然，分布式能量系统作为集中供电的重要补充，特别适合于农牧区、山区、发展中的区域及商业区和居民区。此外，对于我国电网覆盖率不高的西部地区，或对供电安全性、稳定性要求较高的用户，如医院、银行以及能源需求多样化的用户，分布式能源系统也有特殊的意义。从可再生能源的利用看，分布式能源系统也为太阳能、风能、地热能的利用开辟了新的方向。

思　考　题

1. 什么是节能？简述我国开展节能工作的意义、潜力和主要途径。
2. 如何评价节能减排？简述其主要的经济技术指标。
3. 针对传统能源的利用可以采取哪些高效低污染燃烧技术？简述其原理和特征。
4. 煤粉低NO_x燃烧技术有哪些？简述其主要工作原理和特征。
5. 简述流化床燃烧技术的优点。
6. 强化传热的基本途径有哪些？目前常用的强化传热技术有哪两大类？并举例加以说明。
7. 工业生产过程中常见的余热资源有哪些？简述余热利用的途径。

8. 什么是热泵？它可分为哪两种类型？简述热泵在工业生产和居民生活中的应用。
9. 简述热管的工作原理、工作特性和类型。
10. 什么是热管换热器？简述热管换热器的应用领域和前景。
11. 隔热保温的目的有哪些？常见的保温材料和保温结构有哪些？简述隔热保温技术的新进展。
12. 什么是建筑能耗和建筑节能？简述我国建筑节能的必要性和潜力。
13. 降低建筑能耗的途径有哪些？举例说明您熟悉的建筑节能方法和措施。

参 考 文 献

[1] 李业发，杨廷柱．能源工程导论．合肥：中国科学技术大学出版社，1999.
[2] 黄素逸．能源与节能技术．北京：中国电力出版社，2004.
[3] 李崇祥．节能原理与技术．西安：西安交通大学出版社，2004.
[4] 王荣光，沈天行．可再生能源利用与建筑节能．北京：机械工业出版社，2004.
[5] 王雪松．论强制执行建筑节能的必要性．建筑与发展，2010，1：34－35.
[6] 李建良，周向东，章俊慧．浅谈建筑节能的必要性及节能措施．中国高新技术企业，2008，17：197－198.

第九章　能源环境可持续发展

第一节　可持续发展观点的由来

一、背景

1962年，美国作家卡森（Rachel Carson）推出了一本论述杀虫剂，特别是滴滴涕（DDT）对鸟类和生态环境毁灭性危害的著作——《寂静的春天》（Silent Spring），第一次对“人类征服大自然”意识的绝对正确性提出了质疑。尽管这本书的问世使卡森备受攻击和诋毁，但书中提出的有关生态的观点最终还是被人们所接受。环境问题从此由一个边缘问题逐渐成为国际首脑们政治、经济议程的中心议题。

20世纪初，以工业电气化、交通运输摩托化两大潮流为代表的“第二次工业革命”以及机械化耕作、大量使用化肥、杀虫剂农药为代表的“农业革命”相继来临。烟囱林立的工厂、川流不息的公路、拖拉机耕作的农田成为当今世界的现代化标志，也成为后起国家在发展过程中孜孜以求的理想。但是大规模工业化带来了一系列的恶果，并导致地球生态环境日益恶化。

首先是大气层受到破坏。从20世纪初开始，高速发展的化学工业将氯氟烃等无节制地排放入大气，导致臭氧层空洞从70年代开始在地球南北极相继出现并不断扩大；二氧化碳等温室气体大量排放，成为地球温室效应的一个主要原因。

其次是森林减少和土壤质量降低。从20世纪中叶开始，由于无节制砍伐和刀耕火种式的开发，被喻为“地球之肺”的森林面积开始以惊人的速度减少。过度机械化耕作和过量使用化肥、农药造成了土壤质量降低。

再者是水环境遭受严重污染。人口增长和人们对更高生活水平的追求给水资源带来沉重压力，由于流域破坏、水土流失和污染废水的排放，地表水资源在质和量上都急剧下降。由于人类对生物资源的过度开发和对物种生存环境的破坏，每年都有0.2%的生物物种走向灭绝。

所有这一切都在促使人们思考：地球环境的“承载能力”是否有极限？发展的道路与地球环境的“负荷极限”如何相适应？人类社会的发展应如何规划才能实现人类与自然的和谐，既保护人类，也维护地球的健康？

1972年，一个名为“罗马俱乐部”的知识分子组织发表了题为“增长的极限”的报告。报告根据数学模型预言：在未来一个世纪中，人口和经济需求的增长将导致地球资源耗竭、生态破坏和环境污染。除非人类自觉限制人口增长和工业发展，否则这一悲剧将无法避免。这项报告发出的警告启发了后来者。从20世纪80年代开始，最早出现在卡森《寂静的春天》中的“可持续发展”一词，逐渐成为流行的概念。

1987年，世界环境与发展委员会（WCED）在题为《我们共同的未来》的报告中，第一次阐述了“可持续发展”的概念。报告指出，所谓可持续发展，就是要在“不损害未来一代需求的前提下，满足当前一代人的需求”。1992 年 6 月，在巴西里约热内卢举行的联合国环境与发展大会上，来自世界 178 个国家和地区的领导人通过了《21 世纪议程》(Agenda 21)、《气候变化框架公约》(UNFCCC) 等一系列文件，明确把发展与环境密切联系在一起，响亮地提出可持续发展的战略，并将之付诸全球的行动。

可持续发展的思想是人类社会近一个世纪高速发展的产物。它体现着对人类社会进步与自然环境关系的反思，也代表了人类与环境达到“和谐”的古老向往和辩证思考。这一思想从西方传统的自然和环境保护观念出发，兼顾发展中国家发展和进步的要求，在 20 世纪的最后 10 年中又引发了世界各国对发展与环境的深度思考。美国、德国、英国等发达国家和中国、巴西这样的发展中国家都先后提出了自己的 21 世纪议程或行动纲领。尽管各国侧重点有所不同，但都不约而同地强调要在经济和社会发展的同时注重保护自然环境。

人类终于从警醒开始付诸行动。环境保护成了当代企业发展的口号。在能源领域，发达国家不约而同地将技术重点转向水能、风能、太阳能和生物能等可再生能源上；在交通运输领域，研制燃料电池车或其他清洁能源车辆已成为各大汽车商技术开发能力的标志；在农业领域，无化肥、无农药和无毒害的生态农产品已成为消费者的首选；在城市规划和建筑业中，尽量减少能源和水的消耗、同时也减少废水废弃物排放的“生态设计”和“生态房屋”已成为近年来发达国家建筑业的招牌。

二、古代朴素的可持续思想

可持续的概念源远流长。在中国春秋战国时期（公元前 6 世纪～前 3 世纪）就有保护正在怀孕和产卵的鸟、兽、鱼、鳖以利永续利用的思想和封山育林定期开禁的法令。著名思想家孔子主张“钓而不纲，弋不射宿”(《论语·述而》)。“山林非时不升斤斧，以成草木之长；川泽非时不入网罟，以成鱼鳖之长。”(《逸周书·文传解》)。春秋时在齐国为相的管仲，从发展经济、富国强兵的目标出发，十分注意保护山林川泽及其生物资源，反对过度采伐。他说：“为人君而不能谨守其山林菹泽草莱，不可以为天下王。”(《管子·地数》)。战国时期的荀子也把自然资源的保护视作治国安邦之策，特别注重遵从生态学的季节规律（时令），重视自然资源的持续保存和永续利用。1975 年在湖北云梦睡虎地 11 号秦墓中发掘出 1100 多枚竹简，其中的《田律》清晰地体现了可持续发展的思想。(“春二月，毋敢伐树木山林及雍堤水。不夏月，毋敢夜草为灰，取生荔，毋……毒鱼鳖，置阱罔，到七月而纵之。”) 这是中国和世界最早的环境法律之一。“与天地相参”可以说是中国古代生态意识的目标和理想。

西方的一些经济学家如马尔萨斯（Malthus，1820 年）、李嘉图（Richardo，1017 年）和穆勒（Mill，1900 年）等的著作中也较早认识到人类消费的物质限制，即人类的经济活动范围存在着生态边界。

三、现代可持续发展理论的产生

现代可持续发展的思想的提出源于人们对环境问题的逐步认识和热切关注。其产生背景是人类赖以生存和发展的环境和资源遭到越来越严重的破坏，人类已不同程度地尝到了环境破坏的苦果。以往人们对经济增长津津乐道，20 世纪六七十年代以后，随着“公害”

的显现和加剧以及能源危机的冲击，几乎在全球范围内开始了关于“增长的极限”的讨论。

把经济、社会和环境割裂开来，只顾谋求自身的、局部的、暂时的经济性，带来的只能是他人的、全局的、后代的不经济性甚至灾难。伴随着人们对公平（代际公平及代内公平）作为社会发展目标认识的加深以及范围更广的、影响更深的、解决更难的一些全球性环境问题（臭氧层破坏、全球变暖和生物多样性消失等）开始被认识，可持续发展的思想在20世纪80年代逐步形成。

1. 增长的极限和没有极限的增长

关于“增长的极限”的分析，穆勒（Mill）早在19世纪就作过。1960年，Forester等在《科学》杂志上发表了“世界末日：公元2026年11月23日，星期五”的论文，可惜的是，这篇论文发出的警告当时被认为是危言耸听的奇谈而打入冷宫。

1972年，以D.L.米都斯（Meadows）为首的美国、德国、挪威等一批西方科学家组成的罗马俱乐部提出了关于世界趋势的研究报告《增长的极限》，认为：如果目前的人口和资本的快速增长模式继续下去，世界就会面临一场“灾难性的崩溃”。而避免这种前景的最好方法是限制增长，即“零增长”。该报告在全世界引起极大的反响，人们就此进行了广泛的争论。此外，1980年美国发表的《公元2000年的地球》等报告也支持《增长的极限》的观点。《增长的极限》曾一度成为当时环境保护运动的理论基础。

另有一些乐观主义者，或称为“技术至上者”则认为：科学的进步和对资源利用效率的提高，将有助于克服这些困难。典型的乐观派著作有朱利安·西蒙（Julian L Simon）的《没有极限的增长》（即《最后的资源》，1981年出版）、《资源丰富的地球》（1984年出版）等。他们认为生产的不断增长能为更多的生产进一步提供潜力。虽然目前人口、资源和环境的发展趋势给技术、工业化和经济增长带来了一些问题，但是人类能力的发展是无限的，因而这些问题不是不能解决的。世界的发展趋势是在不断改善而不是在逐渐变坏。

由于《增长的极限》一书用词激烈，过分夸大了人口爆炸、粮食和能源短缺、环境污染等问题的严重性，它提出的解决问题的“零增长”方案在现实世界中也难以推行，所以反对和批评的意见很多。从急需摆脱贫困的发展中国家到仍想增加财富的发达国家都有许多人不同意它的方案。但是该报告指出的地球潜伏着危机和发展面临着困境的警告，无疑给人类开出了一副清醒剂。即使到今天，人们仍不能盲目乐观。据红十字会与红新月会国际联合会（ICRC）发表的“1996年世界灾情报告”说，世界将面临一场严重的粮食危机，到2005年粮食供应量将比粮食需求量短少约4000万t。但乐观派强调科技进步将使人类获得更多资源的观点似乎充满着辩证法的智慧。

世界未来学会主席Edward Collins则认为：“乐观主义者和悲观主义者都以不同形式暗示我们放弃努力，我们不能上当。世界的好坏要靠我们自己的努力。”

2. 可持续发展理论的提出及被认同

人们为寻求一种建立在环境和自然资源可承受基础上的长期发展的模式，进行了不懈的探索，先后提出过“有机增长”、“全面发展”、“同步发展”和“协调发展”等各种构想。

1980年3月5日，联合国向全世界发出呼吁：“必须研究自然的、社会的、生态的、经济的以及利用自然资源过程中的基本关系，确保全球持续发展。”1983 年 11 月，联合国成立了世界环境与发展委员会（WCED），挪威前首相布伦特兰夫人（G. H. Brundland）任主席。成员有在科学、教育、经济、社会及政治方面的 22 位代表，其中 14 人来自发展中国家，包括中国的马世骏教授。联合国要求该组织以“持续发展”为基本纲领，制订“全球的变革日程”。1987 年，该委员会把长达四年研究，经过充分论证的报告《我们共同的未来》（Our Common Future）提交给联合国大会，正式提出了可持续发展的模式。该报告对当前人类在经济发展和保护环境方面存在的问题进行了全面和系统的评价，一针见血地指出：过去我们关心的是发展对环境带来的影响，而现在我们则迫切地感到生态的压力，如土壤、水、大气、森林的退化对发展所带来的影响。在不久以前我们感到国家之间在经济方面相互联系的重要性，而现在我们则感到在国家之间的生态学方面的相互依赖的情景，生态与经济从来没有像现在这样互相紧密地联系在一个互为因果的网络之中。

“可持续发展”同上述其他几项构想相比，具有更确切的内涵和更完善的结构。这一思想包含了当代和后代的需求、国家主权、国际公平、自然资源、生态承载力、环境与发展相结合等重要内容。可持续发展首先是从环境保护的角度来倡导保持人类社会的进步与发展的，它号召人们在增加生产的同时，必须注意生态环境的保护与改善。它明确提出要变革人类沿袭已久的生产方式和生活方式，并调整现行的国际经济关系。这种调整与变革要按照可持续性的要求进行设计和运行，这几乎涉及经济发展和社会生活的所有方面。总的来说，可持续发展包含两大方面的内容：一是对传统发展方式的反思和否定；二是对规范的可持续发展模式的理性设计。就理性设计而言，可持续发展具体表现在：工业应当是高产低耗，能源应当被清洁利用，粮食需要保障长期供给，人口与资源应当保持相对平衡等许多方面。

从 1981 年美国世界观察研究所所长布朗的《建设一个可持续发展的社会》（Building a Sustainable Society）一书问世，到 1987 年《我们共同的未来》的发表，表明了世界各国对可持续发展理论研究的不断深入，而 1992 年联合国环境与发展大会（UNCED）通过的《21 世纪议程》，更是高度凝聚了当代人对可持续发展理论认识深化的结晶。

“可持续发展”这一词语一经提出，即在世界范围内逐步得到认同并成为大众媒介使用频率最高的词汇之一，这反映了人类对自身以前走过的发展道路的怀疑和抛弃，也反映了人类对今后选择的发展道路和发展目标的憧憬和向往。人们逐步认识到过去的发展道路是不可持续的，或至少是持续不够的，因而是不可取的。唯一可供选择的道路是走可持续发展之路。人类的这一次反思是深刻的，反思所得的结论具有划时代的意义。这正是可持续发展的思想在全世界不同经济水平和不同文化背景的国家能够得到共识和普遍认同的根本原因。可持续发展是发展中国家和发达国家都可以争取实现的目标，广大发展中国家积极投身到可持续发展的实践中也正是可持续发展理论风靡全球的重要原因。

第二节　科学的发展观

一、传统意义上的发展观

传统的狭义的发展，指的只是经济领域的活动，其目标是产值和利润的增长、物质财富的增加。当然，为了实现经济增长，还必须进行一定的社会经济改革，然而，这种改革也只是实现经济增长的手段。联合国“第一个发展十年（1960～1970年）”开始时，当时的联合国秘书长吴丹（U Thant）概括地提出了：“发展＝经济增长＋社会变革”这一广为流行的公式，这反映了二次大战后近20年期间对于发展的理解和认识。在这种发展观的支配下，为了追求最大的经济效益，人们尚不认识因而也不承认环境本身也具有价值，却采取了以损害环境为代价来换取经济增长的发展模式，其结果是在全球范围内继续造成了严重的环境问题。

随着认识的提高，人们注意到发展并非是纯经济性的，正如Susan George所指出的，发展是超脱于经济、技术和行政管理的现象。发展应该是一个很广泛的概念，它不仅表现在经济的增长，国民生产总值的提高，人民生活水平的改善；它还表现在文学、艺术、科学的昌盛，道德水平的提高，社会秩序的和谐，国民素质的改进等。简而言之，既要“经济繁荣”，也要“社会进步”。发展除了生产数量上的增加，还包括社会状况的改善和政治行政体制的进步；不仅有量的增长，还有质的提高。

“发展”这一术语，最初虽然由经济学家定义为“经济增长”，但是发展不应当狭义地被理解为经济增长。经济增长一般定义为人均国民生产总值的提高（有时也看作是人均实际消费水平的提高）。经济增长是发展的必要条件，但并不是充分条件。一种经济增长如果随时间推移不断地使人均实际收入提高却没有使得它的社会和经济结构得到进步，就不能认为它是发展。发展的目的是要改善人们的生活质量。发展指人们福利和生活质量的提高，因此不仅是经济的增长（或实际收入的增长）。经济增长只是发展的一部分。低收入国家急需经济增长来促进改善生活质量，但这不是全部目的，也不可能无限地继续下去。发展只有在使人们生活的所有方面都得到改善才能承认是真正的发展。

二、对发展的认识变化

随着人们认识的提高，发展的内涵早已超出了“经济增长”这种规定，进入到一个更加深刻也更为丰富的新层次。《大英百科全书》对于“发展”一词的解释是：“虽然该术语有时被当成经济增长的同义语，但是一般说来，发展被用来叙述一个国家的经济变化，包括数量上与质量上的改善。”可以看出，所谓发展，必然强调动态上的量与质的双重变化。

没有变化就没有发展，于是，有些学者把发展描述为人们使事物朝着有利于他们的更好方向的变化。发展即意味着那些导致改善或进步的变化。John P. Holdren、Gretchen C. Daily和Paul R. Ehrilich等认为，发展必须解决的问题应该包括：①消除贫困；②改善环境；③消除战争的可能性，限制大规模杀伤性武器，限制军备；④保障人权；⑤避免人的潜力的浪费。

“发展”一词，无论怎样理解，它首先或至少都应包含有人类社会物质财富的增长和人民生活条件的提高这些多方面的含义，由此，问题可归结为：认为社会物质财富的生产究竟应该增长到什么程度和如何去增长才能使人类社会的发展成为可持续性的？

1987年，在布伦特兰委员会（Brundland Commission）的报告《我们共同的未来》中，又把“发展”推向一个更加确切的层次。该报告认为：“满足人的需求和进一步的愿望，应当是发展的主要目标，它包含着经济和社会的有效的变革。”此时，发展已经从单一的经济领域，扩大到以人的理性需求为中心和社会领域中那些具有进步意义的变革。

1990年，世界银行资深研究人员戴尔和库伯（Daly 和 Cobb，1990）在他们合著的一部书中，进一步建议："发展应指在与环境的动态平衡中，经济体系的质的变化。"这里，经济系统与环境系统之间保持某种动态平衡，被强调是衡量国家或区域发展的最高原则。

从总目标上看，发展是使全体人民在经济、社会和公民权利的需要与欲望方面得到持续提高。经济增长所强调的主要是物质生产方面的问题，而发展则是从更大的视野角度研究人类的社会、经济、科技、环境的变迁、进化（或进步）状况。发展所要求的是"康乐，是人的潜力的充分发挥"，发展的含义不仅在于"物质财富所带来的幸福，更在于给人提供选择的自由"，即人的个性的创造性的公平、全面发展的自由。美国一位学者把发展的含义解释为：①是否对绝对贫困、收入分配不平等程度、就业水平、教育、健康及其他社会和文化服务的性质和质量有了改善；②是否使个人和团体在国内外受到更大的尊重；③是否扩大了人们的选择范围。如果只有第一个解释得到满足，这样的国家只能算作是"经济上发达的国家"，还不是发展意义上的发达国家。

于是在一种更为普遍的意义上，牛文元和另两位美国科学家在国际知名刊物上提出发展的定义："发展是在人类生存条件被基本满足之后，为满足其更进一步的需求和愿望所付出的正向行为总和"，文章进一步指出："发展是在一个自然—社会—经济复杂系统中的行为轨迹。该正向矢量将导致此复杂系统朝向日趋合理、更为和谐的方向进化。"（Niu 等，1993）。在此强调了发展的不可逆性、进步性、正向性以及关联到自然—社会—经济的复合性。

在西纳索为法国著名学者弗朗索瓦·佩鲁《新发展观》所写的序言中，引入了奥古斯特·孔德在19世纪所总结的名言："就其实质而言，发展这一术语对于确定人类究竟在什么地方实现真正的完美，有着难以估量的优势……"这里，显然把发展与进化有机地联系在一起了。

许多学者有着共同的感触，他们对发展问题的关注预示着传统经济学及其所应用的分析方法，将发生某种根本性的变革。其中必须强调指出，只要一谈到发展，其行为主体除了人之外似乎都不可能担当，这是一个以人的全面发展为主线的社会整体进化，它远远超过了"满足人类生存"这一简单的道德要求。由此出发，其合理的顺延就渐渐形成了"可持续发展"的源头。

然而，发展并不是没有极限的，通常认为发展受到三个方面因素的制约：一是经济因素，即要求效益超过成本，或至少与成本平衡；二是社会因素，要求不违反基于传统、伦理、宗教、习惯等所形成的一个民族和一个国家的社会准则，即必须保持在社会反对改变的忍耐力之内；三是生态因素，要求保持好各种陆地的和水体的生态系统、农业生态系统等生命支持系统以及有关过程的动态平衡。其中生态因素的限制是最基本的。发展必须以保护自然为基础，它必须保护世界自然系统的结构、功能和多样性。

地球生命支持系统的支持力量究竟有没有极限呢？这就是所谓"环境承载力"问题。环境承载力是指一定时期内，在维持相对稳定的前提，环境资源所能容纳的人口规模和经济规模的大小。显然，地球的承载力绝不是无限的，因为最基本的一点是地球的面积是有限的，而我们的活动必须保持在地球的承载力的极限之内。

早期的经济增长模型是以资本为取向的。20世纪80年代的种种发展事实表明，如果不从环境的角度来发展经济，经济增长就面临着极限；反之，如果对经济的管理是适宜的，则可以在确保维持最低的生态资源水平的一系列限制下实现经济增长。

发展，这种人为改变环境的行动以使环境能够更有效地满足人类的需求既是必需的，同时又必须立足于自然界的可再生资源能够无限期满足我们当代人和后代人的需求以及对于不可再生资源的谨慎节约的使用上。

三、科学发展观的内涵

科学发展观产生突破性认识的“发展”，在内涵上具有以下三个基本特征，即这种新概念特别强调“整体的”、“内生的”和“系统的”含义。

“整体”是指这样的一种观点，即在系统各种因果关系的具体分析之中，不仅仅考虑人类生存与发展所面对的各种外部因素，而且还要考虑其内在关系中必须承认的各个方面的不协调。尤其是对于一个国家或整个世界而言，发展的本质在于如何从整体观念上去协调各种不同利益集团、各种不同规模、不同层次、不同结构、不同功能的实体的发展。发展的总进程应如实地被看作是实现“妥协”的结果。

“内生”是指主导着发展行为轨迹的持续推动，在于系统的内生动力。依照数学上的常规表达，是指描述系统“内在关系”和状态方程组的各个变量，这些变量的自发组织、自觉调控、向性调控和结构调控，都将影响系统行为的总体结果。在实际应用上，“内生”的概念常被认为是一个国家或地区的内在禀赋、内部动力、内部潜力和内部创造力的不断优化重组，如其对于整合资源的储量与承载力、环境的容量与缓冲力、科技的水平与转化力、人力资源的培育与发挥等的阶梯式提高。

“系统”，不是各类组成要素的简单叠加，它代表着涉及发展的各个要素之间的互相作用的有机组合。这种互相作用组合包含了各种关系（线性的与非线性的、确定的与随机的）的层次思考、时序思考、空间思考与时空耦合思考。既要考虑内聚力，也要考虑排斥力；既要考虑增量，也要考虑减员，最终要把发展视作影响它的各种要素的关系“总矢量”的系统行为。

承认发展所具有的“整体”、“内生”与“系统”的特质，将有助于我们去理解周围涉及科学发展观的深层次分析。联合国教科文组织在20世纪90年代就把发展总结为：发展越来越被看作是社会灵魂的一种觉醒（UNESCO：《1990～2000中期规则》）。而可持续发展思想的形成，正是以上述发展概念的拓广为基础的。

科学发展观的理论核心，紧密地围绕着两条基础主线：其一，努力把握人与自然之间关系的平衡。通过认识、解释、反演、推论等方式，寻求人与自然的和谐发展及其关系的合理性存在。此外，人的发展与人类需求的不断满足应该同资源消耗、环境的退化、生态的胁迫等联系在一起。事实上，全球所面临的“环境与发展”这个宏大的命题，其实质就主要体现了人与自然之间关系的调控和协同进化。其二，努力实现人与人之间关系的和谐。通过舆论引导、观念更新、伦理进化、道德感召等人类意识的觉醒，更要通过政府规范、法制约束、社会有序、文化导向等人类活动的有效组织，去逐步达到人与人之间关系（包括代际之间关系）的调适与公正。归纳起来，全球所面临的“可持续发展”这个宏大的命题，它的实质就主要体现了人与自然之间和人与人之间关系的和谐与平衡。

有效协同“人与自然”的关系，是保障人类社会可持续发展的基础；而正确处理“人与人”之间的关系，则是实现可持续发展的核心。“基础”不稳，则无法满足当代和未来人口的幸福生存与发展。“核心”悖谬，将制约人类行为的协调统一，进而又威胁到“基础”的巩固。

四、“以人为本”的新发展观

发展是硬道理，但这该如何理解呢？首先，发展不等同于增长。发展的真正含义是人类发展，即以人为本的发展。增长并不是发展的目的，而是发展的手段。确切地说，增长旨在提高以人的生活质量为核心的人类发展水平，而不仅仅是提高人均 GDP 水平。人均 GDP 水平的增长有可能是少数人口、少数城市、少数地区高增长，而大多数人口、大部分农村、大多数地区低增长或无增长。人均 GDP 指标的概念常常掩盖了居民贫富悬殊的差距、地区发展的不平衡和社会分配不公平的现象。

早期的“发展”概念是以“物”为中心，以 GDP 为中心，尤其强调一个国家或地区内物质生产和服务总量的增长。达到这一目的的途径是物质资本的积累，增长是目的，投资是途径，扩大投资就等于促进增长。而人类发展是以“人”为中心的发展战略，人类发展的目标通过扩大人类尚未发挥出来的才能而发挥其潜力，这必然意味着授权予人们，使他们能够积极地参与自身的发展。诺贝尔经济学奖得主、哈佛大学教授森（Amartya Sen）指出，我们的目标应是增强人们的能力以过上充实的能够通过生产而满足的生活。

人类发展要求发展战略从以商品为中心向以人为中心转变。发展的政策目标应当是增强人们的能力，满足人的需求。我们曾一度追求“增长优先”的战略，错误地以为快速增长可以自动地消除贫困、保护环境。显然，没有相应的人类发展是片面的发展，经济增长也不具有公平性、可持续性。人类发展与经济增长应该齐头并进，互动互利。

第三节 可持续发展的概念和内涵

一、可持续发展的定义

可持续发展作为一种全新的发展观是随着人类对全球环境与发展问题的广泛讨论而提出来的。“可持续发展”一词，最初出现在 20 世纪 80 年代中期的一些发达国家的文章和文件中，《布伦特兰报告》以及经济合作发展组织的一些出版物，较早地使用过这一词汇。可持续发展概念自诞生以来，越来越得到社会各界的关注，其基本思想已经被国际社会广泛接受，并逐步向社会经济的各个领域渗透。可持续发展问题已成为当今社会最热门的问题之一。目前，可持续发展作为一个完整的理论体系正处于形成完善的过程中，而可持续发展概念本身的界定则相对滞后，可持续发展的定义在全球范围内仍然众说纷纭，莫衷一是。到目前为止，该概念的不同表述多达近百种，下面选编的是一组由不同机构和专家作出的关于可持续发展的定义，这些定义大体方向一致，但表述有所不同。

（1）对可持续发展的一个较普遍的定义可以表述为：“在连续的基础上保持或提高生活质量。”一个较狭义的定义则是：“人均收入和福利随时间不变或者是增加的。”

（2）从经济方面对可持续发展的定义最初是由希克斯·林达尔提出，表述为“在不损害后代人的利益时，从资产中可能得到的最大利益。”其他经济学家（如穆拉辛格等）对可持续发展的定义是：“在保持能够从自然资源中不断得到服务的情况下，使经济增长的净利益最大化”。这就要求使用可再生资源的速度不大于其再生速度，并对不可再生资源进行最有效率的使用，同时，废物的产生和排放速度应当不超过环境自净或消纳的速度。

(3) 在世界环境和发展委员会（WCED）于1987年发表的《我们共同的未来》的报告中，对可持续发展的定义为：“既满足当代人的需求又不危及后代满足其需求的发展”，这个定义鲜明地表达了两个基本观点：一是人类要发展，尤其是穷人要发展；二是发展有限度，不能危及后代人的发展。

萨拉格丁认为，WCED的定义在哲学上很有吸引力，但在操作上有些困难。例如，能够做到既满足当代人的需求又不危及后代人的需求吗？如何对“需求”下定义？因为“需求”对于一个贫困的、正在挨饿的家庭，意思很清楚，而对于一个已经拥有了两辆小汽车、三台电视机的家庭意味着什么呢？而且恰恰是这些后一类的家庭，他们的人口不到世界的25%，却正在消费着超过世界80%的收入。

穆拉辛格认为，WCED的定义在字面上难以令人满意。因为，一方面，当代人为了发展不得不继续改变生物圈；另一方面，每一种同历史相连的系统（如生态系统）被改变后，则将来选择的可能性也被改变了。因此，必须在当代人的利用和后代人的选择之间作出妥协。

(4) 美国学者对可持续发展的表述同WCED相似：满足现在的需求而不损害下一代满足他们需要的能力。进一步说，可持续发展是一种主张：

a. 从长远观点看，经济增长同环境保护不矛盾。

b. 应当建立一些可被发达国家和发展中国家同时接受的政策，这些政策即使发达国家继续增长，也使发展中国家经济发展，却不致造成生物多样性的明显破坏以及人类赖以生存的大气、海洋、淡水和森林等系统的永久性损害。

(5) 世界自然保护同盟（IUCN）、联合国环境署（UNEP）和世界野生动物基金会（WWF）1991年共同出版的《保护地球——可持续性生存战略》一书中提出的定义是：“在生存不超出维持生态系统涵容能力的情况下，改善人类的生活品质。”

(6) 美国世界能源研究所在1992年提出，可持续发展就是建立极少废料和污染物的工艺和技术系统。

(7) 普朗克（Pronk）和哈克（Haq）在1992年所作的定义是：“为全世界而不是为少数人的特权而提供公平机会的经济增长，不进一步消耗世界自然资源的绝对量和涵容能力。”普朗克等认为，自然资源应当以如下方式被应用：不会因对地球承载能力和涵容能力的过度开发而导致生态债务。

(8) 世界银行在1992年度《世界发展报告》中称，可持续发展指的是：建立在成本效益比较和审慎的经济分析基础上的发展和环境政策，加强环境保护，从而导致福利的增加和可持续水平的提高。

(9) 1992年，联合国环境与发展大会（UNCED）的《里约宣言》中对可持续发展进一步阐述为“人类应享有与自然和谐的方式过健康而富有成果的生活的权利，并公平地满足今世后代在发展和环境方面的需要，求取发展的权利必须实现。”

(10) 英国经济学家皮尔斯（Pearce）和沃福德（Warford）在1993年所著的《世界无末日》一书中提出了以经济学语言表达的可持续发展的定义：“当发展能够保证当代人

的福利增加时，也不应使后代人的福利减少。”

（11）我国一些学者认为，可持续发展一词的比较完整的定义是：“不断提高人群生活质量和环境承载力的、满足当代人需求又不损害子孙后代满足其需求能力的、满足一个地区或一个国家的人群需求又不损害别的地区或别的国家的人群满足其需求能力的发展。”

对于上述各种定义的评论也很多。所提的问题主要有：究竟由哪些因素决定着涵容能力？涵容能力如何随时间和空间而变化？经济增长与发展之间的关系如何？公平是由哪些部分构成的？如何定义“过度开发”？如何定义和测量“自然资源总量”？自然资源的现有水平又是怎样的？等。所有这些问题都反映了人们在对可持续发展定义基本认同的基础上继续深化自己认识的要求。

二、可持续性的内涵

“可持续发展”的内涵包含了两方面的内容：可持续性和发展。持续（Sustain）一词来源于拉丁语 sustenere，意思是“维持下去”或者“保持继续提高”。对于资源和环境来说，持续指的是保持或延长资源的生产使用性和资源基础的完整性，意味着使自然资源的利用不应该影响后代人的生产与生活。

可持续发展的概念来源于生态学，最初应用于林业和渔业，指的是对于资源的一种管理战略：如何仅把全部资源中合理的一部分加以利用，使得资源不受破坏，而保证新增长的资源数量足以弥补所利用的数量。例如，一定区域内的渔业资源的可持续生产就是指鱼类捕捞量适当低于该指定区域内的渔业资源的可持续生产，就是指鱼类捕捞量适当低于该指定区域内的鱼类年自然繁殖量。经济学家由此提出了可持续产量的概念，这是对可持续性进行正式分析的开始。很快，这一词汇被广泛应用到农业、开发和生物圈，而且不限于考虑一种资源的情形。人们现在关心的是人类活动对多种资源的管理实践之间的相互作用和累积效应，范围则从几大区域到全球。

可持续发展一词在国际文件中最早出现于1980年由世界自然保护同盟（IUCN）在世界野生生物基金会（WWF）的支持下制定发布的《世界自然保护大纲》。

由于可持续发展的概念最初是从生态学范畴中引申而来，当它应用于更加广泛的经济学和社会学范畴时，便不可避免地导致了一些不同的认识与理解，也发生过某些混乱，并按照不同的理解被加入了一些新的内涵。

1. 对可持续性的讨论

一个可持续的过程是指该过程在一个无限长的时间内，可以永远地保持下去，而系统的内外不仅没有数量和质量的衰减，甚至还有所提高。如果某项活动是可持续的，那么它对于任何一种实践目的，都可以永远继续下去。

要给可持续性精确地下定义是相当困难的，客观存在着内涵不很明确和容易引起歧义等问题。这是因为：在普遍意义上说，任何一种行为方式，都不可能永远持续不断地进行下去。在一个有限的世界里，它总会受到这样或那样的威胁。每当人类面临这一时刻，总会意识到会有新的行为方式的诞生，并通过替代物的出现、技术的进步和制度的创新来完成。人类的历史进程已经证明了这一点，迄今为止，人类发展本身在某种意义上就是一个“可持续发展”的过程。但这并不意味着，人们可以永远无视或者重复以往的教训，盲目地认为“车到山前必有路”。事实上，自然界已经向人类发出了警告，而可持续性正是一种新的行为方式。此外，通常所讲的可持续，只是在人类现有的认识水平上的可预见的“持续”，现实世界还有很多不确定和尚未为人认知的东西。

可持续性的最基本的、必不可少的情况是保持自然资源总量存量不变或比现有的水平更高。举个例子：从经济学角度讲，单纯使用存在银行里的本金所产生的全部利息就是一种可持续的过程，因为它保持了本金的数目不变，而任何比这更高的使用速度则会破坏本金。

1986年，彼得·维托塞克（Peter Vitousek）等在发表于《生命科学》上的一篇文章中估计，目前，地球上所有陆生生态系统的净初级生产量的40%直接或间接地已经被人类利用了。因此，假定地球上人口增加到现在的3倍，而生产和消费模式仍不加以改变的话，人类将会耗尽地球上全部的初级净生产量。从这个意义上说，如果把“净初级生产量”看作本金所产生的利息，似乎“净初级生产量”提供了理解可持续性的一个基础。

有关生物地球物理可持续性的最重要的几个问题是：①哪些是可持续的？②能够维持多久？③以什么方式来实现可持续？④可持续是否仅仅指的是不降低平均生产能力或适应能力？⑤谁将从可持续中受益？⑥如何分配这些好处？

赫尔曼·戴利（Herman Daly）是系统考虑过这些问题的一位，他在1991年提出了可持续性由三部分组成：

（1）使用可再生资源的速度不超过其再生速度。

（2）使用不可再生资源的速度不超过其可再生替代物的开发速度。

（3）污染物的排放速度不超过环境的自净容量。

以上第三点受到的批评比较多，因为环境对于许多污染物的自净容量几乎为零（如氯氟碳CFCs、铅、电离辐射等）。问题的关键是确定污染物究竟达到什么程度时其危害乃是人们可以忍受的。

摩翰·穆纳辛格（Mohan Munasinghe）和瓦特·希勒（Walter Shearer）认为，可持续性的概念应该包括：①生态系统应该保持在一种稳定状态，即不随时间衰减；②可持续性的生态系统是一个可以无限地保持永恒存在的状态；③强调保持生态系统资源能力的潜力。

这样，生态系统可以提供同过去一样数量和质量的物品和服务。在这里，其潜力比之于资本、生物量和能量水平更应被看重。

人们认识到可持续性涉及生物地球物理的、经济的、社会的、文化的、政治的各种复杂因素的相互作用。根据不同的目标，对可持续性可以有经济的、生态（生物物理）的和社会文化的这三种主要的不同解释。从经济学观念对于可持续性的追求基于希克斯·林达尔（Hicks Lindahl）的概念，即以最小量的资本投入获取最大量的收益。从生态学观点看可持续性，问题则集中在生物和物理系统的稳定性。从全球看，保持生物多样性是关键。可持续性的社会文化概念则试图保持社会和文化体系的稳定，包括减少它们之间的毁灭性碰撞。保持全球文化多样性，促进代内和代际公平是其重要组成部分。同保护生物多样性一样的理由，我们也要尽力保护社会和文化的多样性。

2. 可持续实现的途径

穆拉辛格等认为，只有当全部资本的存量随着时间能够保持一定增长时，这种发展途径才是可持续的。如果获得收益的过程是通过使环境付出高额代价才得以实现，那它就不是可持续的。如果一种经济增长只是数量上的增长，那么从逻辑上讲，一个星球上的有限资源是不可能实现无限的可持续发展的，而如果经济增长是生活质量的进步，并不一定要求对所消费的资源在数量上的增加，这种对质量进步超过对数量增加的追求则是可持续的，从而可以成为人类长期追求的目标。

自然资源的有限性实际上只能说明人类对其利用的一种历史性。在人类社会的一定历史时期，由于技术的、经济的、社会的、自然的因素的限制，可供人类利用的资源确实有限，但随着科学技术的进步，对自然资源的利用范围也将扩大。薪柴→煤炭→石油→核能的燃料发展谱系和木材→石块→青铜→钢铁→合成材料的材料发展谱系，都证明自然资源的利用范围是随着科学技术的发展而不断扩大的。

1980年世界自然保护同盟（IUCN）、联合国环境署（UNEP）和世界野生生物基金会（WWF）的结论认为，可持续性需要：维持基本的生态过程和生命支持系统，保护基因多样性，可持续地利用物种和资源。总之，保护基因多样性和可持续地利用是维持基本的生命过程和生命支持系统的基础。世界银行行长巴伯·科纳布尔（Barber Conable）有一句精炼的话："和谐的生态就是良好的经济。"

尽管可持续性在很大程度上是一种自然的状态或过程，但是不可持续性却往往是社会行为的结果。人的一切需求，归根结底也都是社会的需求。现代人的一切活动，都是受社会调节的。马克思曾经说过："社会化的、联合起来的生产者，将合理地调节他们利自然界之间的物质交换，把它置于他们的共同控制之下，而不让它作为盲目的力量来统治自己：靠消耗最小的力量，再无愧于和适合于他们的人类本性的条件下来进行这种物质交换。"废物必然会产生的，但是每单位经济活动所产生的废物数量是可以减少的。进而言之，如果废物的清除（或交换）速率能够高于经济活动产生废物的速率，则在一段时间内所必须最终处置的废物总量是能够减少的。

建立可持续发展战略的理论体系所表明的三大特征，即数量维（发展）、质量维（协调）、时间维（持续），从根本上表征了可持续发展战略目标的完满追求。由此三维空间所构建的可持续发展战略，除了避免从词义上和内部关系上产生的各类误解外，将从理论构架和表述方式上对于可持续发展作出深层次的解析。

三、可持续发展

综上所述，可持续发展是一种主要从环境和自然资源角度提出的关于人类长期发展的战略和模式，它不是在一般意义上所指的一个发展进程要在长时间上连续运行，不被中断，而是特别指出环境和自然资源的长期承载能力对发展进程的重要性以及发展对改善生活质量的重要性。可持续发展的概念从理论上结束了长期以来把发展经济同保护环境与资源相互对立起来的错误观点，并明确指出了它们应当是相互联系和互为因果的。广义的可持续发展是指随着时间的推移，人类福利可以实现连续不断地增加或者保持。

1. 可持续发展是一个综合动态的概念

可持续发展在代际公平和代内公平方面是一个综合的概念，它不仅涉及当代的或一国的人口、资源、环境与发展的协调，还涉及与后代的和国家或地区之间的人口、资源、环境与发展之间矛盾的冲突。

可持续发展也是一个涉及经济、社会、文化、技术及自然环境的综合概念。可持续发展主要包括自然资源与生态环境的可持续发展、经济的可持续发展和社会的可持续发展这三个方面。可持续发展一是以自然资源的可持续利用和良好的生态环境为基础；二是以经济可持续发展为前提；三是以谋求社会的全面进步为目标。只要社会在每一个时间段内都能保持资源、经济、社会同环境的协调，那么，这个社会的发展就符合可持续发展的要求。人类的最后目标是在供求平衡条件下的可持续发展。可持续发展不仅是经济问题，也不仅是社会问题或者生态问题，而是三者互相影响的综合体。而事实上，经济学家们往往强调保持和提高人类生活水平，而生态学家则呼吁人们重视生态系统的适应性及其功能的保持，社会学家则将他们的注意力集中在社会和文化的多样性上。

还应该注意到，可持续发展是一个动态的概念。可持续发展并不是要求某一种经济活动永远运行下去，而是要求不断地进行内部的和外部的变革，即利用现行经济活动剩余利润中的适当部分再投资于其他生产活动，而不是被盲目地消耗掉。

2. 不同学者对可持续发展内涵的理解

（1）可持续发展的根本问题和特征。有的学者认为，可持续发展的根本问题是资源分配，既包括在不同世代之间的时间上的分配（代际分配），又包括了在当代不同国家、不同地区的人群间的分配（地区分配）。

另外一些学者认为，可持续发展同传统发展观主要有五个不同点：

1）在生产上。把生产成本同其造成的环境后果同时考虑。

2）在经济上。把眼前利益同长远利益结合起来综合考虑，在计算经济成本时，要把环境损害作为成本计算在内。

3）在哲学上。在“人定胜天”与“人是自然的奴隶”之间，选择人与自然和谐共处的哲学思想，类似于中国古代的“天人合一”。

4）在社会上。认为环境意识是一种高层次的文明，要通过公约、法规、文化、道德等多种途径，保护人类赖以生存的自然基础。

5）在生产目标上。不是单纯以生产的高速增长为目标，求平衡条件下的可持续发展。

可持续发展有五大特征：

1）持久。表现为资源的消耗量低于资源的再生量与技术替代量之和。

2）稳定。指连续不断地增加和发展，其波动幅度在能够承受的安全限度以内。

3）协调。各生产部门、各种产品以及同一产品的不同品种能够达到结构合理、共同协调地发展。

4）综合。系指在对于产品及服务的供求平衡条件下，全面综合地发展，表现为不依赖外援的连续发展。

5）可行。指可持续发展的方案措施是切实可行、经济有效、可为社会所接受的。

可持续发展是当今科学对于人与环境关系认识的一个新阶段。在目前的认识下，有的学者认为，可持续发展包括三个基本要素：

1）少破坏、不破坏、乃至改善人类所赖以生存的环境和生产条件。

2）技术要不断革新，对于稀有资源、短缺资源能够经济有效地取得替代品。

3）对产品或服务的供求平衡能实现有效的调控。

(2) 可持续发展的目标。有学者指出，可持续发展的目标是：

1) 恢复经济增长。

2) 改善经济增长的质量。

3) 满足人类的基本需求。

4) 确保稳定的人口。

5) 保护和加强自然资源基础。

6) 改善技术发展方向。

7) 在决策中协调经济同生态的关系。

从上面提出的目标可以看出：可持续发展以经济发展为前提，如果经济搞不上去，社会发展、环境保护和资源持续利用也不可能。可持续发展的目的是发展，关键是可持续。

(3) 可持续发展的基本内涵和本质。可持续发展把发展与环境作为一个有机的整体，其基本内涵如下：

1) 可持续发展不否定经济增长，尤其是穷国的经济增长，但需要重新审视如何推动和实现经济增长。要达到具有可持续意义的经济增长，必须将生产方式从粗放型转变为集约型，减少每单位经济活动造成的环境压力，研究并解决经济上的扭曲和误区。环境退化的原因既然存在于经济过程之中，其解决答案也应该从经济过程中寻找。

2) 可持续发展要求以自然资产为基础，同环境承载力相协调。“可持续性”可以通过适当的经济手段、技术措施和政府干预得以实现。要力求降低自然资产的耗竭速率，使之低于资源的再生速率或替代品的开发速率。要鼓励清洁生产工艺和可持续消费方式，使每单位经济活动所产生的废物数量尽量减少。

3) 可持续发展以提高生活质量为目标，同社会进步相适应。“经济发展”的概念远比“经济增长”的含义更广泛。经济增长一般被定义为人均国民生产总值的提高，发展则必须使社会和经济结构发生变化，使一系列社会发展目标得以实现。

4) 可持续发展承认并要求体现出自然资源的价值。这种价值不仅体现在环境对经济系统的支撑和服务价值上，也体现在环境对生命支持系统的存在价值上。应当把生产中环境资源的投入和服务计入生产成本和产品价格之中，并逐步修改和完善国民经济核算体系。

5) 可持续发展的实施以适宜的政策和法律体系为条件，强调“综合决策”和“公众参与”。需要改变过去各个部门封闭地、“单打一”地分别制定和实施经济、社会、环境政策的做法，提倡根据周密的经济、社会、环境考虑和科学原则、全面的信息和综合的要求来制定政策并予以实施。可持续发展的原则要纳入经济、人口、环境、资源和社会等各项立法及重大决策之中。

从思想实质看，可持续发展包括三个方面的含义：一是人与自然界的共同进化思想；二是当代与后代兼顾的伦理思想；三是效率与公平目标兼容的思想。换言之，这种发展不能只求眼前利益而损害长期发展的基础，必须近期效益与长期效益兼顾，绝不能“吃祖宗饭，断子孙路”。

布鲁克菲尔德（H. C. Brookfield）在 1991 年指出，可持续发展的本质是运用资源保育原理，增强资源的再生能力，引导技术变革，使可再生资源替代不可再生资源成为可能，制订行之有效的政策，限制不可再生资源的利用，使资源利用趋于合理化。

第四节　可持续发展对能源的需求

能源是人类赖以生存和发展的不可缺少的物质基础，在一定程度上制约着人类社会的发展。如果能源的利用方式不合理，就会破坏环境，甚至威胁到人类自身的生存。可持续发展战略要求建立可持续的能源支持系统和不危害环境的能源利用方式。

随着世界经济发展和人口的增加，能源需求越来越大。在正常的情况下，能源消费量越大，国民生产总值也越高，能源短缺会影响国民经济的发展，成为制约持续发展的因素之一。许多发达国家曾有过这样的教训，如 1974 年世界能源危机，美国能源短缺 1.16×10^8 t 标准煤，国民生产总值减少了 930 亿美元；日本能源短缺 0.6×10^8 t 标准煤，国民生产总值减少了 485 亿美元。据分析，由于能源短缺所引起的国民经济损失，约为能源本身价值的 20～50 倍。因此，不论哪一个国家哪一个时期，若要加快国民经济发展，就必须保证能源消费量的相应增长，若要经济持续发展，就必须走可持续的能源生产和消费的道路。

在快速增长的经济环境下，能源工业面临经济增长与环境保护的双重压力。一方面，能源支撑着所有的工业化国家，同时也是发展中国家发展的必要条件。另一方面，能源生产也是工业化国家环境退化的主要原因，也给发展中国家带来了种种问题。

20 世纪 90 年代末期，化石燃料燃烧占美国商品能源消耗的 89%（Bodansky，1991；Weisel & Kelly，1991）和世界总能源用量的 80%（Hollander，1990）。全世界范围内化石燃料排放的温室气体——二氧化碳，据估计每年超过 2×10^{10} t。国际能源署（IEA）预测世界一次能源需求以每年 2%左右速度增长，在 21 世纪的第二个十年间将比 20 世纪 90 年代的水平高出 50%（Ferrier，1996；1997；IEA，1996）。他们还预测，到那个时候，90%的能源仍旧由化石燃料提供。于是，能源利用导致的二氧化碳排放量也将以大致相同的比例增长。

上述情况说明，环境正承受着巨大的压力。科学界有越来越多的人认为："温室气体"的人为排放源对全球范围内的气候变化有重要的贡献。目前关于全球平均温度升高的报道是毋庸置疑的，而且，每年大气中的 CO_2 和其他气体浓度均稳定升高。同样，对于温室气体同热辐射之间作用机理的理论认识也不存在任何争议。尽管有关平衡效应和大气—海洋循环动力学等大气物理问题尚未完全解决，但是全球变暖的趋势是由人类活动，特别是化石燃料燃烧造成的这一事实已逐渐成为科学共识。面对这些发现，有人开始号召"给世界经济脱碳"（Goldberg，1996）。尽管如此，在世界范围内工业化国家并未努力采取严格的措施来削减温室气体的排放（New York Times，1997）。

此外，还应该考虑化石燃料资源的长期可耗竭性前景以及当前地理分布的不均匀性。工业化国家在 20 世纪后半叶已经经历了地理分布不均匀性所造成的深远影响。简单地说，20 世纪 70 年代的"能源危机"就是那些曾经或者现在仍旧强烈依赖燃油进口的工业化国家所面临的燃油供应中断危机。根据一些分析，在世纪之交燃油进口国将再次面临燃油供应所带来的安全问题。据预测，在世纪之交之后的十年内，在世界能源市场上占主要份额的美国，随着本国产量的继续下降，其 2/3 以上的燃油都将依赖进口。其他的进口燃油的工业化国家，比如在西欧，由于到21世纪第二个十年间北海石油产量的下降以及将来从东欧进口前景的不明朗，将更强烈地依赖进口。

发展中国家对能源的潜在需求则是工业化国家的数倍，因为其总人口是工业化国家的3倍以上。目前，发展中国家的能源需求正以每年7%的速度增长，而发达国家只有大约3%，而且这些需求大部分只能通过进口石油来满足。

随着人类社会进一步发展，除非采取替代能源技术，否则对化石燃料的需求还将继续增长。那些拥有资源或者能够负担进口费用的不发达国家将增大对燃油的需求，而其他不发达国家则只好发展其他化石能源，如煤和天然气，而不管是本国是否有足够的资源。这将加速全球污染和气候变化的步伐。人类只有依靠科技能力、科学精神和理性才能确保全球性、全人类的生存和可持续发展，才能导致人口、资源、能源、环境与发展等要素所构成的系统朝着合理的方向演化。纵观人类史，可把人类社会的发展规律归为智力发展的规律，把科技进步视为人类社会发展的基础和第一推动力。在未来时期，人类只有更加依赖科学文明、技术文明，才能创建更高级的人类文明模式，从而形成区域的和代际的可持续发展。

第五节　实现能源与环境可持续发展战略

我国能源的可持续发展战略必须综合考虑经济、环境、能源问题（即三E问题），应当考虑我国的实际情况，但又不能把中国的能源系统看成是孤立和封闭的，应当面向世界能源市场，应当着眼于国家经济安全、生态安全、环境安全、领土安全，应当立足现实，但更应着眼于发展，着眼于未来。

一、影响我国能源环境可持续发展的问题

目前我国正处于一个国民经济高速发展时期，今后三五十年，能源需求仍将持续增长。如何保障我国能源的持续有效供应，满足日益增长的能源需求，实现经济可持续发展，建立我国后备能源资源生产不断增长的保障体系则是长期的战略任务。

国家十分重视能源对国民经济发展的保证程度，要求加强对资源的规划和管理，合理利用和保护资源。因此，我国的能源发展战略一直是人们十分关注的问题。

基于我国能源资源和能源生产与消费的特点，我国在相当长的时期内，能源供应和保障体系的基本思路是由供应决定需求。能源发展战略的支点是建立在国内可供利用的能源资源开采的基础之上。因此，确立了以煤为主的能源发展战略思想，并且能源生产结构与能源供应结构也基本一致。由于我国单位产值能耗高（能源效率低），能源供应不能得到有效的满足，提出了“节约与开发并重，近期把节约放在优先地位”的方针政策。进入20世纪80年代，由于国内石油生产增长缓慢，国家又采取了“压缩烧油，以煤代油”等一系列政策措施，进一步强化了煤炭在我国能源供应体系中的绝对地位。20世纪90年代以来，我国国民经济开始了以市场为导向的改革，国民经济出现了前所未有的快速发展。从而极大地冲击了传统的计划经济体制和宏观调控机制。这对我国在能源供应保障体系上，以供应确定需求的观念是个很大冲击。同时，国际上对环境与发展的关注，对我们也是个促进。20世纪90年代初期制定的《21世纪议程》中强调了发展新能源的重要作用。近几

年来，不少经济工作者和科技工作者提出的“开辟（国内、外）两个市场，利用（国内、外）两种资源”的思路和作用，得到了中央领导的肯定。

回顾我国能源发展战略决策的简要历程，那么影响当前实现我国能源资源可持续发展的主要问题是什么呢？概括起来，有四个问题。

1. 能源结构不合理

我国能源工业发展较快，是世界第二大能源生产大国。我国是世界上以煤炭为主的少数国家之一，与当前世界能源消费以油气燃料为主的大部分国家的基本趋势和特征有区别。1997年我国一次能源的消费构成为：煤炭占73.5%，原油占18.6%，天然气占2.2%和水电占5.7%。我国大量的煤炭是直接燃烧使用，用于工业锅炉、窑炉、炊事和采暖的煤炭占47.3%，用于发电或热电联产的煤炭只有38.1%，而美国为89.5%。在我国终端能源消费结构中，电力占终端能源的比例明显偏低，1998年一次能源转换成电能的比例只有32.6%；1997年人均生产用电101.4kW・h，约为美国消费量的2%。

2. 能源资源分布不均衡

我国煤炭、石油、天然气资源的分布不均衡，而且开发供给区与消费需求区呈背离型，必须依靠运输来解决，这就使运输的压力越来越大。1995年，全国煤炭总消费为1.29×10^9 t中的9.41×10^8 t（占72.9%）是经过长距离运输提供给用户的。其中铁路运输量为42.3%，水路运输量为25%，公路运输量的22%是在运煤炭。这种长距离运输的状况，随东部经济发达区煤炭产量萎缩将会更加严重。

除煤炭运输以外，石油外运也要靠铁路和水路。几十年来，由于石油长输管线的兴建，已有60%～70%的石油靠管道输送，大大减轻了铁路运输的压力，但每年仍有10%左右的原油，特别是西部的原油要靠铁路运输，25%左右的北方原油靠水路运往华东沿海和南方。

3. 环境污染严重

煤炭高效、洁净利用的难度远比油、气燃料大得多。以煤炭为主的能源生产与消费结构带来了一系列问题。特别是环境污染严重，已威胁人类生存。由于煤炭被广泛地开发和利用，煤中又含矿物杂质和有害、有毒元素，对自然环境造成严重破坏。煤炭在开采过程中既对土地资源造成破坏，又因排出水和气（甲烷）而对水源和大气层造成不同程度的破坏；煤炭燃烧过程排放的气体和灰尘更是污染大气的元凶。

4. 能源利用效率低

（1）能源效率低。我国一般能源效率只有30%左右，比发达国家低10多个百分点；终端能源效率为41%，也比世界先进水平低10个多百分点；能源系统的总效率很低，只有9.3%，不到世界发达国家的1/2，这意味着90%以上的能源在开采、加工转换、储运及终端利用过程中损失和浪费掉了。

（2）单位产品能耗高。我国主要用能产品的单位产品能耗比发达国家高出25%～90%，加权平均高40%左右。如我国火电厂煤耗高出29.9%，水泥熟料燃料消耗高出62.8%，吨钢校正能耗（综合能耗扣除辅助生产校值）高出89.8%。

（3）单位产值能耗高。我国是世界单位产值能耗最高的国家之一。产值能耗高，即单位能耗创产值低。单位能耗创产值，日本是中国的15.5倍，法国是中国的9倍，韩国是中国的4.3倍，连印度也是中国的2倍。世界平均单位能耗创产值是中国的5倍。

二、我国能源资源可持续发展战略选择

根据我国能源资源分布、能源生产和消费以煤为主及能源利用率和人均能源消费量都很低的现实情况，为确保国民经济可持续发展对能源的需求，必须改变我国能源生产与消费方式，实现能源资源发展与资源合理开发利用及环境保护相协调。为此，我国政府制订了中国能源与环境发展的战略和政策。

未来15年中国能源发展战略的基本构想：节能效率优先，环境发展协调，内外开发并举，以煤炭为主体、电力为中心，油气和新能源全面发展，以能源的可持续发展和有效利用支持经济社会的可持续发展。

1. 确立节能的优先地位，努力提高能源利用效率

（1）节能优先符合中国的基本国情。目前我国人均能源消费量比较低，随着经济社会发展，今后还会有所增加，总量也会继续扩大。但中国不能照搬发达国家依靠大量消耗世界资源、实行能源高消费的传统发展模式，而要努力探索新的发展道路，坚持实施节能优先战略，在节约发展中实现工业化、城镇化和现代化。

（2）节能是能源供需平衡的重要前提。节能优先是我国达到未来能源供需平衡的重要前提。加强节能，提高能源利用效率，可以有效减缓能源需求过快增长，使我国能源需求总量控制在资源环境约束范围之内，使经济社会在高效低耗中实现发展。

（3）节能是现代文明的具体体现。勤俭节约是中华民族的传统美德。珍惜资源、保护环境是现代文明的重要标志。应引导全社会树立节约型消费理念，建立合理的消费模式，鼓励理性消费、适度消费，健全高效节能的社会公共设施，完善促进节能的资源配置体制和机制，把节约能源资源、提高能源效率切实纳入经济社会发展的各个领域和全过程。

（4）节能的重点领域。提高能效是实现节能优先的重要途径，应尽可能减少不合理的能源需求，更加有效地利用能源，以较少的资源投入，提供更多、更好的能源服务。工业、交通和建筑是节能的重点领域。

2. 加快产业结构升级，提高能源节约效率

产业结构变动直接决定各产业的能源消费强度和消费弹性的高低，从而影响国民经济对能源消费和利用的效率。各产业能源消耗密度不同是导致产业结构变动对能源消费强度产生影响的主要原因，如果能源消耗密度高的产业在国民经济中占有较大的比例并且上升较快，能源消费强度就会因此而增加。另一方面，各产业的能源消费弹性系数一般差异很大，如果能源消费弹性系数较大的产业增长速度较快，那么整个国民经济的能源利用效率就会下降。

我国工业能源消费占全国能源总消费的70%左右，约占消费石油的25%，煤炭的85%，电力和天然气的75%。工业能源消费量的多少与工业经济结构有密切的关系。冶金、建材和化工这三个高耗能工业产值占工业总产值的16%～18%，而能源消费占工业消费总量的47%。在这三个工业行业中，工艺先进程度、技术水平、要素结构对整体能源消耗水平影响极大，因此，调整产业结构对能源节约有重要意义。

3. 大力推进洁净煤技术，减少环境污染，实现能源与环境保护相协调发展

中国煤炭资源丰富，在今后相当长的阶段，煤炭在中国能源结构中的主导地位是其他

能源资源代替不了的。但是人类要生存、要发展，必须消除使用煤炭所造成的负面影响。为此，必须大力发展洁净煤技术。洁净煤技术是指煤炭在开发和利用过程中旨在减少污染和提高利用效率的煤炭加工、燃烧、转换及污染控制等技术，中国洁净煤技术的基本框架包括煤炭加工、煤炭燃烧、煤炭转化和污染控制等方面的技术。经过几十年努力已取得长足进展，许多行之有效的经验值得借鉴推广。

（1）改善煤质的加工技术，包括选煤、型煤技术。

（2）燃煤清洁燃烧和烟气净化技术，包括采用先进的燃煤发电技术，如流化床发电技术（CFBC）、超临界机组发电技术、煤气化联合循环（IGCC）和增压流化床燃烧联合循环发电技术（PFBC-CC）等，烟气脱硫脱氮技术，大力发展集中供热和热电联产，限制和逐步淘汰小容量工业燃煤锅炉等。

（3）积极发展煤炭气化、液化和水煤浆技术。

4. 大力发展替代能源技术，改善能源结构

替代能源技术是指采用新能源与可再生能源替代传统能源的技术。世界新能源与可再生能源资源潜力巨大，促进新能源与可再生能源快速发展，有助于实现能源长期战略替代，也有助于改善能源结构，加强环境保护。我国已经将可再生能源开发利用列为能源发展的优先领域，并制定了可再生能源中长期发展规划。考虑到新能源与可再生能源品种较多，资源条件、技术成熟度、经济可行性差异较大，其开发利用需要因地制宜、分类指导，有区别、有重点地推动。水能是重要的可再生能源，其开发利用技术已经成熟，是近期发展的主要对象。风力资源丰富，利用技术也基本成熟，可以作为当前规模开发的一个重点，形成实际供应能力。太阳能资源潜力巨大，一旦关键技术进一步取得突破，经济性改善，就将得到广泛应用，应加大太阳能发电技术与热利用技术的开发与攻关力度，结合建筑节能，积极推广太阳能热水器产品。我国生物质能资源主要是农林畜牧业、工业和城市生活废弃物，也有一些农林作物可以利用。从总体上看，具有品种多、分散性强、收集成本高的特点，宜于发展多种利用技术，开辟不同用户市场。对一些较为成熟的技术，如农村沼气、秸秆发电等应积极推广应用。在关注上述新能源与可再生能源开发利用技术的同时，还有关注天然气水合物、氢能和核聚变能等技术的研究。

5. 坚持科技先行，实现能源资源的多元化发展

只有通过持续的技术创新，才能不断提高能效，发展清洁能源，实现能源可持续发展，支撑现代化进程。着眼未来，需要尽量采用先进能源技术，超前部署能源科技研发，建立能源技术储备。世界能源生产和转换技术不断创新，装备的大型化、规模化趋势明显，能源产业资金密集、集中度高。中国能源产业也需要走集约发展的道路，提高科技创新能力，增强国际竞争力。只有充分利用各种可以规模利用的能源资源，才能优化能源结构，满足未来能源需求。发达国家已经完成了化石能源的优质化，现在又开始大力发展低碳能源，向更高层次的能源优质化推进。我国能源也需要走多元发展的道路，加快能源结构调整，增加石油供应，显著提高天然气、核能、可再生能源在能源生产和消费中的比例，努力做到新增能源供应以高效能源、清洁能源、新能源和可再生能源等低碳或无碳优质能源为主。

6. 加强国际合作，积极利用国内外能源资源

通过加强国际能源合作，促进能源经济技术交流，拓宽能源领域对外开放的渠道。通

过企业“走出去”，扩大对外投资，开发能源资源，增加石油、天然气供应能力。通过开展能源对外交往，加强战略和政策对话与协调，促进全球能源安全保障机制不断完善。这不仅有利于增加中国能源供应，也有利于改善世界能源供给。

三、关于中国能源资源可持续发展的哲学思考

从人类社会经济发展来看，经过了农业经济、工业经济，正在向知识经济阶段过渡。目前世界各国都还处在工业经济的后期。工业经济的突出特点是经济的发展主要取决于自然资源的占有和配置，因此又称为资源经济。这一阶段自然资源仍是决定性因素。

1760年，英国开始有了近代煤炭工业。1859年，美国开始有了近代石油工业。此后经过200多年的发展，化石燃料仍是当今最重要的能源资源。一般说来，一个国家国民生产总值和它的能源生产和消费量大致成正比。一些发达国家之所以能够在较短的时间内实现现代化，其中一个重要原因，就是他们都致力于大规模地开发和利用以化石燃料为主的能源资源。西方工业发达国家的人口总和仅占世界人口的1/5，而能源消费量却占了世界能源总消费的2/3。

由于包括化石燃料为主的能源资源在内的矿产资源的过度开采，以及世界人口的骤增，在取得人类文明进步的同时，也给人类生活环境带来了灾害，并威胁着人类的生存和发展。因此，“人口、资源、环境”已成为当今世界各国人民共同关心的问题。于是，“可持续发展”也就成了经济发展和社会进步的基本要求。如何认识资源，认识能源资源并保证“可持续发展”呢？从思维方法来讲，要坚持系统观、历史观、求实观和发展观，并辩证地分析问题。

1. 坚持能源资源的系统观

“人口、资源、环境”是一个统一的大系统，只有坚持资源环境系统观，并把资源看成是人与自然大系统的一个子系统，才能认识和处理好各种资源环境子系统之间的关系，并利用好各种资源。就能源资源来讲，只有坚持处理各种能源资源之间的关系，才能求得协调发展。同时，世界能源供给是个开放系统，我们也要建立全球资源供给系统观，充分利用国内、国外两个市场和两种资源以发展自己。

2. 坚持能源资源的历史观

人类发展历史表明，能源结构的较量是人类文明进步和社会经济发展的体现。人们对能源的选择是随着技术进步和追求的目标所政变。近代能源工业已有200多年发展史，在其发展前期的100多年时间里，无论是煤炭还是石油都是被当作取之不尽、用之不竭的“自由取用物”，人类以财富的“增长”为目标，能源资源的社会行为模式主要是“开发利用”。“二战”后出现了能源短缺，其至造成石油危机，人类追求目标除了财富增长还要强调结构调整，能源资源社会行为则突出了“资源配置”。自20世纪80年代以来，人们逐渐认识到必须以“可持续发展”为目标，追求“资源与环境相协调发展”。进入21世纪，和谐发展又成为新的主题。从人类对能源追求目标的演变，既要肯定各种能源资源对社会经济发展的作用，也要看到给人类带来的负面影响。

3. 坚持能源资源的发展观

化石燃料是不可再生能源，其资源是有限的。然而由于人的认识的无限性，以及技术进步的无限性，资源的有限性也具有相对性。如在历史上，自20世纪初期，美国一直担心石油会很快用完，曾预计石油供应极限为57亿桶，总量不会超过230亿桶。但是到90年代初期，美国已累计生产了2000亿桶石油，现在仍未见到石油的“尽头”。从能源资源发展历史看，煤炭为人类历史进步作出了巨大贡献。但其在采掘、运输、燃烧和转换过程中所造成的负面影响，使得人们不得不寻找和使用新的能源，于是石油取代了煤炭。石油消费量的增长，为世界经济的增长带来了巨大的动力。随着时代的发展，环境的污染、生态环境的破坏，已对人类生存与发展构成了严重威胁，而天然气作为清洁、高效能源。越来越为人们所重视和追求。随着社会的进步与发展，新的无污染的新能源和可再生能源一定会占据历史地位。要树立发展观，预测未来能源资源发展趋势，制定能源资源发展战略。当前，从“可持续发展”出发，要选择资源节约型、质量效益型、科技先导型和环境友好型的发展方式。改变过去单纯靠能源供给的思维方式，变节约与开发并重，多种能源共同发展，并追求优质能源，以走资源与环境相协调发展之路。

4. 坚持能源资源的求实观

我国能源资源的主要特点是：资源量比较多，但优质资源少；资源总量大，但人均占有量小；能源生产供给区与能源需求区相背离；资源供给增长缓慢，但需求增长迅速；资源短缺和资源浪费现象并存等。我国能源资源的基本态势是：供应总量不足，结构不尽合理。总的看，煤炭资源丰富、油气资源欠丰富，石油缺口扩大，天然气有待加大开发力度，新能源利用率很低，核能开发有潜力。只有正确认识和评价我国能源资源状况，从中国能源资源实际情况出发，方能制定正确的中国能源发展战略。

对全国来讲，煤炭资源主导地位不会改变，石油与天然气取代不了煤炭。这是中国能源资源的特点和现实，能源政策的制定，要从这一点出发。资源分布不均，特别是对经济欠发达的地区，一般能源资源丰富，要充分利用本区资源优势，以取得经济的快速发展。

思考题

1. 什么是可持续发展？简述可持续发展观的由来。
2. 什么是传统意义上的发展观？简述科学发展观的内涵、基本特征和理论核心。
3. “以人为本”的新发展观的主要特征是什么？
4. 可持续发展是如何定义的？简述可持续发展的内涵、特征、基本要素和目标。
5. 简述可持续发展对能源需求的特点和基本要求。
6. 影响我国能源可持续发展的主要问题有哪些？
7. 简述我国能源资源可持续发展战略选择应采取的措施，并结合实际谈谈你的认识。
8. 简述我国能源环境可持续发展的现状和前景，试从哲学的角度谈谈你的认识。

参考文献

[1] 王革华，田雅林，等．能源与可持续发展．北京：化学工业出版社，2005.
[2] 罗强，王成善．中国的能源问题与可持续发展．北京：石油工业出版社，2001.

[3] 石宝珩，叶敦和，赵凤民．能源资源与环境可持续发展．北京：中国科学技术版社，1999.
[4] 江泽民．对中国能源问题的思考．上海交通大学学报，2008，42 (3)：345－359
[5] 倪健民．国家能源安全报告．北京：人民出版社，2005.
[6] 钱易，唐孝炎．环境保护与可持续发展．北京：高等教育出版社，2000.
[7] 李训贵．环境与可持续发展．北京：高等教育出版社，2004.
[8] 张坤民．可持续发展论．北京：中国环境科学出版社，1997.